T0215990

Mathématiques
et
Applications

Directeurs de la collection :
M. Hoffmann et V. Perrier

83

More information about this series at http://www.springer.com/series/2966

Brigitte Chauvin • Julien Clément • Danièle Gardy

Arbres pour l'Algorithmique

Springer

Brigitte Chauvin
Laboratoire de Mathématiques
Université Versailles
Saint-Quentin-en-Yvelines
Versailles Cedex, France

Julien Clément
GREYC, CNRS UMR 6072
Normandie Université
Caen Cedex, France

Danièle Gardy
Laboratoire DAVID
Université Versailles
Saint-Quentin-en-Yvelines
Versailles Cedex, France

ISSN 1154-483X   ISSN 2198-3275   (electronic)
Mathématiques et Applications
ISBN 978-3-319-93724-3   ISBN 978-3-319-93725-0   (eBook)
https://doi.org/10.1007/978-3-319-93725-0

Library of Congress Control Number: 2018949724

This Springer imprint is published by the registered company Springer Nature Switzerland AG
The registered company address is: Gewerbestrasse 11, 6330 Cham, Switzerland

À Philippe Flajolet,
sans qui ce livre n'aurait pas existé

Préface

Trees are a fundamental object in graph theory and combinatorics as well as a basic object for data structures and algorithms in computer science. During the last few decades, research related to trees has been constantly increasing and several algorithmic, asymptotic and probabilistic techniques have been developed in order to study and to describe characteristics of interest related to trees in different settings.

The *French School* was (and still is) certainly a driving force in this development. This is also reflected in a considerable number of research groups that devote their research mainly to tree structures and related questions. In this context I would like to mention Philippe Flajolet (1948–2011) who was not only the initiator of research activities related to various tree models but was also a mentor for many researchers in France and abroad, in particular for the authors of the present book and also for myself.

This book is a very valuable outcome of this fruitful development in France, where the three authors have taken a very active part. They have succeeded in writing an advanced textbook that can serve as an introduction to trees for students in mathematics and/or computer science as well as a reference book for scientists of other fields like biology. What is really new is that the authors present different approaches to problems on trees that range from algorithms to combinatorics and to probability theory. They have invested a considerable effort to demonstrate the connections and relations between these points of view. This is a very important added value which cannot be found somewhere else in such a transparent and consistent way.

The choice of topics is also done with care. The models are very well motivated and range from trees that are related to branching processes, to binary search trees, to tries and to urn models. There are also several very useful appendices and a very carefully chosen list of exercises which make the book even more useful—also for classes. It would be very good if an English version could be available in the near future.

I want to express my congratulations to the authors for this excellently written book. I am sure it will develop into a standard text and reference book in the field.

Vienna, Austria
November 2016

Michael Drmota

Avant-propos

Les recherches sur les structures arborescentes relèvent historiquement de deux domaines initialement disjoints : les mathématiques, notamment les mathématiques discrètes et les probabilités, et l'informatique fondamentale, avec l'analyse d'algorithmes. Nous avons cherché à présenter simultanément ces deux approches, que nous estimons être complémentaires plutôt que concurrentes ; ce livre en est le résultat. Il est en partie issu d'un cours de troisième cycle, enseigné il y a plusieurs années par deux des auteurs pour un diplôme de Mathématiques-Informatique, et qui visait déjà à présenter conjointement les méthodes issues de la combinatoire analytique et des probabilités.

À qui s'adresse cet ouvrage ? Notre livre s'adresse typiquement aux étudiants de niveau master scientifique ou en dernière année d'école d'ingénieurs, qui auraient auparavant suivi un cursus en informatique ou en mathématiques et qui aspirent à explorer davantage les contrées intermédiaires entre ces deux disciplines ; les étudiants visant une double compétence en mathématiques et informatique pourront ainsi y trouver un intérêt. Il s'adresse en outre à toute personne dotée d'un bagage scientifique « minimal », qui serait amenée à utiliser des structures arborescentes liées à des algorithmes, et qui souhaiterait avoir une meilleure connaissance de ces structures et une idée des performances des algorithmes associés, sans se plonger dans les travaux originaux. Il peut ainsi constituer une introduction à la recherche sur ces sujets, sans prétendre davantage et notamment sans prétendre se situer à l'état de l'art. En effet, il ne s'agit pas d'un livre sur les arbres en général, mais d'un livre sur les arbres pour l'algorithmique. Nous espérons que les spécialistes y trouveront eux aussi un intérêt. Les probabilistes pourront y trouver des indications sur l'utilisation des arbres aléatoires en informatique, notamment dans le champ de l'analyse d'algorithmes ; de leur côté, les informaticiens pourront bénéficier d'un éclairage probabiliste sur certains de leurs objets de base.

Nous ne prétendons en aucun cas à l'exhaustivité, mais plus raisonnablement à rendre compte, selon des critères éminemment subjectifs (il a fallu faire des choix !), des résultats qui nous paraissent à la fois importants et suffisamment simples à exposer. Nous avons aussi souhaité mettre en avant des méthodes

devenues classiques pour établir ces résultats. Certaines parties, qualifiées parfois de
« folklore », et certains théorèmes sont connus depuis des décennies et se trouvent
éparpillés dans divers ouvrages ; quelques-uns de ces ouvrages sont indiqués
dans le chapitre d'introduction et un plus grand nombre sont présentés dans une
perspective historique dans l'annexe D. D'autres parties de ce livre ont trait à des
développements plus récents qui sont encore peu (ou pas) diffusés sous forme
de livre. Enfin quelques résultats importants sont seulement mentionnés car leur
exposition détaillée avec preuve « sortirait du cadre de ce livre ». Pour signaler au
lecteur ces parties, nous les avons écrites sur fond grisé et nous avons distingué
plusieurs cas :

indique qu'il faut prendre un papier et un crayon mais cette partie est
élémentaire, il n'y a pas de difficulté, ni technique ni autre ;

indique que cette partie est plus technique ;

indique que pour cette partie il est nécessaire d'avoir recours à des notions
qui ne sont pas dans ce livre.

En outre, nous avons souvent proposé en exercices des parties de preuves.

Dans notre souci de présenter simultanément des approches a priori distinctes
(probabiliste, combinatoire et algorithmique), nous avons tenté d'unifier les notations et définitions employées par les deux communautés différentes que sont
les mathématiciens et les informaticiens. Il a fallu faire des compromis ; parfois
l'unification était hors d'atteinte. Ainsi des notations pourront sembler lourdes, des
définitions paraîtront inutilement formelles ; inversement, des passages seront plus
intuitifs et moins formels, reposant sur l'exemple. Dans l'ensemble, nous avons
été guidés par un souci de cohérence et de (relative) simplicité. Nous avons ainsi
simplifié certains passages mathématiquement touffus, au nom de l'accessibilité et
de la pédagogie, en espérant ne pas avoir sacrifié la rigueur.

Plan du livre Dans les chapitres 1 à 3 sont posées les bases, sont définis les
modèles : ce qu'est un arbre, ce qu'il modélise et quels sont ses emplois les plus
courants en informatique, ce que signifie la notion d'« arbre aléatoire ». Nous avons
fait le choix de séparer drastiquement l'aléa dans cette présentation, afin de mieux
distinguer ensuite dans les analyses ce qui ressort plutôt de méthodes combinatoires
ou plutôt de méthodes probabilistes.

– Au chapitre 1 sont définies de multiples variétés d'arbres, planaires ou non,
  marqués ou non, ainsi que les paramètres les plus classiques sur ces arbres. Il
  est tout à fait possible de ne pas lire ce chapitre d'une traite, mais de s'y référer
  seulement en cas de besoin.
– Le chapitre 2 enrichit les définitions, en introduisant les types d'aléa, différents
  suivant les variétés d'arbres. De même que le chapitre 1, c'est essentiellement un
  chapitre de référence, à lire selon le besoin.
– Le chapitre 3 contient plusieurs exemples de modélisations par des structures
  arborescentes, soit pour les problèmes classiques que sont le traitement de

chaînes de caractères, la recherche d'un élément dans un ensemble, et le tri d'un ensemble, soit pour des situations plus élaborées ; c'est ce chapitre qui justifie un éventuel intérêt pratique du livre.

Dans les chapitres 4 à 9 sont *analysées* de nombreuses familles d'arbres, qui diffèrent notamment par le type d'aléa.

- Au chapitre 4 sont étudiés d'abord les arbres binaires planaires, puis différentes familles d'arbres planaires (familles simples d'arbres, tas, arbres équilibrés), et ensuite les arbres non planaires, le tout sous un modèle probabiliste où les arbres de même taille (parfois de même hauteur) sont *équiprobables*. Nous sommes ainsi dans le domaine de la combinatoire.
- Au chapitre 5 sont présentés les processus de branchement, notamment les arbres de Galton-Watson et les marches aléatoires branchantes. Un lien est également établi entre les arbres de Galton-Watson et les arbres « combinatoires » étudiés au chapitre précédent. Le point de vue est largement probabiliste, même si la récursivité partout présente n'est pas sans rappeler les raisonnements du type « diviser pour régner » utilisés aux chapitres 2 et 4.
- Le chapitre 6 concerne les arbres binaires de recherche et plusieurs de leurs extensions, venues soit des probabilités (arbres biaisés), soit de l'informatique (arbres récursifs, arbres binaires de recherche randomisés, lien avec le tri rapide). Nous utilisons les deux points de vue probabiliste ou combinatoire de façon complémentaire.
- Les tries, qui sont la structure digitale de base, sont analysés dans le chapitre 7, essentiellement avec des outils de combinatoire analytique.
- Deux types d'arbres de recherche, étendant les classiques arbres binaires de recherche, sont analysés en détail dans le chapitre 8 : les arbres m-aires, dans lesquels il est possible d'avoir plusieurs clés dans un même nœud, puis les arbres quadrants, qui permettent de prendre en compte des clés multi-dimensionnelles.
- Enfin, au chapitre 9 sont approfondis les résultats sur les arbres de recherche, en voyant certains de leurs paramètres comme une urne de Pólya ; les analyses font intervenir successivement combinatoire analytique et probabilités.

Les annexes qui terminent ce livre devraient permettre à nos lecteurs de trouver les bases nécessaires pour suivre nos modélisations et analyses.

- À l'annexe A sont présentés les algorithmes les plus classiques sur la plupart des structures arborescentes que nous rencontrons dans les chapitres précédents.
- Les annexes B et C, quant à elles, sont des compendiums des notions mathématiques, respectivement combinatoires et probabilistes, nécessaires à la compréhension des modèles et des analyses présentés dans les chapitres 1 à 9.
- Enfin, l'annexe D présente une histoire, partielle et partiale, de l'utilisation des arbres en analyse d'algorithmes.

Prérequis Une familiarité avec les outils mathématiques de base (niveau L2) est souhaitable. Une connaissance de tout ou partie des outils que nous utilisons (combinatoire analytique, probabilités), ou des implémentations informatiques des structures arborescentes, est utile mais pas indispensable ; en outre, il y a plusieurs niveaux de lecture de ce livre, selon que la lectrice/le lecteur souhaite plutôt utiliser algorithmiquement un résultat donné, ou maîtriser quelques méthodes de démonstration.

Possibilités de lecture (voir l'illustration ci-dessous) Les chapitres 1 et 2 pourront servir de chapitres de référence plutôt qu'être lus en tant que tels. Parmi les chapitres 3 à 9, plusieurs choix pourront être retenus selon les intérêts de la lectrice/du lecteur ou l'orientation que cette personne souhaiterait donner à un cours qui serait basé sur ce livre.

Si l'intérêt porte essentiellement sur les algorithmes, le chapitre 3 (arbres comme modèles d'analyse d'algorithmes) est fondamental ; il sera ensuite loisible de choisir, dans chaque chapitre, les sections qui mettent en perspective les résultats mathématiques sur les paramètres des structures arborescentes et les relient aux performances des algorithmes les utilisant. Si l'accent est mis sur la combinatoire analytique, le choix portera sur les chapitres 4 (modèle combinatoire pour plusieurs familles d'arbres), 7 (structures digitales), la seconde partie du chapitre 8 (arbres quadrants) et la première partie du chapitre 9 (urnes de Pólya). Si l'accent est mis sur l'analyse probabiliste, le choix portera prioritairement sur les chapitres 5 (processus de branchement) et 6 (arbres binaires de recherche), puis sur la première partie du chapitre 8 et le chapitre 9 pour aborder des extensions des arbres binaires de recherche.

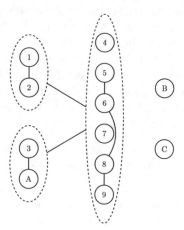

Style Le style est celui de Springer. Ce style a parfois induit une lisibilité réduite. Par exemple, la fin des définitions n'est signalée que par un saut de ligne et non par un changement de fonte.

Remerciements Nous remercions ici nos collègues qui ont relu tout ou partie des différentes versions du livre : Marie-Louise Bruner, Élie de Panafieu, Philippe

Duchon, Patrick Gardy, Antoine Genitrini, Cécile Mailler, Cyril Nicaud, Nicolas Pouyanne, Yann Strozecki, Brigitte Vallée, Frédéric Voisin.

Danièle Gardy remercie également le Département de Mathématiques Discrètes et Géométrie (DMG) de l'Université de Technologie de Vienne, qui l'a accueillie notamment pour une année sabbatique en 2012–13, et où une part importante de sa contribution a été écrite.

Caen, France   Brigitte Chauvin
Versailles, France   Julien Clément
Vienne, Autriche   Danièle Gardy
Juillet 2017

Introduction

Qu'est-ce qu'un arbre ?

Étudiés depuis longtemps par les mathématiciens avec des outils probabilistes ou combinatoires, les arbres font partie des structures de données fondamentales en informatique ; ils sont donc aussi sujet naturel d'étude pour les informaticiens. Dans cet ouvrage, nous ne choisissons pas l'un ou l'autre point de vue, mais essaierons de présenter les deux de façon complémentaire.

Qu'est-ce qu'un arbre ? Nous le définirons rigoureusement dans le chapitre 1 ; nous en donnons deux premiers exemples dans la figure 1, et deux visions :

– au sens mathématique, c'est un graphe connexe sans cycle, parfois enraciné[1] ;
– au sens informatique, c'est une structure de données récursive : un « nœud » appelé « racine » et ses « enfants », qui sont eux-mêmes des arbres.

Comme les arbres que les informaticiens utilisent, notamment pour stocker des informations, ont (presque) toujours une racine, i.e. un nœud qui joue un rôle particulier et sert d'« ancre » à l'arbre,

les arbres considérés dans ce livre sont tous enracinés.

Ainsi, l'arbre de gauche de la figure 1 – nous employons, pour dessiner un arbre, la convention de mettre la racine en haut ; l'arbre « pousse » donc vers le bas – a une racine, qui a elle-même trois enfants ; en lisant de gauche à droite, les

---

[1] Tout livre sur les graphes fournit les définitions de base sur le sujet, en particulier celle d'un arbre ; nous y renvoyons la lectrice intéressée, et ne poursuivons pas cette approche ici.

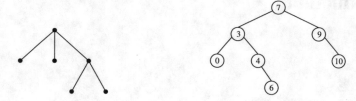

Fig. 1 Deux arbres (enracinés) : le premier a six nœuds ; le second a sept nœuds, dont chacun est marqué par une valeur (ici un nombre entier)

deux premiers n'ont pas d'enfants, et le troisième a lui-même deux enfants. C'est pourquoi la représentation canonique de cet arbre est la suivante :

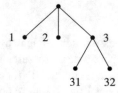

Il est question dans ce livre des arbres « pour l'algorithmique », i.e. les arbres sont pour nous *à la fois* des structures de données informatiques et des objets mathématiques sous-jacents. Notre intérêt pour les arbres vient de leur pertinence à modéliser de nombreuses situations, notamment des algorithmes et des méthodes de résolution de problèmes informatiques, qu'ils soient de base (recherche, tri, etc.) ou plus complexes. Les propriétés de ces arbres permettent d'évaluer le « coût » ou les « performances » des algorithmes qui l'utilisent. Examinons maintenant de plus près ces notions de coût et de performance d'un algorithme ou d'une structure de données.

Évaluation de la performance d'un algorithme

Lors de la conception d'un système informatique ou après sa réalisation advient une phase d'évaluation de ses performances, définies en termes de temps d'exécution, de place mémoire requise, de nombre de messages échangés, etc. Cette évaluation porte, soit sur le système tout entier, soit – et c'est cela qui nous intéresse ici – sur une partie du système : sur un algorithme spécifique, ou sur une structure de données et les algorithmes l'utilisant. Pour cela, il y a plusieurs manières de faire : mesures sur un système existant, simulations, analyses théoriques. Ces approches sont toutes utiles et complémentaires.

– Les *mesures* apportent des informations précises sur le comportement d'un système donné, mais leur résultat peut dépendre de l'art du programmeur, de la machine (matériel) et du système (logiciel) – il faut recommencer les mesures quand l'environnement change – de la charge du système à un moment donné (toute observation modifie le système observé), etc. De plus, pour mesurer les performances d'un système il faut l'avoir déjà réalisé : comment faire, si nous voulons les prédire avant même la réalisation ? Faire des choix de conception entre plusieurs possibilités ?

– Les *simulations* peuvent elles aussi dépendre de la machine, de l'art de la personne qui a programmé la simulation, etc. Elles sont moins liées à un système existant que les mesures, et sont intéressantes pour obtenir des analyses ou des prédictions lorsque nous ne pouvons pas construire de modèle mathématique, ou qu'un modèle précis est trop complexe pour être exploitable.

– Les *analyses théoriques* fournissent des théorèmes ; une fois mis en évidence, le coût « théorique » est indépendant de l'art du programmeur et de la machine. Cette approche demande la maîtrise d'outils mathématiques parfois sophistiqués. Les résultats fournis sont idéalement complétés par des mesures ; par exemple, si un algorithme nécessite n^2 opérations unitaires (lecture de symbole, comparaison de clés, envoi de message) où n est un paramètre connu du système (nombre de symboles à lire, de données à trier, d'agents à synchroniser), encore faut-il connaître, pour une machine donnée, le temps pris par une opération unitaire pour évaluer la durée d'exécution de cet algorithme.

Le présent ouvrage se place dans le cadre des analyses théoriques, et s'intéresse à des aspects précis de parties d'un système informatique : *l'analyse* fine du comportement d'un *algorithme,* agissant sur une *structure de données* arborescente. Il y a plusieurs manières d'envisager cette analyse :

– soit nous nous intéressons aux cas extrémaux, i.e. au comportement de l'algorithme dans le pire (ou le meilleur) des cas ;
– soit nous cherchons plutôt à caractériser un comportement moyen, ou mieux encore la distribution de probabilité d'un paramètre du système.

La première approche conduit par exemple à identifier des classes de problèmes résolubles dans le pire des cas en un temps polynomial en la taille des données, et d'autres qui ne le sont pas : c'est la « théorie de la complexité ». La seconde repose sur l'idée que le comportement d'un algorithme est souvent caractérisé de façon plus pertinente par ses performances sur la plupart des données d'entrée que sur des cas exceptionnels. C'est ce qui est couramment appelé « analyse d'algorithmes » ou (de façon indûment restrictive) « analyse en moyenne », et c'est ce qui sous-tend les analyses présentées dans ce livre.

Une démarche générale

Prenons donc un algorithme, c'est-à-dire une méthode de résolution pour un certain problème, par exemple le tri d'un grand nombre de données, ou la recherche d'une valeur dans un ensemble de grande taille. Cet algorithme prend en entrée des *données* (de l'information, dont la représentation dépend de l'utilisation qui en est faite) généralement stockées dans des *structures de données* (par exemple des arbres), et va répondre au problème posé en renvoyant un résultat : pour les deux exemples ci-dessus, les données triées en ordre croissant, ou bien la valeur cherchée, dans la mesure où elle est effectivement présente. L'analyse (des performances) de cet algorithme peut être décomposée en plusieurs étapes :

– Tout d'abord vient une phase de *modélisation,* qui a pour but d'établir un modèle représentant les données, algorithmes, ou systèmes, qui sont l'objet de l'étude ; nous nous limitons dans ce livre aux structures arborescentes et aux algorithmes les utilisant. Les données étant le plus souvent aléatoires ou considérées comme telles, le modèle inclut l'établissement d'une distribution de probabilité sur ces données. À la fin de cette première étape, nous avons donc défini un modèle avec données aléatoires ; pour ce qui nous intéresse dans ce livre, c'est un *arbre aléatoire,* appelons-le τ.

– Dans un deuxième temps, il nous faut dégager les paramètres qui mesurent le coût, ou la « complexité », de l'algorithme, typiquement son temps d'exécution, ou la place mémoire pour représenter une structure de données. Pour fixer les idées dans la suite, appelons $c(\tau)$ ce coût de l'algorithme, exécuté sur un arbre τ.

– Vient alors une phase d'étude mathématique de ce coût d'exécution. L'arbre τ défini dans la première phase est *aléatoire ;* en conséquence le coût $c(\tau)$ est une *variable aléatoire.* Suivant le type de résultat cherché, nous étudions le coût moyen de $c(\tau)$, ou bien ses moments, voire sa distribution de probabilité et sa convergence éventuelle vers une distribution limite.

– La dernière phase est celle du retour au problème algorithmique ; bien qu'essentielle, elle est souvent passée sous silence, ce qui est dommage car nombre de résultats sur les paramètres d'arbres ont une traduction immédiate en termes de performances de l'algorithme étudié.

Dans la phase de modélisation proprement dite, le modèle arborescent pour représenter les données est souvent l'un de ceux présentés en chapitre 1 ; le modèle probabiliste est issu du chapitre 2. Quant à la mise en évidence des propriétés de l'arbre qui déterminent le coût, elle fait le plus souvent intervenir l'un des *paramètres* classiques présentés à la fin du chapitre 1 en section 1.3. La troisième étape, l'analyse des paramètres, constitue le sujet des chapitres 4 à 9 ; suivant le cas analysé et selon le type de résultats cherchés, elle utilise des outils de combinatoire analytique ou de probabilités.

Avant de présenter les arbres étudiés et les méthodes employées, illustrons la modélisation des performances d'un algorithme et l'analyse de sa complexité sur l'exemple (on ne peut plus classique !) des arbres binaires de recherche.

Fig. 2   Un arbre binaire de
recherche à 7 clés

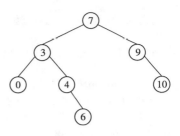

Un exemple : coût dans les arbres binaires de recherche

Définissons un arbre binaire de recherche, construit à partir d'un ensemble totalement ordonné $\mathcal{E}$ de clés distinctes, comme suit[2] :

- si $\mathcal{E} = \emptyset$, l'arbre est vide ;
- si $\mathcal{E} = \{x\}$, l'arbre est réduit à un nœud unique contenant la clé x ;
- sinon, choisissons une des clés de $\mathcal{E}$, appelons-la x, qui va dans le nœud racine ;
  les autres clés de $\mathcal{E}$ servent à construire deux sous-arbres : celui de gauche[3]
  contient les clés inférieures à x et celui de droite contient les clés supérieures
  à x. Ces sous-arbres gauche et droit sont eux-mêmes structurés récursivement en
  arbres binaires de recherche.

L'arbre marqué de la figure 1, qui est redessiné figure 2, est en fait un arbre
binaire de recherche construit sur (par exemple) la suite de clés $(7, 3, 9, 4, 0, 6, 10)$:
la valeur 7 à la racine divise les clés restantes en deux sous-suites ; les clés
de $(3, 4, 0, 6)$ forment le sous-arbre gauche et les clés de $(9, 10)$ forment le
sous-arbre droit ; ces deux sous-arbres sont eux-mêmes des arbres binaires de
recherche.

Regardons ce qui se passe, pour notre arbre exemple, lorsque nous cherchons
la valeur 4. Nous la comparons d'abord à la valeur à la racine, $7 : 4 < 7$, et nous
poursuivons la recherche dans le sous-arbre gauche. Sa racine contient la clé 3, à
laquelle nous comparons $4 : 4 > 3$, donc nous partons dans le sous-arbre droit
de ce sous-arbre gauche. Une dernière comparaison nous permet de vérifier que
4 est la racine de ce sous-arbre, et est bien présent dans l'arbre. Il nous a fallu 3
comparaisons, ce qui correspond aussi au nombre de niveaux testés : la racine, puis
un enfant et un petit-enfant de la racine.

Supposons maintenant que nous cherchions la valeur 8. Nous allons toujours
comparer cette valeur à la clé à la racine, $7 : 8 > 7$, donc nous allons vers le fils
droit. Sa propre racine contient la clé 9, plus grande que 8, donc nous regardons
dans son sous-arbre gauche... qui est vide ! Nous savons maintenant que 8 n'est

---

[2]Nous donnons dans la section 1.2.5 une définition plus rigoureuse des arbres binaires de
recherche.

[3]Les arbres sont dessinés dans le plan, ordonnés de gauche à droite par ordre croissant.

pas présent dans l'arbre (s'il se trouvait ailleurs, ce ne serait plus un arbre binaire de recherche) ; de plus nous avons trouvé la place où devrait aller 8, si nous souhaitions l'ajouter à l'ensemble des clés : ce serait comme fils gauche de 9.

Nous avons vu sur cet exemple qu'un arbre binaire de recherche permet de structurer un ensemble $\mathcal{E}$ de clés, de telle sorte qu'il soit facile de retrouver une clé de valeur donnée ; il est également aisé d'ajouter ou de supprimer une clé dans $\mathcal{E}$. Plus formellement, pour chercher une clé x dans un arbre binaire de recherche τ, nous comparons d'abord x à la clé contenue y dans la racine de l'arbre ; si $x = y$, la recherche est finie ; dans le cas contraire, nous poursuivons récursivement la recherche dans le sous-arbre gauche, si $x < y$, et dans le sous-arbre droit sinon. La recherche s'arrête, soit lorsque nous avons trouvé la clé cherchée, soit lorsque nous arrivons à un sous-arbre vide – dans ce cas, nous avons d'ailleurs trouvé la place où x doit être inséré dans l'arbre, si nous souhaitons l'ajouter tout en gardant la structure d'arbre binaire de recherche.

Quel est le coût d'une *recherche avec succès* d'une clé x dans un arbre binaire de recherche τ construit sur un ensemble $\mathcal{E}$ de clés que nous supposons toutes distinctes ? Une unité de mesure possible est le nombre de nœuds visités pour trouver x ; c'est aussi le nombre de comparaisons de x à des clés présentes dans l'arbre. Ce nombre est un paramètre classique : c'est $1+$ la *profondeur*[4] (ou niveau) du nœud contenant x dans l'arbre τ ; notons-le $1 + \mathrm{Prof}\,(x, \tau)$. Regardons maintenant le coût « moyen » d'une recherche avec succès d'une clé x dans un arbre τ, en supposant que chacune des clés présentes dans l'arbre a la même probabilité d'être la clé cherchée : ce coût est alors $1/|\tau| \sum_{x \in \tau} (1 + \mathrm{Prof}\,(x, \tau))$, où $|\tau|$ est le nombre de nœud de τ soit encore la taille de l'arbre τ. Or la somme $\sum_{x \in \tau} \mathrm{Prof}\,(x, \tau)$ est un autre paramètre classique, la *longueur de cheminement* de l'arbre, notée $\mathrm{lc}(\tau)$; le coût moyen d'une recherche avec succès est donc $1 + \mathrm{lc}(\tau)/|\tau|$.

Quant au maximum du coût d'une recherche avec succès, il est obtenu pour les clés les plus éloignées de la racine, et le paramètre associé est le maximum des profondeurs des nœuds de l'arbre : c'est sa *hauteur*.

Ajoutons un niveau d'aléa ; supposons que n clés (leur nombre est supposé fixé) sont choisies selon une certaine distribution de probabilité dans un ensemble.[5] L'arbre, noté τ_n, devient aléatoire, ainsi que sa longueur de cheminement $\mathrm{lc}(\tau_n)$, et l'objectif est de caractériser la loi de $\mathrm{lc}(\tau_n)$, obtenant ainsi la loi du coût d'une recherche avec succès d'une clé dans un arbre binaire de recherche de taille n. Pour la moyenne $\mathrm{lc}_n := \mathbb{E}\,(\mathrm{lc}(\tau_n))$ de la longueur de cheminement, il est intéressant d'utiliser les outils de la combinatoire analytique afin d'établir une équation de récurrence sur lc_n. En la résolvant (soit directement, soit par l'intermédiaire d'une *fonction génératrice*), il est possible d'obtenir une formule close sur lc_n, ainsi que son comportement asymptotique lorsque le nombre n de clés devient grand. Pour

---

[4]Il est convenu que la racine est à profondeur 0.

[5]Il n'est pas question ici de la manière de construire l'arbre, qui peut dépendre de l'ordre dans lequel les clés sont entrées ; voir pour cela le chapitre 2 et l'annexe A.

étudier non seulement la moyenne mais les moments d'ordres supérieurs ou la loi limite de la longueur de cheminement, il s'avère souvent pertinent de recourir à d'autres méthodes : des théorèmes de point fixe, des outils probabilistes, par exemple en faisant apparaître des martingales.

Pour une recherche sans succès dans un arbre τ, nous pouvons toujours mesurer son coût en nombre de nœuds visités, ou en nombre de comparaisons de clés : c'est la *profondeur d'insertion* de la clé x dans τ. Remarquons que cette profondeur d'insertion de x est la profondeur à laquelle nous trouverons la clé lors de recherches avec succès ultérieures.

Quels arbres ?

Ce livre ne prétend pas être exhaustif. Nous avons retenu les classes d'arbres suivantes, fréquemment rencontrées en informatique :

- **les arbres binaires planaires,** qui sont « la » structure arborescente de base, et plus généralement les **arbres planaires**, puis les familles simples d'arbres et les **arbres non planaires** ;
- **les tas,** qui sont des arbres binaires particuliers, essentiels pour une méthode de tri dite (justement !) « par tas », et qui permettent aussi d'implémenter des files de priorité ;
- **les structures digitales,** essentiellement les tries, qui apparaissent souvent dans les algorithmes sur des chaînes de caractères, et permettent en outre de modéliser le comportement d'algorithmes venant de domaines variés ;
- **les arbres de Galton-Watson** et d'autres **processus de branchement** dont les marches aléatoires branchantes ;
- **les arbres binaires de recherche,** les arbres récursifs qui en sont proches, et certaines de leurs variantes : arbres quadrants, arbres 2-3, arbres-B, arbres m-aires de recherche ; l'analyse de certaines de ces structures, appelée parfois « analyse de frange », fait souvent intervenir des urnes de Pólya.

Nous avons par ailleurs fait le choix d'étudier prioritairement certains paramètres sur les arbres, tout d'abord le nombre d'arbres de taille (nombre de nœuds) donnée, puis la longueur de cheminement et la hauteur, paramètres qui sont à la fois les plus classiques et parmi les plus utiles en analyse d'algorithmes.

Les différents types d'arbres, ainsi que les paramètres liés aux complexités des algorithmes les plus courants sur ces arbres, sont présentés dans les chapitres 1 à 2 ; dans ces deux premiers chapitres sont également mis en place les principaux cadres mathématiques permettant l'analyse de ces paramètres. Le chapitre 3 est à la fois plus informel et au cœur du sujet : il présente un certain nombre d'exemples, plus ou moins classiques, de l'utilisation très diverse de structures arborescentes en algorithmique et en analyse d'algorithmes et de la manière dont les paramètres d'arbres déterminent la complexité d'un algorithme. L'analyse desdits paramètres est effectuée dans les chapitres 4 à 9, le plus souvent possible sous les deux angles de la combinatoire analytique et des probabilités.

Plusieurs annexes rappellent, d'une part les structures de données informatiques et les algorithmes permettant de manipuler ces structures arborescentes (c'est l'annexe A), d'autre part les outils mathématiques nécessaires pour suivre les analyses (ce sont l'annexe B pour la combinatoire et l'analyse, et l'annexe C pour les probabilités). Enfin l'annexe D présente un historique et une bibliographie subjectifs et non exhaustifs. Donnons maintenant un bref aperçu des méthodes utilisées.

Méthodes

L'exemple des arbres binaires de recherche montre qu'il y a en gros deux classes de méthodes possibles : analytiques et combinatoires d'une part, probabilistes d'autre part. Tout au long de ce livre, nous nous efforçons de présenter ces méthodes simultanément et concurremment.

Combinatoire analytique

Supposons avoir dégagé d'une part une notion de *taille* des données en entrée d'un algorithme et d'autre part une notion de *coût* d'un algorithme, exprimé en fonction d'un paramètre de l'arbre τ associé aux données. Appelons ce coût $c(\tau)$. Lorsque les données sont supposées aléatoires, alors $c(\tau)$ devient une variable aléatoire. Il est alors loisible de définir le *coût moyen,* appelons-le c_n, pour une donnée aléatoire de taille n. Une technique puissante de résolution, lorsqu'il existe une relation de récurrence sur c_n, ou directement sur $c(\tau)$, consiste à introduire la *fonction génératrice* de la suite (c_n), disons $C(z) = \sum_n c_n z^n$. L'obtention de $C(z)$, ou plus fréquemment d'une équation dont elle est solution, est possible grâce à des techniques de combinatoire, en particulier la *méthode symbolique*. Il arrive parfois d'obtenir une expression explicite pour $C(z)$ et pour ses coefficients. Lorsque ce n'est pas le cas, il est néanmoins fructueux de considérer $C(z)$ comme une fonction analytique dans le plan complexe, et d'obtenir sinon la valeur exacte du n-ième coefficient de la fonction, i.e., de c_n, du moins son comportement asymptotique – c'est souvent le plus intéressant, la question du coût d'un algorithme n'ayant un intérêt pratique que pour des données de « grande » taille. L'outil de base pour cette étude asymptotique est la formule de Cauchy ou les adaptations qui en ont été faites, la plus notable pour notre sujet étant le *lemme de transfert* de Flajolet et Odlyzko [90].

Cette approche, qui fait appel à la combinatoire et à l'analyse, a été développée et systématisée par Flajolet, qui lui a donné le nom de *Combinatoire analytique*. Elle permet, à partir d'une spécification formelle des objets combinatoires étudiés (ici, des arbres), d'étudier leurs paramètres, non seulement en moyenne, mais en distribution, i.e., d'obtenir moments ou convergence vers une loi limite. Nous renvoyons aux livres de Flajolet et Sedgewick [93, 94] pour une présentation de ce domaine de recherche et pour les applications en analyse d'algorithmes.

Probabilités

Les structures arborescentes qui apparaissent aussi bien dans la représentation des données que dans la représentation des choix d'exécution d'un algorithme conduisent naturellement à une modélisation par des arbres aléatoires, en d'autres termes par un ensemble d'arbres sur lequel une loi de probabilité a été définie. De plus, les arbres aléatoires peuvent aussi être vus comme un cas particulier de graphes aléatoires, qui sont eux-mêmes des modèles intervenant par exemple pour décrire des réseaux de télécommunication. Rappelons cependant que dans ce livre un arbre sera toujours *enraciné*, i.e. un sommet est désigné comme racine (à la différence de la plupart des arbres rencontrés en théorie des graphes, où aucun sommet ne joue a priori de rôle particulier).

Une bonne manipulation des arbres aléatoires nécessite de travailler sur des espaces probabilisés. Les processus aléatoires (on dit aussi stochastiques) qui appartiennent à la famille des processus de branchement seront naturellement présents. Ils peuvent décrire simplement l'évolution d'une population en comptant le nombre d'individus à la n-ième génération (ce sont les processus de Galton-Watson), ou bien décrire des évolutions plus riches, en marquant les nœuds ou les branches d'un arbre par toutes sortes de variables qui présentent un intérêt pour l'étude. Les marches aléatoires branchantes en sont un exemple.

D'autres processus stochastiques peuvent aussi intervenir, par exemple pour l'étude des arbres binaires de recherche. Dans les cas détaillés dans cet ouvrage, des méthodes probabilistes classiques, couplées parfois à des méthodes analytiques, permettent de déterminer le comportement asymptotique d'une variable aléatoire correspondant au coût d'un algorithme. Des martingales apparaissent, des marches aléatoires sont associées aux arbres, et les différentes notions de convergence fournissent autant de notions de limite.

Un exemple d'utilisation conjointe : les urnes de Pólya

Les urnes de Pólya sont un modèle polyvalent qui apparaît dès qu'il y a un choix uniforme à faire entre des objets (boules) de différentes espèces (couleurs). Ce sera typiquement le cas lors de l'insertion d'une nouvelle clé dans un arbre de recherche, par exemple dans un arbre 2–3 suivant que la feuille où prend place cette clé contient déjà une ou deux clés. Dans une modélisation d'arbre par une urne de Pólya, les boules sont les nœuds ou les feuilles, de différentes espèces ou couleurs. Il apparaît alors une matrice de remplacement qui permet de suivre l'évolution des différentes espèces de nœuds lors de mises à jour.

Concurremment, l'urne peut être étudiée soit par combinatoire analytique et par description en termes de fonctions génératrices, soit par des méthodes probabilistes et algébriques. Des informations précises sont obtenues à temps fini ou asymptotiquement sur la répartition des nœuds selon les différentes couleurs.

Table des matières

Partie I
Modèles

Chapitre 1
Botanique

Il y a plusieurs manières de voir les arbres ; la distinction la plus fondamentale est peut-être celle qui consiste à les considérer soit comme des structures discrètes toujours finies – c'est le point de vue de l'algorithmique, qui ne peut (sauf artifice) représenter que des objets finis –, soit comme des objets potentiellement infinis – c'est le point de vue des mathématiques. Dans ce chapitre, et dans la suite de ce livre, nous rencontrerons les deux points de vue simultanément. En anticipant sur la suite du chapitre, nous pouvons dire que

- l'aspect « structure toujours finie » correspond à la définition d'un arbre par une classe combinatoire ; on peut alors définir une notion de « taille » d'un arbre ;
- l'aspect « structure potentiellement infinie » correspond à la définition d'un arbre par un ensemble de mots ; nous parlerons de taille finie ou infinie d'un arbre.

Une autre distinction vient de la différence entre arbre non marqué et arbre marqué.

- Dans le premier cas les nœuds de l'arbre ne contiennent pas d'information. C'est la *forme* de l'arbre à laquelle on s'intéresse.
- Le second cas correspond à un point de vue plus algorithmique ; il consiste à voir un arbre comme une structure dont les nœuds contiennent des informations, souvent appelées « données ». En informatique, ce qui est contenu dans un nœud est nommé variable et on lui affecte une valeur dans un ensemble appelé aussi domaine. Pour éviter les confusions sur les mots « variable » et « valeur », nous appellerons dans la suite « marques » (« labels » en anglais), ou « clés », ce qui est à l'intérieur d'un nœud. C'est l'objet {arbre + marques} auquel on s'intéresse. Mathématiquement, cet objet est appelé un *arbre marqué* (parfois arbre étiqueté). L'arbre non marqué obtenu en effaçant les marques d'un arbre marqué est sa forme.

© Springer Nature Switzerland AG 2018
B. Chauvin et al., *Arbres pour l'Algorithmique*, Mathématiques et Applications 83,
https://doi.org/10.1007/978-3-319-93725-0_1

Ces deux points de vue : arbre marqué, ou non marqué, vont apparaître dans ce chapitre. Nous les soulignons à chaque fois. Ils permettent aussi de distinguer dans le chapitre 2 comment l'aléa peut être introduit sur les arbres.

Ce chapitre est ainsi structuré en présentant les arbres, sous le double aspect de structures finies ou potentiellement infinies, comme structures d'abord non marquées, puis marquées, respectivement dans les sections 1.1 et 1.2 ; il se termine par la section 1.3, qui présente les paramètres d'arbres que nous étudierons dans ce livre.

Toutes nos analyses concernent les arbres enracinés, c'est-à-dire admettant un nœud distingué appelé racine *; nous omettrons l'adjectif « enraciné » dans ce livre.*

1.1   Arbres non marqués

Les sections 1.1.1 et 1.1.2 présentent les arbres planaires et les arbres binaires respectivement. Dans chacun des cas, deux définitions sont possibles : une définition récursive par classe combinatoire et une définition par numérotation canonique des nœuds de l'arbre. Chacune des deux définitions sera utilisée par la suite. L'appréciation du caractère « naturel » de chacune des deux définitions est éminemment subjective…

Nous présentons ensuite en section 1.1.3 une bijection entre ces deux classes : arbres planaires et arbres binaires, avant de considérer les arbres non planaires en section 1.1.4.

1.1.1   Arbres planaires

Nous donnons ci-dessous deux définitions des arbres planaires, tout d'abord comme ensemble de mots sur l'alphabet des entiers strictement positifs, puis comme classe combinatoire. Les arbres planaires sont appelés ainsi parce que les enfants d'un sommet sont ordonnés, et que ces arbres se dessinent assez naturellement dans le plan en ordonnant de gauche à droite les enfants d'un même nœud.

A. Représentation canonique des arbres planaires Dans cette définition d'un arbre planaire, les nœuds de l'arbre sont des mots finis sur $\mathbb{N}_{>0}$, c'est-à-dire des suites finies d'entiers strictement positifs.

Soit U l'ensemble des suites finies d'entiers strictement positifs. Il est commode que la suite vide, notée ici[1] ε, appartienne à U. Ainsi

$$U = \{\varepsilon\} \cup \bigcup_{n \geq 1} (\mathbb{N}_{>0})^n$$

est l'ensemble des mots qui nomment canoniquement les nœuds de l'arbre. La longueur d'une suite est notée $|u|$ et $|\varepsilon| = 0$. La suite obtenue par concaténation de u et v se note uv. Si un mot u s'écrit $u = vw$, alors v est un *préfixe* et w est un *suffixe* de u.

Définition 1.1 Un **arbre planaire** τ est un sous-ensemble de U qui vérifie les trois conditions suivantes

 (i) $\varepsilon \in \tau$ (un arbre n'est pas vide, il contient au moins la racine) ;
 (ii) $\forall u, v \subset U$, si $uv \in \tau$ alors $u \in \tau$ (il est possible de remonter le long d'une branche vers la racine) ;
 (iii) $\forall u \in U$, si $u \in \tau$, alors il existe $M_u(\tau) \in \mathbb{N}$ tel que pour tout $j \geq 1$,

$$uj \in \tau \text{ si et seulement si } 1 \leq j \leq M_u(\tau).$$

L'ensemble des arbres planaires est noté $\mathcal{P}$.

La dernière condition de la définition 1.1 traduit le fait que, dans un arbre planaire τ, lorsqu'un nœud u a M_u enfants, alors ces enfants – qui appartiennent à τ – sont numérotés de 1 à M_u. Il est tout à fait possible de définir des arbres qui ne vérifient pas cette condition, ce sont les arbres préfixes ci-dessous.

Définition 1.2 Un **arbre préfixe** τ est un sous-ensemble de U qui vérifie les deux conditions suivantes

 (i) $\varepsilon \in \tau$ (un arbre n'est pas vide, il contient au moins la racine) ;
 (ii) $\forall u, v \in U$, si $uv \in \tau$ alors $u \in \tau$ (il est possible de remonter le long d'une branche vers la racine).

L'ensemble des arbres préfixes est noté $\mathcal{Pref}$.

Nous donnons des exemples d'arbre planaire et d'arbre préfixe respectivement dans les figures 1.1 et 1.2.

Un peu de vocabulaire Les définitions qui suivent sont valables pour tous les types d'arbres que nous rencontrerons dans ce livre ; nous ne les répéterons donc pas pour les classes d'arbres que nous présentons dans la suite de ce chapitre.

---

[1] Nous avons ici sacrifié à l'usage en combinatoire des mots en notant par ε la suite vide et donc la racine des arbres, mais dans d'autres contextes, probabilistes notamment, elle est généralement désignée par $\emptyset$.

Fig. 1.1 Arbre planaire
$\tau = \{\varepsilon, 1, 2, 3, 31, 32\}$. Pour
cet arbre $M_\varepsilon = 3$, $M_3 = 2$ et
$M_1 = M_2 = M_{31} = M_{32} = 0$.
Le numérotage canonique est
représenté pour chaque nœud
de τ

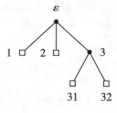

Fig. 1.2 Un arbre préfixe.
Les enfants de la racine sont
numérotés 1 et 3 ; il n'y a pas
d'enfant numéroté 2

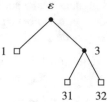

Définition 1.3 Dans un arbre τ, la **racine** ou **ancêtre** est le nœud correspondant
à ε. L'**arité** d'un nœud est le nombre de ses enfants. Le **niveau** ou **profondeur**
d'un nœud est la longueur du mot qui lui est associé. C'est aussi la distance à la
racine. La **hauteur** d'un arbre fini est le maximum des profondeurs de ses nœuds
(l'arbre réduit à sa racine est de hauteur 0).

La **taille** d'un arbre est (sauf indication explicite du contraire) le nombre de ses
nœuds.

Les **nœuds internes** d'un arbre sont ceux qui ont au moins un enfant ; les
feuilles, ou **nœuds externes** sont les nœuds qui n'ont pas d'enfant. Les **nœuds
internes terminaux** sont les nœuds internes n'ayant que des feuilles pour enfants.
L'ensemble des feuilles d'un arbre τ est noté $\partial\tau$. L'ensemble des nœuds internes de
τ est $\tau \setminus \partial\tau$.

Les **descendants** d'un nœud u sont les éléments de l'arbre ayant u pour préfixe.
L'ensemble des descendants du nœud u, renumérotés en supprimant le préfixe u, est
le **sous-arbre** issu de u, noté généralement τ^u.

Ainsi l'ensemble des nœuds de l'arbre est la réunion disjointe des nœuds internes et
des feuilles : $\tau = (\tau \setminus \partial\tau) \cup \partial\tau$.

Remarque 1.4 Dans ce livre, nous utilisons les conventions suivantes pour un arbre
non marqué : ○ sert à désigner un nœud lorsque nous ne précisons pas s'il s'agit
d'un nœud interne ou d'une feuille ; dans le cas contraire ● désigne un nœud interne
et □ une feuille.

Il peut arriver que nous soyons conduits à restreindre les arités possibles pour un
nœud.

Définition 1.5 Soit $\mathcal{E}$ un sous-ensemble de $\mathbb{N}$; nous notons $\mathcal{P}_\mathcal{E}$ l'ensemble des
arbres planaires dont les nœuds sont à arité dans $\mathcal{E}$.

Lorsque $\mathcal{E} = \mathbb{N}$, on retrouve évidemment l'ensemble $\mathcal{P}$; si $\mathcal{E}$ ne contient pas 0, les
arbres sont infinis.

Définition 1.6 Une **forêt** est une union d'arbres.

Ainsi l'ensemble des sous-arbres issus des enfants d'un nœud d'un arbre planaire est une forêt.

Remarque 1.7 Il suffit, pour définir un arbre τ, de se donner une suite d'entiers M_u, $u \in U$ (où M_u sera le nombre d'enfants du nœud u et aussi l'arité du nœud u), assortie des conditions de la définition 1.1. Un tel arbre est fini ou infini. Quand le nœud concerné est la racine de l'arbre, nous notons M plutôt que M_ε :

$$M := \text{nombre d'enfants de l'ancêtre} = \text{arité de la racine.}$$

Par ailleurs, il est facile de vérifier que la condition *(iii)* dans la définition 1.1 peut être remplacée par *(iii')* : $\{uk \in \tau \text{ et } k > 1\} \Rightarrow \{u(k-1) \in \tau\}$. Avec *(iii')*, le nombre d'enfants du nœud u, $M_u(\tau) := \max\{k \geq 1, uk \in \tau\}$, doit être défini par la suite.

B. Classes combinatoires Nous définissons ci-dessous la classe combinatoire des arbres planaires. Nous utilisons la notion de classe combinatoire atomique (cf. section B.1) et la construction *Suite non vide de* (cf. section B.2), que nous notons $\text{SEQ}_{>0}$ (figure 1.3).

Définition 1.8 (récursive) Une classe combinatoire $\mathcal{P}$ est une classe d'arbres planaires lorsqu'il existe deux classes combinatoires atomiques contenant chacune un objet de taille 1, respectivement notés • et □ et appelés « nœud interne » et « nœud externe », telles que $\mathcal{P}$ vérifie l'équation récursive[2]

$$\mathcal{P} = \square + (\bullet \times \text{SEQ}_{>0}(\mathcal{P})). \tag{1.1}$$

Remarque 1.9 Les deux définitions 1.1 et 1.8 ne sont pas strictement équivalentes, puisqu'elles ne fournissent pas le même ensemble d'arbres : la définition récursive produit des arbres *finis*, puisqu'une classe combinatoire se compose d'objets de taille finie ; alors qu'un arbre avec la première définition peut être fini ou infini. Par

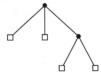

Fig. 1.3 Cet arbre planaire à deux nœuds internes et quatre feuilles est une représentation dans le plan de l'objet combinatoire $(\bullet, (\square, \square, (\bullet, (\square, \square))))$. Sa taille est égale à 6, le nombre total de nœuds

---

[2]Dans toutes les définitions de classes combinatoires, nous notons les classes atomiques □ et • au lieu de {□} et {•}, ceci afin d'alléger les notations.

Fig. 1.4 Un exemple d'arbre
infini : le peigne

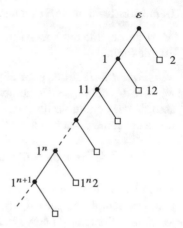

exemple, le peigne de la figure 1.4 est un arbre pour la première définition ; c'est l'ensemble (infini) des mots $\{1^n, n \geq 0\} \cup \{1^n2, n \geq 0\}$. Par bonheur, l'ensemble des arbres finis selon la première définition est isomorphe à l'ensemble des arbres de la définition récursive ; c'est pour cela que nous avons employé la même notation $\mathcal{P}$ dans les deux définitions pour désigner l'ensemble des arbres planaires, bien qu'ils ne désignent pas le même ensemble... Il en va de même pour d'autres classes d'arbres que nous verrons par la suite. C'est pourquoi nous travaillerons, selon les analyses et les méthodes qu'elles requièrent, avec l'une ou l'autre des deux définitions des arbres, sans avoir besoin de le préciser.

1.1.2   Arbres binaires et arbres binaires complets

Comme dans la section précédente, deux points de vue et deux définitions sont possibles, l'une comme ensemble de mots sur l'alphabet $\{0, 1\}$, qui produit des arbres finis ou infinis, l'autre comme classe combinatoire, qui conduit à des arbres finis.

A. Représentation canonique des arbres binaires et des arbres binaires complets Dans les définitions qui suivent, les nœuds de l'arbre sont des mots sur l'alphabet à deux lettres[3] $\{0, 1\}$, c'est-à-dire des éléments de

$$\mathcal{U} = \{0, 1\}^* = \{\varepsilon\} \cup \bigcup_{n \geq 1} \{0, 1\}^n.$$

Comme plus haut, ε désigne le mot vide. Le fils gauche du mot u est $u0$ et le fils droit est $u1$.

---

[3]Nous avons choisi l'alphabet à deux lettres $\{0, 1\}$, qui est usuel, mais pour retrouver des arbres au sens de la définition 1.1, il faudrait utiliser l'alphabet $\{1, 2\}$.

Fig. 1.5 Un arbre binaire et un arbre binaire complet ; à chaque nœud est indiqué le mot associé

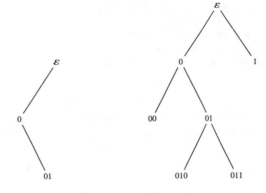

Définition 1.10 Un **arbre binaire** τ est soit l'arbre vide, soit un sous-ensemble de $\mathcal{U} = \{0, 1\}^*$ tel que

$$\forall u, v \in \mathcal{U}, \ \text{si } uv \in \tau \text{ alors } u \in \tau.$$

Un **arbre binaire complet** τ est un sous-ensemble de $\mathcal{U} = \{0, 1\}^*$ tel que

$$\begin{cases} \varepsilon \in \tau, \\ \forall u, v \in \mathcal{U}, \ \text{si } uv \in \tau \text{ alors } u \in \tau, \\ \forall u \in \tau, u1 \in \tau \Leftrightarrow u0 \in \tau. \end{cases}$$

L'ensemble des arbres binaires est noté C ; l'ensemble des arbres binaires complets est noté $\mathcal{B}$.

Comme pour les arbres planaires, les éléments de τ sont les nœuds, la racine de τ est ε, le nombre de lettres d'un nœud u est noté $|u|$, c'est le niveau ou profondeur de u dans l'arbre et le niveau de la racine est $|\varepsilon| = 0$, l'arité d'un nœud est son nombre d'enfants. Pour les arbres binaires, ce nombre peut valoir 0, 1 ou 2. Pour les arbres binaires complets, il peut valoir 0 ou 2. Nous parlerons de **feuille**, de **nœud simple**,[4] ou de **nœud double**, pour un nœud d'arité 0, 1, ou 2 (figure 1.5).

B. Classes combinatoires Nous définissons ci-dessous les classes combinatoires des arbres binaires et des arbres binaires complets. Nous utilisons les notions de classe combinatoire neutre et de classe combinatoire atomique (cf. la section B.1).

Définition 1.11 (récursive)

Une classe combinatoire C est une classe d'**arbres binaires** lorsqu'il existe une classe neutre notée $\mathcal{E}$ contenant un objet de taille 0, l'arbre vide, et une classe

---

[4]Il existe en fait deux types de nœuds simples distincts dans les arbres binaires : ceux qui n'ont que le fils gauche, et ceux qui n'ont que le fils droit ; il est parfois utile de les distinguer.

Fig. 1.6 Un exemple d'arbre binaire de taille 3 et de l'arbre binaire complet associé, qui a 4 feuilles, 3 nœuds internes, et est de taille 7

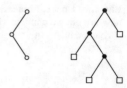

combinatoire atomique contenant un objet de taille 1, noté ∘ et appelé « nœud » de l'arbre, telles que C vérifie l'équation récursive

$$C = \mathcal{E} + (\circ \times C \times C). \tag{1.2}$$

Une telle classe est parfois appelée classe des **arbres de Catalan**.[5]

Une classe combinatoire $\mathcal{B}$ est une classe d'**arbres binaires complets** lorsqu'il existe deux classes combinatoires atomiques contenant chacune un objet de taille 1, respectivement notés • et □ et appelés « nœud interne » et « nœud externe », telles que $\mathcal{B}$ vérifie l'équation récursive

$$\mathcal{B} = \square + (\bullet \times \mathcal{B} \times \mathcal{B}). \tag{1.3}$$

Lorsque nous travaillons avec les arbres binaires, nous utilisons la terminologie classique de sous-arbres *gauche* et *droit*, plutôt que de premier et deuxième sous-arbre. Notons aussi que l'ensemble des arbres binaires contient l'arbre vide – alors que ni l'ensemble des arbres planaires ni l'ensemble des arbres binaires complets ne le contiennent.

Un arbre binaire se complète canoniquement en un arbre binaire complet[6] (en anglais *extended*), de sorte qu'il y a une *bijection* entre les arbres binaires à n nœuds et les arbres binaires complets à n nœuds internes et $(n + 1)$ feuilles. Cette propriété se démontre récursivement sur n.

Deux notions de taille sont illustrées dans la figure 1.6 : la taille d'un arbre binaire (de C) est le nombre total de nœuds ; la taille d'un arbre binaire complet (de $\mathcal{B}$) au sens de la classe combinatoire est le nombre total de nœuds, c'est-à-dire $2n + 1$ lorsqu'il y a n nœuds internes. On dit parfois qu'il est de taille n en ne comptant que ses nœuds internes.

Remarque 1.12 L'ensemble $\mathcal{B}$ des arbres binaires complets est le sous-ensemble $\mathcal{P}_{\{0,2\}}$ de l'ensemble $\mathcal{P}$ des arbres planaires. Comme classe combinatoire, la classe $\mathcal{B}$ des arbres binaires complets est isomorphe à la sous-classe $\mathcal{P}_{\{0,2\}}$ de la classe $\mathcal{P}$ des arbres planaires.

---

[5]Le nom vient d'Eugène Catalan, à qui est associée l'énumération des arbres binaires par les nombres dits (justement !) « de Catalan ».

[6]Ne pas confondre avec ce que les probabilistes ou les algébristes appellent « l'arbre binaire complet », qui est l'arbre infini dans lequel tout nœud a toujours deux fils.

En revanche, les arbres binaires de C, s'ils sont des arbres préfixes, ne sont pas des arbres planaires, au sens des définitions 1.1 et 1.8 : en effet, dans le cadre des arbres planaires on ne peut distinguer d'enfant gauche et d'enfant droit quand il y a un seul enfant, alors que les arbres binaires $\swarrow$ et $\searrow$ sont distincts. Il serait possible de voir les arbres binaires comme des arbres planaires *marqués* : chaque nœud serait marqué par une étiquette « gauche » ou « droit ».

1.1.3 Bijection entre les arbres planaires et les arbres binaires

Les arbres planaires sont en bijection avec les arbres binaires par la bijection « fille aînée–sœur cadette » (appelée aussi lemme de correspondance naturelle ou correspondance par rotation), que nous détaillons maintenant. Certains auteurs désignent d'ailleurs par « arbres de Catalan » ce que nous avons appelé « arbres planaires », ces deux ensembles étant en bijection.

Nous présentons un exemple de transformation d'arbre planaire en arbre binaire dans les figures 1.7, 1.8, 1.9, et 1.10. Pour faciliter la compréhension, nous avons indiqué le numérotage canonique des nœuds, mais la bijection est indépendante de l'existence de ces numéros.

Définissons formellement la transformation – appelons-la ϕ – qui fait passer d'un arbre planaire τ ou de l'arbre vide à un arbre binaire $\psi(\tau)$. Elle est définie récursivement comme suit.

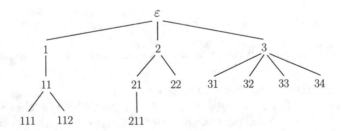

Fig. 1.7 Un arbre planaire à 14 nœuds

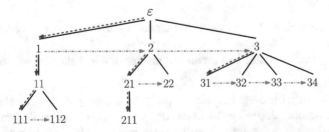

Fig. 1.8 Le même arbre, avec les liens « fille aînée » en bleu et « sœur cadette » en vert

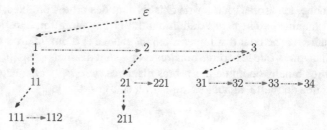

Fig. 1.9 Nous oublions les liens d'origine...

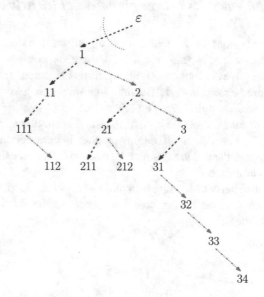

Fig. 1.10 ...et nous redressons l'arbre ; la racine n'a jamais de fille droite et peut être oubliée !

– L'image par ϕ de l'arbre vide est l'arbre vide.
– Soit u un nœud de τ ; le nœud $\phi(u)$ dans $\phi(\tau)$ a pour enfant gauche l'image par ϕ de la fille aînée de u et pour enfant droit l'image par ϕ de la sœur droite de u, i.e., le nœud suivant u dans l'ordre des enfants de leur parent commun.

Par conséquent :

– si u est une feuille de τ qui est le dernier enfant de la fratrie, $\phi(u)$ est une feuille de $\phi(\tau)$.
– un arbre planaire réduit à sa racine a pour image par ϕ un arbre binaire réduit à sa racine.

Il n'est pas difficile de se convaincre que, pour tout $n \geq 0$, ϕ est une bijection de $\mathcal{P}_n \cup \{\varepsilon\}$, ensemble des arbres planaires de taille n augmenté de l'arbre vide, vers l'ensemble des arbres binaires de taille n tels que la racine soit toujours un nœud sans fille droite. La racine de cet arbre binaire n'apporte donc aucune information, et peut être supprimée. Nous obtenons alors, pour tout $n > 0$, une bijection de l'ensemble des arbres planaires de taille n vers l'ensemble des arbres binaires de taille $n - 1$. Nous laissons à la lectrice ou au lecteur la construction de la bijection réciproque, associant un arbre planaire de taille $n + 1$ à un arbre binaire de taille n.

1.1.4   Arbres non planaires, ou de Pólya.

Ces arbres ont notamment été étudiés par Pólya [211], d'où notre utilisation du terme « arbres de Pólya » pour les désigner. Nous donnons ci-dessous deux manières équivalentes de les définir : comme classe combinatoire, et comme ensemble quotient.

Définition 1.13 Une classe combinatoire $\mathcal{P}$ó est une classe d'**arbres de Pólya** lorsqu'il existe deux classes combinatoires atomiques contenant chacun un objet de taille 1, respectivement notés $\bullet$ et $\square$ et appelés « nœud interne » et « feuille », telles que $\mathcal{P}$ó vérifie l'équation récursive

$$\mathcal{P}\text{ó} = \square + (\bullet \times \text{MSET}(\mathcal{P}\text{ó})),$$

où la construction combinatoire MSET correspond au *multi-ensemble*, i.e. au choix d'un ensemble non vide d'arbres, avec répétitions possibles.

En d'autres termes, un nœud a, non pas une suite ordonnée, mais un *ensemble* (fini) d'enfants (figure 1.11).

Définition 1.14 Soit $\mathcal{R}$ la relation d'équivalence sur l'ensemble $\mathcal{P}$ des arbres planaires engendrée par la relation binaire suivante : deux arbres planaires τ et τ' sont en relation si l'on peut passer de l'un à l'autre en permutant les sous-arbres d'un même nœud. L'ensemble $\mathcal{P}$ó des arbres de Pólya est l'ensemble des classes d'équivalence de $\mathcal{P}$ pour la relation $\mathcal{R}$.

En toute rigueur, ces deux définitions ne sont pas équivalentes (une classe d'équivalence n'est pas une classe combinatoire). Cependant, si nous nous limitons dans la définition 1.14 à des arbres finis, elles définissent des ensembles isomorphes, puisque l'ensemble des classes d'équivalence de la définition 1.14 est bien la classe combinatoire des arbres de Pólya au sens de la définition 1.13.

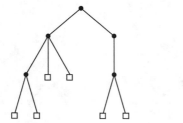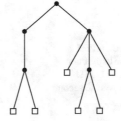

Fig. 1.11 Deux représentations planaires d'un même arbre de Pólya

Un cas particulier important est celui où les nœuds internes sont d'arité 2 : il s'agit de l'analogue non planaire de la classe $\mathcal{B}$ des arbres binaires complets. Soit $\mathcal{P}_{(2)}$ une telle classe ; elle vérifie l'équation récursive

$$\mathcal{P}_{(2)} = \square + (\bullet \times M_2(\mathcal{P}_{(2)})), \qquad (1.4)$$

où la construction combinatoire $M_2(.)$ correspond à choisir un multi-ensemble de taille 2, i.e., une paire (non ordonnée) de deux objets, distincts ou non. $\mathcal{P}_{(2)}$ est aussi isomorphe à l'ensemble des classes d'équivalence de l'ensemble des arbres planaires finis de $\mathcal{P}_{\{0,2\}}$ sous la relation $\mathcal{R}$ de la définition 1.14.

1.2   Arbres marqués

1.2.1   Définition des arbres marqués

Plutôt que le terme d'*arbre étiqueté* qui peut prêter à confusion avec les classes combinatoires étiquetées, nous parlerons de préférence d'*arbre marqué*, dans l'acception du terme introduit par Neveu [194].

Définition 1.15   Un **arbre marqué** est un couple

$$\overline{\tau} = (\tau, (\gamma_u)_{u \in \tau}),$$

où τ est un des arbres définis en section 1.1, et où les marques γ_u sont des éléments d'un ensemble Γ.

L'arbre non marqué τ est la **forme** de l'arbre marqué $\overline{\tau}$; il est aussi noté $\pi(\overline{\tau})$, c'est l'ensemble des nœuds de l'arbre marqué.

Les marques peuvent être des couleurs, des nombres (le numéro de génération, ...), des positions dans l'espace, des opérateurs logiques ou arithmétiques ($\wedge$, $\vee$, $\rightarrow$, $+$, $\times$, etc), des lettres d'un alphabet, etc. Nous donnons deux exemples d'arbres marqués dans la figure 1.12.

Lorsque l'ensemble des marques est totalement ordonné, il arrive souvent que seul l'ordre des marques soit important, non leur valeur. Cette idée conduit aux notions d'*arbre des rangs,* de *marquage canonique* et de *réordonnement* que nous définissons ci-dessous.

Fig. 1.12   Deux arbres marqués : pour le premier $\Gamma = \{+, -, *, /\} \cup \mathbb{N} \cup \{a, b, \dots, z\}$; pour le second $\Gamma = \{\wedge, \vee\} \cup \{a, b, \dots, z\}$

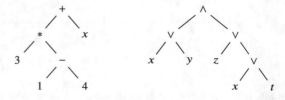

Définition 1.16 Soit τ un arbre marqué de taille finie, dont les marques appartiennent à un ensemble totalement ordonné. Soit $\pi(\tau)$ la forme de cet arbre. **L'arbre des rangs** de τ est l'arbre marqué $C(\tau)$ obtenu en marquant les nœuds de l'arbre $\pi(\tau)$ par les entiers $1, 2, \ldots, k$, où k est le nombre de marques distinctes présentes dans τ, et en respectant l'ordre des marques.

Nous appelons **marquage canonique** ce procédé de passage des marques aux rangs – qui sont eux-mêmes des marques.

Définition 1.17 Soit τ un arbre marqué de taille finie k, $k \leq 1$, dont les marques $x_1, \ldots, x_k$ sont toutes distinctes et appartiennent à un ensemble totalement ordonné. Le **réordonnement** ou statistique d'ordre de $x_1, \ldots, x_k$ est la permutation $\sigma_k \in \mathfrak{S}_k$ définie par

$$x_{\sigma_k(1)} < x_{\sigma_k(2)} < \cdots < x_{\sigma_k(k)}. \tag{1.5}$$

La permutation σ_k^{-1} donne les rangs des marques. Ces rangs apparaissent sur l'arbre des rangs.

La figure 1.13 donne un exemple d'arbre marqué à marques réelles, et de l'arbre des rangs obtenu par marquage canonique.

Remarque 1.18 Le marquage canonique ne change évidemment pas la forme de l'arbre : $\pi(C(\tau)) = \pi(\tau)$.

Attention : il n'est pas toujours possible, ou pertinent, de définir l'arbre des rangs d'un arbre marqué ; cf. par exemple les deux arbres de la figure 1.12, où l'ensemble Γ des marques n'est pas « naturellement » totalement ordonné.

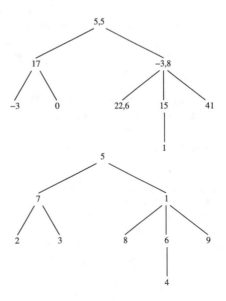

Fig. 1.13 En haut, un arbre marqué τ de taille 9 dont les marques sont dans $\mathbb{R}$; en bas l'arbre des rangs $C(\tau)$, dont les marques sont les entiers de 1 à 9, et qui est obtenu par marquage canonique de τ

1.2.2 Familles simples d'arbres

Afin d'avoir un point de vue global, passons en revue quelques classes d'arbres déjà rencontrées ou à venir en les voyant comme des ensembles d'arbres marqués :

- la classe $\mathcal{P}$ des arbres planaires devient un ensemble d'arbres marqués lorsque chaque nœud est marqué par son arité (i.e., le nombre de ses fils) $\ell \in \mathbb{N}$;
- la classe $\mathcal{B}$ des arbres binaires complets devient un ensemble d'arbres marqués en remarquant que chaque nœud est soit $\square$ d'arité 0, soit $\bullet$ d'arité 2. Les symboles $(\square, 0)$ et $(\bullet, 2)$ sont ainsi associés aux nœuds de l'arbre.
- la classe C des arbres binaires devient un ensemble d'arbres marqués grâce aux symboles $(\square, 0)$ et $(\bullet, 2)$ auxquels il faut ajouter les symboles $(\bullet_g, 1)$ et $(\bullet_d, 1)$ qui correspondent aux nœuds simples, d'arité 1, dont l'enfant unique est soit à gauche soit à droite.
- la classe des arbres représentant des expressions booléennes construites sur un ensemble de variables booléennes (fini ou non) $X = \{x_1, \ldots, x_k, \ldots\}$, étendu avec les littéraux négatifs (notés $\overline{x_i}$; leur ensemble sera noté $\overline{X}$) et avec les opérateurs logiques $\wedge$, $\vee$ et $\rightarrow$, devient un ensemble d'arbres marqués : en effet, chaque nœud est marqué par une lettre de l'alphabet $\mathscr{A} = X \cup \overline{X} \cup \{\wedge, \vee, \rightarrow\}$ et l'ensemble de symboles associé est

$$\mathcal{S} = \{(\wedge, 2), (\vee, 2), (\rightarrow, 2), (x_1, 0), (\overline{x_1}, 0), (x_2, 0), (\overline{x_2}, 0), \ldots\}.$$

  Cet ensemble est fini lorsque X est fini, infini sinon.
- la classe des arbres d'expressions (mathématiques), par exemple celle des expressions construites avec une seule variable x, les opérateurs binaires $+$ et $*$ (où dans cet exemple $*$ désigne le produit), et l'opérateur unaire d'exponentiation exp ; cette classe devient un ensemble d'arbres marqués par les lettres de l'alphabet $\mathscr{A} = \{x, \exp, +, *\}$ et l'ensemble de symboles associé est $\mathcal{S} = \{(x, 0), (\exp, 1), (+, 2), (*, 2)\}$. Une représentation d'un tel arbre se trouve figure 1.14.

Ceci nous amène à la notion de *famille simple d'arbres* qui est due à Meir et Moon [185]. En renvoyant aux sections 1.1.1 pour la définition de l'ensemble $\mathcal{P}_E$ et 1.2.1 pour celle d'un arbre marqué, nous définissons une famille simple d'arbres comme suit.

Fig. 1.14 Un arbre de taille 10, représentant l'expression $\exp(x * x) + (x * (x + x))$, où $*$ désigne le produit

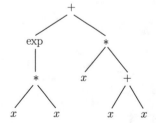

Fig. 1.15 Un arbre de
Cayley à 8 nœuds, marqué
avec les entiers 1, 2, . . . , 8 ;
pour la représentation
graphique, les enfants d'un
nœud sont ordonnés par ordre
croissant de marque

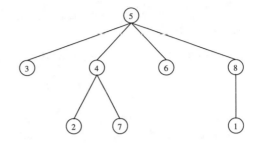

Définition 1.19 Soient un **alphabet** $\mathscr{A}$ et une fonction **arité** g de cet alphabet vers
$\mathbb{N}$, telle qu'il existe au moins une lettre d'arité 0. Un **symbole** est un couple $(\ell, g(\ell))$,
où $\ell \in \mathscr{A}$. Notons $\mathcal{S} = \{(\ell, g(\ell)), \ell \in \mathscr{A}\}$ l'ensemble des symboles,[7] et $\mathcal{E}$ l'image
de $\mathscr{A}$ par la fonction arité, i.e., l'ensemble des valeurs p de $\mathbb{N}$ telles qu'il existe
au moins une lettre d'arité p. La **famille simple d'arbres** $\mathcal{F}$ sur l'ensemble de
symboles $\mathcal{S}$ est alors l'ensemble $(\mathcal{P}_\mathcal{E}, \mathscr{A})$ des arbres marqués par des lettres de $\mathscr{A}$
de telle sorte que, pour tout nœud, son arité (i.e., le nombre de ses fils) soit égale à
l'arité de sa marque.

Remarque 1.20 La famille $\mathcal{F}$ ne contient pas l'arbre vide. L'existence d'au moins
un symbole d'arité 0 dans $\mathcal{S}$ assure qu'il existe des arbres finis dans $\mathcal{F}$.

1.2.3 Arbres de Cayley

Un exemple classique d'arbres marqués est l'ensemble Cay des arbres de Cayley,
obtenus lorsque l'ensemble des formes d'arbres est $\mathcal{P}$ó, l'ensemble des arbres
non planaires ou de Pólya, et qui sont des structures étiquetées au sens de la
section B.1.2, i.e., chaque nœud d'un arbre τ porte une marque distincte de
$\{1, \ldots, |\tau|\}$.

Définition 1.21 Un *arbre de Cayley* est un arbre τ non planaire marqué dont les
marques sont prises dans $\{1, \ldots, |\tau|\}$ et sont toutes distinctes. L'ensemble des
arbres de Cayley est noté Cay.

En conséquence, un arbre de Cayley τ est son propre arbre des rangs :

$$C(\tau) = \tau.$$

Pour représenter les arbres de Cayley, il est courant d'ordonner les enfants d'un
même nœud interne de gauche à droite, suivant l'ordre croissant de leurs marques ;
cf. la figure 1.15.

---

[7]$\mathcal{S}$ est le graphe de la relation g.

Nous pouvons aussi donner une définition récursive, par classes combinatoires, des arbres de Cayley.

Définition 1.22 La classe Cay des arbres de Cayley vérifie l'équation récursive

$$Cay = (\circ \times \text{SET}(Cay)),$$

où SET désigne la construction combinatoire *Ensemble-de*. Attention, ici l'opérateur $\times$ désigne le produit *étiqueté* défini en section B.1.2.

Notons que l'arbre réduit à une feuille est obtenu en prenant un ensemble vide de sous-arbres.

1.2.4   Arbres croissants, tas, et arbres récursifs

Définition 1.23 Un **arbre croissant** est un arbre marqué dans lequel les marques sont prises dans un ensemble totalement ordonné, et telles qu'elles croissent le long des branches, en partant de la racine.

Par conséquent, la marque de chaque nœud interne d'un arbre croissant est inférieure ou égale à celles de chacun de ses enfants.

Remarque 1.24 Un arbre croissant peut être planaire ou non ; nous verrons ci-après deux exemples d'arbres croissants : les tas, qui sont planaires, et les arbres récursifs, qui ne le sont pas.

Un arbre croissant τ a un arbre des rangs obtenu par marquage canonique, en renumérotant les marques de 1 à $|\tau|$ (ou à un entier inférieur à sa taille s'il y a des répétitions), cf. la définition 1.16. De plus, lorsque l'arbre est planaire et que les marques sont toutes distinctes, il est possible de calculer le nombre d'arbres marqués ayant la même forme d'arbre ; c'est la formule d'équerre donnée ci-dessous.

Proposition 1.25 (Formule d'équerre)   *Soit τ un arbre planaire non marqué et soit un ensemble de $|\tau|$ marques distinctes ; le nombre $\lambda(\tau)$ de marquages croissants de τ, sans répétition de marques, est donné par une formule d'équerre[8] :*

$$\lambda(\tau) = \frac{|\tau|!}{\prod_{\sigma} |\sigma|}, \tag{1.6}$$

où σ parcourt l'ensemble des sous-arbres de τ.

---

[8]Le nom vient de l'analogie avec la formule d'équerre utilisée dans l'énumération des tableaux de Young.

Fig. 1.16 Un arbre croissant
de taille 8 et son arbre des
rangs

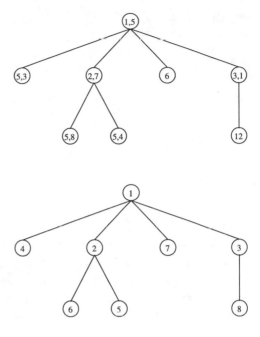

Ainsi, l'arbre planaire non marqué obtenu en effaçant les marques dans l'arbre croissant de la figure 1.16 est de taille 8 ; il a 5 sous-arbres de taille 1, un sous-arbre de taille 2, un sous-arbre de taille 3, et enfin le sous-arbre de taille 8 égal à l'arbre lui-même ; il y a donc $\frac{8!}{1^5 \cdot 2 \cdot 3 \cdot 8} = 840$ marquages croissants possibles pour cet arbre utilisant l'ensemble de marques toutes distinctes $\{1, 2, \ldots, 8\}$.

Preuve Comme les marques sont toutes différentes, nous pouvons travailler avec le marquage canonique : les marques sont alors les entiers de 1 à n où $n = |\tau|$. Attribuons un *rang* aux nœuds selon l'ordre hiérarchique. Cet ordre correspond à un parcours de l'arbre par niveaux : d'abord la racine, puis ses enfants, ensuite les enfants de ses enfants, etc ; les nœuds d'un niveau donné sont pris de gauche à droite (rappelons qu'ici l'arbre est planaire) ; cf. section A.1.3. Par exemple, le parcours en ordre hiérarchique de l'arbre du bas de la figure 1.16 (arbre des rangs obtenu après marquage canonique) donne les marques des nœuds suivant l'ordre 1, 4, 2, 7, 3, 6, 5, 8.

Soit σ_0 l'une des $n!$ permutations de $\{1, \ldots, n\}$, i.e., un des $n!$ marquages des nœuds de l'arbre τ par les clés $1, \ldots, n$: le nœud de rang i a pour marque $\sigma_0(i)$. À partir de ce marquage, il est possible de construire un marquage croissant sur τ, comme suit. Parcourons les n sous-arbres de τ dans l'ordre hiérarchique de leurs racines : cet ordre assure qu'on traitera la marque d'un nœud *après* avoir traité celles de ses ancêtres. Nous commençons par échanger la marque 1 avec la marque à la racine (lorsque 1 est déjà à la racine, l'échange ne modifie pas le marquage), puis recommençons pour chaque sous-arbre, en échangeant la marque à la racine du sous-arbre avec la plus petite marque dudit sous-arbre.

Fig. 1.17 Un arbre non croissant, et l'arbre obtenu après avoir échangé la plus petite clé avec celle de la racine.

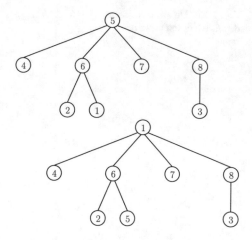

Regardons ce qui se passe sur un exemple. La figure 1.17 présente un arbre à réordonner, et l'arbre qui est obtenu après avoir traité le premier nœud en ordre hiérarchique, i.e., la racine. Le marquage de l'arbre initial correspond à la permutation $\sigma_0 = (5\,4\,6\,7\,8\,2\,1\,3)$: $\sigma_0(1) = 5$, etc. Si nous poursuivons récursivement ce réordonnement, nous obtenons le second arbre de la figure 1.16.

Chaque marquage initial σ_0 conduit ainsi à un unique marquage croissant ; par contre plus d'un marquage initial σ_0 va aboutir à un marquage croissant σ donné de τ. Plus précisément, soit τ_i le sous-arbre enraciné en le nœud de rang i ($1 \leq i \leq n$) : il y a $|\tau_i|$ échanges possibles qui vont amener à placer la plus petite clé du sous-arbre à sa racine, et cela doit être fait pour chaque sous-arbre. Le nombre de permutations amenant au marquage croissant σ est donc $\prod_{i=1}^{n} |\tau_i|$, et ne dépend que de la forme de l'arbre, non de σ. Donc, en considérant toutes les permutations de $\{1, \ldots, n\}$, qui conduisent aux $\lambda(\tau)$ marquages croissants σ possibles pour τ, nous avons $n! = \lambda(\tau) \prod_{i=1}^{n} |\tau_i|$. $\qquad\qquad\square$

Passons aux arbres binaires : certains d'entre eux ont une forme particulièrement compacte ; cette compacité est la raison de l'efficacité algorithmique des tas, que nous allons maintenant définir. Pour ce faire, et dans l'optique de l'étude de leurs propriétés algorithmiques (cf. les sections 3.3.3 et 4.3), nous allons d'abord définir les arbres non étiquetés sous-jacents : il s'agit des arbres parfaits et des arbres saturés (nous renvoyons à la définition 1.3 pour le niveau d'un nœud).

Définition 1.26 Un arbre **parfait** est un arbre binaire non vide où tous les niveaux, sauf éventuellement le dernier, sont pleins, et où les feuilles du dernier niveau sont le plus à gauche possible. Quand le dernier niveau est lui aussi plein, on dit que l'arbre est **saturé** (figure 1.18).

En conséquence, chaque niveau d'un arbre saturé est plein. Si l'arbre est de hauteur h, il a $2^{h+1} - 1$ nœuds (l'arbre réduit à une racine est par convention de hauteur 0) ; de manière équivalente la hauteur d'un arbre saturé de taille n est $\log_2(n + 1) - 1$.

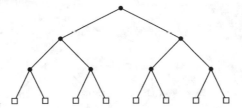

Fig. 1.18 Un arbre saturé de hauteur 3

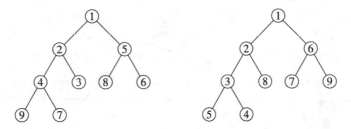

Fig. 1.19 Deux exemples de tas de taille 9 sur les données $\{1, \dots, 9\}$

Les nœuds internes d'un arbre parfait ont tous deux enfants, sauf éventuellement, lorsque la taille de l'arbre est paire, le dernier nœud interne de l'avant-dernier niveau. Les feuilles d'un tel arbre sont sur les deux derniers niveaux (un seul s'il est saturé). Comme pour un arbre saturé, la hauteur h d'un arbre binaire parfait est totalement déterminée par sa taille n (la démonstration n'est pas plus détaillée) :

$$h = \lceil \log_2(n+1) \rceil - 1, \tag{1.7}$$

où $\lceil x \rceil$ désigne l'entier immédiatement supérieur ou égal à x.

Définition 1.27 Un **tas** est un arbre binaire parfait et croissant (figure 1.19).[9]

Il est clair que la forme d'un tas est déterminée uniquement par sa taille, et que deux tas de même taille construits sur le même ensemble de clés ne diffèrent que par le marquage des nœuds. Par ailleurs, il est bien sûr possible d'obtenir un arbre des rangs par marquage canonique d'un tas τ, en renumérotant ses marques de 1 à $|\tau|$ si elles sont toutes distinctes, et de 1 au nombre de marques distinctes sinon. Mentionnons enfin que la marque de la racine est toujours une clé minimale ; cette propriété est à la base de l'utilisation algorithmique des tas pour implémenter des files de priorité.

---

[9]Certains auteurs définissent un tas comme un arbre décroissant, i.e., chaque nœud a une marque supérieures à celles de ses enfants, et la plus grande marque est à la racine de l'arbre. Ceci est bien évidemment équivalent à notre définition : les analyses sont inchangées, et il suffit de renverser les inégalités pour obtenir les algorithmes adéquats.

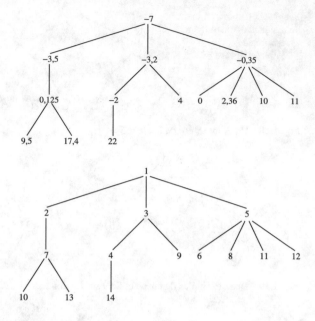

Fig. 1.20 Un arbre récursif τ et l'arbre des rangs $C(\tau)$ obtenu par marquage canonique

Nous introduisons maintenant une classe différente d'arbres croissants, les arbres récursifs.

Définition 1.28 Un **arbre récursif** est un arbre marqué non planaire croissant.

Les arbres récursifs peuvent être représentés (dans le plan !) en ordonnant les sous-arbres d'un nœud par marques croissantes de leurs racines ; cf. la figure 1.20. Cela revient à choisir, parmi tous les arbres planaires correspondant à un arbre récursif donné, un représentant standard.

Remarque 1.29 Lorsque toutes les marques sont distinctes, un arbre récursif a un arbre des rangs au sens de la définition 1.16. Le marquage canonique d'un tel arbre récursif donne alors pour arbre des rangs un arbre de Cayley croissant.

1.2.5 Arbres binaires de recherche

Les arbres binaires de recherche sont des arbres binaires dont les nœuds contiennent des clés, de telle sorte que ces clés soient faciles à rechercher, à comparer, à insérer. Voici un tel arbre dans la figure 1.21, pour introduire les deux définitions équivalentes qui suivent.

Définition 1.30 Un arbre binaire de recherche est soit l'arbre vide, soit un arbre binaire marqué par des clés prises dans un ensemble totalement ordonné, de sorte que, pour tout nœud interne u, les clés du sous-arbre gauche (resp. droit) de u, lorsqu'il n'est pas vide, soient inférieures ou égales (resp. supérieures) à celle de u.

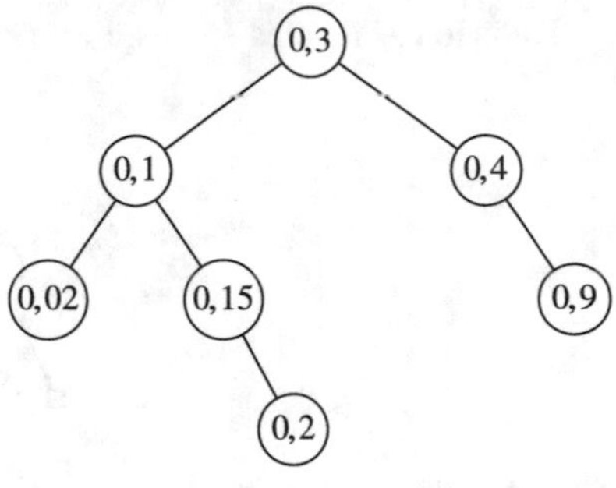

Fig. 1.21 Un arbre binaire
de recherche construit sur
l'ensemble des clés
{0,3 ; 0,1 ; 0,4 ; 0,15 ; 0,9 ; 0,02 ; 0,2}

Fig. 1.22 L'arbre de la
figure 1.21, complété par les
possibilités d'insertion

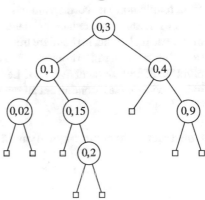

Par conséquent, les deux sous-arbres de tout nœud de l'arbre sont eux-mêmes des arbres binaires de recherche et la définition récursive suivante est équivalente.

Définition 1.31 (récursive) Un arbre binaire de recherche est soit l'arbre vide, soit un arbre binaire non vide dont les marques sont prises dans un ensemble totalement ordonné ; dans ce cas, il est marqué avec une clé X à la racine, les clés du sous-arbre gauche sont toutes inférieures ou égales à X, les clés du sous-arbre droit sont toutes strictement supérieures à X, et les deux sous-arbres de la racine sont eux-mêmes des arbres binaires de recherche.

Comme conséquence immédiate de cette définition, nous avons la

Proposition 1.32 *Le parcours symétrique[10] d'un arbre binaire de recherche fournit les clés en ordre croissant.*

Si nous complétons canoniquement l'arbre binaire (cf. section 1.1.2), nous remarquons que les feuilles de l'arbre complété (qui ne contiennent pas de clés) correspondent aux possibilités d'insertion d'une clé dans l'arbre. Le complété de l'arbre de la figure 1.21 est donné dans la figure 1.22.

---

[10]Les parcours d'arbres, et notamment le parcours symétrique, sont définis en section A.1.2.

Dans le cas de clés égales, l'arbre complété fait apparaître un sous-arbre du type

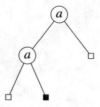

où la feuille noire ne correspond pas à une possibilité d'insertion.

Nous allons maintenant présenter deux visions complémentaires d'un arbre binaire de recherche, la première très liée aux algorithmes implémentant la construction d'un arbre par insertions successives de clés aux feuilles, la seconde exploitant plutôt la définition récursive 1.31. Les deux constructions qui suivent, partant de la même *suite* de clés, conduisent au même arbre.

Construction algorithmique dynamique

Soit $n \geq 1$ et soient n clés $x_1, \ldots, x_n$, c'est-à-dire n éléments distincts d'un ensemble totalement ordonné Γ. L'arbre binaire de recherche construit à partir de la suite finie $x_1, \ldots, x_n$ est un arbre binaire de taille n, dans lequel chaque nœud est muni d'une clé de la façon suivante : la première clé x_1 est mise à la racine. Puis la deuxième clé x_2 est assignée au fils gauche si elle est inférieure ou égale à x_1, et au fils droit si elle est plus grande que x_1. La clé suivante, x_3, est ensuite comparée à la racine ; si elle est inférieure ou égale à x_1, elle est assignée au fils gauche si celui-ci est inoccupé, et elle est comparée au fils gauche si celui-ci est occupé, allant à sa gauche ou à sa droite selon qu'elle est inférieure ou égale ou bien supérieure au fils gauche. De même, si la clé x_3 est supérieure à la clé racine, elle va dans le sous-arbre droit. Nous continuons récursivement de cette façon jusqu'à avoir inséré toutes les clés dans l'arbre. Après n insertions,[11] nous avons un arbre binaire de taille n, dont chacun des n nœuds contient une clé, et qui satisfait la définition 1.30. Comme mentionné plus haut, il est possible d'ajouter à l'arbre binaire $n + 1$ feuilles, qui correspondent aux possibilités d'insertion, et nous obtenons alors un arbre binaire complet. Un exemple de construction d'un arbre binaire de recherche de taille 5 est montré figure 1.23.

---

[11]L'algorithme de construction présenté ici est connu sous le nom d'« insertion aux feuilles » ; il existe d'autres algorithmes d'insertion, notamment l'insertion à la racine présentée en section A.2.4.

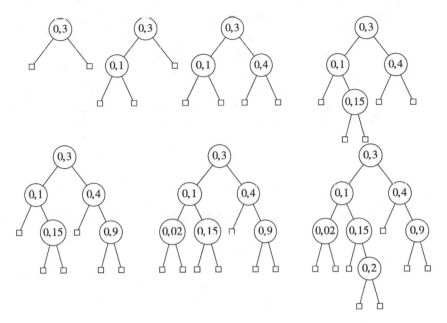

Fig. 1.23 Les étapes de la construction d'un abr construit avec les clés $x_1 = 0,3$; $x_2 = 0,1$; $x_3 = 0,4$; $x_4 = 0,15$; $x_5 = 0,9$; $x_6 = 0,02$; $x_7 = 0,2$, insérées dans cet ordre. Les possibilités d'insertion sont représentées par des ⊓

Construction statique

Soit $n \geq 1$ et soient n clés $x_1, \dots, x_n$ prises dans un ensemble totalement ordonné Γ. L'abr de taille n associé à ces n clés prises dans cet ordre est construit de la façon suivante :

– la clé x_1 est la marque de la racine ;
– le sous-arbre gauche est l'abr associé à $\{x_1, \dots, x_n\} \cap \Gamma_{\leq x_1}$, où nous avons posé $\Gamma_{\leq x_1} = \{x \in \Gamma, x \leq x_1\}$;
– le sous-arbre droit est l'abr associé à $\{x_1, \dots, x_n\} \cap \Gamma_{>x_1}$, où $\Gamma_{>x_1} = \{x \in \Gamma, x > x_1\}$;
– lorsque l'une des opérations précédentes produit l'ensemble vide, le sous-arbre est réduit à □.

Commentaire combinatoire

Reprenons la construction algorithmique dynamique ci-dessus, lorsque les clés $x_1, \dots, x_n$ sont supposées toutes distinctes. Nous avons vu (c'est la définition 1.17) qu'à tout n-uplet $(x_1, \dots, x_n)$ est associée la permutation $\sigma_n \in \mathfrak{S}_n$, appelée *réordonnement* de $x_1, \dots, x_n$, définie par :

$$x_{\sigma_n(1)} < x_{\sigma_n(2)} < \cdots < x_{\sigma_n(n)}. \tag{1.8}$$

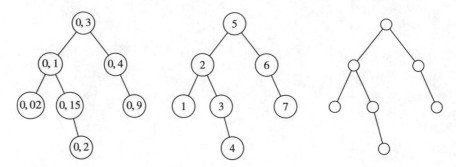

Fig. 1.24 À gauche, l'abr τ construit avec les clés $x_1 = 0,3$; $x_2 = 0,1$; $x_3 = 0,4$; $x_4 = 0,15$; $x_5 = 0,9$; $x_6 = 0,02$; $x_7 = 0,2$, au milieu son arbre des rangs $C(\tau)$; à droite sa forme $\pi(\tau)$. Ici $x_6 < x_2 < x_4 < x_7 < x_1 < x_3 < x_5$ et donc le réordonnement est $\sigma_n = (6, 2, 4, 7, 1, 3, 5)$ et $\sigma_n^{-1} = (5, 2, 6, 3, 7, 1, 4)$

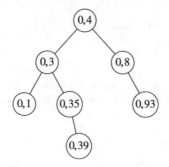

Fig. 1.25 Un arbre binaire de recherche obtenu par insertions successives des clés 0,4 ; 0,8 ; 0,3 ; 0,1 ; 0,35 ; 0,93 ; 0,9 ; 0,39 dans un arbre initialement vide

Ainsi, la permutation σ_n trie les clés, de sorte que le parcours symétrique d'un arbre binaire de recherche τ fournit les clés triées selon l'ordre croissant. La permutation σ_n^{-1} donne les rangs des clés, comme l'illustre la figure 1.24. L'arbre binaire de recherche obtenu par insertions successives de $\sigma_n^{-1}(x_1), \ldots, \sigma_n^{-1}(x_n)$ est aussi l'arbre des rangs $C(\tau)$ obtenu par le marquage canonique de la définition 1.16. Il a la même *forme* que celle de l'arbre binaire de recherche construit sur les clés $x_1, \ldots, x_n$.

Remarque 1.33 Différentes suites de clés (ou différentes permutations) peuvent donner le même arbre binaire de recherche. Par exemple, l'insertion des clés 0,4 ; 0,8 ; 0,3 ; 0,1 ; 0,35 ; 0,93 ; 0,9 ; 0,39 donne l'arbre de la figure 1.25. Cet arbre a le même arbre des rangs et donc la même forme d'arbre que dans la figure 1.24.

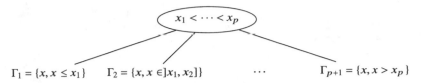

Fig. 1.26   La partition de l'ensemble Γ des marques, induite par les clés $x_1, \ldots, x_p$ d'un nœud dans un arbre de recherche

1.2.6   Arbres de recherche

Nous venons de voir les arbres binaires de recherche, dont il existe plusieurs généralisations. Il est possible de donner une définition générale, que nous désignons sous le nom global d'« arbre de recherche », pour exprimer la propriété qu'ont ces arbres de partitionner dans les sous-arbres les intervalles déterminés sur l'ensemble Γ des marques par des clés ordonnées ; cf. la figure 1.26.

Définition 1.34   Un **arbre de recherche** est soit l'arbre vide, soit un arbre planaire dont chaque nœud est marqué par un sous-ensemble non vide et fini de clés prises dans un ensemble totalement ordonné Γ. Un nœud « contient » les clés du sous-ensemble qui le marque. Si la racine contient p clés $x_1, \ldots, x_p$ ($p \geq 1$), elle a $p+1$ sous-arbres, qui peuvent éventuellement être vides ; ces clés induisent une partition $\{\Gamma_1, \ldots, \Gamma_{p+1}\}$ de Γ, telle que le i-ième sous-arbre de la racine soit marqué par les clés de Γ_i ; enfin ces sous-arbres sont eux-mêmes des arbres de recherche.

Les possibilités d'insertion dans un arbre de recherche peuvent être représentées en complétant l'arbre par des $\square$, comme pour les arbres binaires de recherche, mais en généralisant : si une feuille contient k clés, il y a $k+1$ possibilités d'insertion. Voir par exemple la figure 1.28.

Remarque 1.35   Il est possible de représenter un arbre de recherche

- soit avec seulement des nœuds (internes et externes) contenant les clés, comme dans la figure 1.24, c'est le choix que nous avons fait dans la définition 1.34 ;
- soit en le complétant avec les possibilités d'insertion (gaps en anglais), comme dans les figures 1.23 et 1.28. Les nœuds externes précédents deviennent des nœuds internes terminaux.

Nous présenterons en section 8.1 les arbres m-aires de recherche, dans lesquels l'arité d'un nœud interne n'est plus deux ; elle reste cependant bornée et les nœuds internes terminaux sont d'arité variable. C'est un exemple d'école, qui permet de récapituler les méthodes vues pour les arbres binaires de recherche. Comme l'intérêt algorithmique des arbres m-aires de recherche est assez faible, nous reportons leur présentation et leur étude au chapitre 8.

Dans la suite de cette section, nous présentons les arbres 2-3 de recherche, où toutes les feuilles sont au même niveau – une telle contrainte requiert d'autoriser un

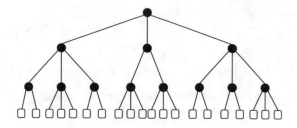

Fig. 1.27 Un arbre 2-3 de hauteur 3 et de taille 32 : il a 12 nœuds internes, dont 8 terminaux, et 20 feuilles

nœud à avoir plus d'une clé et l'arité des nœuds internes est variable.[12] Les arbres non marqués correspondant aux arbres 2-3 sont définis ci-après.

Définition 1.36 Un **arbre 2-3** est un arbre planaire dans lequel chaque nœud interne a soit deux, soit trois enfants, et qui a toutes ses feuilles au même niveau (figure 1.27).

Les arbres 2-3 s'étendent au cas où les nœuds internes peuvent avoir une arité supérieure à 3 ; ce sont les arbres-B, dont il existe de multiples variantes. Nous détaillerons deux types d'arbres-B avec leur intérêt algorithmique dans la section 3.2.2 et en ferons l'analyse au chapitre 9. Disons pour l'instant qu'un arbre-B de paramètre m, pour $m \geq 2$, est un arbre dans lequel la racine a entre 2 et m enfants et les autres nœuds ont entre $m/2$ et m enfants.

Définition 1.37 Un **arbre 2-3 de recherche** est un arbre de recherche non vide (cf. définition 1.34) dont toutes les clés sont distinctes et dont la forme est un arbre 2-3 (cf. définition 1.36).

En conséquence, chaque nœud interne contient soit une, soit deux clés, et a donc deux ou trois fils ; de plus toutes les feuilles sont au même niveau (figure 1.28). Il est encore possible de définir un marquage canonique de ces arbres.

Remarquons par ailleurs que, s'il existait des clés répétées dans un arbre 2-3 de recherche (ou dans les arbres-B que nous verrons dans les chapitres 3 et 9), certains sous-arbres seraient toujours vides, et il ne serait pas possible d'équilibrer ces arbres : la condition que les clés soient distinctes ne peut donc pas être affaiblie.

Le qualificatif « de recherche » est la plupart du temps omis, et le terme d'« arbre 2-3 » est généralement utilisé dans le sens de la définition 1.37.

Comme dans la version dynamique des arbres binaires de recherche, l'insertion dans un arbre 2-3 se fait « aux feuilles », dans le sens où les feuilles de l'arbre complété représentent les possibilités d'insertion dans l'arbre. Comme un nœud interne peut contenir *une ou deux* clés, et que toutes les feuilles doivent être au même niveau, l'algorithme d'insertion d'une clé x diffère de celui des arbres binaires ou m-aires de recherche, et son principe est le suivant :

– Si la recherche de la place où insérer conduit à un nœud interne terminal qui contient une seule clé (et a donc deux enfants, qui sont deux possibilités

---

[12]Il existe d'autres types d'arbres de recherche utilisés en informatique, par exemple les arbres k-d ; nous définissons ici uniquement les classes d'arbres que nous étudions dans ce livre.

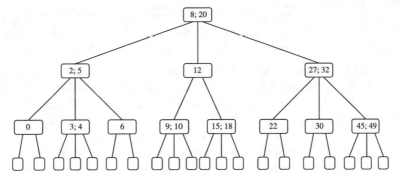

Fig. 1.28 Un arbre 2-3 de recherche à 12 nœuds et 19 clés, complété avec les 20 possibilités d'insertion

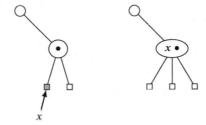

Fig. 1.29 Insertion dans un arbre 2-3 : à gauche, la clé x arrive dans un nœud non plein. Elle s'y place et il y a à droite 3 possibilités d'insertion

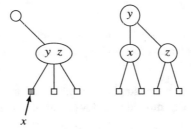

Fig. 1.30 Insertion dans un arbre 2-3 : à gauche, la clé x arrive dans un nœud plein ; ici nous supposons que $x < y < z$ et la clé y est donc renvoyée au niveau supérieur dans le dessin de droite

d'insertion), la nouvelle clé x peut y être ajoutée, et le nœud interne terminal contient ensuite deux clés et a trois enfants qui sont des possibilités d'insertion (cf. la figure 1.29).

– Si ce nœud interne terminal contient déjà deux clés y et z et a trois enfants (cf. la figure 1.30), il est plein et ne peut accueillir de clé supplémentaire ; la clé médiane de $\{x, y, z\}$ est alors envoyée au niveau supérieur pour obtenir deux nœuds ayant chacun une clé, et donc quatre possibilités d'insertion en tout. Naturellement, la clé médiane qui remonte au niveau supérieur peut arriver à son tour dans un nœud plein, et le processus se reproduit récursivement aussi longtemps que nécessaire. S'il arrive à la racine de l'arbre et que cette racine est pleine, cela entraîne la création d'une nouvelle racine et l'accroissement de la hauteur de l'arbre.

Ainsi, dans l'arbre de la figure 1.28, insérer 1 ferait intervenir le nœud interne terminal le plus à gauche, qui contient la seule clé 0, et la modification est donc limitée à ce nœud ; par contre insérer 13 éclaterait le nœud contenant 15 et 18 et ferait remonter la médiane de 13, 15 et 18, i.e., 15, dans le nœud parent, qui contient la seule clé 12 et peut donc accueillir une clé supplémentaire ; il aurait alors trois enfants. Quant à l'insertion de 50, elle conduirait à remonter jusqu'à la racine de l'arbre et à l'éclater. Nous ne détaillons pas pour l'instant plus avant ce processus, qui sera repris dans le chapitre 9 lorsque nous analyserons la frange d'un arbre 2-3. Cette technique d'insertion est proche de celle des arbres-B et celle-ci sera détaillée en section 3.2.2.

1.2.7 Arbres digitaux : tries

La structure d'arbre digital la plus simple, également appelée trie, est extrêmement importante en informatique à la fois du point de vue des structures de données mais aussi du principe de partitionnement sous-jacent à sa construction. Cette structure semble avoir été inventée pour la première fois par De La Briandais [53]. Et le terme « trie » (contraction de *tree* et *retrieval*) est dû à Fredkin [109]. Cette structure, de type dictionnaire, est destinée à représenter un ensemble de clés, chaque clé étant un mot sur un alphabet.

Nous commençons par définir l'arbre lexicographique associé à un ensemble Y de mots : il s'agit d'associer un nœud à chaque préfixe apparaissant dans l'ensemble des préfixes des mots de Y, noté Pref(Y).

Définition 1.38 Soient Y un ensemble de mots sur un alphabet $\mathscr{A}$ et Pref(Y) l'ensemble des préfixes des mots de Y. Alors l'**arbre lexicographique** associé à Y est Pref(Y).

Remarquons qu'un arbre lexicographique est aussi un arbre préfixe suivant la définition 1.2 (en changeant d'alphabet).

Exemple 1.39 Sur l'alphabet $\{a, b\}$, soit l'ensemble de mots

$$Y = \{aaba, baab, aa, ab\}.$$

L'ensemble des préfixes est

$$\mathrm{Pref}(Y) = \{\varepsilon, a, b, aa, ab, ba, aab, baa, aaba, baab\}.$$

Fig. 1.31 L'arbre
lexicographique associé à
$Y = \{aaba, baab, aa, ab\}$

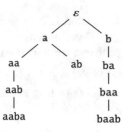

Remarquons que la connaissance de $\text{Pref}(Y)$ ne permet pas de retrouver Y, sauf si aucun mot de Y n'est préfixe d'un autre. L'arbre lexicographique est représenté sur la figure 1.31.

Nous vérifions aisément que l'ensemble $\text{Pref}(Y)$ définit bien un arbre préfixe au sens de la définition 1.2, éventuellement infini dès que l'ensemble Y contient au moins un mot infini : il suffit de remplacer l'ensemble de mots U de la définition 1.2 par l'ensemble $\mathscr{A}^*$.

Nous donnons ci-dessous une première définition des tries. La structure de trie associée à un ensemble de mots Y est l'arbre lexicographique associé à l'ensemble minimal dans $\text{Pref}(Y)$ nécessaire pour distinguer les mots les uns des autres (ce qui n'est possible que si aucun mot de Y n'est préfixe d'un autre mot de Y).

Définition 1.40 Soit Y un ensemble de mots sur $\mathscr{A}$ tel qu'aucun mot ne soit préfixe d'un autre. Pour tout mot w de $\mathscr{A}^*$, notons $N_w := N_w(Y)$ le nombre de mots de Y qui admettent w comme préfixe. Soit

$$I := \{u \in \text{Pref}(Y) \mid N_u \geq 2\}.$$

Le **trie** $\text{trie}(Y)$ est l'arbre dont l'ensemble des nœuds est

$$N = \big(\{\varepsilon\} \cup (I \cdot \mathscr{A})\big) \cap \text{Pref}(Y).$$

L'ensemble I est l'ensemble des nœuds internes du trie, et $N \setminus I$ est l'ensemble des nœuds externes.

Cette définition est incomplète car « traditionnellement » une information est attachée aux nœuds externes d'un trie, qui caractérise la clé unique associée à ce nœud (en général, cette information est le suffixe obtenu en retirant de la clé la marque du chemin menant au nœud).

Une définition plus usuelle des tries est la suivante. Elle associe un r-uplet à tout nœud interne (avec r la taille de l'alphabet) : ce sont les façons dont une branche (ou encore ici un mot) peut s'étendre. De plus chaque nœud externe est associé à une clé.

Définition 1.41 Soient un alphabet fini $\mathscr{A} = \{a_1, \ldots, a_r\}$ de cardinalité r (avec $r \geq 1$) et Y un ensemble de mots distincts sur l'alphabet $\mathscr{A}$, tel qu'aucun mot ne soit préfixe d'un autre. Le **trie associé à** Y est défini récursivement comme suit :

- Si $|Y| = 0$, le trie est vide : $\mathsf{trie}(Y) = \varnothing$.
- Si $|Y| = 1$, le trie est réduit à une feuille, contenant l'unique élément de Y.
- Si $|Y| > 1$,

$$\mathsf{trie}(Y) = (\bullet, \mathsf{trie}(Y \setminus a_1), \ldots, \mathsf{trie}(Y \setminus a_r)),$$

où $\bullet$ représente un nœud interne et $Y \setminus a$ désigne le sous-ensemble construit en prenant les mots de Y qui commencent par la lettre a mais privés de cette lettre initiale.

Un trie est donc un arbre dont chaque nœud interne est d'arité au plus r (la taille de l'alphabet) et marqué par un préfixe d'une clé. Une variante plus légère consiste à n'indiquer, en chaque nœud interne non racine, ou encore sur le lien avec le parent de ce nœud, que la dernière lettre du préfixe qui y conduit ; c'est celle que nous avons retenue pour les figures. Les feuilles, quant à elles, sont marquées par les clés qu'elles contiennent. La figure 1.32 illustre les deux choix de représentation qui viennent d'être évoqués (en rapport respectivement avec les définitions 1.40 et 1.41) pour le même ensemble de mots.

L'avantage du trie est qu'il ne considère que l'ensemble minimal des préfixes nécessaires pour distinguer les éléments de Y : un trie construit sur un ensemble fini de clés (qui sont des mots infinis) distincts sera toujours fini.

Remarque 1.42 Seul un mot *fini* peut être préfixe d'un autre mot (la notion de préfixe a été définie pour des nœuds dans la définition 1.3 ; elle s'applique bien évidemment à des mots sur un alphabet). Une manière d'assurer qu'aucune clé n'est préfixe d'une autre est d'ajouter une lettre spéciale « † » à la fin de chaque mot fini.

Notons qu'un trie construit sur un ensemble Y de n clés a toujours n feuilles, et un nombre de nœuds internes qui varie en fonction des longueurs des préfixes communs des clés. Il faudra donc préciser ce qu'on entend par « taille » d'un trie : nombre de nœuds internes de l'arbre ? nombre de clés ? Dans la suite et puisqu'un trie construit à partir d'un ensemble de mots de cardinal n possède exactement n feuilles, il est naturel de considérer pour la taille le nombre de nœuds internes.

Constructions statique ou dynamique

Comme pour la structure d'arbre binaire de recherche, nous pouvons envisager la structure de trie de deux manières.

(i) Nous avons une construction statique (définition 1.41) où l'ensemble des clés est disponible avant de construire le trie. Si l'ensemble est un singleton, le trie est réduit à une feuille. Sinon, la racine du trie est un nœud interne et nous examinons l'ensemble formé des lettres initiales de chaque clé. Pour chacune

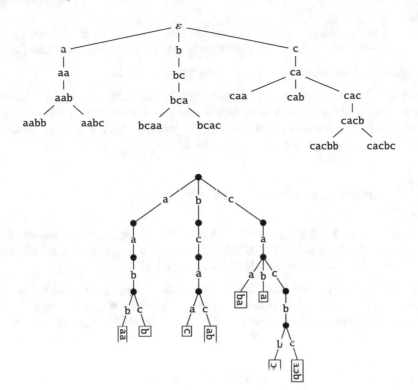

Fig. 1.32 Deux représentations pour un trie construit sur l'ensemble de mots $Y =$ {aabbaa, aabcb, bcaac, bcacab, caaba, caba, cacbbb}. La représentation du haut correspond à la définition 1.40 comme ensemble préfixe, et la représentation du bas à la définition 1.41 plus « informatique »: les mots sont lus le long des branches, et les sous-arbres vides qui alourdiraient le dessin ont été omis

de ces lettres nous créons une branche, et construisons récursivement le sous-trie correspondant au sous-ensemble des clés qui commencent par cette lettre, mais en « effaçant » cette lettre commune en début de mot.

(ii) Nous avons une construction dynamique pour laquelle les clés sont insérées successivement dans un trie initialement vide en appliquant le principe de construction récursif suivant. Soit w une clé à insérer dans l'arbre.

- Si le trie est vide, la clé est mise dans une feuille qui est l'unique nœud du trie.
- si le trie est réduit à une feuille contenant une clé y, soit $p = p_1 \ldots p_k$ le plus long préfixe commun à w et y. Écrivons $w = paw'$ et $y = pby'$ (avec a et b deux lettres distinctes). Une telle décomposition de w et y existe car nous avons supposé qu'aucun mot n'est préfixe d'un autre. Créons une branche « filaire » correspondant au préfixe p au bout de laquelle nous attachons les deux feuilles w' et y' par des arêtes correspondant respectivement aux lettres a et b.

– si le trie n'est pas une feuille, pour une clé $x = aw$ de première lettre a, nous
insérons récursivement w dans le sous-arbre correspondant à la lettre a.

Après n insertions, nous avons donc un trie de n feuilles.

Remarque 1.43 Contrairement aux arbres binaires de recherche, un trie construit
sur un ensemble donné de mots ne dépend que de cet ensemble, et non de l'ordre
dans lequel on insère les mots. L'exercice 7.3 précisera le coût de la construction
dynamique en fonction de paramètres usuels de trie.

1.2.8 Autres types d'arbres digitaux

Trie paginé La première généralisation concerne le trie paginé (« bucket trie »
en anglais), encore appelé b-trie. C'est une structure de trie dont la règle récursive
d'arrêt lors de la construction est légèrement modifiée.

Définition 1.44 (Trie paginé) Soit r un entier strictement positif, $\mathscr{A} =
\{a_1, \ldots, a_r\}$ un alphabet de cardinal r et $b \geq 1$ un entier appelé *capacité*. On
définit le b-**trie associé à un ensemble** Y (noté $\mathsf{bucket}(Y)$) de mots distincts sur $\mathscr{A}$
tels qu'aucun mot ne soit préfixe d'un autre grâce aux règles récursives suivantes :

– si $|Y| = 0$, alors $\mathsf{bucket}(Y)$ est *vide*.
– si $|Y| \leq b$, alors $\mathsf{bucket}(Y)$ est une *feuille* marquée par Y.
– si $|Y| > b$, $\mathsf{bucket}(Y)$ est

$$\mathsf{bucket}(Y) = (\bullet, \mathsf{bucket}(Y \setminus a_1), \ldots, \mathsf{bucket}(Y \setminus a_r)) ,$$

où le symbole $\bullet$ désigne un nœud interne et où $Y \setminus a$ désigne le sous-ensemble
de Y contenant les mots qui commencent par a et dont on a retiré cette première
lettre a.

Nous voyons immédiatement que le trie usuel correspond au cas $b = 1$. La quantité
b est appelée capacité, car d'un point de vue informatique les feuilles sont vues
comme des pages ayant la capacité de stocker jusqu'à b données. Un exemple de
b-trie avec $b = 2$ est représenté à la figure 1.33.

Arbre Patricia L'arbre Patricia (acronyme de *Practical Algorithm To
Retrieve Information Coded In Alphanumeric*) a été introduit par Morrison en
1968 [190]. L'idée est de contracter les branches du trie en ne gardant que les nœuds
internes avec au moins deux fils. En effet les nœuds internes sans branchement
correspondent à des préfixes qui ne permettent pas de départager deux mots. Les
arêtes de l'arbre ne sont donc plus marquées par des lettres mais par des mots. Un
exemple est donné en figure 1.34.

Arbre digital de recherche L'arbre digital de recherche allie le principe de
construction d'un arbre binaire de recherche (un nœud interne contient une clé) à
celui d'un trie (les lettres composant la clé guident la recherche). Cette structure

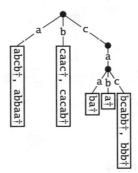

Fig. 1.33 Représentation d'un b-trie pour une capacité $b = 2$ pour l'ensemble de mots {aabbaa, aabcb, bcaac, bcacab, caaba, caba, cacbbb} de la figure 1.32. Un symbole de terminaison † est ajouté à la fin de chaque mot (à titre d'illustration puisque sur cet exemple aucun mot n'est préfixe d'un autre, et le symbole de terminaison est inutile)

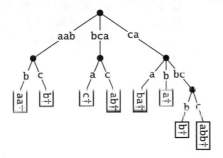

Fig. 1.34 Un trie PATRICIA pour l'ensemble de mots de la figure 1.32. Un symbole de terminaison † est ajouté à la fin de chaque mot

se distingue du trie car elle stocke un mot en chaque nœud. Dans la littérature, l'arbre digital de recherche est le plus souvent un arbre binaire (cf. Knuth[156] ou Sedgewick[231]) mais il semble que cela soit surtout pour des facilités d'exposition. Nous pouvons évidemment généraliser au cas d'un alphabet non binaire (ce qui est fait dans la suite).

Définition 1.45 (Arbre digital de recherche) Les arbres digitaux de recherche sont construits sur un n-uplet $S = (s_1, \ldots, s_n)$ de mots distincts sur l'alphabet $\mathscr{A}$. **L'arbre digital de recherche** $\mathsf{dst}(S)$ est défini récursivement par :

- Si $|S| = 0$ alors l'arbre digital de recherche est $\mathsf{dst}(S) = \varnothing$.
- Si $|S| > 0$, l'arbre digital $\mathsf{dst}(S)$ de recherche est

$$\mathsf{dst}(S) = (s_1, \mathsf{dst}(\overset{\bullet}{S} \setminus a_1), \ldots, \mathsf{dst}(\overset{\bullet}{S} \setminus a_r)),$$

où pour $S = (s_1, \ldots, s_n)$ la notation $\overset{\bullet}{S}$ désigne $(s_2, \ldots, s_n)$ (la suite privée de son premier élément) et $S \setminus a$ désigne la suite construite en prenant les mots de S qui commencent par la lettre a mais privés de cette lettre initiale.

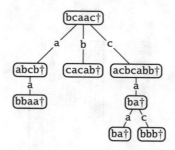

Fig. 1.35 Un arbre digital de recherche pour la suite de mots (bcaac, cacbcabb, aabcb, bcacab, caba, aabbaa, caaba, cacbbb), insérés dans cet ordre et correspondant donc à une permutation de l'ensemble de mots *Y* de la figure 1.32. Un symbole de terminaison † est ajouté à la fin de chaque mot

Remarque 1.46 Contrairement au trie, un arbre digital de recherche, construit sur une suite de mots et non sur un ensemble, *dépend de l'ordre d'insertion des éléments*. Remarquons aussi qu'un arbre digital de recherche construit sur *n* mots possède exactement *n* nœuds (figure 1.35).

La figure 1.36 illustre différents types d'arbres digitaux sur un exemple de mots issus d'un paragraphe du roman *Moby Dick* de Melville.

1.3 Paramètres d'arbres

1.3.1 Les paramètres classiques

Définition 1.47 Soit $\mathcal{T}$ un ensemble d'arbres. Un paramètre est une fonction $\mathcal{T} \mapsto \mathbb{R}$.

Un certain nombre de paramètres se retrouvent dans la plupart des analyses sur les arbres ; nous les présentons ci-dessous. Dans ce qui suit, τ désigne un arbre *fini*, $\partial \tau$ l'ensemble des feuilles de τ, et si u est un nœud de τ, alors M_u désigne l'arité de u (figure 1.37).

– La *taille* $|\tau|$ (déjà rencontrée dans la définition 1.3) est le nombre de nœuds de τ. Les conventions peuvent varier : parfois la « taille » est le nombre de nœuds internes de l'arbre, parfois le nombre de ses feuilles ; nous le précisons si nécessaire.
– Le nombre de nœuds d'arité donnée k est $t_k = \mathrm{Card}\{u \in \tau, M_u = k\}$. Nous distinguons ainsi, dans les arbres binaires, le nombre de feuilles (nœuds d'arité 0), de nœuds simples, i.e., d'arité 1 (ces nœuds sont absents dans un arbre binaire complet), ou de nœuds doubles (arité 2).
– Les nœuds d'un arbre τ (planaire ou non) peuvent être partitionnés par niveaux suivant leur distance à la racine. Nous parlerons indifféremment du *niveau* d'un

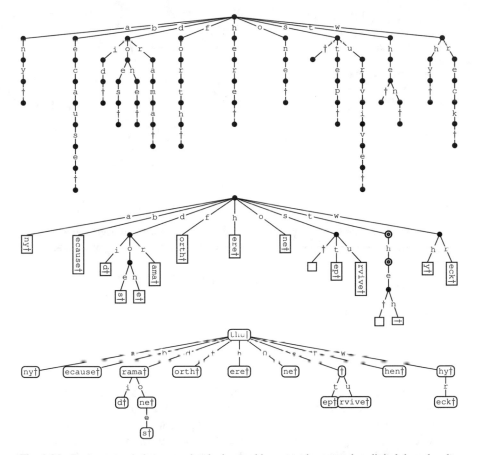

Fig. 1.36 Du haut vers le bas : un arbre lexicographique, un trie et un arbre digital de recherche. Les trois structures sont construites sur les mots (en anglais) constituant la dernière phrase du roman *Moby Dick* de Melville (insérés dans l'ordre de la phrase, ce qui n'influe que dans le cas de l'arbre digital de recherche) : *"The Drama's Done. Why then here does any one step forth ? - Because one did survive the wreck.".* Dans le trie, les nœuds qui n'ont qu'un enfant et qui ne seraient pas présents dans l'arbre PATRICIA sont encerclés. Une lettre terminale '†' est ajouté à la fin de chaque mot. Les arêtes au lieu des nœuds portent les étiquettes pour plus de clarté

nœud, de sa *génération*, de sa *profondeur* dans l'arbre, ou de la longueur du mot associé à ce nœud. La racine est à la génération 0. Pour un arbre planaire dont les nœuds sont canoniquement numérotés et pour tout entier n, la n-ième génération est l'ensemble des nœuds dont le numéro, au sens de la définition 1.1, est de longueur n.

– La *longueur de cheminement* d'un arbre τ est la somme des niveaux des nœuds : $\mathrm{lc}(\tau) = \sum_{u \in \tau} |u|$, où $|u|$ est la longueur du mot u, i.e., la profondeur (ou le niveau) du nœud correspondant dans l'arbre. Deux variantes sont les longueurs de cheminement *interne* $\mathrm{lci}(\tau) = \sum_{u \in \tau \setminus \partial\tau} |u|$ et *externe* $\mathrm{lce}(\tau) = \sum_{u \in \partial\tau} |u|$, qui

Fig. 1.37 Un arbre τ de
taille (nombre total de nœuds)
$|\tau| = 12$, de hauteur
$h(\tau) = 3$, de niveau de
saturation $s(\tau) = 1$, de profil
$(0, 2, 4, 2)$. La deuxième
génération est en rouge

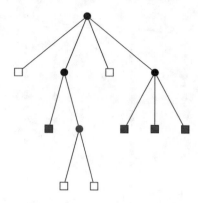

sont respectivement la somme des profondeurs des nœuds internes, ou externes ;
la longueur de cheminement (totale) est la somme de ces deux paramètres :

$$\mathrm{lc}(\tau) = \mathrm{lci}(\tau) + \mathrm{lce}(\tau).$$

Dans le cas particulier d'un arbre binaire complet, ses longueurs de cheminement interne et externe sont liées par

$$\mathrm{lce}(\tau) = \mathrm{lci}(\tau) + 2 \ \mathrm{Card}\left(\tau \setminus \partial\tau\right). \tag{1.9}$$

Cette relation se montre facilement, par récurrence sur le nombre n de nœuds
internes. Le cas de base est obtenu pour $n = 1$: il y a un seul arbre complet
ayant un nœud interne et deux feuilles ; ses longueurs de cheminement interne
et externe sont respectivement 0 et 2 et la relation (1.9) est bien vérifiée ; ensuite
le passage d'un arbre complet à n nœuds internes à un arbre complet à $n + 1$
nœuds internes se fait en remplaçant une feuille par un nœud interne et les deux
feuilles associées, et il est aisé de vérifier qu'une telle transformation conserve la
relation (1.9).
– La *hauteur* de τ est le niveau maximum d'une feuille de l'arbre τ, i.e., la
   profondeur d'une feuille de la dernière génération :

$$h(\tau) = \max_{u \in \partial\tau} |u|.$$

– Le *niveau de saturation* de τ est le niveau minimum d'une feuille de τ :

$$s(\tau) = \min_{u \in \partial\tau} |u|.$$

– Le *profil* est la suite finie $(p_i, 0 \le i \le h(\tau))$ des nombres de feuilles à chaque
   niveau de l'arbre : $p_i = Card\{u \in \partial\tau : |u| = i\}$.
– Il peut arriver que nous considérions des arbres *paginés*, i.e., des arbres dans
   lesquels tout sous-arbre de taille au plus b (b est un entier ≥ 1 et représente la

Fig. 1.38 Un arbre binaire
de recherche à 7 clés

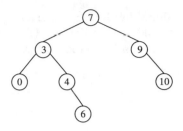

taille d'une « page ») n'est pas « développé », mais est réduit à une unique feuille
marquée par *l'ensemble* de toutes les clés de ce sous-arbre (c'est une notion qui
étend celle de trie paginé, définie en section 1.2.8). Alors le nombre de feuilles
d'un tel arbre est le nombre de sous-arbres de taille au plus *b* dans l'arbre initial.

– Pour un arbre de recherche (binaire ou non) τ, nous définissons $d(\alpha, \tau)$, la
profondeur d'insertion d'une clé α dans un arbre τ : c'est le niveau auquel se
trouve la clé α dans l'arbre obtenu après insertion de cette clé dans l'arbre τ,
i.e., sa profondeur. Par exemple, dans l'arbre τ de la figure 1.38, la clé 8 doit
être insérée comme enfant gauche de 9, et aura donc une profondeur d'insertion
$d(8, \tau) = 2$, et la clé 5 comme enfant gauche de 6, avec une profondeur
d'insertion $d(5, \tau) = 4$.

Certains paramètres ne sont définis que sur les arbres planaires, pour lesquels
les sous-arbres d'un nœud donné sont naturellement ordonnés de gauche à droite.
Nous parlerons ainsi du j-ième sous-arbre d'un nœud (j étant un entier), ou de la
longueur de la branche droite dans un arbre τ : c'est la profondeur de la feuille la
plus à droite (bien sûr, on peut définir de même la longueur de la feuille la plus à
gauche, etc.) Lorsque l'arbre n'est pas planaire, les sous-arbres d'un nœud forment
un ensemble et la notion de j-ième sous-arbre comme celle de branche gauche ou
droite n'ont pas de sens.

1.3.2   Paramètres additifs

Les paramètres d'arbre ne sont pas tous de même nature ; certains comme la taille ou
la longueur de cheminement sont des paramètres *additifs*, c'est-à-dire une fonction
$f(\tau)$ de l'arbre qui s'exprime additivement en fonction des sous-arbres enfants de
la racine. La taille, ou plus généralement le nombre de nœuds d'arité donnée d'un
arbre, sa longueur de cheminement, sont des paramètres additifs ; la hauteur ou le
niveau de saturation ne le sont pas. Nous verrons dans la partie II de ce livre que les
analyses sont très différentes selon que les paramètres sont additifs ou non.

Nous définissons formellement ci-dessous cette notion d'additivité, qui est
importante à reconnaître car elle permet souvent une étude générique ; voir par
exemple les sections 4.1.3 et 8.2.4 ou le chapitre 7.

Définition 1.48 Soit une fonction r d'un ensemble d'arbres $\mathcal{E}$ vers $\mathbb{R}$. Un **paramè-tre additif** sur l'ensemble $\mathcal{E}$ est une fonction v de $\mathcal{E}$ vers $\mathbb{R}$ qui peut s'exprimer additivement en fonction des M sous-arbres enfants de la racine :

$$v(\tau) = r(\tau) + \sum_{i=1}^{M} v(\tau^i),$$

où les τ^i sont les sous-arbres issus des enfants de la racine, et où $r(\tau)$ est la valeur liée à la racine, aussi appelée péage.

En particulier, si v est un paramètre additif sur un arbre binaire $\tau = \left(\bullet, \tau^{(g)}, \tau^{(d)}\right)$,

$$v(\tau) = r(\tau) + v\left(\tau^{(g)}\right) + v\left(\tau^{(d)}\right). \tag{1.10}$$

Le péage associé à la racine, $r(\tau)$, est en général très simple. Par exemple, le paramètre *taille,* associant à un arbre son nombre de nœuds, est obtenu pour $r(\tau) = 1$; le paramètre *longueur de cheminement* correspond à $r(\tau) = |\tau| - 1$, où $|\tau|$ est le nombre de nœuds de l'arbre τ. Un autre exemple classique de paramètre additif est le nombre de nœuds d'arité donnée ; dans un arbre binaire, nous nous intéresserons ainsi aux nombres de nœuds doubles, simples, ou sans descendants. Par exemple, le nombre de nœuds doubles dans un arbre binaire est obtenu en prenant comme valeur à la racine dans l'équation (1.10) $r(\tau) = 1$ si les sous-arbres gauche et droit sont tous deux non vides, et 0 sinon.

1.3.3 Loi d'un paramètre

L'étude d'un paramètre peut se faire, soit en établissant des bornes sur ses valeurs, soit en regardant sa distribution sous un modèle probabiliste – que nous définirons dans le chapitre suivant. Ces deux approches n'ont pas les mêmes prérequis : l'établissement de bornes, par exemple sur la hauteur d'un arbre, peut se faire sans connaître la distribution de probabilité sur les arbres ; nous en verrons un exemple dans la section 4.4.2. Par contre, établir des résultats tels que la valeur moyenne d'un paramètre ne peut se faire que dans un modèle probabiliste sur les arbres, et la valeur obtenue dépend de cette distribution. Nous verrons dans la suite de ce livre que, par exemple, la hauteur moyenne d'un arbre binaire de taille n est d'ordre $\sqrt{n}$ dans le modèle de Catalan où tous les arbres de même taille sont équiprobables (cf. section 5.2.3), et d'ordre $\log n$ dans le modèle des arbres bourgeonnants, qui est la version non marquée du modèle des permutations uniformes pour les arbres binaires de recherche (cf. section 6.2).

Chapitre 2
Aléa sur les arbres

Nous avons introduit dans le chapitre 1 les différents types d'arbres que nous étudions dans ce livre. Nous expliquons ici de quelles manières il est possible d'obtenir des arbres *aléatoires*. Les sections 2.1 et 2.2 traitent respectivement des arbres non marqués et marqués. L'aléa sur les arbres digitaux fait appel à des notions différentes et est présenté en section 2.3.

2.1 Aléa sur les arbres non marqués

Il y a plusieurs façons d'introduire de l'aléa sur les arbres non marqués, en voici quelques-unes :

- L'arbre est choisi uniformément au hasard parmi tous les arbres dans un ensemble d'arbres. Nous parlerons indifféremment de modèle uniforme, de modèle de Catalan, ou de modèle combinatoire ; voir section 2.1.1.
- L'arbre lui-même grossit (pousse) de manière aléatoire. Nous présentons en section 2.1.3 le modèle le plus simple d'arbres de branchement, les arbres de Galton-Watson.
- L'arbre peut aussi pousser en faisant bourgeonner une feuille prise au hasard, c'est le modèle « bourgeonnant » décrit dans la section 2.1.2.

2.1.1 Modèle de Catalan

Le plus simple pour choisir au hasard un arbre dans un ensemble d'arbres est le choix *uniforme*. Appliqué aux arbres binaires de taille donnée n, ce modèle conduit à donner à chaque arbre de cette taille une probabilité $1/C_n$, C_n étant le nombre

© Springer Nature Switzerland AG 2018
B. Chauvin et al., *Arbres pour l'Algorithmique*, Mathématiques et Applications 83,
https://doi.org/10.1007/978-3-319-93725-0_2

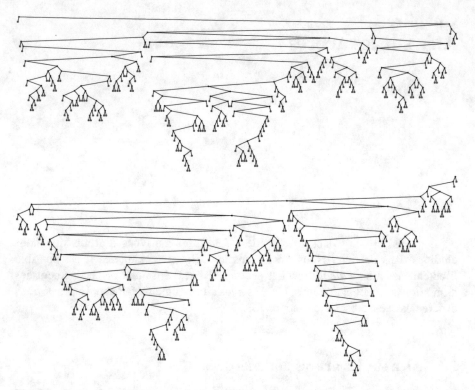

Fig. 2.1 Deux arbres binaires complets avec 200 nœuds internes (et donc 201 nœuds externes) tirés aléatoirement uniformément

d'arbres binaires de taille n, dit aussi « nombre de Catalan » (voir section 4.1 pour le calcul de la valeur de C_n), d'où le terme de « modèle de Catalan » couramment employé.

La figure 2.1 donne deux exemples d'arbres binaires complets avec 200 nœuds internes (tirés aléatoirement uniformément).

Le choix uniforme parmi un ensemble d'arbres s'applique évidemment à d'autres types d'arbres que les arbres binaires, ou à des sous-ensembles d'une classe d'arbres définis par une autre notion que la taille : par exemple, c'est la hauteur qui peut être fixée et un arbre sera choisi uniformément parmi les arbres de hauteur donnée ; par analogie nous parlerons encore de « modèle de Catalan ». Ce modèle sera étudié essentiellement au chapitre 4, où il sera appliqué à diverses classes d'arbres ; pour certaines de ces classes, nous ne pousserons pas l'analyse au delà du dénombrement, qui est la base permettant ensuite d'étudier les valeurs des divers paramètres que nous avons définis en section 1.3, et dont nous verrons l'utilisation pour l'analyse d'algorithmes dans le chapitre 3. Nous étudierons donc dans le chapitre 4

– les arbres binaires, comme nous l'avons déjà mentionné ;
– les familles simples d'arbres ;

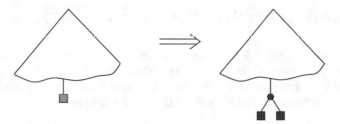

Fig. 2.2 Croissance d'un arbre bourgeonnant : la feuille (verte) de l'arbre de gauche est remplacée par un nœud interne et deux feuilles (rouges) dans l'arbre de droite

– puis deux familles d'arbres planaires équilibrés : les arbres 2-3 et les arbres-B, tous deux compris comme formes d'arbres et non comme arbres de recherche ; nous considérerons l'ensemble des arbres 2-3 et arbres-B de hauteur fixée, et l'ensemble des arbres 2-3 à nombre de clés fixé (dans les deux cas, le nombre de nœuds de l'arbre est variable) ;
– et enfin, les arbres de Pólya, qui sont non planaires.

2.1.2 Arbres bourgeonnants

Nous pouvons définir un processus discret d'arbres binaires complets, c'est-à-dire une suite $(\tau_n)_{n \geq 0}$ d'arbres binaires complets, en faisant pousser l'arbre entre les instants n et $n + 1$ comme suit : au temps 0, partons de l'arbre réduit à une feuille ; au temps n, choisissons uniformément l'une des $n + 1$ feuilles de l'arbre τ_n et remplaçons-la par un nœud interne et deux feuilles (figure 2.2). Nous appelons ces arbres des arbres *bourgeonnants*.[1] Ici, nous convenons que la taille d'un arbre binaire complet est le nombre de ses nœuds internes, donc $|\tau_0| = 0$ et l'arbre τ_n est de taille n.

Autrement dit, en appelant V_n la feuille de τ_n choisie uniformément parmi ses $n + 1$ feuilles, sur laquelle poussent deux nouvelles feuilles $V_n 0$ et $V_n 1$, la suite $(\tau_n)_{n \geq 0}$ est une chaîne de Markov à valeurs dans l'ensemble $\mathcal{B}$ des arbres binaires complets, définie par $\tau_0 = \{\varepsilon\}$ et $\tau_{n+1} = \tau_n \cup \{V_n 0, V_n 1\}$ avec

$$\mathbb{P}(V_n = u \mid \tau_n) = \frac{1}{n + 1}, \quad u \in \partial \tau_n. \tag{2.1}$$

---

[1]Ce nom peut parfois désigner un autre type d'arbres, utilisé pour l'énumération de cartes planaires et introduit par Schaeffer [230].

2.1.3 Arbres de branchement. Arbres de Galton-Watson

Rappelons (cf. section 1.1.1) qu'un arbre planaire $\tau \in \mathcal{P}$ a été défini (cf. la définition 1.1) comme ensemble de mots sur l'alphabet $\mathbb{N}_{>0}$, de sorte qu'un nœud u d'un arbre τ est une suite finie d'entiers strictement positifs, sa longueur notée $|u|$ est aussi sa profondeur ou niveau dans l'arbre et son arité est

$$M_u := \text{nombre d'enfants du nœud } u,$$

avec la notation simplifiée M pour M_ε les enfants de l'ancêtre. Un tel arbre est représenté figure 2.3. Nous avions remarqué que la donnée des entiers $M_u, u \in U$ suffit à définir l'arbre.

Lorsque les M_u deviennent des variables aléatoires, alors l'arbre pousse de manière aléatoire. Un tel arbre aléatoire est ainsi défini à partir d'une loi de probabilité pour les M_u, à valeurs dans $\mathbb{N}$. Plus précisément :

Proposition-Définition 2.1 *Soit $(p_k)_{k\geq 0}$ une loi de probabilité sur $\mathbb{N}$, dite loi de reproduction.*

Si $M = M_\varepsilon$ désigne le nombre d'enfants de l'ancêtre, et si $\tau^1, \dots, \tau^M$ désignent les sous-arbres issus des enfants de l'ancêtre, alors il existe une unique probabilité $\mathbb{P}$ sur l'ensemble $\mathcal{P}$ des arbres planaires, telle que

(i) M a pour loi $(p_k)_{k\geq 0}$;
(ii) conditionnellement sachant $\{M = j\}$, les sous-arbres $\tau^1, \dots, \tau^j$ sont indépendants et de même loi $\mathbb{P}$.

Un arbre planaire sous la loi $\mathbb{P}$ est un **arbre de Galton-Watson** *de loi de reproduction $(p_k)_{k\geq 0}$. La propriété (ii) s'appelle propriété de branchement.*

Nous renvoyons pour la preuve de cette proposition à Neveu [194, pages 202-203] : c'est une propriété d'existence de processus de Markov.

Remarque 2.2 L'ensemble des arbres binaires de taille donnée, muni de la distribution uniforme, peut aussi être vu comme l'ensemble des arbres de Galton-Watson (cf. la section 2.1.3) conditionnés par leur taille ; ce lien probabilité/combinatoire est détaillé dans la section 5.2.

Fig. 2.3 Un exemple d'arbre planaire, de Galton-Watson quand les M_u sont aléatoires

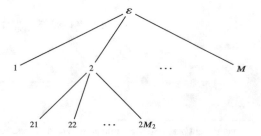

Les probabilistes s'intéressent depuis longtemps (voir le livre d'Athreya et Ney [12]) au processus discret « nombre de nœuds de la n-ième génération ». Plus précisément, pour tout entier $n \in \mathbb{N}$, et pour tout arbre τ, soit

$$z_n(\tau) := \{u \in \tau, |u| = n\}$$

la n-ième génération de τ.

Remarque 2.3 Attention : dans cette section n désigne le numéro de génération considéré et pas du tout le nombre de nœuds de l'arbre. D'ailleurs les arbres de Galton-Watson peuvent être infinis.

Le nombre de nœuds de la n-ième génération est

$$Z_n(\tau) := |z_n(\tau)|.$$

Si τ est un arbre de Galton-Watson, autrement dit si l'ensemble des arbres planaires est muni de la loi $\mathbb{P}$, alors $(Z_n(\tau))_{n \geq 0}$ est un processus de Galton-Watson, noté plus légèrement $(Z_n)_{n \geq 0}$. En particulier, $z_0(\tau) = \{\varepsilon\}$ et $Z_0(\tau) = 1$.

Propriété de branchement pour (Z_n)

Pour tout arbre τ, pour tout $u \subset \tau$, on désigne par

$$\tau'' := \{v \in U, uv \in \tau\}$$

le sous-arbre de τ dont la racine est u. Par exemple, $\tau^1, \ldots, \tau^M$ sont les sous-arbres issus des enfants de l'ancêtre, ils constituent une forêt. La relation suivante est évidente : pour tous entiers n et k,

$$Z_{n+k}(\tau) = \sum_{u, \, |u|=n} Z_k(\tau^u).$$

Elle se décline en deux relations, dites respectivement « backward » et « forward », qui sont fondamentales dans l'étude des processus de branchement : pour tout entier n,

$$Z_{n+1}(\tau) = \sum_{j=1}^{M} Z_n(\tau^j) ; \tag{2.2}$$

$$Z_{n+1}(\tau) = \sum_{u, \, |u|=n} M_u. \tag{2.3}$$

La propriété de branchement, qui était exprimée à la première génération dans la proposition 2.1 (ii), peut aussi par récurrence s'exprimer à la n-ième génération : sachant le passé avant n, les sous-arbres τ^u qui ont pour racine un nœud u de la

n-ième génération sont indépendants et de même loi que l'arbre τ. Autrement dit, nous avons

$$\mathbb{E}\left(\prod_{u,\,|u|=n} f_u(\tau^u)\,\Big|\,\mathcal{F}_n\right) = \prod_{u,\,|u|=n} \mathbb{E}(f_u), \tag{2.4}$$

où les $f_u, u \in U$ sont des fonctions mesurables positives et où $\mathcal{F}_n$ est la tribu du passé avant n, c'est-à-dire que $\mathcal{F}_n$ est engendrée par les M_u pour tous les u tels que $|u| \leq n-1$ (voir l'annexe C).

Une étude plus détaillée des processus de Galton-Watson est faite dans la section 5.1.

2.2 Aléa sur les arbres marqués

Dans cette section, les clés stockées dans l'arbre sont aléatoires, et l'arbre le devient aussi. Deux classes d'arbres marqués aléatoires sont présentées, tout d'abord les tas en section 2.2.2, puis les arbres binaires de recherche en section 2.2.3. Auparavant, dans la section 2.2.1, nous précisons le modèle probabiliste utilisé.

2.2.1 Le modèle des permutations uniformes

Partant de « vraies » données $x_1, x_2, \ldots, x_n, \ldots$ appartenant à un ensemble totalement ordonné, le modèle dit « des permutations uniformes » permet de disposer d'un modèle probabiliste universel, à savoir la loi uniforme sur l'ensemble $\mathfrak{S}_n$ des permutations de $\{1, \ldots, n\}$, à l'issue d'une étape de modélisation.

Proposition-Définition 2.4 *Soient $x_1, x_2, \ldots, x_n, \ldots$ une suite de variables aléatoires indépendantes et de même loi continue, à valeurs dans un ensemble totalement ordonné. Pour tout $n \geq 1$, soit $\sigma_n \in \mathfrak{S}_n$ le réordonnement de $x_1, \ldots, x_n$, défini en (1.5) par*

$$x_{\sigma_n(1)} < x_{\sigma_n(2)} < \cdots < x_{\sigma_n(n)}.$$

Alors σ_n suit la loi uniforme sur $\mathfrak{S}_n$.

*Nous parlons de **modèle des permutations uniformes** lorsqu'un arbre τ est marqué par des clés i.i.d. (indépendantes et identiquement distribuées) de même loi continue. Sous ce modèle, les paramètres étudiés ont même loi pour τ et pour l'arbre des rangs $C(\tau)$ obtenu par marquage canonique (cf. la définition 1.16).*

Preuve L'hypothèse de loi continue assure que les données sont presque sûrement distinctes. L'hypothèse i.i.d. assure que les variables aléatoires sont échangeables, ce qui entraîne l'uniformité du réordonnement. Ainsi dans ce modèle, seuls les *rangs*, l'*ordre* des données comptent, pas leur valeur.   □

La proposition 2.4 justifie le fait que, dans les sections suivantes, ce sera l'arbre des rangs $C(\tau)$ qui sera étudié au lieu de τ.

Remarque 2.5 Il peut arriver que nous ayons besoin de travailler directement sur les *permutations* de taille donnée n, et de les supposer tirées uniformément dans $\mathfrak{S}_n$; c'est cette situation qui mérite réellement le nom de « modèle des permutations uniformes ». Nous utiliserons ce modèle au chapitre 3 lorsque nous évoquerons l'analyse d'algorithmes de tri par comparaison ; cf. la définition 3.6.

2.2.2 Aléa sur les tas

Nous supposons ici que *les clés sont toutes distinctes* ; de sorte que le marquage canonique (définition 1.16) permet de se ramener à l'ensemble $\{1, \ldots, n\}$ pour un tas de taille n. L'ensemble des (arbres des rangs pour les) tas de taille donnée est donc fini.

Il y a deux manières d'envisager l'aléa sur les tas :

- soit l'aléa porte sur l'ensemble des tas eux-mêmes : nous avons une loi de probabilité sur l'ensemble des tas de taille donnée (par exemple la loi uniforme, mais pas seulement) ; cette approche est analogue à celle de la section 2.1.1 pour le modèle de Catalan ;
- soit l'aléa porte sur les entrées de l'algorithme utilisé pour construire un tas. En d'autres termes, l'aléa porte sur la suite initiale des n clés. Nous supposerons dans ce cas travailler sous le modèle des permutations uniformes (cf. la définition 2.4 et la remarque 2.5 dans la section précédente), ce qui permet de se ramener à une permutation de $\mathfrak{S}_n$. Nous construisons alors un tas à partir de cette permutation, et la question est de savoir quelle est la distribution induite sur l'ensemble des tas de taille n. Cette approche est analogue à celle que nous adopterons ci-après pour les arbres binaires de recherche, cf. la section 2.2.3.

Dans le cas où l'aléa porte sur la suite de clés à partir de laquelle un tas est construit, la distribution induite sur l'ensemble des tas peut évidemment dépendre de l'algorithme retenu pour la construction ; nous donnons à l'annexe A.6.3 deux algorithmes classiques, dus respectivement à Floyd et à Williams. La différence entre ces deux algorithmes est analogue à celle entre deux points de vue déjà rencontrés lors de la présentation des arbres binaires de recherche (cf. section 1.2.5) : l'ensemble des clés peut être connu dès le départ, et nous avons alors une construction « statique », ou les clés peuvent être insérées au fur et à mesure de leur arrivée, c'est une construction « dynamique ». Une différence essentielle est cependant que les deux algorithmes conduisent à des distributions de probabilité différentes sur l'ensemble des tas (cf. la figure 2.4).

Fig. 2.4 Les deux tas possibles sur $\{1, 2, 3\}$. Sous le modèle des permutations uniformes et en construisant le tas par l'algorithme de Floyd, le premier tas est obtenu par les permutations 123, 213 et 321, le second par les permutations 132, 231 et 312 ; les deux tas sont équiprobables. Avec l'algorithme de Williams, le premier tas est obtenu par les clés entrées dans l'ordre des permutations 123 et 213, et le second tas par les permutations 132, 231, 312 et 321 ; le second tas a donc une probabilité double du premier

Construction statique : l'algorithme de Floyd (cf. l'article original [106] et la présentation que nous en faisons dans l'annexe A.6.3) construit un tas à partir d'un *ensemble* de clés donné : dans cette situation nous partons d'un tableau de n clés, i.e., d'un arbre parfait marqué (nous renvoyons à l'implémentation d'un arbre parfait dans un tableau, présentée en annexe A.6.3), et construisons la structure de tas « de bas en haut », des feuilles vers la racine.

Se pose alors la question de savoir combien d'arbres parfaits marqués donnent le même tas : ce nombre nous est déjà connu, c'est la formule d'équerre de la proposition 1.25, et il dépend uniquement de la forme de l'arbre parfait, i.e., de sa taille n. Il est donc le même pour tous les tas de taille donnée n : chaque tas de taille n est obtenu en partant de plusieurs tableaux initiaux, et le nombre de ces tableaux ne dépend pas du tas. Si la distribution initiale sur $\mathfrak{S}_n$ est uniforme, les tas construits avec l'algorithme de Floyd suivent eux aussi une loi uniforme $\mathbb{P}_F$ sur l'ensemble des tas de taille n.

Construction dynamique : l'algorithme de Williams (cf. l'article original [250] et la présentation en annexe A.6.3) permet d'insérer *une* clé dans un tas ; en l'utilisant pour insérer successivement n clés dans un tas initialement vide, dans l'ordre correspondant à une permutation de $\mathfrak{S}_n$, nous construisons ainsi un tas de taille n. Tout tas apparaît au moins une fois, lorsque l'ordre hiérarchique[2] des clés du tas est aussi celui donné par la permutation d'entrée.

En partant d'une loi uniforme sur $\mathfrak{S}_n$, les tas ainsi construits suivent une loi $\mathbb{P}_W$ qui n'est plus uniforme sur l'ensemble des tas de taille n ; cf. Doberkat [63]. Nous pouvons par exemple constater (cf. la figure 2.4) que, dès $n = 3$, les deux tas possibles ont des probabilités respectives sous $\mathbb{P}_W$ égales à 1/3 et 2/3. Cette loi est mal connue, le seul début d'étude semble se trouver dans l'article de Porter et Simon [212], et une question ouverte serait de la caractériser.

---

[2]L'ordre hiérarchique correspond à un parcours par niveaux croissants de l'arbre, et de gauche à droite à chaque niveau ; cf. annexe A.1.3.

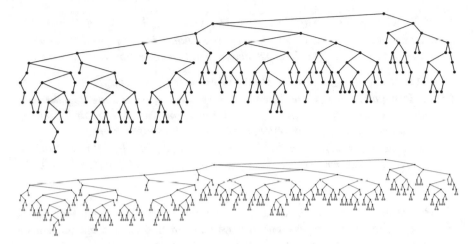

Fig. 2.5 Un arbre binaire de recherche de taille 200 (tiré aléatoirement sous le modèle des permutations uniformes). En bas, le même arbre mais complété (avec donc 200 nœuds internes correspondant au clés et 201 nœuds externes '□'

2.2.3 Arbres binaires de recherche aléatoires

Définition 2.6 Un **arbre binaire de recherche aléatoire** est un arbre binaire de recherche dans lequel les marques $(x_i)_{i \geq 1}$ des nœuds sont des variables aléatoires à valeurs dans un ensemble Γ totalement ordonné.

Remarque 2.7 Dans cette section, nous traitons essentiellement des arbres binaires de recherche aléatoires *sous le modèle des permutations uniformes* (cf. la définition 2.4), c'est-à-dire lorsque les marques $(x_i)_{i \geq 1}$ des nœuds sont des variables aléatoires i.i.d. de même loi continue (voir la figure 2.5 pour un exemple d'arbre à 200 nœuds).

D'un point de vue algorithmique, le modèle des permutations uniformes est lié de façon naturelle à la construction d'un arbre binaire de recherche par insertion aux feuilles. Il existe d'autres algorithmes d'insertion que l'insertion aux feuilles, par exemple l'insertion à la racine présentée en annexe A.2.4 ou, dans le cas où les clés ne sont pas toutes distinctes, une méthode d'insertion qui assure que des clés égales se suivent. De tels algorithmes conduisent à des modèles de probabilité différents. Nous verrons en section 6.5 comment, pour une loi quelconque sur les clés et pour des clés non indépendantes, il est possible de se ramener au cas des permutations uniformes par *randomisation*.

Proposition 2.8 *Soient n variables aléatoires* $x_1, \ldots, x_n$ *i.i.d. de loi commune F continue sur l'intervalle* $[0, 1]$. *Soit* $\tau_n^{(F)}$ *l'arbre binaire de recherche associé aux n premières clés* $x_1, \ldots, x_n$ *par la construction détaillée en section 1.2.5. Alors,*

(i) *La suite* $(\tau_n^{(F)}, n \geq 1)$ *est une chaîne de Markov d'arbres marqués.*

(ii) *La* forme *de l'abr* $\tau_n^{(F)}$ *ne dépend pas de la loi F et sans perte de généralité nous pouvons supposer que F est la loi uniforme sur* $[0, 1]$ *pour l'étude de tous les paramètres qui ne dépendent que de la forme de cet arbre.*

(iii) *La loi de la* forme *de l'abr* $\tau_n^{(F)}$ *est la même que celle de l'abr construit en insérant successivement n entiers d'une permutation de loi uniforme sur* $\mathfrak{S}_n$.

Preuve

(i) L'arbre aléatoire $\tau_n^{(F)}$ est à valeurs dans l'ensemble des arbres binaires complets marqués, puisque chaque nœud interne contient une clé qui est un réel de l'intervalle $[0, 1]$. Le caractère markovien vient du fait que $\tau_n^{(F)}$ ne dépend du passé que par la valeur de $\tau_{n-1}^{(F)}$ (cf. l'annexe C.5).

(ii) Sous le modèle des permutations uniformes, la forme de l'abr $\tau_n^{(F)}$ construit avec les n premières clés ne dépend que de l'ordre relatif des clés. Autrement dit, elle ne dépend que du réordonnement, de loi uniforme sur $\mathfrak{S}_n$, ce qui prouve (iii). $\square$

Ce qui précède permet ainsi, partant de n'importe quelle loi continue sur l'intervalle $[0, 1]$, de se ramener à la loi Ord définie ci-après (dont le nom est justifié par la proposition 2.4).

Définition 2.9 Nous appelons Ord la loi sur les arbres binaires de recherche sous le modèle des permutations uniformes défini dans la proposition 2.4, c'est-à-dire lorsque les clés ajoutées dans l'arbre par insertion aux feuilles sont des variables aléatoires i.i.d. de même loi uniforme sur l'intervalle $[0, 1]$.

Remarque 2.10 Tout ce qui suit concerne des arbres binaires de recherche aléatoires sous le modèle des permutations uniformes, c'est-à-dire sous la loi Ord. Nous abrégerons souvent cela en « arbre binaire de recherche aléatoire », voire en « arbre binaire de recherche » ou encore « abr », l'aléa étant alors implicite, mais bien présent !

Comment pousse un arbre binaire de recherche aléatoire ?

La figure 2.6 reprend l'abr de la figure 1.24 en insérant une nouvelle donnée. Les possibilités d'insertion sont figurées par des □.

Précisons comment se fait l'insertion de la $n + 1$-ième clé x_{n+1} dans l'arbre à n nœuds internes τ_n. Pour calculer la probabilité que la $n + 1$-ième clé x_{n+1} tombe dans l'intervalle $]x_{\sigma_n(j)}, x_{\sigma_n(j+1)}[$, soit encore la probabilité que x_{n+1} tombe sur la

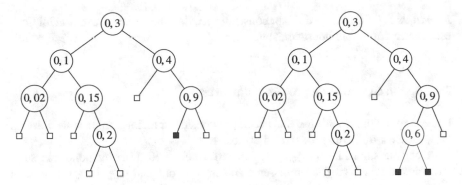

Fig. 2.6 À gauche, l'arbre binaire de recherche construit avec les clés $x_1 = 0,3$; $x_2 = 0,1$; $x_3 = 0,4$; $x_4 = 0,15$; $x_5 = 0,9$; $x_6 = 0,02$; $x_7 = 0,2$; à droite, celui obtenu par insertion ultérieure de $x_8 = 0,6$, qui s'insère sur le carré bleu. Nous obtenons : $x_6 < x_2 < x_4 < x_7 < x_1 < x_3 < x_8 < x_5$ et donc le réordonnement est $\sigma_{n+1} = (6, 2, 4, 7, 1, 3, 8, 5)$ et $\sigma_{n+1}^{-1} = (5, 2, 6, 3, 8, 1, 4, 7)$

$j + 1$-ième feuille de τ_n, deux conditionnements sont possibles :

(a) en conditionnant par l'arbre marqué et donc par les *valeurs* de $x_1 \ldots, x_n$, ce qui rend compte de l'évolution de l'arbre marqué τ_n : pour tout $j \in \{0, 1, \ldots, n\}$,

$$\mathbb{P}\big(r_{n+1} \in]r_{\sigma_n(j)}, r_{\sigma_n(j+1)}[\mid \tau_n\big) = r_{\sigma_n(j+1)} - r_{\sigma_n(j)} ;$$

(b) lorsque c'est la forme de l'arbre ou son re-étiquetage qui nous intéresse, nous conditionnons par le réordonnement σ_n :

$$\mathbb{P}\big(x_{n+1} \in]x_{\sigma_n(j)}, x_{\sigma_n(j+1)}[\mid \sigma_n\big) = \mathbb{P}(\sigma_{n+1}(j + 1) = n + 1) = \frac{1}{n + 1}.$$

Cette dernière relation peut se voir aussi avec le rang R_k d'une clé x_k, le rang de x_k étant défini par :

$$R_k = \sum_{j=1}^{k} \mathbb{1}_{\{x_j \leq x_k\}}, k \geq 1.$$

Comme les variables aléatoires x_i sont indépendantes et de même loi, R_k est de loi uniforme sur $\{1, \ldots, k\}$, de sorte que pour tout $j = 0, \ldots, n$,

$$\mathbb{P}(R_{n+1} = j + 1 \mid R_1, \ldots, R_n) = \frac{1}{n + 1}.$$

En résumé, en termes d'évolution dynamique de la forme de l'abr, c'est-à-dire avec le conditionnement (b), **l'insertion de la $n+1$-ième clé dans un abr de taille n est uniforme parmi les $n + 1$ possibilités d'insertion**. Rappelons-nous la définition du processus d'arbre bourgeonnant de la section 2.1.2 : nous constatons ainsi le fait suivant.

Remarque 2.11 La forme de l'abr construit avec des marques i.i.d., sous la loi **Ord**, est exactement l'arbre bourgeonnant.

Description en termes de processus d'arbres

La description précédente à n fixé permet de considérer maintenant la suite d'arbres $(\tau_n)_{n \geq 1}$, c'est-à-dire un *processus* d'arbres.

À chaque suite i.i.d. $(x_n)_{n \geq 1}$ de loi uniforme sur $[0, 1]$ correspond une suite croissante d'arbres $(\tau_n)_{n \geq 1}$, croissante au sens où pour tout $n \geq 1$, τ_n est contenu dans τ_{n+1}. De plus, la suite des réordonnements $(\sigma_n)_{n \geq 1}$ est *compatible*, ce qui signifie que pour tout $n \geq 1$, la permutation σ_{n+1} (représentée canoniquement par un $(n + 1)$-uplet) privée de l'entier $n + 1$ est égale à σ_n. Dans l'exemple de la figure 2.6, pour $n = 7$, nous avons $\sigma_{n+1} = (6, 2, 4, 7, 1, 3, 8, 5)$ qui est compatible avec $\sigma_n = (6, 2, 4, 7, 1, 3, 5)$.

Soit $\mathbb{P}_n$ la loi induite sur les arbres binaires complets de taille n par $x_1, \ldots, x_n$ i.i.d. de loi uniforme sur $[0, 1]$. Alors

- la suite $(\tau_n)_{n \geq 1}$ est une suite croissante d'arbres binaires complets où pour chaque n, τ_n est de loi $\mathbb{P}_n$;
- la suite des réordonnements $(\sigma_n)_{n \geq 1}$ est compatible, et pour chaque n, σ_n est de loi uniforme sur $\mathfrak{S}_n$; par conséquent la suite des $(\sigma_n^{-1})_{n \geq 1}$ est aussi telle que pour chaque n, σ_n^{-1} est de loi uniforme sur $\mathfrak{S}_n$.

Ainsi, les $\mathbb{P}_n$ pour $n \geq 1$ sont compatibles[3] et le théorème de Kolmogorov s'applique (voir Billingsley [28]), de sorte les $\mathbb{P}_n$ pour $n \geq 1$ permettent de définir une probabilité $\mathbb{P}$ sur l'ensemble $\mathcal{B}$ des arbres binaires complets en disant que $\mathbb{P}$ restreinte aux arbres binaires complets de taille n est égale à $\mathbb{P}_n$. Nous travaillons désormais sous $\mathbb{P}$.

Remarque 2.12 Dans ce modèle des permutations uniformes, l'uniformité est sur $\mathfrak{S}_n$, le groupe des permutations, et non sur l'ensemble des arbres ; ce qui signifie que *les abr de taille n ne sont pas équiprobables*. A l'inverse, dans le modèle uniforme appelé aussi modèle de Catalan ou modèle combinatoire, les arbres binaires de taille n sont équiprobables. Voir la figure 2.7.

Principe « diviser pour régner »

La proposition suivante est une instance du principe « diviser pour régner » dans le cas particulier des abr.

---

[3]ce qui signifie que $\mathbb{P}_{n+1}$ restreinte aux arbres binaires de taille n est égale à $\mathbb{P}_n$.

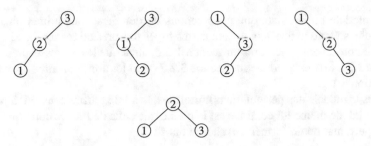

Fig. 2.7 Pour $n = 3$, les 6 permutations de $\mathfrak{S}_3$ donnent les abr de cette figure. Les permutations 213 et 231 donnent le même arbre (celui du dessous) qui est donc de probabilité 2/6 alors que les autres sont chacun obtenus par une seule permutation, et sont donc de probabilité 1/6. Dans le modèle de Catalan, les 5 arbres de taille 3 sont chacun de probabilité 1/5

Proposition 2.13 *Soit τ_n un abr de taille n, sous le modèle des permutations uniformes. Appelons $\tau_n^{(g)}$ et $\tau_n^{(d)}$ les sous-arbres respectivement gauche et droit de τ_n. Soit $p \in \{0, \ldots, n-1\}$. Alors*

$$\mathbb{P}\left(|\tau_n^{(g)}| = p\right) = \frac{1}{n},$$

et, conditionnellement en la taille de $\tau_n^{(g)}$ égale p, les sous-arbres $\tau_n^{(g)}$ et $\tau_n^{(d)}$ sont indépendants, $\tau_n^{(g)}$ a même loi que τ_p, et $\tau_n^{(d)}$ a même loi que τ_{n-1-p}.

Preuve Soit $p \in \{0, \ldots, n-1\}$. Le réordonnement des x_i, $i = 1, \ldots, n$ est donné par la permutation σ_n :

$$x_{\sigma_n(1)} < x_{\sigma_n(2)} < \cdots < x_{\sigma_n(n)},$$

de sorte que

$$\mathbb{P}\left(|\tau_n^{(g)}| = p\right) = \mathbb{P}\left(\sigma_n^{-1}(1) = p+1\right) = \frac{1}{n},$$

puisque σ_n^{-1} est de loi uniforme sur $\mathfrak{S}_n$. Conditionnellement en la taille de $\tau_n^{(g)}$ égale p, nous avons $\sigma_n(p+1) = 1$ et donc

$$\begin{cases} x_{\sigma_n(1)} < \cdots < x_{\sigma_n(p)} \text{ sont les clés de } \tau_n^{(g)}, \\ x_{\sigma_n(p+2)} < \cdots < x_{\sigma_n(n)} \text{ sont les clés de } \tau_n^{(d)}, \end{cases}$$

avec la convention habituelle : si $p = 0$, le premier ensemble est vide, si $p = n - 1$, le second ensemble est vide. Comme les x_i, $i = 1, \ldots, n$ sont i.i.d. les arbres $\tau_n^{(g)}$ et $\tau_n^{(d)}$ sont indépendants, $\tau_n^{(g)}$ a même loi qu'un abr de taille p, et $\tau_n^{(d)}$ a même loi qu'un abr de taille $n - 1 - p$. □

Le modèle probabiliste que nous venons de définir sur les arbres binaires de recherche s'étend naturellement aux autres types d'arbres de recherche : les arbres 2-3 que nous avons rencontrés en section 1.2.6, ainsi que les arbres-B présentés en section 3.2.2 (a), les quadtrees en section 3.2.2 (b) et les arbres m-aires de recherche en section 8.1.1.

Sous le modèle des permutations uniformes, la loi de l'arbre construit à partir de n clés i.i.d. de même loi continue est la même que celle de l'arbre construit à partir d'une permutation uniformément choisie dans $\mathfrak{S}_n$.

2.3   Aléa sur les arbres digitaux

Les arbres digitaux rentrent dans la catégorie des arbres marqués. Cependant la nature de l'aléa est différente de celle des sections précédentes.

L'arbre digital est construit sur un ensemble de mots et il y a donc plusieurs aspects à considérer du point de vue de la modélisation selon la chaîne

symbole → mot → ensemble de mots.

Dans les arbres digitaux aléatoires, l'aléa peut intervenir à plusieurs niveaux :

- *Tout d'abord une clé est un mot, lui même vu comme une séquence de symboles. Nous définissons donc un modèle probabiliste sur les symboles qui composent le mot. Ils peuvent ou non être indépendants les uns des autres. Les mots peuvent être finis ou infinis.*
- *Une fois le modèle sur les symboles, et donc sur les mots, défini, il faut aussi préciser le modèle probabiliste pour un ensemble de mots. Là aussi nous pouvons considérer les clés indépendantes ou non entre elles.*
- *Enfin le cardinal de l'ensemble de mots peut lui aussi être aléatoire.*

Dans ce livre toutes les analyses d'arbres digitaux considèrent des clés indépendantes et produites par le même processus : les clés sont donc i.i.d (indépendantes et identiquement distribuées).

En pratique, les clés à stocker dans un arbre digital peuvent être de nature très diverse. Cela peut aussi bien être des mots de la langue française, que des clés de hachage, ou encore des suites de bits ou des mots-machine.

Nous considérons donc un alphabet fini dont les lettres sont appelées « symboles[4] ».

Dans la section 2.3.1, nous décrivons deux modèles probabilistes usuels pour un ensemble de mots : le modèle fini équiprobable et le modèle infini i.i.d. Dans ce

---

[4]En programmation le terme « chaîne de caractères » (*string* en anglais) désignant une séquence de lettres ou caractères est souvent employé. Cependant dans le domaine de la combinatoire des mots ou de théorie de l'information, nous parlons plutôt de mots, vus comme des séquences de symboles.

dernier modèle, une distribution de probabilité sur les mots infinis est définie de manière sous-jacente.

Nous allons plus loin dans la section 2.3.2 en définissant la notion de source de symboles à même de produire des mots infinis (y compris ceux du modèle infini i.i.d.). Les sources les plus connues sont les sources sans mémoire[5] et les sources à dépendance markovienne, mais il en existe également d'autres types – non présentés ici – de sources comme par exemple les sources dynamiques [245] qui fournissent un cadre encore plus général. Toutes ces sources ont en commun de permettre le calcul explicite de la probabilité, appelée dans la suite probabilité fondamentale p_w, qu'un mot infini $X \in \mathscr{A}^{\mathbb{N}}$ commence par un préfixe fini $w \in \mathscr{A}^*$. Nous présentons un cadre formel pour modéliser une source, appelée *source probabilisée* de mots infinis.

Remarque 2.14 Remarquons que dans le cas des tries des suffixes, le modèle probabiliste considère un seul mot ainsi que l'ensemble de ses suffixes. Ce modèle, intéressant pour certaines applications, par exemple pour l'indexation en algorithmique du texte, est difficile à analyser car il y a une grande dépendance entre les suffixes. Une analyse est parfois possible en supposant que des suffixes de positions suffisamment « éloignées » l'une de l'autre dans un texte sont quasiment indépendants.

Remarque 2.15 Pour les besoins de l'analyse des arbres digitaux nous aurons souvent recours à un *modèle de Poisson* pour le cardinal de l'ensemble de mots, i.e., le nombre de mots est une variable aléatoire qui suit une loi de Poisson. Ce qui nous intéresse surtout dans ce modèle moins naturel que celui où le cardinal est fixé à une certaine valeur (appelé dans la suite *modèle de Bernoulli*) sont les propriétés d'indépendance de ces variables aléatoires qui simplifient les analyses. Ce modèle de Poisson, essentiel pour l'analyse, est décrit en section 7.1.3.

2.3.1   *Modèles usuels.*

Les modèles usuels pour l'analyse des arbres digitaux supposent que les clés soient de longueur infinie. En pratique, ce n'est (évidemment !) pas toujours le cas. Le plus souvent, les modèles à clés infinies peuvent être vus comme une approximation de la réalité informatique, suffisante pour l'analyse, mais il existe des situations dans lesquelles le modèle naturel est le modèle fini (par exemple, en géométrie algorithmique).

---

[5]Les sources sans mémoire sont parfois appelées sources de Bernoulli car dans le cas binaire les caractères produits correspondent à un processus de Bernoulli. Nous ne reprenons pas cette terminologie ici puisqu'il y aura un risque de confusion avec le modèle de Bernoulli désignant un ensemble de cardinal fixé.

Modèle fini équiprobable Un modèle assez intuitif consiste à considérer un ensemble de clés finies, toutes de même longueur, indépendantes et de même loi.

Définition 2.16 (Modèle fini équiprobable)   Considérons un alphabet $\mathscr{A}$ fini de taille r. Si d est la longueur des clés (ou mots), l'ensemble des clés possibles est $\mathscr{A}^d$ constitué de r^d clés distinctes. Le modèle fini équiprobable, si n est le nombre de clés, est le modèle uniforme sur les sous-ensembles de $\mathscr{A}^d$ de cardinal n. Chaque ensemble est de probabilité $1/\binom{r^d}{n}$.

Dans ce modèle toutes les clés sont équiprobables, de probabilité $1/r^d$, avec r la taille de l'alphabet et d la longueur des mots considérés. Les ensembles de clés de même cardinal sont donc également équiprobables.

Un cas particulier important, et le seul analysé dans ce cadre en section 7.1.1, correspond au cas binaire $\mathscr{A} = \{0, 1\}$.

Modèle infini i.i.d.   Dans ce modèle les clés sont toujours indépendantes au sens probabiliste. Mais contrairement au cas précédent, les mots sont infinis.

Définition 2.17 (Modèle infini i.i.d.)   Soit $n \geq 1$ fixé. Le modèle infini i.i.d. est le modèle probabiliste qui considère un ensemble ω de n mots indépendants entre eux et où chaque mot infini de l'ensemble ω est constitué de lettres qui sont des variables aléatoires i.i.d. à valeur dans l'alphabet $\mathscr{A}$.

Remarque 2.18 Dans le cas où la loi de distribution sur les symboles est uniforme, il est raisonnable de penser que le modèle infini i.i.d. est la limite (en un sens à préciser) du modèle fini équiprobable précédent lorsque que le cardinal n de l'ensemble des mots est fixé et que la taille d des mots tend vers l'infini.

Remarque 2.19 Ce modèle est différent du modèle fini équiprobable, puisqu'il est possible d'avoir deux clés égales mais avec une probabilité nulle.

Dans la section 7.1.2, nous nous attacherons au cas le plus simple où l'alphabet est binaire et la distribution sur les symboles 0 et 1 est uniforme.

Dans la section suivante, nous introduisons le concept de source pour modéliser un mot aléatoire de manière générale.

2.3.2   Sources de symboles : aléa sur les clés

La production de symboles est un phénomène *discret* dans le temps. À chaque coup d'horloge, un nouveau symbole est émis par la source. Le choix du symbole à émettre peut prendre en compte un grand nombre de paramètres. Nous décrivons ici plusieurs sources dont le mécanisme est probabiliste : deux sources très utilisées – les sources sans mémoire et les sources à dépendance markovienne – et un modèle complètement général de source probabilisée.

Soit $\mathscr{A} = \{a_1, a_2, \ldots, a_r\}$ un alphabet fini. Une quantité très importante va jouer un rôle dans la suite, il s'agit de la probabilité qu'un mot infini $X \in \mathscr{A}^{\mathbb{N}}$ commence par un préfixe $w \in \mathscr{A}^*$, appelée *probabilité fondamentale*.

Définition 2.20 (Probabilités fondamentales, cylindres et sources) Soit $\mathbb{P}$ une mesure de probabilité définie sur l'ensemble des mots infinis $\mathscr{A}^{\mathbb{N}}$. Soit $w \in \mathscr{A}^*$ un mot fini.

– L'ensemble des mots infinis $C_w = w \cdot \mathscr{A}^{\mathbb{N}}$ admettant w comme préfixe est appelé **cylindre** associé à w.

– La **probabilité fondamentale** associée au préfixe fini $w \in \mathscr{A}^*$ est définie par

$$p_w := \mathbb{P}(w \cdot \mathscr{A}^{\mathbb{N}}) = \mathbb{P}(C_w).$$

La connaissance de $\mathbb{P}$ sur les cylindres $\{C_w\}_{w \in \mathscr{A}^*}$ suffit à décrire $\mathbb{P}$; une **source** S est définie indifféremment par la mesure $\mathbb{P}$ ou par la collection des p_w.

Remarque 2.21 Une famille $\{p_w\}_{w \in \mathscr{A}^*}$ de réels de $[0, 1]$ qui satisfait $p_\varepsilon = 1$ et les relations de compatibilité

$$\sum_{a \in \mathscr{A}} p_{w \cdot a} = p_w \qquad (\forall w \in \mathscr{A}^*)$$

suffit à définir $\mathbb{P}$ sur $\mathscr{A}^{\mathbb{N}}$, c'est-à-dire une source, en posant $\mathbb{P}(C_w) = p_w$. En effet, le théorème de Kolmogorov (voir Billingsley [28]) assure alors qu'il existe une unique probabilité $\mathbb{P}$ sur $\mathscr{A}^{\mathbb{N}}$ qui prolonge $\mathbb{P}$ sur les cylindres.

2.3.3   Sources sans mémoire

Définition 2.22 (Source sans mémoire) Une source sans mémoire sur l'alphabet $\mathscr{A}$ est définie par une distribution de probabilité sur les symboles $\{p_a\}_{a \in \mathscr{A}}$, avec $\sum_{a \in \mathscr{A}} p_a = 1$. Pour tout mot fini $w = w_1 w_2 \ldots w_n$ avec w_i dans $\mathscr{A}$, la probabilité fondamentale p_w est

$$p_w = \prod_{i=1}^{n} p_{w_i},$$

ce qui définit également la mesure $\mathbb{P}$.

Une source sans mémoire ne tient aucun compte des symboles précédemment émis : il n'y a aucune dépendance entre deux symboles émis par la source.

Pour la langue française avec un alphabet de taille 27 (les lettres usuelles plus le caractère « espace »), une première tentative (grossière) de modélisation consiste à émettre chaque symbole avec une probabilité $\frac{1}{27}$. Un exemple typique d'un mot produit par une telle source est

EDBNZRBIAENHN ZUNKDMXZWHEYMHAVZWHWJZ

UFLKHYCABAOGQBQTSRDNORGCQNXWDPSTJBASDEKXHUR.

La deuxième étape, naturelle, consiste à considérer des probabilités non uniformes
calculées à partir d'un corpus[6] (ici le tome 1 des *Misérables* par Victor HUGO). Nous
obtenons alors un mot qui « ressemble » déjà plus d'un point de vue syntaxique à une
phrase naturelle en français (l'alphabet contient cette fois-ci les lettres accentuées,
les caractères de ponctuation « ;., !" ?'- »), par exemple :

UEANPNAI NYO !AHNAS EERRTQSEPINÉIRVIIIVPEIVOGELDVTA EAOIELEVMAÈI,

'A TNEIE AEAO. ULNPIOAMET.

Remarque 2.23 Lorsque l'ensemble ω de n mots est constitué de mots aléatoires
indépendants pour une source sans mémoire, nous sommes dans le modèle infini
i.i.d. déjà décrit dans la définition 2.17.
Cas particulier important : alphabet binaire, $\mathscr{A} = \{\mathbf{0}, 1\}$. Ce sont ces sources qui
sont le plus souvent rencontrées dans les analyses car elles permettent de donner
des résultats plus « lisibles » (sans trop de paramètres et donc plus facilement
interprétables).

– *Source binaire sans mémoire symétrique* (appelée aussi non biaisée). Cette source
  peut être vue comme le développement en base 2 d'un réel choisi uniformément
  dans [0, 1]. L'alphabet est $\{0, 1\}$ et les probabilités d'émettre 0 ou 1 sont toutes
  deux égaleš à $1/2$. Pour ce modèle nous avons donc $p_w = 1/2^{|w|}$ pour tout mot
  w fini. Ce modèle sera traité en détail pour l'analyse des tries dans le chapitre 7.
– *Source binaire sans mémoire biaisée* avec probabilités $(p, q = 1 - p)$ d'émettre
  les symboles 0 et 1 (respectivement). Pour un mot w la probabilité fondamentale
  associée est

$$p_w = p^{|w|_0}(1 - p)^{|w|_1},$$

où $|w|_a$ est le nombre de symboles a présents dans w.

2.3.4 Source avec dépendance markovienne

Le prochain échelon à gravir consiste à prendre en compte les dépendances entre les
lettres. En effet, la lettre 'T' en anglais a toutes les chances d'être suivie d'un 'H'.

---

[6]Voir la page du projet Gutenberg http://www.gutenberg.org/ pour trouver des textes tombés dans
le domaine public.

En français, la lettre 'Q' sera souvent suivie de la lettre 'U'. Les chaînes de Markov du premier ordre (car il est évidemment possible d'examiner les dépendances plus lointaines, non réduites à deux lettres consécutives) permettent de prendre en compte ce type de modèle (voir C.5 pour une présentation des chaînes de Markov).

Définition 2.24 (source markovienne d'ordre 1) Une source à dépendance markovienne d'ordre 1 est donnée par une loi de probabilité $(\pi_a)_{a \in \mathscr{A}}$ sur les lettres de l'alphabet et une matrice stochastique de transition $P = (p_{b|a})_{(a,b) \in \mathscr{A} \times \mathscr{A}}$. La suite de variables aléatoires $(X_n)_{n \geq 1}$ à valeur dans $\mathscr{A}$ est la suite des lettres du mot émis par la source. C'est la chaîne de Markov de loi initiale $(\pi_a)_{a \in \mathscr{A}}$ et de matrice de transition P, autrement dit : la variable X_1 est de loi $(\pi_a)_{a \in \mathscr{A}}$

$$\mathbb{P}(X_1 = a) = \pi_a \quad \text{pour tout } a \in \mathscr{A},$$

et pour $i \geq 2$, les lois des variables X_i sont définies conditionnellement par

$$\mathbb{P}(X_i = b \mid X_{i-1} = a) = p_{b|a} \quad \text{pour } a, b \in \mathscr{A}.$$

La quantité π_a est la probabilité que le premier symbole émis soit a. La quantité $p_{b|a}$ est la probabilité d'émettre le symbole b juste après symbole a. La probabilité fondamentale p_w pour un préfixe fini w $w_1 w_2 \ldots w_n$ (avec $w_i \in \mathscr{A}$ et $n > 0$) s'écrit

$$p_w = \pi_{w_1} \prod_{i=2}^{n} p_{w_i|w_{i-1}},$$

ce qui définit la mesure $\mathbb{P}$ et ainsi la source.

Comment engendrer un texte markovien ? Pour générer un texte (issu d'un corpus) qui obéisse à ce modèle, nous pouvons utiliser une méthode de type Monte Carlo due à Shannon et décrite par exemple dans [248]. Cette méthode permet d'éviter le calcul des probabilités de transition à partir du corpus. Dans le texte de référence nous choisissons aléatoirement et uniformément une position p. Supposons que cette position pointe sur le symbole 'B'. Nous pointons ensuite au hasard une position p' dans le texte et nous parcourons ce texte jusqu'à rencontrer à nouveau un symbole 'B' à une certaine position q. Le symbole à émettre est alors celui situé à la position $q+1$. Ce symbole devient le symbole courant, et nous itérons le processus. Les éventuels problèmes de cette méthode est qu'elle ne permet pas de calculer un vecteur de probabilités initiales (ce qui n'est pas possible de toute façon avec un seul texte de référence) et que nous pouvons échouer dans la recherche d'un symbole s'il n'apparaît pas entre la position courante et la fin du texte (nous pouvons résoudre en pratique ce problème en rendant le texte cyclique par exemple).

Grâce à cette méthode, nous générons par exemple le texte suivant qui correspond à une chaîne de Markov du premier ordre (toujours d'après le tome 1 des *Misérables*) :

T SSU N CHOIÉT DÉTÈRRNTR DE, ANDES DER CERT ÊM. IT PAVANDENOR U UNNTINESOUITEL'A STSITE HURQUSUPA CREUIENEUE.

Plutôt que de prendre des dépendances entre deux lettres, nous pouvons considérer une « fenêtre » sur les derniers symboles émis afin d'émettre le prochain symbole (la méthode de Shannon s'adapte facilement). Nous obtenons alors des approximations d'ordre supérieur correspondant à des chaînes de Markov d'ordre supérieur. Par exemple, nous obtenons

TREMESTAIT LATTEUR. IL SAINS IN ; DANTE MIENT TREST DRA ; VENDAITÉ CHAINERTENTEL VOTÉ POURE SARQUE LE ENCTIGÉ SANCE.

(Chaîne de Markov deuxième ordre).

LE MADAMNATION DE CHAPILEMENT DANS, LUNE BAIT D'AIR DES D'ELLER SOANE, PROBLEMENTE, DANS LA MAIS D'INSTRATEUR.

(Chaîne de Markov troisième ordre).

En faisant preuve de beaucoup d'imagination et en acceptant les néologismes au sens trouble, nous pouvons commencer à trouver un semblant de syntaxe et peut-être même du sens à cette phrase !

2.4   Aléa et choix de notations

Pour les notations des paramètres évalués pour un arbre marqué aléatoire, disons un arbre à n nœuds τ_n, deux conceptions sont possibles :

(a) considérer que l'aléa est dans l'arbre τ_n, de sorte que tous les paramètres sont des fonctions déterministes, définies sur un ensemble d'arbres, dont on prend la valeur en un arbre τ_n aléatoire. La hauteur d'un arbre binaire de recherche de taille n sera ainsi notée $h(\tau_n)$. Ce point de vue parait simple conceptuellement ; il a l'inconvénient de considérer que tout l'aléa est dans τ_n, ce qui n'est pas le cas par exemple pour la profondeur d'insertion d'une nouvelle clé (aléatoire) dans τ_n. Nous adopterons alors plutôt le point de vue suivant :

(b) considérer que les paramètres sont des variables aléatoires sur un certain espace probabilisé. La hauteur d'un arbre binaire de recherche de taille n serait ainsi notée plutôt h_n.

Le point de vue algorithmique général du livre nous a conduit à opter la plupart du temps pour des notations de type (a), à la fois plus lourdes et plus simples (!). Nous préférerons parfois le point de vue (b) par exemple pour la profondeur d'insertion d'une nouvelle clé dans τ_n (qui sera notée D_{n+1} dans la section 6.1).

Chapitre 3
Arbres, algorithmes et données

Ce chapitre paraîtra peut-être moins formalisé que d'autres ; cela nous a semblé nécessaire pour aller vers des préoccupations pratiques algorithmiques. Nous regardons dans ce chapitre les arbres en tant que *modèles* de diverses situations algorithmiques : le premier exemple naturel est la représentation d'*expressions* de divers types, que nous abordons en section 3.1. Nous nous tournons ensuite vers les algorithmes fondamentaux de l'informatique que sont la recherche d'une clé (en section 3.2) et le tri d'un ensemble de valeurs (en section 3.3). Avec les *paramètres* d'arbre, que nous avons présentés en section 1.3, nous avons les outils pour analyser les performances (ou complexités) de ces algorithmes, qui utilisent *directement* des arbres. Nous terminons en présentant dans la section 3.4 des problèmes issus de différents domaines de l'informatique, et dont la *modélisation* ou l'*analyse* font intervenir des structures arborescentes sous-jacentes.

Rappelons que nous avons choisi de parler de *marques* ou de *clés* plutôt que de données, pour les quantités contenues dans les nœuds d'un arbre. Lorsque des paramètres d'arbre apparaissent dans ce chapitre, ils peuvent être définis pour un arbre fixé τ, sans qu'il soit nécessairement question d'aléa. Lorsque l'arbre devient aléatoire ou bien contient des clés aléatoires, les paramètres d'arbre deviennent eux aussi des variables aléatoires.

Les définitions des arbres rencontrés dans ce chapitre ont été données dans le chapitre 1 ; les algorithmes sont rappelés dans l'annexe A.

3.1 Représentation d'expressions

Les arbres apparaissent spontanément dans certaines situations : pensons aux arbres généalogiques d'ascendants ou de descendants (qui sont parfois des graphes, pour peu qu'il y ait eu des mariages entre cousins !), ou aux répertoires de fichiers

© Springer Nature Switzerland AG 2018
B. Chauvin et al., *Arbres pour l'Algorithmique*, Mathématiques et Applications 83,
https://doi.org/10.1007/978-3-319-93725-0_3

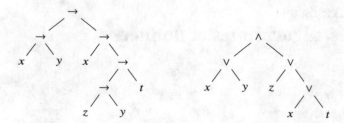

Fig. 3.1 Arbres d'expressions pour deux expressions booléennes : la première expression $(x \rightarrow y) \rightarrow (x \rightarrow ((z \rightarrow y) \rightarrow t))$ est une expression de la logique construite sur le connecteur '$\rightarrow$' (IMPLICATION) ; la seconde, $(x \vee y) \wedge (z \vee (x \vee t))$, est dans la logique construite sur les deux connecteurs $\wedge$ (ET) et $\vee$ (OU)

informatiques, qui sont des arbres non planaires et d'arité non bornée (en oubliant les liens symboliques vers des fichiers d'autres répertoires, qui transforment ces arbres en graphes orientés). Ils apparaissent aussi dès que nous utilisons des expressions formelles (arithmétiques, booléennes...) : celles-ci peuvent être représentées par des arbres marqués,[1] comme suit :

– les opérateurs sont les marques des nœuds internes ;
– si un opérateur est d'arité p, le nœud interne associé possède p sous-arbres ;
– les symboles terminaux sont les marques des feuilles.

Le type d'arbre diffère suivant la manière dont nous choisissons de définir l'expression. La figure 3.1 représente deux expressions booléennes, le premier arbre est un arbre binaire planaire (l'opérateur d'implication n'est pas commutatif), tandis que le second peut être vu, au choix, comme un arbre non planaire (les opérateurs logiques $\vee$ et $\wedge$ sont a priori commutatifs) ou planaire (dans le cas où nous décidons de considérer $\vee$ et $\wedge$ comme des opérateurs non commutatifs). Nous reviendrons sur les expressions booléennes dans la section 3.4.1, et montrerons comment le dénombrement de diverses familles d'arbres permet par exemple d'obtenir une loi de probabilité sur l'ensemble des fonctions booléennes définies sur un nombre fixé de variables.

En ce qui concerne les deux arbres de la figure 3.2, le premier est binaire et représente une expression sur les opérateurs binaires $+$, $*$ et $-$, le second est unaire-binaire et représente une expression sur ces mêmes opérateurs et sur l'opérateur EXP, d'arité 1. De plus, les opérateurs $+$ et $*$ peuvent être vus comme non commutatifs, et dans ce cas les deux arbres sont planaires, ou comme commutatifs et le second arbre devient alors non planaire ; quant au premier, il est alors d'un type particulier, ni planaire ni non planaire,[2] puisque l'opérateur de soustraction n'est pas commutatif !

---

[1]De fait, nous identifions la plupart du temps une expression et l'arbre marqué la représentant.
[2]De tels arbres, dont nous ne parlons pas dans ce livre, peuvent cependant faire l'objet d'analyses ; cf. par exemple un article de Genitrini et al. [119].

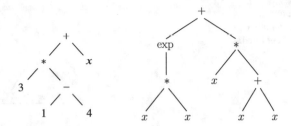

Fig. 3.2 Arbres d'expressions pour l'expression $(3 * (1 - 4)) + x$ construite sur les opérateurs arithmétiques binaires usuels $\{+, -, *, /\}$, et pour l'expression $\exp(x*x)+(x*(x+x))$ représentée par un arbre non binaire, l'opérateur EXP étant d'arité 1

La représentation d'une expression par un arbre est utilisée, entre autres, pour les expressions arithmétiques utilisées dans un système de calcul formel, et permet d'effectuer facilement des opérations telles que l'addition et la multiplication, ou la différentiation, le résultat étant représenté par un autre arbre ; nous revenons sur ce point dans la section 4.2.5.

3.2 Recherche de clés

Dans nombre de situations couramment rencontrées en informatique, les informations à traiter sont représentées par des éléments structurés en plusieurs champs : par exemple, les informations correspondant à une personne donnée seront regroupées dans un seul élément (dit aussi enregistrement ou article) et comprendront ses nom, prénom, adresse, date de naissance, et un identificateur unique tel que, en France, le numéro d'inscription au répertoire des personnes physiques (couramment appelé « numéro de sécurité sociale »). Selon les cas, c'est l'un ou l'autre des champs qui sera pertinent : parfois le nom, si nous cherchons toutes les personnes portant le nom de *Dupont* ; parfois l'identificateur, lorsque nous connaissons celui associé à une personne et cherchons à retrouver toutes les informations la concernant. Nous faisons alors une *recherche* sur un champ donné, qui est la *clé*, et les autres champs n'interviennent pas dans cette recherche.

Pour les besoins de la présentation qui suit, nous réduisons donc un élément à sa clé que nous supposons *appartenir à un ensemble totalement ordonné*. Ceci s'applique aux arbres binaires de recherche, que nous présentons en section 3.2.1, et qui sont sans doute la structure arborescente la plus classique permettant de stocker des clés et de les retrouver, lorsque les opérations permises sont les comparaisons de clés ; on parle alors de *recherche par valeur,* par opposition à d'autres types de recherche comme la *recherche par rang,* où il s'agit de trouver une clé de rang donné, par exemple la plus petite, ou la sixième en ordre décroissant.

Ceci s'applique aussi à d'autres structures arborescentes qui étendent les arbres binaires de recherche, soit en tirant parti d'une structure multi-dimensionnelle des

Fig. 3.3 La structuration des
clés induite par la marque de
la racine dans un arbre binaire
de recherche

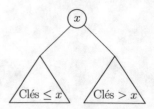

clés, soit en allant au-delà de la forme d'arbre binaire, mais en restant toujours dans
le cas où les opérations permises sont les *comparaisons de clés*. C'est ainsi que la
définition des arbres binaires de recherche s'étend à des arbres non binaires, ce sont
les diverses variétés d'arbres de recherche définies à la section 1.2.6 et que nous
reprenons dans la section 3.2.2. Enfin nous nous intéressons dans la section 3.2.3
aux arbres digitaux, qui peuvent eux aussi être utilisés pour organiser des clés du
type adéquat, en vue de recherches.

3.2.1 Arbres binaires de recherche

Les arbres binaires de recherche ont été définis à la section 1.2.5 ; nous en rappelons
le principe ci-dessous (cf. la figure 3.3).

> *Un arbre binaire de recherche τ est soit vide, soit tel que, si x est la marque de sa racine,*
> *toutes les clés du sous-arbre gauche de τ sont inférieures ou égales à x, toutes les clés du*
> *sous-arbre droit sont strictement supérieures à x, et ces deux sous-arbres sont eux-mêmes*
> *des arbres binaires de recherche.*

Ceci correspond à une structuration de l'ensemble des clés par rapport à l'une
d'entre elles : la clé x marquant la racine, qui divise cet ensemble en deux sous-
ensembles eux-mêmes structurés récursivement de la même manière.

Les opérations de base du point de vue algorithmique sont

– l'insertion d'une nouvelle clé α dans τ ;
– la recherche d'une clé α dans τ ; cette recherche est réussie (ou avec succès)
  quand α est présente dans τ ; elle est vaine (ou sans succès) quand α n'est
  pas présente et elle se termine alors sur une feuille du complété $\tilde{\tau}$ de τ (cf. la
  figure 3.4) ;
– la suppression d'une clé α présente dans l'arbre.

Nous avons donné dans le chapitre d'introduction une idée des algorithmes
standard de recherche et d'insertion ; les algorithmes détaillés sont donnés respectivement dans les annexes A.2.1 et A.2.2.[3] Chacune de ces opérations s'effectue

---

[3]Nous considérons dans le reste de cette partie que l'insertion d'une nouvelle clé se fait toujours
en créant de nouvelles feuilles. Il existe des variantes, notamment celle qui consiste à insérer
une nouvelle clé à la racine, et qui est en particulier utilisée pour obtenir les arbres binaires de

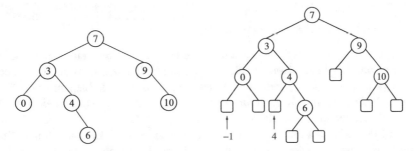

Fig. 3.4 Un arbre binaire de recherche τ et son complété $\tilde{\tau}$. La taille de τ est $|\tau| = 7$, son niveau de saturation $s(\tau) = 1$ et sa hauteur $h(\tau) = 3$. Sa longueur de cheminement totale est $\mathrm{lc}(\tau) = 11$, et c'est aussi la longueur de cheminement interne de $\tilde{\tau}$, dont la longueur de cheminement externe est $\mathrm{lce}(\tilde{\tau}) = 25$; la longueur de cheminement totale de $\tilde{\tau}$ vaut $11 + 25 = 36$. La profondeur d'insertion de la clé -1 est $d(-1, \tau) = 3$, et celle d'une nouvelle occurrence de la clé 4 est $d(4, \tau) = 3$

en parcourant un unique chemin dans l'arbre, qui part de la racine et chemine vers ses descendants en éliminant à chaque niveau, grâce à la comparaison avec la clé à la racine du sous-arbre, le sous-arbre droit ou le sous-arbre gauche. Les différents coûts algorithmiques relatifs à ces opérations s'expriment en fonction des paramètres d'arbre, en prenant habituellement *pour fonction de coût le nombre de comparaisons de clés*. Cependant, certains travaux prennent en compte le nombre de comparaisons de *bits* effectuées pour comparer les clés, considérées en tant que chaînes de caractères, cf. les résultats de Fill et Janson ou l'article de Fill et al. [77, 246].

Regardons ces différents coûts pour l'exemple donné en figure 3.4 : les clés 0, 4 et 10 ont été insérées à une profondeur 2, et il faut 3 comparaisons pour retrouver chacune de ces clés ; la clé 6 a été insérée à une profondeur 3 et il faut 4 comparaisons pour la retrouver. De façon générale, la première comparaison se faisant avec la clé à la racine qui est à profondeur 0, le nombre de comparaisons pour retrouver une clé présente dans l'arbre τ est égal à $1 +$ sa profondeur.

Les paramètres intéressants sont essentiellement, pour un arbre binaire de recherche fixé τ, la taille $|\tau|$, les longueurs de cheminement interne $\mathrm{lci}(\tau)$, externe $\mathrm{lce}(\tau)$ et totale $\mathrm{lc}(\tau) = \mathrm{lci}(\tau) + \mathrm{lce}(\tau)$, la hauteur $h(\tau)$, le niveau de saturation $s(\tau)$ et la profondeur d'insertion $d(\alpha, \tau)$ d'une nouvelle clé α dans τ, i.e., la profondeur du nœud dans lequel se trouvera la clé après son insertion dans l'arbre. Nous allons voir comment tous ces paramètres servent à exprimer les coûts des différents algorithmes.

Pour simplifier la présentation, notons $\tilde{\tau}$ l'arbre complet obtenu en ajoutant à τ les feuilles correspondant aux possibilités d'insertion, cf. un exemple d'arbre τ et

---

recherche randomisés analysés en section 6.5. L'algorithme pour l'insertion à la racine est donné en annexe A.2.4.

de son complété $\tilde{\tau}$ en figure 3.4. L'arbre $\tilde{\tau}$ a $|\tau| + 1$ feuilles, ses nœuds internes sont tous les nœuds de l'arbre τ, et $\mathrm{lce}(\tilde{\tau}) = 2\,|\tau| + \mathrm{lc}(\tau)$.

– Le coût d'*insertion aux feuilles* d'une nouvelle clé α dans une feuille de τ, mesuré en nombre de comparaisons de clés, est exactement $d(\alpha, \tau)$. Au mieux, ce coût est égal au niveau de saturation $s(\tau)$; au pire, il est égal à la hauteur $h(\tau)$.
– Le coût de la *recherche sans succès* d'une clé α dans τ est aussi $d(\alpha, \tau)$. En effet, la recherche d'une clé qui ne se trouve pas dans l'arbre τ conduit à une feuille de l'arbre complété $\tilde{\tau}$, celle où serait insérée la clé. Le coût cumulé d'une recherche sur toutes les positions possibles est alors exactement la somme des profondeurs des $|\tau| + 1$ feuilles de $\tilde{\tau}$, c'est-à-dire sa longueur de cheminement externe $\mathrm{lce}(\tilde{\tau})$. Si nous prenons la moyenne du nombre de comparaisons de clés, en supposant toutes les positions possibles équiprobables, ce coût moyen d'une recherche vaine est

$$\frac{\mathrm{lce}(\tilde{\tau})}{|\tau| + 1} = \frac{\mathrm{lc}(\tau)}{|\tau| + 1} + 2 - \frac{2}{|\tau| + 1}.$$

– Le coût de la *recherche avec succès* de la première occurrence[4] d'une clé α dans un arbre τ est égal à la profondeur du nœud qui la contient. Le coût moyen d'une recherche avec succès, lorsque toutes les clés présentes dans l'arbre ont même probabilité d'être recherchées et sont toutes distinctes, est $\frac{\mathrm{lc}(\tau)}{|\tau|}$.
– Le coût de *construction* d'un arbre binaire de recherche τ par insertion aux feuilles n'est autre que la longueur de cheminement $\mathrm{lc}(\tau)$.
– Le coût de la *suppression* d'une clé x présente dans l'arbre τ se décline en deux parties[5] : tout d'abord, trouver la clé à supprimer (ou sa première occurrence si elle est répétée) – c'est l'algorithme Suppression de l'annexe A.2.3, dont le coût est celui de la recherche avec succès de x – puis faire effectivement cette suppression – c'est l'algorithme Suppression-Racine de la même section. Appelons u le nœud contenant l'occurrence de x à supprimer, et notons τ^u le sous-arbre de τ ayant pour racine u. Si nous cherchons à préciser le coût de suppression à la racine dans τ^u, l'examen de l'algorithme montre qu'il est essentiellement déterminé par la recherche de la plus grande clé du sous-arbre gauche de τ^u, i.e., par la longueur de la branche droite de ce sous-arbre. Il pourra donc être intéressant de déterminer la distribution de cette longueur, conditionnée par la taille de τ^u.

Les lois de probabilité des différents paramètres sur les arbres binaires de recherche, et donc des coûts des diverses opérations de recherche et mise à jour dans

---

[4]Les différentes occurrences d'une même clé se trouvent toutes sur un même chemin de la racine vers une feuille (mais ne sont pas nécessairement consécutives) et il est possible de les ordonner par niveau croissant ; la « première » occurrence d'une clé est alors celle de niveau minimal.

[5]Nous nous limitons ici à l'algorithme standard de recherche de la clé à supprimer puis suppression à la racine ; comme pour l'insertion, il existe une variante randomisée, présentée en annexe A.2.5 et analysée en section 6.5.

ces arbres, sont étudiées en chapitre 6 ; la section 6.6 en particulier détaille les conséquences algorithmiques des résultats théoriques.

Remarque 3.1 Nous laissons à la lectrice ou au lecteur le soin d'adapter ce que nous venons de dire sur les coûts des diverses opérations, au cas où la mesure de coût retenue n'est plus le nombre de comparaisons de clés, mais le nombre de liens suivis pour passer d'un nœud à un autre ou à l'arbre vide, i.e., le nombre d'accès mémoire.

3.2.2 Autres arbres de recherche

Nous nous intéressons maintenant, après les arbres binaires de recherche, à des structures arborescentes qui les généralisent, dans le cas où les opérations permises sont toujours les *comparaisons de clés* pour une recherche par valeur.

Arbres 2–3 et arbres-B de recherche

Certaines variantes visent à borner le cout de recherche d'une clé dans le pire des cas, en assurant que toutes les feuilles se trouvent au même niveau (on évite ainsi les arbres « filiformes ») ; ce sont par exemple les arbres 2–3 déjà rencontrés en section 1.2.6, et plus généralement les arbres-B que nous définissons ci-dessous.

Il s'agit d'une structure fondamentale en informatique, utilisée depuis des décennies pour stocker efficacement de grandes quantités de données. Il en existe un certain nombre de variantes, et nous avons choisi de présenter deux d'entre elles, correspondant à deux algorithmes de construction, respectivement appelés (dans ce livre) algorithme *prudent* et algorithme *optimiste*. La variante optimiste permet de voir les arbres 2–3 comme une classe particulière d'arbre-B. Au chapitre 9, nous analyserons la loi des différents types de feuilles dans les arbres 2–3 et les arbres-B.

Définition 3.2 Soit $m \geq 1$ un entier. Un **arbre-B de recherche prudent** de paramètre m est un arbre de recherche (cf. définition 1.34) planaire non vide dans lequel la racine a entre 2 et $2m$ enfants, chaque autre nœud interne a entre m et $2m$ enfants, et toutes les feuilles sont au même niveau.

Un **arbre-B de recherche optimiste** de paramètre m est un arbre de recherche planaire non vide dans lequel la racine a entre 2 et $2m + 1$ enfants, chaque autre nœud interne a entre $m + 1$ et $2m + 1$ enfants, et toutes les feuilles sont au même niveau.

Le terme « de recherche » est couramment omis.

Remarque 3.3 Un arbre-B prudent pour $m = 2$ est un arbre 2–3–4 (cf. par exemple Sedgewick [231] pour une définition de ces arbres). Un arbre-B optimiste pour $m = 1$ est un arbre 2–3.

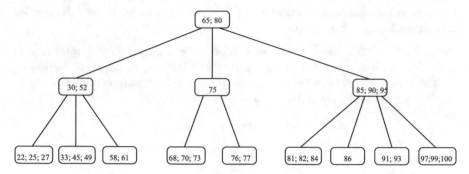

Fig. 3.5 Un arbre-B de recherche prudent de paramètre $m = 2$ et contenant 30 clés. Cet arbre a 4 nœuds internes et 9 feuilles ; 2 nœuds contiennent le nombre minimal (1) de clés et ont deux enfants, 5 nœuds contiennent 2 clés et ont trois enfants, et 6 nœuds sont pleins : ils contiennent le nombre maximal (3) de clés et ont quatre enfants. Nous avons omis les 31 feuilles de l'arbre complété, correspondant aux possibilités d'insertion

Dans un arbre-B prudent (resp. optimiste) de paramètre m, la racine a entre 1 et $2m - 1$ (resp. $2m$) clés et chaque autre nœud contient entre $m - 1$ et $2m - 1$ (resp. entre m et $2m$) clés.

Comme pour les arbres binaires de recherche et les arbres 2–3, l'arbre est complété aux feuilles par les possibilités d'insertion, représentées par des □. Par ailleurs, tout comme pour les autres arbres de recherche rencontrés jusqu'à présent, il existe un marquage canonique des arbres-B (figure 3.5).

Construction algorithmique (insertion aux feuilles) prudente Nous pouvons voir un arbre-B prudent comme obtenu par une suite d'insertions aux feuilles dans un arbre initialement vide. La première clé insérée provoque la création d'une feuille qui est la racine de l'arbre. Les $2m - 1$ premières clés vont à la racine, et ensuite chaque insertion se fait récursivement dans un des sous-arbres de la racine. Lorsque la feuille concernée par l'insertion contient au plus $2m - 2$ clés, il est possible d'ajouter la nouvelle clé ; si elle contient déjà $2m - 1$ clés, elle est pleine, et il faut alors modifier l'arbre de façon à dégager une possibilité d'insertion de cette nouvelle clé. Cela ne peut pas se faire simplement en remplaçant une feuille par un nœud interne et des enfants : ces enfants ne seraient pas au même niveau que les autres. Il est donc nécessaire de rééquilibrer l'arbre, et cela en transférant une des clés de la feuille pleine vers son parent – bien évidemment, ceci n'est possible que si ce dernier nœud n'est pas lui-même plein ! D'où l'algorithme suivant, dit *prudent* car il évite d'avoir à insérer une clé dans un nœud plein :

- Lors de la recherche de la feuille où insérer, une branche de l'arbre est déterminée. L'algorithme procède en *descendant* de la racine à la feuille le long de cette branche, et commence par contrôler la racine. Dans cet algorithme, les nœuds pleins sont traités *avant* l'insertion proprement dite.
- Si la racine est pleine, elle est éclatée, une nouvelle racine est créée avec une seule clé qui est la médiane de l'ancienne racine (rappelons-nous qu'un nœud

plein contient un nombre impair de clés) et avec deux fils, et la hauteur de l'arbre
augmente de 1.
- Si la racine n'est pas pleine, elle n'est pas modifiée, et l'algorithme continue le
  long de la branche allant de la racine à la feuille d'insertion.
- Dès que le pointeur rencontre un nœud plein, la clé médiane remonte dans le
  nœud parent (qui n'est pas plein, car l'algorithme est déjà passé), le nœud plein
  est éclaté en deux nœuds, et ses enfants sont répartis entre ces deux nouveaux
  nœuds.
- Finalement, l'algorithme parvient dans une feuille, il l'éclate si nécessaire, et
  l'insertion a lieu dans une feuille non pleine.

Dans cet algorithme, les nœuds pleins sont traités *avant* l'insertion proprement dite.
Cet algorithme, que nous appelons pour cette raison *prudent,* est présenté dans la
section A.3 ; cf. aussi le livre de Cormen et al. [50]. Avec cette méthode, une feuille
pleine donne naissance à deux feuilles contenant chacune $m-1$ clés, puis la nouvelle
clé est insérée, comme dans la figure 3.6. L'algorithme descend de la racine vers
une feuille de l'arbre, et peut conduire à éclater des nœuds internes pleins, alors que
l'insertion se ferait dans une feuille non pleine. Par exemple, l'insertion de la clé 87
dans l'arbre-B de la figure 3.5 conduit à éclater le troisième fils de la racine, alors
que l'insertion se fait dans une feuille ne contenant qu'une seule clé.

Construction algorithmique (insertion aux feuilles) optimiste Dans une variante
optimiste de cet algorithme, les nœuds pleins sont traités *après* avoir trouvé la
place d'insertion d'une nouvelle clé. Dans un tel arbre-B optimiste de paramètre m,
les nœuds contiennent maintenant entre m et $2m$ clés. Imaginons qu'une insertion
concerne une certaine feuille. Si elle n'est pas pleine, l'insertion a lieu. Sinon, c'est
qu'elle contient $2m$ clés. La clé médiane, parmi ces $2m$ clés et la nouvelle clé,
remonte dans le nœud parent et la feuille pleine éclate en deux feuilles contenant
chacune m clés. Si le nœud parent est plein, une clé est poussée vers le nœud grand-
parent, etc., et ceci jusqu'à la racine, si nécessaire. Si la racine est pleine, elle est
éclatée, une nouvelle racine est créée contenant une clé, et la hauteur de l'arbre
augmente de 1.

   Cet algorithme procède ainsi de la racine vers les feuilles pour trouver la place
d'insertion, puis en *remontant* de la feuille vers la racine pour éclater les nœuds

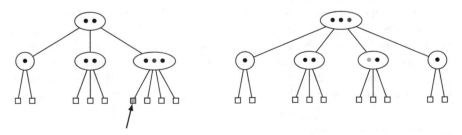

Fig. 3.6 Un exemple d'insertion dans un arbre-B prudent. Ici $m = 2$, les nœuds contiennent
entre 1 et 3 clés. La clé médiane en rouge remonte dans le nœud parent

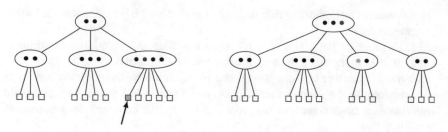

Fig. 3.7 Un exemple d'insertion dans un arbre-B optimiste. Ici $m = 2$, les nœuds contiennent entre 2 et 4 clés. La clé médiane en rouge est prise parmi les 4 clés du nœud plein et la nouvelle clé, et elle remonte vers le nœud parent

pleins, et est analogue à celui présenté plus haut pour les arbres 2–3 de recherche. Il est décrit par exemple dans le livre de Kruse et Ryba [162]. Dans cet algorithme, une feuille pleine donne naissance à deux feuilles contenant m clés, comme dans la figure 3.7.

Dans les deux cas (arbre optimiste comme arbre prudent), la hauteur de l'arbre-B ne croît que lors de l'éclatement de la racine de l'arbre.

D'un point de vue informatique, ces arbres sont utilisés pour stocker des bases de données en mémoire externe, ou secondaire. Le nombre maximal de clés, ou plus exactement d'enregistrements,[6] dans un nœud est alors déterminé par la taille d'une page de la mémoire externe, la page étant l'élément atomique de transfert entre mémoires interne et externe.

Le nombre d'accès à des nœuds de l'arbre-B, lors d'une recherche ou d'une mise à jour, donne le nombre d'accès à la mémoire externe, et donc le temps nécessaire à l'opération (le temps de traitement interne étant considéré comme négligeable dans ce contexte). La mesure de complexité la plus pertinente pour les algorithmes de recherche ou de mise à jour sur les arbres-B est ici, non le nombre d'opérations sur les clés, opérations qui se font en mémoire interne, mais le *nombre d'accès à la mémoire externe*, i.e., le nombre de pages visitées. C'est aussi le nombre de nœuds sur un chemin allant de la racine à un nœud interne ; ce nombre est majoré par $1+$ la hauteur de l'arbre et est donc d'ordre $\log_m n$ (cf. la section 4.4.2). C'est la certitude de cette hauteur logarithmique qui fait tout l'intérêt pratique des arbres-B. Donnons un exemple numérique : une valeur du paramètre $m = 50$ nécessite un arbre de hauteur 2 pour stocker 100 000 clés ; le nombre maximal de clés pouvant être stockées dans un arbre de hauteur 4, et donc accessibles en au plus 5 accès mémoire, est de l'ordre de 10^{10}. En pratique, la valeur de m dans les bases de données réelles m est fréquemment de l'ordre de plusieurs centaines, et il est donc possible d'accéder à un très grand nombre de clés, avec un coût d'accès (compté en nombre de nœuds visités) faible, et des performances « raisonnables ».

---

[6]Chaque enregistrement comprend une clé qui l'identifie de manière unique, et d'autres champs qui contiennent les informations associées, et dont la nature exacte dépend de l'utilisation précise qui est faite de ces informations.

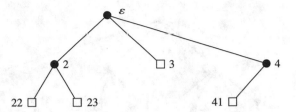

Fig. 3.8 Un arbre quadrant de paramètre $d = 2$, à 7 nœuds. Parmi les quatre enfants possibles de la racine, le premier est absent de l'arbre ; les trois autres sont présents. L'enfant de la racine portant le numéro 2 a lui-même deux enfants possibles parmi quatre : le deuxième et le troisième ; l'enfant de la racine de numéro 3 est une feuille, et celui de numéro 4 a un seul enfant (le premier) parmi quatre possibles

Cependant la réorganisation de l'arbre, pour assurer que les feuilles restent toujours au même niveau, a un coût et complique bien évidemment l'analyse fine des performances des arbres-B. Depuis le travail fondateur de Yao [254], il existe des résultats partiels mais pas d'analogue aux résultats détaillés obtenus pour les arbres binaires de recherche par exemple. Nous présentons en section 9.5.3 une approche récente par urne de Pólya, qui permet d'obtenir des informations sur le remplissage des nœuds les plus externes, par exemple sur la loi du nombre de nœuds les moins (ou les plus) remplis ; cf. aussi [43].

Arbres quadrants

En tant que *forme* d'arbres, les arbres quadrants apparaissent comme une généralisation des arbres binaires et des arbres binaires complets ; l'intérêt algorithmique est néanmoins dans les arbres quadrants *de recherche* décrits ensuite (figure 3.8).

Définition 3.4 Un **arbre quadrant** de paramètre d (d entier $\geq$ 1) est un arbre préfixe dans lequel chaque nœud interne a au plus 2^d enfants.

Un **arbre quadrant complet** de paramètre d (d entier $\geq$ 1) est un arbre planaire dans lequel chaque nœud interne a exactement 2^d enfants (figure 3.9).

Un arbre quadrant complet à n nœuds internes a $(2^d - 1) n + 1$ feuilles ; cela se montre par récurrence sur n.

Arbres quadrants de recherche

Considérons maintenant des clés multi-dimensionnelles, i.e., des éléments d'un domaine $\mathcal{D}$ de dimension $d \geq 2$ fixée,[7] chacune des dimensions correspondant à

---

[7]Nous appelons domaine un ensemble auquel appartiennent des clés. Un domaine est dit de dimension d quand c'est un produit cartésien de d ensembles.

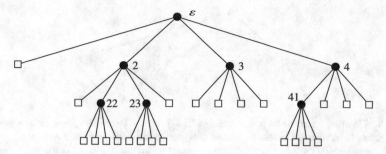

Fig. 3.9 L'arbre quadrant de la figure 3.8, complété pour que chaque nœud interne ait exactement 4 enfants : il a maintenant 7 nœuds internes, chacun avec 4 enfants, et 22 feuilles

un ensemble totalement ordonné.[8] Comment pouvons-nous structurer un ensemble de clés de $\mathcal{D}$, de façon à pouvoir y effectuer des recherches et des mises à jour ? Il est bien évidemment possible de définir un ordre total sur $\mathcal{D}$, et de construire un arbre binaire de recherche sur un ensemble de clés, mais nous pouvons aussi chercher à exploiter la structure multi-dimensionnelle des clés afin d'obtenir des algorithmes potentiellement plus performants. Ceci conduit par exemple à la notion d'arbre quadrant de recherche, que nous définissons ci-dessous.

Définition 3.5 Soit un entier $d \geq 2$. Un **arbre quadrant de recherche** de paramètre d est un arbre de recherche dont les clés sont prises dans un domaine $\mathcal{D}$ de dimension d et dont la forme est un arbre quadrant (cf. définition 3.4). L'ensemble des arbres quadrants de recherche construits sur des clés d-dimensionnelles est noté $\mathcal{Q}$.

Chaque nœud de l'arbre contient exactement une clé qui subdivise récursivement le domaine des clés en 2^d sous-espaces, et a au plus 2^d enfants, associés bijectivement aux 2^d sous-espaces.

Division de l'espace et numérotation des sous-arbres Tout comme les clés d'un arbre binaire de recherche structurent le domaine dans lequel sont pris les clés, par exemple l'intervalle réel $[0, 1]$, en le découpant en intervalles, les clés d'un arbre quadrant structurent le domaine $[0, 1]^d$: la première clé le partage en 2^d sous-ensembles, puis chaque nouvelle clé partage récursivement le sous-ensemble dans lequel elle se trouve en 2^d nouveaux sous-ensembles. Ainsi, l'arbre de la figure 3.10 structure le carré $[0, 1]^2$ selon la partition de la figure 3.11.

Précisons ici la relation entre les sous-arbres d'un arbre dont la racine contient une clé X et les sous-espaces définis par X dans $[0, 1]^d$. Les 2^d mots de $\{0, 1\}^d$ sont les écritures binaires des 2^d entiers $0, \ldots, 2^d - 1$, et le i-ième quadrant, ou

---

[8]Par souci de simplicité, nous prendrons souvent $\mathcal{D} = [0, 1]^d$, en particulier lors des analyses du chapitre 8.2, mais cela n'est en rien nécessaire.

Fig. 3.10 Un arbre quadrant de paramètre $d = 2$ et construit sur 6 clés
$X^{(1)} = (0{,}4 \; ; 0{,}3)$,
$X^{(2)} = (numprint0{,}2 \; ; 0{,}7)$,
$X^{(3)} = (0{,}9 \; ; 0{,}8)$,
$X^{(4)} = (0{,}5 \; ; 0{,}1)$,
$X^{(5)} = (0{,}24 \; ; 0{,}4)$, et
$X^{(6)} = (0{,}6 \; ; 0{,}75)$. L'arbre est complété avec les 19 possibilités d'insertion

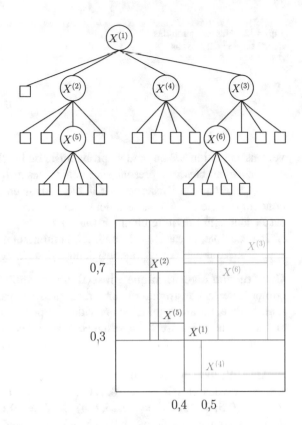

Fig. 3.11 Structuration de $[0, 1]^2$ induite par l'arbre de la figure 3.10

sous-arbre de la racine, correspond à l'entier $i - 1$. Nous notons ces sous-arbres $\tau^{(0)}, \ldots, \tau^{(2^d - 1)}$.

Définissons maintenant,[9] pour chaque clé $X = (x_1, x_2, \ldots, x_d)$, une fonction $w_X : \mathcal{D} \to \{0, 1\}^d$ qui associe à une clé $Y = (y_1, y_2, \ldots, y_d)$ un mot $w_X(Y) = b_1 b_2 \ldots b_d$ comme suit : pour i de 1 à n,

$$\begin{cases} b_i = 0 \Leftrightarrow y_i < x_i, \\ b_i = 1 \Leftrightarrow y_i > x_i. \end{cases}$$

Par exemple, si nous souhaitons insérer la clé $Y = (0{,}8 \; ; 0{,}4)$ dans l'arbre de la figure 3.10, de racine $X = (0{,}4 \; ; 0{,}3)$, alors $w_X(Y) = 11$; si nous prenons $Y = (0{,}8 \; ; 0{,}2)$, alors $w_X(Y) = 10$.

Remarquons qu'il n'est possible de définir $w_X(Y)$ que si $X \neq Y$. C'est le cas lorsque nous supposons que les clés d'un arbre quadrant sont toutes distinctes ; nous

---

[9]Par souci de lisibilité, nous notons les clés d-dimensionnelles avec des lettres majuscules, et les composantes uni-dimensionnelles en minuscules.

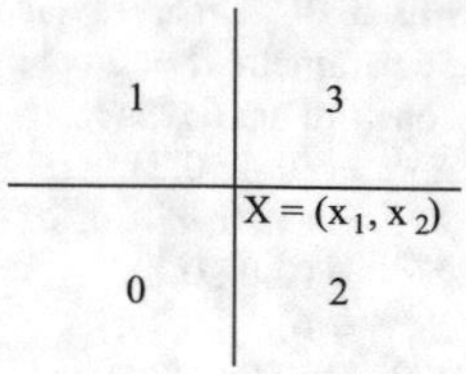

Fig. 3.12 Numérotation des quarts de plan dans le cas $d = 2$

verrons en section 8.2 un modèle probabiliste où les clés sont prises dans $[0, 1]^d$, et pour lequel les clés sont presque sûrement toutes distinctes.

La recherche, ou l'insertion, de la clé Y dans un arbre quadrant dont la racine contient une clé $X \neq Y$ se fera donc récursivement dans le sous-arbre $\tau^{(w)}$, où w est l'entier dont l'écriture binaire est $w_X(Y)$.

Par exemple, le cas $d = 2$ conduit à la numérotation des quarts de plan (et des sous-arbres qui leur correspondent) donnée dans la figure 3.12.

Construction algorithmique : insertion aux feuilles Nous pouvons maintenant comprendre la construction d'un arbre quadrant par une suite d'insertions aux feuilles dans un arbre initialement vide : la première clé X est mise à la racine, et chaque clé ultérieure Y est assignée à celui des 2^d sous-arbres de la racine qui correspond à $w_X(Y)$. Ces sous-arbres sont construits récursivement par insertions successives.

Ainsi, l'arbre quadrant de notre exemple a été construit par les insertions successives des clés $X^{(1)} = (0,4; 0,3)$, $X^{(2)} = (0,2; 0,7)$, $X^{(3)} = (0,9; 0,8)$, $X^{(4)} = (0,5; 0,1)$, $X^{(5)} = (0,25; 0,4)$, $X^{(6)} = (0,6; 0,75)$. Ceci se reflète aussi dans le découpage du domaine $[0, 1]^2$, tel que donné dans la figure 3.11. D'autres ordres d'insertion auraient conduit à la même structuration du domaine, par exemple $X^{(1)}$, $X^{(3)}$, $X^{(4)}$, $X^{(2)}$, $X^{(5)}$, $X^{(6)}$; par contre l'ordre $X^{(3)}$, $X^{(1)}$, $X^{(4)}$, $X^{(2)}$, $X^{(5)}$, $X^{(6)}$, par exemple, conduit à une structuration différente.

Recherche d'une clé Regardons sur l'arbre de la figure 3.10 comment se fait une recherche multidimensionnelle, par exemple celle de la clé $X = (0,6 ; 0,75)$. La racine de l'arbre quadrant contient la clé $X^{(1)} = (0,4 ; 0,3)$; nous voyons que[10] $X_1 > X_1^{(1)}$ et $X_2 > X_2^{(1)}$; nous poursuivons donc la recherche dans le quatrième enfant de la racine. Ce sous-arbre a pour racine la clé $X^{(3)} = (0,9 ; 0,8)$, et nous voyons que $X_1 < X_1^{(3)}$ et $X_2 < X_2^{(3)}$; nous allons donc dans le premier enfant du quatrième sous-arbre, où nous trouvons à la racine la clé cherchée.

Si nous cherchons maintenant la clé $(0,5 ; 0,4)$, le même raisonnement nous conduit à visiter le quatrième sous-arbre de l'arbre global, puis à poursuivre la recherche dans le premier sous-arbre de celui-ci. Mais nous devons ensuite poursuivre la recherche dans le premier sous-arbre de l'arbre de racine $X^{(6)}$, qui est vide : nous savons maintenant que la clé $(0,5 ; 0,4)$ ne se trouve pas dans l'arbre,

---

[10]Pour un vecteur X de dimension d, nous notons $X_1, X_2, \ldots, X_d$ ses coordonnées.

et nous avons trouvé la place où elle devrait être insérée : comme premier enfant du nœud contenant la clé $X^{(6)}$.

Remarquons que chaque comparaison de la clé cherchée avec la clé contenue dans un nœud de l'arbre nécessite une comparaison sur chacune des coordonnées. L'analyse des performances de la recherche d'une clé dans un arbre quadrant fait l'objet de la section 8.2.

3.2.3 Structures digitales et dictionnaires

Les structures digitales sont centrales en informatique dès lors que les objets à traiter sont représentés par des séquences de symboles (par exemple des séquences de bits, d'octets ou encore de mots-machines), i.e., des mots sur un alphabet, variable suivant la situation à modéliser. Il s'agit ici de représenter un ensemble de clés, de manière à implémenter efficacement les opérations de recherche, insertion et suppression, ou bien les opérations ensemblistes d'union ou intersection, et plus globalement le traitement de chaînes de caractères. Ces structures reproduisent un principe utilisé par exemple dans les dictionnaires ou les répertoires téléphoniques : les mots sont regroupés selon leur première lettre, ce qui permet un accès rapide (grâce à un onglet par exemple). Ce mécanisme peut être poursuivi récursivement jusqu'à séparer les mots les uns des autres, et nous aboutissons à la structure de trie définie en section 1.2.7.

Les structures digitales se retrouvent aussi dans les algorithmes qui proposent la complétion d'un mot dans un éditeur de texte ou de courrier ; elles sont en général pondérées pour proposer de préférence les mots les plus utilisés. D'autres exemples d'utilisation se rencontrent en bio-informatique, ou sont liés à des questions de compression d'image. Dans de tels cas, ce sont souvent des variantes telles que les arbres suffixes (une implémentation efficace en espace du trie construit sur tous les suffixes d'un même mot) ou les arbres PATRICIA (tries où les branches filiformes ont été compactées) qui sont utilisées. Nous renvoyons à l'annexe A.5 pour les principaux algorithmes sur la structure de trie.

Trie

Les tries ont été introduits en section 1.2.7 ; cf. la définition 1.41. Nous en avons donné un exemple en figure 1.32. La recherche d'un mot dans un tel arbre consiste en l'examen successif de ses lettres. Chaque lettre supplémentaire conduit à restreindre l'ensemble des mots qui partagent le même préfixe. Dans l'arbre, cela correspond à cheminer le long d'une branche. Les opérations d'insertion et de suppression d'un mot peuvent être facilement implantées. La structure de trie est donc particulièrement adaptée pour les applications de type dictionnaire, y compris dans un contexte dynamique où l'ensemble des mots n'est pas « figé » mais peut varier par insertions et suppressions successives de mots. Si nous considérons des tries paginés de capacité $b > 1$ (voir la figure 1.33), le seul changement est qu'une feuille peut contenir au plus b clés. Il faudra donc utiliser une autre structure de données (tableau, liste chaînée) pour la gestion des feuilles.

Arbre PATRICIA

Dans l'implémentation des tries, nous pouvons stocker en chaque nœud un couple (lettre, skip) qui indique la première lettre de la marque (c.-à-d. la lettre qui a mené à la création d'une nouvelle branche) et le nombre de symboles à « sauter », qui de toute façon n'influencent pas la recherche. De la sorte nous accélérons l'accès à la feuille susceptible de contenir l'information recherchée ; la recherche se conclut par une comparaison lettre à lettre entre le motif recherché et le mot trouvé, dans la mesure où certaines lettres ont pu être sautées. Un exemple d'arbre Patricia est donné dans la figure 1.34.

Mentionnons aussi que l'informatisation du *Oxford English Dictionary*, réalisée par Gonnet et al. dans les années 80, utilise des arbres PATRICIA.

Arbre digital de recherche

Soit un arbre digital de recherche $\mathsf{dst}(S)$ construit sur un ensemble fini de mots S ; cf. la définition 1.45 et la figure 1.35. Le principe de recherche d'une clé dans un tel arbre est le suivant. Soit α la clé (c'est un mot !) à rechercher dans l'arbre ; la clé s_1 à la racine de $\mathsf{dst}(S)$ est comparée à α selon l'ordre lexicographique. En cas de succès, la recherche est finie. Sinon, nous recherchons le mot α privé de son premier symbole dans le sous-arbre relatif à ce premier symbole ; il y a échec si ce sous-arbre n'existe pas.

La recherche d'une clé conduit à parcourir une branche qui est nécessairement un préfixe de la clé (comme pour un trie). La différence avec le trie se situe dans le fait que nous effectuons une comparaison de mots (et non de symboles) selon l'ordre lexicographique en chaque nœud interne, et que l'algorithme s'arrête en cas d'égalité de mots.

Trie des suffixes

Le trie des suffixes est une structure de données peu utilisée mais importante car elle est sous-jacente à celle d'arbre des suffixes, qui est une structure de données efficace.

Soit $w = w_1 \ldots w_n \in \mathscr{A}^*$ un mot *fini* de longueur n sur l'alphabet $\mathscr{A}$. Notons $w[i .. j] = w_i w_{i+1} \ldots w_j$ si $i \leq j$, et $w[i .. j] = \varepsilon$ si $i > j$. L'ensemble des suffixes $\mathsf{suff}(w)$ est l'ensemble des mots obtenus par « décalage » du mot w, i.e.,

$$\mathsf{suff}(w) = \{w[k .. n], \mid 1 \leq k \leq n\}.$$

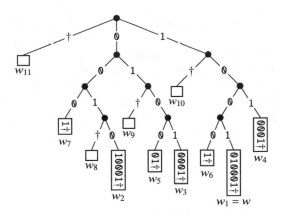

Fig. 3.13 Un trie des suffixes construit sur le mot $w = 1001010001\dagger$. Les suffixes successifs sont $w_1 = w = 1001010001\dagger$, $w_2 = 001010001\dagger$, $w_3 = 01010001\dagger$, $w_4 = 1010001\dagger$, $w_5 = 010001\dagger$, $w_6 = 10001\dagger$, $w_7 = 0001\dagger$, $w_8 = 001\dagger$, $w_9 = 01\dagger$, $w_{10} = 1\dagger$ et $w_{11} = \dagger$. Nous avons représenté sous chaque feuille le suffixe correspondant

Le *trie des suffixes* associé à un mot w est le trie construit sur l'ensemble de ses suffixes. Cette construction établit une correspondance entre les nœuds de l'arbre et les facteurs du mot : si u est un facteur du mot w, alors u est un nœud de l'arbre et le nombre de feuilles du sous-arbre enraciné en un nœud interne u est égal au nombre d'occurrences du facteur u dans w. En particulier, u est un nœud interne de l'arbre si et seulement si le facteur u apparaît au moins deux fois dans w.

Afin de simplifier la présentation du trie des suffixes, nous supposons en général qu'aucun mot de l'ensemble des suffixes n'est le préfixe d'un autre. En pratique nous ajoutons simplement, à la fin du mot w (fini) sur lequel est construit l'ensemble des suffixes, un symbole de terminaison distinct de toutes les lettres apparaissant dans w, ce qui permet à cette condition d'être vérifiée. La figure 3.13 illustre cette construction.

La structure de trie des suffixes telle qu'elle vient d'être définie ne constitue pas une structure de données efficace et utilisable pour des données de grande taille. Mais elle peut être implémentée efficacement à l'aide d'une structure appelée *arbre des suffixes*.[11] Les principaux algorithmes de construction des arbres des suffixes sont dus à Weiner [247], MacCreight [184] et Ukkonen [244] (voir également la présentation par Crochemore, Hancart et Lecroq [52]). L'espace mémoire occupé est linéaire en la taille du texte et la construction se fait également en temps linéaire (ce qui n'est pas le cas si nous construisons un trie à partir des suffixes d'un mots). L'article d'introduction par Apostolico, Crochemore, Farach-Colton et Muthukrishnan [7] permet de mieux comprendre l'intérêt et la portée de cette structure de données. En effet un tel arbre est utilisé dans de nombreuses applications [6, 126],

---

[11]Le trie des suffixes est enrichi, entre autres, avec des liens transversaux, appelés liens « suffixes » et destinés à accélérer le parcours dans l'arbre.

telle la recherche de motifs : Il permet de chercher un mot u dans le texte w, ou avec la terminologie que nous avons employée jusqu'ici, un facteur u dans un mot w, en un temps $O(|u|)$, simplement en examinant le chemin dans le trie correspondant au mot u. La structure permet de repérer efficacement toutes les répétitions de facteurs, et peut servir en compression de données. Dans de nombreuses applications une structure de données quasi équivalente à l'arbre des suffixes est utilisée : il s'agit de la table des suffixes [52, 126] qui permet d'économiser l'espace mémoire tout en garantissant de bonnes performances en pratique. Il ne s'agit cependant plus strictement d'une structure arborescente.

3.3 Tri d'un ensemble de clés

Nous nous intéressons maintenant à des algorithmes permettant de trier un ensemble de n éléments donnés. Comme dans la section 3.2, chaque élément est composé d'une clé appartenant à un ensemble totalement ordonné, sur laquelle porte le tri, et d'autres champs qui ne nous intéressent pas ici. Sauf indication explicite du contraire (tri radix), nous supposons que la seule opération permise sur les clés, outre naturellement l'affectation d'une valeur à une variable ou l'échange de deux clés, est la comparaison de deux clés. En d'autres termes, les clés sont « atomiques » et nous ne pouvons pas les décomposer.

Dans les algorithmes de tri rapide, de recherche par rang, et de tri par tas, présentés respectivement en sections 3.3.1, 3.3.2 et 3.3.3, les données sont supposées stockées dans un tableau, mais des arbres sont bien présents ! Ils sont soit implicites, pour le tri rapide et la recherche par rang où c'est l'exécution de l'algorithme qui va être mise en lien avec un arbre binaire de recherche, soit explicites pour le tri par tas, où le tableau sert simplement à implémenter le tas. Quant au tri radix de la section 3.3.4, il utilise lui aussi un arbre pour représenter les clés, mais cette fois il s'agit d'un trie, donc d'un arbre digital.

3.3.1 Tri rapide

Algorithme

Le tri rapide (« quicksort » en anglais), dû à Hoare [131], est sans doute le tri le plus utilisé en pratique ; c'est par exemple le tri standard des systèmes d'exploitation Unix/Linux et de divers langages de programmation. Il repose sur la structuration de l'ensemble des clés par rapport à une clé spéciale, utilisée comme *pivot*. Nous renvoyons à l'annexe A.6.1 pour l'implémentation du tri rapide, et nous contentons de donner ci-après son principe général, dont l'algorithme, appelons-le PARTITION, de partitionnement et placement du pivot est bien entendu une part essentielle (figure 3.14).

Fig. 3.14 En haut, le tableau T initial, avec le pivot x en $T[0]$. En bas, le tableau T à la fin de l'algorithme de partition et placement du pivot x : le pivot est à sa place définitive $T[k]$, et les deux sous-tableaux T_1 et T_2 restent à trier récursivement

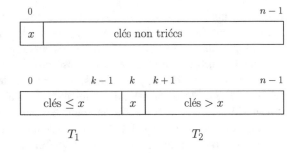

Dans un tableau de clés, choisir une clé x comme pivot, trouver sa place définitive dans le tableau en faisant appel à l'algorithme PARTITION, qui de plus réarrange ledit tableau de telle sorte que les clés inférieures ou égales à x soient à sa gauche, et les clés supérieures à sa droite, puis trier récursivement les deux sous-tableaux ainsi créés.

Lien tri rapide – arbre binaire de recherche

Revenons à la version classique du tri rapide. Ce tri agit sur un tableau, c'est-à-dire sur une suite de clés : la représentation dans un tableau induit un ordre sur les clés. Dans ce qui suit, nous allons *identifier un tableau de n clés et une suite de la même taille*. Le processus de partitionnement d'un tableau de n clés, suivi d'appels récursifs sur les sous-tableaux, ressemble beaucoup à la construction statique d'un arbre binaire de recherche sur le même ensemble de clés.

Pour rendre explicite ce lien entre le tri rapide et les arbres binaires de recherche, nous allons considérer non pas la version informatique usuelle de l'algorithme PARTITION, qui est donnée en annexe A.6.1 et qui fait appel à une « sentinelle », i.e., à une clé supplémentaire, placée en fin de tableau et servant à éviter de vérifier systématiquement que l'indice de la case testée est bien dans les bornes du tableau, mais une version sans sentinelle et où chaque clé du tableau est comparée exactement une fois au pivot.[12]

Regardons alors les comparaisons de clés faites pour placer le pivot, que nous supposons être la première clé d'un tableau de taille n : ces comparaisons sont entre le pivot et les autres clés, et il y en a exactement $n - 1$. De façon parallèle, si nous construisons un arbre binaire de recherche en insérant les clés dans l'ordre où elles se présentent dans le tableau, la même clé x qui sert de pivot va se retrouver à la racine de l'arbre et toutes les autres clés seront comparées exactement une fois à x. Lors de la partition suivant le pivot x, le nombre de comparaisons faisant intervenir x est donc le même que lors de la construction de l'arbre binaire de recherche lorsque la première clé insérée est x. La partition suivant x, lors de l'exécution du tri rapide, crée deux sous-tableaux dont les valeurs des clés sont exactement celles qui se

---

[12]D'un point de vue informatique, cela se fait en ajoutant des comparaisons *d'indices* dans les boucles internes, pour éviter la comparaison d'une clé avec un élément hors des bornes du tableau.

trouvent dans les deux sous-arbres de l'arbre de racine x ; les cas d'arrêt des appels récursifs sont également les mêmes : sous-tableau vide ou avec une seule clé, *vs.* sous-arbre vide ou avec une seule clé. C'est pourquoi la longueur de cheminement externe d'un arbre binaire de recherche est parfois appelée « coût du tri rapide ».

Attention : lors des appels récursifs ultérieurs, les sous-suites, celle du sous-tableau gauche (resp. droit) sur lequel travaille l'algorithme PARTITION, et celle qui servira à construire le sous-arbre gauche (resp. droit), ne sont en général plus les mêmes : l'algorithme PARTITION ne conserve pas l'ordre relatif des clés plus petites (resp. plus grandes) que le pivot. En particulier ce ne seront pas nécessairement les mêmes clés qui seront utilisées comme pivot lors des appels à PARTITION sur les deux sous-tableaux, et qui seront racines des deux sous-arbres de l'arbre binaire de recherche en cours de construction. Nous donnons dans les figures 3.15 et 3.16 un exemple ; nous voyons que, si les sous-arbres de la racine et les sous-tableaux sont bien composés des mêmes éléments, les pivots – qui seront donc racines des sous-arbres apparaissant à l'étape suivante – ne sont pas les racines des sous-arbres de l'arbre binaire de recherche construit en insérant les clés dans l'ordre du tableau initial.

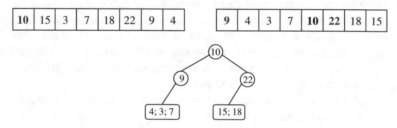

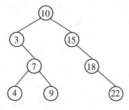

Fig. 3.15   En haut, un tableau de 8 éléments, avant (à gauche) et après (à droite) l'exécution de l'algorithme PARTITION, dans lequel la clé 10 sert de pivot. Les pivots lors du premier appel de PARTITION (tableau de gauche) et lors des deux appels récursifs à venir (tableau de droite) sont indiqués en rouge. En bas, l'arbre binaire obtenu en plaçant le pivot 10 à la racine, puis les deux clés 9 et 22, respectivement pivots des sous-tableaux gauche et droite, comme racines des sous-arbres gauche et droit ; le tri n'est pas terminé

Fig. 3.16   L'arbre binaire de recherche obtenu par insertions successives des clés du tableau de gauche de la figure 3.15. Les sous-suites qui servent à la construction des sous-arbres gauche et droit sont respectivement 3, 7, 9, 4 et 15, 18, 22

Supposons cependant que les clés du tableau T à trier, que nous supposons toutes distinctes, soient données par une permutation tirée uniformément dans $\mathfrak{S}_n$. Nous donnons ci-dessous une définition formelle de ce modèle.[13]

Définition 3.6 Un tableau aléatoire T de taille n est dit suivre la **loi des permutations uniformes sur les tableaux** lorsque tous ses éléments sont distincts et que, après renumérotage des n valeurs apparaissant dans T, la suite obtenue suit la distribution uniforme sur l'ensemble $\mathfrak{S}_n$ des permutations de $\{1, \ldots, n\}$.

L'arbre binaire de recherche construit à partir de cette suite suit alors le *modèle des permutations uniformes* (cf. la définition 2.4). En sommant sur tous les appels récursifs et toutes les suites possibles, qui définissent aussi bien les tableaux à trier que les ordres d'insertion pour former l'arbre binaire de recherche, les nombres de comparaisons de clés faites, d'une part lors du tri rapide d'un tableau, d'autre part lors de la construction d'un arbre binaire de recherche, sont donc de même loi.

Coût du tri rapide

L'analyse du coût du tri rapide a fait l'objet d'analyses détaillées ; nous renvoyons aux livres classiques d'algorithmique tels Froidevaux, Gaudel et Soria [111] ou Sedgewick [231] pour son comportement en moyenne et au pire, et par exemple à Rösler [224] pour la variance, et résumons les résultats dans la proposition 3.7.

Proposition 3.7 *Soit* $Z_n = Z_n(T)$ *le nombre de comparaisons entre clés faites par l'algorithme de tri rapide pour trier les n clés, supposées distinctes, d'un tableau* T.

i) *Le maximum de Z_n est d'ordre n^2 ; ce cas est atteint notamment lorsque T est trié en ordre croissant ou décroissant.*

ii) *Lorsque T suit la loi des permutations uniformes sur les tableaux (cf. la définition 3.6), la moyenne de Z_n est asymptotiquement équivalente à $2n \log n$, et sa variance est asymptotiquement équivalente à $(7 - 2\pi^2/3)\, n^2$; la variable aléatoire Z_n, après normalisation, converge en loi vers une distribution limite.*

Remarque 3.8 Ce nombre de comparaisons $Z_n(T)$ a même loi que $\mathrm{lc}(\tau_n)$, où τ_n est l'arbre binaire de recherche que nous avons associé ci-dessus au tableau T.

Comparons ce que nous apprend la proposition 3.7 sur le nombre de comparaisons de clés faites par l'algorithme de tri rapide, avec le nombre de comparaisons requis par *tout* tri par comparaison ; cf. par exemple l'article original de Hoare [131] ou le livre de Froidevaux, Gaudel et Soria [111, Ch. 16].

Proposition 3.9 *Soit $\mathcal{A}$ un algorithme de tri procédant par comparaisons et échanges de clés. Appelons $Z_n(T, \mathcal{A})$ le nombre de comparaisons faites par l'algorithme*

---

[13]qui peut être appelé « modèle des permutations uniformes » à meilleur titre que celui du même nom relatif aux arbres binaires de recherche !

$\mathcal{A}$ *pour trier un tableau* T *de* n *clés, que nous supposons toutes distinctes, et dénotons le nombre minimal de comparaisons faites par l'algorithme* $\mathcal{A}$, *sur tous les tableaux* T *de taille* n *possibles, par* $Y_n(\mathcal{A}) = \inf\limits_{|T|=n} \{Z_n(T, \mathcal{A})\}$. *Alors, sous le modèle des permutations uniformes sur les tableaux,*

$$\liminf_{n \to +\infty} \frac{\mathbb{E}[Y_n(\mathcal{A})]}{n \log_2 n} \geq 1.$$

En d'autres termes, tout tri par comparaison fait en moyenne un nombre de comparaisons au moins égal asymptotiquement à $n \log_2 n$, et le tri rapide atteint cet ordre de grandeur optimal, cependant avec une constante multiplicative de valeur $2 \log 2 \sim 1,386$.

La démonstration de la proposition 3.9 fait appel à la notion d'*arbre de décision* relatif à un algorithme, notion que nous introduisons ci-dessous. Nous verrons comment il est possible de « lire » les différents coûts d'un algorithme sur l'arbre de décision qui lui est associé ; pour obtenir la proposition 3.9 nous aurons aussi besoin d'un résultat (proposition 3.13) sur la longueur de cheminement minimale d'un arbre binaire.

Arbres de décision

Nous donnons ci-après une définition de l'arbre de décision associé à un algorithme $\mathcal{A}$ travaillant sur un tableau dont nous supposons tous les éléments distincts, et procédant par comparaisons de clés.[14] Cette définition peut bien sûr être facilement étendue au cas où le résultat d'une comparaison n'est pas binaire (clés pouvant être égales), voire à d'autres opérations que les comparaisons de clés, du moins lorsque ces opérations ne peuvent avoir pour résultat qu'un nombre fini de valeurs. Nous commençons par définir une relation d'équivalence $\mathcal{R}_{\mathcal{A}}$ entre tableaux.

Définition 3.10 Soit $\mathcal{A}$ un algorithme sur un tableau T, procédant par comparaisons sur les clés qu'il contient et effectuant un réordonnement de T. Deux tableaux T_1 et T_2 de même taille n sont **équivalents** pour la relation $\mathcal{R}_{\mathcal{A}}$, si et seulement si l'algorithme fait exactement les mêmes comparaisons entre éléments du tableau, lors de son exécution sur chacun des deux tableaux, et le résultat donne le même réordonnement du tableau initial.

Définition 3.11 L'**arbre de décision** $\tau(n, \mathcal{A})$ associé à un algorithme $\mathcal{A}$, travaillant sur un tableau de taille donnée n et procédant par comparaisons de clés, est l'arbre binaire représentant toutes les exécutions possibles de $\mathcal{A}$ sur n clés distinctes x_i, $1 \leq i \leq n$, construit comme suit.

---

[14]Nous rappelons que, dans cette section, les clés appartiennent à un ensemble totalement ordonné.

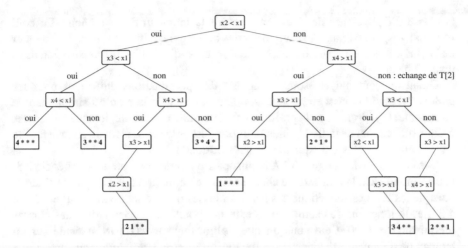

Fig. 3.17   L'arbre de décision $\tau(4, Partition)$ associé à l'algorithme PARTITION (voir la section A.6.1) et à une taille $n = 4$ du tableau $T_0 = [x_1, x_2, x_3, x_4]$ à partitionner ; ce tableau est identifié à un élément $\sigma \in \mathfrak{S}_4 : x_1 = \sigma(1)$, $x_2 = \sigma(2)$, etc. Le pivot de la partition est $x_1 = T_0[1]$. Les feuilles sont marquées par les classes d'équivalence de la relation $\mathcal{R}_\mathcal{A}$. Par exemple, la notation $4***$ correspond à la classe des permutations σ associées à un tableau T_0 tel que $\sigma(1) = 4$

- Les nœuds internes de $\tau(n, \mathcal{A})$ sont marqués par des comparaisons $x_i < x_j$
- Les feuilles sont marquées par les classes d'équivalence de $\mathcal{R}_\mathcal{A}$.
- Si un nœud interne est marqué par la comparaison $x_i < x_j$, l'exécution de l'algorithme $\mathcal{A}$ se poursuit dans le sous-arbre gauche dans le cas où la comparaison est satisfaite, et dans le sous-arbre droit sinon.

Notons qu'il y a un arbre de décision par algorithme et par taille n des données. Les branches de τ, ou en d'autres termes les chemins de la racine vers une feuille de l'arbre, indiquent les comparaisons de clés faites par l'algorithme lors de ses exécutions sur tous les tableaux de la classe d'équivalence qui marque la feuille.

La figure 3.17 donne l'arbre de décision pour l'algorithme PARTITION qui est le cœur du tri rapide (voir la section A.6.1), et pour le tableau de 4 clés $T[1..4]$. Cet arbre peut être étendu, en développant chaque feuille en accord avec les appels suivants de PARTITION sur les sous-tableaux, pour obtenir l'arbre de décision de tout le tri rapide.

Comment lire un coût sur un arbre de décision ?

Soit $\tau = \tau(n, \mathcal{A})$ l'arbre de décision pour un algorithme $\mathcal{A}$ et une taille n de données ; la connaissance de τ permet d'obtenir des informations sur le coût de $\mathcal{A}$, compté en nombre de comparaisons de clés. En effet, chaque exécution de l'algorithme sur un ensemble de données correspond à une branche de τ arrivant à une feuille, appelons-la f, et chaque nœud de cette branche correspond à une comparaison : le coût d'exécution de l'algorithme sur les tableaux appartenant à la classe d'équivalence de f est exactement la longueur de la branche. Le coût minimal, resp. maximal, d'exécution sur des données de taille n est donc la longueur de la plus courte, resp. plus longue, branche, c'est-à-dire le niveau de saturation de τ, resp. sa hauteur.

Quant au coût moyen, sous le modèle des permutations uniformes pour les tableaux il peut lui aussi être obtenu simplement à partir de τ : c'est simplement le quotient $\mathrm{lce}(\tau)/|\partial\tau|$,[15] i.e., la profondeur moyenne d'une feuille, lorsque les classes d'équivalence sont de taille 1 ; sinon nous pondérons la profondeur de chaque feuille par la taille de la classe d'équivalence qui l'étiquette.

Sur l'exemple de la figure 3.17, la plus petite longueur de branche est égale à 3, la plus grande à 5, la longueur de cheminement externe (qui n'est ici pas pertinente, puisque les feuilles sont étiquetées par des classes de cardinalité 2! ou 6!) est égale à 31, et la longueur de cheminement externe, pondérée par les tailles des classes d'équivalence, à 90. Cela nous dit que l'algorithme PARTITION, exécuté sur un tableau de 4 éléments distincts, effectue toujours entre 3 et 5 comparaisons, et que le nombre moyen de comparaisons, sous la loi des permutations uniformes sur les tableaux, vaut $\frac{90}{4!} = 3,75$.

Arbre de décision associé à un algorithme de tri par comparaison

Soit $\tau(n, \mathcal{A})$ l'arbre de décision associé à un algorithme de tri par comparaison $\mathcal{A}$ s'exécutant sur un tableau de n clés toutes distinctes. Les feuilles de $\tau(n, \mathcal{A})$ sont marquées par le résultat de l'exécution de l'algorithme sur un tableau $T[1 .. n]$, i.e., par le réordonnement σ obtenu à la fin du tri – de la même manière que, sur l'arbre de la figure 3.17 relatif à l'algorithme PARTITION, la feuille la plus à gauche est marquée par $\sigma(4)\sigma(2)\sigma(3)\sigma(1)$, c'est-à-dire par $x_4\,x_2\,x_3\,x_1$.

Lemme 3.12 *L'arbre de décision $\tau(n, \mathcal{A})$ correspondant à l'exécution d'un algorithme $\mathcal{A}$ de tri par comparaison sur n clés distinctes a exactement $n!$ feuilles.*

Preuve Si le tableau en entrée de l'algorithme est $T_0 = [\sigma(1), \ldots, \sigma(n)]$, le tableau trié est $[\sigma^{-1} \circ \sigma(1), \ldots, \sigma^{-1} \circ \sigma(n)] = [1, \ldots, n]$, et chaque permutation σ conduit donc à une feuille de $\tau(n, \mathcal{A})$ marquée par σ^{-1} : l'arbre $\tau(n, \mathcal{A})$ a au plus $\mathrm{Card}(\mathfrak{S}_n) = n!$ feuilles ; une permutation ne peut marquer qu'une feuille au plus. Une autre manière de voir qu'une permutation ne marque qu'une feuille au plus est la suivante : si une permutation marque (au moins) deux feuilles, prenons le plus petit ancêtre commun de ces deux feuilles ; en ce nœud l'exécution de l'algorithme aurait conduit à poursuivre dans les deux sous-arbres gauche et droit, i.e., la comparaison marquant ce nœud serait *à la fois* vraie et fausse.

Si maintenant un arbre de décision a (strictement) moins de $n!$ feuilles, une au moins des classes d'équivalence de $\mathcal{R}_{\mathcal{A}}$ marquant les feuilles a au moins deux éléments, i.e., deux permutations. Dans un tel cas, le tri n'est pas fini, et l'arbre ne

---

[15] Nous rappelons que $\partial\tau$ est l'ensemble des feuilles de τ.

peut pas être un arbre de décision pour un algorithme de tri. C'est par exemple ce qui se passe pour la première feuille de l'arbre de décision – pour l'algorithme PARTITION et non pour le tri rapide – donné dans la figure 3.18 : cette feuille correspond aux six permutations $4 * **$ telles que la plus grande clé soit en tête : le tableau final étiquetant la feuille est $x_4\,x_2\,x_3\,x_1$, qui est non trié dans 5 cas sur 6 et où seul x_1 est assuré d'être à la bonne place après l'exécution de la partition (figure 3.19).   □

Par définition de l'arbre de décision associé à un algorithme de tri $\mathcal{A}$, chaque chemin de la racine vers une feuille dans l'arbre $\tau(n, \mathcal{A})$ correspond à l'exécution de $\mathcal{A}$ sur l'unique permutation associée à cette feuille (les classes d'équivalence associés aux feuilles sont toutes de taille 1) et sa longueur est le nombre de comparaisons faites par l'algorithme sur le tableau des n éléments donné par la permutation. Remarquons à ce propos que l'algorithme peut refaire des comparaisons déjà effectuées, nous l'avons vu sur l'exemple de la figure 3.17, ou bien faire des comparaisons inutiles, par exemple comparer deux valeurs x et y sur un chemin où il a déjà vérifié que $x < z$ et $z < y$ pour une troisième valeur z : un arbre de décision, tel que donné dans la définition 3.11, n'est pas nécessairement complet.

Sous le modèle des permutations uniformes pour les tableaux, chaque feuille de l'arbre $\tau(n, \mathcal{A})$ a la même probabilité $1/n!$, et le nombre moyen de comparaisons fait par l'algorithme $\mathcal{A}$ est égal à la moyenne de la profondeur d'une feuille, soit $\mathrm{lce}(\tau(n, \mathcal{A}))/n!$. Il se pose donc la question d'évaluer la longueur de cheminement externe $\mathrm{lce}(\tau(n, \mathcal{A}))$, ou plus exactement d'en obtenir une borne inférieure qui soit valable pour tout algorithme $\mathcal{A}$. Cela sera donné par la longueur de cheminement minimale d'un arbre binaire avec un nombre de feuilles donné, que nous allons maintenant étudier.

Longueur de cheminement externe minimale d'un arbre binaire

La longueur de cheminement externe d'un arbre binaire avec un nombre de feuilles donné est minimale lorsque l'arbre est le plus « compact » possible, avec ses feuilles sur deux niveaux, et donc, quitte à supposer que les feuilles du dernier niveau sont le plus à gauche possible,[16] lorsque l'arbre est complet ou avec un unique nœud simple à l'avant-dernier niveau ; c'est ce que nous avons appelé dans la définition 1.26 un arbre parfait (cf. la figure 3.20). Soit donc τ un arbre binaire, et soit $\widehat{\tau}$ l'arbre obtenu en compactant ses branches filiformes, et en réordonnant ses feuilles de façon à obtenir un arbre parfait : $\mathrm{lce}(\widehat{\tau}) \leq \mathrm{lce}(\tau)$.

Regardons tout d'abord le cas où $\widehat{\tau}$ est l'arbre saturé (cf. la définition 1.26) de hauteur h, et notons N le nombre de ses feuilles, qui sont toutes à la profondeur maximale : $N = 2^h$. Sa longueur de cheminement externe est $h\,N = N \log_2 N$.

---

[16]Cette étape n'est pas essentielle, mais facilite la formulation de notre raisonnement ultérieur sur les différents types de nœuds de l'arbre.

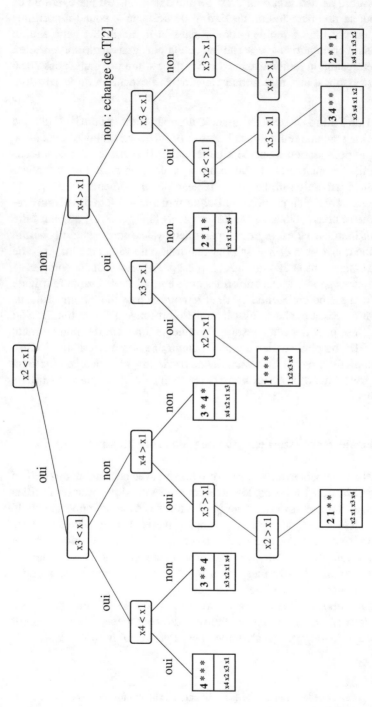

Fig. 3.18 L'arbre de décision $\tau(4, Partition)$ de la figure 3.17, auquel nous avons ajouté un deuxième marquage des feuilles (qui n'appartient pas à l'arbre de décision proprement dit) : une feuille est aussi marquée par le tableau T_1 obtenu après l'exécution de PARTITION. Ainsi, pour ce deuxième marquage la notation $x_4\, x_2\, x_3\, x_1$ signifie que le tableau a été réordonné de telle sorte que les premier et quatrième éléments x_1 et x_4 ont été échangés, et que les deuxième et troisième éléments x_2 et x_3 sont restés à leur place. De même pour les autres marquages de feuilles. L'algorithme peut conduire à refaire des comparaisons déjà effectuées, d'où des chemins filiformes dans l'arbre. Enfin, nous avons indiqué lorsque l'algorithme PARTITION échange deux clés – pour une taille de tableau $n = 4$, cela ne se produit que pour les quatre permutations de la forme $34**$ ou $2**1$

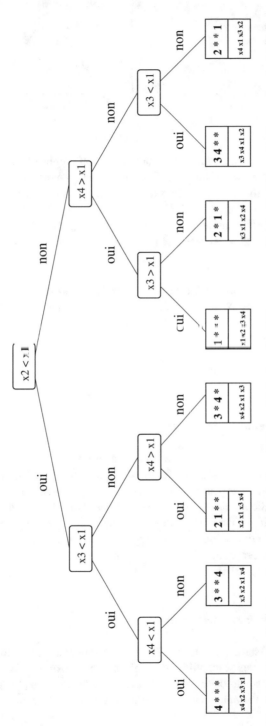

Fig. 3.19 L'arbre de décision $\tau(4, Partition)$ de la figure 3.18, une fois les branches filiformes compactées. Les feuilles sont toujours marquées à la fois par les tableaux initial et final

Fig. 3.20 Un arbre parfait
de hauteur h : ses feuilles sont
sur les deux derniers niveaux

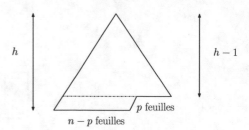

p feuilles

$n - p$ feuilles

Pour un arbre parfait non saturé et de hauteur h, son nombre N de feuilles vérifie $2^{h-1} < N < 2^h$ et donc $h = \lceil \log_2 N \rceil$. Supposons maintenant que cet arbre ait $N - p$ feuilles au dernier niveau et p feuilles à l'avant-dernier niveau (cf. la figure 3.20) : sa longueur de cheminement est égale à $(N - p)h + p(h - 1) = Nh - p = N \lceil \log_2 N \rceil - p$. Il suffit maintenant de voir que $0 \le p \le N - 1$ ($p = 0$ correspond au cas de l'arbre saturé) pour obtenir la proposition suivante.

Proposition 3.13

i) *La longueur de cheminement externe d'un arbre binaire parfait τ à N feuilles vérifie $N \lceil \log_2 N \rceil - N + 1 \le \mathrm{lce}(\tau) \le N \lceil \log_2 N \rceil$ (les valeurs inférieure et supérieure étant respectivement atteintes pour l'arbre ayant une seule feuille à l'avant-dernier niveau et pour l'arbre saturé).*

ii) *La longueur de cheminement externe d'un arbre binaire à N feuilles est supérieure ou égale à $N \lceil \log_2 N \rceil - N + 1$.*

Optimalité en moyenne du tri rapide

La proposition 3.13 nous permet de terminer la preuve de la proposition 3.9. Un arbre de décision $\tau(n, \mathcal{A})$ ayant $n!$ feuilles (cf. le lemme 3.12), sa longueur de cheminement externe est au minimum égale à $n! \lceil \log_2 n! \rceil - n! + 1$, et la profondeur moyenne d'une feuille est alors $\lceil \log_2 n! \rceil - 1 + 1/n!$. Nous terminons en appliquant la formule de Stirling pour obtenir le développement asymptotique de $n!$ (cf. la section B.5.1), ce qui donne $\log_2 n! = n \log_2 n (1 + o(1))$, et finalement l'équivalent asymptotique de la profondeur moyenne d'une feuille de $\tau(n, \mathcal{A})$: c'est bien $n \log_2 n$, comme annoncé. $\square$

Variantes algorithmiques du tri rapide

Nous terminons l'examen du tri rapide en mentionnant, pour les algorithmiciens, quelques variantes susceptibles d'améliorer ses performances pratiques. Une référence intéressante pour cette partie est la thèse de Hennequin [129], qui examine en détail différentes variantes, ainsi que leur influence sur le coût de l'algorithme de tri.

Tout d'abord, pour éviter le coût d'appels récursifs sur des tableaux de très petite taille, disons inférieure à un entier b fixé, nous pouvons choisir d'arrêter le tri sur des sous-tableaux de taille au plus b (une valeur de l'ordre de 10 semble pertinente en pratique), et de terminer le tri de tout le tableau par un appel global à la procédure de tri par insertion. L'arbre en relation avec la première partie de cet algorithme (avant le tri par insertion) est alors un arbre binaire de recherche *paginé,* i.e., les sous-arbres de taille au plus b sont contenus dans un seul nœud. Nous renvoyons à l'article de Hennequin [128] pour une analyse fine du coût du tri rapide lorsqu'il se termine par un tri par insertion, et aux résultats de Martinez, Panholzer et Prodinger [181], par exemple, pour une étude sur la taille des sous-arbres d'un arbre binaire de recherche, et sur le lien entre ces arbres paginés et les performances du tri rapide.

Pour éviter les sous-tableaux de trop petite taille, il est aussi possible de jouer sur le choix du pivot : ce ne sera plus le premier (ou le deuxième, ou dernier...) élément du sous-tableau à trier, mais la clé médiane parmi un ensemble de ℓ clés (le plus simple est de prendre $\ell = 3$, mais des valeurs plus grandes, impaires pour que la médiane soit définie sans ambiguïté, peuvent s'avérer pertinentes). Chacun des sous-tableaux créés par la partition est alors de taille au moins $\frac{\ell-1}{2}$. Si un choix de pivot comme médiane de ℓ éléments améliore les performances de PARTITION, il faut cependant prendre en compte le nombre de comparaisons nécessaires pour trouver cette médiane ; cf. par exemple Martinez et Roura [180], qui montrent que la valeur optimale de ℓ est d'ordre $\sqrt{n}$. Les arbres binaires de recherche pertinents sont alors ceux soumis à des réarrangements locaux faisant appel à l'algorithme de rotation défini en annexe A.1.4 ; une présentation claire du lien entre ces arbres et le choix du pivot comme médiane de plusieurs éléments se trouve dans Hennequin [129, Ch. 2].

Si le tableau à trier comporte beaucoup d'éléments répétés, il peut être intéressant de remplacer l'algorithme PARTITION, qui divise un ensemble de clés en deux parties, suivant qu'elles sont inférieures ou égales, ou bien supérieures, au pivot, par l'algorithme connu sous le nom de « drapeau hollandais ». Cet algorithme partitionne l'ensemble des clés en trois parties, en distinguant les clés inférieures au pivot de celles qui lui sont égales. Hennequin [129, Ch. 5] présente une analyse détaillée du tri rapide dans le cas de prise en compte des répétitions de clés, pour plusieurs algorithmes de partition. Sur les arbres binaires de recherche, la variante qui utilise le drapeau hollandais pour la partition pourrait correspondre à l'algorithme d'insertion dans laquelle les clés égales sont insérées consécutivement, le nombre de clés égales à une clé x choisie comme pivot étant la longueur de la branche qui mène alors au premier[17] nœud, dans le sous-arbre gauche, étiqueté par une clé strictement inférieure à x.

Une autre possibilité en ce qui concerne le pivot est d'en prendre, non pas un, mais deux ; c'est par exemple ce qui est fait dans la version du tri rapide actuellement implémentée en Java (voir par exemple Martinez, Nebel et Wild [183] pour une analyse fine de ses performances). La modification porte là encore sur

---

[17] pour l'ordre préfixe.

l'algorithme PARTITION, qui doit placer les clés suivant leurs valeurs par rapport
à deux pivots x_1 et x_2, que nous supposons strictement supérieur à x_1, et donc
les répartir en trois ensembles : clés inférieures ou égales à x_1, clés strictement
supérieures à x_1 tout en étant inférieures ou égales à x_2, et enfin clés strictement
supérieures à x_2. Tout comme dans le cas précédent, ceci conduit au remplacement
de PARTITION par (une variante de) l'algorithme du drapeau hollandais. Dans un
article récent [13], Aumüller et Dietzfelbinger étudient diverses variantes du tri à
deux pivots, et utilisent un arbre de décision ternaire pour prouver l'optimalité d'une
de ces variantes. Le nombre de pivots n'est d'ailleurs pas limité à 2, cf. de nouveau
Hennequin [129, Ch. 2], ou bien Aumüller et Dietzfelbinger [13]. La traduction du
tri rapide à pivots multiples, en termes d'arbres de recherche, serait un arbre m-aire
de recherche, avec $m - 1$ le nombre de pivots.

Remarquons que nous nous sommes intéressés au coût du tri rapide, défini en tant
que *nombre de comparaisons de clés,* mais qu'il est possible de le définir comme
nombre d'échanges de clés, voire d'utiliser une pondération de ces deux mesures.
Tout comme le nombre de comparaisons, le nombre d'échanges peut s'analyser
finement, mais il ne se traduit pas en paramètre sur les arbres sous-jacents.

Enfin il est aussi possible, comme nous l'avons déjà vu pour les arbres binaires
de recherche, de tenir compte du fait que les comparaisons de clés font appel
à un nombre variable de comparaisons entre *bits,* et de prendre ce nombre de
comparaisons de bits comme mesure de coût. Tout comme pour les arbres de
recherche, nous renvoyons aux articles de Fill et al. [77, 246] pour cette mesure
de coût.

3.3.2   Recherche par rang

L'algorithme de recherche par rang rapide («quickselect» en anglais) permet de
trouver « rapidement » une clé de rang donné dans un tableau non trié (en modifiant
cependant partiellement l'ordre des clés du tableau) ; il utilise l'algorithme de
partition et placement du pivot du tri rapide, mais fait ensuite un seul appel récursif,
contre deux pour le tri rapide. Supposons que nous cherchions la p-ième clé du
tableau : nous commençons par faire un appel à PARTITION et le pivot va à la
place k (cf. la figure 3.14). Dans ce qui suit, nous supposons que les indices du
tableau commencent à 0.

- Si $k = p - 1$, alors nous avons trouvé la p-ième clé, et l'algorithme se termine.
- Si $k \geq p$, alors la p-ième clé se trouve dans le sous-tableau de gauche, et
  l'algorithme se poursuit récursivement dans ce sous-tableau.
- De façon analogue, si $k < p - 1$ l'algorithme se poursuit dans le sous-tableau de
  droite.

L'algorithme complet est donné en section A.6.2.

Comme pour le tri rapide, nous pouvons établir une relation entre les performances de cet algorithme et celles d'un algorithme de recherche d'une clé dans

un arbre binaire de recherche : le nombre d'appels récursifs pour trouver une clé est égal à la profondeur du nœud où la recherche s'arrête, dans l'arbre binaire de recherche correspondant (voir par exemple l'article de Martinez, Panholzer et Prodinger [181]).

Si nous nous intéressons au nombre moyen de comparaisons pour trouver une clé de rang p dans un tableau de taille n, lorsque toutes les valeurs de p sont supposées équiprobables, nous pouvons montrer que ce nombre moyen est inférieur ou égal à $4n$ (cf. Knuth [156, p. 136]).

Il existe, là aussi, des variantes quant au choix du pivot, qui peut être choisi comme médiane de ℓ éléments ; la plus simple est de prendre la médiane de trois clés, mais certaines stratégies sont plus élaborées et tiennent compte du rapport $\frac{p}{n}$ pour choisir le pivot (cf. Martinez, Panario et Viola [182]).

3.3.3   Tas, files de priorité, et tri par tas

Rappelons (cf. section 1.2.4) qu'un tas est un arbre binaire parfait croissant ; nous en donnons un exemple en figure 3.21. Nous supposons dans cette section que les clés sont organisées suivant une structure de *tas,* qui est lui-même représenté en mémoire par un tableau. Les opérations que cette structure permet d'effectuer aisément sont l'insertion d'une clé, l'obtention du minimum et sa suppression suivie de la reconstruction de la structure de tas. Les détails de l'implémentation d'un tas dans un tableau ainsi que les algorithmes de mise à jour du tas sont donnés dans la section A.6.3.

Les tas permettent par exemple d'implémenter une file de priorité, i.e., une structure de données où la clé correspond à une notion de *priorité,* tout comme une file d'attente avec certains clients prioritaires qui passent en premier, et d'autres clients qui attendent sagement leur tour. Les opérations permises sont l'arrivée d'un client et son insertion dans la file suivant sa priorité, le choix du client le plus prioritaire, et son départ une fois qu'il a été servi. Les tas servent aussi pour une méthode de tri par comparaison d'un ensemble de clés : c'est le *tri par tas,* qui construit d'abord un tas contenant toutes les clés, puis supprime les minima successifs, et fournit donc les clés triées en ordre croissant. Nous renvoyons là encore à la section A.6.3 pour l'algorithme adéquat.

Fig. 3.21   Un tas de taille 9
sur les données $\{1, \ldots, 9\}$

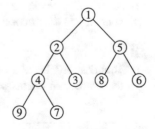

L'insertion d'une nouvelle clé dans un tas peut se faire de deux façons distinctes, suivant que l'ensemble de toutes les clés est connu ou non. Lorsque le tas est utilisé pour implémenter une file de priorité, par exemple, les clés arrivent puis sont supprimées de façon dynamique, et ne sont pas toutes connues avant le début de la construction du tas ; l'algorithme d'insertion procède en insérant le nouvel élément comme dernière feuille du tas, puis en le faisant monter à sa place sur le chemin allant de cette feuille vers la racine. Cet algorithme, dû à Williams, est présenté en section A.6.3. Par contre, lorsque nous voulons trier un ensemble donné de clés en utilisant le tri par tas, les clés peuvent être supposées toutes connues à l'avance. Il existe alors un autre algorithme, dû à Floyd et donné lui aussi en section A.6.3, qui permet de construire le tas de manière plus efficace que par applications répétées de l'algorithme de Williams. Son idée de base est de partir de l'arbre parfait marqué par les n clés, et de le rendre croissant en transformant en tas les « petits » sous-arbres au niveau juste au dessus des feuilles, puis ceux dont la racine est au niveau immédiatement supérieur, et dont les deux sous-arbres sont donc des tas, et ainsi de suite jusqu'à remonter à la racine de l'arbre.

En ce qui concerne la suppression du minimum du tas,[18] il existe là aussi deux algorithmes, suivant que l'on rétablit d'abord la structure d'arbre parfait puis celle d'arbre ordonné, ou l'inverse. Le premier algorithme prend la marque de la dernière feuille et la met à la racine de l'arbre qui redevient donc un arbre parfait, puis la fait redescendre vers un niveau plus profond, en reconstruisant la contrainte d'ordre. Le second algorithme travaille sur un chemin de la racine vers une feuille, en faisant remonter à chaque niveau, dans le nœud dont la marque a été transférée au niveau supérieur (ou ôtée dans le cas de la racine) la plus petite marque de ses fils, jusqu'à arriver à une feuille, disons f. L'arbre est alors ordonné, mais n'est en général pas parfait, et la dernière étape est de transférer la clé de la dernière feuille dans f, puis de la faire remonter à sa place sur la branche entre la racine et f.

Nous renvoyons à la section 4.3.3 pour une analyse fine du coût de construction d'un tas, et donnons ci-dessous des résultats concernant l'ordre asymptotique du coût au pire ou en moyenne pour le tri par tas.

Proposition 3.14 *Pour les deux mesures de coût* Nombre de comparaisons de clés *et* Nombre d'échanges de clés :

i) *le coût d'un ajout, ou d'une suppression du minimum et réorganisation du tas, est d'ordre* $\log n$ *au pire, lorsque le tas contient n clés ;*
ii) *le tri par tas a un coût au pire d'ordre $n \log n$;*
iii) *sous le modèle des permutations uniformes pour les tableaux, le tri par tas a un coût moyen d'ordre $n \log n$.*

Preuve

i) Tout d'abord, les algorithmes d'ajout de clés et de suppression du minimum et reconstruction du tas sont simples à analyser dans le cas le pire : le nombre

---

[18]La suppression dans un tas ne porte jamais sur une clé autre que la clé minimale.

d'opérations (comparaisons ou échanges de clés) est, dans le pire des cas, proportionnel à la hauteur du tas, et nous avons vu dans l'équation (1.7) que la hauteur d'un tas de taille n (en fait, de l'arbre parfait sous-jacent) vaut $\lfloor \log_2 n \rfloor$.

ii) Cela permet ensuite de montrer aisément que le coût du tri par tas dans le cas le pire, sur un ensemble de n clés, est d'ordre $n \log_2 n$. En effet, prenons par exemple le nombre d'échanges de clés faits par l'algorithme de tri par tas lors de la suppression des minima successifs. Avec un tas de taille p, ce nombre est borné supérieurement par la hauteur du tas, donc par $\lfloor \log_2 p \rfloor$. Lorsque nous prenons en compte toutes les étapes, une borne supérieure sur le nombre d'échanges est obtenue en supposant que nous avons, sur chacun des tas successifs, le comportement au pire, ce qui conduit à sommer $\lfloor \log_2 p \rfloor$ sur toutes les tailles possibles $p \in \{1, \ldots, n\}$, et fournit une borne supérieure égale à $n \log_2 n$.

iii) Nous avons vu précédemment que le nombre moyen de comparaisons fait par tout tri par comparaison, lorsque les clés sont prises dans un tableau correspondant à une permutation uniforme, est au minimum de l'ordre de $n \log n$ (c'est la proposition 3.9). Ceci donne une borne inférieure sur le nombre de comparaisons faites par le tri par tas sur n clés, qui est d'ordre $n \log n$. Une borne supérieure sur ce nombre de comparaisons est donnée par le nombre maximal de comparaisons, et nous venons de voir que ce nombre est également d'ordre $n \log n$. Le nombre de comparaisons moyen ne peut donc être que d'ordre $n \log n$. □

3.3.4 Tri radix

À la différence du tri rapide et du tri par tas présentés plus haut, le tri radix n'est plus un tri par comparaison de clés : il utilise une information sur la nature des clés, ce qui permet d'avoir un tri en temps (pseudo-)linéaire. En fait, il organise les clés suivant un trie.

Pour les algorithmes de la famille du tri radix, les clés se décomposent en « morceaux » de taille fixée de telle sorte que chaque « morceau » ne puisse prendre qu'un nombre fini k de valeurs. Dans le vocabulaire utilisé dans ce livre, cela signifie que les clés sont des mots et que les morceaux sont des symboles (ou lettres) d'un alphabet fini de taille k. Une autre manière d'envisager la situation est de considérer que les clés sont des nombres dans un système de numération en base k (c'est d'ailleurs l'origine du nom de ce tri). L'alphabet est alors $0, 1, \ldots, k-1$.

Plusieurs valeurs de k peuvent être choisies en fonction des applications. En informatique, les valeurs de k sont en général des puissances de deux. Pour les chaînes de caractères utilisant un encodage usuel, nous utilisons le plus souvent $k = 2^8$ ou $k = 2^{16}$.

Tri radix binaire Un cas d'importance est le cas binaire ($k = 2$) pour lequel les clés sont des séquences de bits. Dans ce cas précis, le tri radix est parfois appelé *tri* *rapide binaire* (binary quicksort) [231] car il utilise un principe récursif analogue à celui du tri rapide. Au lieu de choisir un pivot et de calculer la partition du tableau en fonction de ce pivot, nous parcourons les données du tableau en examinant le premier bit. Le but est d'avoir, après l'étape de partitionnement, tous les éléments commençant par un 0 à gauche du tableau et, à droite, tous ceux débutant par 1. Pour ce faire nous parcourons le tableau à l'aide de deux pointeurs. Le premier pointeur parcourt le tableau de gauche à droite et recherche la première clé qui débute par 1. Le deuxième pointeur parcourt le tableau de droite à gauche pour repérer la première clé débutant par un 0. Les deux clés pointées sont alors échangées et le processus se poursuit jusqu'à ce que les pointeurs se croisent. La partition est alors effectuée. L'algorithme s'applique ensuite récursivement sur chacun des deux sous-tableaux en passant au deuxième symbole, etc.

La procédure de partitionnement nécessite n comparaisons de bits. Notons que les algorithmes de tri radix travaillent le plus souvent avec des références ou des pointeurs vers les chaînes qu'ils manipulent. Ainsi lors du partitionnement l'échange de deux clés correspond à échanger deux pointeurs et non pas les chaînes en entier.

L'exécution de cet algorithme peut se lire sur un trie binaire puisque les appels récursifs correspondent à choisir une branche dans le trie. Le nombre d'appels récursifs est la taille du trie correspondant aux données (i.e., le nombre de nœuds internes). Le nombre de fois où une clé est examinée (c'est-à-dire avec accès à un de ses symboles) est égal à la profondeur de la feuille correspondante, et le nombre total de symboles examinés est égal à la longueur de cheminement externe du trie.

Tri radix MSD Ici le terme MSD est l'acronyme de *Most Significant Digits*. Cela signifie que les clés sont examinées de la gauche vers la droite, en examinant les préfixes de longueur croissante des clés pour les trier. L'alphabet est de taille k et pour $k > 2$, il s'agit d'une généralisation du cas précédent binaire. Une différence essentielle concerne la procédure de partitionnement des chaînes selon leur premier caractère. Cette partition en k ensembles (dont certains sont éventuellement vides) correspondant aux k lettres de l'alphabet est effectuée à l'aide d'une méthode de tri par comptage en temps $O(k)$ (une présentation rapide du tri par comptage se trouve en section A.5.6).

Tri radix LSD L'acronyme LSD *Least Significant Digits* signifie que nous allons examiner les clés de la droite vers la gauche. Cette méthode suppose que toutes les clés sont de même longueur. L'idée est assez contre-intuitive et consiste à trier les données en commençant par les symboles de la fin. Pour que cela fonctionne, nous avons absolument besoin d'utiliser une méthode de tri stable sur les symboles. Un tri est *stable* si l'ordre des éléments est conservé lorsqu'il y a des données dupliquées.

Le tri par comptage constitue bien une méthode stable de tri. Ainsi le tri radix LSD peut trier n mots de taille ℓ sur un alphabet de taille k en ℓ passes en partant des symboles à la position $\ell - 1$, puis $\ell - 2, \ldots, 0$. Une passe se fait par un tri par comptage en $O(n)$ en utilisant un espace auxiliaire de taille $O(k)$.

Remarque 3.15 Les variantes de tri radix ne sont adaptées qu'à certains types de données (voir par exemple la discussion dans [231]). De plus, nous l'avons déjà mentionné pour le tri rapide, dans une implantation d'une méthode de tri (quelle qu'elle soit), dès que la taille du tableau à trier devient petite, nous avons recours à une technique de tri plus adaptée (qui est souvent le tri par insertion en pratique).

3.4 Modélisations par des structures arborescentes

Les structures arborescentes, notamment digitales, interviennent fréquemment dans la modélisation puis l'analyse de divers algorithmes ; nous en donnons quelques exemples ci-dessous.

3.4.1 *Arbres d'expressions booléennes*

La *logique quantitative* étudie et compare divers formalismes de la logique propositionnelle, sous l'angle des lois de probabilité qu'ils induisent sur l'ensemble des fonctions booléennes, puis des liens avec la complexité de ces fonctions, i.e., avec la taille mémoire minimale nécessaire pour les représenter, enfin de leur capacité à représenter un ensemble de formules logiques (pouvoir d'expression). Cette approche, initiée par Paris et al. [203], a été reprise et développée d'abord par Lefmann et Savický [164], puis par plusieurs auteurs dont Woods [38, 115, 228, 229, 252]. La représentation des expressions sous forme arborescente et l'approche de la combinatoire analytique pour dénombrer diverses classes d'arbres y jouent un rôle fondamental.

Considérons par exemple la logique propositionnelle construite sur k variables booléennes et leurs négations, et sur les deux connecteurs $\wedge$ et $\vee$ que nous prenons ici binaires et non commutatifs (il est possible de s'affranchir de cette restriction). Les expressions ainsi construites sont identifiées aux arbres binaires non commutatifs, que nous avons appelés « arbres de Catalan » en section 1.1.2, dont les nœuds internes sont étiquetés par les connecteurs $\wedge$ et $\vee$, et les feuilles par les $2k$ littéraux. Ces arbres sont ce que nous appelons des arbres ET-OU. Une expression booléenne de cette logique est par exemple $(x \vee y) \wedge (z \vee (x \vee t))$; l'arbre binaire la représentant est donné en figure 3.22.

Fig. 3.22 Arbre ET-OU pour l'expression booléenne $(x \vee y) \wedge (z \vee (x \vee t))$ dans la logique à deux connecteurs binaires non commutatifs $\wedge$ (ET) et $\vee$ (OU)

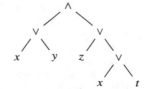

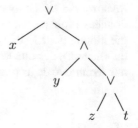

Fig. 3.23 L'arbre ET-OU
représentant l'expression
booléenne $x \vee (y \wedge (z \vee t))$

Une loi de probabilité sur l'ensemble des fonctions booléennes sur un nombre *fixé k* de variables, i.e., sur l'ensemble des fonctions de $\{0, 1\}^k$ dans $\{0, 1\}$, peut être définie comme suit. Choisissons pour taille d'une expression (ou de l'arbre la représentant) le nombre de ses littéraux (ou de ses feuilles).[19] Dans un premier temps est définie une distribution de probabilité uniforme sur l'ensemble des expressions de même taille : les formes d'arbres sont tirées uniformément, puis chaque nœud est étiqueté indépendamment des autres, les nœuds internes par $\wedge$ ou $\vee$ avec une probabilité uniforme et les feuilles par les littéraux, là encore tirés uniformément parmi les $2k$ littéraux possibles.

Passons maintenant des expressions aux *fonctions* booléennes. Chaque expression booléenne correspond à une unique fonction booléenne, mais chaque fonction booléenne peut être représentée par une multitude d'expressions. Ainsi, les arbres des figures 3.22 et 3.23 sont associés à deux expressions booléennes différentes, mais ils correspondent à la même fonction booléenne $x \vee (y \wedge (z \vee t))$.

La distribution de probabilité définie plus haut sur les arbres ET-OU de même taille n définit une distribution de probabilité induite $\mathbb{P}_n$ sur l'ensemble des 2^{2^k} fonctions booléennes. En notant par $\mathscr{A}_n$ l'ensemble de toutes les expressions de taille n et par $\mathscr{A}_n(f)$ le sous-ensemble de ces expressions qui calcule une fonction booléenne f, la probabilité qu'une expression de taille n calcule f est

$$\mathbb{P}_n(f) = \frac{|\mathscr{A}_n(f)|}{|\mathscr{A}_n|}.$$

Ce calcul conduit ainsi au dénombrement de $\mathscr{A}_n$, ensemble de tous les arbres ET-OU de taille n sur k variables booléennes, ce qui ne pose aucune difficulté, et à celui de $\mathscr{A}_n(f)$, sous-ensemble de ces arbres qui calculent la fonction f. Le point délicat est souvent de trouver une spécification formelle de l'ensemble $\mathscr{A}(f)$ des arbres qui calculent f ; une fois cette spécification obtenue, les méthodes symboliques de l'annexe B.2 fournissent en général facilement la fonction génératrice de dénombrement de $\mathscr{A}(f)$, dont le coefficient d'ordre n, $|\mathscr{A}_n(f)|$ s'obtient alors soit directement, soit par les techniques asymptotiques présentées en annexe B.3 lorsque la taille n de l'expression booléenne tend vers l'infini.

---

[19]Les formes des arbres ET-OU étant des arbres binaires complets, le nombre de leurs feuilles et le nombre de leurs nœuds internes diffèrent toujours de 1.

La loi $\mathbb{P}_n$ dépend de la taille de l'arbre, et il est assez naturel de se demander ce qui se passe lorsque l'arbre devient de grande taille : la suite des distributions $(\mathbb{P}_n)_{n \geq 1}$ admet-elle une limite lorsque n tend vers l'infini ? Sous les conditions d'uniformité que nous avons présentées plus haut, la réponse est positive, et permet de définir une loi de probabilité $\mathbb{P}$ sur l'ensemble des fonctions booléennes à k variables par

$$\mathbb{P}(f) = \lim_{n \to +\infty} \frac{|\mathscr{A}_n(f)|}{|\mathscr{A}_n|}.$$

De plus, il est possible de relier la probabilité $\mathbb{P}(f)$ d'une fonction booléenne à sa complexité, définie comme la taille des plus petits arbres la représentant.[20] Revenons à l'exemple de la fonction booléenne $x \vee (y \wedge (z \vee t))$: elle dépend des quatre variables x, y, z et t, donc toute représentation arborescente a au moins quatre feuilles, une pour chaque variable : la fonction est de complexité 4. L'arbre de la figure 3.22 est de taille 5 et n'est pas minimal, par contre celui de la figure 3.23 est de taille 4, donc minimal (ce n'est pas le seul). En approximant un arbre ET-OU par un arbre infini biaisé et en étudiant le processus de croissance de cet arbre biaisé, Lefmann et Savický [164] ont obtenu un encadrement de la probabilité d'une fonction booléenne en fonction de sa complexité, encadrement ensuite amélioré dans [38].

Plusieurs travaux se sont ensuite intéressés à la caractérisation des lois de probabilités ainsi obtenues, non plus dans le cas des arbres ET-OU, mais en étendant l'approche précédente à d'autres connecteurs tels que l'implication, ou en prenant des connecteurs associatifs ou commutatifs (cf. par exemple Genitrini, Gittenberger, Mailler, Kozik, Kraus [108, 117, 119]). Enfin l'hypothèse initiale d'un nombre fini de variables est levée dans un article récent de Genitrini et Mailler [118].

Tout ce que nous venons de dire s'applique à la logique propositionnelle « classique » ; mais il est aussi possible de sortir de ce cadre et de considérer d'autres logiques, telle la logique intuitionniste propositionnelle. Comme la logique propositionnelle classique, celle-ci fait appel à des opérateurs logiques (par exemple, $\to$, $\wedge$, $\vee$ et $\neg$). Mais, à la différence de la logique classique pour laquelle les tautologies sont définies comme les expressions vraies pour toute assignation de VRAI ou FAUX aux variables booléennes, la logique intuitionniste (aussi appelée pour cette raison constructiviste) ne retient comme tautologies que les expressions pouvant être démontrées à partir de la règle d'inférence *Modus Ponens* (de x et $x \to y$, on peut déduire y) et d'un ensemble donné d'axiomes. L'expression $x \vee \neg x$ (« tiers exclu ») ne fait pas partie de cet ensemble d'axiomes, et ne peut pas en être déduit. C'est un exemple de tautologie « classique » qui n'est pas « intuitionniste », alors que les tautologies intuitionnistes sont aussi des tautologies classiques. Nous renvoyons la lectrice et le lecteur curieux d'en savoir plus au livre de Sorensen

---

[20]Attention : cette notion de complexité d'une fonction booléenne n'est pas intrinsèque, mais dépend de la représentation arborescente choisie.

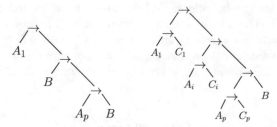

Fig. 3.24 À gauche, les tautologies simples ; à droite, des expressions qui ne sont jamais des tautologies lorsque $B \notin \{C_1, \ldots, C_p\}$

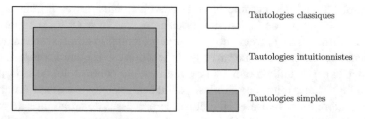

Fig. 3.25 Les différents ensembles de tautologies : classiques, simples et intuitionnistes

et Urzyczyn [238] pour une présentation détaillée de la logique intuitionniste, et explicitons maintenant l'intérêt que présentent les arbres d'expressions pour la comparer à la logique classique.

Considérons par exemple l'ensemble $\mathcal{E}$ des expressions construites à partir du seul connecteur d'implication $\rightarrow$ et des littéraux positifs, et parmi elles l'ensemble des expressions de la forme $(A_1 \rightarrow (\cdots \rightarrow (A_p \rightarrow B)))$, où B et les A_i ($i = 1, \ldots, p$) sont des expressions de $\mathcal{E}$, et où de plus B est l'un des A_i (cf. la figure 3.24). De telles expressions sont évidemment des tautologies de la logique classique (elles prennent la valeur VRAI pour toute assignation des variables) ; nous les appelons *tautologies simples*. Il est possible de montrer que les tautologies simples sont des tautologies intuitionnistes ; la figure 3.25 visualise ces relations d'inclusion entre les ensembles des tautologies intuitionnistes, simples et classiques. Il est également possible de caractériser des ensembles d'expressions qui ne sont pas des tautologies, par exemple celles qui sont de la forme $((A_1 \rightarrow C_1) \rightarrow (\cdots \rightarrow ((A_p \rightarrow C_p) \rightarrow B)))$ lorsque B n'est pas un des C_i (cf. la figure 3.24). Tous ces ensembles d'expressions sont en fait des familles d'arbres, dont le dénombrement permet de calculer la probabilité qu'une expression choisie uniformément parmi toutes les expressions de taille n appartienne à l'une de ces familles, appelons-la $\mathcal{F}$, puis de passer à la limite lorsque n tend vers l'infini (comme auparavant lors de l'obtention d'une loi de probabilité sur les fonctions booléennes) et de définir une proportion limite $\pi_k(\mathcal{F})$. Cette limite dépend du nombre k de variables booléennes, qu'il est possible de faire à son tour tendre vers l'infini ; c'est ainsi qu'il a été montré que les ensembles des tautologies simples et des tautologies classiques, et donc aussi l'ensemble des tautologies intuitionnistes, représentent asymptotiquement, lorsque k tend vers l'infini, la même proportion des expressions. En d'autres termes, asymptotiquement lorsque le nombre de variables booléennes tend vers l'infini, presque toute tautologie classique est une tautologie intuitionniste ; cf. [107]. Par contre, Genitrini et Kozik [117] ont montré que ceci cesse d'être vrai lorsque les connecteurs $\wedge$ et $\vee$ ainsi que la constante FAUX sont autorisés, ce qui revient à travailler sur des arbres dont les ensembles d'étiquettes, respectivement pour les nœuds internes et pour les feuilles, sont d'une part $\{\vee, \wedge, \rightarrow\}$, d'autre part l'ensemble des variables booléennes auquel est ajoutée la constante FAUX. Dans ce cas et toujours asymptotiquement par rapport à la taille des expressions, seules 62% des tautologies classiques sont aussi des tautologies intuitionistes.

3.4.2 Arbres de génération

Des arbres infinis apparaissent dans la méthode ECO (Enumerating Combinatorial Objects), qui a pour but d'engendrer des objets combinatoires de taille donnée n, à partir de ceux de taille $n - 1$. Nous présentons ces arbres, appelés arbres de génération, sur un exemple de permutations à motif exclu, et renvoyons pour plus de détails aux nombreux articles sur le sujet, par exemple Barcucci et al. [16, 17].

Soit donc une permutation sur n entiers, évitant le motif 123 : il s'agit d'un élément $\sigma \in \mathfrak{S}_n$ tel qu'il n'existe pas de triplet $i < j < k$ vérifiant $\sigma(i) < \sigma(j) < \sigma(k)$. Par exemple, $\sigma_1 = (2413)$ évite le motif 123, mais non $\sigma_2 = (2134)$.

Pour $n = 1$, la seule permutation est (1), et pour $n = 2$, ce sont les permutations (21) et (12), obtenues à partir de la permutation $\sigma = (1)$ en ajoutant l'entier 2 aux deux places possibles, avant et après 1. Passons à $n = 3$: nous insérons l'entier 3 dans la permutation (21) aux trois places possibles sans former le motif 123, mais il n'y a que deux possibilités d'extension par 3 pour la permutation (12) : si nous insérons 3 en fin, nous obtenons précisément le motif interdit 123. Il y a donc seulement 5 nœuds, et non $6 = 3!$, au niveau 3.[21] Si nous regardons maintenant ce que donnent chacune de ces permutations au niveau suivant, qui correspond à $n = 4$, la permutation (321) donne 4 permutations : quelle que soit la place où nous insérons 4, nous n'obtiendrons jamais le motif 123. Par contre, les permutations (213) et (312) ne donnent que trois permutations de taille 4, et les permutations (231) et (132) seulement deux. Il y a donc 14 permutations de taille 4 évitant le motif 123.

La figure 3.26 donne les permutations évitant 123 jusqu'à $n = 4$; lorsqu'une permutation σ marque un nœud au niveau $n \geq 2$, et que nous effaçons n, nous retrouvons la permutation marquant son parent. Plus généralement, en prenant la première génération à la racine, qui correspond à l'objet de taille 1 (sur notre exemple, à la permutation (1)), les objets de taille n sont à la n-ième génération.

---

[21] Dans cette section, le niveau d'un nœud est décalé de 1 ; avec cette convention les permutations de $\mathfrak{S}_n$ sont alors au niveau n.

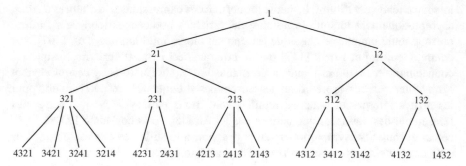

Fig. 3.26 L'arbre de génération pour les permutations évitant le motif 123, tronqué à la quatrième génération

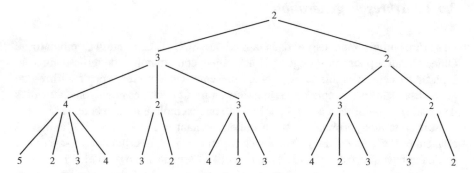

Fig. 3.27 L'arbre de génération de la figure 3.26, dans lequel chaque nœud est marqué par le nombre de ses enfants

Nous l'avons vu sur l'exemple des permutations excluant le motif 123, et cela est plus général : l'arbre de génération encode le mécanisme, en fait le système de réécriture, qui permet de passer d'un objet de taille donnée à un objet de taille immédiatement supérieure. Une information importante est le nombre d'enfants par nœud ; si nous marquons chaque nœud par le nombre de ses enfants, nous obtenons l'arbre de la figure 3.27.

Continuons l'exemple des permutations à motif exclu 123, et regardons le système de réécriture associé : il indique comment passer d'un niveau à un autre, en précisant, pour chaque nœud, quels sont les marques de ses enfants. Nous commençons par un « axiome » noté (2), indiquant que la racine a deux fils. Passant aux niveaux suivants, si un nœud est marqué k, il est possible de montrer (cf. West [249]) que ses k fils sont eux-mêmes d'arités respectives (toutes distinctes) $k + 1, 2, 3, \ldots, k$; en réordonnant les sous-arbres nous obtenons la règle de réécriture

$$(k) \mapsto (2)\,(3)\,\cdots\,(k-1)\,(k)\,(k+1).$$

Nous avons, pour chaque classe d'objets combinatoires susceptibles d'être engendrés par la méthode ECO, un *arbre de génération* (unique !) qui résume les choix possibles à chaque niveau ; de plus nous trouvons au niveau n de l'arbre les objets de taille n, et les propriétés structurelles du système de réécriture fourni par la méthode ECO se reflètent dans celles de l'arbre. Plus précisément, si f_n est le nombre de nœuds au niveau n, la fonction génératrice $F(z) = \sum_{n \geq 0} f_n z^n$ est celle du profil de l'arbre, et ses propriétés algébriques permettent de déterminer, par exemple, l'ordre de grandeur de f_n, et donc de se faire une idée de l'efficacité d'un algorithme utilisant cette méthode de génération aléatoire uniforme. Pour plus de détails, nous renvoyons à l'article [14].

3.4.3 Arbres Union-Find

Gestion d'ensembles Un certain nombre de situations (gestion de classes d'équivalence, recherche de composantes connexes ou de forêt couvrante minimale d'un graphe, etc.) conduisent à gérer des ensembles disjoints, sur lesquels les opérations de base sont la recherche de l'ensemble auquel appartient un élément donné, et l'union de deux ensembles. Une référence générale, bien qu'un peu ancienne, pour la gestion de classes d'équivalence est l'article de synthèse de Galil et Italiano [114] ; les algorithmes que nous allons présenter ci-dessous sont traités en détail dans le chapitre 21 du livre de Cormen et al. [51].

La situation générale est la suivante :

- Il y a n éléments, que nous supposons numérotés de 1 à n.
- Dans chaque ensemble, un des éléments est désigné comme son identifiant, ou représentant.
- L'opération « Trouver » (« Find » en anglais) associe à chaque élément l'identifiant de l'ensemble auquel il appartient, nous parlerons aussi de sa « classe ».[22] Chercher à quel ensemble appartient un élément revient à trouver l'identifiant de cet ensemble.
- L'opération « Union » fusionne deux ensembles.

Nous présentons maintenant différentes manières de réaliser ceci. Notons C_j l'ensemble ayant pour identifiant j ; nous allons organiser les éléments d'un ensemble en arbre, et identifier un ensemble et l'arbre le représentant. L'identifiant de cet ensemble sera la marque de la racine de l'arbre. Pour les complexités qui suivent, nous supposons que, pour tout sommet d'un arbre, il est possible d'accéder en temps constant à son parent.[23]

---

[22]Ce terme vient de la vision « classes d'équivalence », la relation d'équivalence étant « appartenir au même ensemble ».

[23]Cela se fait, par exemple, en gardant dans un tableau ces parents.

Attention, si l'union ensembliste de deux classes C_i et C_j est une opération symétrique, ce ne sera pas toujours le cas des opérations algorithmiques d'union : pour les algorithmes (a) et (b) ci-dessous, $Union(C_i, C_j)$ et $Union(C_j, C_i)$ sont deux arbres distincts (mais de même taille et sur le même ensemble de marques pour les sommets). Pour marquer cette différence, nous parlerons de l'union de C_i avec C_j.

(a) Dans la version la plus simple, tous les sommets d'une classe sont rattachés à sa racine. Les arbres sont alors de hauteur 0 ou 1, puisque chaque nœud est soit identifiant et racine de sa classe d'équivalence, soit enfant de l'identifiant ; par contre leur largeur est égale à leur cardinalité moins 1. Pour trouver la classe d'un élément, il suffit de remonter à la racine, ce qui se fait en une opération. L'union de la classe C_i avec la classe C_j se fait en rattachant tous les éléments de la classe C_j à la racine de C_i. Elle nécessite un temps d'ordre égal à la largeur de l'arbre associé à C_j, donc (à 1 près) à la taille de C_j, et a une complexité linéaire dans le cas le pire. Cet algorithme est illustré dans la figure 3.28.

(b) Pour tenter d'améliorer la complexité de l'union de deux ensembles, une première possibilité est de rattacher à la racine de la première classe C_i, non pas tous les éléments de la classe C_j, mais uniquement sa racine. La complexité de la recherche de la classe d'un élément augmente alors : il faut remonter à la racine de l'arbre pour connaître l'identifiant d'un élément. Dans le cas le pire, elle est égale à la hauteur de l'arbre, soit jusqu'à n dans le cas où l'arbre est filiforme. La fusion de deux classes se fait en temps constant, une fois trouvées les racines des deux arbres. Les deux opérations sont donc de complexité linéaire dans le cas le pire. Cf. la figure 3.29 pour une illustration.

(c) Une nouvelle amélioration consiste, dans l'algorithme (b), à rattacher systématiquement le plus petit arbre à la racine du plus grand. Cela impose de garder,

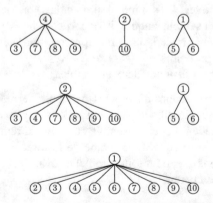

Fig. 3.28 En haut, trois ensembles $\{4, 3, 7, 8, 9\}$, $\{2, 10\}$ et $\{1, 5, 6\}$, représentés sous forme d'arbres. Par convention, l'identifiant de chaque ensemble est la marque de la racine, et les enfants d'un sommet sont ordonnés par ordre de marque croissante. Au milieu, les arbres après union de C_2 avec C_4 par l'algorithme (a). En bas, l'arbre final après union de C_1 avec l'ensemble précédemment obtenu ; cet arbre est de hauteur 1 et de largeur 9, et la profondeur moyenne d'un nœud est $\frac{9}{10}$

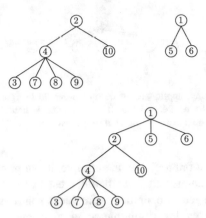

Fig. 3.29 Avec les mêmes ensembles de départ que dans la figure 3.28 et la même suite d'opérations : union de C_2 avec C_4, puis de C_1 avec le résultat, mais maintenant avec l'algorithme (b). L'arbre final est de hauteur 3, et la profondeur moyenne d'un nœud est $\frac{21}{10}$

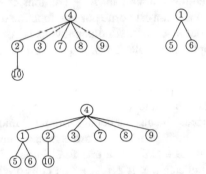

Fig. 3.30 Avec les mêmes ensembles de départ et la même suite d'opérations que dans les figures précédentes, les arbres obtenus par l'application de l'algorithme (c). L'arbre final est maintenant de hauteur 2 et de largeur 6, et la profondeur moyenne d'un nœud est $\frac{12}{10}$

      pour chaque arbre, sa taille ; la mise à jour de cette taille lors d'une union peut se faire en temps constant. Cette opération d'union est maintenant symétrique : les arbres obtenus par $Union(C_i, C_j)$ et par $Union(C_j, C_i)$ sont identiques. Un exemple est donné figure 3.30. La complexité d'une opération d'union (une fois trouvées les racines des arbres) reste en temps constant, et celle de la recherche est toujours bornée par la hauteur de l'arbre ; mais maintenant un argument simple montre que la hauteur de l'arbre est bornée par $\log_2 n$ (voir par exemple [111, p. 432]).

(d) L'amélioration finale vient de la compression des chemins : il s'agit, lors de la recherche de la classe d'un élément j, de rattacher les éléments rencontrés sur le chemin de j à la racine, y compris bien sûr j lui-même, directement à la racine de l'arbre. L'union se fait de la même manière que pour l'algorithme (c). Cf. la figure 3.31 pour un exemple. L'union de deux classes comme la recherche de la

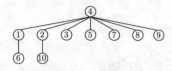

Fig. 3.31 L'arbre obtenu en appliquant au dernier arbre de la figure 3.30 la compression de chemin lors de la recherche de l'élément 5. Il est toujours de hauteur 2, mais la largeur et la profondeur moyenne d'un nœud sont maintenant respectivement 7 et $\frac{11}{10}$

classe d'un élément ont toujours une complexité au pire bornée par la hauteur de l'arbre, mais maintenant cette hauteur est très petite. Plus précisément, dans le cas où les seules opérations effectuées sont des unions de classes, la hauteur d'un arbre est logarithmique en sa taille, mais cette hauteur peut être sensiblement réduite par les opérations de recherche. Tarjan a ainsi montré (cf. [241], démonstration ensuite simplifiée par Seidel et Sharir [234]) que, lors d'une suite d'opérations comprenant $n - 1$ unions et $m \geq n$ recherches, le coût moyen d'une opération est borné par une fonction $\alpha(n)$[24] à croissance très lente : $\alpha(n) \leq 4$ pour $n < 10^{80}$, et nous pouvons la considérer comme bornée par 4 pour toute application réelle. En pratique, c'est donc ce dernier algorithme qui est utilisé.

Lien avec les arbres binaires de recherche Dans ce qui suit, nous désignons par « arbre Union-Find » un arbre obtenu par une suite d'opérations « Union » *suivant l'algorithme (b)*. Les arbres obtenus par cet algorithme d'union sont étroitement liés aux arbres binaires de recherche ; nous explorons maintenant ce lien.

Appliquons l'algorithme « Union » à une forêt initiale de n arbres $T_1, \ldots, T_n$ réduits à leur racine étiquetée par $1, 2, \ldots, n$. La construction d'un arbre Union-Find de taille n génère un arbre binaire associé de la façon suivante (voir la figure 3.32) : à chaque fois qu'est appelée $Union(C_i, C_j)$, alors

- d'une part à droite de la figure, l'arbre de racine j devient enfant de la racine i ; c'est bien l'opération (b).
- d'autre part à gauche de la figure, l'arbre T_j devient sous-arbre gauche de i et l'arbre T_i devient sous-arbre droit de i.

Il est alors clair par construction que le niveau d'un nœud i dans l'arbre final Union-Find est exactement son niveau *à gauche,* i.e., le nombre de branches gauches entre la racine et le nœud, dans l'arbre binaire associé.

En outre, l'arbre binaire associé pousse comme un abr (ce n'est pas un abr) : pour le voir il suffit de montrer que la *forme* d'arbre Union-Find construit avec n objets pousse uniformément, au sens où

---

[24]Cette fonction est en fait l'inverse d'une variante de la fonction d'Ackermann, bien connue en théorie de la récursivité.

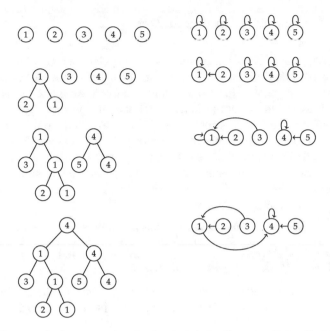

Fig. 3.32 Un exemple de construction simultanée à droite d'un arbre Union-Find à 5 nœuds et à gauche de l'arbre binaire associé. La séquence d'appels est : $Union(C_1, C_2)$, $Union(C_1, C_3)$, $Union(C_4, C_5)$ et $Union(C_4, C_1)$

Lemme 3.16 *Une forme d'arbre Union-Find de taille $n + 1$ a même loi qu'une forme d'arbre Union-Find de taille n, auquel on ajoute, sur l'un des n nœuds choisi uniformément (avec probabilité $1/n$), une feuille supplémentaire.*

En effet, construisons un arbre Union-Find à partir de $n + 1$ objets. À la première étape, on obtient un petit arbre à deux sommets (colorions les deux sommets de ce petit arbre et considérons que c'est un gros sommet coloré) et $n - 1$ arbres réduits à leur racine. C'est une forêt de n arbres, qui donne donc par l'algorithme Union-Find une forme d'arbre Union-Find de taille n. Or, une forme d'arbre Union-Find de taille n a même loi qu'une forme d'arbre Union-Find de taille n dont un des sommets est coloré. Et la loi de cette forme d'arbres Union-Find de taille n dont un des sommets est coloré ne dépend pas du choix de l'objet que l'on colore. Ainsi est justifiée la propriété du lemme 3.16 ci-dessus.

Grâce à la bijection plus haut (celle de la figure 3.32), cette uniformité sur le processus d'arbres Union-Find se traduit par la pousse uniforme de l'arbre binaire associé en chacune de ses feuilles justement étiquetées par $1, 2, \ldots, n$. Cet arbre binaire associé pousse donc comme un abr, autrement dit comme un arbre bourgeonnant. Ainsi, la hauteur d'un arbre Union-Find est la même que la hauteur à gauche d'un abr.

Ces bijections et ces dynamiques sont connues depuis les travaux de Doyle et Rivest [66], Knuth et Schönhage [158], Devroye [56, 57], Pittel [209].

3.4.4 Algorithme des buveurs de bière

Cet algorithme, aussi connu sous le nom plus « politiquement correct » d'*élection de leader*, permet de décider, parmi un groupe de n personnes parties au café, qui paiera la tournée générale. Il fonctionne ainsi : chacun tire à pile ou face ; si tous tirent Face l'algorithme échoue ; sinon le perdant (celui qui aura à payer la tournée) est choisi, suivant la même procédure, parmi les personnes qui ont tiré Pile (il y en a au plus $n - 1$). Cf. la présentation de ce problème par Prodinger [217].

C'est un problème classique qui se retrouve par exemple en algorithmique répartie : choisir symétriquement (de façon que chacun ait la même probabilité d'être choisi) un « leader », i.e., une entité parmi n. Le processus de choix, très simple, s'exprime de façon récursive :

Chaque personne choisit aléatoirement un bit Pile (P) ou Face (F), indépendamment des autres. Si tous tirent Face, l'algorithme de choix échoue ; si une seule personne choisit Pile, c'est elle qui est retenue ; sinon les personnes qui ont tiré Face sont éliminées et celles qui ont tiré Pile prennent part au tirage suivant.

Si à chaque personne est associée la suite (finie) de bits qu'elle a tirée, que nous pouvons aussi voir comme une clé, l'algorithme revient à construire (fictivement) un trie sur ces clés, et à retenir la personne correspondant à la feuille de la branche P^* du trie, i.e., la branche correspondant au mot $PP\ldots$. Ce choix est fait au bout d'un nombre d'essais égal à la longueur de cette branche ; il échoue si elle est absente. Notons que l'algorithme termine presque sûrement en un temps fini.

La probabilité que l'algorithme choisisse un payeur est la probabilité que la feuille la plus à gauche corresponde à une clé dont le préfixe permettant de la distinguer des autres clés est $P\ldots P$, et le temps de résolution, compté en nombre de tours, est égal à la profondeur de cette feuille (figure 3.33).

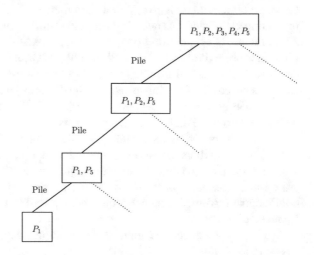

Fig. 3.33 Partant de cinq personnes $P_1, \ldots, P_5$, l'algorithme des buveurs de bière détermine qui paiera. Au premier tour, P_3 et P_4 tirent Face et ne participent donc pas aux tours suivants ; puis P_2 tire Face et sort à son tour ; enfin P_1 tire Pile et P_5 Face. Il a fallu trois tours pour déterminer que c'est P_1 qui paie

Il est facile de modifier l'algorithme pour qu'il désigne toujours un vainqueur (ou un perdant, selon le point de vue qu'on adopte !) : lorsque tous tirent la même valeur, que ce soit Pile ou Face, tous participent au tour suivant. Dans ce cas, le nombre d'essais est égal à la longueur de la branche conduisant à la feuille la plus à gauche du trie. C'est cette variante qui est souvent analysée, par exemple par Prodinger [217] ou par Fill et al. [78]. Une autre manière d'exprimer le nombre de tours pour désigner le payeur est de voir ce nombre comme égal à la somme de la hauteur de la feuille la plus à gauche dans l'arbre PATRICIA qui serait obtenu en compactant les branches filiformes du trie (cela correspond au nombre de tours qui réduisent effectivement le nombre de participants) et du nombre de « virages » y conduisant (c'est le nombre de tours qui n'ont pas permis d'éliminer au moins un participant).

Un raffinement de l'analyse de l'algorithme des buveurs de bière considère le nombre de personnes (survivants) restant en lice après un temps t. Cela revient à regarder le nombre de clés qui ont un préfixe donné de longueur t, i.e., la taille d'un sous-arbre dont la racine est à profondeur t ; cf. par exemple l'article de Louchard et Prodinger [168]. Une autre variante s'intéresse, au contraire, à la situation rencontrée à un temps t *avant* la fin de l'algorithme (rappelons que le temps de fin est une variable aléatoire) : il s'agit ici de regarder le nombre de clés contenues dans le sous-arbre de hauteur t et contenant la feuille la plus à gauche de l'arbre ; cf. Louchard [167].

3.4.5 Protocole en arbre

Considérons un réseau de communication, formé d'un canal commun de transmission, qui ne peut transmettre à chaque instant donné qu'un message au plus, et de stations reliées à ce canal. Lorsqu'une station écoute le canal partagé, il peut être dans un des trois états suivants : *inoccupé :* aucune station n'émet ; *émission :* une seule station émet ; *collision :* plusieurs stations essaient d'émettre au même moment, ce qui provoque un conflit. Il existe plusieurs algorithmes pour résoudre ces conflits ; nous nous intéressons ici au protocole en arbre dans sa version la plus simple, dite à accès bloqué. Des protocoles en arbre plus généraux sont considérés dans Mohamed et Robert [186] et y sont analysés par une approche probabiliste (figure 3.34).

> Lorsque n stations veulent émettre au même moment, et entrent donc en collision, l'ensemble de ces stations est divisé en deux par un tirage à pile ou face. Les stations ayant tiré Pile résolvent récursivement leurs conflits ; les stations ayant tiré Face résoudront ensuite à leur tour leurs propres conflits. Si une seule station tire Pile, elle peut alors émettre.

Ce protocole de résolution de collisions est celui du réseau *Aloha*, développé au début des années 70 par l'université de Hawaï et qui est à la base du protocole *Ethernet*. Les articles le présentant sont dus à Capetanakis [32] et à Tsybakov et Mikhailov [242] ; l'on pourra se reporter par exemple à Flajolet et Jacquet [85] pour son analyse.

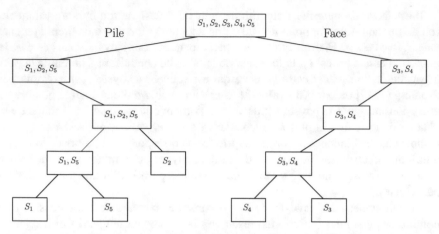

Fig. 3.34 L'arbre permettant de résoudre le conflit entre cinq stations souhaitant émettre au même moment. Au premier tour, les stations S_3 et S_4 tirent Face et ne participent pas au tour suivant. Les stations S_1, S_2 et S_5, qui ont tiré Pile au premier tour, participent au second tour ; elles tirent toutes les trois Face et se retrouvent pour un nouveau tirage. À ce troisième tirage la station S_2 tire Face et les deux autres Pile ; le quatrième tour est donc entre S_1 et S_5 qui se départagent au tirage suivant, S_1 tirant Pile et S_5 Face. La station S_1 est donc la première à émettre, suivie par S_5 puis par S_2. Ensuite, les stations S_3 et S_4 se départagent : elles tirent toutes deux Pile, puis de nouveau Pile, et il faut encore un tirage pour les départager : S_3 tirant Face alors que S_4 a tiré Pile, c'est S_4 qui émet ensuite, et S_3 est la dernière station à émettre. Le temps avant la première émission, compté en nombre de tirages, est 4, le temps total pour résoudre les conflits est 7, et l'ordre d'émission est S_1, S_5, S_2, S_4, S_3

Si nous associons à chaque station une suite de $\{$Pile, Face $\}^{+\infty}$, i.e., une suite de bits, le protocole en arbre revient simplement à construire un trie sur ces suites de bits, et à permettre aux stations d'émettre suivant l'ordre induit par un parcours préfixe du trie.

La profondeur de la feuille la plus à gauche du trie donne le temps écoulé avant que la première station puisse commencer à émettre, compté en nombre de tours ; l'ordre d'émission des stations est celui des étiquettes des feuilles dans le parcours en ordre préfixe de l'arbre ; et le temps total de résolution de la collision, toujours compté en nombre de tours, est égal au nombre de nœuds internes de l'arbre.

3.4.6 Échantillonnage adaptatif

Certaines applications informatiques, par exemple en bases de données ou en administration de réseaux, conduisent au problème suivant, qui est un exemple d'algorithme de « streaming » ou « comptage probabiliste » : comment évaluer « rapidement » le nombre d'éléments distincts dans un ensemble avec répétitions ? Nous ne voulons pas trier cet ensemble, ni faire beaucoup plus que le lire une seule fois. Dans certaines applications, les données sont d'ailleurs lues « au vol » lors de leur arrivée et non stockées, et il est impossible de les relire. De plus, nous voulons un algorithme qui ne dépend pas de la distribution de probabilité sur l'ensemble des clés, i.e., de la structure des répétitions. Par contre, nous acceptons une certaine incertitude sur le nombre de clés, le but étant d'avoir une estimation rapide de l'ordre de grandeur plutôt qu'un résultat précis mais trop long (voire impossible) à obtenir.

De part son importance pratique, ce problème a connu différentes approches ; cf. par exemple les travaux autour du comptage probabiliste de Flajolet et Martin [87], puis Durand et Flajolet [73] pour des algorithmes de plus en plus efficaces avec leur analyse, jusqu'à Flajolet et al. [104] pour l'algorithme *HyperLogLog* en 2007. Nous renvoyons à l'article de synthèse de Flajolet [82] pour une vue globale sur ce problème, et nous intéressons ci-dessous à l'échantillonnage adaptatif, dont l'idée initiale serait due à Wegman[25] et qui a été analysé lui aussi par Flajolet dans [81]. Cette méthode n'est sans doute pas la plus performante en pratique, mais son intérêt dans le cadre de ce livre vient du fait que sa modélisation fait intervenir un trie. Une variante est le comptage approché, dont l'algorithme initial, qui date de 1978, est dû à Morris [189] et a été analysé quelques années plus tard par Flajolet [80].

Voyons donc l'algorithme de Wegman. Si ce n'est déjà le cas, un prétraitement transforme les clés en une suite de bits grâce à une fonction de hachage σ, qui associe à une clé x une valeur $\sigma(x) \in \{0, 1\}^\infty$.[26] En négligeant les collisions dues au hachage, i.e., le fait que la fonction σ n'est en général pas injective, nous introduisons une erreur de quelques pour cent, alors que l'erreur due à l'algorithme est bien supérieure (l'analyse fine, cf Flajolet [81], montre qu'elle est de l'ordre de 5 à 20 pour cent, et qu'elle diminue avec la taille de la mémoire de travail). Dans l'exposé qui suit, nous identifions les clés x et les valeurs $\sigma(x)$, et nous supposons une distribution uniforme sur $\{0, 1\}^\infty$ (si la distribution de départ n'est pas uniforme, il existe des techniques permettant de rectifier ce biais lors du hachage).

L'algorithme travaille avec une suite de N clés que nous supposons être des éléments de $\{0, 1\}^\infty$, un espace de travail en mémoire centrale pouvant contenir m clés, et une variable entière δ, initialisée à 0, qui représente la « profondeur » de l'échantillonnage. En pratique, N est « grand » et m est « petit ». L'algorithme procède à une lecture séquentielle des clés, en gardant les clés distinctes ; il n'y a donc aucune répétition parmi les clés présentes en mémoire. Les comparaisons et recherches de clés se font en mémoire centrale, et sont supposées ici avoir un coût négligeable par rapport à la lecture des N éléments. À chaque fois que les m places sont allouées, l'algorithme ne garde, parmi les clés présentes en mémoire centrale à ce moment, que celles commençant par 0, et augmente δ de 1. À tout instant, il y a au plus m clés présentes en mémoire centrale ; ce sont celles commençant par 0^δ. Lorsque la lecture des clés est finie, l'algorithme calcule une estimation $\widehat{N}$ de N en fonction de la profondeur δ et du nombre v de clés présentes alors en mémoire centrale : $\widehat{N} = 2^\delta v$.

---

[25]Il ne semble pas y avoir eu d'article publié, et l'article [81] mentionne seulement une « communication privée » de Wegman.

[26]Une présentation des fonctions de hachage se trouve par exemple dans le livre de Knuth [156].

Regardons un exemple : prenons un nombre de places dans la mémoire de travail (peu réaliste !) $m = 2$, et des clés $x_1 = 10011\ldots$, $x_2 = 01100\ldots$, $x_3 = 10001\ldots$, $x_4 = 11001\ldots$, $x_5 = 00100\ldots$, $x_6 = 10110\ldots$, $x_7 = 00111\ldots$ arrivant dans cet ordre. Au départ, $\delta = \nu = 0$. Les deux premières clés vont dans la mémoire de travail ; à ce moment $\nu = 2$ et $\delta = 0$. À l'arrivée de x_3, l'algorithme ne garde en mémoire que la clé x_2, ν repasse à 1 et δ prend la valeur 1. Lorsque la clé x_4 arrive, l'algorithme ne la retient pas : à ce stade, il ne retient que les clés commençant par 0. Puis la clé x_5 est gardée en mémoire, et ν passe à 2. La clé x_6, commençant par 1, n'est pas gardée. Enfin la clé x_7 arrive, et devrait aller dans la mémoire de travail qui est déjà pleine : cela provoque donc l'augmentation de δ qui passe à 2, l'élimination de x_2 qui commence par 01, et la mémoire de travail contient maintenant les deux clés x_5 et x_7 qui commencent toutes deux par 00. À ce point de l'algorithme, l'évaluation du nombre de clés que l'algorithme a vu passer est $\widehat{N} = 2^2 \times 2 = 8$, alors que 7 clés sont réellement arrivées (figure 3.35).

La première étape de l'analyse de cet algorithme consiste à le modéliser de façon à rattacher ses performances à celles d'une structure de données connue, en l'occurrence un trie. Cela se fait comme suit : tout se passe « comme si » l'algorithme construisait un trie paginé sur les clés, avec une taille de page égale à m ; chaque clé n'apparaissant qu'une fois dans le trie, l'arbre obtenu est bien indépendant de la structure des répétitions. En réalité, nous ne gardons en mémoire centrale que la feuille la plus à gauche de ce trie, sa profondeur δ, et le nombre ν d'éléments qu'elle contient. Si les clés étaient réparties équitablement dans les feuilles de l'arbre, chacune aurait le même nombre ν de clés et serait à la même profondeur δ ; nous choisissons donc $2^\delta \nu$ comme estimateur du nombre d'éléments distincts. L'analyse complète de l'algorithme fournit aussi une évaluation du biais induit par cette approximation.

Mentionnons enfin que l'algorithme s'adapte au cas où les clés sont construites sur un alphabet non binaire – ce qui était déjà dans l'article original de Morris [189] et dans l'analyse de Flajolet [80] ; la structure sous-jacente est alors un trie sur un alphabet non binaire.

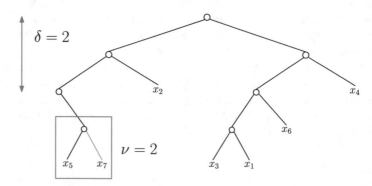

Fig. 3.35 Le trie construit sur les clés x_1 à x_7 ; les clés gardées dans la mémoire de travail sont x_5 et x_7 ; leurs premiers bits sont 00, ce qui correspond à $\delta = 2$

Fig. 3.36 Un arbre dont les
nœuds internes représentent
l'index d'une base de
données, et les feuilles
contiennent les données

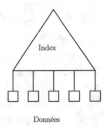

Données

3.4.7 Index dans les bases de données

Dans le contexte des bases de données, il est souvent nécessaire de gérer des
ensembles d'adresses, pointant sur des enregistrements. De plus, les données sont
stockées en mémoire secondaire, et l'unité de transfert est une *page mémoire*, qui a
une capacité fixe (c'est un paramètre du système). Tant que l'ensemble d'adresses
est de taille assez petite pour tenir sur une page, tout va bien ; mais comment faire
lorsque la page est pleine ? Plusieurs méthodes ont été proposées, qui sont en fait
des variantes de l'idée suivante :

> *Supposons que nous disposions d'une fonction de hachage σ, qui associe à chaque clé x
> une chaîne de bits $\sigma(x)$, i.e., un élément de $\{0, 1\}^{(x)}$. Construisons un arbre digital paginé
> sur l'ensemble $\{\sigma(x)\}$. Les feuilles contiennent au plus b clés ; l'arbre privé des feuilles est
> ce qui est souvent appelé l'index, ou le répertoire.*

Les différentes variantes portent sur la structure physique retenue pour implémenter le répertoire, et donnent lieu à diverses appellations[27] ; cf. Fagin [75] pour
le hachage extensible, Litwin [165] pour le hachage virtuel, Larson [163] pour le
hachage dynamique, et surtout Flajolet [79] pour une mise en perspective, le lien
avec les structures arborescentes, et l'analyse générale (figure 3.36).

Un autre exemple très fréquemment rencontré en pratique est celui des arbres-
B+ (cf. par exemple l'article de synthèse de Comer [49]). Il s'agit simplement
d'arbres-B, dont les nœuds internes contiennent des clés qui ne servent qu'à diriger
la recherche, et où seules les feuilles contiennent les données, qui sont ici des articles
comprenant chacun une clé et un certain nombre d'autres champs.

Les paramètres pertinents pour analyser les performances de tous ces algorithmes
sont ici le temps d'accès, lié à la hauteur de l'arbre, la taille de l'index, i.e., le nombre
de nœuds internes de l'arbre, et le taux d'occupation de la mémoire secondaire,
mesure qui est donnée par le nombre de pages utilisées, i.e., par le nombre de
feuilles.

---

[27]Le terme de « hachage dynamique » est maintenant employé de manière globale pour toutes ces
variantes.

3.4.8   Tables de routage IP

Un certain nombre d'auteurs se sont intéressés à l'implémentation efficace de tables
de routage pour Internet. Il s'agit, dans un nœud du réseau, de pouvoir décider
très rapidement de la prochaine étape sur le chemin d'un paquet dont on connaît
l'adresse finale. Cette prochaine étape est déterminée par un préfixe de l'adresse
finale, de longueur variable. D'un point de vue algorithmique, il s'agit de représenter
efficacement un dictionnaire de grande taille, et il n'est pas surprenant que des
variantes des structures digitales se soient révélées bien adaptées. Par exemple,
Nilsson et Karlsson ont proposé dans [195] une variante des arbres PATRICIA :
les *LC-tries* (pour *level compression trie*).

Un LC-trie sur n clés est obtenu à partir du trie classique construit sur ces n
clés, par la compression des chemins filiformes, combinée à une compression des
niveaux pleins de l'arbre et à leur remplacement par des nœuds d'arité 2^i (i étant
le nombre de niveaux sous la racine qui sont pleins) ; ce remplacement se fait de
manière récursive dans chaque sous-arbre (voir la figure 3.37).

Il est possible d'implémenter efficacement (sans mémoire auxiliaire « exces-
sive ») ces arbres. De plus, les LC-tries ont le même nombre de feuilles que le trie
de départ (ce qui n'était pas le cas pour de précédentes tentatives de compression),
et la profondeur moyenne d'une feuille (i.e., le temps moyen d'accès à l'adresse
de la prochaine étape sur le paquet en cours de traitement) est d'ordre inférieur à
la profondeur dans un trie ou dans un arbre PATRICIA : suivant les modèles sur la
répartition initiale des clés, cette profondeur moyenne (qui est d'ordre $\log n$ pour
un trie ou un arbre PATRICIA) est d'ordre $\log^* n$ où $\log^* n$ est le logarithme itéré
(cf. section B.5.1) une fonction qui croît très lentement. L'analyse a été faite par
Devroye [60].

Le livre de Wu [253] expose en détails plusieurs structures de données apparen-
tées à la structure de trie pour des problématiques de routage de paquets dans les
réseaux.

3.4.9   Compression de données

Nous présentons ici quelques exemples en compression de données (conservative)
où les structures arborescentes ont une grande importance.

Codes préfixes L'encodage de données (sur disque ou en mémoire) est une
opération usuelle qui fait le plus souvent appel à des codes dits de longueur variable.
L'idée, illustrée par la figure 3.38, est d'encoder chaque symbole représentant la
donnée sur un autre alphabet (le plus souvent binaire) sous la forme d'un mot [21].

Le plus souvent, cet encodage est réalisé sous la forme d'une structure d'arbre
digital où les symboles sont en correspondance avec les feuilles de l'arbre et les mots
du code correspondent aux marques des chemins partant de la racine et finissant aux
nœuds terminaux. Aucun mot du code ne peut être préfixe d'un autre si nous voulons

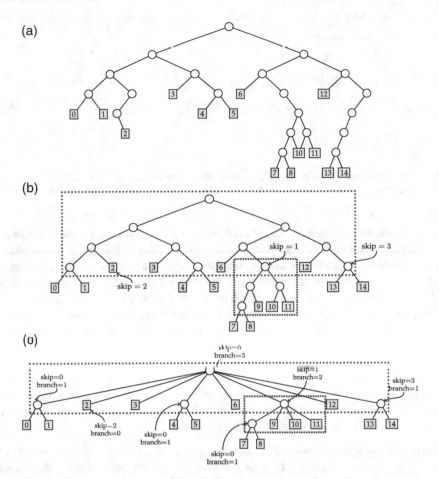

Fig. 3.37 De haut en bas : (**a**) un trie binaire contenant 14 clés ; (**b**) le même trie après compression des chemins filaires (comme dans un Patricia) ; (**c**) le LC-trie (*level compression trie*) compresse les sous arbres complets (entourés en pointillés dans (**b**) pour les sous-arbres de hauteur supérieure ou égale à 2). À chaque nœud peuvent être associés deux champs : le champ *skip* indique le nombre de bits qui ne sont pas à examiner car nous sommes sur un chemin filaire ; le champ *branch* indique la hauteur du sous-arbre complet (et donc le nombre de bits à regrouper pour trouver le nœud fils lors d'une recherche). Ces champs ne sont pas mentionnées sur la figure (**c**) lorsque leurs valeurs sont toutes deux nulles

garantir de pouvoir décoder un mot du code dès sa lecture – nous parlons alors de code instantané. C'est aussi la propriété nécessaire pour construire un trie.

Le terme de compression est employé lorsque nous assignons aux symboles les plus fréquents les mots les plus courts. Le but est d'obtenir un codage du texte (dans l'alphabet de sortie, par exemple binaire) qui soit le plus court possible.

L'algorithme le plus célèbre pour réaliser cette tâche est l'algorithme de Huffman. Cet algorithme construit un trie binaire par une démarche de bas en haut (« bottom-up » en anglais), en considérant au début une forêt d'arbres binaires dont

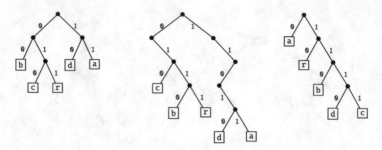

Fig. 3.38 Trois tries binaires permettant permettant d'encoder les symboles a, b, c, d et r de abracadabra. Le symbole a est codé par 11, 11011, 0 (respectivement de gauche à droite)

les éléments sont des nœuds externes correspondant aux symboles à coder. De plus, chaque nœud contient un champ `freq` qui a pour valeur la fréquence du symbole. La méthode est ici statique[28] car les fréquences sont supposées connues à l'avance. Les deux nœuds de la forêt qui possèdent les fréquences les plus faibles sont ensuite choisis (à fréquence égale le choix d'un nœud ou d'un autre n'a pas d'importance). Un nouveau nœud interne dont les deux fils sont les deux nœuds choisis est construit. Le champ `freq` de ce nœud prend comme valeur la somme des fréquences de ses fils. Ceci fournit une nouvelle forêt ; le processus itératif s'arrête lorsque la forêt ne contient plus qu'un seul arbre, qui est le trie de codage (voir la figure 3.39).

Les codes de Huffman sont des codes optimaux : connaissant les probabilités des symboles, l'arbre de Huffman minimise la longueur moyenne du mot binaire affectée à un symbole, qui n'est autre que la longueur de cheminement externe de l'arbre, pondérée par les probabilités des symboles.

Compression à la Lempel et Ziv Les techniques de compression à la Lempel et Ziv utilisent des méthodes à base de dictionnaires. C'est donc tout naturellement que la structure de trie est centrale pour ce type de compression (voir l'article de synthèse [18]).

Principe. Le compresseur comme le décompresseur maintiennent en parallèle un dictionnaire. Cette méthode est donc dynamique et son principe se résume grâce au schéma de la figure 3.40.

Au fur à mesure de la lecture du texte sont ajoutés au dictionnaire des mots choisis. Pour les prochaines occurrences de ces mots, seules leurs références dans le dictionnaire sont transmises.

Il existe de nombreuses variantes de l'algorithme de Lempel et Ziv. Le principe général est dans un premier temps de découper le texte en segments. Chaque nouveau segment est encodé à l'aide du dictionnaire et le dictionnaire est ensuite mis à jour. C'est dans la stratégie de mise à jour du dictionnaire que se situe la différence majeure entre les deux méthodes données par Lempel et Ziv nommées

---

[28]Mais il existe bien sûr des variantes dynamiques effectuant des mises à jour au fur et à mesure que le texte est lu.

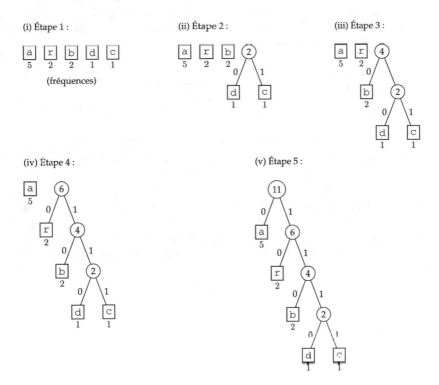

Fig. 3.39 Les étapes de la construction d'un code de Huffman binaire sur le texte `abracadabra`

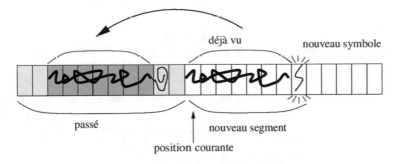

Fig. 3.40 Principe de compression à la Lempel et Ziv : le texte est découpé en segment. Chaque nouveau segment est une portion de texte déjà vue auquel est ajouté le symbole suivant

LZ77 et LZ78. La première méthode (LZ77) insère dans le dictionnaire l'ensemble des suffixes du nouveau segment (ce qui revient à dire que le dictionnaire contient l'ensemble des facteurs du texte déjà vu) tandis que la deuxième (LZ78) n'insère que le segment lui-même dans le dictionnaire.

Par exemple, étant donné un texte `aaaaaaaaaaaaaa`... (ne contenant qu'une longue suite du symbole *a*), les segments sont

LZ77 : | a | aa | aaaa | aaaaaaaa | ...
LZ78 : | a | aa | aaa | aaaa | aaaaa | ...

En d'autres termes, LZ77 définit comme nouveau segment le plus grand facteur possible dans ce qui a déjà été lu, même si cela recouvre plusieurs segments. L'algorithme LZ78 respecte les limites entre segments.

Pour LZ77, la transmission de chaque segment se fait grâce à un triplet du type `<p,l,c>` (position de l'occurrence reconnue, longueur du facteur, et bien sûr le nouveau symbole). Pour LZ78, est transmis un couple `<r,c>` (le rang du segment trouvé dans le dictionnaire et le symbole à ajouter pour créer un nouveau segment). La reconstruction du texte est simple puisqu'il suffit de réaliser « l'expansion des références ».

Par exemple, les deux suites

LZ77 : `<0,0,a> <0,0,b> <0,0,r> <1,1,c> <1,1,d> <1,4,†>`,
LZ78 : `<0,a> <0,b> <0,r> <1,c> <1,d> <1,b> <3,a> <0,†>`,

encodent le texte «`abracadabra†`» (avec un symbole de terminaison † et en faisant partir les indices de 0) et correspondent aux découpages en segments suivant :

LZ77 : | a | b | r | ac | ad | abra | †|,
LZ78 : | a | b | r | ac | ad | ab | ra | †|.

Dans l'exemple précédent, pour LZ78 et à la fin du processus, le dictionnaire est :

Rang	0	1	2	3	4	5	6	7	8
Mot	ε	a	b	r	ac	ad	ab	ra	†

Ainsi dans l'encodage LZ78 avec des couples `<r,c>`, dans l'exemple précédent, le couple `<3, a>` encode le 3ème segment du dictionnaire (`r`) suivi de la lettre `a`, soit `ra`.

Pour LZ77, nous pourrions imaginer l'utilisation d'un trie des suffixes du texte pour stocker efficacement tous les facteurs (en pratique, des structures de données plus adaptées sont utilisées [227]). Pour LZ78, le processus de construction du dictionnaire s'apparente à celui d'un arbre digital de recherche (DST). En effet les nœuds d'un arbre digital de recherche construit à partir du texte sont en correspondance avec les phrases du dictionnaire (voir Jacquet et Szpankowski [145]).

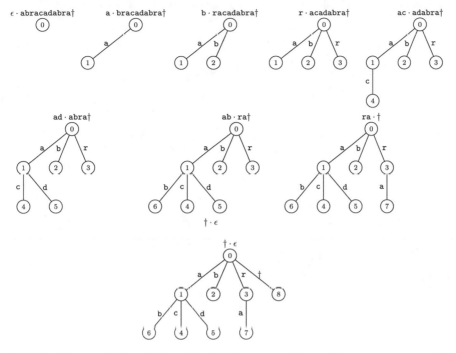

Fig. 3.41 Séquence d'arbres digitaux de recherche correspondant au découpage en segments du texte abracadabra†. Chaque nœud de niveau k correspond à un (nouveau) segment de longueur k. Au dessus de chaque arbre est mentionné $u \cdot v$ où u et v sont des mots : u correspond à l'étiquette du chemin ayant donné lieu à la création du dernier nœud ; v est le suffixe du mot qu'il reste à traiter

Le processus est le suivant : en partant d'un arbre digital de recherche réduit à une racine contenant le mot vide ε, est inséré un préfixe qui permet de créer un nouveau nœud dans l'arbre, et la procédure continue avec le suffixe restant. La figure 3.41 illustre ce processus sur l'exemple du texte abracadabra†.

Partie II
Analyses

Chapitre 4
Approche combinatoire

Dans ce chapitre, nous nous intéressons aux différentes familles d'arbres définies au chapitre 1, essentiellement pour les dénombrer ; souvent nous obtenons aussi les premiers moments (espérance et variance) de la distribution de divers paramètres définis sur ces arbres. Nous étudions d'abord plusieurs types d'arbres planaires : les arbres binaires en section 4.1 et une généralisation aux familles simples d'arbres en section 4.2, puis les tas en section 4.3 et les arbres équilibrés : arbres 2–3 et arbres-B, en section 4.4. Nous terminons par les arbres non planaires en section 4.5.

Pour une classe d'arbres donnée, nous fixons le plus souvent la taille des arbres, parfois leur hauteur, ce qui définit un sous-ensemble $\mathcal{E}$ d'arbres de cette classe. La première étape est d'évaluer la cardinalité de $\mathcal{E}$; nous pouvons ensuite envisager l'étude de la distribution d'un paramètre donné dans le cas où la distribution sur les arbres de $\mathcal{E}$ est uniforme. C'est ce que nous avons défini en section 2.1.1 et appelé le « modèle de Catalan » sur les arbres, et c'est ce modèle que nous utilisons dans tout ce chapitre.

Certains arbres (les arbres binaires, planaires et les arbres de Cayley) sous le modèle de Catalan peuvent être vus comme des arbres de Galton-Watson conditionnés par leur taille (cf. la section 5.2) ; c'est alors une approche probabiliste qui permettra de déterminer le comportement asymptotique de la hauteur de ces arbres, en section 5.2.3.

4.1 Les arbres binaires

Rappelons brièvement ce qui a été vu dans la section 1.1.2 : les *arbres binaires*, appelés parfois *arbres de Catalan,* sont définis soit comme ensemble de mots sur l'alphabet {0, 1}, soit *récursivement* comme classe combinatoire : la classe

© Springer Nature Switzerland AG 2018
B. Chauvin et al., *Arbres pour l'Algorithmique*, Mathématiques et Applications 83,
https://doi.org/10.1007/978-3-319-93725-0_4

combinatoire C des arbres binaires vérifie (cf. la définition 1.11) l'équation récursive

$$C = \mathcal{E} + (\circ \times C \times C). \tag{4.1}$$

où $\circ$ est un nœud de l'arbre et $\mathcal{E}$ est la classe neutre qui contient uniquement l'arbre vide. L'ensemble des arbres binaires de taille n est muni de la loi uniforme, notée $\mathbb{P}_n$, qui est aussi ce que nous appelons « loi du modèle de Catalan ».

La démarche suivie au long de cette section est la suivante : une quantité (nombre d'arbres de taille n, longueur de cheminement d'un arbre de taille n, etc.) obéit à une relation de récurrence, de sorte que la fonction génératrice associée est solution d'une équation. Lorsque l'équation se résout explicitement, le coefficient d'ordre n de la fonction peut être extrait directement. Sinon, sous des hypothèses souvent vérifiées, l'asymptotique de ce coefficient est obtenue en utilisant un outil puissant de combinatoire analytique appelé *lemme de transfert* (cf. annexe B.3.6).

4.1.1 Dénombrement

La première question qui se pose est de compter le nombre d'arbres binaires de taille n ; soit C_n ce nombre. Nous obtenons facilement les premières valeurs (cf. la figure 4.1) : $C_0 = 1$, $C_1 = 1$, $C_2 = 2$, $C_3 = 5$, $C_4 = 14$, etc.

En décomposant l'ensemble des arbres de taille $n \geq 1$ suivant la taille k du sous-arbre gauche, qui varie de 0 à $n - 1$, nous obtenons une relation de récurrence sur la suite $(C_n)_{n \geq 0}$:

$$C_n = \sum_{k=0}^{n-1} C_k \, C_{n-k-1}. \tag{4.2}$$

Une technique efficace pour résoudre cette relation est de passer par la fonction

$$C(z) := \sum_{n \geq 0} C_n \, z^n,$$

appelée la *fonction génératrice* de la suite (C_n). Remarquons que nous pouvons aussi écrire

$$C(z) = \sum_{\tau \in C} z^{|\tau|}.$$

Nous verrons, selon les besoins de notre étude, ces objets tantôt comme séries formelles, tantôt comme fonctions d'une variable complexe. Ainsi, en considérant $C(z)$ comme une série formelle, prendre son carré et regrouper les termes de même

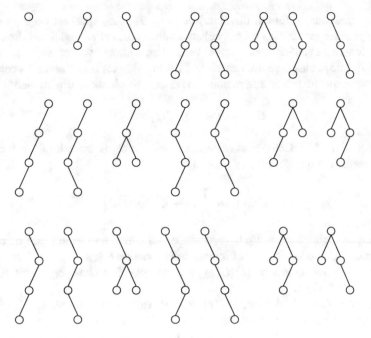

Fig. 4.1 Les arbres binaires de taille comprise entre 1 et 4

degré en z conduit à

$$C^2(z) = C_0^2 + (C_0 C_1 + C_1 C_0)z + (C_0 C_2 + C_1^2 + C_2 C_0)z^2$$
$$+ (C_0 C_3 + C_1 C_2 + C_2 C_1 + C_3 C_0)z^3 + \ldots$$

et l'équation (4.2) permet de reconnaître que

$$C^2(z) = \sum_{n \geq 0} C_{n+1} z^n = \sum_{n \geq 1} C_n z^{n-1} = \frac{1}{z} \sum_{n \geq 1} C_n z^n = \frac{1}{z}(C(z) - 1).$$

Nous avons donc obtenu une équation quadratique satisfaite par la fonction $C(z)$, que nous pouvons écrire sous la forme :

$$C(z) = 1 + z C^2(z). \tag{4.3}$$

Il est bien sûr possible d'obtenir directement l'équation (4.3) par la méthode symbolique (cf. l'annexe B.2), à partir de l'équation (4.1), que nous rappelons :

$$C = \mathcal{E} + (\circ \times C \times C).$$

Les constructions + (union disjointe) et (∘ × $\mathcal{A}$ × $\mathcal{B}$) (produit de trois termes, dont le premier est réduit à un atome) sont admissibles et se traduisent directement sur les fonctions génératrices, respectivement en somme et en produit ; la fonction génératrice de la classe neutre restreinte à l'arbre vide est la constante 1 ; celle de la classe atomique restreinte à la racine ∘ est z, et nous obtenons directement

$$C(z) = 1 + z \times C(z) \times C(z),$$

soit l'équation (4.3). Celle-ci se résout aisément (le choix entre les deux racines se fait en tenant compte de $C(0) = C_0 = 1$) :

$$C(z) = \frac{1}{2z}(1 - \sqrt{1 - 4z}). \tag{4.4}$$

Nous avons maintenant, outre la récurrence (4.2), une deuxième façon de calculer les nombres C_n : ce sont les coefficients de la fonction $C(z)$.

Nous utilisons la notation $[z^n]C(z)$ pour désigner le n-ième coefficient de $C(z)$; ainsi $C_n = [z^n]C(z)$.

Nous obtenons facilement les premières valeurs des nombres C_n, comme coefficients du développement de Taylor de $C(z)$ autour de l'origine ; nous en donnons ci-dessous les dix premiers termes :

$$C(z) = 1 + z + 2\,z^2 + 5\,z^3 + 14\,z^4 + 42\,z^5 + 132\,z^6 + 429\,z^7$$
$$+1430\,z^8 + 4862\,z^9 + 16796\,z^{10} + O\left(z^{11}\right).$$

Ainsi sont obtenus les *nombres de Catalan,* nombres classiques en combinatoire[1] : à partir de l'expression de $C(z)$ donnée par (4.4), le développement en série entière de $\sqrt{1 - 4z}$ fournit

$$[z^n]\left(-\frac{1}{2z}\sqrt{1 - 4z}\right) = \frac{(2n)!}{n!(n + 1)!} \tag{4.5}$$

de sorte que

$$C_n = \frac{(2n)!}{n!(n + 1)!} = \frac{1}{n + 1}\binom{2n}{n}.$$

---

[1]Cette dénomination est due, non à une origine au sud des Pyrénées, mais à la mémoire de C.E. Catalan, qui démontra vers le milieu du 19-ième siècle la formule donnant leur fonction génératrice ; cf. le livre de Flajolet et Sedgewick [94, p. 20], où l'on trouvera également des indications sur la « préhistoire » de ces nombres.

Puis la formule de Stirling (rappelée dans la section B.5.1) donne le comportement asymptotique de $n!$ et permet d'obtenir le comportement asymptotique de C_n lorsque $n \to +\infty$. Nous résumons les résultats obtenus dans le théorème suivant :

Théorème 4.1 *Les arbres binaires ont pour fonction génératrice*

$$C(z) = \frac{1}{2z}\left(1 - \sqrt{1 - 4z}\right).$$

Le nombre d'arbres binaires de taille n est égal au nombre de Catalan C_n :

$$C_n = \frac{1}{n+1}\binom{2n}{n}.$$

Asymptotiquement lorsque $n \to +\infty$, $C_n \sim \dfrac{4^n}{n\sqrt{\pi n}}$.

Nous avons vu en section 1.1.3 que les arbres binaires de taille n sont en bijection avec les arbres planaires de taille $n+1$. Le théorème 4.1 donne alors immédiatement le

Corollaire 4.2 *Le nombre d'arbres planaires de taille n (n ⩾ 1) est égal à C_{n-1}.*

Mentionnons pour terminer un outil bien utile pour identifier une suite de nombres entiers dont les premiers termes sont connus : l'encyclopédie en ligne des suites entières (Online Encyclopaedia of Integer Sequences) [200]. En entrant les premiers termes d'une suite, ici (1, 1, 2, 5, 14, 42, 132) dans le moteur de recherche de ce site, celui-ci identifie la suite et donne les principaux résultats mathématiques à son sujet : les termes suivants de la suite, les diverses significations combinatoires connues avec des références à la littérature, la fonction génératrice, explicite ou par l'intermédiaire d'une équation, la formule exacte si elle est accessible, diverses formules satisfaites par les termes de la suite, des procédures pour calculer les premiers termes en différents langages (en général MAPLE ou MATHEMATICA), etc. La suite des nombres de Catalan porte le numéro **A 000108**, et le site donne littéralement des dizaines de références, significations, et formules pour cette suite.

4.1.2 Longueur de cheminement

La *longueur de cheminement* $\mathrm{lc}(\tau)$ d'un arbre binaire τ a été définie dans la section 1.3 comme la somme des profondeurs des différents nœuds de τ.

Un autre paramètre, la hauteur, fait lui aussi intervenir les profondeurs des nœuds de l'arbre, mais en prenant leur maximum, non leur somme. Regardons d'abord un encadrement rapide de cette hauteur. Rappelons que la profondeur de la racine d'un arbre est égale à 0. Il est facile de donner un encadrement de la hauteur d'un arbre

Fig. 4.2 Deux arbres
binaires de taille 6 et de
hauteurs minimale 2 et
maximale 5

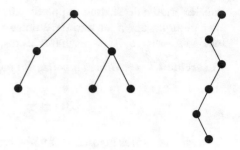

binaire τ_n à n nœuds :

$$\lfloor \log_2 n \rfloor \leq h(\tau_n) \leq n - 1. \tag{4.6}$$

La borne supérieure correspond à un arbre filiforme, i.e., avec un seul nœud à chaque niveau, et la borne inférieure à un arbre le plus compact possible, ayant ses feuilles sur les deux derniers niveaux seulement, par exemple à un arbre parfait (cf. la définition 1.26). Nous illustrons ces deux types d'arbres dans la figure 4.2.

Cherchons maintenant un encadrement de la longueur de cheminement d'un arbre τ_n. Pour cela, rangeons les nœuds de cet arbre selon l'ordre hiérarchique ; nous avons déjà rencontré cet ordre, qui découle d'un parcours en largeur de l'arbre, lors de la démonstration de la formule d'équerre en section 1.2.4, et il est également défini en section A.1.3. Le nœud de rang k est au pire à profondeur $k - 1$, comme dans un arbre filiforme, ce qui donne la borne supérieure. Et le nœud de rang k est au mieux à profondeur $\log_2 k$, comme dans un arbre parfait ou assimilé, ce qui donne la borne inférieure. Nous avons déjà donné une variante de cette borne dans la proposition 3.13, pour la longueur de cheminement *externe* minimale, que nous rappelons ci-après : la longueur de cheminement externe d'un arbre binaire à N feuilles est supérieure ou égale à $N \lceil \log_2 N \rceil - N + 1$.

En revenant à la longueur de cheminement totale, nous avons

$$\sum_{1 \leq k \leq n} \lfloor \log_2 k \rfloor \leq \mathrm{lc}(\tau_n) = \sum_{u \in \tau_n} |u| \leq \sum_{1 \leq k \leq n} (k - 1).$$

D'où la proposition suivante, obtenue en évaluant le comportement asymptotique de la première somme et en calculant la seconde.

Proposition 4.3 *La longueur de cheminement d'un arbre binaire de taille n vérifie*

$$n(\log_2 n - 3) \leq \mathrm{lc}(\tau_n) \leq \frac{n(n - 1)}{2}.$$

Sous le modèle de Catalan, la longueur de cheminement moyenne d'un arbre binaire de taille n est donc d'ordre asymptotique au moins $n \log n$, et au plus n^2. En fait, l'ordre asymptotique exact se situe entre les deux ; c'est $n\sqrt{n}$. Pour le voir, intéressons-nous à la somme des longueurs de cheminement, *cumulées sur tous les arbres de taille n* :

$$l_n := \sum_{\tau : |\tau| = n} \mathrm{lc}(\tau),$$

que nous allons étudier en établissant d'abord une équation de récurrence reliant la longueur de cheminement d'un arbre $\tau = (\circ, \tau^{(g)}, \tau^{(d)})$ à celles de ses sous-arbres gauche $\tau^{(g)}$ et droit $\tau^{(d)}$:

$$\mathrm{lc}(\tau) = |\tau^{(g)}| + |\tau^{(d)}| + \mathrm{lc}(\tau^{(g)}) + \mathrm{lc}(\tau^{(d)}). \qquad (4.7)$$

En effet, soit x un nœud non racine d'un arbre τ, supposé donc être de taille au moins 2. Supposons que x appartienne à $\tau^{(g)}$, le sous-arbre gauche de τ, et notons $N(x, \tau)$ et $N(x, \tau^{(g)})$ sa profondeur (ou niveau) respectivement dans τ et dans $\tau^{(g)}$: $N(x, \tau) = 1 + N(x, \tau^{(g)})$. En sommant sur tous les nœuds de $\tau^{(g)}$, nous voyons que

$$\sum_{x \in \tau^{(g)}} N(x, \tau) = |\tau^{(g)}| + \sum_{x \in \tau^{(g)}} N(x, \tau^{(g)}).$$

Bien évidemment, une formule similaire est valide pour le sous-arbre droit $\tau^{(d)}$; l'équation (4.7) s'obtient ensuite en ajoutant les contributions des sous-arbres gauche et droit. Reportée dans la définition de l_n, elle donne tout d'abord

$$l_n = \sum_{\tau = (\circ, \tau^{(g)}, \tau^{(d)}), |\tau| = n} \left(|\tau^{(g)}| + |\tau^{(d)}| + \mathrm{lc}(\tau^{(g)}) + \mathrm{lc}(\tau^{(d)}) \right)$$

que nous récrivons, $\tau^{(g)}$ et $\tau^{(d)}$ jouant des rôles similaires, en

$$l_n = 2 \sum_{\tau = (\circ, \tau^{(g)}, \tau^{(d)}), |\tau| = n} |\tau^{(g)}| \;\; + 2 \sum_{\tau = (\circ, \tau^{(g)}, \tau^{(d)}), |\tau| = n} \mathrm{lc}(\tau^{(g)}).$$

Décomposons maintenant chacune des deux sommes sur τ suivant la taille du sous-arbre gauche $\tau^{(g)}$. Chaque sous-arbre $\tau^{(g)}$ de taille k apparaît autant de fois qu'il y a de sous-arbres droits $\tau^{(d)}$ de taille pertinente, i.e., de taille $n - 1 - k$, et nous connaissons le nombre de ces sous-arbres droits : c'est C_{n-1-k}. Nous obtenons donc, en sommant cette fois non plus sur τ, mais sur $\tau^{(g)}$, dont la taille k varie de 0 à $n - 1$:

$$l_n = 2 \sum_{k=0}^{n-1} \sum_{|\tau^{(g)}| = k} C_{n-k-1} |\tau^{(g)}| \;\; + 2 \sum_{k=0}^{n-1} \sum_{|\tau^{(g)}| = k} C_{n-k-1} \mathrm{lc}(\tau^{(g)})$$

$$= 2 \sum_{k=0}^{n-1} C_{n-k-1} \sum_{|\tau^{(g)}| = k} |\tau^{(g)}| \;\; + 2 \sum_{k=0}^{n-1} C_{n-k-1} \sum_{|\tau^{(g)}| = k} \mathrm{lc}(\tau^{(g)}),$$

et il suffit de remplacer $|\tau^{(g)}|$ par k dans la première somme puis de voir qu'il y a C_k arbres $\tau^{(g)}$ de taille k, et de remplacer $\sum_{|\tau^{(g)}|=k} \mathrm{lc}(\tau^{(g)})$ par l_k dans la deuxième, pour obtenir la relation de récurrence, valide pour $n \geq 1$:

$$l_n = 2 \sum_{k=0}^{n-1} (k\,C_k + l_k)\,C_{n-k-1}.$$

Pour résoudre cette équation, nous utilisons comme plus haut une fonction génératrice[2] : $L(z) := \sum_{n\geq 0} l_n z^n = \sum_{\tau \in C} \mathrm{lc}(\tau)z^{|\tau|}$. Cette fonction satisfait l'équation linéaire (nous laissons les calculs en exercice)

$$L(z) = 2z^2\,C(z)\,C'(z) + 2z\,L(z)\,C(z). \tag{4.8}$$

Nous obtenons aisément

$$L(z) = \frac{2z^2\,C(z)\,C'(z)}{1 - 2zC(z)}.$$

Puisque $C(z) = (1 - \sqrt{1-4z})/(2z)$, il suffit de calculer $C'(z)$ pour obtenir

$$L(z) = \frac{1}{z} + \frac{1}{1-4z} + \left(1 - \frac{1}{z}\right) \frac{1}{\sqrt{1-4z}}.$$

Comme précédemment pour (4.5), extrayons le coefficient de $\dfrac{1}{\sqrt{1-4z}}$:

$$[z^n]\frac{1}{\sqrt{1-4z}} = \binom{2n}{n}, \tag{4.9}$$

ce qui donne la longueur de cheminement l_n, cumulée sur tous les arbres de taille n :

$$l_n = 4^n + \binom{2n}{n} - \binom{2n+2}{n+1} = 4^n - \frac{3n+1}{n+1}\binom{2n}{n} = 4^n - (3n+1)C_n.$$

Pour trouver la longueur de cheminement moyenne d'un arbre de taille n sous le modèle de Catalan, i.e., dans le cas où tous les arbres de cette taille sont équiprobables, il nous suffit maintenant de diviser cette longueur cumulée l_n par le nombre d'arbres C_n, et nous obtenons la valeur $(4^n/C_n) - (3n+1)$, dont les premiers termes du développement asymptotique sont $n\sqrt{\pi n} - 3n + (9/8)\sqrt{\pi n} - 1 + o(n^{-1/2})$. La profondeur moyenne d'un nœud choisi uniformément dans un arbre

---

[2]Toute personne avisée aura remarqué que, de nouveau, elle peut obtenir directement l'équation sur la fonction génératrice $L(z)$ à partir de la relation (4.7) reliant la longueur de cheminement d'un arbre à celles de ses sous-arbres.

τ_n de taille n est $lc(\tau_n)/n$; ainsi, dans un arbre choisi selon le modèle de Catalan, elle est asymptotiquement égale à $\sqrt{\pi n}$.

Regardons maintenant la variance de la longueur de cheminement, et pour cela utilisons la *fonction génératrice bivariée*

$$\Lambda(u, z) := \sum_{\tau \in C} u^{lc(\tau)} z^{|\tau|},$$

où les variables z et u « marquent » respectivement la taille de l'arbre et sa longueur de cheminement.

En fait, la fonction $\Lambda(u, z)$ encode toute l'information concernant la loi de probabilité de la longueur de cheminement $lc(\tau)$ d'un arbre aléatoire τ sous le modèle de Catalan (cf. la section C.1).

- Remarquons tout d'abord que $\Lambda(1, z) = \sum_{\tau \in C} z^{|\tau|}$ n'est autre que $C(z)$.
- Le nombre d'arbres de taille n ayant une longueur de cheminement égale à k vaut $[u^k z^n]\Lambda(u, z)$; en le divisant par le nombre C_n d'arbres de taille n, que nous pouvons aussi écrire $[z^n]\Lambda(1, z)$, nous obtenons la probabilité qu'un arbre de taille n ait une longueur de cheminement égale à k : c'est

$$\mathbb{P}(lc(\iota) = k \mid |\tau| = n) = \frac{[u^k z^n]\Lambda(u, z)}{[z^n]\Lambda(1, z)}.$$

- La fonction génératrice de probabilité de la longueur de cheminement, condition-née par la taille n, est

$$G_n(u) = \frac{[z^n]\Lambda(u, z)}{[z^n]\Lambda(1, z)}.$$

- La fonction génératrice de la longueur de cheminement cumulée, que nous avons déjà rencontrée plus haut, est

$$L(z) = \frac{\partial \Lambda}{\partial u}(1, z).$$

- La moyenne de la longueur de cheminement sur les arbres de taille n est $G_n'(1)$, soit

$$\mathbb{E}[lc(\tau_n)] = \frac{[z^n]\frac{\partial \Lambda}{\partial u}(1, z)}{[z^n]\Lambda(1, z)}.$$

- La variance de la longueur de cheminement sur les arbres de taille n est $G_n''(1) + G_n'(1) - G_n'(1)^2$, soit

$$\sigma^2[lc(\tau_n)] = \frac{[z^n]\frac{\partial^2 \Lambda}{\partial u^2}(1, z)}{[z^n]\Lambda(1, z)} + \frac{[z^n]\frac{\partial \Lambda}{\partial u}(1, z)}{[z^n]\Lambda(1, z)} - \left(\frac{[z^n]\frac{\partial \Lambda}{\partial u}(1, z)}{[z^n]\Lambda(1, z)}\right)^2.$$

Étudions donc la fonction $\Lambda(u, z)$; nous allons d'abord montrer qu'elle vérifie une équation fonctionnelle, que nous ne pourrons pas résoudre explicitement mais dont nous tirerons cependant les informations nécessaires à notre propos. En écrivant un arbre non vide sous la forme $\tau = (\circ, \tau^{(g)}, \tau^{(d)})$ et en remplaçant, dans la définition de $\Lambda(u, z)$, $|\tau|$ par $1 + |\tau^{(g)}| + |\tau^{(d)}|$ (la taille d'un arbre non vide est égale à 1 + les tailles de ses sous-arbres) et $\mathrm{lc}(\tau)$ par $|\tau^{(g)}| + |\tau^{(d)}| + \mathrm{lc}(\tau^{(g)}) + \mathrm{lc}(\tau^{(d)})$ (c'est la relation (4.7)), nous obtenons successivement

$$
\begin{aligned}
\Lambda(u, z) &= \sum_{\tau \in C} u^{\mathrm{lc}(\tau)} z^{|\tau|} \\
&= 1 + \sum_{\tau = (\circ, \tau^{(g)}, \tau^{(d)})} u^{|\tau^{(g)}| + |\tau^{(d)}| + \mathrm{lc}(\tau^{(g)}) + \mathrm{lc}(\tau^{(d)})} z^{1 + |\tau^{(g)}| + |\tau^{(d)}|} \\
&= 1 + z \sum_{\tau = (\circ, \tau^{(g)}, \tau^{(d)})} u^{\mathrm{lc}(\tau^{(g)}) + \mathrm{lc}(\tau^{(d)})} (uz)^{|\tau^{(g)}| + |\tau^{(d)}|} \\
&= 1 + z \sum_{\tau = (\circ, \tau^{(g)}, \tau^{(d)})} \left(u^{\mathrm{lc}(\tau^{(g)})} (uz)^{|\tau^{(g)}|} \right) \left(u^{\mathrm{lc}(\tau^{(d)})} (uz)^{|\tau^{(d)}|} \right) \\
&= 1 + z \left(\sum_{\tau^{(g)}} u^{\mathrm{lc}(\tau^{(g)})} (uz)^{|\tau^{(g)}|} \right) \left(\sum_{\tau^{(d)}} u^{\mathrm{lc}(\tau^{(d)})} (uz)^{|\tau^{(d)}|} \right).
\end{aligned}
$$

Nous reconnaissons $\Lambda(u, uz)$ dans chacune de ces dernières sommes, d'où

$$
\Lambda(u, z) = 1 + z \, \Lambda(u, uz)^2. \tag{4.10}
$$

Remarque 4.4 En prenant $u = 1$, nous retrouvons l'équation définissant $C(z)$ la fonction génératrice des nombres de Catalan, comme l'on pouvait s'y attendre.

En dérivant l'équation (4.10) par rapport à u puis en substituant 1 à u, nous obtenons

$$
\frac{\partial \Lambda}{\partial u}(1, z) = 2z \Lambda(1, z) \left(\frac{\partial \Lambda}{\partial u}(1, z) + z \frac{\partial \Lambda}{\partial z}(1, z) \right),
$$

qui n'est autre, compte tenu de $\frac{\partial \Lambda}{\partial z}(1, z) = C'(z)$, que l'équation (4.8) satisfaite par la fonction $L(z) = \frac{\partial \Lambda}{\partial u}(1, z)$.

Revenons à la variance : comme nous l'avons vu plus haut, elle s'obtient à partir des coefficients de z^n dans les dérivées $\partial \Lambda / \partial u$ et $\partial^2 \Lambda / \partial u^2$, prises en $u = 1$. Avec $[z^n] \Lambda(1, z) = C_n$ et $[z^n] \partial \Lambda / \partial u(1, z) = l_n$, nous avons en fait

$$
\sigma^2 \left(\mathrm{lc}(\tau_n) \right) = \frac{[z^n] \frac{\partial^2 \Lambda}{\partial u^2}(1, z)}{C_n} + \frac{l_n}{C_n} - \left(\frac{l_n}{C_n} \right)^2, \tag{4.11}
$$

et ce qui nous manque est le coefficient $[z^n]\frac{\partial^2 \Lambda}{\partial u^2}(1, z)$. Nous avons donc à calculer la dérivée seconde $\frac{\partial^2 \Lambda}{\partial u^2}$ et à l'évaluer en $u = 1$; compte tenu de $\frac{\partial^2 \Lambda}{\partial u \partial z}(1, z) = L'(z)$, nous obtenons à partir de (4.10)

$$\frac{\partial^2 \Lambda}{\partial u^2}(1, z) = \frac{2z(L(z) + zC'(z))^2 + 4z^2 C(z)L'(z) + 2z^3 C(z)C''(z)}{1 - 2zC(z)},$$

ce qui donne, en remplaçant les fonctions $C(z)$ et $L(z)$ par leurs valeurs et en simplifiant :

$$\frac{\partial^2 \Lambda}{\partial u^2}(1, z) = \frac{1 - 12z + -z^2}{z(1 - 4z)^2} + \frac{-1 + 14z - 28z^2 - 8z^3}{z(1 - 4z)^{5/2}}$$

$$= \frac{1}{z} + \frac{5}{2(1 - 4z)} - \frac{13}{2(1 - 4z)^2} - \left(\frac{1}{2} + \frac{1}{z}\right)\frac{1}{\sqrt{1 - 4z}}$$

$$+ \frac{4}{(1 - 4z)^{3/2}} + \frac{5}{2(1 - 4z)^{5/2}},$$

la dernière égalité venant de la décomposition des fractions en éléments simples. En prenant le coefficient de z^n dans cette dernière expression nous obtenons, dès que $n \geq 2$,

$$[z^n]\frac{\partial^2 \Lambda}{\partial u^2}(1, z) = \frac{5}{2}[z^n]\frac{1}{1 - 4z} - \frac{13}{2}[z^n]\frac{1}{(1 - 4z)^2} - \frac{1}{2}[z^n]\frac{1}{\sqrt{1 - 4z}} \qquad (4.12)$$

$$- [z^{n+1}]\frac{1}{\sqrt{1 - 4z}} + 4[z^n]\frac{1}{(1 - 4z)^{3/2}} + \frac{5}{2}[z^n]\frac{1}{(1 - 4z)^{5/2}}.$$

$$(4.13)$$

Or les divers coefficients faisant intervenir des racines carrées sont donnés par la formule (4.9), soit pour le premier terme

$$[z^n]\frac{1}{\sqrt{1 - 4z}} = \binom{2n}{n} = \frac{(2n)!}{(n!)^2},$$

et, pour les deux autres, plus généralement par l'application de la formule $[z^n](1 + z)^\alpha = \alpha(\alpha - 1)\ldots(\alpha - n + 1)/n!$, valable pour $\alpha \in \mathbb{R}$ (cf. l'appendice B.3.3) :

$$[z^n]\frac{1}{(1 - 4z)^{3/2}} = \frac{(2n + 1)!}{(n!)^2}; \qquad [z^n]\frac{1}{(1 - 4z)^{5/2}} = \frac{(2n + 3)!}{6n!(n + 1)!}.$$

Finalement :

$$[z^n]\frac{\partial^2\Lambda}{\partial u^2}(1,z) = \frac{5}{2}\,4^n - \frac{13}{2}\,(n+1)\,4^n - \frac{1}{2}\binom{2n}{n} - \binom{2n+2}{n+1}$$

$$+4\,\frac{(2n+1)!}{(n!)^2} + \frac{5}{2}\,\frac{(2n+3)!}{6\,n!\,(n+1)!}$$

$$= \binom{2n}{n}\frac{2(5n+2)(n^2+5n+3)}{3(n+1)} - \left(4+\frac{13n}{2}\right)4^n.$$

En divisant par $C_n = \binom{2n}{n}/(n+1)$,

$$\frac{[z^n]\frac{\partial^2\Lambda}{\partial u^2}(1,z)}{[z^n]\Lambda(1,z)} = \frac{2}{3}\,(5n+2)(n^2+5n+3) - (n+1)\left(4+\frac{13n}{2}\right)\frac{4^n}{\binom{2n}{n}}.$$

En reportant ceci dans l'expression (4.11) et après quelques regroupements, nous obtenons une expression exacte pour la variance :

$$\sigma^2\,(\mathrm{lc}(\tau_n)) = \frac{10}{3}\,n^3 + 9\,n^2 + \frac{23}{3}\,n + 2 - \frac{(n+1)\,(n+2)}{2}\,\frac{4^n}{\binom{2n}{n}} - (n+1)^2\left(\frac{4^n}{\binom{2n}{n}}\right)^2.$$

Il suffit alors d'utiliser la formule de Stirling pour obtenir un développement asymptotique de la variance, que nous donnons ci-dessous avec un terme d'erreur [3] $o(1)$:

$$\sigma^2\,(\mathrm{lc}(\tau_n)) = \frac{10-3\pi}{3}\,n^3 - \frac{\sqrt{\pi}}{2}\,n^2\sqrt{n} + \frac{9(4-\pi)}{4}\,n^2 - \frac{25\sqrt{\pi}}{16}\,n\sqrt{n}$$

$$+\frac{736-147\pi}{96}\,n - \frac{305\sqrt{\pi}}{256}\,\sqrt{n} + 2 - \frac{39}{128}\pi + O\left(\frac{1}{\sqrt{n}}\right).$$

Notons que le terme principal peut aussi s'obtenir par un résultat de Takács [240] sur les équivalents asymptotiques des moments de la longueur de cheminement (qu'il appelle « hauteur totale »). Remarquons aussi que si l'objectif est seulement d'obtenir un développement asymptotique comme celui qui précède, il est possible d'y parvenir directement à partir de (4.12) en développant les fonctions qui y apparaissent.

---

[3]Il n'est en général pas nécessaire d'avoir autant de précision. Notons néanmoins qu'il est possible d'avoir un développement asymptotique complet, c'est-à-dire en allant à un ordre arbitrairement grand.

Le théorème suivant récapitule les résultats obtenus sur le comportement de la longueur de cheminement dans un arbre binaire sous le modèle de Catalan.

Théorème 4.5

i) *Si τ_n est un arbre binaire choisi selon la loi uniforme parmi les arbres de taille n, sa longueur de cheminement moyenne vaut*

$$\mathbb{E}[\mathrm{lc}(\tau_n)] = (4^n/C_n) - (3n+1)$$

$$= n\sqrt{\pi n} - 3n + (9/8)\sqrt{\pi n} - 1 + O\left(\frac{1}{\sqrt{n}}\right).$$

ii) *Sous ce même modèle, la variance de la longueur de cheminement est*

$$\sigma^2\left(\mathrm{lc}(\tau_n)\right) = \frac{10}{3}n^3 + 9n^2 + \frac{23}{3}n + 2 - \frac{(n+1)(n+2)}{2}\frac{4^n}{\binom{2n}{n}} - (n+1)^2\left(\frac{4^n}{\binom{2n}{n}}\right)^2.$$

Elle vaut asymptotiquement

$$\sigma^2\left(\mathrm{lc}(\tau_n)\right) = \frac{10 - 3\pi}{3}n^3 + O\left(n^2\sqrt{n}\right) = 0{,}191740649\ldots n^3 + O\left(n^2\sqrt{n}\right)$$

4.1.3 Paramètres additifs

L'approche que nous avons utilisée pour étudier la longueur de cheminement des arbres binaires s'étend à d'autres paramètres de ces arbres, à condition qu'ils satisfassent une relation de récurrence analogue à la relation (4.7), i.e., de la forme suivante pour une fonction r convenable :

$$v(\tau) = r(\tau) + v(\tau^{(g)}) + v(\tau^{(d)}).$$

Or une telle équation n'est autre que l'équation (1.10), et caractérise ce nous avons appelé dans la section 1.3.2 un *paramètre additif* avec r désignant le péage à la racine ; cf. la définition 1.48 où nous avons défini ce qu'est un paramètre additif associé à une fonction de péage.

Dans la présente section, nous nous penchons sur une manière d'obtenir systématiquement la fonction génératrice $V(z) = \sum_{n\geq 0} v_n z^n$ du paramètre v cumulé sur tous les arbres de taille n : $v_n := \sum_{\tau \in C, |\tau|=n} v(\tau)$. Cette fonction s'écrit aussi $V(z) = \sum_{\tau \in C} v(\tau)z^\tau$, et s'exprime simplement à partir de la fonction génératrice

$R(z)$ de r, le péage à la racine. En effet,

$$V(z) = \sum_{\tau = (\circ, \tau^{(g)}, \tau^{(d)})} \left(r(\tau) + v(\tau^{(g)}) + v(\tau^{(d)}) \right) z^{|\tau|}$$

$$= \sum_{\tau \in C} r(\tau) z^{|\tau|} + 2 \sum_{\tau^{(g)}, \tau^{(d)} \in C} v(\tau^{(g)}) z^{1 + |\tau^{(g)}| + |\tau^{(d)}|}$$

$$= R(z) + 2z V(z) C(z),$$

où $C(z) = \sum_{\tau \in C} z^{|\tau|}$ est, comme précédemment, la fonction génératrice énumérant les arbres binaires. Nous obtenons alors facilement

$$V(z) = \frac{R(z)}{1 - 2z C(z)} = \frac{R(z)}{\sqrt{1 - 4z}},$$

d'où nous tirons la valeur moyenne de v sur les arbres de taille n : c'est simplement $[z^n] V(z) / C_n$. Ceci conduit à la proposition suivante.

Proposition 4.6 *Soit v un paramètre additif associé à la fonction de péage r de fonction génératrice $R(z) = \sum_{\tau \in C} r(\tau) z^{|\tau|}$. Alors, sous le modèle de Catalan, la valeur moyenne de v sur les arbres de taille n vaut*

$$\mathbb{E}[v(\tau_n)] = \frac{1}{C_n} [z^n] \frac{R(z)}{\sqrt{1 - 4z}}.$$

Un des exemples les plus simples de paramètre additif sur un arbre binaire, outre sa taille et sa longueur de cheminement, est le nombre de ses nœuds doubles (définis section 1.1.2), obtenu en prenant comme péage à la racine, dans l'équation (1.10), $r(\tau) = 1$ si les sous-arbres gauche et droit sont non vides, et 0 sinon :

$$R(z) = \sum_{\tau^{(g)}, \tau^{(d)} \neq \emptyset} z^{1 + |\tau^{(g)}| + |\tau^{(d)}|} = z(C(z) - 1)^2.$$

Nous en tirons d'abord que

$$V(z) = \frac{1}{2z \sqrt{1 - 4z}} - \frac{1}{2z} + 1 + \frac{z - 2}{\sqrt{1 - 4z}},$$

puis, en utilisant l'extraction du coefficient de z^n dans $\dfrac{1}{\sqrt{1 - 4z}}$, déjà vue en (4.9), nous obtenons le nombre moyen de nœuds doubles dans un arbre binaire de taille n :

$$\frac{[z^n] V(z)}{C_n} = \frac{(n - 1)(n - 2)}{2(2n - 1)};$$

ce nombre est équivalent à $n/4$ lorsque n tend vers l'infini.

4.2 Familles simples d'arbres

Les résultats que nous avons obtenus sur les arbres binaires sous le modèle de Catalan s'étendent facilement aux familles simples d'arbres définies dans la section 1.2.2. Dans cette section, $\mathcal{F}$ désigne une famille simple d'arbres et S l'ensemble de symboles associé. Chaque symbole est une lettre ℓ couplée à son arité $g(\ell)$. Nous supposons en outre qu'il existe au moins un symbole d'arité 0, de sorte qu'il existe dans $\mathcal{F}$ des arbres finis.

4.2.1 L'exemple des expressions (mathématiques)

Nous avons présenté en section 3.1 les arbres d'expression. Prenons donc les expressions (mathématiques) construites avec une seule variable x, les opérateurs binaires $+$ et $*$ (dans cette section, $*$ désigne le produit), et l'opérateur unaire d'exponentiation exp, ce qui correspond à l'ensemble de symboles (figure 4.3)

$$S = \{(x, 0), (\exp, 1), (+, 2), (*, 2)\}.$$

La marque x est dite « terminale », et les expressions de ce type peuvent s'écrire sous forme de grammaire[4] :

$$\mathcal{F} = \{x\} \mid \exp(\mathcal{F}) \mid \mathcal{F} + \mathcal{F} \mid \mathcal{F} * \mathcal{F}.$$

Cela nous permet d'obtenir la relation suivante sur la fonction génératrice de dénombrement notée F :

$$F(z) := \sum_{e \in \mathcal{F}} z^{|e|} = z + zF(z) + 2zF^2(z), \qquad (4.14)$$

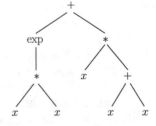

Fig. 4.3 Un arbre de taille 10, représentant l'expression $\exp(x * x) + (x * (x + x))$, où $*$ désigne le produit

---

[4]Le signe | est utilisé ici de la manière traditionnelle en théorie des langages, pour noter le choix entre plusieurs options.

d'où nous tirons

$$F(z) = \frac{1 - z - \sqrt{1 - (2z + 7z^2)}}{4z}$$

$$= 2z + 2z^2 + z^3 + 14z^4 + 42z^5 + 122z^6 + 382z^7 + 1206z^8$$

$$+ 3922z^9 + 12914z^{10} + O\left(z^{11}\right),$$

quand z tend vers 0. Le nombre d'expressions de taille n est $f_n = [z^n]F(z)$; ce nombre satisfait aussi l'équation de récurrence

$$\begin{cases} f_0 = 0; \\ f_1 = 1; \\ f_n = f_{n-1} + 2\sum_{k=0}^{n-1} f_k f_{n-k-1} & (n \geq 2). \end{cases}$$

S'il n'en existe pas de forme close analogue aux nombres de Catalan, nous pouvons cependant écrire f_n comme somme pondérée de coefficients binomiaux, à partir du développement de Taylor de $\sqrt{1 - (2z + 7z^2)}$ autour de 0 (cf. section B.3.3) ; nous obtenons

$$f_n = \frac{1}{2^{n+2}} \sum_{\frac{n+1}{2} \leq m \leq n+1} C_{m-1} \binom{m}{n+1-m} 7^{n+1-m}. \tag{4.15}$$

Cette formule, ou la formule de récurrence donnée plus haut, sont une alternative à la formule de Taylor pour calculer les premières valeurs de la suite (f_n). S'il est facile de calculer un nombre important de valeurs de f_n, il l'est moins d'avoir une idée de leur comportement asymptotique lorsque n tend vers l'infini à partir de ces valeurs numériques : à la différence des calculs que nous avons faits dans les sections précédentes pour énumérer les arbres binaires et obtenir la moyenne ou la variance de leur longueur de cheminement, nous ne pouvons pas obtenir pour f_n une forme comportant un nombre fixe de termes. Cependant, ce qui nous intéresse ici est essentiellement, plus que le nombre exact d'arbres f_n, son comportement asymptotique, et un outil de choix pour cela est le *lemme de transfert* de Flajolet et Odlyzko, que nous rappelons dans l'annexe B.3.6 (l'on pourra aussi se reporter à l'article original de Flajolet et Odlyzko [90] ou aux pages 338 à 392 du livre de Flajolet et Sedgewick [94]).

L'idée fondamentale de ce résultat est de relier le comportement asymptotique des coefficients d'une fonction, supposée analytique dans un voisinage de l'origine, à son comportement autour de ses singularités. Ici, nous sommes dans le cas d'une fonction génératrice de dénombrement, à coefficients tous positifs, et le théorème de Pringsheim (son énoncé est rappelé en section B.3.1) s'applique, de sorte que le rayon de convergence de la série est une singularité principale, dite aussi *dominante*, qui va contribuer au coefficient de z^n dans F.

La fonction $F(z) = (1 - z - \sqrt{1 - 2z - 7z^2})/(4z)$ est bien une fonction analytique en z, et ses deux singularités sont les racines du polynôme $1 - 2z - 7z^2$, soit $\rho_0 = (2\sqrt{2} - 1)/7$ et $\rho_1 = -(2\sqrt{2} + 1)/7$; de plus ρ_0 est la singularité de plus petit module, donc dominante. Sans rentrer dans les détails, tout se passe « comme si », au voisinage de cette singularité principale ρ_0, nous pouvions remplacer $F(z)$, que nous pouvons aussi écrire sous la forme

$$F(z) = \frac{1 - z - \sqrt{(1 - z/\rho_0)(1 - z/\rho_1)}}{4z}$$

par

$$F_1(z) = \frac{1 - \rho_0 - \sqrt{(1 - z/\rho_0)(1 - \rho_0/\rho_1)}}{4\rho_0},$$

c'est-à-dire son développement au voisinage de ρ_0 dans l'échelle $\left(1 - \frac{z}{\rho_0}\right)^\alpha$:

$$F(z) = -\sqrt{1 + \frac{1}{2\sqrt{2}}} \sqrt{1 - \frac{z}{\rho_0}} + O\left(1 - \frac{z}{\rho_0}\right),$$

lorsque z tend vers ρ_0. Le terme principal dans le développement asymptotique du coefficient de z^n dans F vient du terme $\sqrt{1 - z/\rho_0}$, et celui qui vient du terme d'erreur $O\left(1 - \frac{z}{\rho_0}\right)$ donne un terme d'erreur, ce qui n'est en rien évident, mais est rendu rigoureux grâce au lemme de transfert ; nous obtenons alors, pour $n \to +\infty$

$$f_n \sim \frac{\sqrt{1 + \frac{1}{2\sqrt{2}}}}{2n\sqrt{\pi n}} \rho_0^{-n}. \tag{4.16}$$

Remarquons ici que nous aurions déjà pu utiliser le lemme de transfert pour obtenir le comportement asymptotique du nombre d'arbres binaires, ou de leur longueur moyenne de cheminement, si nous n'avions pas été intéressés par les valeurs exactes.

4.2.2 Dénombrement exact

Le dénombrement que nous avons effectué sur l'exemple précédent ne dépend pas d'une propriété particulière de cette famille d'expressions, mais repose sur la définition des familles simples d'arbres, et est donc généralisable à toute famille simple d'arbres. Soit $\mathcal{F}$ une telle famille associée à un ensemble $\mathcal{S}$ de symboles. Soit σ_p le nombre de symboles de $\mathcal{S}$ d'arité p, et soient $S(u) := \sum_p \sigma_p u^p$ et $F(z) := \sum_n f_n z^n$ les fonctions génératrices de dénombrement respectives de $\mathcal{S}$

et $\mathscr{F}$; nous supposons en outre que $S(0) = \sigma_0 \neq 0$. La fonction $F(z)$ vérifie l'équation

$$F(z) = \sigma_0 z + \sigma_1 z F(z) + \ldots + \sigma_p z F(z)^p + \ldots,$$

qui peut s'écrire de manière condensée

$$F(z) = zS(F(z)). \tag{4.17}$$

En d'autres termes, la fonction $F(z)$ est solution d'une équation implicite. Nous pourrons parfois, comme dans le cas des expressions présenté en section 4.2.1, résoudre explicitement l'équation (4.17), ce qui permettra d'obtenir des informations sur les singularités de la fonction F, et donc sur le comportement asymptotique de ses coefficients. Dans d'autres cas, nous utiliserons plutôt la formule de Lagrange (cf. section B.3.5), qui relie les coefficients de F à ceux de S par

$$[z^n]F(z) = \frac{1}{n}[u^{n-1}]S^n(u), \tag{4.18}$$

pour calculer f_n. Enfin, l'équation implicite (4.17) permet d'obtenir directement des résultats sur le comportement asymptotique de f_n. Regardons ce que cela donne sur quelques exemples.

– Reprenons la famille $\mathcal{P}$ des arbres planaires. Pour chaque valeur p de $\mathbb{N}$, il existe exactement un symbole d'arité p dans $\mathcal{S}$, dont la fonction génératrice est donc $S(t) = \sum_{p \geq 0} t^p = (1 - t)^{-1}$. La fonction $P(z)$ énumérant les arbres de $\mathcal{P}$ satisfait l'équation $P(z) = z/(1 - P(z))$, qui peut bien entendu se résoudre directement. Si nous utilisons la formule de Lagrange sur cette équation, nous trouvons

$$[z^n]P(z) = \frac{1}{n}[u^{n-1}]\frac{1}{(1 - u)^n} = \frac{1}{n}\binom{2n - 2}{n - 1} = C_{n-1},$$

ce qui est cohérent avec la bijection présentée en Section 1.1.3 entre les arbres planaires de taille n et les arbres binaires de taille $n - 1$, et était déjà l'objet du corollaire 4.2.

– Comme autre exemple, prenons les *arbres ternaires*, dans lesquels les nœuds internes sont d'arité 3. Nous avons $\mathcal{S} = \{(\square, 0), (\bullet, 3)\}$ et $S(t) = 1 + t^3$, ce qui donne une équation de degré 3 sur F : $F(z) = z + zF(z)^3$. Nous pourrions avec des formules de Cardan écrire une forme close pour F mais ce serait un peu compliqué et inutile : la formule de Lagrange (4.18) donne, pour $n = 3p + 1$ (seules valeurs pour lesquelles le coefficient est non nul)

$$[z^n]F(z) = \frac{1}{3p + 1}[u^{3p}](1 + u^3)^{3p+1} = \frac{1}{3p + 1}\binom{3p + 1}{p}.$$

– Revenons enfin à l'exemple des expressions définies en section 4.2.1 à partir des opérateurs $+$, $*$ et $\exp$; ici $S(u) = 1 + u + 2u^2$, ce qui donne une autre manière d'écrire le coefficient de z^n :

$$f_n = \frac{1}{n}[u^{n-1}](1 + u + 2u^2)^n = \frac{1}{n} \sum_{\frac{n-1}{2} \leq p \leq n-1} \binom{n}{p}\binom{p}{n-1-p}2^{n-1-p}.$$

$$(4.19)$$

4.2.3 Dénombrement asymptotique

Lorsqu'il n'est pas possible d'obtenir une formule close pour f_n, ou lorsque la formule close est compliquée comme dans le dernier exemple ci-dessus, l'équation implicite (4.17) va cependant permettre d'obtenir son équivalent asymptotique ; cf. par exemple Meir et Moon [185]. Posons

$$G(y, z) := y - zS(y);$$

la fonction $F(z)$ est définie comme la solution en y de l'équation $G(y, z) = 0$. Le théorème des fonctions implicites version analytique (cf. section B.3.5), qui s'applique bien puisque $S(0) \neq 0$, nous assure de l'existence et de l'unicité de F, analytique dans un voisinage de 0 ; le théorème de Pringsheim s'applique car les coefficients de F sont positifs ou nuls, et donc le rayon de convergence de la série est une singularité dominante. Cette singularité positive ρ est obtenue lorsqu'il n'est plus possible de résoudre l'équation en y, $G(y, z) = 0$, i.e., lorsque la dérivée $\partial G/\partial y$ s'annule. Notons $\xi = F(\rho)$, de sorte que ρ et ξ sont solutions du système

$$\begin{cases} \xi = \rho S(\xi); \\ 1 = \rho S'(\xi). \end{cases}$$

De ce système, nous déduisons d'abord l'équation en une seule variable

$$\xi S'(\xi) = S(\xi),$$

que nous résolvons sur $\mathbb{R}^+$ et qui nous permet de déterminer la valeur ξ (supposée unique). La première équation du système nous donne alors la valeur de ρ, égale à $\xi/S(\xi)$. Nous allons maintenant écrire l'équation (4.17) sous la forme $z = y/S(y)$, i.e., considérer z comme une fonction de y, que nous développons autour de ξ :

$$z = \rho + (y - \xi)\frac{d}{dy}\left(\frac{y}{S(y)}\right)_{y=\xi} + \frac{1}{2}(y - \xi)^2\frac{d^2}{dy^2}\left(\frac{y}{S(y)}\right)_{y=\xi} + O\left((y - \xi)^3\right).$$

Le coefficient de $(y - \xi)$ vaut $1/S(\xi) - \xi S'(\xi)/S(\xi)^2$, et est donc nul par définition de ξ ; et celui de $(y - \xi)^2$ est égal après simplification à $-\rho S''(\xi)/S(\xi)$, ce qui donne

$$z - \rho = -\frac{\rho S''(\xi)}{2 S(\xi)} (y - \xi)^2 + O\left((y - \xi)^3\right).$$

Nous inversons alors cette égalité, pour obtenir le développement de $y = y(z)$ en fonction de z au voisinage de ρ, où nous gardons provisoirement le terme d'erreur en $y(z) - \xi$:

$$(y(z) - \xi)^2 = -\frac{2 S(\xi)}{\rho S''(\xi)} (z - \rho) + O\left((y(z) - \xi)^3\right).$$

Remarquons que $S''(\xi) > 0$, car le développement en série de S autour de 0 est à coefficients positifs ou nuls, et $S''(\xi) = 0$ entraînerait S fonction linéaire, cas dégénéré que nous évitons (tous les arbres seraient filiformes). Pour les mêmes raisons, $S(\xi) > 0$: en effet, $\xi > 0$ et $S(z)$ est à coefficients dans $\mathbb{N}$, non tous nuls. Ceci implique tout d'abord que $y(z) - \xi$ est d'ordre $(z - \rho)^{\frac{1}{2}}$, et que le terme d'erreur ci-dessus est $O\left((z - \rho)^{\frac{3}{2}}\right)$. En résolvant ensuite l'équation quadratique en y

$$(y - \xi)^2 = -\frac{2 S(\xi)}{\rho S''(\xi)} (z - \rho) + O\left((z - \rho)^{\frac{3}{2}}\right),$$

et en choisissant la racine adéquate, nous obtenons les premiers coefficients :

$$y(z) = \xi - \sqrt{\frac{2 S(\xi)}{S''(\xi)}} \sqrt{1 - z/\rho} + O((z - \rho)^{3/2}). \tag{4.20}$$

Nous avons mis en évidence ici une singularité de type « racine carrée ». Ce type de singularité est relativement « universel » pour les structures arborescentes dès lors que nous avons une relation implicite comme (4.17). Nous rencontrerons la même situation pour l'étude des arbres de Cayley, qui ne sont pourtant pas planaires, en section 4.5.1. Il s'agit ensuite extraire le coefficient d'ordre n dans cette équation. Le lemme de transfert de Flajolet et Odlyzko, que nous avons déjà utilisé plus haut, permet ici de justifier que le coefficient d'ordre n d'une fonction $O\left((z - \rho)^{3/2}\right)$ peut s'écrire $O\left([z^n] (z - \rho)^{3/2}\right)$. En extrayant le coefficient d'ordre n de $\sqrt{1 - z/\rho}$, nous obtenons

$$[z^n]y(z) = \sqrt{\frac{2 S(\xi)}{S''(\xi)}}\, \rho^{-n} \frac{1}{2n\sqrt{\pi n}} + O([z^n] (z - \rho)^{3/2}).$$

Cette étude est résumée dans le théorème suivant.

Théorème 4.7 *Soit une famille simple d'arbres définie par un ensemble de symboles S ayant pour fonction génératrice $S(z)$. Supposons que S ne soit pas linéaire, et que sur le disque ouvert de convergence de S, il existe une unique solution positive de l'équation*

$$\xi S'(\xi) = S(\xi).$$

Alors, le nombre f_n d'arbres de taille n de cette famille vaut asymptotiquement

$$f_n = \sqrt{\frac{S(\xi)}{2\,\pi\,S''(\xi)}}\ \rho^{-n}\ n^{-3/2}\ (1 + O(1/n)),$$

où ξ et ρ sont les uniques éléments de $\mathbb{R}^+$ solutions du système

$$\begin{cases} \rho S(\xi) = \xi \\ \rho S'(\xi) = 1. \end{cases}$$

4.2.1 Paramètres additifs sur les familles simples d'arbres

Les paramètres additifs que nous avons définis en Section 1.3.2 (cf. la définition 1.48) pour des familles générales d'arbres, puis rencontrés sur les arbres binaires sous le modèle de Catalan en section 4.1.3, sont bien entendu pertinents pour les familles simples d'arbres. Soit $\mathcal{F}$ une telle famille, et soit v un paramètre additif associé à r, le péage à la racine ; alors pour tout arbre $\tau \in \mathcal{F}$ nous pouvons écrire

$$v(\tau) = r(\tau) + \sum_{\tau_i \text{ sous-arbre de la racine}} v(\tau_i). \qquad (4.21)$$

Nous venons de consacrer les trois sections précédentes à l'analyse de la fonction de dénombrement $F(z) = \sum_{\tau \in \mathcal{F}} z^{|\tau|}$ associée à une famille simple donnée. Introduisons maintenant la fonction génératrice du paramètre cumulé sur tous les arbres :

$$V(z) := \sum_{\tau \in \mathcal{F}} v(\tau) z^{|\tau|}.$$

Sous le modèle de Catalan – rappelons que tous les arbres de taille donnée sont alors équiprobables – le coût moyen de v sur un arbre aléatoire τ_n de taille n sera

$$\mathbb{E}[v(\tau_n)] = \frac{[z^n]V(z)}{[z^n]F(z)}.$$

L'équation de récurrence (4.21) sur le paramètre $v(\tau)$ se traduit en une équation sur sa fonction génératrice :

$$
\begin{aligned}
V(z) &= \sum_{\tau \in \mathcal{F}} r(\tau) z^{|\tau|} + \sum_{\tau \in \mathcal{F}} \sum_{\tau_i \text{ sous-arbre de la racine}} v(\tau_i) z^{|\tau|} \\
&= R(z) + \sum_{k \geq 0} \sum_{\tau = (\circ, \tau_1, \ldots, \tau_k)} (v(\tau_1) + \cdots + v(\tau_k)) z^{1 + |\tau_1| + \cdots + |\tau_k|} \\
&= R(z) + z \sum_{k \geq 0} k \sum_{\tau = (\circ, \tau_1, \ldots, \tau_k)} v(\tau_1) z^{|\tau_1| + \cdots + |\tau_k|} \\
&= R(z) + z \sum_{k \geq 0} k \, \sigma_k V(z) F(z)^{k-1} \\
&= R(z) + z \, V(z) \, S'(F(z)).
\end{aligned}
$$

Cette dernière équation nous permet d'obtenir

$$
V(z) = \frac{R(z)}{1 - z S'(F(z))},
$$

que nous pouvons aussi écrire uniquement avec la fonction $F(z)$: en dérivant la relation $F(z) = z S(F(z))$, nous obtenons

$$
V(z) = R(z) \frac{z \, F'(z)}{F(z)}.
$$

Au voisinage de $z = \rho$, il suffit maintenant de reporter le développement de $F(z)$ obtenu ci-dessus (cf. l'équation (4.20)) pour obtenir un développement de Taylor de $V(z)$, qui dépend naturellement du comportement de $R(z)$ en ρ. Nous pouvons alors obtenir l'équivalent asymptotique de $[z^n] V(z)$ pour $n \to +\infty$, et donc du coût moyen du paramètre v sur un arbre de taille n ; c'est la proposition suivante.

Proposition 4.8 *Soit $\mathcal{F}$ une famille simple d'arbres définie par un ensemble de symboles $\mathcal{S}$ ayant pour fonction génératrice $S(z)$ et ayant elle-même pour fonction génératrice $F(z)$. Soit v un paramètre additif sur la famille $\mathcal{F}$, défini par l'équation (4.21) et de fonction génératrice cumulée $V(z)$; soit également $R(z)$ la fonction génératrice de r, le péage à la racine. Alors, sous le modèle de Catalan sur les arbres de taille n, la valeur moyenne du paramètre v est*

$$
\mathbb{E}[v(\tau_n)] = \frac{[z^n] R(z) \frac{z \, F'(z)}{F(z)}}{[z^n] F(z)}.
$$

Si nous prenons comme famille simple d'arbres la famille des arbres binaires non vides, leur fonction génératrice est $F(z) = C(z) - 1$ et un calcul simple montre que

$$V(z) = \frac{R(z)}{\sqrt{1 - 4z}},$$

ce qui permet de retrouver la proposition 4.6.

Si maintenant la famille simple considérée est celle des arbres planaires, leur fonction génératrice est $P(z) = z\,C(z)$ et

$$V(z) = \frac{1}{2}\,R(z)\left(1 + \frac{1}{\sqrt{1 - 4z}}\right).$$

Lorsque le paramètre additif considéré est la longueur de cheminement, le péage à la racine est $\mathrm{lc}(\tau) = |\tau| - 1$ et la fonction associée est

$$LC(z) = z\,F'(z) - F(z).$$

D'où le corollaire suivant, qui donne la longueur de cheminement moyenne des arbres planaires.

Corollaire 4.9 *Soit τ_n un arbre planaire choisi selon la loi uniforme parmi les arbres de taille n. Sa longueur de cheminement moyenne vaut $\mathbb{E}[\mathrm{lc}(\tau_n)] = \frac{1}{2}\,n\sqrt{\pi\,n} + O(n)$.*

4.2.5 Un exemple : complexité de la différentiation

Nous montrons ici comment les idées que nous venons d'exposer permettent d'obtenir la complexité moyenne d'un algorithme de différentiation symbolique (cet exemple vient de Flajolet et Steyaert [95]). Nous avons rencontré un exemple d'expressions arithmétiques en section 4.2.1 ; nous le reprenons et calculons la complexité moyenne de la dérivation d'une expression de taille donnée n, construite à partir des symboles x, exp, $+$ et $*$ (dans cette section $*$ désigne le produit) (figure 4.4).

L'algorithme de différentiation prend en entrée une expression f, représentée par un arbre, et calcule l'expression dérivée ∂f, elle aussi représentée par un arbre. La mesure de la complexité de cet algorithme dépend de la taille de l'arbre dérivé, et le paramètre que nous étudions est cette taille $\delta(f) = |\partial f|$. Ce paramètre est additif,

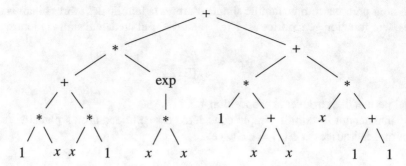

Fig. 4.4 L'arbre de taille 24 représentant l'expression obtenue par dérivation de $\exp(x*x)+(x*(x+x))$, expression qui est représentée dans la figure 4.3

et satisfait les équations de récurrence suivantes, analogues à l'équation (4.21) :

$$\begin{cases} \delta(x) = 1; \\ \delta(\exp(f)) = 2 + |f| + \delta(f); \\ \delta(f+g) = 1 + \delta(f) + \delta(g); \\ \delta(f*g) = 3 + |f| + |g| + \delta(f) + \delta(g). \end{cases}$$

Ces relations résultent simplement des formules classiques

$$\begin{cases} \partial x = 1; \\ \partial \exp(f) = (\partial f) * \exp(f); \\ \partial(f+g) = (\partial f) + (\partial g); \\ \partial(f*g) = (\partial f) * g + f * (\partial g). \end{cases}$$

Soit $D(z) := \sum_{f \in \mathcal{F}} \delta(f) z^{|f|}$; nous pouvons aussi l'écrire, en détaillant les divers types d'expressions, comme

$$\delta(x)\, z^{|x|} + \sum_f \delta\,(\exp(f))\, z^{|\exp(f)|} + \sum_{f,g} \delta(f+g)\, z^{|f+g|} + \sum_{f,g} \delta(f*g)\, z^{|f*g|}.$$

Les équations de récurrence sur le paramètre $\delta(f)$ se traduisent alors sur $D(z)$ en

$$D(z) = z + \sum_f (2 + |f| + \delta(f))\, z^{1+|f|} + \sum_{f,g}(1 + \delta(f) + \delta(g))\, z^{1+|f|+|g|}$$

$$+ \sum_{f,g}(3 + |f| + |g| + \delta(f) + \delta(g))\, z^{1+|f|+|g|}.$$

Nous simplifions ceci, en tenant compte de $\sum_f z^{|f|} = F(z)$ et $\sum_f |f| z^{|f|} = z F'(z)$. Remarquons aussi la symétrie sur f et g dans les sommes doubles, de sorte que

$$D = z + 2zF + z^2 F' + zD + 4zF^2 + 4zFD + 2z^2 FF'.$$

Résolvons pour obtenir

$$D(z) = z \, \frac{1 + 2F(z) + zF'(z) + 4F(z)^2 + 2zF(z)F'(z)}{1 - z - 4zF(z)}.$$

Compte tenu des relations tirées de l'équation $F = z(1 + F + 2F^2)$ (c'est l'équation (4.14)), nous avons

$$F'(z) = \frac{F(z)}{z(1 - z - 4zF(z))} \qquad \text{et} \qquad F^2(z) = \frac{(1 - z)F(z) - z}{2z},$$

ce qui nous permet d'abord d'obtenir

$$D = \frac{2F^2 - z^2}{F(1 - z - 4zF)} - \frac{(1 - z)F - z - z^3}{zF(1 - z - 4zF)},$$

et nous donne après quelques calculs

$$D(z) = \frac{\sqrt{1 - 2z - 7z^2}}{4z} + \frac{3z}{4\sqrt{1 - 2z - 7z^2}} - \frac{1 - 3z - 10z^2}{4z(1 - 2z - 7z^2)}.$$

Au voisinage de la singularité dominante ρ_0, qui est la racine de plus petit module de l'équation $1 - 2z - 7z^2 = 0$ et vaut $\frac{2\sqrt{2} - 1}{7}$, nous avons le développement

$$D(z) = \frac{1 + \sqrt{2}}{8(1 - z/\rho_0)} + O\left((1 - z/\rho_0)^{-1/2}\right),$$

ce qui donne, en appliquant à nouveau le lemme de transfert :

$$[z^n]D(z) \sim \frac{1 + \sqrt{2}}{8} \rho_0^{-n}(1 + o(1)).$$

D'où, en divisant par le nombre d'expressions de taille n, dont la valeur asymptotique est $\frac{\sqrt{1 + \frac{1}{2\sqrt{2}}}}{2n\sqrt{\pi n}} \rho_0^{-n}$ (cf. l'équation (4.16)), la proposition suivante.

Proposition 4.10 *Soit f une expression arithmétique construite sur l'ensemble de symboles $\mathcal{S} = \{(x, 0), (\exp, 1), (+, 2), (*, 2)\}$. Sous le modèle de Catalan, la taille moyenne d'une expression obtenue par dérivation d'une expression de taille n vaut asymptotiquement*

$$\mathbb{E}[\delta(f)] = \frac{3 + \sqrt{2}}{28}\, n^{3/2}(1 + o(1)) = 0,15765\ldots n^{3/2}(1 + o(1)).$$

4.3 Tas

Les tas ont été définis en section 1.2.4 comme des arbres parfaits croissants. Ils peuvent avoir des clés répétées ; cependant, pour les dénombrer puis analyser leur coût algorithmique, nous supposons que les n clés d'un tas de taille n sont toutes *distinctes*. Nous avons vu (cf. Proposition 1.16) que nous pouvons alors nous ramener par marquage canonique au cas où ce sont les entiers $\{1, 2, \ldots, n\}$ (figure 4.5).

La première étape vers un dénombrement des tas de taille donnée n passe par l'étude des tailles des différents sous-arbres d'un arbre parfait de taille n ; dans un deuxième temps nous utilisons le dénombrement des arbres croissants par la formule d'équerre de la section 1.2.4, pour obtenir une formule exacte donnant le nombre de tas de taille n. Tout ceci fait l'objet de la section 4.3.1, puis nous passons à l'étude asymptotique de ce nombre en section 4.3.2, avant de nous tourner brièvement vers les coûts des opérations sur les tas en section 4.3.3.

4.3.1 Nombre de tas de taille donnée

Dans l'étude qui suit, certains nœuds d'un arbre parfait, dits *spéciaux* [156, pp. 152–153], jouent un rôle particulier : il s'agit de ceux qui sont sur le chemin de la racine

Fig. 4.5 Un exemple de tas construit sur les clés $\{1, \ldots, 9\}$

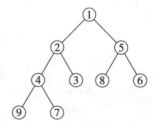

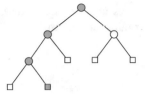

Fig. 4.6   Un arbre parfait de hauteur 3 et de taille 9, et ses nœuds spéciaux en vert

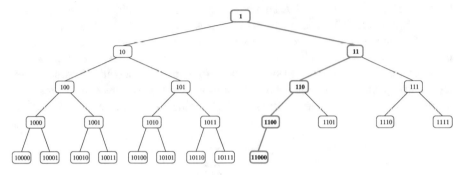

Fig. 4.7   Numérotation des nœuds d'un arbre parfait en ordre hiérarchique ; les nœuds spéciaux sont indiqués en vert

à la « dernière » feuille, i.e., à la feuille la plus à droite du dernier niveau.[5] Dans un arbre saturé (cf. la définition 1.26), les nœuds spéciaux sont ceux du bord droit de l'arbre. Dans l'exemple d'un arbre parfait de taille 9 donné en figure 4.6, ils sont indiqués en bleu.

Soit donc un arbre parfait de taille n, et considérons la numérotation des nœuds de l'arbre en ordre hiérarchique (cf. la section A.1.3 pour la définition), en commençant à 1, et en écrivant chaque numéro en binaire.

Nous donnons dans la figure 4.7 un exemple pour une taille $n = 24$, dont l'écriture binaire[6] est $(24)_2 = 11000$. Remarquons que la numérotation d'un nœud est préfixe de celles de ses descendants et que, si on enlève le préfixe 1 aux rangs des nœuds, on retrouve le numérotage canonique de la section 1.1.1.

Dans toute cette section, nous posons $L = \lfloor \log_2 n \rfloor$.

Posons $(n)_2 = \sum_{0 \leq k \leq L} 2^k b_k$ avec, pour tout k, $b_k \in \{0, 1\}$: les bits b_k de l'écriture binaire de n se calculent par exemple de proche en proche, par $b_L = 1$, puis pour $k < L$,

$$b_k = \lfloor \frac{n - \sum_{k < \ell \leq L} 2^{\ell-k} b_\ell}{2^k} \rfloor.$$

---

[5]Il s'agit effectivement du dernier nœud pour l'ordre hiérarchique défini en section A.1.3.
[6]$(n)_2$ désigne la représentation binaire de l'entier n.

Les nœuds spéciaux (ce sont les ancêtres de la dernière feuille de l'arbre selon l'ordre hiérarchique) ont pour rangs les valeurs

$$[\frac{n}{2^k}] = \sum_{\ell=k}^{L} 2^{\ell-k} b_\ell$$

où k varie de 0 à L ; ils sont donc numérotés par des préfixes de la représentation binaire de n. Dans la figure 4.7, les nœuds spéciaux sont indiqués en vert ; ils ont pour rangs[7] 1, 11, 110, 1100 et 11000 qui correspond à la dernière feuille.

A chaque niveau, le nœud spécial qui s'y trouve partitionne l'ensemble des nœuds, en nœuds « de gauche » (avant le nœud spécial) et nœuds « de droite ».

Nous appelons naturellement **sous-arbres spéciaux** les sous-arbres enracinés en les nœuds spéciaux. Remarquons que ce sont les seuls, parmi les sous-arbres d'un arbre parfait, qui puissent ne pas être saturés. La taille du sous-arbre spécial enraciné au niveau p est

$$s_p = 2^{L-p} + \sum_{0 \le k < L-p} 2^k b_k.$$

En particulier, $s_0 = n$ et $s_L = 1$; cf. Knuth [156, p. 153]. Nous rassemblons tous ces résultats dans la proposition suivante.

Proposition 4.11 *Soit $n = 2^L + j$ avec $L = [\log_2 n]$ et $j \in \{0, \dots, 2^L - 1\}$. Dans un arbre parfait de taille n :*

(i) *Au niveau p $(0 \le p \le L)$ le nœud spécial a pour rang $r_p = ([\frac{n}{2^{L-p}}])_2 = \sum_{k=0}^{p} 2^k b_{L-p+k}$; les nœuds de gauche ont pour rang une valeur de l'intervalle $[2^p .. r_p - 1]$, et les nœuds de droite une valeur de l'intervalle $[r_p + 1 .. 2^{p+1} - 1]$ (au dernier niveau, cet intervalle est vide).*

(ii) *Les tailles des sous-arbres spéciaux sont toutes différentes ; la taille du sous-arbre spécial ayant sa racine au niveau p est*

$$s_p = 2^{L-p} + \sum_{0 \le k < L-p} 2^k b_k = n + 2^{L-p} \left(1 - [\frac{n}{2^{L-p}}]\right).$$

(iii) *Les sous-arbres non spéciaux sont saturés et leur taille vaut $2^k - 1$ pour $0 \le k < L$. Le nombre v_k de sous-arbres saturés de taille $2^k - 1$ est*

$$v_k = \lfloor \frac{n}{2^{k-1}} \rfloor - \lfloor \frac{n}{2^k} \rfloor - 1 = \lfloor \frac{n - 2^{k-1}}{2^k} \rfloor.$$

---

[7]Ici « rang » signifie rang dans la numérotation en ordre hiérarchique, en commençant à 1, et en binaire.

Nous pouvons maintenant obtenir une expression du nombre de tas de taille n, en injectant dans la formule d'équerre de la Proposition 1.25, qui s'applique aux arbres croissants, le nombre de sous-arbres de taille donnée d'un arbre parfait, qui vient de la Proposition 4.11 ; c'est la proposition suivante.

Proposition 4.12 *Le nombre de tas de taille n est, en posant $L = \lfloor \log_2 n \rfloor$,*

$$t_n = \frac{n!}{\prod_{k=1}^{L} \left(2^k - 1\right)^{\lfloor \frac{n}{2^k} - \frac{1}{2} \rfloor} \cdot \left(n + 2^k - 2^k \lfloor \frac{n}{2^{kp}} \rfloor\right)}. \tag{4.22}$$

Cette expression, qui permet de calculer explicitement le nombre de tas de taille donnée, est cependant quelque peu difficile à exploiter numériquement, et ne permet guère de voir comment ce nombre évolue lorsque la taille croît. Nous allons repousser son étude asymptotique à la section 4.3.2, et chercher d'abord des expressions alternatives se prêtant mieux à des calculs numériques ou à l'évaluation asymptotique, au moins dans des cas particuliers. Prenons d'abord le cas simple où le tas est de taille $n = 2^{k+1} - 1$: l'arbre binaire sous-jacent est saturé et les sous-arbres de la racine sont donc tous deux de taille $2^k - 1$. Nous avons

$$t_{2^{k+1}-1} = \binom{2^{k+1} - 2}{2^k - 1} \left(t_{2^k-1}\right)^2. \tag{4.23}$$

Cette récurrence nous permet tout d'abord de calculer numériquement les premières valeurs de la suite $(t_{2^{k+1}-1})_{k \geq 0}$: $t_1 = 1$, $t_3 = 2$, $t_7 = 80$, $t_{15} = 21964800$, $t_{31} = 74836825861835980800000$, etc. En résolvant la relation de récurrence (4.23), nous pouvons montrer (cf. exercice 4.15, section 4.6) que

$$t_{2^{k+1}-1} = \frac{(2^{k+1} - 1)!}{\prod_{i=1}^{k+1}(2^i - 1)^{2^{k+1-i}}}.$$

Essayons maintenant de calculer $t_{2^{k+1}-2}$. Nous établissons de même une relation de récurrence analogue à (4.23) :

$$t_{2^{k+1}-2} = \binom{2^{k+1} - 3}{2^k - 1} t_{2^k-1}\, t_{2^k-2}.$$

Ceci nous donne d'abord les premières valeurs numériques $t_2 = 1$, $t_6 = 20$, $t_{14} = 2745600$, $t_{30} = 4677301616364748800000$. On obtient ensuite, là aussi, une expression explicite (cf. exercice 4.16, section 4.6) :

$$t_{2^{k+1}-2} = \frac{(2^k - 1)\,(2^{k+1} - 3)!}{2^{k-1} \prod_{i=1}^{k}(2^i - 1)^{2^{k+1-i}}}.$$

Il apparaît clairement que cette manière de faire, si elle peut permettre d'obtenir une expression close pour certaines tailles de termes, par exemple $t_{2^{k+1}\pm j}$ pour j fixé et « petit », ne sera guère généralisable et ne permettra sans doute pas d'obtenir t_n pour n quelconque. Nous allons maintenant, en suivant une approche due à Hwang et Steyaert [138], reprendre l'expression de t_n donnée par la formule (4.22) et en tirer d'abord une relation de récurrence, ce qui nous permettra dans un second temps (cf. la section 4.3.2) d'obtenir son comportement asymptotique.

Établissons une récurrence sur la taille d'un tas : il est clair que les tailles de la forme $2^k - 1$, qui correspondent à des arbres saturés, jouent un rôle particulier. Nous écrivons n sous la forme

$$n = 2^L + j \qquad \text{avec} \qquad L = \lfloor \log_2 n \rfloor; \qquad 0 \le j \le 2^L - 1.$$

Nous pouvons alors obtenir une récurrence multiplicative sur les t_n :

- Si $0 \le j \le 2^{L-1} - 1$, le sous-tas de droite est plein et de taille $2^{L-1} - 1$, celui de gauche est de taille $2^{L-1} + j < 2^L$, et

$$t_{2^L+j} = \binom{2^L + j - 1}{2^{L-1} - 1} t_{2^{L-1}-1}\, t_{2^{L-1}+j}.$$

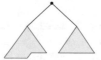

- Si $2^{L-1} \le j \le 2^L - 1$, alors c'est le sous-tas de gauche qui est plein, de taille $2^L - 1$, et le sous-tas de droite est de taille j, d'où

$$t_{2^L+j} = \binom{2^L + j - 1}{2^L - 1} t_j\, t_{2^L-1}.$$

Nous avons maintenant un outil pour calculer numériquement, et relativement facilement, les premières valeurs de t_n ; cf. la table de la figure 4.8.

Fig. 4.8 Nombre t_n de tas de taille donnée $n \le 15$

n	1	2	3	4	5	6	7	8	9	10
t_n	1	1	2	3	8	20	80	210	896	3360

n	11	12	13	14	15
t_n	19200	79200	506880	2745600	21964800

4.3.2 Dénombrement asymptotique des tas

D'après la formule d'équerre appliquée aux tas (4.22), nous savons que $n!/t_n$ est un entier. Posons

$$f_n = \log(n!/t_n).$$

A partir de la récurrence multiplicative sur les t_n, nous obtenons tout d'abord une récurrence additive sur les f_n, qui prend deux formes différentes suivant que $j = n - 2^L$ est plus petit, ou au contraire plus grand, que 2^{L-1} :

$$f_{2^L+j} = \begin{cases} \log(2^L + j) + f_{2^{L-1}-1} + f_{2^{L-1}+j} & (0 \le j \le 2^{L-1} - 1); \\ \log(2^L + j) + f_{2^L-1} + f_L & (2^{L-1} \le j \le 2^L - 1). \end{cases}$$

Remarquons que les termes $f_{2^{L-1}+j}$ et f_j (à l'exception de f_{2^L-1} lorsque $n = 2^{L+1} - 1$) correspondent à des sous-arbres spéciaux (définis en 4.3.1), et que tous les autres termes correspondent à des sous-arbres dont la forme est un arbre saturé.

Appliquons maintenant la formule (4.22) à un tas construit sur l'arbre parfait τ de taille n, et réécrivons-la en

$$t_n = \frac{n!}{\prod_{k=1}^L \left(2^k - 1\right)^{v_k} \cdot \prod_{p=0}^{L-1} s_p},$$

où v_k (nombre de sous-arbres saturés de τ de taille $2^k - 1$) et s_p (tailles, toutes différentes, des sous-arbres spéciaux de τ) sont donnés par la proposition 4.11. Nous la transformons facilement en

$$f_n = \log \frac{n!}{t_n} = S_1 + S_2,$$

avec

$$S_1 = \sum_{k=1}^L \log(2^k - 1)\, v_k; \qquad S_2 = \sum_{p=0}^{L-1} \log s_p.$$

Nous allons étudier séparément chacune des deux sommes. Dans ce qui suit, $\{x\}$ désigne la partie fractionnaire d'un réel x.

(i) La contribution principale viendra de S_1 : nous réécrivons d'abord

$$v_k = \frac{n}{2^k} - \left\{\frac{n}{2^{k-1}}\right\} + \left\{\frac{n}{2^k}\right\} - 1.$$

Posons

$$u_k = \log(2^k - 1);$$

nous obtenons

$$S_1 = \sum_{k=1}^{L} u_k\, v_k = n \sum_{k=1}^{L} \frac{u_k}{2^k} - \sum_{k=1}^{L} \left(1 + \left\{\frac{n}{2^{k-1}}\right\} - \left\{\frac{n}{2^k}\right\}\right) u_k. \qquad (4.24)$$

Notons que $u_1 = 0$ et que $u_k \le k$ pour $k \ge 2$. Ceci nous permet de voir que la somme $\sum_{k=1}^{L} \frac{u_k}{2^k}$ converge vers une constante lorsque n, et donc L, tend vers l'infini. Soit

$$c := \sum_{k \ge 2} \frac{u_k}{2^k} = \sum_{k \ge 2} \frac{\log(2^k - 1)}{2^k} = 0,9457553022\ldots$$

La somme $\sum_{k=1}^{L} \frac{u_k}{2^k}$ vaut alors $c - \sum_{k>L} \frac{u_k}{2^k}$, et $\sum_{k>L} \frac{u_k}{2^k} \le \sum_{k>L} \frac{k}{2^k} = \frac{L+2}{2^L} = O(\log n / n)$, ce qui montre que $\sum_{k=1}^{L} \frac{u_k}{2^k} = c + O(\log n / n)$.

Pour traiter la deuxième somme du membre droit de (4.24), nous remarquons que $0 \le 1 + \left\{\frac{n}{2^{k-1}}\right\} - \left\{\frac{n}{2^k}\right\} \le 2$, ce qui permet de montrer que cette somme est bornée par $2 \sum_{k \le L} u_k$, et donne une contribution asymptotiquement négligeable pour $n \to +\infty$: en effet,

$$\sum_{k \le L} u_k \le \sum_{k \le L} k = O(L^2) = O(\log^2 n).$$

En regroupant le tout, nous arrivons à $S_1 = c\,n + O(\log^2 n)$ quand $n \to +\infty$.

(ii) Tournons-nous maintenant vers S_2 : chaque nombre s_p est la taille du sous-arbre spécial enraciné au niveau p, au plus égale à $2^{L-p+1} - 1$, et donc

$$\log s_p \le \log(2^{L-p+1} - 1) = u_{L-p+1}.$$

Nous avons donc une majoration pour S_2 :

$$S_2 = \sum_{p=0}^{L-1} \log s_p \le \sum_{p=0}^{L-1} u_{L-p+1} = \sum_{q=2}^{L+1} u_q = O(\log^2 n),$$

par le même raisonnement que ci-dessus, lorsque $n \to +\infty$.

En rassemblant le tout, nous obtenons la proposition suivante.

Proposition 4.13 *Lorsque* $n \to +\infty$, *le nombre* $f_n = \log(n!/t_n)$, *où* t_n *est le nombre de tas de taille* n, *est tel que*

$$f_n = cn + O(\log^2 n),$$

avec $c = \sum_{k \geq 1} \frac{\log(2^k - 1)}{2^k} = 0,9457553022\ldots$

Cette proposition, couplée à la formule de Stirling pour $n!$, entraîne lorsque $n \to +\infty$ que

$$\log t_n = n \log n - (c+1)n + O(\log^2 n),$$

ce qui ne fournit cependant pas un équivalent asymptotique de t_n : le terme d'erreur est d'ordre $n^{\log n}$. Il faut donc affiner l'approche ci-dessus pour obtenir le résultat suivant (cf. [138]).

Théorème 4.14 *Le nombre de tas de taille* n *vaut asymptotiquement, pour* $n \to +\infty$,

$$t_n = \lambda \, P(\log_2 n) \, R(n) \, n^{n+3/2} \, e^{-\mu n} \left(1 + O\left(\frac{1}{n}\right)\right),$$

où les constantes λ *et* μ *valent respectivement*

$$\lambda = 2\sqrt{2\pi} \prod_{j \geq 1} (1 - 2^{-j}) = 1,447768809\ldots$$

$$\mu = 1 + 2\log 2 + \sum_{j \geq 1} 2^{-j} \log(1 - 2^{-j}) = 1,945755302\ldots$$

et où, $\{r\}$ *désignant la partie fractionnaire du réel* r :

$$P(r) = 2^{2^{\{r\}} - \{r\}} \prod_{0 \leq j \leq r} \frac{2^{\{2^{r-j}\}}}{1 + \{2^{r-j}\}};$$

$$R(n) = \prod_{j=1}^{L} \left(\frac{1 - 2^{-j-1}}{1 - 2^{-j}}\right)^{\{n/2^j\}}.$$

La démonstration de ce théorème, bien que ne faisant appel qu'à des notions mathématiques relativement élémentaires, est techniquement compliquée, et nous renvoyons au problème 4.17 de la Section 4.6, pour quelques indications.

Nous donnons ci-dessous quelques propriétés des fonctions P et R (cf. [138]). Rappelons que $L = \lfloor \log_2 n \rfloor$.

Proposition 4.15

1. *La fonction $R(n)$ est oscillante (cf. la figure 4.9) et bornée :*

$$1 \le R(n) \le e^{-\sum_{j \ge 1} 2^{-j} \log(1 - 2^{-j})} = 1{,}553544445\ldots$$

2. *La fonction P peut alternativement être définie par*

$$P(\log_2 n) = 2^{V(n) - \{\log_2 n\} - \omega(n)/\log 2},$$

où les fonctions V et ω sont données par

$$\begin{cases} V(n) = \sum_{0 \le j \le L} \lfloor \frac{n}{2^j} \rfloor; \\ \omega(n) = \sum_{0 \le j \le L} \log(1 + \left\{ \frac{n}{2^j} \right\}). \end{cases}$$

La fonction $V(n)$ est le nombre de 1 dans la représentation binaire de n (cf. la figure 4.10) ; la fonction $\omega(n)$ varie de manière analogue à $V(n)$ et est bornée par un terme d'ordre $\log n$; sa variation est représentée dans la figure 4.11.

3. *(Bornes sur P) $P(\log_2 n)$ atteint sa valeur maximale lorsque n est une puissance de 2, et vaut alors 2.*
   Dans le cas général,

$$P(\log_2 n) \ge 2^{-\{\log_2 n\} + d v(n)}$$

avec $d = 1 - \frac{1}{\log 2} \sum_{j \ge 1} \log_2(1 + 2^{-j}) = -0{,}253524036\ldots$ Cf. la figure 4.12.

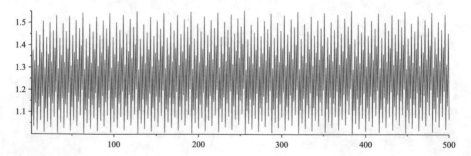

Fig. 4.9 La fonction $R(n)$

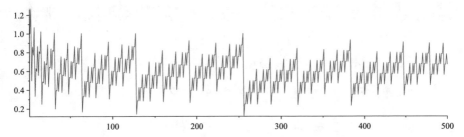

Fig. 4.10 La fonction $V(n)$, égale au nombre de 1 dans la représentation binaire de n, et normalisée en divisant par $\log_2(n)$

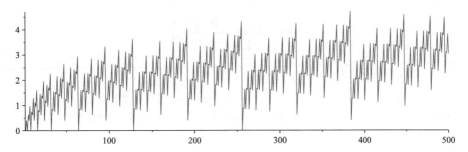

Fig. 4.11 La fonction $\omega(n)$, normalisée en divisant par $\log_2(n)$

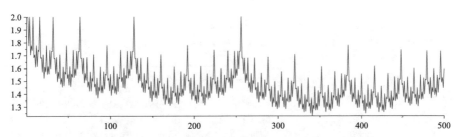

Fig. 4.12 Les valeurs de $P(\log_2(n))$, normalisées en divisant par $\log_2(n)$

4.3.3 Complexité des opérations sur un tas

Nous nous intéressons prioritairement ici à l'algorithme de Floyd, qui construit un tas en connaissant dès le départ toutes les clés, et nous choisissons comme mesure de sa performance le nombre d'échanges de clés $\xi(\tau)$ nécessaires pour obtenir un tas à partir d'un arbre parfait τ. Le modèle aléatoire retenu pour analyser cet algorithme suppose une loi uniforme sur $\mathfrak{S}_n$, n étant le nombre de clés.

Proposition 4.16 *Le nombre moyen d'échanges effectués lors de la construction d'un tas par l'algorithme de Floyd appliqué à un arbre parfait de taille n, lorsque*

toutes les permutations d'entrée sont équiprobables, vaut asymptotiquement lorsque
$n \to +\infty$

$$\mathbb{E}[\xi] = c_1\, n - \lfloor \log_2 n \rfloor - V(n) + \omega_1(n) + O(1),$$

où la fonction $V(n)$ est définie dans la proposition 4.15, où

$$c_1 = -2 + \sum_{j \geq 1} \frac{j}{2^j - 1} = 0,744033\ldots$$

et où

$$\omega_1(n) = \sum_{j=0}^{L} \frac{\{n/2^j\}}{1 + \{n/2^j\}}$$

est d'ordre $O(\log n)$ lorsque $n \to +\infty$.

Ce résultat s'obtient par les mêmes techniques que celles employées pour énumérer les tas ; quelques indications sur sa démonstration se trouvent dans le problème 4.18.

Il est possible d'obtenir la variance du nombre d'échanges, et la convergence de ce nombre vers une loi limite gaussienne ; nous renvoyons à Hwang et Steyaert [138] pour les détails.

Il y a en fait deux mesures de performances naturelles sur les tas : le nombre ξ d'échanges et le nombre η de comparaisons. Le nombre de comparaisons se comporte comme le nombre d'échanges ; le lecteur curieux pourra se reporter à l'article de Doberkat [65], dont nous tirons

$$\mathbb{E}[\eta] = 1,881372624\ldots n + O(\log^2 n).$$

Les tas, utilisés comme files de priorité, permettent d'obtenir la plus petite clé d'un ensemble : cette clé se trouve à la racine. Dans la plupart des cas, cette plus petite clé va être ôtée du tas, qu'il faut alors reconstruire ; se pose alors la question du coût de l'algorithme de suppression du minimum et reconstruction du tas ; un tel algorithme est donné en section A.6.3. Supposons toujours que tous les tas de taille n suivent une loi uniforme. La proposition suivante est due à Doberkat [64], qui étudie les nombres d'échanges et de comparaisons pour reconstruire un tas après suppression du minimum, dans le cas particulier où la taille initiale est une puissance de 2.

(tsvp)

Proposition 4.17 *Sous le modèle où tous les tas de même taille sont équiprobables, et lorsque* $n = 2^L$, *les valeurs moyennes du nombre d'échanges* ξ *et du nombre de comparaisons* η *pour reconstruire un tas après suppression de son minimum valent asymptotiquement, pour* $n \to +\infty$,

$$\mathbb{E}[\xi] = L - 1 + o(1);$$
$$\mathbb{E}[\eta] = 2L - 1 + o(1).$$

Le comportement plus fin de η et ξ, ainsi que leur étude lorsque n n'est pas une puissance de 2, semblent être des problèmes ouverts.

Nous l'avons vu en section 2.2.2, il existe deux lois sur l'ensemble des tas de taille fixée, qui peuvent être associées aux deux algorithmes classiques de construction d'un tas : soit toutes les clés sont connues dès le départ, le tas est construit avec l'algorithme de Floyd, et les tas de taille n sont alors équiprobables (c'est le cas que nous avons traité au début de cette section) ; soit les clés sont ajoutées une par une avec l'algorithme de Williams, et si nous supposons que les clés de 1 à n arrivent selon une permutation choisie uniformément dans $\mathfrak{S}_n$, la loi P_W sur l'ensemble des tas de taille n n'est plus uniforme (cf. la section 2.2.2). C'est ce dernier cas que nous abordons maintenant.

Lorsque l'algorithme de Williams est utilisé pour construire le tas par insertions successives des clés, le coût global de construction est donné par le résultat suivant, dû à Hayward et McDiarmid [127, Th. 1.3] (cf. aussi Bollobas et Simon [30] et Frieze [110]).

Proposition 4.18 *En supposant tous les tas de même taille* n *équiprobables, les nombres d'échanges* ξ *et de comparaisons* η, *effectués par l'algorithme de Williams de la section A.6.3 pour construire un tas de taille* n, *sont tels que, lorsque* $n \to +\infty$,

$$\frac{\mathbb{E}[\xi]}{n} \to w \qquad et \qquad \frac{\mathbb{E}[\eta]}{n} \to 1 + w,$$

où w *est une constante comprise entre 1,2778... et 1,2994... De plus, pour tout* $\varepsilon > 0$,

$$\mathbb{P}\left(\left|\frac{\mathbb{E}[\xi]}{n} - w\right| > \varepsilon\right) = o\left(e^{-\frac{n}{\log^4 n}}\right).$$

4.4 Arbres équilibrés

Dans cette section, nous nous intéressons aux arbres équilibrés (arbres 2–3 et arbres-B) d'un point de vue combinatoire. Ces arbres sont marqués, et nous nous posons des questions telles que dénombrer les arbres avec un nombre donné de clés ou de nœuds, ou les arbres de hauteur donnée, y compris lorsque les nœuds diffèrent suivant le nombre de clés qu'ils contiennent. Ce qui importe ici est lié à la simple existence des clés, i.e., au fait que les arbres soient marqués. Le comportement de ces arbres, *en tant qu'arbres de recherche,* sera étudié dans le chapitre 9 en mettant l'accent sur le fait qu'il y a plusieurs types de feuilles, car les nœuds diffèrent suivant le nombre de clés qu'ils contiennent.

Nous étudions en section 4.4.1 les arbres 2–3 du point de vue de leur hauteur, en en donnant un encadrement puis en considérant le nombre d'arbres de hauteur donnée. La question de dénombrer les arbres 2–3 contenant n clés, sans restriction sur leur hauteur, est nettement plus complexe et nous ne l'abordons que brièvement à la fin de cette section. Nous passons ensuite en section 4.4.2 aux arbres–B, pour lesquels nous donnons également un encadrement de la hauteur et le nombre d'arbres de hauteur donnée.

4.4.1 Arbres 2–3

Nous donnons d'abord un encadrement de la hauteur h d'un arbre 2–3 en fonction du nombre n de clés qu'il contient. La hauteur est la profondeur d'une feuille (les feuilles sont ici toutes à la même profondeur). Rappelons qu'un arbre réduit à sa racine est de hauteur 0.

Hauteur des arbres 2–3

À hauteur donnée, deux types d'arbres donnent, le premier un nombre de clés minimal, le second un nombre de clés maximal. Regardons d'abord les arbres 2–3 de nombre de clés minimal pour une hauteur donnée. Un tel arbre a exactement une clé dans chaque nœud, et sa forme est celle d'un arbre binaire saturé (cf. définition 1.26). Un arbre saturé de hauteur h a $2^{h+1} - 1$ nœuds contenant chacun une seule clé (figure 4.13).

De même, dans un arbre de hauteur h et dont le nombre de clés est maximal, il y a 3^{ℓ} nœuds à chaque niveau ℓ. Le nombre total de nœuds dans un arbre de hauteur h est $\frac{3^{h+1}-1}{2}$. Chacun des nœuds a deux clés ; le nombre de clés d'un tel arbre est donc $n = 3^{h+1} - 1$. D'où un encadrement de n en fonction de h puis, en l'inversant, un nouvel encadrement, cette fois de h en fonction de n. Nous résumons ces résultats dans le théorème suivant.

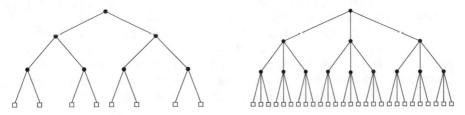

Fig. 4.13 Les deux formes d'arbres 2–3 de hauteur $h = 3$ (les feuilles sont donc à profondeur 3) et avec les nombres minimal et maximal de nœuds

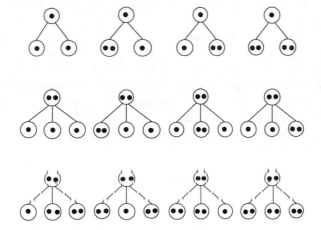

Fig. 4.14 Les 12 arbres 2–3 de recherche (marqués) de hauteur 1. Nous indiquons par des • les clés présentes dans chaque nœud

Théorème 4.19

i) Le nombre n de clés pouvant être stockées dans un arbre 2–3 de hauteur h est tel que

$$2^{h+1} - 1 \leq n \leq 3^{h+1} - 1.$$

ii) Soit τ un arbre 2–3 contenant n clés ; sa hauteur $h(\tau)$ vérifie

$$\log_3(n + 1) \leq h(\tau) + 1 \leq \log_2(n + 1).$$

Nombre d'arbres 2–3 de hauteur fixée

Nous allons maintenant compter le nombre d'arbres 2–3 de hauteur donnée, en suivant une approche due à Reingold [220] (figure 4.14).

Soit a_h le nombre d'arbres 2–3 de recherche de hauteur h, ou plus exactement le nombre de marquages canoniques de ces arbres[8] ; établissons une relation de récurrence sur ce nombre. Il y a deux arbres avec un seul nœud interne – ce nœud peut avoir deux ou trois enfants, qui sont ici des feuilles – et donc $a_0 = 2$. Plus généralement, en considérant les deux possibilités pour la racine : elle a deux ou trois enfants, nous voyons que la suite (a_h) satisfait la récurrence

$$a_{h+1} = a_h^2 + a_h^3.$$

Cette suite a une croissance extrêmement rapide en h : il y a 2 arbres de hauteur 0, 12 arbres de hauteur 1, 1872 arbres de hauteur 2, 6 563 711 232 arbres de hauteur 3, et plus de $28\,10^{28}$ arbres de hauteur 4. De manière inattendue (cf. la suite **A125295** de [200]) c'est aussi le nombre de façons de résoudre le problème des tours de Hanoï avec $h + 1$ disques « sans boucler », i.e., sans repasser par un état déjà rencontré : la récurrence est identique. En fait, il s'avère qu'un arbre 2–3 de hauteur h code bijectivement une suite de mouvements permettant une résolution du problème à h disques ; nous donnons des indications sur ce codage et sur ce que nous pouvons en déduire sur la complexité moyenne d'une stratégie de résolution dans le problème 4.19.

La suite des a_h a une croissance doublement exponentielle – même si ce n'est pas une suite « doublement exponentielle » au sens que Aho et Sloane donnent à ce mot [2].[9] Si nous regardons de plus près la récurrence satisfaite par les a_h, nous pouvons tout d'abord vérifier aisément, en prenant la suite $(x_h)_{h \geq 0}$ définie par $x_0 = 2, x_{h+1} = x_h^3$, qui minore la suite $(a_h)_{h \geq 0}$, que $a_h > 2^{3^h}$. Posons ensuite $v_h = a_h^{1/3^h}$; nous avons

$$\frac{v_{h+1}}{v_h} = \left(1 + \frac{1}{a_h}\right)^{\frac{1}{3^{h+1}}}.$$

Par conséquent, avec $v_0 = a_0 = 2$,

$$v_h = v_0 \prod_{\ell=0}^{h-1} \left(1 + \frac{1}{a_\ell}\right)^{\frac{1}{3^{\ell+1}}}.$$

---

[8]Pour des arbres de recherche, il y a une seule manière d'attribuer les rangs des clés aux nœuds dès que le nombre de clés dans chaque nœud est connu.

[9]Aho et Sloane définissent une suite doublement exponentielle comme une suite (x_n) telle que $x_{n+1} = x_n^2 + g_n$ avec $|g_n| < x_n/4$, et montrent alors que $x_n^{1/2^n}$ a une limite finie.

Comme la série $\sum_{\ell \geq 0} \frac{1}{3^{\ell+1}} \log\left(1 + \frac{1}{a_\ell}\right)$ est de même nature que $\sum_{\ell \geq 0} \frac{1}{3^{\ell+1}} \frac{1}{a_\ell}$

et comme $a_\ell > 2^{3^\ell}$, le produit infini $\prod_{\ell \geq 0}\left(1 + \frac{1}{a_\ell}\right)^{\frac{1}{3^{\ell+1}}}$ est convergent (cf.

section B.5.2) et la suite (v_h) converge vers

$$\kappa := v_0 \prod_{\ell \geq 0}\left(1 + \frac{1}{a_\ell}\right)^{\frac{1}{3^{\ell+1}}}.$$

Une excellente approximation de la valeur numérique de κ s'obtient aisément en calculant les premières valeurs des a_ℓ : la convergence est extrêmement rapide ; les quatre premiers termes suffisent à avoir une valeur à 10^{-9} près, et nous trouvons que $\kappa = 2{,}30992632\ldots$ En outre, en utilisant $a_\ell > 2^{3^\ell}$ et le fait qu'au voisinage de 0, $\log(1 + x) < x$, il vient

$$\frac{\kappa}{v_h} = \prod_{\ell \geq h}\left(1 + \frac{1}{a_\ell}\right)^{\frac{1}{3^{\ell+1}}} = 1 + O\left(\frac{1}{3^h 2^{3^h}}\right),$$

et donc $v_h = \kappa\left(1 + O\left(\frac{1}{3^h 2^{3^h}}\right)\right)$, ce qui montre que $a_h = v_h^{3^h} = \kappa^{3^h}\left(1 + O\left(\frac{1}{2^{3^h}}\right)\right)$. D'où la proposition suivante.

Proposition 4.20 *Le nombre a_h d'arbres 2–3 de hauteur h satisfait la relation de récurrence $a_{h+1} = a_h^2 + a_h^3$ avec $a_0 = 2$. Asymptotiquement il vaut*

$$a_h = \kappa^{3^h}\left(1 + O\left(\frac{1}{2^{3^h}}\right)\right) \ \text{avec } \kappa = 2{,}30992632\ldots$$

Tournons-nous maintenant vers l'étude des paramètres *Taille* et *Nombre de clés* (la taille est ici le nombre total de nœuds, internes et feuilles). Rappelons que nous sommes sous un modèle de Catalan : tous les arbres de hauteur h fixée sont équiprobables. Nous considérons donc la fonction génératrice du nombre $a_{n,q,h}$ d'arbres 2–3 à n clés, q nœuds, et de hauteur h fixée, où x marque les clés et y les nœuds :

$$A_h(x, y) := \sum_{n,q} a_{n,q,h} x^n y^q.$$

La condition initiale est $A_0(x, y) = (x + x^2)\, y$ et, en considérant comme précédemment le nombre d'enfants de la racine, nous établissons facilement la relation de récurrence

$$A_{h+1}(x, y) = xy\, A_h^2(x, y) + x^2 y\, A_h^3(x, y) \qquad (h \geq 0).$$

Nous pouvons retrouver simplement le nombre d'arbres de hauteur h :

$$a_h = A_h(1, 1).$$

Remarque 4.21 L'équivalent asymptotique de a_h que nous avons donné dans la proposition 4.20 peut aussi s'obtenir à partir d'un résultat de Flajolet et Odlyzko [89] sur les coefficients de polynômes obtenus par itération : si une suite $(y_h(z))_{h \geq 0}$ vérifie une relation de récurrence $y_{h+1}(z) = P(y_h(z), z)$, où $P(y, z)$ est un polynôme de degré d en y, alors sous certaines conditions il existe une fonction $\alpha(z)$ telle que $y_h(z) \sim g(z)\,\alpha(z)^{d^h}$ quand $h \to +\infty$ (c'est la formule (1.11) et le lemme 2.5 de [89]). Il suffit ensuite de prendre $z = 1$ pour retrouver la proposition 4.20.

Le nombre cumulé de clés dans tous les arbres de hauteur h est $\frac{\partial A_h}{\partial x}(1, 1)$, ce qui donne immédiatement une expression pour la moyenne du nombre $N(\tau)$ de clés dans un arbre 2–3 τ de hauteur h :

$$\mathbb{E}[N(\tau)] = \frac{\frac{\partial A_h}{\partial x}(1, 1)}{A_h(1, 1)}.$$

Nous obtenons de même la moyenne de la taille $|\tau|$ de l'arbre par

$$\mathbb{E}[|\tau|] = \frac{\frac{\partial A_h}{\partial y}(1, 1)}{A_h(1, 1)}.$$

L'étude asymptotique de ces deux espérances lorsque h croît est présentée dans l'article de Reingold [220]. Elle fait appel à des techniques relativement simples d'analyse réelle (encadrements et bornes sur des séries ; des indications de preuve sont données dans le problème 4.20 de la Section 4.6). Elle conduit à la proposition suivante.

Proposition 4.22 *Soit τ un arbre 2–3 de hauteur h choisi uniformément parmi tous les arbres de cette hauteur ; alors le nombre $N(\tau)$ de clés présentes et la taille $|\tau|$ vérifient, lorsque $h \to +\infty$:*

$$\mathbb{E}[N(\tau)] \sim 0{,}72162 \ldots \, 3^h; \qquad \mathbb{E}[|\tau|] \sim 0{,}48061 \ldots \, 3^h.$$

De plus, le nombre moyen de clés par nœud tend asymptotiquement vers 1,50146 lorsque $h \to +\infty$.

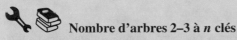 **Nombre d'arbres 2–3 à n clés**

Nous nous intéressons ici à un problème plus complexe que ceux que nous avons traités jusqu'à présent : le dénombrement des arbres 2–3 contenant un nombre donné n de clés, quelle que soit leur hauteur – nous savons seulement, par le théorème 4.19, que celle-ci est comprise entre $\log_3(n+1)$ et $\log_2(n+1)$. Nos références ici sont l'article d'Odlyzko [199] et le livre de Flajolet et Sedgewick [94]. Si nous supposons que les arbres considérés sont des arbres de recherche, que les clés sont distinctes, et qu'elles sont uniquement dans les nœuds internes, le nombre de feuilles correspond alors au nombre d'intervalles déterminés par les clés, et est égal à $n+1$; en d'autres termes il revient au même de déterminer le nombre d'arbres 2–3 à $n+1$ feuilles, ou à n clés. Soit donc e_n le nombre d'arbres 2–3 à n *feuilles*, et soit $E(z) = \sum_{n \geq 0} e_n z^n$ sa fonction génératrice. Nous donnons des indications sur une manière (relativement) simple d'aborder l'étude de $E(z)$ dans le problème 4.22, et résumons les résultats obtenus dans la proposition suivante.

Proposition 4.23 *La fonction génératrice $E(z)$ du nombre d'arbres 2–3, énumérés suivant le nombre de leurs feuilles, satisfait l'équation fonctionnelle*

$$E(z) = z + E(z^2 + z^3).$$

Elle a pour rayon de convergence le nombre d'or $\frac{1+\sqrt{5}}{2}$, et ses premiers termes sont donnés par

$$E(z) = z + z^2 + z^3 + z^4 + 2z^5 + 2z^6 + 3z^7 + 4z^8 + 5z^9 + 8z^{10} + O\left(z^{11}\right).$$

Le nombre d'arbres 2–3 avec n feuilles est d'ordre exponentiel $\left(\frac{1+\sqrt{5}}{2}\right)^n$.

Le calcul de l'équivalent asymptotique exact de e_n fait appel à des techniques sophistiquées d'analyse complexe et sort du cadre de ce livre. Nous nous contentons de donner le résultat, et renvoyons à [199] et [94, pp. 281–283] pour plus d'informations.

Proposition 4.24 *Le nombre d'arbres 2–3 avec n feuilles satisfait asymptotiquement*

$$e_n = \frac{\omega(n)}{n} \left(\frac{1+\sqrt{5}}{2}\right)^n (1 + O(1/n)),$$

où $\omega(n)$ est une fonction périodique de moyenne $0{,}71208\ldots$, d'amplitude inférieure à 0.1, et de période $0{,}86792\ldots$

4.4.2 Arbres-B

Comme pour les arbres 2–3, nous commençons par donner un encadrement de la hauteur d'un arbre-B en fonction du nombre de clés qu'il contient ; nous calculerons ensuite le nombre d'arbres-B de hauteur fixée. À chaque fois, nous ferons les calculs pour l'une seule des deux variantes (arbres prudents ou optimistes) présentées en section 3.2.2, l'autre variante se traitant de manière similaire.

Hauteur d'un arbre-B

Un raisonnement similaire à celui que nous avons fait en section 4.4.1 pour les arbres 2–3, qui sont des arbres-B optimistes pour $m = 1$, nous conduit à regarder les arbres-B « extrémaux » pour établir une relation entre le nombre de clés d'un arbre et sa hauteur. Il y a cependant une différence avec les arbres 2–3 : le nombre minimal de clés dans un nœud est différent, selon qu'il s'agit de la racine ou d'une autre nœud.

Calculons d'abord[10] le nombre minimal n_{min} de clés contenues dans un arbre-B (cf. section 3.2.2) de paramètre m et de hauteur h : cet arbre doit avoir une seule clé à la racine, et $m - 1$ clés dans chacun des autres nœuds. Chaque nœud interne a m enfants, à l'exception de la racine qui en a deux, et le nombre de nœuds à profondeur ℓ ($1 \leq \ell \leq h$) est $2m^{\ell-1}$. Nous obtenons

$$n_{min} = 1 + \sum_{\ell=1}^{h} 2m^{\ell-1}\,(m-1) = 2\,m^h - 1.$$

De même, le nombre maximal n_{max} de clés pouvant être stockées dans un arbre de hauteur h est obtenu lorsque tous les nœuds, y compris la racine, ont $2m - 1$ clés. Chaque nœud interne, y compris la racine, a donc $2m$ enfants, et le nombre de nœuds à profondeur ℓ ($0 \leq \ell \leq h$) est égal à $(2m)^\ell$; donc

$$n_{max} = \sum_{\ell=0}^{h} (2m)^\ell\,(2m-1) = (2m)^{h+1} - 1.$$

Nous en déduisons que

$$2\,m^h - 1 \leq n \leq (2m)^{h+1} - 1.$$

---

[10]Nous faisons le calcul ici pour la version *prudente*.

En inversant ces deux relations, nous obtenons un encadrement de la hauteur. Un calcul parallèle peut bien sûr être fait pour les arbres-B optimistes. D'où le théorème suivant.

Théorème 4.25

i) *Le nombre n de clés pouvant être stockées dans un arbre-B prudent de paramètre m et de hauteur h est tel que*

$$2\,m^h - 1 \leq n \leq (2m)^{h+1} - 1.$$

ii) *Soit τ un arbre-B prudent de paramètre m et contenant n clés ; sa hauteur $h(\tau)$ vérifie*

$$\log_{2m}(n+1) - 1 \leq h(\tau) \leq \log_m \frac{n+1}{2}.$$

iii) *Le nombre n de clés pouvant être stockées dans un arbre-B optimiste de paramètre m et de hauteur h est tel que*

$$2\,(m+1)^h - 1 \leq n \leq (2m+1)^{h+1} - 1.$$

iv) *Soit τ un arbre-B optimiste de paramètre m et contenant n clés ; sa hauteur $h(\tau)$ vérifie*

$$\log_{2m+1}(n+1) - 1 \leq h(\tau) \leq \log_{m+1} \frac{n+1}{2}.$$

Remarque 4.26 En posant $m = 1$ et en regardant les arbres-B optimistes, nous retrouvons bien les encadrements relatifs aux arbres 2–3 donnés dans le théorème 4.19.

Nombre d'arbres-B de hauteur fixée

Comme nous venons de le faire pour les arbres 2–3, nous cherchons ici à dénombrer les arbres-B de hauteur donnée h. Les calculs que nous avons faits pour les arbres 2–3 (cf. la preuve de la proposition 4.20) se transposent sans difficulté au cas des arbres-B, et nous les détaillons ci-dessous pour la version optimiste – rappelons qu'un arbre 2–3 est un arbre-B optimiste de paramètre 1.

Pour un tel arbre de paramètre m, le nombre maximal de clés dans un nœud est égal à $2m$. La racine a entre 1 et $2m$ clés et donc entre 2 et $2m + 1$ enfants, et les autres nœuds entre m et $2m$ clés et entre $m + 1$ et $2m + 1$ enfants. Pour tenir compte de la différence entre la racine et les autres nœuds, nous définissons b_h comme le nombre d'arbres-B de hauteur h, et c_h comme le nombre de sous-arbres (stricts) de hauteur h. Nous avons alors $b_0 = 2m$: un arbre de hauteur nulle a un seul nœud, qui a entre 1 et $2m$ clés. Pour une hauteur $h \geq 1$, le nombre de clés de la racine détermine son nombre d'enfants, qui varie entre 2 et $2m + 1$; les racines de ces enfants ont un nombre de clés compris entre m et $2m$ et chacun des sous-arbres peut prendre c_{h-1} valeurs distinctes, d'où

$$b_h = c_{h-1}^2 + \cdots + c_{h-1}^{2m+1} = c_{h-1}^{2m+1} \left(1 + \frac{1}{c_{h-1}} + \cdots + \frac{1}{c_{h-1}^{2m-1}} \right).$$

Quant à la suite c_h, il est aisé de voir par le même raisonnement que $c_0 = m + 1$ et qu'elle vérifie la relation de récurrence

$$c_{h+1} = c_h^{m+1} + \cdots + c_h^{2m+1} = c_h^{2m+1} \left(1 + \frac{1}{c_h} + \cdots + \frac{1}{c_h^m} \right). \tag{4.25}$$

De manière similaire à ce que nous avons fait pour les arbres 2–3, nous établissons d'abord une minoration pour c_h. Définissons $x_0 = m + 1$ et, pour $h \geq 1$, $x_{h+1} = x_h^{2m+1}$; pour chaque h, $x_0 \leq c_h$ et $x_h = (m+1)^{(2m+19^h}$, d'où la relation

$$c_h \geq (m+1)^{(2m+1)^h}. \tag{4.26}$$

Nous posons ensuite $v_h = c_h^{\frac{1}{(2m+1)^h}}$; donc $v_0 = c_0 = m + 1$. La relation (4.25) peut se récrire en

$$c_{h+1} = v_{h+1}^{(2m+1)^{h+1}} = v_h^{(2m+1)^{h+1}} \left(1 + \frac{1}{c_h} + \cdots + \frac{1}{c_h^m} \right),$$

ce qui donne

$$\frac{v_{h+1}}{v_h} = \left(1 + \frac{1}{c_h} + \cdots + \frac{1}{c_h^m} \right)^{\frac{1}{(2m+1)^{h+1}}}.$$

Comme la série

$$\sum_{\ell \geq 0} \frac{1}{(2m+1)^{\ell+1}} \log \left(1 + \frac{1}{c_\ell} + \cdots + \frac{1}{c_\ell^m} \right)$$

est de même nature que la série

$$\sum_{\ell \geq 0} \frac{1}{(2m+1)^{\ell+1}} \frac{1}{c_\ell}$$

et comme $c_\ell \geq (m+1)^{(2m+1)^\ell}$, le produit infini $\prod\limits_{\ell \geq 0} \left(1 + \dfrac{1}{c_\ell} + \cdots + \dfrac{1}{c_\ell^m}\right)^{\frac{1}{(2m+1)^{\ell+1}}}$ est convergent (cf. section B.5.2) et la suite (v_h) converge vers une limite finie, que nous notons κ_m :

$$\kappa_m = v_0 \prod_{\ell \geq 0} \left(1 + \frac{1}{c_\ell} + \cdots + \frac{1}{c_\ell^m}\right)^{\frac{1}{(2m+1)^{\ell+1}}}.$$

Nous en déduisons comme pour les arbres 2–3 que, pour h suffisamment grand,

$$v_h = \kappa_m \left(1 + O\left(\frac{1}{(2m+1)^h \, (m+1)^{(2m+1)^h}}\right)\right)$$

et finalement que

$$c_h = v_h^{(2m+1)^h} = \kappa_m^{(2m+1)^h} \left(1 + O\left(\frac{1}{(m+1)^{(2m+1)^h}}\right)\right).$$

Comme pour la constante κ de la proposition 1.20, il est possible d'obtenir une très bonne approximation de κ_m pour toute valeur numérique de m en prenant juste quelques termes du produit infini, dont la convergence est très rapide. Nous terminons en revenant à b_h, que nous écrivons sous la forme

$$b_h = c_{h-1}^{2m+1} \left(1 + O\left(\frac{1}{c_{h-1}}\right)\right),$$

et nous obtenons la proposition suivante.

Proposition 4.27 *Le nombre d'arbres-B optimistes de paramètre m, de hauteur h, vaut asymptotiquement*

$$b_h = \kappa_m^{(2m+1)^h} \left(1 + O\left(\frac{1}{(m+1)^{(2m+1)^h}}\right)\right),$$

où κ_m est une constante, dépendant uniquement du paramètre m.

La figure 4.15 donne les premières valeurs de la constante κ_m ; nous pouvons constater qu'elle est légèrement supérieure à $m+1$.

L'étude du comportement dynamique des arbres-B *de recherche* n'est pas du ressort de ce chapitre, qui s'intéresse uniquement aux arbres sous le modèle de Catalan. Nous renvoyons cette étude, qui utilise une description des nœuds de l'arbre (en fait, seulement des feuilles) par urne de Pólya et les techniques d'analyse de ces urnes, au chapitre 9.

Fig. 4.15 Les premières
valeurs de la constante κ_m
intervenant dans l'énoncé de
la proposition 4.27

m	κ_m
1	2,30992632
2	3,22931928
3	4,16548872
4	5,12533600
5	6,10026496

4.5 Arbres non planaires

Nous nous intéressons dans cette section au dénombrement de trois classes d'arbres :
les arbres de Pólya, le sous-ensemble de ces arbres dont les nœuds internes sont
d'arité 2, et les arbres de Cayley qui, à la différence des précédents, sont marqués.
Nous rappelons qu'il s'agit ici d'arbres non planaires, i.e. tels que les enfants d'un
nœud interne ne sont pas ordonnés. L'énumération de ces arbres, dans le cas non
marqué, remonte à Pólya [211] ; elle a été ensuite reprise et systématisée par
Otter [201]. Nous traitons d'abord les arbres de Cayley, qui sont de loin les plus
simples ; certains résultats sur ces arbres nous serviront pour l'étude des arbres de
Pólya généraux, que nous aborderons après le cas particulier des arbres de Pólya
binaires.

4.5.1 Arbres de Cayley

Rappelons que ces arbres, que nous avons définis dans la section 1.2.3 et qui ne
sont autres que des arbres de Pólya marqués par des clés distinctes de $\mathbb{N}$, vérifient
l'équation récursive

$$Cay = (\circ \times \text{SET}(Cay)).$$

Cette relation se traduit sur la fonction génératrice *exponentielle* $\text{Cay}(z) = \sum_n \text{Cay}_n \frac{z^n}{n!}$, avec $\text{Cay}_0 = 0$ (un arbre de Cayley n'est pas vide ; il a donc au
moins un nœud), par l'équation implicite (cf. section B.2)

$$\text{Cay}(z) = ze^{\text{Cay}(z)}, \tag{4.27}$$

formule qui se prête bien à une extraction des coefficients par inversion de Lagrange
(cf. section B.3.5) :

$$[z^n]\,\text{Cay}(z) = \frac{\text{Cay}_n}{n!} = \frac{1}{n}[u^{n-1}]e^{nu} = \frac{1}{n}\frac{n^{n-1}}{(n-1)!} = \frac{n^{n-1}}{n!}.$$

Une fois que nous avons la valeur explicite de $[z^n]\,\mathrm{Cay}(z)$, nous obtenons aisément l'équivalent asymptotique par la formule de Stirling (cf. section B.5.1) :

$$\frac{\mathrm{Cay}_n}{n!} \sim \frac{e^n}{n\sqrt{2\pi n}}.$$

Nous pouvons alors en déduire le rayon de convergence de la fonction génératrice $\mathrm{Cay}(z)$: c'est $\frac{1}{e} = 0{,}367879\ldots$

Ce raisonnement très simple ne nous donne cependant pas le type de la singularité de la fonction $\mathrm{Cay}(z)$, dont nous allons avoir besoin pour étudier les arbres de Pólya (qui s'obtiennent à partir des arbres de Cayley en effaçant les marques). Cela nous sera fourni par une approche alternative : bien que les arbres de Cayley ne forment pas une famille simple d'arbres, l'étude de la solution d'une équation implicite présentée en section 4.2.3 s'applique sans problème à $\mathrm{Cay}(z)$ (qui, rappelons-le, est la fonction génératrice exponentielle – et non ordinaire – des arbres de Cayley). Cela permet tout d'abord de retrouver les valeurs du rayon de convergence ρ et de $\xi = \mathrm{Cay}(\rho)$: elles satisfont le système d'équations

$$\begin{cases} \xi = \rho\,e^{\xi} \\ 1 = \rho\,e^{\xi} \end{cases}$$

ce qui donne d'abord $\xi = 1$, puis $\rho = \frac{1}{e}$. Cela montre ensuite que, toujours comme dans le cas des familles simples d'arbres de la section 4.2.3, $\frac{1}{e}$ est une singularité algébrique de type « racine carrée » avec un comportement de la fonction génératrice en $-\sqrt{1 - ez}$. Nous résumons ces résultats dans le théorème suivant.

Théorème 4.28 *La fonction génératrice exponentielle des arbres de Cayley satisfait l'équation implicite* $\mathrm{Cay}(z) = ze^{\mathrm{Cay}(z)}$. *Elle a pour rayon de convergence* $\frac{1}{e}$ *et a une singularité de type « racine carrée » en ce point.*
Le nombre d'arbres de Cayley de taille n est $\mathrm{Cay}_n = n^{n-1}$.

4.5.2   Arbres de Pólya binaires

Soit $\mathcal{P}_{(2)}$ l'ensemble des arbres de Pólya binaires ; nous avons vu (cf. la définition 1.4) qu'il vérifie la relation de récurrence

$$\mathcal{P}_{(2)} = \square + (\bullet \times \mathrm{MSET}_2(\mathcal{P}_{(2)})), \tag{4.28}$$

où $\mathrm{MSET}_2(\mathcal{X})$ est le multi-ensemble (non ordonné) composé de deux éléments d'un ensemble $\mathcal{X}$: les répétitions sont autorisées ; cf. section B.1 ou [94, p. 26]. Ceci donne une équation sur la fonction génératrice $P_{(2)}(z)$ – ici, *la taille d'un arbre est le nombre de ses feuilles,* marquées par z. Remarquons qu'un arbre de Pólya binaire n'a pas de nœuds simples : le nombre de ses feuilles est donc $1+$ le nombre de ses nœuds internes. En distinguant le cas où les deux sous-arbres sont identiques de celui où ils sont distincts, nous pouvons exprimer $P_{(2)}(z)$ sous la forme

$$P_{(2)}(z) = z + \sum_{\tau \in \mathcal{P}_{(2)}} z^{2|\tau|} + \sum_{\tau_1, \tau_2 \in \mathcal{P}_{(2)}, \tau_1 \neq \tau_2} z^{|\tau_1|+|\tau_2|}.$$

Nous reconnaissons $P_{(2)}(z^2)$ dans la première somme ; quant à la seconde, elle peut se réécrire en

$$\sum_{\tau_1, \tau_2 \in \mathcal{P}_{(2)}, \tau_1 \neq \tau_2} z^{|\tau_1|+|\tau_2|} = \frac{1}{2} \left(\sum_{(\tau_1, \tau_2) \in \mathcal{P}_{(2)}^2} z^{|\tau_1|+|\tau_2|} - P_{(2)}(z^2) \right)$$

$$= \frac{1}{2} \left(P_{(2)}(z)^2 - P_{(2)}(z^2) \right),$$

ce qui donne finalement l'équation fonctionnelle :

$$P_{(2)}(z) = z + \frac{1}{2} \left(P_{(2)}(z^2) + P_{(2)}(z)^2 \right). \tag{4.29}$$

Pour résoudre cette équation, nous la considérons comme une équation du second degré en $P_{(2)}(z)$ avec une perturbation $P_{(2)}(z^2)$, et procédons par itérations successives. Nous allons donc d'abord résoudre l'équation

$$Y = z + \frac{1}{2} Y^2 + \frac{1}{2} P_{(2)}(z^2),$$

ce qui donne, en choisissant la racine adéquate,

$$P_{(2)}(z) = 1 - \sqrt{1 - 2z - P_{(2)}(z^2)}. \tag{4.30}$$

Reportons-y la valeur $P_{(2)}(z^2) = 1 - \sqrt{1 - 2z^2 - P_{(2)}(z^4)}$, puis itérons ; nous obtenons

$$P_{(2)}(z) = 1 - \sqrt{-2z + \sqrt{1 - 2z^2 - P_{(2)}(z^4)}}$$

$$= 1 - \sqrt{-2z + \sqrt{-2z^2 + \sqrt{1 - 2z^4 - P_{(2)}(z^8)}}}$$

$$= 1 - \sqrt{-2z + \sqrt{-2z^2 + \sqrt{-2z^4 + \sqrt{\ldots \sqrt{1 - 2z^{2^p} - P_{(2)}(z^{2^{p+1}})}}}}}$$

Nous avons ici une approximation de $P_{(2)}(z)$ qui coïncide sur les 2^p premiers termes de son développement de Taylor à l'origine ; en adaptant la valeur de p cela donne les coefficients de $P_{(2)}(z)$, et donc le nombre d'arbres de Pólya de taille donnée, aussi loin que souhaité :

$$P_{(2)}(z) = z + z^2 + z^3 + 2z^4 + 3z^5 + 6z^6 + 11z^7 + 23z^8 + 46z^9 + 98z^{10} + O(z^{11}).$$

Voyons maintenant le passage à la limite. Pour tout z réel positif dans l'intervalle $]0, 1/2[$, appelons

$$a_0(z) = \sqrt{-2z+1} \; ; \; a_1(z) = \sqrt{-2z + \sqrt{1 - 2z^2}} \; \ldots$$

$$a_n(z) = \sqrt{-2z + \sqrt{-2z^2 + \cdots + \sqrt{1 - 2z^{2^n}}}}, \quad n \geq 1$$

Il est facile de voir que la suite $(a_n(z))$ est décroissante. Comme elle est positive, elle admet une limite $\ell(z)$. En outre, pour $f_n(z) = 1 - a_n(z)$, un calcul élémentaire montre que

$$f_{n+1}(z) = z + \frac{1}{2} \left(f_{n+1}^2(z) + f_n(z^2) \right),$$

de sorte que $f(z) = 1 - \ell(z)$, limite de $f_n(z)$ quand n tend vers l'infini, est solution de l'équation fonctionnelle (4.29).

Revenons à l'équation (4.30), qui va servir à déterminer le comportement asymptotique des coefficients de $P_{(2)}(z)$. Sa singularité dominante ρ, qui est aussi son rayon de convergence, vient de l'annulation du discriminant $1 - 2z - P_{(2)}(z^2)$, i.e., $P_{(2)}(\rho^2) = 1 - 2\rho$. En reportant ceci dans l'équation (4.29), nous voyons que ρ satisfait l'équation $P_{(2)}(z)^2 - 2P_{(2)}(z) + 1 = 0$, soit simplement

$$P_{(2)}(\rho) = 1.$$

Numériquement nous avons $\rho = 0,4026975037\ldots$ Nous pouvons alors, grâce au lemme de transfert de Flajolet et Odlyzko, calculer un équivalent asymptotique du coefficient $[z^n]P_{(2)}(z)$; des indications sur ces calculs sont données dans le problème 4.23 de la section 4.6. Nous retrouvons ainsi un résultat, dont la première version est due à Pólya [211], relatif à la fonction génératrice des arbres binaires non planaires et au dénombrement asymptotique de ces arbres ; voir aussi le livre de Flajolet et Sedgewick [94, p. 72].

Théorème 4.29 *La fonction génératrice des arbres de Pólya binaires, énumérés suivant le nombre de leurs feuilles, satisfait l'équation fonctionnelle*

$$P_{(2)}(z) = z + \frac{1}{2} \left(P_{(2)}(z^2) + P_{(2)}(z)^2 \right).$$

Son rayon de convergence ρ est la solution dans $\mathbb{R}^+$ de $P_{(2)}(z) = 1$, et a pour valeur approchée $\rho = 0.4026975037\ldots$
Le nombre d'arbres de Pólya binaires de taille n vaut asymptotiquement

$$0,3187766259\ldots \frac{\rho^{-n}}{n\sqrt{n}}.$$

4.5.3 Dénombrement des arbres de Pólya

Nous rappelons (cf. section 1.1.4) que $\mathcal{P}\acute{o}$ est l'ensemble des arbres non planaires d'arité quelconque. Il vérifie l'équation récursive (1.13), que nous rappelons ci-dessous :

$$\mathcal{P}\acute{o} = \square + (\bullet \times \mathrm{MSET}(\mathcal{P}\acute{o})).$$

Cette équation se traduit sur la fonction génératrice[11] $\mathcal{P}\acute{o}(z) = \sum_{n \geq 1} p_n z^n$ (cf. Section B.2) en

$$\mathcal{P}\acute{o}(z) = z \, \exp\left(\mathcal{P}\acute{o}(z) + \frac{1}{2}\mathcal{P}\acute{o}(z^2) + \frac{1}{3}\mathcal{P}\acute{o}(z^3) + \ldots\right). \tag{4.31}$$

Pas plus que dans le cas des arbres de Pólya binaires, une telle équation fonctionnelle ne peut être résolue explicitement ; elle donnera cependant, comme dans le cas binaire, le comportement asymptotique des coefficients. Nous commençons par en tirer une forme non récursive de $\mathcal{P}\acute{o}(z)$:

$$\mathcal{P}\acute{o}(z) = z \, \exp\left(\sum_{q \geq 1} \frac{1}{q} \mathcal{P}\acute{o}(z^q)\right)$$

$$= z \, \exp\left(\sum_{q \geq 1} \frac{1}{q} \sum_{n \geq 1} p_n z^{nq}\right)$$

$$= z \, \exp\left(\sum_{n \geq 1} p_n \sum_{q \geq 1} \frac{1}{q} z^{nq}\right)$$

---

[11]Ici, nous travaillons, comme le plus souvent, sur la fonction génératrice du nombre total de nœuds de l'arbre.

$$= z \, \exp\left(-\sum_{n \geq 1} p_n \log(1 - z^n)\right)$$

$$= z \, \exp\left(\sum_{n \geq 1} \log \frac{1}{(1 - z^n)^{p_n}}\right)$$

$$= z \, \prod_{n \geq 1} \frac{1}{(1 - z^n)^{p_n}}.$$

Nous pouvons ainsi calculer de proche en proche les premiers coefficients :

$$\mathcal{P}\text{ó}(z) = z + z^2 + 2z^3 + 4z^4 + 9z^5 + 20z^6 + 48\,z^7 + 115\,z^8 + 286\,z^9 + 719\,z^{10} + O(z^{11}).$$

Revenons maintenant à l'étude des coefficients de $\mathcal{P}\text{ó}(z)$: leur comportement asymptotique est déterminé par celui de $\mathcal{P}\text{ó}(z)$ au voisinage de ses singularités, qu'il nous faut d'abord déterminer.

Lemme 4.30 *Le rayon de convergence ρ de $\mathcal{P}\text{ó}(z)$ satisfait $\frac{1}{4} \leq \rho \leq \frac{1}{e}$.*

Preuve Remarquons, en revenant aux définitions, que $\text{Cay}_n \leq n!\, p_n$; l'existence de répétitions éventuelles dans les sous-arbres non marqués entraîne même que l'inégalité est stricte. Ainsi, le rayon de convergence de $\mathcal{P}\text{ó}(z)$ est majoré par celui de $\text{Cay}(z)$, d'où la borne supérieure.

Pour la borne inférieure, il suffit de voir que $p_n \leq C_{n-1}$: en effet, chaque arbre de Pólya de taille n correspond à plusieurs arbres planaires de même taille, et nous avons vu plus haut (corollaire 4.2) que ces arbres sont comptés par les nombres de Catalan.   □

Comme dans le cas des arbres de Pólya binaires, nous allons maintenant considérer l'équation fonctionnelle (4.31) comme une équation en $\mathcal{P}\text{ó}(z)$ avec une perturbation :

$$\mathcal{P}\text{ó}(z) = e^{\mathcal{P}\text{ó}(z)} \, \phi(z) \text{ avec } \phi(z) = z \, e^{\sum_{p \geq 2} \frac{1}{p}\mathcal{P}\text{ó}(z^p)}. \tag{4.32}$$

La fonction $\phi(z)$ a pour rayon de convergence $\sqrt{\rho}$, qui est supérieur à ρ puisque $\rho < 1$ (cf. le problème 4.24 de la section 4.6 pour les détails). Posons maintenant

$$G(z, w) = ze^w - w.$$

D'après les équations (4.32) et (4.27) respectivement,

$$G(\phi(z), \mathcal{P}\text{ó}(z)) = 0$$

et $G(z, \mathrm{Cay}(z)) = 0$, que nous pouvons aussi écrire sous la forme

$$G(\phi(z), \mathrm{Cay}(\phi(z))) = 0.$$

Puisque $G(\phi(z), w)$ vérifie les conditions du théorème des fonctions implicites (cf. le théorème B.6) et que $\mathcal{P}\acute{o}(0) = \mathrm{Cay}(0) = 0$, nous pouvons identifier $\mathcal{P}\acute{o}(z)$ dans son disque de convergence :

$$\mathcal{P}\acute{o}(z) = \mathrm{Cay}(\phi(z)).$$

L'étape suivante est d'obtenir un développement de $\mathcal{P}\acute{o}(z)$ autour de sa singularité ρ. Or le fait que $\mathcal{P}\acute{o}(z) = \mathrm{Cay}(\phi(z))$ ait pour singularité ρ implique que $\phi(\rho)$ est égal à la singularité $\frac{1}{e}$ de $\mathrm{Cay}(z)$; développer cette fonction autour de $\frac{1}{e}$ donnera le comportement asymptotique de p_n par un lemme de transfert. Nous renvoyons au problème 4.24 pour plus de détails.

Nous résumons les résultats obtenus dans le théorème suivant, en renvoyant à Flajolet et Sedgewick [94, p. 477] pour des indications sur l'évaluation numérique du rayon de convergence et de la constante mutiplicative.

Théorème 4.31 *La fonction génératrice des arbres de Pólya $\mathcal{P}\acute{o}(z) = \sum_{n \geq 1} p_n z^n$ satisfait l'équation fonctionnelle*

$$\mathcal{P}\acute{o}(z) = z \exp\left(\mathcal{P}\acute{o}(z) + \frac{1}{2}\mathcal{P}\acute{o}(z^2) + \frac{1}{3}\mathcal{P}\acute{o}(z^3) + \dots \right) = z \prod_{n \geq 1} \frac{1}{(1 - z^n)^{p_n}}.$$

Son rayon de convergence a pour valeur approchée $\rho = 0{,}33832\ldots$

Le nombre d'arbres de Pólya de taille n vaut asymptotiquement

$$p_n \sim 1{,}55949\ldots \frac{\rho^{-n}}{2n\sqrt{n}}.$$

4.6   Exercices et problèmes

▷ **4.1.** Calculer la moyenne et la variance du nombre de nœuds de différents types (doubles, simples, feuilles) dans un arbre binaire de taille n.   ◁

▷ **4.2.** Retrouver les nombres de Catalan en considérant l'équation (4.3) comme une équation implicite, et en lui appliquant la formule de Lagrange.   ◁

▷ **4.3.** Vérifier l'égalité des deux expressions (4.15) et (4.19) obtenues pour le nombre f_n d'expressions arithmétiques construites sur x, $\exp$, $+$ et $*$.   ◁

▷ **4.4.** En utilisant la définition 1.8, calculer le nombre d'arbres planaires à n nœuds. Retrouver la bijection avec les arbres binaires à $n + 1$ nœuds.   ◁

▷ **4.5.** Calculer le nombre d'arbres planaires de taille n dont les nœuds ont pour seules arités possibles 0 (feuilles) ou p, et étudier le comportement asymptotique du nombre de nœuds d'arité p. ◁

▷ **4.6.** Soit la famille d'arbres planaires, telle que l'arité d'un nœud soit bornée par un entier $p \geq 2$. Donner le nombre moyen d'enfants d'un nœud interne dans un arbre de taille n.   ◁

▷ **4.7.** Calculer le nombre d'arbres m-aires de taille n, puis le nombre de nœuds d'arité q, pour tout $q \in \{0, \ldots, p\}$.   ◁

▷ **4.8.** Appliquer la méthode d'analyse asymptotique présentée en Section 4.2.3 pour dénombrer les différentes familles simples d'arbres rencontrées en sections 1.2.2 ou 4.2, puis étudier le comportement asymptotique de leur longueur de cheminement moyenne.   ◁

▷ **4.9.** Pour un paramètre additif v défini sur une famille simple d'arbres, étudier comment la fonction $W(u, z) := \sum_\tau u^{v(\tau)} z^{|\tau|}$ peut servir à étudier la variance de v.   ◁

▷ **4.10.** Reprendre l'analyse de la complexité de la différentiation avec l'ensemble de symboles $S = \{x, +, -, *, /, \sqrt{\ } \}$, clos pour la dérivation. Etendre les résultats obtenus à un ensemble quelconque S de symboles.   ◁

▷ **Problème 4.11. (Arbres planaires)** Soit la famille $\mathcal{P}$ des arbres planaires définie en section 1.1.1.

1. Quel est le nombre moyen d'enfants de la racine dans un arbre de $\mathcal{P}$ de taille n ? Étudier son comportement asymptotique pour $n \rightarrow +\infty$. *Attention :* il ne s'agit pas ici d'un paramètre additif.
2. Quel est le nombre moyen de feuilles d'un arbre de $\mathcal{P}$ de taille n ?
3. Quel est le nombre moyen, exact et asymptotique, de nœuds simples (d'arité 1) dans un arbre de $\mathcal{P}$ de taille n ?
4. Étendre le résultat précédent pour obtenir le nombre moyen, exact et asymptotique, de nœuds d'arité p dans un arbre de $\mathcal{P}$ de taille n. Quelle est la proportion asymptotique du nombre moyen de nœuds d'arité p ? Peut-on reconnaître une loi connue ?

◁

▷ **Problème 4.12. (Arbres planaires, élections, et résultats partiels)** On s'intéresse au dénombrement des possibilités lors d'une élection à deux candidats A et B, lorsque les votes (qui ont lieu séquentiellement) sont comptabilisés dès qu'ils sont formulés ; tous les résultats intermédiaires sont donc disponibles.

1. On suppose tout d'abord qu'il y a un nombre pair de $2n$ de votants, et que les votes sont également répartis sur les deux candidats (il n'y a pas de vainqueur). Soit d_n le nombre d'élections possibles, tels que A aie toujours autant ou plus de voix que B, et soit $d(z) = \sum_{n \geq 0} d_n z^n$ la fonction génératrice associée. Donner une formule explicite pour $d(z)$. Pour cela, on pourra chercher une équation de récurrence en considérant le premier instant, lors de l'élection et après le premier vote, où les candidats A et B se retrouvent à égalité. En déduire la valeur de d_n pour n quelconque, et son comportement asymptotique.
2. Sous les mêmes hypothèses que la question précédente, on s'intéresse maintenant aux élections dans lesquelles le candidat A a constamment au moins autant de voix que le candidat B, mais ne gagne que par une voix. Il y aura $n + 1$ voix pour A et n voix pour B, soit $2n + 1$ votants en tout. Soit e_n le nombre de telles élections sur $2n + 1$ votants, et soit $e(z) = \sum_{n \geq 0} e_n z^n$. Calculer $e(z)$. On pourra, comme pour le calcul de $d(z)$, obtenir d'abord une équation de récurrence, ici en regardant la dernière (ou la première) fois où les deux candidats sont à égalité. En déduire la valeur de e_n pour n quelconque.
3. Toujours en supposant un nombre pair de votants, on construit maintenant un arbre à partir d'une suite de votes, i.e. d'un mot $w \in \{A, B\}^*$, comme suit :

   – on part d'une racine, donnée ;
   – on va lire le mot de gauche à droite, et construire l'arbre en parallèle ;
   – lorsqu'on lit A, on crée un enfant du nœud courant et on va en cet enfant (lorsqu'un nœud a plusieurs enfants, on considère que ceux-ci sont crées de gauche à droite) ;
   – lorsqu'on lit B, on remonte du nœud courant vers son père ;
   – on terminera donc la lecture à un niveau en dessous de la racine.
   Par exemple, le mot $AABAABAABBBABBBABAAABBAB$ donne l'arbre

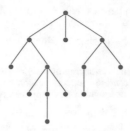

Donnez l'arbre associé au mot suivant :

$$w = AABAABABABABBABBAAAABABBABAABBABB;$$

Quels types d'arbres obtient-on ? Y a-t-il bien une bijection entre les mots considérés et cette classe d'arbres ? Ceci permet-il de retrouver la valeur de e_n obtenue à la question précédente ?

$\triangleleft$

▷ **Problème 4.13. (Arbres planaires et expressions bien parenthésées)** On s'intéresse dans ce problème au nombre de manières de construire une expression bien parenthésée, obtenue à partir des règles suivantes :

(a) L'expression x est bien parenthésée.
(b) Si $\sigma_1, \sigma_2, \ldots, \sigma_k$ sont des expressions bien parenthésées, avec $k \geq 2$, alors $(\sigma_1)(\sigma_2)\ldots(\sigma_k)$ est une expression bien parenthésée.
(c) Les seules expressions bien parenthésées sont obtenues par les deux règles ci-dessus.

Par exemple, $(x)(x)$, $((x)(x)(x))(x)$ et $((x)(x))(x)(((x)(x))(x))$ sont des expressions bien parenthésées, mais non (x) ou $((x)(x))$.

On définit la taille d'une expression bien parenthésée comme le nombre d'occurrences de la variable x qu'elle contient.

1. Proposer une représentation arborescente des expressions bien parenthésées, et donner les arbres correspondant aux trois expressions données en exemple.
2. Soit s_n le nombre d'expressions bien parenthésées de taille n, et soit $S(z) := \sum_n s_n z^n$ la fonction génératrice associée. Montrer que $S(z)$ satisfait une équation algébrique de degré 2, et résoudre cette équation.
3. Montrer que $S(z)$ vérifie l'équation différentielle linéaire

$$(1 - 6z + z^2)\, S'(z) + (3 - z)\, S(z) = 1 - z.$$

En tirer une relation de récurrence linéaire entre s_n, s_{n+1} et s_{n+2}.
4. En récrivant l'équation algébrique définissant $S(z)$ sous la forme $S(z) = z\Phi(S(z))$, pour une fonction Φ convenable, puis en utilisant la formule de Lagrange, donner une expression des s_n sous forme de somme simple.
5. Quel est le comportement asymptotique des s_n lorsque $n \to +\infty$?

$\triangleleft$

▷ **4.14.** Étudier la loi de probabilité P_W sur les tas de taille $n = 4$, obtenue en construisant les tas par insertions successives des clés dans un tas initialement vide selon l'algorithme de Williams (cf. la section A.6.3). $\triangleleft$

▷ **4.15.** Soit u_k le nombre de tas de taille $2^k - 1$. Montrer que $u_{k+1} = \binom{2^{k+1}-2}{2^k-1} (u_k)^2$, puis en tirer une forme close de u_k. On pourra considérer $\log(u_k/(2^k - 1))$. $\triangleleft$

▷ **4.16.** On pose maintenant v_k égal au nombre de tas de taille $2^k - 2$. Avec les notations de l'exercice précédent, montrer que $v_{k+1} = \binom{2^{k+1}-3}{2^k-1} u_k v_k$, puis donner une forme close de v_k. $\triangleleft$

▷ **Problème 4.17. (Asymptotique du nombre de tas de taille n)** Le but est de démontrer le théorème 4.14, en reprenant l'évaluation de $f_n = \log(n!/t_n)$ proposée dans la démonstration de la proposition 4.13, et en affinant les évaluations asymptotiques des sommes S_1 et S_2 jusqu'à obtenir un terme d'erreur $o(1)$ qui, en en prenant l'exponentielle, donnera bien un terme d'erreur en $o(1)$ sur t_n. On rappelle que $L = \lfloor \log_2 n \rfloor$, et on reprend les notations de la Section 4.3 :

$$S_1 = \sum_{k=2}^{L} u_k v_k; \qquad S_2 = \sum_{p} \log s_p.$$

1. Nous avons vu que

$$S_1 = \sum_{k=2}^{L} \log(2^k - 1) \cdot \left(\frac{n}{2^k} - 1 - \left\{ \frac{n}{2^{k-1}} \right\} + \left\{ \frac{n}{2^k} \right\} \right).$$

La somme des deux premiers termes $\sum_{k=2}^{L} \log(2^k - 1) \cdot \left(\frac{n}{2^k} - 1 \right)$ peut être isolée ; calculer sa valeur.

2. Dans les deux termes restants, réarranger les termes de façon à faire apparaître la somme

$$\sum_{k} \left\{ \frac{n}{2^{k-1}} \right\} \log \frac{2^k - 1}{2^{k-1} - 1},$$

puis évaluer cette somme.

3. Pour étudier la somme $S_2 = \sum_p \log s_p$, correspondant à la contribution des nœuds spéciaux, poser

$$s_p = 2^{L-p} \left(1 + \sum_{0 \le j < L-p} b_j \frac{2^j}{2^{L+p}} \right),$$

où les b_j sont les chiffres de la décomposition binaire de n. En isolant le facteur 2^{L-p}, calculer la valeur de $\sum_p \log 2^{L-p}$. Enfin évaluer le terme

$$\sum_{p} \log \left(1 + \sum_{0 \le j < L-p} b_j \frac{2^j}{2^{L+p}} \right).$$

4. Conclure.

(On pourra se reporter à l'article de Hwang et Steyaert [138] d'où est tiré ce calcul.) ◁

▷ **Problème 4.18. (Nombre d'échanges faits par l'algorithme de Floyd)** Nous nous intéressons ici au nombre moyen d'échanges lors de la construction d'un tas par l'algorithme de Floyd. Soit $\xi(\tau)$ le nombre d'échanges faits sur un arbre parfait τ pour obtenir un tas, et soit $x_n = \mathbb{E}[\xi(\tau) : |\tau| = n]$; soit aussi $L = \lfloor \log_2 n \rfloor$.

1. Montrer que x_n satisfait la relation de récurrence

$$x_{2^L+j} = \begin{cases} t_{2^L+j} + x_{2^{L-1}-1} + x_{2^{L-1}+j} & (0 \le j \le 2^{L-1} - 1); \\ t_{2^L+j} + x_{2^L-1} + x_L & (2^{L-1} \le j \le 2^L - 1). \end{cases}$$

avec $t_n = \frac{1}{n} \sum_{i=1}^{n} \lfloor \log_2 i \rfloor$.

2. Montrer que la solution de la récurrence peut s'écrire comme

$$x_n = \sum_{j=1}^{L} v_j t_{2^j - 1} + \sum_{j=0}^{L-1} t_{n_j};$$

où v_j est donné dans la proposition 4.11, et où les n_j sont définis à partir de la représentation binaire de n : si $(n)_2 = 1b_{L-1}b_{L-2}\ldots b_0$, alors $n_j = 1b_{j_1}\ldots b_0$.

3. Montrer que t_n peut aussi s'écrire

$$\lfloor \log_2 n \rfloor + \frac{1}{n}(2 + \lfloor \log_2 n \rfloor - 2^{\lfloor \log_2 n \rfloor + 1}),$$

et se servir de cette expression pour donner une expression de x_n.

4. Étudier chacune des deux sommes composant l'expression de x_n obtenue à la question précédente, et conclure.

(Comme précédemment, on pourra se reporter à l'article de Hwang et Steyaert[138].)   ◁

▷ **Problème 4.19. (Codage des tours de Hanoï par des arbres 2–3)** Le problème des tours de Hanoï consiste à déplacer une pile de h disques d'une position (nous l'appellerons gauche) à une autre position (droite) (cf. la figure 4.16) respectant les règles suivantes :

(a) un seul disque est déplacé à chaque mouvement ;
(b) au départ, les disques sont numérotés de 1 à h, en ordre croissant de haut en bas (le disque numéroté 1 est en haut, celui numéroté h est en bas) ;
(c) à aucun moment, un disque ne doit se trouver sur un disque de plus petit numéro.

On appelle *suite de résolution* une suite de mouvements permettant de déplacer une pile de h disques de la position gauche à la position droite, en respectant les contraintes ci-dessus.

1. Le déplacement d'un seul disque de la position de gauche vers celle de droite est codé par une feuille, où le nombre de clés (1 ou 2) indique combien de mouvements ont été utilisés pour déplacer le disque. Étendre ceci récursivement pour obtenir, en partant d'un arbre 2–3 τ donné dans la figure 4.17 de hauteur $h = 2$, une suite $\sigma(\tau)$ encodant une suite de mouvements pour résoudre le problème de Hanoï avec 3 disques.
2. Généraliser l'approche de la question précédente pour obtenir un codage par un arbre 2–3 de hauteur h d'une suite de mouvements de disques déplaçant une tour de hauteur $h + 1$, sans repasser par la même configuration des disques.
3. Montrer que le parcours préfixe d'un arbre 2–3 τ fournit une suite $\sigma(\tau)$ de résolution sans répétitions ; puis expliciter la bijection réciproque, faisant passer d'une suite de résolutions sans répétitions à un arbre 2–3.
4. En tirant partie du lien entre le nombre de clés dans un arbre τ et la longueur de la suite $\sigma(\tau)$, donner la suite de mouvements qui permet de résoudre le problème des tours de Hanoï en un

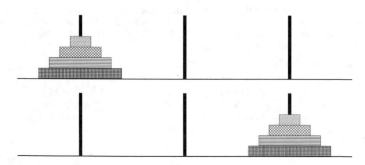

Fig. 4.16 Les états de départ et d'arrivée des tours de Hanoï, pour 4 disques

Fig. 4.17 Un exemple
d'arbre 2–3 codant une
résolution pour une tour de
Hanoï de 3 disques ; les
feuilles sont omises

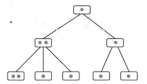

nombre minimal de mouvements, et celle qui le résout, sans repasser par la même configuration, en un nombre maximal de mouvements. Quelles sont leurs longueurs respectives ?

5. En supposant toutes les suites de résolution sans répétitions équiprobables, calculer la longueur moyenne d'une telle suite et donner sa valeur asymptotique.

6. Établir un lien entre le nombre de fois où un disque donné est déplacé lors de la suite de mouvements indiquée par $\sigma(\tau)$, et un paramètre de l'arbre τ.

$\lhd$

▷ **Problème 4.20. (Nombre de clés dans un arbre 2–3 de hauteur donnée)** On rappelle que la fonction génératrice bivariée des arbres 2–3 de hauteur h, où x marque le nombre de clés et y le nombre de nœuds internes, satisfait l'équation de récurrence

$$A_{h+1}(x, y) = xy A_h^2(x, y) + x^2 y A_h^3(x, y)$$

avec pour cas de base $A_0(x, y) = xy + x^2 y$. Le but de ce problème est de démontrer la proposition 4.22.

1. En posant $a_h = A_h(1, 1)$ et $k_h = \frac{\partial A_h}{\partial x}(1, 1)$, établir la relation

$$k_h + 1 = 3(k_{h-1} + 1) - \frac{a_{h-1} + k_{h-1}}{a_{h-1}(a_{h-1} + 1)}.$$

2. Soit $\varepsilon_h = \frac{a_{h-1} + k_{h-1}}{a_{h-1}(a_{h-1} + 1)}$. Établir que

$$\lim_{h \to +\infty} 3^{-h} \left(\frac{k_h}{a_h} + 1 \right) = 1 - \sum_{i \geq 0} \frac{\varepsilon_i}{3^{i+1}}.$$

3. Montrer que $\sum_{i>h} \frac{\varepsilon_i}{3^i} \leq \sum_{i>h} \frac{1}{a_i}$.

4. En tenant compte du fait que $a_h \geq 2^{3^h}$, en déduire la convergence de $\sum_{i \geq 0} \frac{\varepsilon_i}{3^{i+1}}$. Conclure.

5. Étendre l'approche ci-dessus à l'étude du nombre moyen de nœuds internes.

(On pourra se reporter à l'article de Reingold [220].) $\lhd$

▷ **Problème 4.21. (Arbres AVL)** Un arbre AVL est un arbre binaire de recherche tel que, en tout nœud interne, les hauteurs des deux sous-arbres diffèrent au plus de 1. Nous nous intéressons ici aux *formes* d'arbres AVL ; par abus de langage nous parlerons aussi d'arbre AVL pour l'arbre non marqué, le marquage des nœuds étant déterminé par le fait que l'arbre est de recherche – la relation est la même qu'entre les arbres binaires de recherche et les arbres binaires sous le modèle de Catalan.

1. Soit v_h le nombre d'arbres AVL de hauteur h, avec $v_0 = v_1 = 1$. Montrer la récurrence $v_h = v_{h-1}^2 + 2 v_{h-1} v_{h-2}$ pour $h \geq 2$. En déduire que, asymptotiquement lorsque $h \to +\infty$, $v_h \to \kappa^{2^h}$ avec $\kappa = 1{,}436872848$.

2. Montrer que le nombre n_h de nœuds dans un arbre AVL de hauteur donnée h satisfait la récurrence

$$n_h = 2 n_{h-1}(v_{h-1} + v_{h-2}) + 2 n_{h-2} v_{h-1} + v_{h-1}^2 + 2 v_{h-1} v_{h-2}.$$

En déduire le comportement asymptotique de n_h lorsque $h \to +\infty$, puis le nombre moyen de nœuds dans un tel arbre.

3. Montrer que la longueur de cheminement cumulée λ_h satisfait la récurrence

$$\lambda_h = = 2\lambda_{h-1}(v_{h-1} + v_{h-2}) + 2\lambda_{h-2}v_{h-1} + 2v_{h-1}(n_{h-1} + n_{h-2})$$

$$+v_{h-1}^2 + 2v_{h-2}(v_{h-1} + n_{h-1}).$$

Donner le comportement asymptotique de λ_h lorsque $h \to +\infty$. En divisant par le nombre d'arbres de hauteur h, évaluer asymptotiquement la profondeur moyenne d'un nœud dans un arbre de hauteur h.

(Ce problème est inspiré de l'article de Khizder [154].)   ◁

▷ **Problème 4.22. (Nombre d'arbres 2–3 à n feuilles)** Soit e_n le nombre d'arbres 2–3 à n feuilles, et soit $E(z) = \sum_{n \geq 0} e_n z^n$ sa fonction génératrice. Le but de ce problème est de présenter une approche élémentaire permettant d'obtenir, sinon l'équivalent asymptotique, du moins le comportement exponentiel des e_n.

1. Montrer que $E(z)$ satisfait la relation $E(z) = z + E(z^2 + z^3)$ et en déduire la relation de récurrence $e_n = \sum_{k=0}^{n} \binom{k}{n-2k} e_k$, avec les valeurs initiales $e_0 = 0$ et $e_1 = 1$.

2. Soient $\sigma(z) = z^2 + z^3$, et $\sigma^{[h]}$ la h-ième itérée de h : $\sigma^{[0]}(z) = z$, et $\sigma^{[h+1]}(z) = \sigma(\sigma^{[h]}(z))$. Montrer que l'on peut écrire formellement $E(z) = \sum_{h \geq 0} \sigma^{[h]}(z)$, et en tirer les premières valeurs de e_n :

$$E(z) = z + z^2 + z^3 + z^4 + 2z^5 + 2z^6 + 3z^7 + 4z^8 + 5z^9 + 8z^{10} + O\left(z^{11}\right).$$

3. Le théorème de Pringsheim assure que la singularité dominante de $E(z)$ appartient à $\mathbb{R}^+$. Montrer que, sur $\mathbb{R}^+$, la transformation σ a pour unique point fixe le nombre d'or $\phi = \frac{1+\sqrt{5}}{2}$.

4. Montrer que, pour tout $x \in [0, \rho[$, $\sigma^{[h]}(x) \to 0$ quand $h \to +\infty$, et déterminer la rapidité de convergence. En déduire que $E(z)$ est analytique sur le disque $\{|z| < \rho\}$.

5. En établissant que, pour x réel et tendant vers ρ^-, $E(x) \to +\infty$, montrer que le rayon de convergence ρ de $E(z)$ est exactement égal à ϕ. En déduire que e_n est d'ordre exponentiel $\phi^n = \left(\frac{1+\sqrt{5}}{2}\right)^n$.

(Cette approche est tirée du livre de Flajolet et Sedgewick [94, pp. 281–283].)   ◁

▷ **Problème 4.23. (Dénombrement des arbres de Pólya binaires)**

1. Montrer que la fonction génératrice des arbres de Pólya satisfait, pour tout $p \geq 1$, l'équation

$$P_{(2)}(z) = 1 - \sqrt{-2z + \sqrt{-2z^2 + \cdots + \sqrt{-2z^{2^{p-1}} + \sqrt{1 - 2z^{2^p} - P_{(2)}(z^{2^{p+1}})}}}}.$$

2. Montrer que le rayon de convergence ρ de la fonction $P_{(2)}(z)$ est solution de l'équation

$$P_{(2)}(\rho) = 1$$

et que sa valeur numérique est $\rho = 0{,}4026975037\ldots$

3. En posant $Q(z) = 1 - 2z - P_{(2)}(z^2)$, montrer que, près de son rayon de convergence ρ,

$$P_{(2)}(z) = 1 - \sqrt{(z - \rho)Q'(\rho)} + O((z - \rho)^2).$$

En déduire que la valeur asymptotique du coefficient $[z^n]P_{(2)}(z)$ est

$$\frac{\lambda}{n\sqrt{n}}\left(\frac{1}{\rho}\right)^n,$$

avec

$$\lambda = \sqrt{\frac{\rho + \rho^2 Q'(\rho^2)}{2\pi}} = 0,3187766259\dots$$

◁

▷ **Problème 4.24. (Dénombrement des arbres de Pólya)** Il s'agit ici d'obtenir l'asymptotique des arbres de Pólya, sans restriction d'arité. Les notations sont celles de la section 4.5.3.

1. On a vu que la fonction $\phi(z) = \sum_{p\geq 2} \frac{1}{p} Po(z^p)$ a un rayon de convergence au plus égal à $\sqrt{\rho}$. Montrer que $\sqrt{\rho}$ est bien le rayon de convergence de $\phi(z)$.
2. En partant des deux équations $\mathrm{Cay}(\phi(z)) = \phi(z)\,e^{\mathrm{Cay}(\phi(z))}$ et $Po(\phi(z)) = \phi(z)\,e^{Po(\phi(z))}$, montrer que $Po(z) = Cay(\phi(z))$.
3. Utiliser la méthode de la section 4.2.3 pour obtenir le comportement de la fonction $Cay(z)$ autour de sa singularité $\frac{1}{e}$.
4. Soit ρ la singularité de $Po(z)$; montrer qu'elle est solution de l'équation $\phi(z) = \frac{1}{e}$. Évaluer sa valeur numérique.
5. Utiliser l'analycité de la fonction $\phi(z)$ en ρ pour obtenir un développement de $Cay(\phi(z))$ autour de ρ.
6. En supposant qu'un lemme de transfert s'applique, montrer que $[z^n]Po(z) \sim \gamma \frac{\rho^{-n}}{n^{3/2}}$ avec $\gamma = $ $\sqrt{\frac{e\rho\phi'(\rho)}{\pi}}$. Évaluer numériquement γ.

◁

Chapitre 5
Approche probabiliste

Dans ce chapitre, comme à la section 2.1.3, un arbre pousse de manière aléatoire, parce que chaque nœud a un nombre aléatoire de descendants, de moyenne m. Pour un arbre de Galton-Watson, à la section 5.1, nous nous demandons d'abord (section 5.1.1) si un tel arbre s'éteint ou bien grossit indéfiniment. Cela dépend de m. Puis, lorsqu'il ne s'éteint pas toujours, c'est-à-dire lorsque $m > 1$, nous cherchons à connaître le nombre de nœuds au niveau n. Quel est son ordre de grandeur asymptotiquement en n ? Intuitivement c'est m^n et nous verrons que sous certaines hypothèses sur la loi de reproduction, c'est effectivement le cas, c'est le théorème de Kesten-Stigum de la section 5.1.3.

Certains arbres étudiés au chapitre 4 (arbres binaires, arbres planaires, arbres de Cayley sous la loi uniforme) peuvent être vus comme des arbres de Galton-Watson conditionnés par leur taille ; c'est ce qui est expliqué puis exploité dans la section 5.2.

Enfin, dans la section 5.3 sont présentées les marches aléatoires branchantes, qui sont des arbres de Galton-Watson dont les nœuds sont marqués par leur position dans l'espace. Ce modèle est très riche et fait l'objet d'une vaste littérature, néanmoins nous nous bornons ici à présenter ce qui est utile à l'étude de la hauteur des arbres binaires de recherche au chapitre 6.

5.1 Arbres de Galton-Watson

Nous avons vu à la section 2.1.3 que le modèle le plus simple d'arbre de branchement est l'arbre de Galton-Watson. En résumé, nous nous donnons une loi de probabilité $(p_k)_{k \geq 0}$ sur les entiers positifs ou nuls, qui induit une loi de probabilité $\mathbb{P}$ sur les arbres planaires. Pour tout entier n, appelons $(Z_n)_{n \geq 0}$ le

© Springer Nature Switzerland AG 2018

B. Chauvin et al., *Arbres pour l'Algorithmique*, Mathématiques et Applications 83, https://doi.org/10.1007/978-3-319-93725-0_5

processus de Galton-Watson où

$$Z_n = \text{nombre d'individus de la } n\text{-ième génération,}$$

est aussi le nombre de nœuds au niveau n. Nous supposerons tout le long de ce chapitre que nous ne sommes pas dans l'un des cas triviaux $p_0 = 1$ (arbre réduit à sa racine) ou $p_1 = 1$ (arbre bambou).

Cette section s'appuie sur l'exposition classique du livre d'Athreya et Ney [12] ainsi que sur le point de vue plus récent de Lyons, Pemantle et Peres [171, 205]. En particulier la notion d'arbre biaisé de la section 5.1.2 conduit à un changement de probabilité et revient à concentrer toute l'information stochastique sur une branche de l'arbre.

5.1.1 Extinction ou non ?

La première question qui se pose est celle de l'extinction du processus : il est assez intuitif de penser que lorsque la moyenne m du nombre d'enfants de chaque individu est strictement plus grande que 1 le processus ne va jamais s'éteindre, alors que si $m < 1$ le processus va s'éteindre presque sûrement. C'est effectivement ce qui se passe (voir la proposition 5.2 ci-dessous). Néanmoins, le cas $m = 1$ n'est pas aussi intuitif : extinction ou non ?

Rappelons quelques notations :

$$M = Z_1 = \text{nombre d'enfants de l'ancêtre,}$$

où dans ce chapitre nous utilisons plutôt le mot « ancêtre » que le mot racine. Notons f la fonction génératrice[1] de la loi de reproduction $(p_k)_{k \geq 0}$ de M : pour tout $s \in [0, 1]$,

$$f(s) = \mathbb{E}(s^M) = \sum_{k \geq 0} p_k s^k = \mathbb{E}(s^{Z_1}). \tag{5.1}$$

La fonction f est convexe, croissante sur l'intervalle [0, 1]. Appelons

$$m = f'(1) = \sum_{k \geq 0} k p_k = \mathbb{E}(M)$$

---

[1]Cette fonction génératrice peut sans encombre être définie sur le disque de convergence de la série entière, dans le plan complexe, néanmoins c'est sur l'intervalle [0, 1] que nous allons l'étudier et utiliser ses propriétés de convexité.

la moyenne du nombre d'enfants de n'importe quel individu. Dans la suite nous supposerons toujours que *la moyenne m est finie* (attention, cela ne veut pas dire du tout que M est borné).

Alors la fonction génératrice de Z_n est donnée explicitement par

$$\mathbb{E}(s^{Z_n}) = f^{(n)}(s) \tag{5.2}$$

où $f^{(n)}(s) = f \circ f \circ \cdots \circ f(s)$, n fois et $\circ$ dénote la composition des fonctions. Il est intéressant de noter que la formule (5.2) se démontre de deux manières, par un raisonnement « *backward* » ou par un raisonnement « *forward* ». En effet, par l'égalité *backward* (2.2),

$$Z_n = \sum_{j=1}^{M} Z_{n-1}(\tau^j)$$

où les τ^j sont les sous-arbres issus des enfants de l'ancêtre. Et donc par récurrence sur n, en conditionnant par M et en appliquant la propriété de branchement de la proposition 2.1 (en se rappelant les propriétés de l'espérance conditionnelle, cf. annexe C.7),

$$\mathbb{E}(s^{Z_n}) = \mathbb{E}\prod_{j=1}^{M} s^{Z_{n-1}(\tau^j)} = \mathbb{E}\left(\mathbb{E}\left(\prod_{j=1}^{M} s^{Z_{n-1}(\tau^j)}\,\middle|\,M\right)\right)$$

$$= \mathbb{E}\left(\prod_{j=1}^{M} f^{(n-1)}(s)\right) = \mathbb{E}\left((f^{(n-1)}(s))^M\right) = f \circ f^{(n-1)}(s).$$

Par l'égalité *forward* (2.3),

$$Z_n = \sum_{u,|u|=n-1} M_u$$

et donc par la propriété de branchement (2.4) appliquée à la $n-1$-ième génération (en appelant $\mathcal{F}_n$ la tribu [2] du passé avant n, c'est-à-dire que $\mathcal{F}_n$ est engendrée par les M_u pour les u tels que $|u| \leq n-1$),

$$\mathbb{E}(s^{Z_n}) = \mathbb{E}\left(\prod_{u,|u|=n-1} s^{M_u}\right) = \mathbb{E}\left(\mathbb{E}\left(\prod_{u,|u|=n-1} s^{M_u}\,\middle|\,\mathcal{F}_{n-1}\right)\right)$$

$$= \mathbb{E}\left(\prod_{u,|u|=n-1} f(s)\right) = \mathbb{E}\left((f(s))^{Z_{n-1}}\right) = f^{(n-1)} \circ f(s).$$

---

[2]Les notions de tribu, filtration, martingale sont résumées dans la section C.8.

L'équation (5.2) entraîne $\mathbb{P}(Z_n = 0) = f^{(n)}(0)$. De plus, la suite des événements $\{Z_n = 0\}$ est croissante, car si $Z_n = 0$, alors $Z_{n+1} = 0$. Cela amène à définir l'extinction de la façon suivante.

Définition 5.1 Le temps d'extinction du processus est T défini par

$$T = \inf\{n \geq 0, Z_n = 0\},$$

avec la convention $T = +\infty$ si pour tout $n \geq 0$, $Z_n \neq 0$. La probabilité d'extinction du processus est q définie par

$$q = \mathbb{P}(\exists n, Z_n = 0) = \mathbb{P}(T < \infty).$$

La proposition suivante se déduit facilement de cette définition.

Proposition 5.2 (probabilité d'extinction du processus)
Soit $(Z_n)_{n \geq 0}$ un processus de Galton-Watson de loi de reproduction $(p_k)_{k \geq 0}$, de moyenne m et de fonction génératrice f. Supposons $p_1 \neq 1$ (sinon le cas est trivial). Soit q la probabilité d'extinction du processus, définie par $q = \mathbb{P}(\exists n \geq 0, Z_n = 0)$, alors

(i) $q = \lim\limits_{n \to +\infty} f^{(n)}(0)$; *de plus q est la plus petite racine dans $[0, 1]$ de l'équation $f(s) = s$;*
(ii) $q = 1 \Leftrightarrow m \leq 1$ *(processus dit sous-critique ou critique).*

Par conséquent, l'extinction est déterminée par m ; les différentes formes de la fonction f convexe, croissante de $f(0) = p_0$ à $f(1) = 1$ sont dessinées figure 5.1. Remarquons que l'extinction presque sûre pour $m = 1$ n'est pas intuitivement évidente.

Corollaire 5.3 (extinction du processus)   *Sous les hypothèses de la proposition 5.2,*

(i) si $m \leq 1$ (processus dit sous-critique ou critique), alors l'extinction est presque sûre et l'arbre de Galton-Watson est fini presque sûrement.

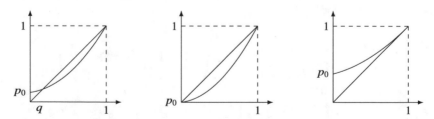

Fig. 5.1 Graphe de trois fonctions génératrices f. À gauche, un cas surcritique où $m > 1$; le graphe de f coupe la bissectrice en un point d'abscisse q. Au milieu un cas surcritique avec $p_0 = 0 = q$ et $m > 1$. À droite un cas sous-critique ou critique où $m \leq 1$ et $q = 1$

(ii) si $m > 1$ *(processus dit surcritique), il y a extinction avec probabilité* $q < 1$. *Lorsque* $p_0 = 0$, *il n'y a pas du tout extinction* ($q = 0$), *et l'arbre de Galton-Watson est alors infini presque sûrement.*

Il est facile de déduire de l'équation (5.2) que $\mathbb{E}(Z_n) = m^n$. La proposition suivante est un premier pas pour comparer Z_n, la taille de la population à l'instant n, avec m^n.

Proposition 5.4 (martingale de Galton-Watson)
La suite $(W_n)_{n \geq 0}$ *définie par*

$$W_n = \frac{Z_n}{m^n}$$

est une $\mathcal{F}_n$-*martingale d'espérance égale à* 1, *appelée martingale de Galton-Watson, qui converge p.s. vers une variable aléatoire* W *quand* $n \to +\infty$.
En particulier $\mathbb{E}(Z_n) = m^n$.

Preuve Cette démonstration est typique d'un raisonnement *forward*. Le nombre d'individus de la $(n + 1)$-ième génération peut s'écrire

$$Z_{n+1} = \sum_{u, |u|=n} Z_1(\tau^u)$$

où τ^u est le sous-arbre issu de u, de sorte qu'avec la propriété de branchement (2.4),

$$\mathbb{E}\left(\frac{Z_{n+1}}{m^{n+1}}\Big|\mathcal{F}_n\right) = \frac{1}{m^{n+1}} \sum_{u, |u|=n} \mathbb{E}(Z_1) = \frac{Z_n}{m^n}.$$

Par conséquent, la suite $\left(\frac{Z_n}{m^n}\right)$ est une martingale. Comme elle est positive, elle converge presque sûrement (cf. annexe C.8 et le corollaire C.26). □

De la même manière, pour tout $k \geq 1$, le nombre d'individus de la $(n + k)$-ième génération peut s'écrire

$$Z_{n+k} = \sum_{u, |u|=n} Z_k(\tau^u),$$

où τ^u est le sous-arbre issu de u. Et donc

$$\frac{Z_{n+k}}{m^{n+k}} = \frac{1}{m^n} \sum_{u, |u|=n} \frac{Z_k(\tau^u)}{m^k}.$$

Notons que par la propriété de branchement, conditionnellement à $\mathcal{F}_n$, les τ^u sont indépendants et de même loi que τ. Notons $W(\tau^u) = \lim_{k \to \infty} \frac{Z_k(\tau^u)}{m^k}$ de sorte qu'en passant à la limite quand k tend vers l'infini dans l'égalité ci-dessus, nous avons pour tout entier n, p.s.

$$W = \frac{1}{m^n} \sum_{u, |u|=n} W(\tau^u),$$ (5.3)

où les $W(\tau^u)$ sont indépendants et de même loi que W. Cette relation est importante pour mieux comprendre la limite W ; par exemple, dans l'exercice 5.1, la relation (5.3) écrite pour $n = 1$ conduit à une équation fonctionnelle satisfaite par la transformée de Laplace de W.

L'étape suivante pour savoir quand Z_n est $\Theta(m^n)$, consiste à déterminer si W est nul ou bien strictement positif. En effet, si $W > 0$, nous aurons bien $Z_n = \Theta(m^n)$, mais si $W = 0$, nous aurons $Z_n = o(m^n)$.

Le lemme suivant établit une loi 0–1 pour un processus de Galton-Watson. Il permet ensuite, dans la proposition 5.7, de relier l'extinction de l'arbre à la variable aléatoire limite W.

Définition 5.5 Une propriété est dite *héritée* quand

 (i) tout arbre fini possède cette propriété ;
 (ii) lorsqu'un arbre τ possède cette propriété, les arbres $\tau^1, \tau^2, \ldots, \tau^M$ issus des M enfants de la racine, la possèdent aussi.

Lemme 5.6 *Toute propriété héritée est de probabilité q ou 1.*

En particulier, lorsqu'un arbre ne s'éteint pas, alors $q = 0$ et toute propriété héritée est de probabilité 0 ou 1.

Preuve Soit $\mathcal{E}$ l'ensemble des arbres possédant une certaine propriété héritée. Par (ii) de la définition 5.5, nous avons

$$\mathbb{1}_{\mathcal{E}}(\tau) \leq \prod_{i=1}^{M} \mathbb{1}_{\mathcal{E}}(\tau^i).$$

Prenons l'espérance et appliquons la propriété de branchement (2.4). Nous obtenons

$$\mathbb{P}(\mathcal{E}) \leq f(\mathbb{P}(\mathcal{E})).$$

où f désigne la fonction génératrice de la loi de reproduction, définie en (5.1). Par (i) de la définition 5.5, on sait que $\mathbb{P}(\mathcal{E}) \geq q$. Grâce aux propriétés de la fonction f établies dans la proposition 5.2 et visibles sur la figure 5.1, nous déduisons que $\mathbb{P}(\mathcal{E}) \in \{q, 1\}$.   □

Appliquons ce qui précède à $\{W = 0\}$ qui est bien une propriété héritée, grâce à l'équation (5.3). Nous obtenons :

Proposition 5.7 *Soit W la limite de la martingale de Galton-Watson. Alors $\mathbb{P}(W = 0) = q$ ou 1.*

Par conséquent :

- Dans les cas critique et sous-critique, le processus s'éteint presque sûrement, $q = 1$ et la proposition 5.7 entraîne $W = 0$ p.s. De plus, le comportement du processus conditionné par la non extinction à la n-ième génération est donné par des «théorèmes de Yaglom», c'est-à-dire que le processus (Z_n), renormalisé et conditionné par la non extinction, converge en loi vers une limite. Les énoncés précis se trouvent dans Athreya-Ney [12].
- Dans le cas surcritique, il y a extinction avec probabilité $q < 1$ et la proposition 5.7 ne permet pas de savoir si la limite W vaut 0 presque sûrement ou seulement avec probabilité q. Cela conduit à se demander si la convergence de la martingale de Galton-Watson a lieu dans L^1 ou non : en effet, la convergence dans L^1 entraîne que les espérances convergent. Or, l'espérance de cette martingale est égale à 1 et la convergence dans L^1 entraînerait donc $\mathbb{E}(W) = 1$. La réponse se trouve dans le théorème de Kesten-Stigum du paragraphe 5.1.3. Ce théorème peut être démontré de plusieurs manières. Une démonstration est basée sur la description d'un arbre remarquable, l'*arbre biaisé*, introduit par Kesten [153] et Lyons, Pemantle et Peres [171], qui est présenté dans la section suivante, avant d'établir le théorème de Kesten-Stigum. Pour un survey sur les arbres de Galton-Watson ainsi conditionnés, on pourra se référer à Janson [149].

5.1.2   Arbre de Galton-Watson biaisé

Définition de l'arbre biaisé

Nous changeons de probabilité, en définissant une nouvelle loi de probabilité $\widehat{\mathbb{P}}$ sur l'espace des arbres planaires $\mathcal{P}$. Un arbre sous la loi $\widehat{\mathbb{P}}$ sera appelé l'*arbre biaisé*. La méthode est classique en probabilités : une nouvelle probabilité $\widehat{\mathbb{P}}_n$ est définie en multipliant la probabilité $\mathbb{P}$ d'origine par une martingale ; nous obtenons ainsi une famille $(\widehat{\mathbb{P}}_n)$ de probabilités *compatibles*.[3] Le théorème de Kolmogorov (voir Billingsley [28]) assure alors qu'il existe une unique probabilité $\widehat{\mathbb{P}}$ sur $\mathcal{P}$ qui prolonge[4] les $\widehat{\mathbb{P}}_n$.

Définissons $\widehat{\mathbb{P}}$ en disant que pour tout $n \in \mathbb{N}$,

$$\widehat{\mathbb{P}} = \widehat{\mathbb{P}}_n = \frac{Z_n}{m^n} \cdot \mathbb{P} \ \text{ sur } \ \mathcal{F}_n,$$

---

[3] ce qui signifie que pour tout n, la probabilité $\widehat{\mathbb{P}}_{n+1}$ restreinte aux arbres de taille n est égale à $\widehat{\mathbb{P}}_n$.
[4] ce qui signifie que pour tout n, la probabilité $\widehat{\mathbb{P}}$ restreinte aux arbres de taille n est égale à $\widehat{\mathbb{P}}_n$.

ce qui signifie que pour tout événement A de $\mathcal{F}_n$, le calcul de $\widehat{\mathbb{P}}(A)$ est donné par :

$$\forall A \in \mathcal{F}_n, \quad \widehat{\mathbb{P}}(A) = \widehat{\mathbb{P}}_n(A) = \int_A \frac{Z_n}{m^n}\, d\mathbb{P} = \mathbb{E}\left(\mathbb{1}_A \frac{Z_n}{m^n}\right).$$

Le fait que Z_n/m^n soit une martingale assure la compatibilité. L'arbre sous $\widehat{\mathbb{P}}$ est appelé *arbre biaisé*.

Description et propriétés de l'arbre biaisé

La première propriété remarquable de l'arbre biaisé est qu'il est infini. En effet, le temps T d'extinction sous $\widehat{\mathbb{P}}$ vérifie :

$$\begin{aligned}
\widehat{\mathbb{P}}(T > n) &= \widehat{\mathbb{P}}(Z_n \neq 0) = \int \mathbb{1}_{Z_n \neq 0} \frac{Z_n}{m^n}\, d\mathbb{P} \\
&= \int \mathbb{1}_{Z_n \neq 0} \frac{Z_n}{m^n}\, d\mathbb{P} + \int \mathbb{1}_{Z_n = 0} \frac{Z_n}{m^n}\, d\mathbb{P} = \int \frac{Z_n}{m^n}\, d\mathbb{P} = \mathbb{E}\left(\frac{Z_n}{m^n}\right) = 1
\end{aligned}$$

de sorte que pour tout n, $\{T > n\}$ est de $\widehat{\mathbb{P}}$-probabilité égale à 1 et donc $\widehat{\mathbb{P}}$ est portée par $\{T = \infty\}$, c'est-à-dire que $\widehat{\mathbb{P}}(T = \infty) = 1$. Autrement dit, sous $\widehat{\mathbb{P}}$, l'arbre ne s'éteint pas, il est infini.

Par conséquent, dans les cas sous-critique et critique où $m \leq 1$, les deux probabilités $\mathbb{P}$ et $\widehat{\mathbb{P}}$ sont étrangères.[5] Dans le cas surcritique où $m > 1$, le lemme suivant, issu d'un petit raisonnement d'intégration, non détaillé ici (voir Peres [205]), fait le point sur les deux situations possibles, suivant si la convergence de la martingale vers W a lieu dans L^1 ou non.

Lemme 5.8 *Dans le cas surcritique où $m > 1$, la dichotomie suivante a lieu entre :*

1. *le cas où les trois assertions suivantes, qui sont équivalentes, sont satisfaites :*

   (i) $\mathbb{E}(W) = 1$
   (ii) $\widehat{\mathbb{P}} \ll \mathbb{P}$ *(la notation $\widehat{\mathbb{P}} \ll \mathbb{P}$ signifie $\widehat{\mathbb{P}}$ absolument continue[6] par rapport à $\mathbb{P}$)*
   (iii) $W < \infty$ $\widehat{\mathbb{P}} - p.s.$

---

[5]ce qui signifie qu'il existe un événement, ici $\{T < \infty\}$, qui est de probabilité 1 pour $\mathbb{P}$ et de probabilité 0 pour $\widehat{\mathbb{P}}$. La notation est $\mathbb{P} \perp \widehat{\mathbb{P}}$.

[6]Une mesure μ est dite absolument continue par rapport à une mesure ν lorsque pour tout événement A, $\mu(A) = 0 \implies \nu(A) = 0$. La notation est $\mu \ll \nu$.

2. *le cas où les trois assertions suivantes, qui sont équivalentes, sont satisfaites :*

(i) $W = 0 \; \mathbb{P} - p.s.$
(ii) $\mathbb{P} \perp \widehat{\mathbb{P}}$
(iii) $W = \infty \; \widehat{\mathbb{P}} - p.s.$

Un deuxième point de vue sur l'arbre biaisé apparaît dans Kesten [153], puis est prouvé par Grimmett [124, Th 3] dans le cas d'une loi de reproduction de Poisson. Le théorème suivant établit qu'un arbre de Galton-Watson biaisé est la limite quand n tend vers l'infini d'un arbre de Galton-Watson conditionné à être de taille n. C'est un point de vue intéressant car (voir la section 5.2) certains arbres sous le modèle de Catalan sont des arbres de Galton-Watson conditionnés par leur taille.

Théorème 5.9 *Pour $n \geq 1$, soit τ_n un arbre de Galton-Watson critique, de loi de reproduction de variance finie, conditionné à être de taille n. Lorsque n tend vers l'infini, τ_n converge vers un arbre de Galton-Watson biaisé, au sens suivant : si τ est un arbre de Galton-Watson critique, alors $\forall k \geq 1, \forall A \in \mathcal{F}_k$,*

$$\widehat{\mathbb{P}}(A) = \lim_{n \to \infty} \mathbb{P}(A \mid |\tau| = n).$$

Nous ne prouvons pas exactement ceci mais la propriété suivante, qui est cousine. Dans les cas sous-critique ou critique ($m < 1$), la loi de l'arbre biaisé est obtenue en conditionnant un arbre de Galton-Watson à survivre indéfiniment.

Proposition 5.10 *Supposons $m \leq 1$ (cas sous-critique ou critique). Supposons aussi que $p_0 \neq 1$ et que $p_1 \neq 1$. Alors, pour tout événement A,*

$$\widehat{\mathbb{P}}(A) = \lim_{n \to \infty} \mathbb{P}(A | Z_n \neq 0). \tag{5.4}$$

Preuve Pour prouver cette proposition pour tout $A \in \mathcal{F}$, il suffit de prendre un événement A dans $\mathcal{F}_p$, pour un $p \geq 1$ quelconque. Ecrivons pour $n \geq 1$,

$$\mathbb{P}(A|Z_{n+p} \neq 0) \quad = \frac{\mathbb{E}(\mathbb{1}_A \mathbb{1}_{Z_{n+p} \neq 0})}{\mathbb{P}(Z_{n+p} \neq 0)}$$

$$= \frac{\mathbb{E}\left(\mathbb{1}_A (1 - \mathbb{1}_{Z_{n+p}=0})\right)}{1 - \mathbb{P}(Z_{n+p} = 0)}.$$

Remarquons que l'événement $\{Z_{n+p} = 0\}$ signifie exactement que pour tout nœud u de la génération p, $Z_n(\tau^u) = 0$, de sorte que par la propriété de branchement (2.4), et en notant $\alpha_n = \mathbb{P}(Z_n = 0)$,

$$\mathbb{P}(Z_{n+p} = 0) = \mathbb{E}\left(\prod_{u, |u|=p} \mathbb{P}(Z_n = 0) \right) = \mathbb{E}(\alpha_n^{Z_p}) \neq 1,$$

car sinon, cela signifierait que $f^{(n+p)}(0) = 1$ et donc pour tout $k \leq n+p$, $f^{(k)}(0) = 1$, soit $p_0 = 1$ qui est un cas trivial que nous avons exclu. La même argumentation fournit

$$\mathbb{E}\left(\mathbb{1}_A(1 - \mathbb{1}_{Z_{n+p}=0})\right) = \mathbb{E}\left(\mathbb{1}_A(1 - \alpha_n^{Z_p})\right).$$

Observons en outre que $\alpha_n = \mathbb{P}(Z_n = 0)$ tend vers $q = 1$ lorsque n tend vers l'infini, puisque nous sommes dans le cas critique ou sous-critique, de sorte que $\dfrac{1 - \alpha_n^{Z_p}}{1 - \alpha_n}$ tend vers Z_p lorsque n tend vers l'infini. Finalement, lorsque n tend vers l'infini, avec un argument de convergence monotone, $\mathbb{P}(A|Z_{n+p} \neq 0)$ tend donc vers $\dfrac{\mathbb{E}(\mathbb{1}_A Z_p)}{\mathbb{E}(Z_p)}$. Comme $\mathbb{E}(Z_p) = m^p$, c'est que $\mathbb{P}(A|Z_{n+p} \neq 0)$ tend vers $\mathbb{E}(\mathbb{1}_A \dfrac{Z_p}{m^p})$, soit encore $\widehat{\mathbb{P}}(A)$.   □

La description de l'arbre biaisé peut être donnée en partant de la racine, de la façon suivante. La loi de reproduction $\widehat{M}$ de l'ancêtre est biaisée : $\mathbb{P}(\widehat{M} = k) = kp_k/m$; puis un descendant, disons J, est choisi au hasard uniformément parmi la première génération et l'arbre T^J est biaisé alors que les τ^j pour $j \neq J$ sont des arbres de Galton-Watson ordinaires. La figure 5.2 avec une branche infinie (une *épine dorsale*) et des « cheveux » Galton-Watson qui en partent, illustre la proposition suivante.

Proposition 5.11 (Description de l'arbre sous $\widehat{\mathbb{P}}$)

Pour toute famille d'événements $(A_j)_{j\in\mathbb{N}}$, si τ^j désigne le j-ième sous arbre de la racine, alors pour $k \geq 1$,

$$\widehat{\mathbb{P}}(M = k, \tau^j \in A_j, j = 1, \ldots, k) = \frac{kp_k}{m}\frac{1}{k}\sum_{j=1}^{k}\mathbb{P}(A_1)\ldots\widehat{\mathbb{P}}(A_j)\ldots\mathbb{P}(A_k)$$

$$(5.5)$$

Fig. 5.2 Une représentation d'arbre de Galton-Watson biaisé, avec l'épine dorsale dessinée en gras, et les sous-arbres de loi $\mathbb{P}$ le long de l'épine dorsale

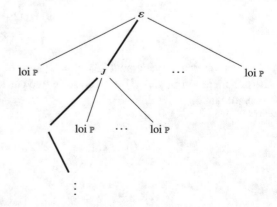

et

$$\widehat{\mathbb{P}}(M = 0) = 0.$$

Preuve La preuve repose sur la définition de $\widehat{\mathbb{P}}$. Supposons $k \geq 1$. Il suffit de faire la preuve en supposant qu'il existe un entier n tel que tous les A_j, $j = 1, \ldots, k$ sont dans $\mathcal{F}_{n-1}$, de sorte que $\widehat{\mathbb{P}}(A_j) = \mathbb{E}\left(\mathbb{1}_{A_j} \frac{Z_{n-1}}{m^{n-1}}\right)$. Tous les A_j ainsi que M sont dans $\mathcal{F}_n$, et donc

$$\widehat{\mathbb{P}}(M = k, \tau^j \in A_j, j = 1, \ldots, k) = \mathbb{E}\left(\mathbb{1}_{M=k} \prod_{j=1}^{k} \mathbb{1}_{\tau^j \in A_j} \frac{Z_n}{m^n}\right)$$

$$= \frac{1}{m} \mathbb{E}\left(\mathbb{1}_{M=k} \prod_{j=1}^{k} \mathbb{1}_{\tau^j \in A_j} \sum_{i=1}^{k} \frac{Z_{n-1} \circ \tau^i}{m^{n-1}}\right)$$

$$= \frac{1}{m} \mathbb{E}\left(\mathbb{1}_{M=k} \sum_{i=1}^{k} \frac{Z_{n-1} \circ \tau^i}{m^{n-1}} \mathbb{1}_{\tau^i \in A_i} \prod_{j \neq i} \mathbb{1}_{\tau^j \in A_j}\right).$$

En conditionnant par $\mathcal{F}_1$ (c'est-à-dire sachant M) et en appliquant la propriété de branchement de la proposition 2.1, les τ^i, $i = 1, \ldots, k$ sont indépendants et il vient

$$\widehat{\mathbb{P}}(M = k, \tau^j \in A_j, j = 1, \ldots, k) = \frac{p_k}{m} \sum_{i=1}^{k} \widehat{\mathbb{P}}(A_i) \prod_{j \neq i} \mathbb{P}(A_j).$$

Pour $k = 0$,

$$\widehat{\mathbb{P}}(M = 0) = \mathbb{E}\left(\mathbb{1}_{M=0} \frac{Z_1}{m}\right) = 0. \qquad \square$$

Dans la démonstration du théorème de Kesten-Stigum ci-dessous intervient la notion de processus de Galton-Watson avec immigration. Voyons comment un arbre de Galton-Watson biaisé peut être décrit en ces termes.

Définition 5.12 Soit $(p_k)_{k \geq 0}$ une loi de probabilité sur $\mathbb{N}$, dite loi de reproduction, et soit $(Y_n)_{n \geq 1}$ une suite de variables aléatoires i.i.d. à valeurs dans $\mathbb{N}$ de même loi $\mathcal{Y}$, appelée loi d'immigration. Les lois de reproduction et d'immigration sont supposées indépendantes.

Un processus $(Z_n)_{n \geq 0}$ est dit *processus de Galton-Watson avec immigration* lorsque $Z_0 = 1$ et pour tout $n \geq 1$,

$$Z_n = Y_n + \sum_{i=1}^{Z_{n-1}} M_i$$

où les M_i sont indépendants, chacun suit la loi de reproduction (p_k), et Y_n suit la loi d'immigration $\mathcal{Y}$. Autrement dit, pour tout $n \geq 1$, Z_n est la somme du nombre d'enfants des individus de la génération précédente et d'immigrants de loi $\mathcal{Y}$.

Soit maintenant $(Z_n)_{n \geq 0}$ un processus de Galton-Watson biaisé, c'est-à-dire sous la loi $\widehat{\mathbb{P}}$. La proposition 5.11 et la figure 5.2 font apparaître, en regardant la n-ième génération et en enlevant l'individu du tronc, que les $Z_n - 1$ individus sont la réunion des enfants des individus de la génération précédente (sous la loi $\mathbb{P}$) et des enfants de l'individu du tronc de la génération précédente (sous la loi $\widehat{\mathbb{P}}$) moins un. Autrement dit, pour tout $n \geq 1$, $Z_n - 1$ est un processus de Galton-Watson avec immigration $Y_n = \widehat{M}_n - 1$ où les $\widehat{M}_n$ sont i.i.d. de loi $k p_k / m$.

Le théorème suivant, dû à Seneta, sur les processus avec immigration est démontré dans Peres [205].

Théorème 5.13 *Soient Z_n les tailles des générations dans un processus de Galton-Watson avec immigration Y. Supposons que $m > 1$, où m est la moyenne de la loi de reproduction. Si[7] $\mathbb{E}(\log^+ Y) < \infty$, alors la limite de Z_n / m^n existe et est finie p.s. Si $\mathbb{E}(\log^+ Y) = \infty$, alors $\limsup Z_n / c^n = \infty$ pour toute constante $c > 0$.*

5.1.3 Processus surcritique : Théorème de Kesten-Stigum

Le théorème suivant répond de façon définitive à la question de la nullité ou non de la limite W de la martingale de Galton-Watson, qui est cruciale pour préciser le comportement asymptotique de Z_n. Dans ce théorème apparaît en effet une condition nécessaire et suffisante pour que W ne soit pas dégénérée. Cette condition, dite « *condition $x \log x$* », porte sur la loi de reproduction du processus. Dans le cas où elle est satisfaite, il y a convergence L^1 de la martingale de Galton-Watson et l'espérance est conservée à la limite.

Théorème 5.14 (Théorème de Kesten-Stigum (1966)) *Soit $(Z_n)_{n \geq 0}$ un processus de Galton-Watson surcritique où $Z_0 = 1$ et $1 < m < \infty$ et qui s'éteint avec probabilité q. Soit W la limite de la martingale $\dfrac{Z_n}{m^n}$. Alors les assertions suivantes sont équivalentes :*

(i) $\mathbb{P}(W = 0) = q$;

(ii) $\mathbb{E}(W) = 1$;

(iii) $W_n = \frac{Z_n}{m^n} \xrightarrow{L^1} W$;

(iv) (W_n) *est uniformément intégrable*[8] ;

---

[7] $\log^+ x$ est la partie positive du log, autrement dit : $\log^+ x = \max(0, \log x)$.

[8] Une suite (X_n) de variables aléatoires est uniformément intégrable lorsque $\sup_n (X_n \mathbb{1}_{X_n \geq a})$ tend vers 0 quand a tend vers l'infini. Cette notion est équivalente à la convergence de la suite dans L^1.

(v) $\mathbb{E}(\sup_n W_n) < +\infty$;

(vi) (condition x log x) $\mathbb{E}(M \log^+ M) < +\infty$, c'est-à dire $\sum_{k=2}^{\infty}(k \log k)p_k < \infty$.

Preuve Les équivalences entre (ii), (iii) et (iv) sont des résultats généraux, ainsi que (v) $\Rightarrow$ (iv).

(ii) $\Rightarrow$ (i) se déduit du lemme 5.3 sur les propriétés héritées : puisque $\{W = 0\}$ est une propriété héritée, $\mathbb{P}(W = 0) = q$ ou 1.

Montrons (i) $\Rightarrow$ (v). Cela repose sur le lemme suivant dont la démonstration se trouve dans Athreya et Ney [10, p. 27].

Lemme 5.15 *Supposons que* $\mathbb{P}(W = 0) = q$. *Posons* $L = sup_n W_n$. *Alors il existe* A *et* $B > 0$ *tels que* $\forall x \geq 1, \forall n \in \mathbb{N}$

$$\mathbb{P}(W \geq Ax) \geq B \, \mathbb{P}(L \geq x).$$

Ce lemme entraîne

$$\mathbb{E}(L) = \int_0^{\infty} \mathbb{P}(L \geq x)dx \leq 1 + \frac{1}{B}\int_1^{\infty} \mathbb{P}(W \geq Ax)dx$$
$$\leq 1 + \frac{1}{B}\mathbb{E}\left(\frac{W}{A}\right) - 1 + \frac{\mathbb{E}(W)}{AB} < \infty$$

et donc (v) est vérifié.

Il reste à montrer (vi) $\Rightarrow$ (ii) et (i) $\Rightarrow$ (vi).

La fin de la démonstration du théorème de Kesten-Stigum est la plus intéressante et se déduit de l'étude de l'arbre biaisé. En effet, nous avons :

$$\text{(vi)} \ \mathbb{E}(M \log^+ M) < +\infty \Leftrightarrow \mathbb{E}(\log \widehat{M}) < \infty \tag{5.6}$$

où $\widehat{M}$ est la v.a. à valeurs dans $\mathbb{N}$ de loi $\mathbb{P}(\widehat{M} = k) = \dfrac{kp_k}{m}$ définie dans l'arbre biaisé.

Supposons (vi). Alors $\mathbb{E}(\log \widehat{M}) < \infty$. Or $Z_n = 1 + (Z_n - 1)$ et sous $\widehat{\mathbb{P}}$, d'après la remarque 5.12, $Z_n - 1$ est un processus de Galton-Watson avec immigration $\widehat{M} - 1$. Par le théorème 5.13 d'immigration de Seneta, nous déduisons $W < \infty \ \widehat{\mathbb{P}} - p.s.$, et grâce au lemme 5.8 de dichotomie, nous obtenons $\mathbb{E}(W) = 1$, c'est-à-dire (ii).

Inversement si (vi) n'est pas vérifié, alors par le même théorème 5.13, $W = \infty \ \widehat{\mathbb{P}} - p.s.$, et donc $\mathbb{P}(W = 0) = 1 \neq q$ puisque $m > 1$ donc (i) n'est pas vérifié. Ce qui termine la démonstration du théorème de Kesten-Stigum. $\qquad\square$

5.2   Modèle de Catalan et arbres de Galton-Watson

Dans cette section, les arbres binaires ou planaires sous le modèle de Catalan (c'est-à-dire que les arbres de même taille sont équiprobables) sont vus comme des arbres de Galton-Watson conditionnés par leur taille. De nombreux résultats sur les arbres sous le modèle de Catalan proviennent de ce lien, par exemple le comportement asymptotique de leur hauteur et de leur largeur exposé dans la section 5.2.3.

Ce lien organique entre les arbres sous le modèle uniforme et les arbres de Galton-Watson fait partie du « folklore » et remonte au moins à Kolchin [159] et [160, Chap. 2] et Kennedy [152] ; la présentation qui suit est due essentiellement à Jean-François Marckert, dans son cours de master à Versailles dans les années 2000 puis dans son cours à Graz [178].

5.2.1   Pour les arbres binaires et les arbres planaires

Supposons qu'un type de parcours soit fixé, le parcours en largeur ou le parcours en profondeur (les parcours d'arbres sont présentés dans l'annexe A). Les nœuds d'un arbre planaire fini τ sont alors ordonnés par le parcours ; pour $k = 1, \ldots, |\tau|$, appelons u_k le k-ième nœud. Associons à tout arbre planaire τ la suite $(y_1, y_2, \ldots, y_{|\tau|})$ où $y_i = M_{u_i}$, nombre d'enfants du nœud u_i dans l'arbre τ (figure 5.3). L'application D ainsi définie de l'ensemble $\mathcal{P}$ des arbres planaires dans l'ensemble des suites finies d'entiers $\bigcup_{n \geq 1} \mathbb{N}^n$ est clairement une injection : si deux arbres sont différents, c'est qu'il existe un nœud u qui est dans l'un et pas dans l'autre ; alors le père de u n'a pas le même nombre d'enfants dans les deux arbres, donc les suites associées par D sont différentes.

Inversement, n'importe quelle liste d'entiers ne correspond pas à un arbre. Par exemple, quel que soit le parcours choisi, la suite $(1, 0, 0, 2)$ ne correspond pas à un arbre. Cependant, nous avons la proposition suivante.

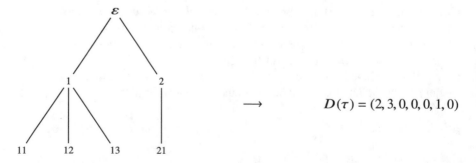

Fig. 5.3   Un exemple d'arbre planaire τ et la suite associée par l'application D. Ici le parcours d'arbre choisi est le parcours en profondeur ou parcours préfixe

Proposition 5.16 *Pour un parcours d'arbre fixé, pour tout entier $n \geq 1$, l'application $D : \tau \mapsto (y_1, y_2, \ldots, y_n)$, qui à un arbre planaire associe la suite des nombres d'enfants des nœuds successifs, est une bijection de l'ensemble $\mathcal{P}_n$ des arbres planaires à n nœuds sur l'ensemble D_n des suites de n entiers vérifiant les contraintes (C)*

$$(C) \begin{cases} y_1 & \geq & 1, \\ y_1 + y_2 & \geq & 2, \\ & \vdots & \\ y_1 + \ldots + y_{n-1} & \geq & n-1, \\ y_1 + \ldots + y_n & = & n-1. \end{cases}$$

La preuve est laissée en exercice (les détails sont dans Marckert [178]) ; remarquons que la suite $(s_0, s_1, \ldots, s_n)$ définie par $s_0 = 0, s_1 = y_1 - 1, s_2 = (y_1 - 1) + (y_2 - 1), \ldots, s_n = (y_1 - 1) + \cdots + (y_n - 1)$ vérifie des contraintes déduites de (C) et se retrouve être une marche d'incréments $(y_i - 1)$ qui est une excursion sur $[0, n-1]$ et qui est ainsi en bijection avec un arbre planaire à n nœuds. Ce n'est pas la même excursion que celle du processus de contour qui sera décrit dans la section 5.2.3 (a).

Rendons tous ces objets aléatoires : soit $(p_k)_{k \geq 0}$ une loi de probabilité sur $\mathbb{N}$ telle que $m - \sum_k k p_k \leq 1$, et soit τ un arbre de Galton-Watson pour cette loi. Cet arbre τ est fini presque sûrement, en vertu du corollaire 5.3.

Soient maintenant un entier n et un arbre t planaire à n noeuds, $t \in \mathcal{P}_n$. D'après ce qui précède, c'est la même chose de se donner l'arbre t, ou bien une suite $(y_1, y_2, \ldots, y_n)$ de n entiers vérifiant (C). Donc

$$\mathbb{P}(\tau = t) = \mathbb{P}((Y_1, \ldots, Y_n) = (y_1, \ldots, y_n)) = \prod_{u \in \tau} p_{M_u} = \prod_{i=1}^{n} p_{y_i} = \prod_{j \geq 0} p_j^{d_j},$$

où d_j est le nombre de nœuds de l'arbre t qui ont j enfants. En conditionnant par la taille de l'arbre :

$$\mathbb{P}(\tau = t \mid |\tau| = n) = \mathbb{P}((Y_1, \ldots, Y_n) = (y_1, \ldots, y_n) \mid |\tau| = n) \qquad (5.7)$$

$$= \frac{\mathbb{P}((Y_1, \ldots, Y_n) = (y_1, \ldots, y_n))}{\mathbb{P}(|\tau| = n)} \qquad (5.8)$$

$$= \frac{\prod_{i=1}^{n} p_{y_i}}{\mathbb{P}(|\tau| = n)} \qquad (5.9)$$

$$= \frac{\prod_{j \geq 0} p_j^{d_j}}{\mathbb{P}(|\tau| = n)}. \qquad (5.10)$$

Ce sont ces égalités qui permettent d'obtenir la correspondance entre arbres de Galton-Watson et arbres sous la loi uniforme, résumée dans la proposition suivante.

Proposition 5.17 *Soit* $(p_k)_{k \geq 0}$ *une loi de probabilité sur* $\mathbb{N}$ *telle que* $m = \sum_k k p_k \leq 1$. *Soit* τ *l'arbre de Galton-Watson associé. Alors*

(i) *Pour tout* $\alpha \in]0, 1[$, *si* τ *est un arbre de Galton-Watson binaire défini par la loi* $(p_k)_{k \geq 0}$ *avec* $p_2 = \alpha$, $p_0 = 1 - \alpha$, *alors* τ, *conditionné à être de taille* n, *suit la loi uniforme sur l'ensemble* $\mathcal{B}_n$ *des arbres binaires complets à* n *nœuds.*

(ii) *Pour tout* $\alpha \in]0, 1[$, *si* τ *est un arbre de Galton-Watson planaire de loi géométrique définie par* $p_k = \alpha(1 - \alpha)^k$ *pour* $k \geq 0$, *alors* τ, *conditionné à être de taille* n, *suit la loi uniforme sur l'ensemble* $\mathcal{P}_n$ *des arbres planaires à* n *nœuds.*

Ainsi,

(i) Un arbre de Galton-Watson binaire, conditionné à être de taille n, suit la loi uniforme sur l'ensemble $\mathcal{B}_n$ des arbres binaires complets à n nœuds.

(ii) Un arbre de Galton-Watson planaire de loi géométrique, conditionné à être de taille n, suit la loi uniforme sur l'ensemble $\mathcal{P}_n$ des arbres planaires à n nœuds.

Preuve

(i) Avec la formule (5.10), la probabilité

$$\mathbb{P}(\tau = t \,\big|\, |\tau| = 2n + 1) = \frac{p_0^{n+1} p_2^n}{\mathbb{P}(|\tau| = 2n + 1)}$$

ne dépend pas de $y_1, \ldots, y_n$ c'est-à-dire de la forme de l'arbre. Tous les arbres binaires complets de taille $2n + 1$ sont donc équiprobables. Nous retrouvons bien les arbres sous le modèle de Catalan du chapitre 4.

(ii) La formule (5.9) donne

$$\mathbb{P}(\tau = t \,\big|\, |\tau| = n) = \frac{\prod_{i=1}^{n} \alpha(1 - \alpha)^{y_i}}{\mathbb{P}(|\tau| = n)} = \frac{\alpha^n (1 - \alpha)^{n-1}}{\mathbb{P}(|\tau| = n)}$$

qui est une expression qui ne dépend pas non plus de $y_1, \ldots, y_n$ c'est-à-dire de la forme de l'arbre. Tous les arbres planaires de taille n sont donc équiprobables. □

5.2.2 Pour les arbres de Cayley

Rappelons (cf. section 1.2.3) qu'un arbre de Cayley est un arbre non planaire marqué par des entiers positifs distincts. Pour le représenter sur un dessin, nous convenons que les fils d'un même nœud portent des marques croissantes de gauche à droite. L'ensemble des arbres de Cayley à n nœuds est appelé Cay_n et cet ensemble a été dénombré section 4.5.1.

Proposition 5.18 *Pour tout* $\lambda > 0$, *un arbre de Galton-Watson de loi de Poisson de paramètre* λ *(c'est-à-dire que la loi de reproduction* $(p_k)_{k \geq 0}$ *est définie par :*

$\forall k \geq 0$, $p_k = e^{-\lambda}\lambda^k/k!$), *conditionné à être de taille n, suit la loi uniforme sur l'ensemble* Cay_n *des arbres de Cayley à n nœuds.*

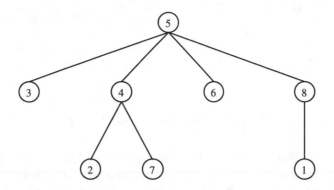

Preuve Soit τ un arbre de Cayley de taille n, dont les nœuds sont numérotés de 1 à n, par exemple celui de la Figure 1.15 que nous remettons ici. Fixons-nous un parcours. Pour $i = 1, \ldots, n$, appelons A_i l'ensemble des marques des enfants du nœud numéro i. La marque de la racine apparaît pas, de sorte que la réunion de tous les ensembles A_i est en bijection avec un ensemble à $n - 1$ éléments. La donnée de l'arbre τ est équivalente à la donnée de la liste d'ensembles A_i. Inversement une liste d'ensembles formant une partition d'un ensemble à $n-1$ éléments ne correspond pas toujours à un arbre. Il faut ajouter des contraintes sur les $y_i = Card(A_i)$, qui sont les contraintes (C) de la section précédente. Par exemple, pour l'arbre de Cayley ci-dessus et pour le parcours en profondeur, nous avons $n = 8$, $(A_1, \ldots, A_8) = (\{3, 4, 6, 8\}, \emptyset, \{2, 7\}, \emptyset, \emptyset, \emptyset, \{1\}, \emptyset)$ et $(y_1, \ldots, y_8) = (4, 0, 2, 0, 0, 0, 1, 0)$.

Soit maintenant $(y_1, \ldots, y_n)$ une suite de n entiers vérifiant (C) et soit t l'arbre à n nœuds associé. Soit τ_n un arbre de Cayley choisi avec la loi uniforme[9] sur Cay_n. Alors,

$$\mathbb{P}(\tau_n = t) = \mathbb{P}((Y_1, \ldots, Y_n) = (y_1, \ldots, y_n))$$

$$= \frac{\binom{n-1}{y_1}\binom{n-1-y_1}{y_2}\ldots\binom{n-1-y_1-\cdots-y_{n-1}}{y_n}}{Card(\mathrm{Cay}_n)}$$

$$= \frac{(n-1)!}{y_1!\ldots y_n!}\frac{1}{Card(\mathrm{Cay}_n)}.$$

---

[9]Le cardinal de l'ensemble Cay_n est n^{n-1}, voir en section 4.5.1, mais cela n'intervient pas dans la preuve.

Par ailleurs, pour un arbre de Galton-Watson τ de loi de Poisson, avec la formule (5.9),

$$\mathbb{P}(\tau = t \,|\, |\tau| = n) = \frac{\prod_{i=1}^{n} e^{-\lambda}\lambda^{y_i}/(y_i)!}{\mathbb{P}(|\tau| = n)} = \frac{e^{-n\lambda}\lambda^{n-1}}{y_1! \ldots y_n!\,\mathbb{P}(|\tau| = n)}.$$

Pour un n-uplet $(y_1, \ldots, y_n)$ fixé, ces deux expressions sont proportionnelles et sont des probabilités. Elles sont donc égales, ce qui prouve la proposition.   □

5.2.3   *Largeur et hauteur des arbres sous le modèle de Catalan*

Considérer des arbres de Galton-Watson conditionnés par leur taille pose la question naturelle de la monotonie : est-il possible de considérer un arbre de taille $n + 1$ comme l'extension d'un arbre de taille n, alors qu'ils proviennent de deux conditionnements différents ? La réponse est non (voir Janson [148] et l'exercice 5.4). Le raisonnement est basé sur la loi asymptotique qui est apparue dans le théorème 5.9 : un arbre de Galton-Watson conditionné par sa taille n converge vers l'arbre biaisé, lorsque n tend vers l'infini.

Néanmoins, le lien Galton-Watson/Catalan ouvre de larges perspectives vers de nombreux résultats asymptotiques, lorsque la taille tend vers l'infini. Il a été démontré (par Aldous [4, 5], Chassaing et Marckert [35], Drmota et Gittenberger [69, 70]) que la largeur $w(\tau_n)$ et la hauteur $h(\tau_n)$ d'un arbre binaire ou planaire de taille n sous le modèle de Catalan sont d'ordre $\sqrt{n}$, et une fois renormalisés convergent vers la même limite (!) qui ne dépend pas de la loi de reproduction du Galton-Watson, mais seulement de sa variance, comme l'indique le résultat suivant.

Théorème 5.19 *Soit τ_n un arbre de Galton-Watson critique de loi de reproduction de variance σ^2 finie, conditionné à être de taille n. Lorsque n tend vers l'infini,*

$$\left(\frac{1}{\sqrt{n}} w(\tau_n), \frac{1}{\sqrt{n}} h(\tau_n) \right) \xrightarrow[n\to\infty]{\mathcal{D}} \left(\sigma W, \frac{2}{\sigma} W \right),$$

où σ^2 est la variance de la loi de reproduction du Galton-Watson et où W est le maximum d'une excursion brownienne sur $[0, 1]$.

On remarquera, en appliquant la proposition 5.17, que

- pour les arbres binaires sous le modèle de Catalan, l'arbre de Galton-Watson critique adéquat est obtenu pour $p_0 = p_2 = 1/2$ et donc la variance est égale à 1, soit $\sigma = 1$ dans le théorème précédent ;
- pour les arbres planaires sous le modèle de Catalan, l'arbre de Galton-Watson critique adéquat est obtenu pour une loi géométrique de paramètre $1/2$ et donc la variance est égale à 2, soit $\sigma = \sqrt{2}$ dans le théorème précédent.

La partie de ce théorème relative à la hauteur des arbres planaires sous le modèle de Catalan est détaillée ci-après.

Hauteur des arbres planaires sous le modèle de Catalan

Ce résultat peut se prouver de deux manières, toutes deux détaillées notamment dans le livre de Drmota [68, Chap 4].

Une première manière d'obtenir la loi limite de $h(\tau_n)/\sqrt{n}$ est combinatoire, due aux travaux de Flajolet et ses co-auteurs [88, 89, 90] ou [94, p. 328, section V.4.3 et p. 535, section VII.10.2] : on compte la proportion d'arbres de taille n et de hauteur h via leur fonction génératrice et un calcul de résidus (ou la formule de Stirling) conduit à la loi Theta (voir l'annexe C.3.4) et au théorème suivant.

Théorème 5.20 *La hauteur normalisée d'un arbre planaire de taille n sous le modèle de Catalan,* $\dfrac{h(\tau_n)}{\sqrt{\pi n}}$, *converge en distribution vers une variable aléatoire de loi Theta lorsque n tend vers l'infini.*

Une deuxième manière consiste à s'inscrire dans les méthodes asymptotiques relatives à *l'arbre continu d'Aldous* ; introduit par Aldous [3, 4] et développé par Duquesne et Le Gall [72], cet arbre est un objet limite obtenu à partir d'un arbre de Galton-Watson de taille n lorsque les distances à la racine sont renormalisées par $1/\sqrt{n}$.

Mettons en avant quelques idées de démonstration. Ci-dessous dans (a), la construction de la correspondance bijective entre arbres et chemins de Dyck est élémentaire. Ensuite dans (b), l'approximation du mouvement brownien par une marche aléatoire discrète est assez intuitive. Et enfin l'identification de la loi limite repose dans (c) sur des calculs de loi relatifs au mouvement brownien.

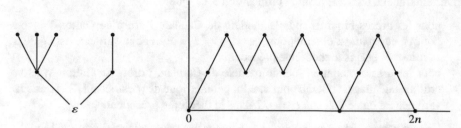

Fig. 5.4 Un exemple d'arbre planaire à $7 = n + 1$ nœuds et le chemin de Dyck associé par contour. Le parcours d'arbre est le parcours en profondeur ou parcours préfixe. La fonction de contour C_n est dessinée à droite. Exceptionnellement, l'arbre est dessiné poussant vers le haut, afin que l'excursion à droite soit naturellement positive

(a) Arbres sous le modèle de Catalan et chemins de Dyck

Un *chemin de Dyck* de longueur $2n$, est une fonction f continue, positive ou nulle sur $[0, 2n]$ telle que $f(0) = f(2n) = 0$ et f est affine par morceaux, de pente $+1$ ou -1 sur chaque intervalle $[k, k+1]$, $k = 0, \ldots, 2n - 1$.

Les arbres binaires de taille n sont en bijection avec les arbres planaires de taille $n + 1$. Et ceux-ci sont en bijection avec les chemins de Dyck, de la manière suivante, grâce à la fonction de *contour* : heuristiquement, pour un arbre à $n + 1$ nœuds τ_{n+1}, la fonction de contour C_n est l'altitude d'une fourmi qui part de la racine et visite les nœuds de l'arbre le long des branches, dans l'ordre du parcours en profondeur. Voir la figure 5.4 où l'arbre pousse vers le haut (!) pour le confort d'une excursion positive. Formellement, soit F_n la fonction de $\{0, \ldots, 2n\}$ dans l'ensemble des nœuds de l'arbre définie par récurrence par : $F_n(0) = \varepsilon$ la racine de l'arbre. Pour $k \geq 0$, si le nœud $F_n(k)$ a des enfants non encore visités (i.e., pas dans la liste $F_n(0), \ldots, F_n(k - 1)$), alors $F_n(k + 1)$ est le nœud le plus à gauche des enfants non visités de $F_n(k)$. Si tous les enfants de $F_n(k)$ ont été visités, alors $F_n(k + 1)$ est le parent de $F_n(k)$, et ce, jusqu'au retour à la racine. Puis la fonction de contour C_n est définie par : $\forall k = 0, \ldots, 2n$,

$$C_n(k) = |F_n(k)|,$$

(comme d'habitude, $|F_n(k)|$ désigne la longueur du mot $F_n(k)$) et C_n est rendue continue, affine par morceaux, par interpolation entre les points d'abscisses entières. Il est alors clair que la hauteur de l'arbre est égale au maximum du chemin de Dyck :

$$h(\tau_n) = \max_{0 \leq k \leq 2n} C_n(k).$$

(b) Convergence des chemins de Dyck vers l'excursion brownienne

Du côté de l'aléa, la loi uniforme sur les arbres de taille n induit la loi uniforme sur les chemins de Dyck de longueur $2n$. Un chemin de Dyck associé à un arbre de taille $n + 1$ sous le modèle de Catalan peut être vu aussi comme une marche aléatoire simple (même probabilité $1/2$ de monter ou de descendre) de longueur $2n$, conditionnée à rester positive et à revenir en 0.

Le théorème de Donsker (1951) établit qu'une marche aléatoire $(S_n)_n$ à incréments i.i.d. de moyenne nulle et de variance finie σ^2, une fois renormalisée pour obtenir une fonction s_n continue sur $[0, 1]$

$$s_n(t) = \frac{S_{\lfloor nt \rfloor} + \{nt\}\left(S_{\lfloor nt+1 \rfloor} - S_{\lfloor nt \rfloor}\right)}{\sigma \sqrt{n}} \qquad (5.11)$$

converge en distribution et en processus vers un mouvement brownien[10] (rappelons que la notation $\{nt\}$ désigne la partie fractionnaire de nt) :

$$(s_n(t), 0 \le t \le 1) \xrightarrow[n \to \infty]{\mathcal{D}} (B_t, 0 \le t \le 1).$$

Dans la même veine, le résultat suivant établit la convergence en distribution d'un chemin de Dyck de longueur $2n$ renormalisé vers une excursion brownienne. Une définition possible de l'excursion brownienne (e_t) sur $[0, 1]$ est : un mouvement brownien standard entre deux zéros, renormalisé et rendu positif sur $[0, 1]$. Si c_n est la renormalisation analogue à (5.11) de la fonction de contour C_n, alors

$$(c_n(t), 0 \le t \le 1) \xrightarrow[n \to \infty]{\mathcal{D}} (2e_t, 0 \le t \le 1).$$

Une conséquence immédiate de (a) est alors que pour un arbre de taille n sous le modèle de Catalan,

$$\frac{h(\tau_n)}{\sqrt{n}} \xrightarrow[n \to \infty]{loi} \frac{2}{\sigma} \max_{0 \le t \le 1} e_t.$$

---

[10]Un mouvement brownien $(B_t)_{t \ge 0}$ est un processus aléatoire à temps continu, qui peut être défini comme la limite d'une marche aléatoire renormalisée (!) ou bien plus classiquement comme un processus à accroissements indépendants, de lois gaussiennes, tel que pour tous instants $0 \le s < t$, $B_t - B_s$ est de loi gaussienne centrée de variance $t - s$. Voir par exemple le livre de Revuz et Yor [221].

(c) Loi du maximum d'une excursion brownienne

📚 La loi du maximum d'une excursion brownienne sur $[0, 1]$ est égale à $\sqrt{\dfrac{\pi}{2}} Y$ où Y suit une loi Theta. En effet, le maximum d'une excursion brownienne a même loi que

$$\max_{0 \leq u \leq 1} b_u - \min_{0 \leq u \leq 1} b_u,$$

où (b_u) est un *pont* brownien, c'est-à-dire un mouvement brownien standard conditionné à valoir 0 en 1. Il suffit alors de connaître la loi du couple $\left(\max_{0 \leq u \leq 1} b_u, \min_{0 \leq u \leq 1} b_u \right)$. Or,

$$\mathbb{P}\left(\min_{0 \leq u \leq 1} b_u \geq -a, \max_{0 \leq u \leq 1} b_u \leq b \right) = \sum_{k=-\infty}^{\infty} e^{-2k^2(a+b)^2} - \sum_{k=-\infty}^{\infty} e^{-2[b+k(a+b)]^2},$$

ce qui conduit au résultat. Finalement, le théorème 5.20 se dit aussi de la façon suivante.

Théorème 5.21 *La hauteur normalisée d'un arbre planaire de taille n sous le modèle de Catalan, $\dfrac{h(\tau_n)}{\sqrt{2n}}$, converge en distribution vers la loi du maximum d'une excursion brownienne sur* $[0, 1]$, *lorsque n tend vers l'infini.*

On trouvera dans le livre de Revuz et Yor [221] et dans le survey de Biane et al. [23] tout le nécessaire sur le mouvement brownien et ses liens avec la loi Theta.

5.3 Marche aléatoire branchante

Ce processus de Markov modélise une population d'individus qui se reproduisent (c'est un processus de branchement) et qui ont une position spatiale. En outre, la suite des positions des individus le long d'une branche est une marche aléatoire. Ce modèle correspond par exemple à l'essaimage des graines d'une plante ancêtre, d'année en année (figure 5.5).

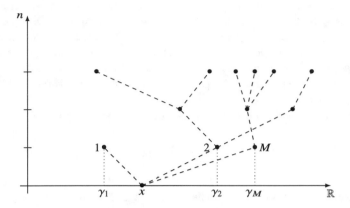

Fig. 5.5   Une occurrence de marche aléatoire branchante sur $\mathbb{R}$

Le phénomène se décrit de la façon suivante : un ancêtre se trouve à la position[11] $x \in \mathbb{R}$ à l'instant 0. A l'instant $n = 1$, il donne naissance à un nombre aléatoire M d'enfants situés aux positions aléatoires $\gamma_1, \gamma_2, \dots, \gamma_M$. Puis chaque individu u donne naissance, indépendamment des autres particules et du passé, à des enfants selon la même règle : il a M_u enfants où M_u est de même loi que M, et les positions $\gamma_{u1}, \gamma_{u2}, \dots, \gamma_{uM_u}$ des enfants de u relativement a u sont de meme loi que $\gamma_1, \gamma_2, \dots, \gamma_M$. Le modèle de marche aléatoire branchante est discret mais un modèle continu se décrit tout aussi bien avec des durées de vie aléatoires ; les analogies avec de tels modèles à temps continu, introduits notamment par Uchiyama [243]), sont clairement expliquées par Biggins [26]. Nous y reviendrons plus loin.

Ici, les arbres qui apparaissent sont des arbres marqués par les déplacements γ_u (à valeurs dans $\mathbb{R}$) des particules. Remarquons qu'en enlevant les marques spatiales, il reste un arbre de Galton-Watson de loi de reproduction donnée par M.

Définissons la *position* X_u de la particule $u = i_1 i_2 \dots i_n$ par

$$X_u = X_\varepsilon + \gamma_{i_1} + \gamma_{i_1 i_2} + \cdots + \gamma_{i_1 \dots i_n}.$$

Cette expression met en évidence le fait qu'une marche aléatoire est effectuée sur chaque branche allant de l'ancêtre au nœud u. Ce modèle est *additif* le long de chaque branche de l'arbre. En passant à l'exponentielle (c'est-à-dire en considérant comme variables les e^{X_u}) on obtiendrait un modèle *multiplicatif* le long des branches, comme dans les cascades ou les fractales notamment.

Toute l'information du modèle est contenue dans la position de l'ancêtre X_ε et la mesure aléatoire

$$\mathcal{Z} = \delta_{\gamma_1} + \cdots + \delta_{\gamma_M} \tag{5.12}$$

---

[11]Nous supposons ici que les déplacements sont à valeurs dans $\mathbb{R}$, mais le modèle avec déplacements dans $\mathbb{R}^d$, $d \geq 2$ est une généralisation naturelle.

qui est la somme des mesures de Dirac (δ désigne la mesure de Dirac) en chaque déplacement des enfants de l'ancêtre. C'est une mesure de comptage, aléatoire, appelée aussi *processus ponctuel*. Remarquons que dans le modèle général, il n'y a pas d'hypothèse d'indépendance entre M et les γ_i. Le problème 5.9 propose un cas simple où il y a indépendance. Le problème 5.5 propose un cas où M est constant égal à 2.

Pour décrire l'état de la marche branchante à l'instant n, appelons

$$\mathcal{Z}_n = \sum_{|u|=n} \delta_{X_u}$$

le processus des positions des particules de la n-ième génération. Alors $\mathcal{Z}_0 = \delta_{X_\varepsilon}$ et $\mathcal{Z}_1 = \sum_{j=1}^{M} \delta_{X_\varepsilon + \gamma_j}$. Nous allons étudier la loi de $\mathcal{Z}_n$ via sa transformée de Laplace :
$$\sum_{u,|u|=n} e^{-\theta X_u}.$$

Définition 5.22 La loi du processus ponctuel $\mathcal{Z}$ défini par l'équation (5.12) est caractérisée par sa transformée de Laplace, définie par : $\forall \theta \in \mathbb{R}$,

$$m(\theta) = \mathbb{E}\left(\mathcal{Z}(e^{-\theta})\right) = \mathbb{E}\left(\sum_{j=1}^{M} e^{-\theta \gamma_j}\right) \in [0, +\infty]. \tag{5.13}$$

La proposition suivante résume le modèle et exprime une propriété de branchement enrichie de la composante spatiale. Pour exprimer la propriété de branchement, nous avons besoin de la tribu $\mathcal{F}_n$, le passé avant n : c'est ici la tribu engendrée par les variables M_u, $|u| \leq n-1$, X_ε et γ_u, $|u| \leq n$. Elle contient les déplacements de u et ses ancêtres jusqu'à n, mais pas le nombre d'enfants d'un nœud u de longueur n.

Proposition-Définition 5.23 *Soit $\mathcal{Z}$ un processus ponctuel de transformée de Laplace finie sur un voisinage de* 0. *Ecrivons*

$$\mathcal{Z} = \delta_{\gamma_1} + \cdots + \delta_{\gamma_M}.$$

Soit $x \in \mathbb{R}$. Alors il existe une unique probabilité $\mathbb{P}_x$ sur l'ensemble Ω des arbres marqués par $\mathbb{R}$, telle que $\mathbb{P}_x$-presque sûrement,

(i) $X_\varepsilon = x$;
(ii) $\mathcal{Z}_1 = \delta_{x+\gamma_1} + \cdots + \delta_{x+\gamma_M}$ *(translatée de x de la mesure $\mathcal{Z}$)* ;
(iii) *(propriété de branchement)*
    pour tout $n \geq 1$, conditionnellement à $\mathcal{F}_n$, le passé avant n, les sous-arbres $\{\tau^u, |u| = n\}$ sont indépendants et de même loi $\mathbb{P}_{X_u}$. Autrement dit, pour toutes

fonctions positives $f_u, u \in U,\ f_u : \Omega \to \mathbb{R}_+$

$$\mathbb{E}_x \left(\prod_{u,|u|=n} f_u(\tau^u) \Big| \mathcal{F}_n \right) = \prod_{u,|u|=n} \mathbb{E}_{X_u}(f_u), \tag{5.14}$$

où $\mathbb{E}_x$ désigne l'espérance sous $\mathbb{P}_x$.

Dans le reste de cette section :

- notons $\mathbb{E}$ pour $\mathbb{E}_0$;
- supposons que $m = \mathbb{E}(M) > 1$, car c'est dans ce cas (surcritique) que se produisent des phénomènes intéressants.

L'analogue de la martingale (Z_n/m^n) du processus de Galton-Watson est maintenant une famille paramétrée par $\theta \in \mathbb{R}$:

$$W_n(\theta) = \frac{1}{m(\theta)^n} \sum_{u,|u|=n} e^{-\theta X_u} = \frac{1}{m(\theta)^n} \int_{\mathbb{R}} e^{-\theta x} Z_n(dx). \tag{5.15}$$

Remarquons qu'en faisant $\theta = 0$, nous retrouvons $W_n(0) = \frac{Z_n}{m^n}$, le processus de Galton-Watson sous-jacent. La propriété de martingale se montre sans difficulté :

Théorème 5.24 (Théorème de Kingman) *Pour tout $\theta \in \mathbb{R}$, $W_n(\theta)$ défini par l'équation (5.15) est une $\mathcal{F}_n$-martingale positive d'espérance égale à 1. Elle converge presque sûrement vers $W(\theta)$, et $\mathbb{E}(W(\theta)) \leq 1$.*

Preuve Par un raisonnement *forward*, écrivons que la position d'une particule de la génération $n + 1$ est la position d'un enfant d'une particule de la génération n. Appliquons la propriété de branchement (5.14) : les τ^u pour $u, |u| = n$ sont indépendants et de loi $\mathbb{P}_{X_u}$, de sorte que

$$\mathbb{E}_x \left(W_{n+1}(\theta) \Big| \mathcal{F}_n \right) = \frac{1}{m(\theta)^{n+1}} \sum_{u,|u|=n} \mathbb{E}_x \left(\sum_{j=1}^{M(\tau^u)} e^{-\theta X_j(\tau^u)} \Big| \mathcal{F}_n \right)$$

$$= \frac{1}{m(\theta)^{n+1}} \sum_{u,|u|=n} \mathbb{E}_{X_u} \left(\sum_{j=1}^{M} e^{-\theta X_j} \right)$$

$$= \frac{1}{m(\theta)^{n+1}} \sum_{u,|u|=n} e^{-\theta X_u} \mathbb{E} \left(\sum_{j=1}^{M} e^{-\theta \gamma_j} \right)$$

$$= \sum_{u,|u|=n} \frac{e^{-\theta X_u}}{m(\theta)^n} = W_n(\theta),$$

ce qui prouve la propriété de martingale. La convergence presque sûre vient de la positivité et l'inégalité à la limite vient du fait que la martingale est d'espérance égale à 1 (cf. annexe C.8 et le corollaire C.26).   □

L'analogue du théorème de Kesten-Stigum est dû à Biggins, pour déterminer si la limite $W(\theta)$ est nulle ou pas, en d'autres termes pour dire s'il y a convergence dans L^1 ou non, mais un phénomène nouveau apparaît qui sépare l'espace en deux zones.

Théorème 5.25 *Soit $W(\theta)$ la limite presque sûre de la martingale $W_n(\theta)$. Quand $n \to +\infty$,*

$$W_n(\theta) \xrightarrow{L^1} W(\theta) \; et \; \mathbb{E}(W(\theta)) = 1 \Longleftrightarrow \begin{cases} \log m(\theta) - \theta \frac{m'(\theta)}{m(\theta)} > 0 \\ et \\ \mathbb{E}(\mathcal{Z}_1(\theta) \log \mathcal{Z}_1(\theta)) < \infty, \end{cases}$$

où nous notons $\mathcal{Z}_1(\theta) = \sum_{j=1}^{M} e^{-\theta \gamma_j}$. Lorsqu'il n'y a pas convergence dans L^1, alors $W_n(\theta) \xrightarrow[n \to \infty]{} 0$ presque sûrement.

Ainsi la condition sur $m(\theta)$ définit deux zones de $\mathbb{R}$ limitées par deux valeurs critiques θ_c et θ_c'. Dans la zone $\theta_c < \theta < \theta_c'$ il y a convergence L^1 sous une condition de type «xlog x». Dans la zone $\theta < \theta_c$ ou $\theta > \theta_c'$ on a $W_n(\theta) \xrightarrow[n \to \infty]{} 0$.

Preuve Plusieurs démonstrations existent, qui sortent du cadre de ce livre : celle de Biggins dans [25] et une autre utilisant l'extension au cas spatial de l'arbre biaisé (cf. Lyons [170]).   □

5.4 Exercices et problèmes

▷ **5.1.** Utiliser la relation (5.3) sur W, la limite de la martingale de Galton-Watson, dans le cas particulier où $n = 1$, pour trouver une équation fonctionnelle satisfaite par la transformée de Laplace de W.   ◁

▷ **5.2.** Décrire et dessiner un arbre biaisé pour $p_0 = p_2 = 1/2$, en utilisant la proposition 5.11.   ◁

▷ **5.3.** Expliciter la bijection entre les arbres binaires et les chemins de Dyck.   ◁

▷ **Problème 5.4. (Les arbres de Galton-Watson ne poussent pas)** (ce problème est issu de Janson [148].) Pour tout $n \geq 1$, soit τ_n un arbre de Galton-Watson de loi de reproduction $(p_k)_{k \geq 0}$, conditionné par sa taille n. On suppose que le processus de Galton-Watson est critique ($m = \sum k p_k = 1$) et de variance finie σ^2. La question est de savoir si τ_{n+1} peut être construit à partir de τ_n sur un même espace probabilisé, en ajoutant une feuille.

1. On suppose (par l'absurde) qu'il existe un espace probabilisé sur lequel sont définis tous les τ_n et tel que la suite (τ_n) est croissante au sens de l'inclusion. À l'aide du théorème 5.9, montrer que p.s.

$$\bigcup_{n \geq 1} \tau_n = \widehat{\tau}$$

où $\widehat{\tau}$ est un arbre biaisé.

2. Pour tout $k \geq 1$, appelons $Z_k(\tau)$ le nombre de nœuds de la k-ième génération d'un arbre τ. Montrer que $\mathbb{E}Z_k(\widehat{\tau}) = 1 + k\sigma^2$ et en déduire la propriété :

$$\forall k \geq 1, \forall n \geq 1, \qquad \mathbb{E}Z_k(\tau_n) \leq 1 + k\sigma^2. \qquad (5.16)$$

3. Soit $\varepsilon > 0$. Soit le processus de Galton-Watson de loi de reproduction donnée par

$$p_0 = \frac{1 - \varepsilon}{2}, \qquad p_1 = \varepsilon, \qquad p_2 = \frac{1 - \varepsilon}{2}.$$

Calculer la moyenne et la variance de cette loi. Pour $n = 3$, respectivement $n = 4$, dessiner les 2, respectivement 4 arbres τ_n possibles, et calculer la loi de τ_n. En déduire que

$$\mathbb{E}Z_1(\tau_3) = 2 + O(\varepsilon^2), \qquad \mathbb{E}Z_1(\tau_4) = \frac{5}{3} + O(\varepsilon^2).$$

Montrer que pour ε suffisamment petit, (5.16) n'est pas vérifiée pour $n = 3$ et $\mathbb{E}Z_1(\tau_n) \sim \mathbb{E}Z_1(\tau_{n+1})$ pour $n = 3$.

4. Conclure.

$\lhd$

▷ **Problème 5.5. (Un exemple de marche aléatoire branchante : la bisection)** Le modèle de la bisection est appelé aussi "Kolmogorov's rock". Dans ce modèle, un objet est de masse 1 à l'instant 0. A l'instant 1, il se brise en deux objets de masse U et $1 - U$ où U est une variable aléatoire de loi uniforme sur l'intervalle $]0, 1[$. Les deux morceaux évoluent ensuite indépendamment l'un de l'autre. A l'instant n, il y a 2^n morceaux, et chacun se brise à l'instant $n + 1$ en deux morceaux de taille respectivement U fois sa taille et $(1-U)$ fois sa taille. Ainsi la masse de chaque morceau est le produit de variables aléatoires *indépendantes* de loi uniforme sur $]0, 1[$. En prenant les logarithmes de ces variables, le modèle devient additif, c'est une marche aléatoire branchante.

Avec les notations de la section 5.3, soit U une variable aléatoire de loi uniforme sur $]0, 1[$. Soit le processus ponctuel $\mathcal{Z}$ défini par

$$\mathcal{Z} = \delta_{-\log U} + \delta_{-\log(1-U)}.$$

Il définit une marche aléatoire branchante dans laquelle l'ancêtre a exactement deux enfants ($M \equiv 2$) qui se déplacent en $\gamma_1 = -\log U$ et $\gamma_2 = -\log(1 - U)$.

1. Calculer pour un paramètre θ réel, la transformée de Laplace $m(\theta)$ et son logarithme $\Lambda(\theta)$. Ecrire la martingale additive que l'on appellera $M_n^{BIS}(\theta)$. Traduire le théorème de Biggins, en particulier déterminer la zone de convergence L^1 de la martingale additive. En faisant le changement de variable $z = (1 + \theta)/2$, traduire cette zone sur un intervalle en z : $]z_-, z_+[$. Les bornes z_- et z_+ sont solution d'une équation que l'on écrira. Ecrire la martingale additive de la bisection en fonction du paramètre z.

2. Une marche aléatoire branchante cousine de la bisection.

Soit U une variable aléatoire de loi uniforme sur $]0, 1[$. Soit la marche aléatoire branchante définie par le processus ponctuel

$$\mathcal{Z} = 2\delta_{-\log U}.$$

Dans cette marche, l'ancêtre a exactement 2 descendants, comme dans la bisection, mais ils sont tous les deux situés au même endroit, en $\gamma_1 = \gamma_2 = -\log U$. Ecrire la transformée de Laplace $m(\theta)$ et son logarithme $\Lambda(\theta)$. Ecrire la martingale additive que l'on appellera $M_n^{GEN}(\theta)$. Que remarque-t-on ?

$\triangleleft$

$\triangleright$ **Problème 5.6. (Processus de Galton-Watson sous-critiques)** Dans tout le problème, un processus de Galton-Watson $(Z_n)_{n\in\mathbb{N}}$, sous-critique est donné par sa loi de reproduction $(p_k)_{k\in\mathbb{N}}$, de fonction génératrice f et de moyenne

$$m = \sum_{k \geq 0} k\, p_k < 1.$$

La fonction génératrice de Z_n est notée f_n. Les notions utiles d'espérance conditionnelle sont en annexe C.7.

Partie A :

1. Rappeler la relation entre les fonctions f_n et f.
2. Posons pour tout réel $s \in [0, 1]$

$$g_n(s) = \mathbb{E}(s^{Z_n} \mid Z_n > 0)$$

   Exprimer g_n en fonction de f_n.
3. Posons pour tout réel $s \in [0, 1]$

$$k(s) = \frac{1 - f(s)}{1 - s}$$

   Montrer que

$$1 - g_n(s) = \frac{k(f_{n-1}(s))}{k(f_{n-1}(0))}\, (1 - g_{n-1}(s))$$

   en déduire que la suite $(1 - g_n(s))_{n\in\mathbb{N}}$ est croissante et montrer la convergence de g_n vers une fonction g, quand $n \to +\infty$.
4. Montrer que

$$1 - g_n(f(s)) = (1 - g_{n+1}(s))\, k(f_n(0))$$

   et en déduire que $g(1) = 1$.
5. En déduire le théorème de Yaglom : pour un processus de Galton-Watson sous-critique, il existe une loi limite du processus conditionné par la non-extinction, c'est-à-dire

$$\mathbb{P}(Z_n = j \mid Z_n > 0) \overset{n\to\infty}{\longrightarrow} Q(j)$$

   où Q est une loi de probabilité sur $\mathbb{N}$ non dégénérée.

Partie B :

   Pour tout entier $n \geq 1$, appelons ξ_n le sommet de la première génération de l'arbre de Galton-Watson, qui est le plus à gauche parmi les sommets qui ont des descendants dans la n-ième génération. Autrement dit (avec les notations de ce chapitre),

$$\xi_n = \inf\{j \in \mathbb{N} \text{ tels que } (z_n \cap T_j) \text{ non vide} \mid Z_n > 0\}$$

Appelons A_n le nombre de descendants de ξ_n à la n-ième génération.

1. Faire un dessin.
2. Comparer la loi de A_n sachant $Z_n > 0$ et la loi de Z_{n-1} sachant $Z_{n-1} > 0$.
3. Appelons μ_n la loi de Z_n sachant $Z_n > 0$.

(a) Montrer que

$$\frac{\mathbb{P}(Z_n > 0)}{m^n} = \frac{1}{\int x \, d\mu_n(x)} .$$

(b) Montrer que la suite $\left(\dfrac{\mathbb{P}(Z_n > 0)}{m^n} \right)_n$ est décroissante et que

$$\lim_{n \to +\infty} \frac{\mathbb{P}(Z_n > 0)}{m^n} > 0 \iff \sup_n \mathbb{E}(Z_n \mid Z_n > 0) < \infty .$$

4. Admettons le théorème d'immigration suivant : soit Z_n les tailles des générations dans un processus de Galton-Watson avec immigration Y_n. Supposons que m, moyenne de la loi de reproduction est < 1. Si $\mathbb{E}(log^+ Y) < \infty$, alors Z_n converge en loi vers Z_∞. Si $\mathbb{E}(log^+ Y) = \infty$, alors Z_n converge en probabilité vers $+\infty$.
Montrer alors l'équivalence

$$\sum_{k \geq 1} (k \, \log k) \, p_k < \infty \iff \sup_n \mathbb{E}(Z_n \mid Z_n > 0) < \infty .$$

On pourra utiliser l'arbre biaisé et sa traduction en termes de processus avec immigration, puis calculer $\widehat{\mathbb{P}}(Z_n = k)$ pour tout $k \geq 1$.

$\triangleleft$

▷ **Problème 5.7. (Galton-Watson et martingale des enfants)** Soit (Z_n) un processus de Galton-Watson de moyenne $m > 1$ et de loi de reproduction $(p_k)_{k \in \mathbb{N}}$. Appelons M le nombre d'enfants de l'ancêtre, de sorte que

$$\mathbb{P}(M = k) = p_k$$

$$m = \sum_{k=0}^{+\infty} k p_k .$$

Supposons que

$$\mathrm{Var}(M) = \mathbb{E}(M^2) - m^2 < \infty .$$

Appelons $W_n = \dfrac{Z_n}{m^n}$ la martingale associée. Nous savons déjà que W_n converge presque sûrement vers une limite W. Le but de l'exercice est de montrer la convergence de W_n dans L^2.

1. Calculer l'espérance conditionnelle $\mathbb{E}(Z_n^2 \mid \mathcal{F}_{n-1})$. En déduire une relation de récurrence sur $\mathbb{E}(Z_n^2)$. Calculer $\mathbb{E}(Z_n^2)$ en fonction de m et $\mathrm{Var}(M)$.
2. Montrer que $\mathbb{E}(W_n^2)$ est bornée. En déduire que la martingale W_n converge dans L^2 vers W.
3. Ecrire le théorème ainsi montré. Comment relier ce résultat au théorème de Kesten-Stigum ?

$\triangleleft$

▷ **Problème 5.8. (Encore un Galton-Watson)** Dans tout le problème, on considère un processus de Galton-Watson $(Z_n)_{n \in \mathbb{N}}$, critique, donné par sa loi de reproduction $(p_k)_{k \in \mathbb{N}}$, de fonction génératrice f et de moyenne

$$m = \sum_{k \geq 0} k \, p_k = 1$$

On notera f_n la fonction génératrice de Z_n.

1.

    (a) Rappeler la relation entre les fonctions f_n et f. Dessiner la fonction f.

    (b) Quelle est, pour tout t fixé, $t \in [0, 1]$, la limite quand $n \to +\infty$ de $f_n(t)$? En déduire la limite quand $n \to +\infty$ de $\mathbb{P}(Z_n > 0)$.

    (c) Montrer que $\mathbb{E}(Z_n \mid Z_n > 0) = \dfrac{1}{\mathbb{P}(Z_n > 0)}$.

2. Dans cette question, on traite un cas particulier de processus de Galton-Watson. Pour $p \in]0, 1[$ fixé, posons $p_0 = p$ et pour $k \geq 1$, $p_k = (1 - p)^2 p^{k-1}$.

    (a) Calculer la moyenne m de cette loi et la variance que l'on notera σ^2.

    (b) Montrer que la fonction génératrice est

$$f(s) = \frac{p - (2p - 1)s}{1 - ps}$$

et que

$$f_n(s) = \frac{np - (np + p - 1)s}{1 - p + np - nps}$$

    (c) En déduire l'égalité suivante

$$\frac{1}{n}\left[\frac{1}{1 - f_n(t)} - \frac{1}{1 - t}\right] = \frac{\sigma^2}{2} \, . \tag{5.17}$$

On admettra dans la suite que dans le cas général d'un Galton-Watson critique de variance finie σ^2, on a toujours

$$\lim_{n \to \infty} \frac{1}{n}\left[\frac{1}{1 - f_n(t)} - \frac{1}{1 - t}\right] = \frac{\sigma^2}{2} \, . \tag{5.18}$$

3.

    (a) Soit X une variable aléatoire réelle de loi exponentielle de paramètre λ, c'est-à-dire de densité $\lambda e^{-\lambda u} 1_{[0, +\infty[}(u)$, soit encore

$$\mathbb{P}(X > x) = e^{-\lambda x} \, .$$

Calculer la transformée de Laplace de X : $\varphi(\alpha) = \mathbb{E}(e^{-\alpha X})$.

    (b) Montrer que

$$\mathbb{E}(e^{-\alpha\left(\frac{Z_n}{n}\right)} \mid Z_n > 0) = \frac{f_n(e^{-\alpha/n}) - f_n(0)}{1 - f_n(0)} \, .$$

    (c) Déduire de l'égalité (5.18) la limite quand $n \to +\infty$ de $\mathbb{E}(e^{-\alpha\left(\frac{Z_n}{n}\right)} \mid Z_n > 0)$.

    (d) Que peut-on dire de la loi conditionnelle limite de Z_n/n trouvée à la question précédente par sa transformée de Laplace ?

    (e) Trouver de deux manières différentes un équivalent de $\mathbb{E}(Z_n \mid Z_n > 0)$.

$\triangleleft$

▷ **Problème 5.9. (Une marche aléatoire branchante simple)** Dans tout le problème, on considère une marche aléatoire avec branchement particulière, partant d'un ancêtre situé en 0, donnée par une loi de reproduction $(p_k)_{k\in\mathbb{N}}$, et par un processus ponctuel Z sur $\mathbb{R}$:

$$Z = \sum_{j=1}^{M} \delta_{X_j}$$

où X_j désigne la position de la j-ième particule créée et M désigne le nombre de descendants de l'ancêtre. On suppose que les déplacements des particules sont 0 ou 1 avec probabilité 1/2, autrement dit

$$\mathbb{P}(X_j = 0) = \mathbb{P}(X_j = 1) = 1/2,$$

autrement dit encore, une particule créée à partir d'un point x de $\mathbb{R}$ se déplace en $x + 1$ avec probabilité 1/2 et ne bouge pas avec probabilité 1/2. On supposera que la reproduction et les déplacements sont indépendants entre eux. On suppose que la reproduction vérifie

$$m = \mathbb{E}(M) > 2$$

et

$$\mathbb{E}(M^2) < \infty$$

et on note f la fonction génératrice de la reproduction :

$$f(s) = \mathbb{E}(s^M) = \sum_{k \geq 0} p_k s^k .$$

Appelons Z_n le cardinal de la n-ième génération ($Z_1 = M$) et appelons $Z^{(n)}$ la mesure ponctuelle des positions des particules de la n-ième génération ($Z^{(1)} = Z$) :

$$Z^{(n)} = \sum_{|u|=n} \delta_{X_u}.$$

La position de la particule u est appelée X_u et le déplacement de la particule u est appelé γ_u. Les déplacements valent 0 ou 1 et la position d'une particule $u = i_1 i_2 \ldots i_n$ est

$$X_u = \gamma_{i_1} + \gamma_{i_1 i_2} + \ldots \gamma_{i_1 i_2 \ldots i_n}$$

L'objet du problème est de comprendre où sont les particules, quand n devient grand.

1. Faire un dessin de cette marche aléatoire avec branchement.
2. Y a-t-il extinction du processus ? Avec quelle probabilité ?
3.

   (a) Montrer que le support de la mesure $Z^{(n)}$, c'est-à-dire $Z^{(n)}(\mathbb{R})$ est contenu dans $\mathbb{N} \cap [0, n]$.
   (b) pour tout entier k, appelons

   $$\lambda(n, k) = Z^{(n)}(\{k\}) = \sum_{u,|u|=n} 1_{\{X_u=k\}}$$

   le nombre de particules situées en k à la n-ième génération et notons

   $$G_{n,k}(s) = \mathbb{E}\left(s^{\lambda(n,k)}\right)$$

   la fonction génératrice de $\lambda(n, k)$.

Montrer que l'on a la relation de récurrence

$$(R) \qquad G_{n,k}(s) = f\left(\frac{G_{n-1,k}(s) + G_{n-1,k-1}(s)}{2}\right)$$

4. Posons pour tout entier k,

$$p_{n,k} = \mathbb{P}(\lambda(n,k) = 0).$$

Déduire de la relation (R) que $p_{n,k}$ vérifie la relation de récurrence

$$(r) \qquad p_{n,k} = f\left(\frac{p_{n-1,k} + p_{n-1,k-1}}{2}\right)$$

5. Posons pour tout entier k,

$$q_{n,k} = \mathbb{P}(\forall j \leq k, \ \lambda(n,j) = 0)$$

et

$$L_n = \inf\{k \in \mathbb{N} \text{ tels que } \lambda(n,k) > 0\} = \inf \text{support}(Z^{(n)})$$

(a) Montrer que $q_{n,k}$ vérifie la même relation de récurrence (r) (on pourra faire un raisonnement analogue à celui fait à la question (3)(b)).
(b) Quel est le sens de variation de $q_{n,k}$ par rapport à n ? par rapport à k ?
(c) Reporter L_n sur le dessin de la question (1). Montrer que L_n est croissant en n et montrer que

$$\mathbb{P}(L_n > k) = q_{n,k}$$

(d) Montrer que L_n converge (dans un sens que l'on précisera) vers une limite L telle que

$$\mathbb{P}(L > k) = q_k$$

où q_k est solution de l'équation

$$q_k = f\left(\frac{q_k + q_{k-1}}{2}\right).$$

6. On rappelle la terminologie : pour tout $\theta > 0$,

$$m(\theta) = \mathbb{E}\left(\sum_{j=1}^{M} e^{-\theta X_j}\right)$$

(a) Calculer $m(\theta)$ dans le cas de la marche aléatoire traitée ici.
(b) Montrer que pour tout $\theta \geq 0$,

$$\log m(\theta) - \theta\,\frac{m'(\theta)}{m(\theta)} > 0.$$

Dessiner $m(\theta)$ et $\log m(\theta)$ pour $\theta \geq 0$. Que dit alors le théorème de Biggins ?

(c) Ecrire

$$W_n(\theta) = \sum_{|u|=n} \frac{e^{-\theta X_u}}{m(\theta)^n}$$

en fonction de m et des $\lambda(n, k)$.

(d) Définissons pour tout entier k,

$$\mu(n, k) = \left(\frac{m}{2}\right)^{-n} \sum_{j=0}^{k} \binom{-n}{j} \lambda(n, k - j).$$

Montrer que pour tout $\theta \geq 0$,

$$\sum_{k \geq 0} \mu(n, k) e^{-\theta k} = W_n(\theta).$$

En déduire que pour tout entier k fixé, la suite $(\mu(n, k))_n$ est une $\mathcal{F}_n$-martingale. Appelons μ_k sa limite presque sûre quand n tend vers $+\infty$. Que peut-on dire de μ_k ?

(e) Appliquer (d) à $k = L$ pour obtenir

$$\lambda(n, L) \sim \text{Cste} \left(\frac{m}{2}\right)^n,$$

quand $n \to +\infty$.

Que signifie ce résultat ?

$\triangleleft$

Chapitre 6
Arbres binaires de recherche

Les arbres binaires de recherche (en abrégé abr) ont été introduits dans la section 1.2.5, et l'aléa sur ces arbres dans la section 2.2.3. Le mot *aléatoire* est sous-entendu dans la suite, mais ils le sont bien, et l'aléa sur les abr est la loi Ord dans les sections 6.1 à 6.4. Nous rappelons (cf. la définition 2.9) que cette loi Ord est la loi sur les arbres binaires de recherche sous le modèle des permutations uniformes, lorsque les clés insérées sont des variables aléatoires i.i.d. de même loi uniforme sur l'intervalle [0, 1], et que l'arbre est construit par insertions successives aux feuilles (figure 6.1).

Nous avons vu dans la section 3.2.1 que les performances des opérations de recherche, avec et sans succès, et d'insertion dans un arbre binaire de recherche sont déterminées par des paramètres de l'arbre tels que ses longueurs de cheminement et sa hauteur. Nous allons voir dans ce chapitre que la longueur de cheminement est asymptotiquement d'ordre $2n \log n$, et que la hauteur est asymptotiquement d'ordre $c \log n$ pour une constante $c = 4,31107\ldots$; nous aurons également une idée de la forme de l'arbre avec l'étude de son profil.

Les analyses qui suivent mettent en évidence deux points de vue possibles sur les arbres binaires de recherche. D'une part, le point de vue combinatoire, avec utilisation de séries génératrices, fournit des résultats en moyenne et en distribution sur les paramètres analysés. D'autre part, ces paramètres vus comme variables aléatoires se prêtent à une analyse probabiliste, par utilisation de martingales, qui fournit des résultats asymptotiques presque sûrs.

Ces deux approches sont présentées de façon complémentaire, en les utilisant conjointement le plus souvent possible. Par conséquent, les deux premières sections de ce chapitre reposent sur le type de paramètre étudié (longueur de cheminement, profil, profondeur d'insertion d'une clé, hauteur, niveau de saturation), en distinguant les paramètres additifs (en section 6.1) ou non (section 6.2). La section 6.3 donne quelques résultats pour les arbres récursifs (notamment leur hauteur),

© Springer Nature Switzerland AG 2018
B. Chauvin et al., *Arbres pour l'Algorithmique*, Mathématiques et Applications 83,
https://doi.org/10.1007/978-3-319-93725-0_6

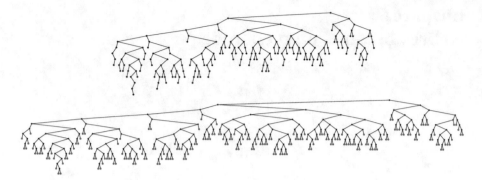

Fig. 6.1 En haut, un arbre binaire de recherche de taille 200 tiré aléatoirement selon la distribution « des permutations uniformes » ou loi Ord. En bas le même arbre a été complété : il possède donc 200 nœuds internes et 201 nœud externes

ceux-ci étant étroitement liés aux arbres binaires de recherche. Nous présentons ensuite en section 6.4 une extension du processus de croissance des arbres bourgeonnants qui consiste à biaiser les formes d'arbres binaires de recherche sous la loi Ord (cf. la remarque 2.11). La section 6.5, qui traite des arbres binaires de recherche randomisés, montre comment une variante algorithmique simple permet, quelle que soit la corrélation sur les données insérées dans l'arbre et quelle que soit la suite de mises à jour (insertions ou suppressions), d'assurer que les arbres binaires de recherche obtenus suivent la même loi que ceux construits sur le modèle des permutations uniformes. La traduction des résultats des sections précédentes, en termes de coûts des algorithmes sur les arbres binaires de recherche, est effectuée dans la section 6.6. Enfin, la section 6.7 reprend le lien entre le tri rapide et les arbres binaires de recherche déjà présenté en section 3.3.1, pour fournir des éléments d'analyse du coût de ce tri.

Quelques rappels

Tel qu'il a été introduit dans la section 1.2.5, un abr τ_n de taille n possède n clés ou marques dans ses noeuds, et a $n + 1$ possibilités d'insertion, qui sont les feuilles de l'arbre complété. Nous avons vu par ailleurs dans la section 2.2.3 que le processus abr $(\tau_n)_{n \geq 0}$ (c'est-à-dire la suite des arbres τ_n) a été défini de la façon suivante : l'arbre de départ τ_0 ne contient pas de clé, il est réduit à une feuille ; pour $n \geq 0$, τ_{n+1} est obtenu à partir de τ_n par insertion aux feuilles de la $(n+1)$-ième clé uniformément sur l'une des $n + 1$ possibilités d'insertion de τ_n. La figure 6.2 donne un exemple d'insertion dans un abr de taille 7.

Pour simplifier la rédaction et lorsque le contexte ne prête pas à ambiguïté, nous parlons souvent dans les sections 6.1 à 6.4 simplement d'« arbre binaire de recherche » pour désigner l'arbre complété.

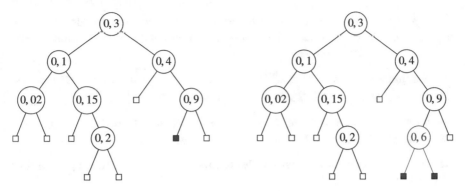

Fig. 6.2 Un abr de taille 7, τ_7, construit avec les clés $x_1 = 0,3$; $x_2 = 0,1$; $x_3 = 0,4$; $x_4 = 0,15$; $x_5 = 0,9$; $x_6 = 0,02$; $x_7 = 0,2$ et l'abr τ_8 obtenu par insertion ultérieure de $x_8 = 0,6$ sur la feuille bleue. Les deux arbres représentés ici sont les arbres complétés, dont les feuilles correspondent aux possibilités d'insertion. La profondeur d'insertion de x_8 dans τ_7 est $d(x_8, \tau_7) = 3$

6.1 Analyses de la longueur de cheminement et du profil

Nous considérons dans cette section des arbres binaires de recherche sous la loi « des permutations uniformes », c'est-à-dire sous la loi Ord. La longueur de cheminement se prête dans une première section 6.1.1 à une étude énumérative à base de combinatoire analytique. Nous obtenons les moments de la longueur de cheminement via une fonction génératrice bivariée, solution d'une équation aux dérivées partielles. Dans la section 6.1.2, nous utilisons des méthodes probabilistes, notamment la mise en évidence de martingales, pour obtenir le comportement asymptotique presque sûr de la longueur de cheminement ainsi que du profil. La méthode de contraction détaillée dans la section 6.1.3 éclaire la loi limite de la longueur de cheminement. Elle est simulée dans la section 6.1.4.

6.1.1 Longueur de cheminement et séries génératrices

Soit τ_n un abr de taille n (ou plutôt, le complété de l'abr, avec n nœuds internes et $n + 1$ feuilles). Etudions la longueur de cheminement interne $\mathrm{lci}(\tau_n)$, qui est un paramètre additif de fonction de péage $n - 1$ (cf. la définition 1.48) ; l'étude serait analogue avec $\mathrm{lce}(\tau_n)$, puisque les deux longueurs de cheminement sont liées par la relation (1.9) : $\mathrm{lce}(\tau_n) = \mathrm{lci}(\tau_n) + 2n$. L'additivité s'écrit :

$$\mathrm{lci}(\tau_n) = \mathrm{lci}(\tau_n^{(g)}) + \mathrm{lci}(\tau_n^{(d)}) + n - 1, \tag{6.1}$$

où $\tau_n^{(g)}$ et $\tau_n^{(d)}$ désignent les sous-arbres respectivement gauche et droit d'un abr τ_n.

Le principe « diviser pour régner » permet d'obtenir une relation de récurrence sur la variable qui nous intéresse. Ce principe est posé dans la proposition 2.13 de la section 2.2.3. Rappelons-le :

Proposition 6.1 *Soient $\tau_n^{(g)}$ et $\tau_n^{(d)}$ les sous-arbres respectivement gauche et droit d'un abr τ_n de taille n. Soit $p \in \{0, \ldots, n-1\}$. Alors $\mathbb{P}\left(|\tau_n^{(g)}| = p\right) = \frac{1}{n}$ et, conditionnellement en la taille de $\tau_n^{(g)}$ égale p, les sous-arbres $\tau_n^{(g)}$ et $\tau_n^{(d)}$ sont indépendants, $\tau_n^{(g)}$ a même loi que τ_p et $\tau_n^{(d)}$ a même loi que τ_{n-1-p}.*

Analyse en moyenne de la longueur de cheminement interne et de la profondeur d'insertion

Soit $p \in \{0, \ldots, n-1\}$. En conditionnant sur la taille du sous-arbre gauche $\tau_n^{(g)}$,

$$\mathbb{E}(\mathrm{lci}(\tau_n)) = \sum_{p=0}^{n-1} \mathbb{E}\left(\mathrm{lci}(\tau_n)\Big| |\tau_n^{(g)}| = p\right) \mathbb{P}(|\tau_n^{(g)}| = p).$$

En utilisant la proposition 6.1 et l'équation (6.1), nous obtenons

$$\mathbb{E}\left(\mathrm{lci}(\tau_n)\right) = n - 1 + \frac{1}{n} \sum_{p=0}^{n-1} \left(\mathbb{E}(\mathrm{lci}(\tau_p)) + \mathbb{E}(\mathrm{lci}(\tau_{n-1-p}))\right).$$

Posons $a_n = \mathbb{E}\left(\mathrm{lci}(\tau_n)\right)$, pour écrire

$$a_n = n - 1 + \frac{2}{n} \sum_{p=0}^{n-1} a_p$$

puis $n(a_n - n + 1) - (n-1)(a_{n-1} - n + 2) = 2a_{n-1}$, ce qui donne $na_n = (n+1)a_{n-1} + 2(n-1)$ et en divisant par $n(n+1)$:

$$\frac{a_n}{n+1} = \frac{a_{n-1}}{n} + 2\frac{n-1}{n(n+1)},$$

et finalement

$$\mathbb{E}\left(\mathrm{lci}(\tau_n)\right) = 2(n+1)(H_{n+1} - 1) - 2n = 2(n+1)H_n - 4n,$$

où le nombre harmonique H_n désigne la somme des inverses des n premiers entiers. Avec le développement asymptotique de H_n (cf. section B.5.1), cela montre que l'espérance du coût de construction d'un abr τ_n est asymptotiquement équivalente à $2n \log n$.

En termes de *profondeur d'insertion* : nous avons noté $d(x, \tau_n)$ la profondeur d'insertion d'une clé x dans τ_n. Sur la figure 6.2, la clé $x = 0,6$ est insérée à profondeur $d(x, \tau_n) = 3$. Dans le modèle Ord des « permutations uniformes », l'insertion d'une clé X_{n+1} (indépendante et de même loi que les précédentes) se fait à profondeur $d(X_{n+1}, \tau_n)$, et dans la suite nous noterons plus légèrement

$$D_{n+1} := d(X_{n+1}, \tau_n)$$

pour cette profondeur d'insertion, qui est une variable aléatoire.

Dans ce même modèle Ord, l'insertion se fait uniformément sur l'une des $n+1$ feuilles de l'arbre τ_n et donc

$$\mathbb{E}(D_{n+1}) = \frac{1}{n+1} \mathbb{E}(\mathrm{lce}(\tau_n))$$

qui devient avec l'équation (1.9) reliant longueurs de cheminement interne et externe :

$$\mathbb{E}(D_{n+1}) = \frac{1}{n+1}(\mathbb{E}(\mathrm{lci}(\tau_n)) + 2n),$$

soit finalement

$$\mathbb{E}(D_{n+1}) - 2(H_{n+1} - 1) = 2\log n + 2(\gamma - 1) + \mathcal{O}\left(\frac{1}{n}\right),$$

où $\gamma = 0{,}577215\ldots$ est la constante d' Euler. Le théorème suivant résume ce que nous venons d'obtenir.

Théorème 6.2 *Pour un abr τ_n de taille n sous la loi Ord, la moyenne de la longueur de cheminement interne est*

$$\mathbb{E}(\mathrm{lci}(\tau_n)) = 2(n+1)H_n - 4n = 2n\log n + 2(\gamma - 2)n + 2\log n + 2\gamma + 1 + O\left(\frac{1}{n}\right),$$

et la moyenne de la profondeur d'insertion est

$$\mathbb{E}(D_{n+1}) = 2(H_{n+1} - 1) = 2\log n + 2(\gamma - 1) + O\left(\frac{1}{n}\right),$$

où les valeurs asymptotiques sont pour $n \to +\infty$, et où $\gamma = 0{,}577215\ldots$ est la constante d'Euler.

Premiers moments de la longueur de cheminement interne

Pour ce faire, nous introduisons la fonction génératrice de probabilités bivariée (voir l'annexe B.3.2)

$$F(x, y) = \sum_{n,k \geq 0} \mathbb{P}(\mathrm{lci}(\tau_n) = k) \, x^n y^k.$$

La démarche habituelle consiste à trouver une équation de récurrence sur les probabilités $\mathbb{P}(\text{lci}(\tau_n) = k)$ et à en déduire une équation fonctionnelle sur F. Soit $k \geq 0$. En conditionnant sur la taille de $\tau_n^{(g)}$, nous avons pour $n \geq 1$

$$\mathbb{P}(\text{lci}(\tau_n) = k) = \sum_{p=0}^{n-1} \mathbb{P}\left(\text{lci}(\tau_n) = k \,\big|\, |\tau_n^{(g)}| = p\right) \mathbb{P}\left(|\tau_n^{(g)}| = p\right),$$

puis grâce à la proposition 6.1 et avec l'équation (6.1)

$$\mathbb{P}(\text{lci}(\tau_n) = k) = \frac{1}{n} \sum_{p=0}^{n-1} \mathbb{P}\left(\text{lci}(\tau_n^{(g)}) + \text{lci}(\tau_n^{(d)}) + n - 1 = k \,\big|\, |\tau_n^{(g)}| = p\right)$$

$$= \frac{1}{n} \sum_{p=0}^{n-1} \sum_{k_1+k_2+n-1=k} \mathbb{P}\left(\text{lci}(\tau_p) = k_1\right) \mathbb{P}\left(\text{lci}(\tau_{n-1-p}) = k_2\right).$$

Alors, F satisfait l'équation intégro-fonctionnelle suivante

$$\frac{\partial F}{\partial x}(x, y) = F^2(xy, y). \tag{6.2}$$

Cette équation donne des informations sur la loi de $\text{lci}(\tau_n)$, en étudiant les fonctions génératrices des moments de $\text{lci}(\tau_n)$ (cf. la section 4.1.2 et l'annexe B.3.2 pour les relations explicites entre fonctions génératrices et moments). Faisons-le pour l'espérance (les calculs sont plus lourds pour la variance), ce qui fournit une méthode alternative à l'analyse en moyenne ci-dessus.

Appelons B la fonction génératrice de la moyenne de $\text{lci}(\tau_n)$:

$$B(x) := \sum_{n \geq 0} \mathbb{E}(\text{lci}(\tau_n)) \, x^n.$$

Alors

$$B(x) = \frac{\partial F}{\partial y}(x, y) \,|_{y=1} \, .$$

En dérivant par rapport à x et grâce à l'équation (6.2), il vient

$$B'(x) = \frac{\partial}{\partial y} F^2(xy, y) \,|_{y=1}$$

$$= 2x F^3(x, 1) + 2F(x, 1)B(x).$$

Or

$$F(x, 1) = \sum_{n,k \geq 0} \mathbb{P}(\text{lci}(\tau_n) = k)x^n = \sum_{n \geq 0} \left(\sum_{k \geq 0} \mathbb{P}(\text{lci}(\tau_n) = k) \right) x^n = \sum_{n \geq 0} x^n = \frac{1}{1 - x},$$

ce qui montre que B est solution de l'équation différentielle

$$B'(x) = \frac{2x}{(1 - x)^3} + \frac{2B(x)}{1 - x}. \tag{6.3}$$

Cette équation se résout sans problème, en ajoutant les conditions initiales $\text{lci}(\tau_0) = 0$ et $\text{lci}(\tau_1) = 0$:

$$B(x) = \frac{-2}{(1 - x)^2} (x + \log(1 - x)) . \tag{6.4}$$

Pour obtenir $\mathbb{E}(\text{lci}(\tau_n))$, il suffit alors d'extraire le coefficient de x^n dans $B(x)$. Nous pouvons par exemple écrire $B(x)$ comme le produit de deux séries :

$$B(x) = \frac{2}{(1 - x)^2} \left(\frac{x^2}{2} + \frac{x^3}{3} + \cdots + \frac{x^n}{n} + \cdots \right)$$

$$= 2x^2 \left(\sum_{j \geq 0} (j + 1) x^j \right) \left(\sum_{k \geq 0} \frac{1}{k + 2} x^k \right)$$

de sorte que le coefficient de x^{n+2} vaut $2 \sum_{k=0}^{n} \dfrac{n - k + 1}{k + 2}$. Finalement,

$$\mathbb{E}(\text{lci}(\tau_{n+2})) = 2 \sum_{k=0}^{n} \frac{n - k + 1}{k + 2} = 2(n + 1)H_n - 4n = 2(n + 1)(H_{n+1} - 1) - 2n,$$

ce qui redonne bien le résultat du théorème 6.2. Remarquons que le résultat asymptotique peut être obtenu directement à partir de l'expression de $B(x)$ donnée par l'équation (6.4), par analyse de singularité.

La même méthode fournit pour la variance le théorème suivant (voir Sedgewick et Flajolet [232, page 142]).

Théorème 6.3 *La variance de la longueur de cheminement d'un arbre binaire de recherche de taille n, sous la loi* Ord*, vaut asymptotiquement lorsque $n \to +\infty$*

$$\text{Var}(\text{lci}(\tau_n)) = \left(7 - \frac{2\pi^2}{3} \right) n^2 + O(n \log n).$$

6.1.2 *Longueur de cheminement, profil et martingales*

Les méthodes probabilistes vont ici fournir le comportement asymptotique *presque sûr* de la longueur de cheminement. Plus précisément, nous allons mettre en évidence une martingale[1] relative au profil de l'abr, et les théorèmes généraux de convergence des martingales nous fourniront une limite presque sûre pour la longueur de cheminement (théorème 6.11) ainsi que pour le profil de l'abr (théorème 6.12).

La martingale de l'abr

La martingale de l'abr est construite à partir du *profil* de l'arbre. Si τ_n est un abr de taille n, la répartition des noeuds par niveau est décrite par

$$U_k(\tau_n) := \text{nombre de feuilles au niveau } k \text{ dans l'arbre } \tau_n. \tag{6.5}$$

La suite $(U_k(\tau_n), k \geq 0)$ s'appelle le *profil* de l'arbre, nous l'avons déjà rencontrée dans la section 1.3, et elle contient l'information sur la forme de l'arbre.

Remarque 6.4 Nous pouvons travailler avec les noeuds internes de façon analogue à ce que nous allons présenter pour les feuilles, et introduire

$$V_k(\tau_n) := \text{le nombre de noeuds internes au niveau } k \text{ dans l'arbre } \tau_n$$

ainsi que $Z_k(\tau_n) := $ le nombre total de noeuds au niveau k dans l'arbre τ_n, de sorte que $Z_k(\tau_n) = U_k(\tau_n) + V_k(\tau_n)$. L'étude serait analogue. Nous avons fait ce choix de définition du profil par les feuilles, parce que la croissance de l'arbre est plus explicite sur les feuilles. La figure 6.3 représente visuellement le profil $(U_k, V_k, Z_k)_{k \geq 0}$ d'un abr aléatoire.

Comme il y a $n + 1$ feuilles dans un arbre τ_n de taille n, la quantité $\dfrac{U_k(\tau_n)}{n + 1}$ représente la proportion de feuilles au niveau k, et la mesure définie par

$$\mu_{\tau_n} := \sum_{k=0}^{+\infty} \frac{U_k(\tau_n)}{n + 1} \, \delta_{\{k\}} \tag{6.6}$$

(où $\delta_{\{k\}}$ désigne la mesure de Dirac au point k) est une mesure de probabilité qui indique la répartition des feuilles par niveau et contient toute l'information sur le profil de l'arbre τ_n. Remarquons que la somme est finie, puisqu'il y a au plus n termes (et même $h(\tau_n)$ termes, où $h(\tau_n)$ est la hauteur de l'arbre τ_n).

---

[1] Voir la section C.8 pour des rappels sur les martingales et les filtrations.

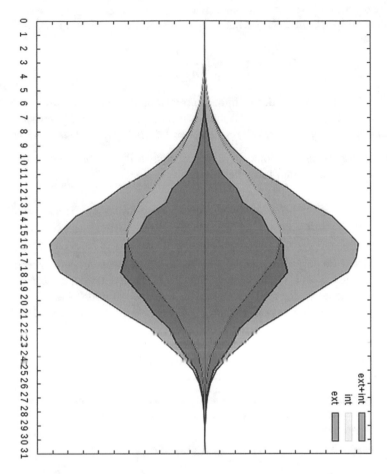

Fig. 6.3 Représentation du profil d'un abr aléatoire à 10 000 nœuds (donc une fois complété, à 10 001 nœuds internes et 10 001 nœuds externes). Cet abr est de hauteur 29 et de niveau de saturation 5. Sur cette figure sont respectivement représentés : le nombre de nœuds internes par niveau U_k, le nombre de nœuds externes (du complété) V_k et enfin le nombre total de nœuds par niveau $Z_k = U_k + V_k$. Chaque graduation en abscisse correspond à 100 nœuds. La forme typique est celle d'un « radis »

Rappelons que la $n + 1$-ième insertion se fait uniformément sur l'une des $n + 1$ feuilles de l'arbre τ_n. Par conséquent, la profondeur d'insertion d'une nouvelle clé dans τ_n (nous rappelons qu'elle est notée D_{n+1}) a pour loi conditionnelle sachant τ_n :

$$\mathbb{P}\left(D_{n+1} = k \middle| \tau_n\right) = \frac{U_k(\tau_n)}{n + 1} = \mu_{\tau_n}(k), \tag{6.7}$$

et en prenant l'espérance (cf. les règles pour l'espérance conditionnelle section C.7)

$$\mathbb{P}(D_{n+1} = k) = \mathbb{E}\left(\frac{U_k(\tau_n)}{n+1}\right) = \mathbb{E}(\mu_{\tau_n}(k)). \tag{6.8}$$

Cette égalité exprime que des résultats en moyenne sur la mesure μ_{τ_n} donnent des résultats en loi sur la profondeur d'insertion D_{n+1}. Autrement dit, *des résultats en moyenne sur le profil donnent des résultats en loi sur la profondeur d'insertion.*

Définition 6.5 Nous appelons *polynôme de niveau* d'un arbre binaire de recherche τ_n, le polynôme défini formellement par

$$W_{\tau_n}(z) := \sum_{k=0}^{+\infty} U_k(\tau_n)\, z^k.$$

Il s'agit bien d'un polynôme, car il n'y a plus de feuilles à profondeur supérieure à la hauteur : pour $k > h(\tau_n)$, nous avons $U_k(\tau_n) = 0$. Bien entendu, c'est une variable aléatoire, puisque les $U_k(\tau_n)$ sont aléatoires. Pour $n = 0$ nous avons $W_{\tau_0}(z) = 1$; et pour $z = 1$, nous avons pour tout n, $W_{\tau_n}(1) = n + 1$, le nombre total de feuilles de τ_n.

Nous obtiendrons facilement la moyenne du polynôme de niveau, dès que nous aurons la moyenne des $U_k(\tau_n)$. Cette moyenne fait l'objet du théorème suivant, dû à Lynch [169] :

Théorème 6.6 *La moyenne du nombre de feuilles au niveau k dans un arbre binaire de recherche aléatoire de taille n, sous le modèle* **Ord***, vaut*

$$\mathbb{E}\left(U_k(\tau_n)\right) = \frac{2^k}{n!}\begin{bmatrix} n \\ k \end{bmatrix},$$

où les nombres $\begin{bmatrix} n \\ k \end{bmatrix}$ *sont les nombres de Stirling de première espèce (voir la section B.5.1).*

Preuve Nous utilisons le principe « diviser pour régner » de la proposition 6.1. Posons

$$a_{n,k} := \frac{n!}{2^k}\,\mathbb{E}\left(U_k(\tau_n)\right).$$

Un petit calcul permet de voir que les $a_{n,k}$ satisfont la relation de récurrence des nombres de Stirling de première espèce et ont les mêmes valeurs initiales. □

Nous déduisons immédiatement du théorème 6.6, avec l'équation (6.8), la loi de la profondeur d'insertion de la $(n + 1)$-ième clé dans τ_n :

$$\mathbb{P}(D_{n+1} = k) = \frac{2^k}{(n+1)!}\begin{bmatrix} n \\ k \end{bmatrix}.$$

Le théorème 6.6 permet aussi de calculer la moyenne du polynôme de niveau :

$$\mathbb{E}\left(W_{\tau_n}(z)\right) = \sum_{k=0}^{+\infty} \mathbb{E}\left(U_k(\tau_n)\right) z^k$$

$$= \frac{1}{n!} \sum_{k=0}^{+\infty} 2^k z^k \begin{bmatrix} n \\ k \end{bmatrix}$$

$$= \frac{1}{n!} 2z(2z+1)\dots(2z+n-1),$$

en connaissant la fonction génératrice des nombres de Stirling de première espèce (voir section B.5.1). Ceci permet d'expliciter la loi de la profondeur d'insertion de la $(n+1)$-ième clé dans τ_n exprimée par sa série génératrice $d_n(z)$:

$$d_n(z) := \sum_{k=0}^{+\infty} \mathbb{P}\left(D_{n+1} = k\right) z^k .$$

Par l'équation (6.8), $\mathbb{P}(D_{n+1} = k)$ $\frac{1}{n+1}$ $\mathbb{E}\left(U_k(\tau_n)\right)$, et nous obtenons

$$d_n(z) = \frac{1}{n+1} \mathbb{E}\left(W_{\tau_n}(z)\right) = \frac{1}{(n+1)!} \prod_{j=0}^{n-1} (j+2z),$$

ce qui est une expression explicite de la série génératrice de la profondeur d'insertion. Finalement nous avons la proposition suivante, qui permet notamment de retrouver le résultat du théorème 6.2.

Proposition 6.7 *La loi de D_{n+1}, la profondeur d'insertion d'une clé dans un arbre binaire de recherche de taille n sous la loi* **Ord***, est donnée par sa fonction génératrice*

$$d_n(z) := \sum_{k=0}^{+\infty} \mathbb{P}\left(D_{n+1} = k\right) z^k = \frac{1}{(n+1)!} \prod_{j=0}^{n-1} (j+2z).$$

Après avoir exploité les résultats en moyenne sur le profil, utilisons maintenant la loi conditionnelle de la profondeur d'insertion donnée dans l'équation (6.7) : cela permet de calculer l'espérance conditionnelle du polynôme de niveau sachant τ_n. En effet, et c'est visible sur la figure 6.4, reprise de la figure 6.2 : lorsque l'arbre pousse de τ_n à τ_{n+1} par insertion d'une clé x, nous enlevons une feuille du niveau k en insérant au niveau k et nous gagnons deux feuilles au niveau k en insérant au

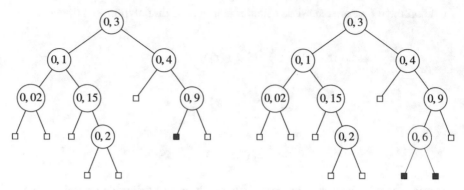

Fig. 6.4 Un abr de taille 7, τ_7, construit avec les clés $x_1 = 0,3$; $x_2 = 0,1$; $x_3 = 0,4$; $x_4 = 0,15$; $x_5 = 0,9$; $x_6 = 0,02$; $x_7 = 0,2$ et l'abr τ_8 obtenu par insertion ultérieure de $x_8 = 0,6$ sur la feuille bleue. La profondeur d'insertion de x_8 dans τ_7 est $d(x_8, \tau_7) = 3$. L'insertion supprime une feuille au niveau 3 et crée deux feuilles au niveau 4

niveau $(k - 1)$:

$$U_k(\tau_{n+1}) = U_k(\tau_n) - \mathbb{1}_{\{D_{n+1}=k\}} + 2\,\mathbb{1}_{\{k\geq1\}}\mathbb{1}_{\{D_{n+1}=k-1\}}.$$

Avec l'équation (6.7), nous avons une relation de récurrence sur le polynôme de niveau[2] :

$$\mathbb{E}(W_{\tau_{n+1}}(z) \mid \tau_n) = \mathbb{E}\left(\sum_{k=0}^{+\infty} U_k(\tau_{n+1})z^k \mid \tau_n\right)$$

$$= \sum_{k=0}^{+\infty} z^k\,\mathbb{E}\left(U_k(\tau_n) - \mathbb{1}_{\{D_{n+1}=k\}} + 2\,\mathbb{1}_{\{k\geq1\}}\mathbb{1}_{\{D_{n+1}=k-1\}} \mid \tau_n\right)$$

$$= \sum_{k=0}^{+\infty} z^k\,\mathbb{E}\left(U_k(\tau_n) - \mathbb{P}(D_{n+1} = k \mid \tau_n) + 2\mathbb{1}_{\{k\geq1\}}\mathbb{P}(D_{n+1} = k - 1 \mid \tau_n)\right)$$

$$= W_{\tau_n}(z) - \sum_{k=0}^{+\infty} \frac{U_k(\tau_n)}{n+1}z^k + 2\sum_{k=1}^{+\infty} \frac{U_{k-1}(\tau_n)}{n+1}z^k$$

$$= W_{\tau_n}(z) - \frac{1}{n+1}W_{\tau_n}(z) + \frac{2z}{n+1}W_{\tau_n}(z),$$

ce qui finalement donne

$$\mathbb{E}(W_{\tau_{n+1}}(z) \mid \tau_n) = \frac{n+2z}{n+1}\,W_{\tau_n}(z)\,. \tag{6.9}$$

---

[2]Rappelons que $\mathbb{E}(\mathbb{1}_A|\tau_n) = \mathbb{P}(A \mid \tau_n)$.

Cette dernière équation indique que le polynôme de niveau convenablement renormalisé est une martingale (voir la section C.8 pour des rappels sur les martingales), et conduit au théorème suivant, obtenu par Jabbour-Hattab [139]. Pour les différents types de convergence qui y apparaissent, voir la section C.6.

Théorème 6.8 (martingale de l'abr) *Soit τ_n un abr de taille n sous la loi Ord, et soit W_{τ_n} son polynôme de niveau (voir la définition 6.5). Pour tout nombre complexe $z \in \mathbb{C}$ tel que $2z \neq -k, k \in \mathbb{N}$, notons $\gamma_0(z) = 1$ et pour $n \geq 1$,*

$$\gamma_n(z) := \prod_{j=0}^{n-1} \left(1 + \frac{z}{j+1}\right).$$

Alors le polynôme de niveau renormalisé

$$M_n(z) := \frac{W_{\tau_n}(z)}{\mathbb{E}(W_{\tau_n}(z))} = \frac{W_{\tau_n}(z)}{\gamma_n(2z-1)}$$

est une $\mathcal{F}_n$-martingale d'espérance 1, qui s'écrit aussi

$$M_n(z) := \frac{1}{\gamma_n(2z-1)} \sum_{u \in \partial \tau_n} z^{|u|},$$

où $\partial \tau_n$ est l'ensemble des feuilles de l'arbre τ_n. De plus,

(i) cette martingale converge p.s. pour tout z réel positif.
(ii) Elle converge dans L^2 sur la boule $B(1, \frac{1}{\sqrt{2}})$ de $\mathbb{C}$.
(iii) Elle converge p.s. et dans L^1 sur tout compact du domaine Δ du plan complexe défini par

$$\Delta := \bigcup_{1 < q < 2} \Delta_q \quad \text{où} \quad \Delta_q := \{z : 1 + q(2\Re z - 1) - 2|z|^q > 0\}.$$

En particulier, elle converge p.s. et dans L^1 sur l'intersection de Δ avec $\mathbb{R}$ qui est l'intervalle réel $]c'/2; c/2[$, où les constantes $c = 4,31107\ldots$ et $c' = 0,3733\ldots$ sont les deux solutions réelles positives de l'équation $x \log 2 + x - x \log x = 1$.

(iv) Elle converge p.s. vers 0 pour tout z complexe hors de Δ, en particulier pour tout z réel hors de l'intervalle $]c'/2; c/2[$, y compris aux points critiques $c'/2$ et $c/2$ (figure 6.5).

Fig. 6.5 Le domaine Δ est
l'enveloppe convexe des
courbes qui limitent Δ_q. Ici
les courbes sont dessinées
pour $q = 1,2$ (en violet),
$q = 1,1$ (en vert), $q = 1,01$
(en bleu) et $q = 1,001$ (en
rouge)

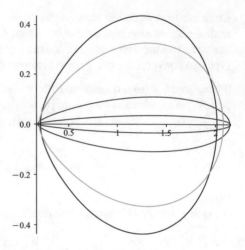

Preuve (idées) La propriété de martingale vient du calcul d'espérance conditionnelle de $W_{\tau_n}(z)$ qui donne (6.9), de sorte que :

$$\mathbb{E}(M_{n+1}(z) \mid \tau_n) = \mathbb{E}\left(\frac{W_{\tau_{n+1}}(z)}{\gamma_{n+1}(2z - 1)}\Big|\tau_n\right)$$

$$= \left(1 + \frac{2z - 1}{n + 1}\right) \frac{W_{\tau_n}(z)}{\gamma_{n+1}(2z - 1)} = M_n(z).$$

De plus, en prenant l'espérance dans l'égalité (6.9), nous obtenons

$$\mathbb{E}(W_{\tau_n}(z)) = \prod_{j=0}^{n-1} \frac{j + 2z}{j + 1} = \gamma_n(2z - 1).$$

- (i) La convergence presque sûre dans $\mathbb{R}_+$ est celle de toute martingale positive.
- (ii) La convergence dans L^2 pour z dans $\mathbb{C}$ s'obtient en calculant la variance de la
  martingale et avec un peu d'analyse complexe (cf. [37] et l'exercice 6.4).
- (iii) et (iv) La convergence dans L^1 est plus difficile à voir. Elle est obtenue en
  bornant $M_n(z)$ dans L^p pour $p > 1$, de façon assez analogue à la méthode
  utilisée pour un processus de branchement spatial. Les détails sont dans
  Jabbour-Hattab [139]. La convergence dans L^1 pour un paramètre $z \in \mathbb{C}$
  et la convergence aux points critiques s'obtiennent par plongement en temps
  continu et se trouvent dans [39]. □

Remarque 6.9 Globalement, cette étude tire parti de l'égalité

$$W_{\tau_n}(z) = M_n(z) \, \mathbb{E}(W_{\tau_n}(z))$$

qui permet d'étudier le polynôme de niveau en séparant la partie déterministe (l'espérance qui est explicite) et la partie aléatoire qui, étant une martingale, possède des propriétés agréables. C'est ainsi que nous pouvons obtenir des résultats de type théorème central limite et grandes déviations sur la mesure μ_{τ_n} définie en (6.6) ; cf. [37] et Jabbour-Hattab [139] pour des grandes déviations sur la profondeur d'insertion.

La proposition suivante donne l'asymptotique de la *largeur*, définie comme le nombre maximal de nœuds sur un même niveau, d'un arbre binaire de recherche ; cf. [37, Cor. 1] pour la preuve.

Proposition 6.10 *Soit* $\overline{U}(\tau_n) := \max_{k \geq 0} U_k(\tau_n)$ *la largeur de l'arbre* τ_n. *Presque sûrement lorsque* $n \to +\infty$,

$$\frac{\overline{U}(\tau_n)}{\frac{n}{\sqrt{4\pi \log n}}} = 1 + O\left(\frac{1}{\sqrt{\log n}}\right).$$

Analyse p.s. de la longueur de cheminement externe

Grâce à la martingale de l'abr, nous allons trouver le comportement asymptotique presque sûr de la longueur de cheminement externe de l'abr, renormalisée de la façon suivante. Posons

$$Y_n := \frac{1}{n+1} \left(\text{lce}(\tau_n) - \mathbb{E}(\text{lce}(\tau_n))\right). \tag{6.10}$$

Remarquons d'abord que la longueur de cheminement externe s'exprime avec W_{τ_n}, le polynôme de niveau de l'abr, puisque

$$\text{lce}(\tau_n) = \sum_{u \in \partial \tau_n} |u| = \sum_{k \geq 0} k \, U_k(\tau_n) = W'_{\tau_n}(1).$$

Par conséquent, en dérivant $M_n(z) := \dfrac{W_{\tau_n}(z)}{\mathbb{E}(W_{\tau_n}(z))}$ par rapport à z puis en prenant $z = 1$, nous obtenons (en nous rappelant que $W_{\tau_n}(1) = n + 1$)

$$M'_n(1) = \frac{1}{n+1} \left(W'_{\tau_n}(1) - \mathbb{E}(W'_{\tau_n}(1))\right),$$

et donc

$$\mathrm{lce}(\tau_n) = W'_{\tau_n}(1) \quad ; \quad Y_n = M'_n(1).$$

Par le théorème 6.8, nous remarquons que la valeur $z = 1$ est dans le domaine de convergence p.s. et L^1 de la martingale de l'abr. Comme la dérivée d'une martingale est encore une martingale (voir l'annexe C.8.1), nous avons immédiatement la propriété de martingale du théorème suivant, dû à Régnier [219]. La convergence de la martingale dérivée n'est pas détaillée ici, elle se trouve dans [39].

Théorème 6.11 *Soit un processus d'abr* $(\tau_n)_{n \geq 0}$ *sous la loi* **Ord**. *Alors*

$$Y_n := \frac{1}{n+1}(\mathrm{lce}(\tau_n) - \mathbb{E}(\mathrm{lce}(\tau_n)))$$

est une $\mathcal{F}_n$-*martingale. Cette martingale converge p.s. et dans* L^1 *vers une limite aléatoire* Y *(c'est-à-dire que* Y *est une variable aléatoire).*

Il existe des résultats analogues pour la longueur de cheminement interne $\mathrm{lci}(\tau_n)$ (voir l'exercice 6.5).

Pour les raisons détaillées dans la section 3.3.1, la loi de Y s'appelle parfois « loi du tri rapide ». La caractérisation de cette loi est faite dans la section 6.1.3 ci-après. Elle admet une densité sur $\mathbb{R}$ qui est simulée dans la section 6.1.4.

Analyse p.s. du profil d'un abr

Le profil d'un abr τ_n de taille n est donné par les $U_k(\tau_n)$, nombre de feuilles à chaque niveau k, défini par (6.5). Le comportement asymptotique presque sûr des $U_k(\tau_n)$ est précisé dans le théorème suivant. La démonstration tire parti de la martingale de l'abr et se trouve dans [39].

Théorème 6.12 *Pour tout* z *réel dans l'intervalle* $]c'/2; c/2[$ *de convergence p.s. et* L^1 *du théorème 6.8, soit* $M_\infty(z)$ *la limite de la martingale de l'abr sous la loi* **Ord**. *Alors, presque sûrement, pour tout sous-ensemble compact* K *de l'intervalle* $]c'/2; c/2[$, *nous avons*

$$\lim_n \sup_{k:(k/\log n) \in K} \left(\frac{U_k(\tau_n)}{\mathbb{E}(U_k(\tau_n))} - M_\infty\left(\frac{k}{2\log n}\right) \right) = 0.$$

Le profil renseigne sur l'« allure » d'un abr (qui est visible sur la figure 6.3) : le comportement asymptotique est concentré sur les niveaux k proportionnels à $\log n$, ce qui est indiqué par $\frac{k}{2\log n}$ dans la limite M_∞.

6.1.3 Méthode de contraction

Par le théorème 6.11 de la section précédente, nous avons obtenu la convergence presque sûre de la longueur de cheminement d'un abr, renormalisée :

$$Y_n := \frac{1}{n+1}\left(\mathrm{lce}(\tau_n) - \mathbb{E}\left(\mathrm{lce}(\tau_n)\right)\right) \tag{6.11}$$

vers une variable aléatoire Y. Comme souvent, le fait d'obtenir Y comme limite de martingale ne renseigne pas sur sa loi. Dans cette section, des renseignements sur la loi de Y sont obtenus par la *méthode* dite *de contraction*. Cette méthode repose sur le principe « diviser pour régner » et sur le théorème de point fixe de Banach appliqué dans un bon espace métrique.

Dans de nombreuses situations [192, 224, 225], la méthode de contraction sert à la fois à démontrer la convergence d'une suite de variables aléatoires (Y_n) et à caractériser sa limite. Dans la suite de cette section, nous supposons ne pas connaître le résultat de convergence du théorème 6.11, afin d'exposer les étapes successives de la méthode (comme dans Drmota [68, chap. 8]). Lorsque la convergence a été obtenue par une autre méthode, la caractérisation de la limite se réduit à l'étape 3.

Repartons de Y_n défini par l'équation (6.11) pour exposer les étapes de la méthode. Comme souvent, pour une variable aléatoire X, nous écrirons parfois par abus de langage X au lieu de $\mathcal{L}(X)$ pour désigner la loi de X. Et pour deux variables aléatoires X et Y, nous écrivons $X \overset{\mathcal{L}}{=} Y$ pour dire que X et Y ont même loi.

Etape 1.   Soit $v(\tau_n)$ une fonction d'un arbre τ_n de taille n. Pour tout n, supposons que $v(\tau_n)$ vérifie une équation de récurrence grâce au principe « diviser pour régner ». Il existe alors une renormalisation du type $Y_n = \dfrac{v(\tau_n) - a_n}{b_n}$ qui vérifie une autre relation de récurrence.

Etape 2.   En passant à la limite sur les coefficients de cette dernière équation, l'équation qui serait satisfaite par une limite se déduit. Elle s'écrit sous la forme d'une équation de point fixe $Y = S(Y)$, où S est une transformation.

Etape 3.   La transformation $S : F \longmapsto S(F)$ est un opérateur de $(\mathcal{M}, d)$ dans $(\mathcal{M}, d)$ où $\mathcal{M}$ est un espace de mesures de probabilités dans lequel se trouvent les lois de Y_n et où d est une distance qui rend cet espace métrique et complet (c'est-à-dire de Banach).

On montre que cette transformation S est une *contraction*[3] dans $(\mathcal{M}, d)$. Par le théorème du point fixe de Banach, il existe alors une unique solution de l'équation $Y = S(Y)$ dans $\mathcal{M}$, autrement dit, la loi de Y est caractérisée par cette équation.

Etape 4.   Il s'agit de montrer la convergence en loi de Y_n vers Y. Pour cela il suffit de montrer, si la distance a été bien choisie, que $d(Y_n, Y)$ tend vers 0 quand n tend vers l'infini. C'est cette étape qui peut être obtenue autrement (par une convergence de martingales par exemple).

Déroulons ces étapes pour la longueur de cheminement $\mathrm{lce}(\tau_n)$ et sa renormalisation :

$$Y_n := \frac{1}{n+1} \left(\mathrm{lce}(\tau_n) - \mathbb{E}\left(\mathrm{lce}(\tau_n) \right) \right).$$

Etape 1 Cherchons une équation de récurrence vérifiée par Y_n. Par le principe « diviser pour régner » de la proposition 6.1, la longueur de cheminement externe d'un abr vérifie l'équation en loi :

$$\mathrm{lce}(\tau_n) \overset{\mathcal{L}}{=} \mathrm{lce}^{(1)}\left(\tau_{G_n-1} \right) + \mathrm{lce}^{(2)}\left(\tau_{n-G_n} \right) + n - 1, \tag{6.12}$$

où G_n suit une loi uniforme sur les entiers $\{1, 2, \ldots, n\}$ et est indépendante des autres variables aléatoires et où $\mathrm{lce}^{(1)}$ et $\mathrm{lce}^{(2)}$ sont indépendantes et de même loi que lce. Déduisons-en maintenant l'équation en loi vérifiée par la variable renormalisée Y_n. Posons pour $i = 1, 2, \ldots, n$,

$$C_n(i) = \frac{1}{n+1}\left[n - 1 + \mathbb{E}(\mathrm{lce}(\tau_{i-1})) + \mathbb{E}(\mathrm{lce}(\tau_{n-i})) - \mathbb{E}(\mathrm{lce}(\tau_n)) \right]. \tag{6.13}$$

Comme G_n est indépendante des autres variables aléatoires, nous obtenons :

$$C_n(G_n) = \frac{1}{n+1}\left[n - 1 + \mathbb{E}\left(\mathrm{lce}(\tau_{G_n-1}) | G_n \right) + \mathbb{E}\left(\mathrm{lce}(\tau_{n-G_n}) | G_n \right) - \mathbb{E}(\mathrm{lce}(\tau_n)) \right].$$

Alors, en utilisant l'équation (6.12),

$$Y_n = \frac{1}{n+1} \left(\mathrm{lce}(\tau_n) - \mathbb{E}(\mathrm{lce}(\tau_n)) \right)$$

$$\overset{\mathcal{L}}{=} \frac{1}{n+1}\left[\mathrm{lce}^{(1)}\left(\tau_{G_n-1} \right) + \mathrm{lce}^{(2)}\left(\tau_{n-G_n} \right) + n - 1 - \mathbb{E}(\mathrm{lce}(\tau_n)) \right].$$

---

[3]L'application S est une contraction lorsqu'il existe $\kappa \in]0, 1[$ tel que pour tous $F, G \in \mathcal{M}$, $d(S(F), S(G)) \le \kappa\, d(F, G)$.

Puis en écrivant $\mathrm{lce}(\tau_n) = (n+1)Y_n + \mathbb{E}(\mathrm{lce}(\tau_n))$,

$$Y_n \stackrel{\mathcal{L}}{=} \frac{1}{n+1}\Big[G_n Y^{(1)}_{G_n-1} + \mathbb{E}(\mathrm{lce}^{(1)}(\tau_{G_n-1})) + (n+1-G_n)Y^{(2)}_{n-G_n}$$

$$+ \mathbb{E}\left(\mathrm{lce}^{(2)}(\tau_{n-G_n})\right) + n - 1 - \mathbb{E}(\mathrm{lce}(\tau_n))\Big]$$

$$Y_n \stackrel{\mathcal{L}}{=} \frac{G_n}{n+1}Y^{(1)}_{G_n-1} + \left(1 - \frac{G_n}{n+1}\right)Y^{(2)}_{n-G_n} + C_n(G_n), \tag{6.14}$$

qui est bien une équation en loi sur Y_n.

Etape 2 Les deux lemmes suivants permettent de deviner l'équation limite de (6.14) lorsque n tend vers l'infini.

Lemme 6.13 *Si G_n est une variable aléatoire de loi uniforme sur les entiers $\{1, 2, \ldots, n\}$, alors*

$$\frac{G_n}{n} \longrightarrow \mathrm{Unif}[0,1] \qquad \text{en loi.} \tag{6.15}$$

Lemme 6.14 *Pour la suite (C_n) définie par (6.13),*

$$\sup_{x\in]0,1[} \left|C_n(\lceil nx\rceil) - C(x)\right| \xrightarrow[n\to\infty]{} 0.$$

où

$$C(x) = 1 + 2\left(x\log x + (1-x)\log(1-x)\right).$$

Le lemme 6.13 est immédiat. Le lemme 6.14 repose sur un calcul explicite basé sur les moyennes

$$\mathbb{E}(\mathrm{lce}(\tau_i)) = 2(H_{i+1} - 1)(i + 1),$$

et sur le développement asymptotique des nombres harmoniques H_i.

Ainsi, l'équation limite de (6.14) (sous réserve de la convergence en loi de Y_n vers Y) est nécessairement

$$Y \stackrel{\mathcal{L}}{=} UY^{(1)} + (1-U)Y^{(2)} + C(U), \tag{6.16}$$

où $Y^{(1)}$ et $Y^{(2)}$ sont indépendantes et de même loi que Y et où U est une variable aléatoire de loi uniforme sur $[0,1]$, indépendante de $Y^{(1)}$ et $Y^{(2)}$.

Cette équation peut s'écrire $F = S(F)$ où S est la transformation définie pour toute loi F par :

$$F \longmapsto S(F) = \mathcal{L}(UX^{(1)} + (1-U)X^{(2)} + C(U)),$$

où $X^{(1)}$ et $X^{(2)}$ sont indépendantes et de même loi F et où U est de loi uniforme sur $[0, 1]$, indépendante de $X^{(1)}$ et $X^{(2)}$.

Etape 3 Appelons $\mathcal{M}$ l'ensemble des mesures de probabilités sur $\mathbb{R}$ ayant un second moment. Pour $F, G \in \mathcal{M}$, posons[4]

$$d_2(F, G) = \inf_{X \text{ de loi } F, \ Y \text{ de loi } G} \{\|X - Y\|_2\}$$

où

$$\|X - Y\|_2 = \sqrt{\mathbb{E}\left(\mid X - Y \mid^2\right)}$$

est la norme L^2. Alors (voir par exemple Dudley [71]), d_2 est une distance, appelée parfois distance de Wasserstein, qui rend l'espace $(\mathcal{M}, d_2)$ métrique et *complet*. Cette distance s'exprime aussi sous forme intégrale, en montrant (cf. Major [177, Th. 8.1]) que la borne inférieure ci-dessus est atteinte pour une variable aléatoire $X = F^{-1}(U)$ et pour une variable aléatoire $Y = G^{-1}(U)$ où U est *la même* variable aléatoire de loi uniforme sur $[0, 1]$, de sorte que l'on a

$$d_2(F, G) = \|F^{-1}(U) - G^{-1}(U)\|_2$$

$$= \left(\int_0^1 \mid F^{-1}(u) - G^{-1}(u) \mid^2 \ du\right)^{1/2}.$$

Dans la suite, nous allons utiliser le fait que la convergence pour la distance d_2 est équivalente à la convergence en loi *et* la convergence des moments d'ordre 2. Elle est donc plus forte que la convergence en loi.

Plaçons-nous dans l'espace $\mathcal{M}_0$ des mesures de probabilités de moyenne nulle et admettant un second moment. Comme Y_n est de moyenne nulle, $Y_n \in \mathcal{M}_0$. Le lemme suivant assure que la transformation S de l'étape 2 est une contraction.

Lemme 6.15 (Lemme de contraction) *La transformation*

$$F \longmapsto S(F) = \mathcal{L}(U X^{(1)} + (1 - U) X^{(2)} + C(U)),$$

où $X^{(1)}$ et $X^{(2)}$ sont indépendantes et de même loi F, U est de loi uniforme sur $[0, 1]$, indépendante de $X^{(1)}$ et $X^{(2)}$ et $C(x) = 1 + 2(x \log x + (1 - x) \log(1 - x))$, est une contraction de $(\mathcal{M}_0, d_2)$ dans $(\mathcal{M}_0, d_2)$.

Preuve Rappelons que par définition, d_2 est une borne inférieure. Donc, pour $X^{(1)}$ et $X^{(2)}$ indépendantes de loi F, $Y^{(1)}$ et $Y^{(2)}$ indépendantes de loi G et indépendantes de $X^{(1)}$ et $X^{(2)}$, nous obtenons, en utilisant en outre le fait que toutes ces variables

---

[4]L'indice 2 de d_2 n'est pas strictement utile, il est présent pour se rappeler que l'on travaille dans L^2.

sont de moyenne nulle :

$$d_2^2(S(F), S(G)) \leq \|U X^{(1)} + (1 - U)X^{(2)} + C(U) - U Y^{(1)} - (1 - U)Y^{(2)} - C(U)\|_2^2$$

$$= \mathbb{E}\left(\left[U(X^{(1)} - Y^{(1)}) + (1 - U)(X^{(2)} - Y^{(2)})\right]^2\right)$$

$$= \mathbb{E}\left(U^2 + (1 - U)^2\right) d_2^2(F, G).$$

Comme U est de loi uniforme sur $[0, 1]$,

$$C^2 := \mathbb{E}\left(U^2 + (1 - U)^2\right) = 2 \int_0^1 x^2 \, dx = \frac{2}{3}.$$

et la constante de contraction recherchée est donc $C = \sqrt{\frac{2}{3}} < 1$. $\qquad\square$

Par conséquent, le théorème du point fixe de Banach s'applique à la transformation S de $(\mathcal{M}_0, d_2)$ dans $(\mathcal{M}_0, d_2)$. En particulier,[5] il existe une unique solution dans $(\mathcal{M}_0, d_2)$ de l'équation (6.16). Appelons-la Y.

Étape 4 Il s'agit de montrer la convergence en loi de Y_n vers Y. Comme la convergence pour d_2 est plus forte que la convergence en loi, il suffit de montrer que si ν_n est la loi de Y_n et ν la loi de Y, on a $d_2(\nu_n, \nu) \xrightarrow[n \to \infty]{} 0$. La preuve consiste à montrer le lemme suivant, en s'appuyant sur les deux équations (6.14) et (6.16).

Lemme 6.16 *Appelons a_n la distance $d_2(\nu_n, \nu)$. Alors, il existe une constante K telle que*

$$a_n^2 \leq \frac{2}{n} \sum_{j=0}^{n-1} \frac{(j + 1)^2}{(n + 1)^2} a_j^2 + \frac{K}{n^2} \sum_{j=0}^{n-1} \frac{j + 1}{n + 1} a_j + o(1). \tag{6.17}$$

Munis de ce lemme, il est simple de voir que a_n tend vers 0 quand n tend vers l'infini : on commence par montrer par récurrence sur n que la suite (a_n) est bornée. Comme elle est positive, c'est qu'il existe une valeur d'adhérence. Soit ℓ la plus grande des valeurs d'adhérence. Alors un calcul à partir de (6.17) conduit à $\ell^2 \leq \frac{2}{3}\ell^2$, donc $\ell = 0$.

Preuve Soit $n \geq 1$. Soient Y et Y^* deux variables aléatoires indépendantes de loi ν et, pour tout $j = 0, \ldots, n - 1$, soient Y_j et Y_j^* indépendantes et de loi ν_j, qui réalisent la distance $d_2(\nu_j, \nu)$, c'est-à-dire que $d_2^2(\nu_j, \nu) = \|Y_j - Y\|^2 = \|Y_j^* -$

$Y^*||^2$. En outre, pour tout $x \in]0, 1]$, il existe un unique entier j dans $\{0, \ldots, n-1\}$ tel que $x \in]\frac{j}{n}, \frac{j+1}{n}]$ de sorte que l'on peut définir $V_x = Y_j$ et $V_x^* = Y_j^*$.

Soit maintenant U une variable aléatoire de loi uniforme sur $]0, 1]$, indépendante de Y, Y^* et des Y_j, Y_j^*. Rappelons-nous que G_n suit une loi uniforme sur $\{1, \ldots, n\}$ de sorte qu'elle a même loi que $\lceil nU \rceil$. Ainsi l'équation (6.14)

$$Y_n \stackrel{\mathcal{L}}{=} \frac{G_n}{n+1} Y_{G_n-1}^{(1)} + \left(1 - \frac{G_n}{n+1}\right) Y_{n-G_n}^{(2)} + C_n(G_n)$$

peut aussi s'écrire

$$\nu_n = \mathcal{L}(Y_n) \stackrel{\mathcal{L}}{=} \frac{\lceil nU \rceil}{n+1} V_U + \left(1 - \frac{\lceil nU \rceil}{n+1}\right) V_{1-U}^* + C_n(\lceil nU \rceil).$$

La loi ν de Y et Y^*, vérifie l'équation (6.16)

$$\nu = \mathcal{L}(Y) \stackrel{\mathcal{L}}{=} UY + (1-U)Y^* + C(U).$$

Par conséquent, et comme $d_2(\nu_n, \nu)$ est une borne inférieure, on a l'inégalité

$$d_2^2(\nu_n, \nu) \le \mathbb{E}\left(\frac{\lceil nU \rceil}{n+1} V_U - UY + \left(1 - \frac{\lceil nU \rceil}{n+1}\right) V_{1-U}^* - (1-U)Y^* + C_n(\lceil nU \rceil) - C(U)\right)^2.$$

En développant ce carré, six termes apparaissent, trois carrés et trois doubles produits. Le premier carré est

$$\mathbb{E}\left(\frac{\lceil nU \rceil}{n+1} V_U - UY\right)^2 = \sum_{j=0}^{n-1} \mathbb{E}\left(\mathbb{1}_{U \in]\frac{j}{n}, \frac{j+1}{n}]} \left(\frac{j+1}{n+1} Y_j - UY\right)^2\right)$$

$$= \sum_{j=0}^{n-1} \mathbb{E}\left(\mathbb{1}_{U \in]\frac{j}{n}, \frac{j+1}{n}]} \left(\frac{j+1}{n+1}(Y_j - Y) + Y\left(\frac{j+1}{n+1} - U\right)\right)^2\right).$$

En développant le carré, en utilisant l'indépendance entre U et les autres variables, et grâce à l'inégalité de Cauchy-Schwarz pour $\mathbb{E}(Y(Y_j - Y))$ on obtient

$$\mathbb{E}\left(\frac{\lceil nU \rceil}{n+1} V_U - UY\right)^2 \le \frac{1}{n} \sum_{j=0}^{n-1} \frac{(j+1)^2}{(n+1)^2} d_2^2(\nu_j, \nu) + \frac{\sigma(Y)}{n^2} \sum_{j=0}^{n-1} \frac{j+1}{n+1} d_2(\nu_j, \nu) + \frac{\mathrm{Var}(Y)}{n^2}.$$

Le raisonnement est analogue pour le deuxième carré. Le troisième carré est

$$\mathbb{E}\left(C_n(\lceil nU \rceil) - C(U)\right)^2 \le \sup_{x \in]0,1[} \left|C_n(\lceil nx \rceil) - C(x)\right|^2$$

qui tend vers 0 quand n tend vers l'infini par le lemme 6.14. Le double produit

$$\mathbb{E}\left(\frac{\lceil nU \rceil}{n+1} V_U - UY\right)\left(\left(1 - \frac{\lceil nU \rceil}{n+1}\right) V_{1-U}^* - (1-U)Y^*\right)$$

s'écrit comme au-dessus en scindant sur les événements $\{U \in]\frac{j}{n}, \frac{j+1}{n}]\}$. Et comme les variables Y, Y^*, Y_j, Y_j^* sont de moyenne nulle, il ne reste plus que

$$\sum_{j=0}^{n-1} \mathbb{E}\left(\mathbb{1}_{U \in]\frac{j}{n}, \frac{j+1}{n}]} YY^* \left(\frac{j+1}{n+1} - U\right)^2\right) \le \frac{\mathrm{Var}(Y)}{n^2}.$$

Le double produit (et ce sera pareil pour le dernier)

$$\mathbb{E}\left(\frac{\lceil nU \rceil}{n+1} V_U - UY\right)(C_n(\lceil nU \rceil) - C(U)),$$

écrit en scindant sur les événements $\{U \in]\frac{j}{n}, \frac{j+1}{n}]\}$, en tenant compte des indépendances et de $\mathbb{E}(Y_j - Y) = 0$, se réduit à

$$\sum_{j=0}^{n-1} \mathbb{E}\left(\mathbb{1}_{U \in]\frac{j}{n}, \frac{j+1}{n}]} Y \left(\frac{j+1}{n+1} - U\right)(C_n(j+1) - C(U))\right) = 0.$$

Finalement, le lemme est prouvé. □

Le théorème ainsi obtenu est le suivant.

Théorème 6.17 *La loi de Y_n, longueur de cheminement renormalisée d'un abr,*

$$Y_n = \frac{1}{n+1}\left(\mathrm{lce}(\tau_n) - \mathbb{E}\left(\mathrm{lce}(\tau_n)\right)\right),$$

converge vers la loi d'une variable aléatoire Y, unique solution de l'équation en loi :

$$Y \stackrel{\mathcal{L}}{=} UY^{(1)} + (1-U)Y^{(2)} + C(U), \tag{6.18}$$

où

(i) $Y^{(1)}$ et $Y^{(2)}$ sont indépendantes et de même loi que Y ;
(ii) U suit une loi uniforme sur $[0, 1]$ et est indépendante de $Y^{(1)}$ et $Y^{(2)}$;
(iii) C est une fonction de $]0, 1[$ dans $]0, 1[$ définie par : $C(x) := 1 + 2(x \log x + (1-x)\log(1-x))$.

Remarque 6.18 La loi de Y n'est pas une loi classique. Elle admet une densité sur $\mathbb{R}$ tout entier, comme l'ont montré Fill et Janson [76].

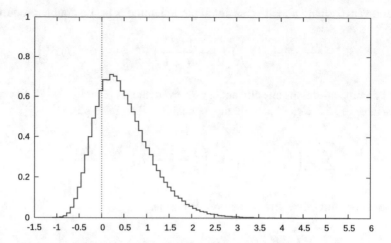

Fig. 6.6 Estimation de la densité de la variable $Y_n = (\mathrm{lce}(\tau_n) - \mathbb{E}[\mathrm{lce}(\tau_n)])/(n+1)$ pour $n = 500$ à l'aide d'un échantillon de $200\,000$ abr aléatoires tirés selon la loi Ord

6.1.4   Simulation de la loi limite

Pour simuler la densité de la loi limite de $Y_n = (\mathrm{lce}(\tau_n) - \mathbb{E}[\mathrm{lce}(\tau_n)])/(n + 1)$ quand n tend vers l'infini, plusieurs méthodes sont possibles. La plus évidente est de dessiner un histogramme de Y_n pour n suffisamment grand et pour un échantillon de grande taille d'abr tirés selon la loi Ord. C'est ce qui est représenté dans la figure 6.6 ci-dessous.

Une autre méthode[6] consiste à utiliser les résultats de la section 6.1.3 précédente et notamment l'équation en loi (6.16) satisfaite par Y qui est la limite presque sûre et en loi de Y_n quand n tend vers l'infini. Rappelons cette équation :

$$Y \overset{\mathcal{L}}{=} UY^{(1)} + (1 - U)Y^{(2)} + C(U), \tag{6.19}$$

où C est la fonction $C(x) = 2x \log x + 2(1 - x) \log(1 - x) + 1$, U est de loi uniforme sur l'intervalle $[0, 1]$, $Y, Y^{(1)}, Y^{(2)}$ sont indépendantes, de même loi et indépendantes de U.

Nous avons vu que la loi limite Y est le point fixe de la transformation

$$F \longmapsto S(F) = \mathcal{L}(UX^{(1)} + (1 - U)X^{(2)} + C(U)),$$

où $X^{(1)}$ et $X^{(2)}$ sont indépendantes et de même loi F, et où U est de loi uniforme sur $[0, 1]$, indépendante de $X^{(1)}$ et $X^{(2)}$. Par conséquent, si nous initialisons avec une variable aléatoire W_0 de loi uniforme sur $[0, 1]$ et notons $W_{n+1} = S(W_n)$ pour

---

[6]La mise en œuvre de cette méthode, exposée ici, est due à Nicolas Pouyanne, que nous remercions pour son aide.

tout n, alors la loi de W_n converge vers la loi de Y lorsque n tend vers l'infini. Nous allons donc dessiner la densité de W_n.

En utilisant un générateur aléatoire d'un logiciel de calcul formel, nous obtenons des tirages indépendants de W_0 et de U, puis avec la transformation S nous obtenons N tirages indépendants de W_n. Appelons $X_1, \ldots, X_N$ ces tirages.

Pour le dessin proprement dit de la densité de W_n, nous l'approchons par f_N qui est un « estimateur de densité à noyau », de la façon suivante. Soient $h_n = n^{-1/5}$ (optimal selon les statisticiens) et K le noyau (densité de la loi normale)

$$K(x) = \frac{1}{\sqrt{2\pi}} \exp\left(-\frac{x^2}{2}\right).$$

Le graphe de la fonction

$$f_N(x) = \frac{1}{Nh_N} \sum_{k=1}^{N} K\left(\frac{x - X_k}{h_N}\right)$$

est ensuite dessiné (cf. la figure 6.7). La suite de fonctions (f_N) converge vers la densité de W_n lorsque N tend vers l'infini (c'est un résultat classique de statistique, voir par exemple le livre de Silverman [235]).

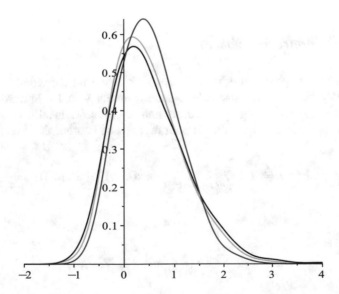

Fig. 6.7 Estimation de la densité de Y, en faisant $N = 1000$ tirages indépendants de W_2 (rouge), W_4, (vert) et W_6 (noir)

6.2   Analyse de la hauteur

Tout d'abord, la section 6.2.1 présente une approche élémentaire pour obtenir l'ordre asymptotique $\log n$, à l'instar du livre de Cormen et al. [50].

Dans la suite, la hauteur est étudiée en même temps que le niveau de saturation, car ces deux paramètres sont dans une sorte de dualité : la hauteur (respectivement le niveau de saturation) est liée à la position la plus à droite (respectivement la plus à gauche) d'une particule dans une marche aléatoire branchante (définie section 5.3). Cette connexion est établie dans la section 6.2.2. Le théorème principal 6.22 établit que l'ordre de grandeur de la hauteur $h(\tau_n)$ et du niveau de saturation $s(\tau_n)$ d'un abr, lorsque n tend vers $+\infty$, est $\log n$.

Des méthodes analytiques non probabilistes, à base d'équations différentielles retardées, sont utilisées par Drmota et exposées dans le livre [68], pour obtenir des résultats sur la concentration autour de l'espérance de la hauteur. Nous ne les développons pas ici. En revanche, nous développons dans la section 6.2.3 la méthode de plongement en temps continu qui est efficace pour obtenir des résultats fins sur la hauteur d'un abr. Cette méthode permet de relier le processus à temps discret $(\tau_n)_{n\in\mathbb{N}}$ à un processus de Yule $(\tau_t^{\text{Yule}})_{t\geq0}$ à temps continu. C'est cette même méthode, classique en probabilités, qui permet de démontrer le théorème 6.12 sur le profil d'un abr, démonstration qui n'est pas détaillée ici (voir [39]).

6.2.1   Une approche élémentaire

Posons $Z_0 = 0$ et pour tout $n \geq 1$, $Z_n := 2^{h(\tau_n)}$. Pour un abr réduit à sa racine, $n = 1$ et $Z_1 = 2^0 = 1$. Puisque la hauteur d'un abr vaut $1+$ le maximum des hauteurs de ses sous-arbres gauche et droit, nous avons, selon la taille du sous-arbre gauche et d'après le principe « diviser pour régner » de la proposition 6.1,

$$h(\tau_n) \stackrel{\mathcal{L}}{=} 1 + \sum_{i=0}^{n-1} \mathbb{1}_{\{|\tau_n^{(g)}|=i\}} \max(h(\tau_i), h(\tau_{n-1-i})),$$

d'où

$$Z_n \stackrel{\mathcal{L}}{=} 2 \sum_{i=0}^{n-1} \mathbb{1}_{\{|\tau_n^{(g)}|=i\}} \max(Z_i, Z_{n-1-i}).$$

Nous allons montrer que $\mathbb{E}(Z_n)$ est polynomial en n. En effet,

$$\mathbb{E}(Z_n) = 2 \sum_{i=0}^{n-1} \frac{1}{n} \mathbb{E}(\max(Z_i, Z_{n-1-i}))$$

$$\leq \frac{2}{n} \sum_{i=0}^{n-1} \mathbb{E}(Z_i + Z_{n-1-i})$$

$$= \frac{4}{n} \sum_{i=0}^{n-1} \mathbb{E}(Z_i),$$

où nous avons utilisé l'inégalité $\max(a, b) \leq a + b$. Ceci permet de montrer par récurrence sur n que

$$\mathbb{E}(Z_n) \leq \frac{1}{4} \binom{n+3}{3},$$

en utilisant l'identité combinatoire suivante :

$$\sum_{i=0}^{n-1} \binom{i+3}{3} = \binom{n+3}{4}.$$

Cette identité peut se montrer par récurrence sur n et aussi par le raisonnement combinatoire suivant : pour choisir 4 éléments parmi $n+3$, faisons une partition des cas, suivant le numéro du plus grand, de 4 à $n+3$; les 3 autres sont donc choisis parmi $3+i$ pour i allant de 0 à $n-1$. Ainsi

$$\mathbb{E}(Z_n) \leq \frac{(n+3)(n+2)(n+1)}{24}.$$

Puis l'inégalité de Jensen (voir section C.4) donne

$$\mathbb{E}(Z_n) = \mathbb{E}\left(2^{h(\tau_n)}\right) \geq 2^{\mathbb{E}(h(\tau_n))},$$

ce qui conduit à $\mathbb{E}(h(\tau_n)) \leq \log_2 (\mathbb{E}(Z_n))$, puis à $\mathbb{E}(h(\tau_n)) \leq \frac{3}{\log 2} \log n \leq 4{,}33 \log n$. Comme par ailleurs la hauteur d'un arbre binaire de taille n est au moins égale à celle de l'arbre parfait de même taille, et que celle-ci vaut $\lceil \log_2(n+1) \rceil - 1$ (cf. l'équation (1.7)), nous obtenons finalement

$$\mathbb{E}(h(\tau_n)) = \Theta(\log n).$$

Remarquons que la constante $4{,}33$ obtenue devant $\log n$ n'est pas si grossière (nous verrons dans la section suivante le vrai équivalent $c \log n$ avec $c = 4{,}31107\ldots$).

6.2.2   Connexion abr - bisection

Cette connexion est utile pour étudier la hauteur des abr. Les résultats sur la hauteur
des abr (et d'arbres plus généraux) sont essentiellement dus à Devroye [56] et ceux
sur les marches aléatoires branchantes (dont la bisection est un cas particulier) à
Biggins [24]. En outre, l'article de Broutin et al. [31] présente des preuves complètes
de ce qui suit ici. Nous allons d'abord expliquer comment les abr sont proches, en
un sens à préciser, des marches aléatoires branchantes. Nous nous ramènerons à
trouver la hauteur de l'*arbre idéal* (dans la terminologie de [31]) défini par la marche
aléatoire branchante de la bisection.

La connexion

Rappelons que τ_n est l'abr de taille n, ses nœuds u sont canoniquement numérotés
par les mots de l'alphabet $\{0, 1\}^*$, et τ_n^u est le sous-arbre de τ_n issu du nœud u.

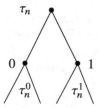

Pour tout nœud u de τ_n, appelons[7] $V_u^{(n)} = |\tau_n^u|$ la taille (c'est-à-dire le nombre
de nœuds) du sous-arbre issu de u. Ainsi, pour la racine, notée ε, $V_\varepsilon^{(n)} = n$; pour
les deux sous-arbres de la racine, $V_0^{(n)} = |\tau_n^0| = |\tau_n^{(g)}|$ (avec la notation de la
section 2.2.3) est la taille du sous-arbre gauche et $V_1^{(n)} = |\tau_n^1| = n - 1 - V_0^{(n)} = |\tau_n^{(d)}|$ est la taille du sous-arbre droit. Par la proposition 6.1 qui traduit le modèle
probabiliste choisi et le principe « diviser pour régner », il est clair que $V_0^{(n)}$ est
équidistribuée sur $\{0, 1, \ldots, n - 1\}$.

La loi de $V_u^{(n)}$ nous intéresse, car la hauteur $h(\tau_n)$ de l'arbre est reliée aux $V_u^{(n)}$
par la dualité (évidente) suivante entre événements :

$$\{h(\tau_n) \geq k\} = \left\{ \max_{|u|=k} V_u^{(n)} \geq 1 \right\}. \tag{6.20}$$

Attention : le calcul de la loi de $h(\tau_n)$ ne sera pas simple, car les $V_u^{(n)}$ sont très
dépendants les uns des autres.

---

[7]Nous préférons cette notation à $V_u(\tau_n)$ qui est un peu plus lourde.

Définition 6.19 (Arbre idéal) Attachons à tous les nœuds u d'un arbre binaire des variables aléatoires U_u, de loi uniforme sur $[0, 1]$, de sorte que pour tout u, $U_{u0} + U_{u1} = 1$ et dès que deux nœuds v et w ne sont pas sœurs,[8] alors U_v et U_w sont indépendantes. L'arbre binaire (infini) marqué par les U_u s'appelle l'arbre *idéal* ou *arbre de la bisection* (cf. le problème 5.5).

Un calcul immédiat conduit au

Lemme 6.20

(i) *La taille du sous-arbre gauche de la racine, $V_0^{(n)}$, a même loi que $\lfloor nU_0 \rfloor$;*

   la taille du sous-arbre droit de la racine, $n - 1 - V_0^{(n)} = V_1^{(n)}$ a même loi que $\lfloor n(1 - U_0) \rfloor = \lfloor nU_1 \rfloor$.

(ii)

$$\frac{V_0^{(n)}}{n} \xrightarrow[n \to \infty]{\mathcal{D}} U_0 \quad et \quad \frac{V_1^{(n)}}{n} \xrightarrow[n \to \infty]{\mathcal{D}} U_1.$$

De la même façon, pour n'importe quel nœud u de l'arbre, le sous-arbre gauche est de taille $V_{u0}^{(n)}$ qui a même loi que $\lfloor V_u^{(n)} U_{u0} \rfloor$ et le sous-arbre droit est de taille $V_{u1}^{(n)}$ qui a même loi que $\lfloor V_u^{(n)}(1 - U_{u0}) \rfloor = \lfloor V_u^{(n)} U_{u1} \rfloor$. Le lemme ci-dessus valable pour la racine de l'arbre s'écrit de manière analogue pour un nœud u, ce qui conduit à la proposition 6.21 ci-dessous, du moins sa version en loi.

Par récurrence sur k, il est facile de voir que pour un nœud u à distance k de la racine, c'est-à-dire à profondeur k, u s'écrit sous la forme $u = u_1 u_2 \ldots u_k$ et $V_u^{(n)}$ a même loi qu'un produit du type $\lfloor \ldots \lfloor \lfloor nU_{u_1} \rfloor U_{u_1 u_2} \rfloor \ldots U_{u_1 \ldots u_k} \rfloor$.

Pour résumer, la proposition suivante admet une version en loi (que l'on peut aussi trouver dans la section 4.1 de Broutin et al. [31]) et une version presque sûre dont la démonstration se trouve dans [39]. Elle exprime qu'à tout endroit de l'arbre binaire de recherche, les proportions de nœuds dans les sous-arbres gauche et droit sont asymptotiquement de loi U et $1 - U$, où U est une loi uniforme sur l'intervalle $[0, 1]$.

Proposition 6.21 *Pour tout $u \in \{0, 1\}^*$, soit $V_u^{(n)}$ la taille du sous-arbre issu du nœud u d'un abr τ_n de taille n sous la loi* **Ord**. *Les enfants gauche et droit de u sont désignés comme d'habitude par $u0$ et $u1$ respectivement. Alors presque sûrement quand $n \to +\infty$,*

$$\frac{V_{u0}^{(n)}}{V_u^{(n)}} \longrightarrow U_{u0} \quad et \quad \frac{V_{u1}^{(n)}}{V_u^{(n)}} \longrightarrow U_{u1},$$

---

[8]Nous disons que deux nœuds v et w sont *sœurs* lorsqu'il existe $u \in \{0, 1\}^*$ et $j, k \in \{0, 1\}$, $j \neq k$ tels que $v = uj$ et $w = uk$.

*où U_{u0} et U_{u1} sont des variables aléatoires de loi uniforme sur l'intervalle $[0, 1]$ et
$U_{u0} + U_{u1} = 1$. De plus, pour tous v et w de τ_n tels que v et w ne sont pas sœurs,
alors les variables U_v et U_w sont indépendantes.*

Par conséquent p.s. quand $n \to +\infty$

$$\frac{V_u^{(n)}}{n} \longrightarrow \prod_{v \leq u} U_v,$$

*où le produit porte sur les v préfixes de u, $v \neq \varepsilon$ et où les $U_v, v \leq u$, sont des
variables aléatoires i.i.d. de loi uniforme sur $[0, 1]$ et pour tout $v \in \{0, 1\}^*$, $U_{v0} +
U_{v1} = 1$.*

Cette proposition permet de relier des variables définies sur l'abr (les $V_u^{(n)}$) à des
variables uniformes vérifiant la propriété $U_{u0} + U_{u1} = 1$, correspondant à la
bisection étudiée en problème 5.5. Autrement dit, elle permet de faire le lien entre
l'abr et l'arbre idéal.

Conséquence pour la hauteur des abr

Grâce à l'égalité (6.20) et à la proposition 6.21, la loi de la hauteur $h(\tau_n)$ est
asymptotiquement (quand $n \to +\infty$) donnée par $\max_{u, |u|=k} \prod_{v \leq u} U_v$. Dans la bisection
(cf. problème 5.5), la position X_u de u est donnée par

$$X_u = -\log\left(\prod_{v \leq u} U_v\right).$$

En prenant le logarithme, il est clair que le maximum ci-dessus est donné par le
minimum pour $|u| = k$ des positions X_u dans la bisection. Or le comportement
du minimum des positions dans une marche aléatoire branchante a été élucidé par
Biggins [24] ; c'est le cas aussi pour le comportement du maximum qui est de
manière duale associé au niveau de saturation $s(\tau_n)$ d'un abr τ_n (nous ne détaillons
pas, mais c'est analogue à ce qui vient d'être fait pour la hauteur). Le théorème
suivant en est une conséquence.

Théorème 6.22 (hauteur d'un abr)   *Soit $h(\tau_n)$ la hauteur d'un abr τ_n et soit $s(\tau_n)$
son niveau de saturation. Quand $n \to +\infty$,*

$$\frac{h(\tau_n)}{\log n} \longrightarrow c \quad p.s. \; ; \qquad\qquad \frac{s(\tau_n)}{\log n} \longrightarrow c' \quad p.s.,$$

*où $c = 4{,}31107\ldots$ et $c' = 0{,}3733\ldots$ sont les deux solutions réelles positives de
l'équation*

$$x \log 2 + x - x \log x = 1.$$

Remarque 6.23 Les constantes c et c' du théorème 6.22 sont les mêmes que celles qui interviennent dans la convergence de la martingale de l'abr au théorème 6.8.

Nous donnons ci-dessous une idée des arguments utilisés pour montrer le théorème 6.22, du moins pour la hauteur. Pour le niveau de saturation, les arguments sont analogues. Appelons H_n la hauteur du sous-arbre T_n de l'arbre idéal, où T_n est précisément l'ensemble des nœuds u tels que $n \prod_{v \leq u} U_v \geq 1$. Alors

$$\{H_n \geq k\} = \left\{ n \max_{u, |u|=k} \prod_{v \leq u} U_v \geq 1 \right\},$$

de sorte que l'égalité (6.20) et la proposition 6.21 indiquent que l'asymptotique de H_n ressemble à celle de la hauteur d'un abr.

Précisons donc l'asymptotique de H_n, qui repose sur des techniques classiques de grandes déviations (qui se trouvent par exemple dans le livre de Dembo et Zeitouni [54]).

Tout d'abord,

$$\mathbb{P}(H_n \geq k) = \mathbb{P}\left(n \max_{u, |u|=k} \prod_{v \leq u} U_v \geq 1 \right)$$

$$= \mathbb{P}\left(\exists u, |u| = k, \ n \prod_{v \leq u} U_v \geq 1 \right)$$

$$\leq \sum_{|u|=k} \mathbb{P}\left(\sum_{v \leq u} -\log U_v \leq \log n \right).$$

Or, toutes les v.a. $(-\log U_v)$ pour $v \leq u$ sont i.i.d. de même loi exponentielle de paramètre 1, à cause de l'indépendance le long d'une branche de l'arbre. Soit $(X_i)_{i \geq 1}$ une suite de v.a. i.i.d. de loi exponentielle de paramètre 1, de sorte que

$$\mathbb{P}(H_n \geq k) \leq 2^k \mathbb{P}\left(\sum_{i=1}^{k} X_i \leq \log n \right). \tag{6.21}$$

Ceci permet de trouver, selon une approche classique en grandes déviations, une majoration fine de H_n : en effet, dès que, pour un certain k_n bien choisi, le membre de droite de l'inégalité précédente tend vers 0 lorsque n tend vers l'infini, nous aurons $\mathbb{P}(H_n \geq k_n) \to 0$ et donc $\mathbb{P}(H_n < k_n) \to 1$. Posons $k_n := \alpha \log n$ et trouvons le *meilleur* α tel que, lorsque n tend vers l'infini,

$$2^{\alpha \log n} \mathbb{P}\left(\sum_{i=1}^{\alpha \log n} X_i \leq \log n \right) \to 0.$$

Nous utilisons le lemme suivant, dû à Chernov (que l'on peut trouver dans tout livre de base de probabilités, par exemple dans Barbe et Ledoux [15, p. 59]).

Lemme 6.24 *Soit $(X_i)_{i \geq 1}$ une suite de v.a. i.i.d. de transformée de Laplace donnée par son logarithme : $\Lambda(\lambda) := \log \mathbb{E}\left(e^{\lambda X}\right)$. Soit $S_n := X_1 + \cdots + X_n$ et soit Λ^* la transformée de Legendre de Λ, définie pour tout $\rho \leq \mathbb{E}X$ par :*

$$\Lambda^*(\rho) := \sup_{\lambda \leq 0}\{\lambda\rho - \Lambda(\lambda)\}.$$

Alors, pour tout $\rho \leq \mathbb{E}X$,

$$\mathbb{P}(S_n \leq \rho n) = \exp\left(-n[\Lambda^*(\rho) + o(1)]\right).$$

Appliquons ceci aux v.a X_i de loi $\mathcal{E}xp(1)$, d'espérance 1, de sorte que pour tout $\rho \leq 1$

$$\mathbb{P}\left(\sum_{i=1}^{\alpha \log n} X_i \leq \rho\alpha \log n\right) = \exp\left(-\alpha \log n[\Lambda^*(\rho) + o(1)]\right).$$

En imposant $\rho\alpha = 1$ et donc $\alpha \geq 1$, la quantité qui nous intéresse

$$2^{\alpha \log n}\mathbb{P}\left(\sum_{i=1}^{\alpha \log n} X_i \leq \log n\right) = e^{\alpha \log n[\log 2 - \Lambda^*(\frac{1}{\alpha}) + o(1)]}$$

tend vers 0 tant que $\log 2 < \Lambda^*(\frac{1}{\alpha})$. Le meilleur α vérifie donc $\log 2 = \Lambda^*(\frac{1}{\alpha})$. Ici, les variables aléatoires X_i suivent chacune une loi exponentielle de paramètre 1, par conséquent $\Lambda(\lambda) = -\log(1-\lambda)$ et $\Lambda^*(\rho) = \rho - 1 - \log\rho$, ce qui donne α comme solution (supérieure à 1) de

$$\alpha \log 2 + \alpha - \alpha \log\alpha = 1.$$

Nous avons donc trouvé l'équation qui donne α, apparaissant dans le théorème. Pour la minoration de H_n, ce sont des arguments plus sophistiqués (construction d'un processus de Galton-Watson couplé) qui interviennent, non détaillés ici (voir par exemple Broutin et al.[31]).

Remarque 6.25 Des résultats de grandes déviations sur la hauteur (et sur le niveau de saturation) peuvent être trouvés dans le livre de Drmota [68, Th. 6.47] ; ils expriment que la hauteur s'éloigne de son espérance et donc de $c \log n - \alpha \log\log n$ avec une probabilité exponentiellement petite : il existe une constante a telle que lorsque n tend vers l'infini, pour tout $\eta > 0$, $\mathbb{P}(|h(\tau_n) - \mathbb{E}(h(\tau_n))| \geq \eta) = O\left(e^{-a\eta}\right)$.

Plusieurs méthodes (Devroye et Reed [62, 218], Drmota [67]) permettent de montrer que *la variance de la hauteur d'un arbre binaire de recherche est d'ordre de grandeur constant*. Des conjectures, encore non résolues, concernent le nombre de feuilles au dernier niveau de l'arbre.

6.2.3 Connexion abr - arbre de Yule

L'idée de plonger un processus discret en temps continu est ancienne et très fructueuse. Nous en reparlerons pour les urnes à la section 9.4. Pour l'arbre binaire de recherche, ou plutôt pour la *forme* de l'abr, l'idée remonte à Pittel [207] et peut être décrite de la façon suivante.

Considérons le processus de branchement à temps continu suivant, appelé *processus de Yule* : il y a un ancêtre à l'instant 0 situé en 0 et il a une durée de vie qui est une variable aléatoire de loi exponentielle de paramètre 1. À sa mort, il donne naissance à deux enfants, qui sont situés à la position +1 et qui vivent chacun indépendamment l'un de l'autre, chacun ayant une durée de vie de loi exponentielle de paramètre 1. Ainsi de suite, chaque individu a une durée de vie de loi exponentielle de paramètre 1 et quand il meurt, il donne naissance à deux enfants situés à une distance +1 de lui-même. La figure 6.8 en donne une représentation.

Le processus d'arbres ainsi produit est noté $(\tau_i^{\mathrm{Yule}})_{i \geq 0}$, et l'arbre τ_i^{Yule} s'appelle *arbre de Yule*, c'est un arbre binaire complet dont les nœuds internes (qui sont des mots binaires) sont marqués par leur position sur $\mathbb{R}$, ici par des entiers ; autrement dit, dans ce processus, chaque nœud de l'arbre est marqué par son numéro de génération. Une autre représentation est possible, où l'on voit mieux les générations, comme sur la figure 6.9.

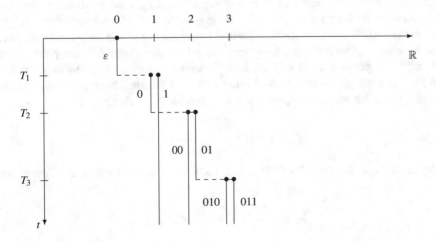

Fig. 6.8 Une représentation d'un arbre de Yule

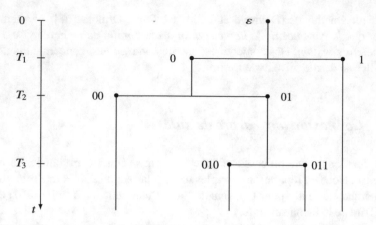

Fig. 6.9 Une représentation d'un arbre de Yule. Les longueurs des branches horizontales n'ont pas de signification

Appelons $N(t)$ l'ensemble des individus en vie à l'instant t et N_t le cardinal de cet ensemble (c'est une variable aléatoire), qui est le nombre d'individus en vie à l'instant t. Appelons $T_0 = 0 < T_1 < T_2 < \ldots$, les variables aléatoires qui sont les instants successifs de saut :

$$T_n := \inf\{t,\ N_t = n+1\},$$

et de façon duale :

$$N_t = 1 + \sup\{n \in \mathbb{N},\ T_n \leq t\}.$$

En considérant le processus de Yule pris aux instants T_n, nous pouvons reconnaître le processus de forme d'abr, c'est-à-dire le processus d'arbres bourgeonnants : la loi exponentielle nous assure en effet que l'horloge qui sonne en premier parmi n horloges est choisie uniformément parmi ces n horloges. Autrement dit, pour passer de $\tau_{T_n}^{\text{Yule}}$, qui possède $n+1$ feuilles, à $\tau_{T_{n+1}}^{\text{Yule}}$, nous avons choisi une feuille au hasard et l'avons transformée en un nœud interne et deux feuilles. Nous reconnaissons là le processus des arbres bourgeonnants. La connexion s'écrit ainsi :

$$\left(\tau_{T_n}^{\text{Yule}},\ n \geq 0\right) \overset{\mathcal{L}}{=} (\tau_n,\ n \geq 0).$$

De façon duale, l'égalité des deux événements suivants, pour tout $n \in \mathbb{N}$, pour tout $t \in \mathbb{R}_{\geq 0}$:

$$\{N_t = n+1\} = \{T_n \leq t < T_{n+1}\},$$

entraîne aussi la connexion

$$\left(\tau_t^{\text{Yule}},\ t \geq 0\right) \overset{\mathcal{L}}{=} \left(\tau_{N_t},\ t \geq 0\right).$$

Les propriétés de cette connexion abr - arbre de Yule sont résumées dans la proposition suivante. Davantage de détails sur le plongement en temps continu d'une chaîne de Markov discrète se trouvent par exemple dans Bertoin [22].

Proposition 6.26 *Le processus abr* $(\tau_n,\ n \geq 0)$ *et le processus arbre de Yule* $(\tau_t^{\text{Yule}},\ t \geq 0)$ *considéré aux instants de saut* $T_n,\ n \geq 0$ *vérifient :*

(i) *les intervalles de temps* $T_n - T_{n-1}$ *sont indépendants et* $T_n - T_{n-1}$ *est une variable aléatoire de loi exponentielle de paramètre n ;*

(ii) *les processus* $(T_n,\ n \geq 0)$ *et* $(\tau_{T_n}^{\text{Yule}},\ n \geq 0)$ *sont indépendants ;*

(iii) *les processus* $(\tau_{T_n}^{\text{Yule}},\ n \geq 0)$ *et* $(\tau_n,\ n \geq 0)$ *ont même loi ;*

(iv) *les processus* $(\tau_t^{\text{Yule}},\ t \geq 0)$ *et* $(\tau_{N_t},\ t \geq 0)$, *où* N_t *est le nombre d'individus en vie à l'instant t, ont même loi.*

Preuve

(i) Par construction, T_n est le premier instant de saut (la première mort) après T_{n-1}, de sorte que $T_n - T_{n-1}$ est le minimum de n variables aléatoires, indépendantes et de même loi exponentielle de paramètre 1. Par consequent (voir l'annexe C.3.2 sur les lois exponentielles), $T_n - T_{n-1}$ suit une loi exponentielle de paramètre n.

(ii) Il s'agit d'une propriété générale des processus de saut : les instants de saut et le processus arrêté à ces instants sont indépendants.

(iii) et (iv) Dans les deux cas, les deux processus considérés ont le même état initial, à savoir un nœud racine, et les deux processus ont la même règle d'évolution qui a été décrite plus haut. □

Cette connexion est à la fois simple et profonde. Elle permet de considérer sur le même espace de probabilité les deux processus (Yule et forme d'abr) et d'avoir des égalités presque sûres et non seulement en loi. Concrètement, cette connexion permet d'importer pour l'abr des résultats connus sur les processus de branchement, sujets d'une abondante littérature. C'est l'un des ressorts de la démonstration du théorème 6.12 sur le profil d'un abr.

Revenons à la hauteur de l'abr. D'après la construction de l'arbre de Yule, et comme on peut le voir sur les figures 6.8 et 6.9, la position la plus à droite dans le processus de Yule arrêté à l'instant T_n est le plus grand numéro de génération des particules en vie à l'instant T_n ; c'est donc exactement le plus haut niveau d'une feuille de l'abr τ_n, c'est-à-dire la hauteur de τ_n. Ainsi, en notant pour tout $t \geq 0$,

$$R_t := \max\{|u|, u \in N(t)\}$$

la position la plus à droite parmi les individus en vie à l'instant t, alors

$$R_{T_n} = h(\tau_n).$$

Les résultats de Biggins [27] sur R_t ont pour corollaire la convergence presque sûre de $\dfrac{h(\tau_n)}{\log n}$ vers la constante c indiquée dans le théorème 6.22 plus haut.

Quels sont les termes suivant le terme $c \log n$ dans le développement asymptotique de la hauteur ? Reed dans [218] précise le terme suivant pour l'*espérance* de la hauteur : quand n tend vers $+\infty$,

$$\mathbb{E}(h(\tau_n)) = c \log n - \beta \log \log n + O(1),$$

où $\beta = \frac{3}{2 \log(c/2)}$.

Plus récemment, Roberts [223] a obtenu, à partir d'un résultat spectaculaire de Hu et Shi [134] sur les marches aléatoires branchantes, le résultat suivant, à la fois fin (il concerne le second terme en $\log \log n$ de la hauteur d'un abr) et surprenant : la hauteur correctement renormalisée varie entre sa limite inférieure et sa limite supérieure, qui sont différentes, il n'y a donc pas de limite presque sûre, et pourtant il y a une limite en probabilité[9]! L'obtention de ce résultat illustre à nouveau la richesse de la connexion : « la loi de la hauteur $h(\tau_n)$ est asymptotiquement (quand $n \to +\infty$) donnée par la position maximale dans une marche aléatoire branchante ».

Théorème 6.27 *Soit a l'unique solution réelle positive de l'équation $2(a-1)e^a + 1 = 0$ et soit $b := 2ae^a$ (numériquement $a \approx 0{,}76804$ et $b \approx 3{,}31107$). Alors la hauteur $h(\tau_n)$ de l'abr au temps n vérifie*

$$\frac{1}{2} = \liminf_{n \to \infty} \frac{ah(\tau_n) - b \log n}{- \log \log n} < \limsup_{n \to \infty} \frac{ah(\tau_n) - b \log n}{- \log \log n} = \frac{3}{2}$$

et

$$\frac{ah(\tau_n) - b \log n}{- \log \log n} \longrightarrow \frac{3}{2} \text{ en probabilité .}$$

Les constantes a et b sont liées aux constantes c et c' du théorème 6.22 par : $c = b/a$ et $c' = 3/2a$.

---

[9]Les différents types de convergence sont rappelés en section C.6.

Remarque 6.28 La méthode décrite dans cette section permet de considérer un arbre binaire de recherche de taille n comme un arbre de branchement (ici un arbre de Yule) arrêté à un instant T_n qui est le premier instant où il y a n individus. Il ne faut pas confondre (et d'ailleurs les résultats sont très différents) avec un arbre de Galton-Watson (qui est aussi un arbre de branchement) sous-critique ou critique, qui n'est pas arrêté mais grossit jusqu'à son extinction, et que l'on conditionne par sa taille.

6.3 Arbres récursifs

6.3.1 Définition et dynamique

Construction algorithmique

Définissons récursivement[10] un processus $(\tau_n, n \geq 1)$ d'arbres dits récursifs comme suit, de sorte que pour tout $n \geq 1$, l'arbre τ_n contient n nœuds marqués de 1 à n.

– Pour $n = 1$, τ_1 est réduit à la racine marquée par 1.
  Pour tout $n \geq 1$, l'arbre τ_{n+1} est obtenu à partir de τ_n en reliant un nouveau nœud, marqué par $n + 1$, à l'un des n nœuds de τ_n, choisi uniformément.

Nous allons voir que les arbres récursifs en tant que processus d'arbres (c'est-à-dire leur dynamique) sont en bijection avec les arbres bourgeonnants, c'est-à-dire les formes d'arbres binaires de recherche. En effet, ils sont en bijection avec des arbres binaires croissants qui poussent comme des abr. C'est aussi le cas des arbres Union-Find (cf. la section 3.4.3) que l'on peut également associer à des arbres binaires qui poussent comme des abr, c'est-à-dire des arbres bourgeonnants.

Représentation par un arbre binaire croissant

Bien que les arbres récursifs ne soient pas planaires, nous avons vu en section 1.2.4 que la manière classique de les représenter est d'ordonner les enfants d'un nœud par ordre croissant de leurs marques. Soit τ un arbre récursif ; nous lui associons donc un unique représentant planaire $R(\tau)$. Ensuite, par la transformation habituelle « fille ainée-sœur cadette » (voir la section 1.1.3) appliquée à $R(\tau)$, nous obtenons un arbre binaire, appelons-le $\widehat{\tau}$, dont les marques croissent le long des branches allant de la racine vers les feuilles. Nous donnons en figure 6.10 un tel exemple, avec un arbre récursif et l'arbre binaire qui lui correspond.

Dans cette transformation, le niveau d'un nœud de l'arbre récursif devient (à 1 près) le niveau à gauche de l'arbre binaire associé (le niveau à gauche d'un nœud

---

[10]D'où le nom !

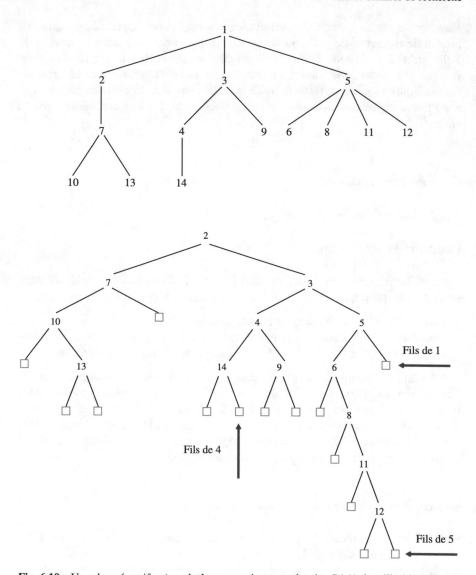

Fig. 6.10 Un arbre récursif τ (ou plutôt son représentant planaire $R(\tau)$) de taille 14, et l'arbre binaire associé $\widehat{\tau}$, de taille 13. Cet arbre binaire a été complété par 14 feuilles, correspondant aux 14 possibilités d'insérer un nouveau nœud dans l'arbre récursif ; nous en donnons 3 exemples

est le nombre de branches gauches entre la racine et ce nœud). Par conséquent la hauteur de l'arbre récursif est (toujours à 1 près) la hauteur à gauche de l'arbre binaire associé.

Lien avec les arbres bourgeonnants

Dans l'exemple de la figure 6.10, l'arbre récursif τ a 14 nœuds et est en bijection avec un arbre binaire $\widehat{\tau}$ de taille 13. Il y a 14 possibilités d'insertion dans l'arbre récursif : nous pouvons choisir d'attacher une nouvelle feuille à chaque nœud et il y a une seule manière de le faire, l'arbre étant non planaire ; si nous complétons l'arbre binaire, nous obtenons un arbre à 13 nœuds internes et 14 feuilles, donc avec 14 possibilités d'insertion.

Regardons maintenant comment pousse un tel arbre : une suite d'arbres récursifs se transforme en une suite d'arbres binaires croissants *et* ils poussent de la même façon que les arbres bourgeonnants de la section 2.1.2 : l'insertion uniforme sur les nœuds de l'arbre récursif se transforme en insertion uniforme sur les nœuds externes de l'arbre binaire croissant. C'est donc un arbre bourgeonnant.

Remarque 6.29 L'arbre binaire $\widehat{\tau}$ obtenu à partir de τ *n'est pas* un arbre binaire de recherche ; par contre sa forme $\pi(\widehat{\tau})$ est bien un arbre bourgeonnant, c'est-à-dire la forme d'un arbre binaire de recherche.

Lien avec les arbres Union-Find

Dans la section 3.4.3 a été présentée la bijection entre un arbre Union-Find construit avec l'un des algorithmes Union-Find et un arbre binaire de recherche (voir la figure 3.32). Dans cette bijection, le niveau d'un nœud dans l'arbre final Union-Find est exactement son niveau *à gauche* dans l'arbre binaire associé. En outre, il apparaît que le processus d'arbres binaires associés pousse comme un abr, autrement dit comme un processus d'arbres bourgeonnants. Par conséquent la hauteur d'un arbre Union-Find est la même que la hauteur à gauche d'un abr.

La proposition suivante résume la section. Ces bijections ainsi que la dynamique de ces processus d'arbres sont utilisées dans l'étude de la hauteur et du profil des arbres récursifs dans Fuchs et al. [112] et dans le chapitre 4 de la thèse de Jabbour-Hattab [140]. C'est pour cette raison que les résultats sur la hauteur des arbres récursifs sont analogues à ceux sur la hauteur des abr.

Proposition 6.30 *Un processus d'arbres récursifs a même loi qu'un processus d'arbres Union-Find. Pour chacun d'eux est associé un processus d'arbres binaires qui sont des arbres bourgeonnants. En particulier, leur hauteur est aussi la hauteur à gauche de l'arbre binaire associé.*

6.3.2 Hauteur des arbres récursifs

Dans la section 6.3.1 qui précède est décrite la transformation qui fait passer d'un arbre récursif à un arbre binaire associé. Dans cette transformation, la hauteur de l'arbre récursif devient la profondeur à gauche de l'arbre binaire associé.

Dans le théorème suivant (dont la preuve dépasse le niveau de cet ouvrage), le premier item dans sa version convergence en probabilité est dû à Devroye [56, th. 10] pour les arbres Union-Find, qui, on l'a vu plus haut, ont même loi que les arbres récursifs ; la convergence presque sûre a été obtenue par Pittel [209] par plongement en temps continu. Les items suivants sont dus à Drmota et se trouvent dans son livre [68], section 6.4. Les résultats de Drmota sont obtenus par des méthodes analytiques non probabilistes, à base d'équations différentielles retardées.

Théorème 6.31 *La hauteur H_n d'un arbre récursif à n nœuds se comporte lorsque n tend vers l'infini de la façon suivante.*

(i)

$$\frac{H_n}{\log n} \xrightarrow[n \to \infty]{} e \qquad p.s.$$

(ii)

$$\mathbb{E}(H_n) \sim e \log n \quad ; \quad \mathrm{Var}(H_n) = O(1).$$

(iii) Il existe une constante $C > 0$ tel que pour tout $\eta > 0$,

$$\mathbb{P}\left(|H_n - \mathbb{E}(H_n)| \geq \eta\right) = O\left(e^{-C\eta}\right).$$

6.4 Formes d'arbres binaires de recherche biaisées

L'idée est la même que pour l'arbre de Galton-Watson biaisé de la section 5.1.2 : une branche pousse à une vitesse différente, c'est l'épine dorsale (en anglais spine), et les sous-arbres qui en partent sont de même loi que l'arbre générique.

Rappelons que les arbres binaires de recherche aléatoires sous la loi Ord poussent par insertion uniforme sur les feuilles. Autrement dit, les *formes* d'arbres binaires de recherche constituent un processus d'arbres bourgeonnants. C'est ce processus que nous allons « biaiser » de la façon suivante. Définissons par récurrence sur n un nouveau processus $(\widetilde{\tau}_n)_{n\geq 0}$ d'arbres dits biaisés ou colorés. Soit z un paramètre réel strictement positif.

(i) $\widetilde{\tau}_0$ est une feuille rose ;

(ii) $\widetilde{\tau}_1$ est :

- avec probabilité $\frac{1}{2}$, un noeud racine rose avec une feuille gauche noire et une feuille droite rose,
- avec probabilité $\frac{1}{2}$, un noeud racine rose avec une feuille gauche rose et une feuille droite noire ;

(iii) par récurrence, si $\widetilde{\tau}_n$ est un arbre binaire complet avec n noeuds internes, une épine dorsale de noeuds roses, les autres noeuds internes noirs, une feuille rose au bout de l'épine dorsale et les n autres feuilles noires, alors z étant un paramètre réel positif fixé, l'arbre $\widetilde{\tau}_n$ pousse avec la règle suivante :

- avec probabilité $\dfrac{1}{n+2z}$, une feuille noire est choisie, et cette feuille noire est remplacée par un noeud noir et deux feuilles noires ;
- avec probabilité $\dfrac{z}{n+2z}$, la feuille rose est choisie, et elle est remplacée par un noeud rose ayant une feuille gauche noire et une feuille droite rose ;
- avec probabilité $\dfrac{z}{n+2z}$, la feuille rose est choisie et elle est remplacée par un noeud rose ayant une feuille gauche rose et une feuille droite noire.

La figure 6.11 illustre ce processus ; un arbre biaisé de taille 6 est d'abord représenté, puis l'arbre de taille 7 qui en résulte par choix d'une feuille noire, et les deux autres possibles (aussi de taille 7) par choix de la feuille rose.

Appelons $\widehat{\mathbb{P}}_z$ la loi de l'arbre coloré de paramètre z. Remarquons que pour le paramètre $z = \frac{1}{2}$, nous retrouvons le modèle de l'arbre bourgeonnant habituel sans couleurs, et donc

$$\widehat{\mathbb{P}}_{\frac{1}{2}} = \mathbb{P},$$

où $\mathbb{P}$ est la loi de l'arbre bourgeonnant habituel. Nous nous intéressons à

$$s_n := \text{niveau de la feuille rose.}$$

Au début, $s_0 = 0$, $s_1 = 1$ mais ensuite s_n est aléatoire. Nous allons voir que

$$s_n = s_0 + (s_1 - s_0) + \cdots + (s_n - s_{n-1})$$

est une marche aléatoire dont les pas $s_k - s_{k-1}$ sont indépendants mais pas de même loi. En effet, $s_{n+1} - s_n$ vaut 1 quand la feuille rose est choisie, donc avec probabilité $\frac{2z}{n+2z}$, et vaut 0 sinon. Autrement dit, les pas $s_{n+1} - s_n$ sont indépendants, de loi de

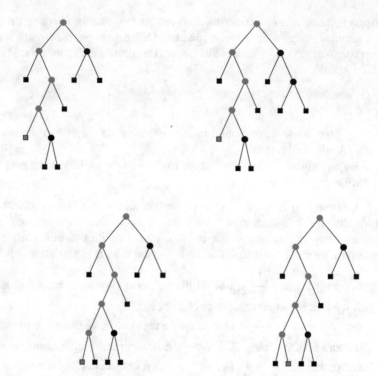

Fig. 6.11 En haut à gauche, un arbre biaisé de taille 6, avec l'épine dorsale des nœuds roses, 6 feuilles noires et une feuille rose. En haut à droite, l'arbre obtenu en faisant pousser une feuille noire. En bas les deux arbres possibles en faisant pousser la feuille rose

Bernoulli de paramètre $\frac{2z}{n+2z}$. En particulier, la moyenne de s_n peut se calculer :

$$\widehat{\mathbb{E}}_z(s_n) = 1 + \frac{2z}{1+2z} + \cdots + \frac{2z}{n-1+2z} \sim 2z \log n$$

lorsque $n \rightarrow +\infty$, et nous obtenons pour s_n des résultats classiques de loi des grands nombres, théorème central limite et grandes déviations, détaillés dans l'exercice 6.6.

La première partie de la proposition suivante met en évidence une martingale qui va permettre de représenter $\widehat{\mathbb{P}}_z$, la loi de l'arbre biaisé, sous forme de produit, comme c'était déjà le cas pour l'arbre biaisé de Galton-Watson.

Proposition 6.32 *Soit s_n le niveau de la feuille rose d'un arbre biaisé. Soit z un réel strictement positif. Rappelons la notation :*

$$\gamma_n(z) = \prod_{j=0}^{n-1} \left(1 + \frac{z}{j+1}\right).$$

Alors

(i) La suite de variables aléatoires $(\mathcal{E}_n(z))_{n \geq 0}$ définies par

$$\mathcal{E}_n(z) := \frac{(2z)^{s_n}}{\gamma_n(2z-1)}$$

est une $\mathcal{F}_n$-martingale d'espérance 1, pour la probabilité $\widehat{\mathbb{P}}_{\frac{1}{2}}$, qui est la loi $\mathbb{P}$ de l'arbre bourgeonnant ordinaire. Autrement dit

$$\widehat{\mathbb{E}}_{\frac{1}{2}}\left(\frac{(2z)^{s_{n+1}}}{\gamma_{n+1}(2z-1)}\Big|\widetilde{\tau}_n\right) = \frac{(2z)^{s_n}}{\gamma_n(2z-1)}.$$

(ii) La loi $\widehat{\mathbb{P}}_z$ de l'arbre biaisé de paramètre z s'écrit pour tout $n \in \mathbb{N}$

$$\widehat{\mathbb{P}}_z = \mathcal{E}_n(z)\,\widehat{\mathbb{P}}_{\frac{1}{2}} = \mathcal{E}_n(z)\,\mathbb{P} \qquad sur\ \mathcal{F}_n.$$

Preuve

(i) En explicitant la loi de s_n sous $\widehat{\mathbb{P}}_{\frac{1}{2}}$: $s_{n+1} - s_n$ vaut 1 avec probabilité $\frac{1}{n+1}$ et 0 sinon.

(ii) Pour tout $z > 0$, pour tout $n \in \mathbb{N}$, définissons

$$\mathbb{Q}_z := \mathcal{E}_n(z)\,\widehat{\mathbb{P}}_{\frac{1}{2}} \qquad sur\ \mathcal{F}_n,$$

autrement dit

$$\forall n \in \mathbb{N}, \forall A \in \mathcal{F}_n, \qquad \mathbb{Q}_z(A) := \int_A \mathcal{E}_n(z)\,d\widehat{\mathbb{P}}_{\frac{1}{2}}, \tag{6.22}$$

et montrons que $\mathbb{Q}_z = \widehat{\mathbb{P}}_z$. Comme $s_{n+1} - s_n$ est $\mathcal{F}_{n+1}$-mesurable, par définition de $\mathbb{Q}_z$ donnée dans (6.22),

$$\mathbb{Q}_z(s_{n+1} - s_n = 0) = \widehat{\mathbb{E}}_{\frac{1}{2}}\left(\mathcal{E}_{n+1}(z)\mathbb{1}_{\{s_{n+1}-s_n=0\}}\right)$$

$$= \widehat{\mathbb{E}}_{\frac{1}{2}}\left(\frac{(2z)^{s_{n+1}}}{\gamma_{n+1}(2z-1)}\mathbb{1}_{\{s_{n+1}-s_n=0\}}\right)$$

$$= \frac{1}{\gamma_{n+1}(2z-1)}\widehat{\mathbb{E}}_{\frac{1}{2}}\left[(2z)^{s_n}\mathbb{1}_{\{s_{n+1}-s_n=0\}}\right]$$

$$= \frac{1}{\gamma_{n+1}(2z-1)}\widehat{\mathbb{E}}_{\frac{1}{2}}\left(\widehat{\mathbb{E}}_{\frac{1}{2}}\left[(2z)^{s_n}\mathbb{1}_{\{s_{n+1}-s_n=0\}}\big|\mathcal{F}_n\right]\right)$$

$$= \frac{1}{\gamma_{n+1}(2z-1)}\widehat{\mathbb{E}}_{\frac{1}{2}}\left((2z)^{s_n}\frac{n}{n+1}\right),$$

car $s_{n+1} - s_n$ suit une loi de Bernoulli de paramètre $\frac{1}{n+1}$. Finalement,

$$\mathbb{Q}_z(s_{n+1} - s_n = 0) = \left(\frac{n}{n+1}\right)\left(\frac{n+1}{n+2z}\right)\frac{1}{\gamma_n(2z-1)}\widehat{\mathbb{E}}_{\frac{1}{2}}\left((2z)^{s_n}\right) = \frac{n}{n+2z},$$

ce qui montre que l'arbre pousse de la même façon sous $\widehat{\mathbb{P}}_z$ et sous $\mathbb{Q}_z$. Donc, pour tout $n \in \mathbb{N}$

$$\widehat{\mathbb{P}}_z = \mathcal{E}_n(z)\,\widehat{\mathbb{P}}_{\frac{1}{2}} \qquad\qquad \text{sur } \mathcal{F}_n. \qquad\qquad \square$$

6.5   Arbres binaires de recherche randomisés

Nous avons supposé dans les sections précédentes que les arbres binaires de recherche étaient construits par insertions successives aux feuilles, de clés tirées indépendamment et avec la même loi, c'est-à-dire i.i.d. Il s'agit d'une hypothèse forte, qui n'est plus vérifiée dès lors que les clés insérées ne sont plus indépendantes entre elles mais corrélées (par exemple des clés peuvent être égales), ou lorsque des clés peuvent être supprimées. Un moyen efficace de retrouver cette loi, et les bonnes performances qui en découlent en terme de hauteur moyenne ou de longueur de cheminement moyenne, est donné par la randomisation des arbres binaires de recherche, initialement mise au point par Aragon et Seidel [8, 9]. Les arbres qu'ils construisent, auxquels ils donnent le nom de *treaps*, contiennent des clés auxquelles sont associées des priorités ; l'arbre est un arbre binaire de recherche suivant les clés, et un tas suivant les priorités. Lorsque les priorités sont des variables aléatoires tirées suivant une loi ad-hoc (dépendant de poids associés aux clés), le temps moyen d'une opération de recherche ou de mise à jour est bien logarithmique.

La randomisation a été reprise et simplifiée par Martinez et Roura [179], qui se sont débarrassés des priorités et poids. Nous présentons ci-dessous cette dernière version, qui permet donc de construire des arbres binaires de recherche suivant la loi Ord *quelles que soient les corrélations des clés et les opérations autorisées.*

6.5.1   Randomisation d'un arbre binaire de recherche

Supposons dans un premier temps que la seule opération de mise à jour permise sur l'arbre soit l'insertion d'une nouvelle clé, mais sous des hypothèses probabilistes qui n'assurent plus d'être sous la loi Ord. Par exemple, il peut ne pas y avoir indépendance des clés, mais au contraire *localité* : la loi de la n-ième clé est concentrée autour de la valeur de la $(n-1)$-ième clé insérée. Dans un tel cas l'arbre binaire de recherche obtenu par insertion aux feuilles de n clés semble intuitivement avoir peu de chances d'avoir une hauteur d'ordre $\log n$. Pour conserver des performances acceptables, nous allons alors choisir d'insérer une nouvelle clé soit dans une feuille de l'arbre complété (appelons-la f) comme cela a été supposé dans les sections 6.1 et 6.2, soit *sur le chemin allant de la racine à f,* en réorganisant l'arbre en fonction de cette insertion. Le choix de la place où insérer sera aléatoire, et nous verrons qu'il est possible de le faire sous une loi de probabilité choisie pour que l'arbre binaire de recherche obtenu soit de loi Ord, i.e., que sa forme suive la loi de l'arbre bourgeonnant.

Il nous faut d'abord indiquer comment insérer une clé à la racine d'un arbre binaire de recherche ; il sera alors possible d'insérer une clé en tout nœud d'un chemin de la racine vers une feuille, en l'insérant à la racine du sous-arbre enraciné en ce nœud. Cet algorithme est détaillé en section A.2.6 ; donnons ici brièvement son principe. Il repose sur l'opération de *coupure* d'un arbre de recherche τ selon une clé x (la clé à insérer) qui partage τ en deux arbres binaires de recherche : $\tau_{\leq x}$ contient les clés de τ inférieures ou égales à x, et $\tau_{>x}$ celles supérieures à x ; l'arbre binaire de recherche $\tilde{\tau}$, obtenu par insertion de x à la racine, a alors x comme marque de la racine (évidemment !), $\tau_{\leq x}$ comme sous-arbre gauche, et $\tau_{>x}$ comme sous-arbre droit (cf. la figure 6.12).

Tout ceci conduit à la définition suivante.

Définition 6.33 (L'insertion randomisée)   d'une clé x dans un arbre binaire de recherche τ consiste à insérer x à la racine avec une probabilité $p(\tau) \in [0, 1]$, et dans l'un des deux sous-arbres droit ou gauche, suivant les valeurs respectives de x et de la marque de la racine de τ, avec la probabilité complémentaire $1 - p(\tau)$; de plus l'insertion dans un sous-arbre se fait récursivement de façon randomisée.

Lorsque $p(\tau)$ est nul pour tout τ, nous retrouvons l'insertion aux feuilles classique, et lorsque $p(\tau) = 1$, l'insertion d'une nouvelle clé se fait à la racine.

Tournons-nous maintenant vers le cas où nous autorisons des suppressions : l'algorithme classique, présenté en section A.2.3, remplace la clé à supprimer x, qui est la marque de la racine d'un sous-arbre τ' de l'arbre global τ, par la plus

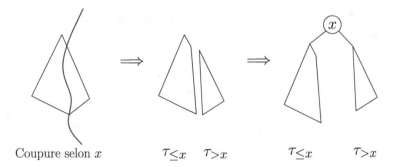

Coupure selon x $\tau_{\leq x}$ $\tau_{>x}$ $\tau_{\leq x}$ $\tau_{>x}$

Fig. 6.12 À gauche un arbre binaire de recherche coupé selon une valeur x ; au milieu les deux arbres $\tau_{\leq x}$ et $\tau_{>x}$ obtenus par la coupure, qui contiennent respectivement les clés inférieures ou égales à x et les clés supérieures à x ; à droite l'arbre $\tilde{\tau}$ obtenu après insertion de x à la racine, dont les sous-arbres gauche et droit sont respectivement $\tau_{\leq x}$ et $\tau_{>x}$

Fig. 6.13 Un arbre binaire
de recherche dont la racine
est un nœud double, avec les
différents sous-arbres
intervenant dans la définition
de la suppression randomisée

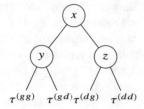

grande clé du sous-arbre gauche de τ' (dans le cas où x marque un nœud double,
puisque dans le cas d'une feuille ou d'un nœud simple, il suffit de supprimer le
nœud en question). Il existe un autre algorithme de suppression, qui est en quelque
sorte l'inverse de l'algorithme de coupure : il « fusionne » les sous-arbres gauche et
droit de τ' pour créer un nouvel arbre binaire de recherche ; cf. les détails dans la
section A.2.6. D'où la définition ci-dessous, illustrée par l'arbre de la figure 6.13 :

Définition 6.34 La **suppression randomisée** d'une clé x dans un arbre binaire de
recherche consiste

- si x est dans une feuille, à supprimer cette feuille ;
- si x est dans un nœud simple, à supprimer ce nœud et rattacher son unique sous-
  arbre à son parent (si x était à la racine, ce sous-arbre devient l'arbre tout entier) ;
- sinon, à procéder comme suit lorsque x marque un nœud double, en se plaçant
  à la racine du sous-arbre τ dont la racine est marquée par x. Soient $\tau^{(g)} =
  (y, \tau^{(gg)}, \tau^{(gd)})$ et $\tau^{(d)} = (z, \tau^{(dg)}, \tau^{(dd)})$ les sous-arbres (non vides) gauche
  et droit de τ. Alors, avec une probabilité $q(\tau) \in [0, 1]$, le résultat de la
  suppression de x est l'arbre binaire de recherche ayant pour racine un nœud
  marqué par y, de sous-arbre gauche $\tau^{(gg)}$ et de sous-arbre droit obtenu en
  fusionnant récursivement $\tau^{(gd)}$ et $\tau^{(d)}$; avec la probabilité complémentaire
  $1 - q(\tau)$ c'est l'arbre binaire de recherche dont la racine est marquée par z, le
  sous-arbre gauche est obtenu par fusion récursive de $\tau^{(g)}$ et $\tau^{(dg)}$, et le sous-arbre
  droit est $\tau^{(dd)}$.

Nous pouvons maintenant donner une définition naturelle d'un arbre binaire de
recherche randomisé.

Définition 6.35 Un arbre binaire de recherche randomisé est un arbre binaire
de recherche construit à partir de l'arbre vide, par une suite d'insertions et de
suppressions randomisées telles que données dans les définitions 6.33 et 6.34.

La définition 6.35 est valable pour toutes valeurs $p(\tau)$ et $q(\tau)$; nous allons voir
dans le théorème 6.37 ci-dessous que le choix

$$p(\tau) = \frac{1}{|\tau| + 1}; \qquad q(\tau) = \frac{|\tau^{(g)}|}{|\tau| - 1}$$

donne des arbres binaires de recherche suivant la loi Ord quelles que soient la
distribution sur les clés et les opérations de mise à jour : insertions et suppressions.

6.5.2 Loi des arbres binaires de recherche randomisés

Nous supposons dans cette section que *les clés insérées sont toutes distinctes*. Nous revenons tout d'abord sur une propriété essentielle d'un arbre binaire de recherche aléatoire sous le modèle des permutations uniformes ; cf. la proposition 6.1 « diviser pour régner ». Sous le modèle Ord et pour des arbres de taille $n \geq 1$, le rang de la clé à la racine vaut j, pour $j \in \{1, \ldots, n\}$, avec probabilité $1/n$, et les sous-arbres gauche et droit sont eux-mêmes des arbres binaires de recherche aléatoires indépendants et de loi Ord. Nous utilisons aussi la propriété suivante, qui en est la réciproque et que nous donnons lorsque les clés d'un arbre τ sont les entiers $1, \ldots, |\tau|$: nous pouvons toujours nous ramener à ce cas par marquage canonique lorsqu'il n'y a pas de clés égales, ce qui est bien le cas dans le modèle des permutations uniformes.

Proposition 6.36 *Soit un arbre binaire de recherche aléatoire τ de taille n, marqué par les entiers $\{1, \ldots, n\}$. Supposons que la loi de τ soit telle que*

- *pour tout $j \in \{1, \ldots, n\}$, la probabilité que la marque de la racine soit égale à j vaut $\frac{1}{n}$;*
- *sachant la marque à la racine, les sous-arbres gauche et droit de τ sont indépendants et suivent la loi Ord.*

Alors la loi de τ est la loi Ord.

Nous renvoyons à l'exercice 6.8 pour des indications sur la manière d'obtenir cette proposition.

Il est ainsi possible d'exprimer de trois façons différentes que τ est un abr de taille n sous la loi Ord. Appelons $x_1, \ldots, x_n$ les clés dans τ.

1. Les clés $x_1, \ldots, x_n$ sont i.i.d.
2. Le réordonnement σ de $x_1, \ldots, x_n$ est de loi uniforme sur $\mathfrak{S}_n$.
3. Comme dans la proposition 6.36 : Soit $j \in \{1, \ldots, n\}$. La racine contient la clé x_j avec probabilité $\frac{1}{n}$ et sachant x_j, les sous-arbres gauche et droit sont indépendants et de loi Ord.

Les trois caractérisations sont équivalentes et entraînent la propriété « diviser pour régner » de la proposition 6.1.

Nous pouvons maintenant démontrer le résultat que nous avons annoncé à la fin de la section 6.5.1, à savoir que, pour un choix judicieux des probabilités $p(\tau)$ et $q(\tau)$, nous retrouvons la loi Ord sur les arbres binaires de recherche randomisés.

Théorème 6.37 *Pour des probabilités $p(\tau) = \frac{1}{|\tau|+1}$ et $q(\tau) = \frac{|\tau^{(g)}|}{|\tau|-1}$, les formes d'arbres binaires de recherche randomisés sont de même loi que les formes d'arbres binaires de recherche sous la loi Ord, c'est-à-dire les arbres bourgeonnants.*

Preuve Ce théorème est la conséquence directe d'une série de résultats intermédiaires : le lemme 6.38 montre que l'opération de coupure, appliquée à un arbre binaire de recherche de loi Ord, fournit deux arbres binaires de recherche indépendants et de même loi Ord ; inversement, le lemme 6.40 montre que la fusion de deux arbres de loi Ord fournit un arbre sous cette même loi. Les deux propositions 6.39 et 6.41 établissent quant à elles que les arbres obtenus par l'application des opérations d'insertion et de suppression randomisées à un arbre binaire de recherche, toujours sous la loi Ord, suivent eux aussi cette loi.   □

Lemme 6.38 *Soient τ un abr de taille n de loi* Ord *contenant des clés $x_1, \ldots, x_n$ dont le réordonnement est donné par la permutation σ :*

$$x_{\sigma(1)} < x_{\sigma(2)} < \cdots < x_{\sigma(n)}.$$

Soit x une clé non présente dans τ. Soit $p \in \{1, \ldots, n+1\}$. Supposons que le rang de x vaille p, autrement dit :

$$x \in]x_{\sigma(p-1)}, x_{\sigma(p)}[.$$

Alors, les deux arbres $\tau_{<x}$ et $\tau_{>x}$ obtenus par coupure de τ suivant x sont indépendants et de loi Ord *respectivement de taille $p-1$ et $n+1-p$.*

Preuve La clé x sépare les données $x_i, i = 1, \ldots, n$ en deux paquets : les $p-1$ données inférieures à x, disons

$$\mathcal{X}_{<x} = \{x_{\sigma(j)}, j = 1, \ldots, p-1\},$$

et les $n+1-p$ données supérieures à x, disons

$$\mathcal{X}_{>x} = \{x_{\sigma(j)}, j = p, \ldots, n+1\},$$

avec les conventions habituelles : si $p = 1$, le premier ensemble est vide et si $p = n+1$, le second ensemble est vide.

L'algorithme de coupure en A.2.4 construit $\tau_{<x}$ et $\tau_{>x}$, respectivement sur $\mathcal{X}_{<x}$ et sur $\mathcal{X}_{>x}$.

Comme τ est de loi Ord, les $x_i, i = 1, \ldots, n$ sont i.i.d. et donc les arbres $\tau_{<x}$ et $\tau_{>x}$ sont indépendants. En outre, comme τ est de loi Ord, le réordonnement σ est de loi uniforme sur $\mathfrak{S}_n$. Et par conséquent (c'est là l'argument central), σ restreinte à $\{1, \ldots, p-1\}$ est uniforme sur $\mathfrak{S}_{p-1}$, respectivement σ restreinte à $\{p, \ldots, n+1\}$ est uniforme sur $\mathfrak{S}_{n+1-p}$. Donc $\tau_{<x}$ et $\tau_{>x}$ sont de loi Ord respectivement de taille $p-1$ et $n+1-p$.   □

Proposition 6.39 *Soient τ un abr de loi* Ord *et x une clé non présente dans τ. Alors l'arbre binaire de recherche obtenu par insertion randomisée de x dans τ avec pour probabilité $p(\tau) = \frac{1}{|\tau|+1}$ suit la loi* Ord.

Preuve Par récurrence sur $n = |\tau|$. Si τ est vide, l'insertion d'une clé x dans τ conduit, de manière évidente, à un arbre de loi Ord. Supposons $n \geq 1$. Soit $\mathcal{X}$ l'ensemble des clés de τ, et soit $\widehat{\tau}$ l'arbre obtenu par insertion randomisée de x dans τ ; l'ensemble des clés de $\widehat{\tau}$ est alors $\mathcal{X} \cup \{x\}$.

La probabilité que x soit racine de $\widehat{\tau}$ est $\frac{1}{n+1}$ (cf. la définition 6.33 de l'insertion randomisée). La marque de la racine de $\widehat{\tau}$ est une valeur $a \in X$ lorsque

- a était déjà racine de τ, événement qui se produit avec probabilité $\frac{1}{n}$,
- et l'insertion de x ne se fait pas à la racine, ce qui se produit avec probabilité $\frac{n}{n+1}$.

La probabilité que a soit racine de $\widehat{\tau}$ est donc $\frac{1}{n} \frac{n}{n+1} = \frac{1}{n+1}$, ce qui signifie que la loi de la marque de la racine est uniforme sur $X \cup \{x\}$.

Regardons ensuite les sous-arbres de $\widehat{\tau}$. Si x est insérée à la racine, alors

$$\widehat{\tau} = (x, \tau_{<x}, \tau_{>x})$$

où $\tau_{<x}$ et $\tau_{>x}$ sont les deux arbres obtenus par coupure de τ suivant x ; par le lemme 6.38 ils sont indépendants et suivent la loi Ord. Sinon, l'insertion de x se fait dans l'un des sous-arbres de τ, qui suit la loi Ord par la proposition 6.1. De plus $|\tau^{(g)}| < |\tau|$ et $|\tau^{(d)}| < |\tau|$ car τ n'est pas vide. L'hypothèse de récurrence s'applique donc et l'arbre obtenu par insertion randomisée de x dans $\tau^{(g)}$ ou dans $\tau^{(d)}$ suit la loi Ord et est indépendant de l'autre sous-arbre de τ.

Nous avons vérifié les hypothèses de la proposition 6.36, et pouvons conclure que $\widehat{\tau}$ suit la loi Ord. □

Lemme 6.40 *Soient τ' et τ'' deux arbres binaires de recherche indépendants et de même loi Ord, respectivement de taille n' et n'', marqués de telle sorte que toute clé de τ' soit inférieure à toute clé de τ''. Alors l'arbre binaire de recherche obtenu par fusion de τ' et τ'' selon la probabilité de fusion droite égale à $\frac{n'}{n'+n''}$ (dont l'algorithme est décrit dans A.2.5) suit la loi Ord.*

Preuve Par récurrence sur la somme $n' + n''$ des tailles $n' = |\tau'|$ et $n'' = |\tau''|$.

Appelons T l'arbre résultat de la fusion de τ' et τ''. Si $n' = 0$, l'arbre résultat de la fusion est simplement τ'', et suit par hypothèse la loi Ord. De même si $n'' = 0$.

Supposons qu'aucun des deux arbres τ' et τ'' n'est vide.

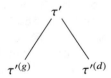

Avec probabilité $\frac{n'}{n'+n''}$, c'est la fusion droite qui se produit, c'est-à-dire qu'est effectuée la fusion de $\tau'^{(d)}$ et de τ''. Or, la taille de $\tau'^{(d)}$ est strictement inférieure à celle de τ' puisque τ' est non vide. Donc la somme des deux tailles $|\tau'^{(d)}| + |\tau''|$ est strictement inférieure à $n' + n''$ et l'hypothèse de récurrence s'applique : l'arbre résultant de la fusion de $\tau'^{(d)}$ et de τ'', appelons-le τ_1, suit la loi Ord.

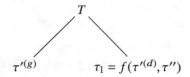

En outre, comme τ_1 est composé des clés de $\tau'^{(d)}$ et de τ'', il est indépendant de $\tau'^{(g)}$; en effet, τ' suit la loi Ord, donc ses deux sous-arbres $\tau'^{(d)}$ et $\tau'^{(g)}$ sont indépendants et nous avons supposé que τ' et τ'' étaient indépendants.

Ainsi, dans l'algorithme de fusion droite, les deux arbres $\tau'^{(g)}$ et τ_1 qui sont les deux sous-arbres, respectivement gauche et droit, de l'arbre T résultat de la fusion de τ' et τ'' sont indépendants et de loi Ord.

Il reste à voir la loi du rang de la clé à la racine de l'arbre fusionné T. Appelons $r(\tau)$ le rang de la clé à la racine d'un abr τ. Sachant qu'il s'agit d'une fusion droite, et comme toutes les clés de de τ' sont inférieures à celles de τ'', le rang de la clé à la racine de l'arbre fusionné T est celui de la clé à la racine de τ' et pour tout $k = 1, \ldots, n' + n''$,

$$
\begin{aligned}
\mathbb{P}\left(r(T) = k\right) &= \frac{n'}{n' + n''}\, \mathbb{P}\left(r(T) = k \mid \text{fusion droite}\right) \\
&= \frac{n'}{n' + n''}\, \mathbb{P}\left(r(\tau') = k\right) \\
&= \frac{n'}{n' + n''}\, \frac{1}{n'}.
\end{aligned}
$$

Le raisonnement est analogue lorsque la fusion gauche se produit.   □

Proposition 6.41 *Soient τ un abr sous la loi* Ord *et x une clé de τ. Alors l'arbre binaire de recherche obtenu par suppression randomisée de x dans τ avec pour probabilité $q(\tau) = \frac{|\tau^{(g)}|}{|\tau|-1}$ suit la loi* Ord.

Preuve Nous raisonnons par récurrence sur n avec $n + 1 = |\tau|$.

Si $n = 0$, la suppression de x conduit à l'arbre vide, et la proposition est vraie.

Si $n \geq 1$, distinguons deux cas suivant si x est à la racine de τ ou pas. Si x n'est pas à la racine de τ, alors la suppression a lieu dans l'un des deux sous-arbres de τ, qui est de taille strictement plus petite que τ et donc l'hypothèse de récurrence s'applique : ce sous-arbre est de loi Ord. De plus, il est indépendant de l'autre sous-arbre de τ.

Si x est à la racine de τ, alors l'arbre $\widehat{\tau}$ obtenu par suppression de x dans τ est le résultat de la fusion des sous-arbres gauche et droit de τ. Le choix de $q(\tau)$ assure par le lemme 6.40 que $\widehat{\tau}$ est de loi Ord.

Il reste à montrer que tout z, z valeur de clé de τ, $z \neq x$, a même probabilité $1/n$ d'être la marque de la racine de $\widehat{\tau}$. Distinguons là aussi deux cas suivant si x est à la racine de τ ou pas.

– Si x n'est pas à la racine de τ (ce qui se produit avec probabilité $\frac{n}{n+1}$), alors la suppression a lieu dans l'un des deux sous-arbres de τ, et la marque de la racine de $\widehat{\tau}$ est celle de la racine de τ ; donc elle vaut z avec probabilité $1/n$.

– Si x est à la racine de τ (ce qui se produit avec probabilité $\frac{1}{n+1}$), alors l'arbre $\widehat{\tau}$ est le résultat de la fusion des sous-arbres gauche et droit de τ. D'après le lemme 6.40, il est de loi **Ord** et de taille n, et donc la marque de sa racine vaut z avec probabilité $1/n$.

La probabilité globale que z se retrouve à la racine de $\widehat{\tau}$ vaut donc

$$\frac{n}{n+1} \frac{1}{n} + \frac{1}{n+1} \frac{1}{n} = \frac{1}{n}.$$

La proposition 6.36 permet de conclure que $\widehat{\tau}$ suit la loi **Ord**. □

6.6 Coût des opérations algorithmiques

Voyons maintenant comment les résultats théoriques obtenus sur divers paramètres des arbres binaires de recherche se traduisent en termes de coûts algorithmiques. Nous reprenons ces résultats, d'abord pour les arbres « classiques » obtenus par insertions successives aux feuilles de clés sous la loi **Ord**, en section 6.6.1, puis pour les arbres randomisés en section 6.6.3 ; au passage nous donnons quelques indications sur les variantes équilibrées des arbres binaires de recherche en section 6.6.2.

6.6.1 Arbres binaires de recherche classiques

L'analyse des performances des arbres binaires de recherche que nous avons présentée dans les sections 6.1 et 6.2 suppose que *les clés sont indépendantes et de même loi :* c'est le modèle des permutations uniformes présenté en section 2.2.3, où les clés sont supposées i.i.d. sur $[0, 1]$.

Intuitivement, dans ce modèle les arbres les plus équilibrés, i.e., ceux dont la hauteur est d'ordre $\log n$, ont la plus forte probabilité d'apparition et les arbres filiformes « dégénérés », dont la hauteur est d'ordre n, ont une probabilité exponentiellement faible ; cf. l'exercice 6.1 pour les arbres de taille au plus 4. Nous donnons dans la figure 6.14 un exemple d'arbre binaire de recherche de taille 1 000, tiré selon la loi des permutations uniformes : le profil est dans la figure 6.15.

La convergence de la hauteur et de la largeur étant très lente (d'ordre $1/\sqrt{\log n}$ pour la largeur, voir la proposition 6.10), ce dessin correspond à un cas loin du régime asymptotique (le profil de la figure 6.3, pour un arbre de taille 10 000, donne une meilleure idée de l'asymptotique).

Fig. 6.14 Un arbre binaire de recherche de taille 1 000, tiré selon la loi des permutations uniformes (correspondant donc à une permutation de taille 1 000). Pour plus de clarté les nœuds externes n'ont pas été représentés

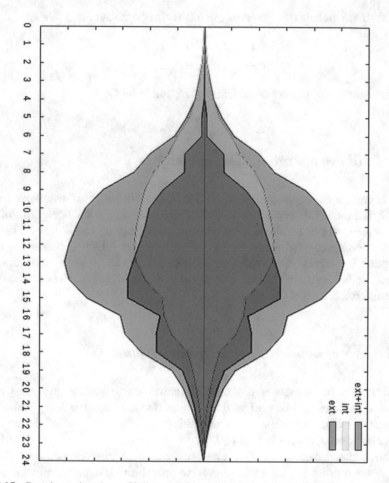

Fig. 6.15 Représentation du profil d'un abr aléatoire à 1 000 nœuds de la figure 6.14 (donc une fois complété, à 1 000 nœuds internes et 1 001 nœuds externes). Cet abr est de hauteur 22 et de niveau de saturation 2. Sur cette figure sont respectivement représentés : le nombre de nœuds internes par niveau U_k, le nombre de nœuds externes (du complété) V_k et enfin le nombre total de nœuds par niveau $Z_k = U_k + V_k$. Chaque graduation en abscisse correspond à 20 nœuds

Longueur de cheminement Nous avons étudié la longueur de cheminement et la profondeur d'insertion dans la section 6.1. Nous avons d'abord obtenu leur moyenne dans le théorème 6.2, puis la variance de la longueur de cheminement dans le théorème 6.3, et la fonction génératrice de la loi de la profondeur d'insertion dans la proposition 6.7. Nous avons ensuite montré dans le théorème 6.8 qu'après renormalisation, le polynôme de niveau, qui synthétise l'information sur le nombre de feuilles à chaque niveau, est une martingale, et en avons déduit différentes convergences. Puis nous avons repris l'étude de la longueur de cheminement dans le théorème 6.11, et montré qu'elle aussi, après normalisation, est une martingale et converge vers une limite aléatoire, que nous avons précisée dans le théorème 6.17 comme solution d'une équation de point fixe en distribution. La méthode de contraction de la section 6.1.3 fournit un outil permettant de simuler cette limite, ce que nous avons fait en section 6.1.4. Au passage, nous avons obtenu dans le théorème 6.12 une convergence du nombre de feuilles à niveau donné (à l'échelle $\log n$), après normalisation, vers la martingale limite.

Hauteur En ce qui concerne la hauteur, un argument simple nous a d'abord servi à montrer dans la section 6.2.1 que, contrairement aux arbres binaires sous le modèle de Catalan dont la hauteur est d'ordre $\sqrt{n}$ (cf. le théorème 5.20), les arbres binaires de recherche ont une hauteur d'ordre $\log n$. Le théorème 6.22 a ensuite montré que la hauteur et le niveau de saturation sont effectivement tous les deux asymptotiquement équivalents à $c \log n$ et $c' \log n$ respectivement, en identifiant les deux constantes c et c'. Enfin, dans le théorème 6.27, plus raffiné, puisqu'il concerne les fluctuations de la hauteur autour de sa moyenne, il apparaît que ces fluctuations convergent en probabilité, mais non presque sûrement.

Insertion et recherche D'un point de vue algorithmique, les résultats que nous venons de rappeler nous permettent d'étudier finement les coûts des opérations d'insertion et de recherche.[11] La recherche peut elle-même être avec ou sans succès, selon qu'elle porte sur une clé x déjà présente dans l'arbre, ou non. Dans ce dernier cas le coût, en terme de comparaisons de clés présentes dans l'arbre avec x, est égal au nombre de comparaisons qu'il faudrait faire pour insérer x : la recherche sans succès s'arrête sur la feuille de l'arbre complété où irait x. Le coût d'une insertion aux feuilles, comme celui d'une recherche sans succès, est donné par la profondeur d'insertion et lié à la longueur de cheminement externe de l'arbre complété ; il est d'ordre logarithmique en moyenne, et converge après normalisation vers une loi limite non gaussienne.

Le coût d'une recherche avec succès est lié à la longueur de cheminement interne ; lui aussi est en moyenne d'ordre logarithmique, et converge vers une loi limite non gaussienne.

Quant au maximum du coût des opérations précédentes sur un arbre, il est donné par la hauteur : la configuration la plus défavorable est celle où l'insertion (ou la recherche) conduit à une des feuilles les plus profondes de l'arbre. Bien

---

[11] Nous avons déjà mis en lien ces coûts avec les paramètres de l'arbre en section 3.2.1.

Fig. 6.16 Un arbre binaire
de recherche ; la plus grande
clé de l'arbre est 25, et la
feuille la plus à droite
contient la clé 13

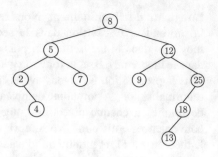

évidemment, il existe des arbres binaires de recherche « filiformes » de hauteur n
pour un arbre de taille n, et donc pour ces arbres le coût maximal d'une opération
sera n. Considérons cependant *la moyenne, sur tous les arbres de taille n pris sous
la loi Ord,* du coût maximal d'une opération, i.e., la hauteur moyenne d'un arbre :
celle-ci est d'ordre logarithmique. Par ailleurs, la probabilité de s'éloigner de la
hauteur moyenne est exponentiellement faible (cf. la remarque 6.25).

Suppression Le modèle des arbres binaires de recherche sous la loi Ord n'est
plus conservé par une suppression ; nous donnons cependant ci-après quelques
indications sur le coût d'une suppression de clé dans un arbre qui suit initialement
cette loi (nous renvoyons à l'annexe A.2.3 pour la présentation de l'algorithme
« classique » de suppression dans un arbre binaire de recherche). Cette suppression
se fait en deux temps : d'abord la recherche de la clé à supprimer dans l'arbre, c'est
une recherche avec succès dont nous venons de voir le coût ; ensuite la suppression
proprement dite de la clé, qui est alors à la racine d'un sous-arbre. Cette deuxième
étape se fait en nombre d'opérations borné (et faible) si cette racine n'est pas un
nœud double ; sinon il s'agit de trouver la plus grande clé du sous-arbre gauche
puis de l'amener à la racine, et le nombre d'opérations pour cela est donné par la
longueur de la branche droite de ce sous-arbre – ici, nous entendons par « branche
droite » la branche conduisant au nœud le plus à droite et qui contient donc la plus
grande clé de l'arbre ; ce n'est pas toujours celle conduisant à la *feuille* la plus à
droite, comme cela peut être constaté sur l'arbre de la figure 6.16.

6.6.2 Arbres équilibrés

D'un point de vue algorithmique, il est souvent essentiel de certifier que les
arbres binaires de recherche gardent de « bonnes » performances. Cela se fait en
s'assurant qu'ils restent relativement équilibrés, ou en d'autres termes que leur
hauteur est d'ordre logarithmique en leur taille, y compris lorsque les clés ne sont
pas tirées selon le modèle des permutations uniformes ou lorsque les mises à jour
de l'arbre incluent des suppressions. Or en pratique les clés ne sont pas toujours
indépendantes ; l'insertion de clés triées, par exemple, conduit à un arbre filiforme,
et donc à une hauteur égale à $n - 1$: la profondeur moyenne d'un nœud dans un
tel arbre (tous les nœuds étant supposés équiprobables) est de $\frac{n-1}{2}$, et les opérations

d'insertion ou de recherche sont alors de coût moyen linéaire. D'autre part, si le modèle des permutations uniformes est bien adapté à modéliser les arbres binaires de recherche évoluant par insertions successives aux feuilles, il ne l'est plus dès que les suppressions sont autorisées : les arbres ne suivent plus la loi Ord, et peuvent là encore devenir de hauteur plus que logarithmique en leur taille, ce qui conduit à de mauvaises performances algorithmiques. Pour un exemple d'arbres binaires de recherche qui ne suivent plus la loi Ord, nous renvoyons à Panny [202] ou à l'exercice 6.7 qui en est tiré.

Différentes variantes des arbres binaires de recherche « classiques » ont été proposées, par exemple les arbres AVL ou les arbres 2–3–4 et leur implémentation par les arbres bicolores ; tous sont des arbres dont la hauteur est *toujours* d'ordre logarithmique.

Les arbres AVL d'Adel'son-Vel'skii et Landis [1] sont des arbres binaires de recherche tels que, en chaque nœud, la hauteur des deux sous-arbres droit et gauche diffère au plus de 1. Cette condition d'équilibre impose de garder en chaque nœud une information sur la différence des hauteurs des sous-arbres gauche et droit, différence qui appartient à $\{-1, 0, +1\}$; le rééquilibrage de l'arbre lors des opérations de mise à jour se fait par des *rotations* de sous-arbres, qui sont données dans l'annexe A.1.4.

Les arbres 2–3–4 ne sont autres que des arbres-B prudents de paramètre $m = 2$, cf. la remarque 3.3. Les arbres bicolores en sont une implémentation par des arbres binaires où chaque nœud est colorié par une couleur (classiquement, rouge et noir) suivant des règles qui assurent que la hauteur totale de l'arbre est égale au plus à deux fois son niveau de saturation.

Pour les arbres AVL comme pour les arbres bicolores, la structure sous-jacente est toujours un arbre *binaire,* tout au plus augmentée pour garder une information supplémentaire par nœud : la différence des hauteurs pour les arbres AVL, et la couleur pour les arbres bicolores. Nous renvoyons par exemple au livre de Sedgewick [231] pour une présentation détaillée de ces arbres et des algorithmes qui permettent de les manipuler.

6.6.3 Arbres binaires de recherche randomisés

L'approche la plus simple à implémenter en pratique pour éviter les mauvaises performances algorithmiques des arbres binaires de recherche dans le cas où les clés sont corrélées, ou bien dans le cas de suppressions, est sans doute la randomisation dans sa version donnée par Martinez et Roura [179] : elle permet de construire des arbres binaires de recherche qui suivent la loi Ord *quelles que soient les corrélations des clés et les opérations autorisées.*

Nous avons vu dans la section 6.5 qu'un arbre binaire de recherche randomisé est de même loi qu'un arbre sous la loi Ord ; c'est le théorème 6.37. En conséquence, le coût de recherche (avec ou sans succès) d'une clé dans un arbre de recherche randomisé est le même que pour un arbre binaire de recherche sous la loi Ord.

Contrairement aux arbres AVL et aux arbres bicolores, les arbres binaires de recherche randomisés n'offrent pas la garantie que le maximum de la hauteur soit d'ordre logarithmique : cette hauteur peut atteindre une valeur proportionnelle au nombre de clés. La randomisation assure cependant que l'arbre suit la loi Ord, et les arbres filiformes n'ont qu'une probabilité exponentiellement faible de se produire, ce qui est généralement suffisant en pratique.

Regardons donc le coût d'une mise à jour : insertion faisant appel à la coupure, ou suppression faisant appel à la fusion. En détaillant l'exécution de l'algorithme de coupure d'un arbre τ suivant une clé X (cf. l'annexe A.2.4), nous voyons que cet algorithme suit exactement le chemin conduisant à la feuille f où l'algorithme d'insertion aux feuilles insérerait X. Le nombre de nœuds visités, qui mesure la complexité de la coupure, est donc égal à la profondeur de f ; sa valeur maximale est la hauteur de l'arbre, et sa valeur moyenne est la profondeur moyenne d'une feuille de τ.

La fusion de deux arbres indépendants τ_1 et τ_2, quant à elle, suit dans chacun des deux arbres un chemin allant de la racine vers une feuille, disons f_1 pour τ_1 et f_2 pour τ_2 ; son coût est donc au plus égal à la somme des profondeurs de f_1 et f_2 et il est déterminé dans le cas le pire par la hauteur d'un arbre sous la loi Ord, et en moyenne par la profondeur d'une feuille sous cette même loi.

Attention : le coût d'une mise à jour randomisée (insertion ou suppression) dans un arbre binaire de recherche comprend maintenant deux parties : le coût des comparaisons de clés faites pour modifier la structure de l'arbre, que nous venons de regarder, et *le coût du générateur aléatoire* utilisé à chaque étape pour décider, dans le cas de l'insertion, si elle se fait à la racine ou dans un sous-arbre, et quels sous-arbres sont fusionnés dans le cas de la suppression. Cependant, le nombre d'appels au générateur aléatoire est, comme le nombre de nœuds visités, étroitement lié à la profondeur d'une feuille.

6.7   Un algorithme proche : le tri rapide

Nous avons vu dans la section 3.3.1 que, pour une version « idéalisée » du tri rapide, le nombre de comparaisons entre clés pour trier un tableau de n clés suit la même loi que le nombre de comparaisons pour créer un arbre binaire de recherche à partir de la suite de ces n clés dans le même ordre. Nous présentons ci-dessous une analyse pour le tri rapide,[12] qui fournit un encadrement du nombre moyen de comparaisons faites par l'algorithme de tri, avant de donner quelques indications sur le nombre d'échanges de clés.

---

[12] En réalité, la procédure de partition du tri rapide, telle que le plus souvent implémentée, fait un nombre de comparaisons légèrement différent : pour éviter de tester de manière répétitive que nous ne sortons pas des bornes du (sous-)tableau en cours de partitionnement, nous acceptons de faire quelques comparaisons supplémentaires de clés, avec la sentinelle.

6.7.1   Modèle probabiliste et paramètres de coût

Fixons la taille n d'un tableau T, et supposons que toutes les clés de T sont distinctes ; par marquage canonique nous pouvons supposer que ce sont les entiers $1, \ldots, n$. Une instance de T est en bijection avec une permutation $\sigma \in \mathfrak{S}_n$, par $T[i] = \sigma(i)$, et nous identifions dans la suite un tableau avec une permutation. Prenons par exemple $n = 7$; la permutation $\sigma = 5271643$ est identifiée au tableau $T = [5, 2, 7, 1, 6, 4, 3]$. Nous nous plaçons sous le modèle des permutations uniformes que nous avons introduit dans la définition 3.6, dans lequel les $n!$ tableaux possibles sont équiprobables.

Quelle est la mesure de complexité adéquate pour évaluer le coût du tri rapide ? À la différence des arbres binaires de recherche pour lesquels nous ne prenions en compte que le nombre de comparaisons entre clés pour déterminer le coût d'un algorithme, nous avons ici deux mesures possibles : le nombre de comparaisons entre clés, mais aussi le nombre d'échanges de clés ; nous allons les considérer tous deux.

La brique de base pour analyser le coût du tri rapide est le coût d'une exécution de l'algorithme de partition ; ce coût se mesure en nombre d'opérations sur les clés (comparaisons et échanges). Interviennent ensuite le nombre d'appels récursifs à la procédure de tri, i.e., à la procédure de partition puisque chaque exécution du tri rapide sur un tableau de taille ≥ 2 commence par la partition du tableau suivant un pivot, et la somme des coûts de partition, cumulée sur tous les sous-tableaux.

6.7.2   Nombre moyen de comparaisons de clés

Regardons ce qui se passe lors de l'exécution de l'algorithme de partition, tel que donné en section A.6.1, sur un tableau de taille n. Les comparaisons se font entre le pivot $x = T[1]$ et les autres clés du tableau ; elles sont toutes comparées une seule fois au pivot, sauf éventuellement à la toute fin de la partition, où il peut arriver que deux clés soient chacune comparée deux fois au pivot lorsque les indices *bas* et *haut* se croisent. Le nombre de comparaisons de clés est donc égal, soit à $n - 1$, soit à $n + 1$.

Soient $p(T)$ et $c(T)$ les nombres de comparaisons entre clés faits respectivement par la procédure de partition et par l'algorithme de tri sur un tableau T. Soient respectivement p_n et c_n les moyennes de ces nombres de comparaisons sur tous les tableaux de taille n suivant la loi des permutations uniformes :

$$p_n = \sum_{T \in \mathfrak{S}_n} p(T) \, \frac{1}{n!}; \qquad c_n = \sum_{T \in \mathfrak{S}_n} c(T) \, \frac{1}{n!}.$$

Les valeurs initiales sont $c_0 = c_1 = p_0 = p_1 = 0$.

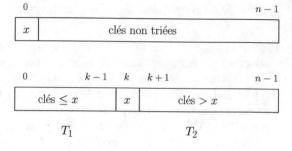

Fig. 6.17 En haut, l'état du tableau vers la fin de l'algorithme de partition, juste avant le placement du pivot x ; en bas, les deux sous-tableaux T_1 et T_2 après placement du pivot

Pour un tableau T, appelons k la place finale du pivot x. Notons T_1 et T_2 les sous-tableaux $T[1 .. k-1]$ et $T[k+1 .. n]$ après placement du pivot (cf. figure 6.17) :

$$c(T) = p(T) + c(T_1) + c(T_2).$$

Définissons la variable aléatoire $Y(T)$, à valeurs dans $\{1, 2, \ldots, n\}$, qui est égale à l'indice k donnant la place finale du pivot ; c'est aussi le *rang* de la valeur $T[1]$ et, sous le modèle des permutations uniformes, Y suit une loi uniforme. Le pivot va donc à la place k avec une probabilité $1/n$, et

$$c_n = \sum_{T \in \mathfrak{S}_n} \frac{1}{n!}\, p(T) + \sum_{T \in \mathfrak{S}_n} \frac{1}{n!}\, (c(T_1) + c(T_2))$$

$$= p_n + \sum_{k=1}^{n} \sum_{T:\ \text{le pivot va en } T[k]} \frac{1}{n!}\, (c(T_1) + c(T_2)).$$

Les tableaux T_1 et T_2 suivent eux aussi une loi uniforme, respectivement parmi les permutations sur $k-1$ éléments, et parmi celles sur $n-k$ éléments, et nous obtenons donc une relation de récurrence sur les c_p, valable a priori pour $n \geq 3$:

$$c_n = p_n + \frac{1}{n} \sum_{k=1}^{n} (c_{k-1} + c_{n-k}) = p_n + \frac{2}{n} \sum_{k=0}^{n-1} c_k.$$

Il est aisé de vérifier que cette dernière relation est aussi valide pour $n = 2$. Nous obtenons donc $n(c_n - p_n) = 2\sum_{k=1}^{n-1} c_k$, qui conduit par soustraction à l'égalité suivante, valide pour $n \geq 2$:

$$n(c_n - p_n) - (n-1)(c_{n-1} - p_{n-1}) = 2c_{n-1}.$$

En divisant par $n(n+1)$, nous obtenons

$$\frac{c_n}{n+1} = \frac{c_{n-1}}{n} + \frac{n p_n - (n-1) p_{n-1}}{n(n+1)}.$$

Pour aller plus loin, il nous faut la loi de p_n. Or nous ne l'avons pas explicitée ; nous avons juste mentionné que p_n appartient à l'ensemble $\{n-1, n+1\}$. En prenant p_n toujours égal à $n+1$, nous obtenons un majorant c_n^+ vérifiant :

$$\frac{c_n^+}{n+1} = \frac{c_{n-1}^+}{n} + \frac{2}{n+1} \qquad (n \geq 3),$$

qui se résout en

$$\frac{c_n^+}{n+1} = 2H_{n+1} - \frac{8}{3},$$

et finalement

$$c_n^+ = 2(n+1)H_n - \frac{8n+2}{3} = 2n \log n + \left(2\gamma - \frac{8}{3}\right)n + O(\log n),$$

avec $\gamma = 0{,}5772156649\ldots$ la constante d'Euler. Le même calcul, conduit avec la borne inférieure c_n^- obtenue pour $p_n = n-1$, donne

$$c_n^- = 2(n+1)H_n - \frac{10n+2}{3} = 2n \log n + \left(2\gamma - \frac{10}{3}\right)n + O(\log n),$$

donc le même terme principal, qui est par conséquent aussi celui de c_n.

Proposition 6.42 *Sous le modèle des permutations uniformes, le nombre moyen c_n de comparaisons de clés faites par le tri rapide sur un tableau de n clés est tel que*

$$2(n+1)H_n - \frac{10n+2}{3} \leq c_n \leq 2(n+1)H_n - \frac{8n+2}{3}.$$

Asymptotiquement lorsque $n \to +\infty$, $c_n = 2n \log n + O(n)$.

Nous ne poussons pas plus loin les calculs : pour avoir le second terme du développement asymptotique de c_n, et non un encadrement comme ici, il nous faudrait connaître la loi de p_n.

6.7.3 Nombre d'échanges de clés

Revenons à une exécution de la partition suivant le pivot $T[1]$, et supposons qu'il aille à la place k, i.e. que $T[1] = k$ dans le tableau avant partition. Les échanges se font entre une clé supérieure au pivot et qui est dans le sous-tableau $T[2 \mathinner{.\,.} k]$ et une clé inférieure au pivot et qui est dans le sous-tableau $T[k+1 \mathinner{.\,.} n]$. Un

1	2		k	$k+1$		$n+1$
x	clés $\leq x$			clés $> x$		$+\infty$

Fig. 6.18 L'état d'un tableau T juste avant la fin de la partition suivant le pivot $x = T[1]$

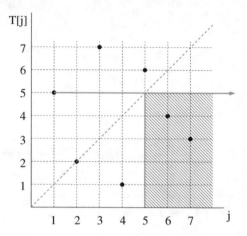

Fig. 6.19 Le nombre d'échanges faits lors de la partition avec pour pivot $T[1] = 5$, et juste avant le placement de ce pivot, est égal au nombre de points de la permutation $\sigma = 5271643$ à l'intérieur de la partie hachurée

dernier échange entre $T[1]$ et $T[k]$ permet de placer le pivot à sa place définitive ; la figure 6.18 donne l'état d'un tableau T juste avant cet échange final.

Établissons maintenant un lien avec un paramètre de la permutation associée au tableau. Prenons par exemple $n = 7$ et la permutation $\sigma = 5\,2\,7\,1\,6\,4\,3$, stockée dans le tableau T : $T[i] = \sigma(i)$. Le pivot est $T[1] = 5$, et les sous-tableaux gauche et droit, avant partition, sont respectivement $[2, 7, 1, 6]$ et $[4, 3]$. Soit $\nu(T)$ le nombre d'échanges faits par la partition sur un tableau T, *hors placement du pivot* ; le nombre total d'échanges fait par la partition est donc $\nu(T) + 1$. En écrivant $\nu(T)$ sous la forme

$$\nu(T) = \left| [1..k-1] \cap \sigma^{-1}([k+1..n]) \right|$$

$$= \left| [k+1..n] \cap \sigma^{-1}([1..k-1]) \right|,$$

nous pouvons en donner une interprétation graphique : c'est le nombre de points dans le quart de plan ouvert hachuré de la figure 6.19.

Intéressons-nous maintenant à la valeur moyenne de $\nu(T)$ lorsque le tableau T suit la loi uniforme sur les permutations. En considérant les possibilités de choix de j clés supérieures à k dans le sous-tableau de gauche, et de j clés inférieures à k dans le sous-tableau de droite, nous obtenons aisément la probabilité que $\nu(T)$

prenne la valeur j, conditionnée par le fait que le pivot ait le rang k :

$$\mathbb{P}(\nu(T) = j | T[1] = k) = \frac{\binom{k-1}{j} \binom{n-k}{j}}{\binom{n-1}{k-1}}.$$

Le nombre moyen d'échanges, toujours sachant que le pivot est de rang k, est donc

$$\mathbb{E}(\nu(T) | T[1] = k) = \frac{(k-1)(n-k)}{(n-1)}.$$

Comme les n rangs possibles du pivot sont équiprobables sous le modèle des permutations uniformes, le nombre moyen d'échanges ν_n s'obtient maintenant comme

$$\nu_n = \frac{1}{n} \sum_{k=1}^{n} \mathbb{E}(\nu(T) | \text{ le pivot va en } T[k])$$

$$= \frac{1}{n} \sum_{k=1}^{n} \frac{(k-1)(n-k)}{(n-1)}$$

$$= \frac{n-2}{6}.$$

Soit $e(T)$ le nombre *total* d'échanges fait par le tri rapide pour trier un tableau T : c'est la somme des nombres d'échanges faits par chaque appel de la partition. En prenant sa moyenne e_n sur tous les tableaux T de taille n sous le modèle des permutations uniformes, sans oublier d'ajouter le dernier échange qui place le pivot, et parce que chaque sous-tableau obtenu par partition et placement du pivot suit encore le modèle des permutations uniformes, nous obtenons

$$e_n = \frac{n+4}{6} + \sum_{k=1}^{n} \frac{1}{n} (e_{k-1} + e_{n-k}),$$

d'où, en sommant, la proposition suivante.

Proposition 6.43 *Le nombre moyen e_n d'échanges de clés faits par le tri rapide, sur un tableau de n clés sous le modèle des permutations uniformes, vaut $\frac{2n+11}{6}$.*

6.8 Exercices

▷ **6.1.** Le nombre de permutations de n éléments est $n!$, et le nombre d'arbres binaires de taille n est $C_n = o(n!)$; il est donc clair qu'une forme d'arbre donnée sera obtenue par plusieurs ordres d'insertion de n clés distinctes dans un arbre initialement vide. Sous le modèle des permutations uniformes et pour $n \leq 4$, calculer la distribution de probabilité sur l'ensemble des arbres binaires de taille n. Est-elle uniforme ? Calculer la profondeur moyenne d'insertion d'une nouvelle clé. ◁

▷ **6.2.** Pour n donné, calculer la probabilité qu'un arbre binaire de recherche obtenu par insertion de n clés sous le modèle des permutations uniformes soit de hauteur maximale. ◁

▷ **6.3.** Section 6.1.2 : Déduire de la fonction génératrice de la profondeur d'insertion que

$$\mathbb{E}(D_{n+1}) = 2(H_{n+1} - 1)$$

et calculer $\mathrm{Var}(D_{n+1})$. ◁

▷ **6.4. Convergence dans L^2 de la martingale de l'abr**

Avec les notations de la section 6.1.2, soit D_{n+1} la profondeur d'insertion d'une nouvelle clé dans l'abr τ_n, soit W_{τ_n} le polynôme de niveau et soit $M_n(z) := \frac{W_{\tau_n}(z)}{\mathbb{E}(W_{\tau_n}(z))} = \frac{W_{\tau_n}(z)}{\gamma_n(2z-1)}$ la martingale associée.

a) Montrer que

$$W_{\tau_{n+1}}(z) = W_{\tau_n}(z) + (2z - 1)z^{D_{n+1}}.$$

b) Pour $z_1, z_2 \in \mathbb{C}$, posons $F_n(z_1, z_2) = \mathbb{E}\left(W_{\tau_n}(z_1)W_{\tau_n}(z_2)\right)$. Montrer que

$$F_{n+1}(z_1, z_2) = \alpha_n(z_1, z_2)F_n(z_1, z_2) + \beta_n(z_1, z_2),$$

où $\alpha_n(z_1, z_2) = 1 + \frac{2(z_1+z_2-1)}{n+1}$ et $\beta_n(z_1, z_2) = (2z_1 - 1)(2z_2 - 1)\frac{\mathbb{E}(W_{\tau_n}(z_1z_2))}{n+1}$.

c) En déduire une expression de $F_n(z_1, z_2)$ en fonction de n.

d) Utiliser le comportement asymptotique du polynôme $\gamma_n(2z - 1)$ rappelé dans l'annexe B.5.1 pour majorer et minorer $\mathbb{E}(M_n(z_1)M_n(z_2))$ et en déduire que $(M_n(z))_n$ est bornée dans L^2 si et seulement si $4\Re(z) - 2|z|^2 > 1$, autrement dit si et seulement si $z \in D(1, \frac{1}{\sqrt{2}})$.

◁

▷ **6.5. Martingale et analogue du théorème 6.11 pour la longueur de cheminement interne**

Soit $\mathrm{lci}(\tau_n)$ la longueur de cheminement interne d'un abr de taille n. Rappeler la relation entre longueurs de cheminement interne et externe. En déduire des résultats de convergence p.s. pour $\mathrm{lci}(\tau_n)$ lorsque $n \to +\infty$.

◁

▷ **6.6. TLC et grandes déviations pour s_n**

Soit z un réel strictement positif. Soit s_n une marche aléatoire dont les pas sont des variables aléatoires indépendantes ε_k, $k \geq 1$, chacune de loi de Bernoulli de paramètre $\frac{2z}{k+2z}$. De plus, $s_0 = 0$ et $s_1 = 1$. Autrement dit, pour $n \geq 1$,

$$s_n = 1 + \sum_{k=1}^{n-1} \varepsilon_k.$$

a) Montrer que presque sûrement, quand n tend vers $+\infty$,

$$\frac{s_n}{\log n} \to 2z.$$

b) Montrer que $\frac{s_n - 2z\log n}{\sqrt{2z\log n}}$ converge en loi vers une loi normale centrée réduite $\mathcal{N}(0, 1)$.

c) Montrer que la famille de lois de s_n, $n \geq 1$ satisfait un principe de grandes déviations sur $[0, \infty[$ de vitesse $\log n$ et de fonction de taux η_z où

$$\eta_z(x) = x \log \frac{x}{2z} - x + 2z, \qquad x \geq 0.$$

$\triangleleft$

$\triangleright$ **6.7.** On regarde ici l'effet des suppressions sur un arbre binaire de recherche. Une insertion sera notée I et une suppression S. Ainsi, III est une suite de trois insertions, qui crée donc un arbre binaire de recherche aléatoire avec 3 clés. De même, IIISI est une suite d'opérations où on crée un arbre avec 3 insertions, puis on supprime une des clés existantes, et enfin on effectue une nouvelle insertion. On code plus précisément les suites d'opérations, appelées aussi *histoires,* comme indiqué sur l'exemple qui suit. Une histoire possible est I2 I4 I3 S I1 dont la signification est : on insère d'abord 2, ensuite 4 et 3 ; puis on supprime le plus petit élément ; enfin on insère 1.

Calculer la distribution de probabilité sur les arbres binaires de recherche de taille 3 obtenus par une histoire IIISI, et la comparer à celle obtenue par III ; conclure.

(Cet exercice est tiré de Panny [202].) $\triangleleft$

$\triangleright$ **6.8.** Démontrer la proposition 6.36. On pourra raisonner par récurrence, en supposant un arbre binaire de recherche τ de taille n construit à partir d'une permutation $\sigma \in \mathfrak{S}_n$ et en considérant les permutations induites sur les sous-arbres gauche et droit. $\triangleleft$

Chapitre 7
Arbres digitaux

Dans ce chapitre, nous nous concentrerons uniquement sur la structure de trie. Les autres types d'arbres digitaux ne seront pas abordés sauf en exercice. Les méthodes présentées, ou du moins leurs principes, s'appliquent néanmoins à ces autres arbres. Il est de fait assez courant de confondre arbres digitaux et *tries*.

Les arbres digitaux sont des structures arborescentes assez différentes des autres structures d'arbres présentées dans ce livre. Par exemple, dans un abr, les clés sont vues comme des atomes « indivisibles » (éléments d'un domaine comme des entiers, des réels de l'intervalle $[0,1]$, etc) alors que dans un trie les clés sont décomposées sur un alphabet. Et c'est cette décomposition qui est utilisée pour définir la structure arborescente d'arbre digital. Nous revenons donc sur la définition des tries (cf section 1.2.7) en nous attachant plus particulièrement au cas classique de l'alphabet binaire. Ensuite, dans la section 7.1, nous étudions par des moyens combinatoires et de manière exacte les espérances des principaux paramètres (taille, longueur de cheminement et hauteur) pour différents modèles aléatoires : modèle fini équiprobable, modèle infini i.i.d. uniforme, et enfin modèle des sources générales de la section 2.3.2. Comme souvent avec l'approche de la combinatoire analytique, les expressions exactes ne sont pas immédiatement informatives et la section 7.2, dans un deuxième temps, décrit plusieurs moyens (de nature analytique) afin d'obtenir le développement asymptotique.

Dans ce chapitre, nous insistons particulièrement sur la diversité des modèles et des analyses. Nous restons par contre dans le cadre assez limitatif de l'analyse en moyenne : nous calculons seulement l'espérance de paramètres. Il est bien sûr intéressant d'aller plus loin et d'obtenir selon les paramètres les moments suivants ou même la loi limite que ce soit pour les tries ou une de leurs généralisations (voir par exemple [33, 55, 56, 58, 59, 113, 141–145, 150, 166, 204, 208]).

© Springer Nature Switzerland AG 2018
B. Chauvin et al., *Arbres pour l'Algorithmique*, Mathématiques et Applications 83,
https://doi.org/10.1007/978-3-319-93725-0_7

Le trie binaire Dans un cadre classique, les analyses des arbres digitaux se focalisent sur la structure d'arbre digital la plus simple : le trie construit sur des mots *binaires* sur l'alphabet $\mathscr{A} = \{0, 1\}$. Rappelons que les clés sont soit finies, auquel cas nous considérons des clés de l'ensemble $\mathcal{B} = \mathscr{A}^*$, soit infinies, et alors $\mathcal{B} = \mathscr{A}^{\mathbb{N}}$. Étant donné un ensemble ω d'éléments de $\mathcal{B}$ (i.e., $\omega \subset \mathcal{B}$), nous rappelons la notation du chapitre 1

$$\omega \setminus 0 := \{w \in \mathcal{B} \mid 0w \in \omega\}, \quad \omega \setminus 1 := \{w \in \mathcal{B} \mid 1w \in \omega\}.$$

Pour simplifier la présentation lorsque les clés sont finies, nous supposons qu'aucune des clés n'est préfixe d'une autre. Le trie associé à ω est alors défini grâce à la règle récursive :

$$\mathsf{trie}(\omega) := \begin{cases} \varnothing & \text{si } \omega = \varnothing \\ \text{la feuille étiquetée par } w & \text{si } \omega = \{w\} \\ (\bullet, \mathsf{trie}(\omega \setminus 0), \mathsf{trie}(\omega \setminus 1)) & \text{sinon.} \end{cases} \tag{7.1}$$

Comme il a déjà été mentionné aux chapitres 1 et 3, la structure de trie est une structure de données de type dictionnaire, c'est-à-dire qu'elle permet aisément les opérations d'insertion, de suppression, de recherche ou encore des opérations ensemblistes.[1] Dans le chapitre 1, nous avons vu que cette structure peut aussi bien être construite par insertions successives (vision dynamique) que par une construction de la racine vers les feuilles en suivant la règle (7.1) (vision statique).

Notations Un nœud du trie est associé à un mot fini $w \in \mathscr{A}^*$ sur l'alphabet $\mathscr{A}$. Le mot w est préfixe de tous les mots contenus dans le sous-trie de racine w, de manière cohérente avec la définition des arbres préfixes du chapitre 1. Dans les représentations graphiques du trie comme celle de la figure 7.1, nous ne représentons pas les sous-tries vides induits par la définition ci-dessus, et nous écrivons les lettres sur les liens reliant un nœud à son parent à la manière d'un automate, si bien que le mot w associé à un nœud correspond à la concaténation des lettres rencontrées en suivant la branche de la racine jusqu'à ce nœud (que ce nœud soit interne ou externe exactement, comme dans un arbre préfixe de la définition 1.2 en section 1.1.1).

Nous notons dans ce chapitre $|\omega|$ le cardinal d'un ensemble $\omega \subset \mathcal{B}$: c'est le nombre de clés contenues dans le trie. C'est aussi le nombre de feuilles (ou nœuds externes) du trie.

---

[1] Voir les rappels algorithmiques de l'annexe A.

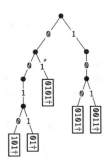

Fig. 7.1 Pour un alphabet binaire $\mathscr{A} = \{0, 1\}$, le trie binaire correspondant à l'ensemble $\omega = \{0010101\dagger, 010101\dagger, 001101\dagger, 1000101\dagger, 1010011\dagger\}$ un ensemble de 5 mots. Le symbole $\dagger$ est un symbole de terminaison (ici inutile car aucun mot n'est préfixe d'un autre). L'arbre $\mathsf{trie}(\omega)$ a pour taille (pour un trie c'est le nombre nœuds internes de l'arbre) $S(\omega) = 6$, pour hauteur $h(\omega) = 4$, et pour longueur de cheminement externe $\ell(\omega) = 16$. Comme à la section 1.2.7, les lettres sont dessinées « sur » les arêtes

Enfin pour un paramètre α d'arbre et un trie associé à un ensemble de mots ω $\mathsf{trie}(\omega)$, nous écrirons afin de simplifier les notations

$$\alpha(\omega) := \alpha(\mathsf{trie}(\omega)),$$

en sous-entendant que le paramètre α est calculé sur le trie construit à partir de ω.

7.1 Analyses exactes

Comme souvent en combinatoire analytique, l'analyse s'effectue en deux étapes. Dans un premier temps, il est possible de calculer des expressions exactes de valeurs moyennes de paramètres. Cependant ces résultats sont parfois difficilement interprétables et il est nécessaire dans un deuxième temps d'effectuer une analyse asymptotique pour mieux évaluer les ordres de grandeur. Dans cette section, nous commençons par présenter les principaux paramètres à analyser (taille, longueur de cheminement et hauteur) avant de réaliser leur analyse exacte dans différents modèles probabilistes pour les clefs.

Nous serons amenés au cours cette section à définir et manipuler différents types de séries : séries ordinaires, séries exponentielles, séries dites poissonisées ou encore séries de Dirichlet.

Paramètres des tries Le point de départ des analyses de tries réside dans la définition récursive des paramètres étudiés. Pour un ensemble ω de clés, rappelons que si $|\omega| = 1$, le trie est réduit à une feuille et si $|\omega| = 0$, l'arbre est vide. Nous décrivons ici les principaux paramètres : taille, hauteur, longueur de cheminement externe (illustrés sur l'exemple de la figure 7.1). Les définitions récursives permettent ensuite de passer, via un dictionnaire,[2] à des équations fonctionnelles sur les séries génératrices correspondantes.

– La *taille* $S(\omega)$ d'un trie construit sur un ensemble $\omega \in \mathcal{B}$ est le nombre de nœuds internes (à ne pas confondre avec le nombre $|\omega|$ de feuilles). La contribution de la racine à la taille est 1 si l'ensemble ω contient au moins deux clés distinctes. Ensuite il faut ajouter les tailles des sous-tries gauche et droit correspondant aux ensembles $\omega \setminus \mathbf{0}$ et $\omega \setminus \mathbf{1}$. L'équation suivante définit récursivement la taille $S(\omega)$ et utilise le fait que la taille est un paramètre additif :

$$
S(\omega) = \begin{cases} 0 & \text{si } |\omega| \le 1, \\ 1 + S(\omega \setminus \mathbf{0}) + S(\omega \setminus \mathbf{1}) & \text{sinon.} \end{cases} \tag{7.2}
$$

– La *longueur de cheminement externe* $\ell(\omega) \equiv \mathrm{lce}(\omega)$ se décompose récursivement de manière analogue à la taille. Il s'agit là encore d'un paramètre additif. Ici un nœud interne contribuera à la longueur de cheminement externe pour une quantité égale au nombre de clés dans le sous-trie dont il est racine (ce nœud est « traversé » par tous les chemins qui partent de la racine pour aller aux feuilles du sous-trie). Nous obtenons donc

$$
\ell(\omega) = \begin{cases} 0 & \text{si } |\omega| \le 1, \\ |\omega| + \ell(\omega \setminus \mathbf{0}) + \ell(\omega \setminus \mathbf{1}) & \text{sinon.} \end{cases} \tag{7.3}
$$

– La hauteur h s'exprime elle aussi sous une forme récursive

$$
h(\omega) = \begin{cases} 0 & \text{si } |\omega| \le 1, \\ 1 + \max\left(h(\omega \setminus \mathbf{0}), h(\omega \setminus \mathbf{1})\right) & \text{sinon.} \end{cases} \tag{7.4}
$$

La *hauteur* fait intervenir le maximum et n'est pas un paramètre additif. Elle ne sera pas traitée aussi directement que la taille et la longueur de cheminement externe. Pour $k \ge 0$, nous notons $\chi_k(\omega)$ l'indicatrice de l'événement « le trie construit sur l'ensemble ω est de hauteur $h(\omega)$ inférieure ou égale à k »

$$
\chi_k(\omega) = \mathbb{1}_{\{h(\omega) \le k\}}. \tag{7.5}
$$

Un trie de hauteur inférieure ou égale à 0 contient nécessairement 0 ou 1 clé. Pour $k \ge 1$, un trie est de hauteur inférieure ou égale à k si et seulement si les deux sous-tries sont de hauteurs inférieures ou égales à $k - 1$. Ceci ce traduit par

---

[2]Ce dictionnaire n'est pas celui de la méthode symbolique puisqu'il correspond à la décomposition récursive par préfixes du trie et non à des opérations ensemblistes ou combinatoires.

les relations suivantes :

$$\chi_k(\omega) = \begin{cases} \chi_0(\omega) = \mathbb{1}_{\{|\omega| \leq 1\}} & \text{si } k = 0, \\ \chi_{k-1}(\omega \setminus \mathbf{0}) \ \ \chi_{k-1}(\omega \setminus \mathbf{1}) & \text{sinon.} \end{cases} \qquad (7.6)$$

Ce paramètre évalué en moyenne (avec un modèle probabiliste sur ω) donne accès à la probabilité qu'un trie soit de hauteur inférieure ou égale à k. En effet, la probabilité d'un événement est égale à l'espérance de son indicatrice. Dans un modèle probabiliste donné, nous avons pour la hauteur h d'un trie

$$\mathbb{P}(h \leq k) = \mathbb{E}[\chi_k].$$

Les expressions précédentes pour les paramètres se prêtent de manière élégante à une approche qui utilise les séries génératrices, dite par « algèbre de coûts » (appellation provenant d'un article de Flajolet et al. [97] dont s'inspirent grandement les sections suivantes).

7.1.1 Approche symbolique (modèle fini équiprobable)

Dans le modèle fini équiprobable (définition 2.10 dans la section 2.3.1), la longueur des clés est d et l'univers des clés est donc $\mathcal{B}^{(d)} = \{\mathbf{0}, \mathbf{1}\}^d$. Dans ce modèle, le nombre de clés vérifie nécessairement $n \leq 2^d$. La figure 7.2 représente l'ensemble des tries binaires construits sur $\mathcal{B}^{(3)}$. Comme plusieurs sous-ensembles de $\mathcal{B}^{(3)}$ donnent lieu à la même forme de trie, nous indiquons au dessus de chaque forme d'arbre le nombre de sous-ensembles correspondants.

Remarque 7.1 Pour $d = 0$, l'univers des clés est constitué uniquement du mot vide ε et les seuls ensembles possibles sont $\omega = \{\varepsilon\}$ et $\omega = \varnothing$, qui correspondent respectivement à un trie réduit à une feuille (étiquetée par ε) et au trie vide.

Séries génératrices Nous commençons par définir un type de série génératrice adapté au modèle fini équiprobable.

Définition 7.2 La série génératrice cumulée d'un paramètre v pour les mots de longueur d est notée $v^{(d)}(z)$. Elle est définie par

$$v^{(d)}(z) = \sum_{n=0}^{2^d} v_n^{(d)} z^n, \quad \text{où } v_n^{(d)} = \sum_{\substack{\omega \subset \{\mathbf{0},\mathbf{1}\}^d \\ |\omega|=n}} v(\omega). \qquad (7.7)$$

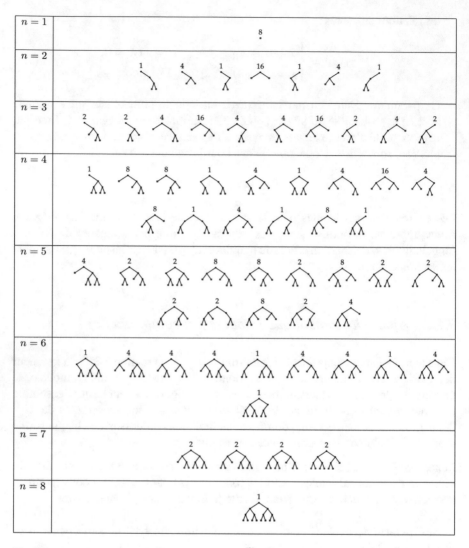

Fig. 7.2 Les tries obtenus dans le modèle fini $\mathcal{B}^{(3)}$ (les sous-ensembles de $\{0, 1\}^3$). L'entier n désigne le nombre de clés. Au dessus de chaque forme d'arbre, nous indiquons le nombre de fois où cette forme est obtenue dans le modèle fini $\mathcal{B}^{(3)}$

À $d \geq 0$ fixé cette série génératrice est donc un polynôme de degré au plus 2^d : $v^{(d)}(z)$ est la somme sur tous les sous-ensembles ω de mots de longueur d des termes $v(\omega)z^{|\omega|}$:

$$v^{(d)}(z) = \sum_{\omega \subset \{0,1\}^d} v(\omega)z^{|\omega|}.$$

La valeur moyenne $\mathbb{E}_n^{(d)}[v]$ du paramètre v pour un trie à n clés s'exprime dans ce modèle par

$$\mathbb{E}_n^{(d)}[v] = \frac{1}{\binom{2^d}{n}}[z^n]v^{(d)}(z) = \frac{v_n^{(d)}}{\binom{2^d}{n}}.$$

Afin de calculer les séries génératrices et valeurs moyennes associées à des paramètres v de tries, nous allons utiliser la description récursive de ces paramètres. Par exemple pour un paramètre additif (voir la section 1.3.2) le paramètre se décrit à l'aide d'une fonction de péage appliquée à la racine, et en poursuivant récursivement sur les sous-arbres s'ils existent. Il va ainsi être possible de calculer des fonctions génératrices associées à diverses fonctions de péage.

Illustration Nous calculons quelques séries génératrices pour des paramètres particuliers importants. Ces paramètres seront eux-mêmes utilisés par la suite pour décrire et décomposer les paramètres de trie. Le résultat de ces calculs est rassemblé dans la deuxième colonne de la table 7.1 (la troisième colonne sera explicitée en section 7.1.2).

Le premier paramètre dans cette table est identiquement constant et égal à 1 pour tout ensemble de mots ω (y compris l'ensemble vide). Ce paramètre est analogue au péage utilisé pour l'expression de la taille d'un trie ($v(\omega) = 1$, mais sans la contrainte supplémentaire $|\omega| \geq 2$). Dans la formule (7.7), le nombre de sous-ensembles de taille n d'un ensemble à 2^d clés est $\binom{2^d}{n}$. Nous écrivons donc pour le premier coût de la table 7.1

$$v_n^{(d)} = \sum_{\substack{\omega \subset \{0,1\}^d \\ |\omega|=n}} 1 = \binom{2^d}{n}.$$

Par suite, la série génératrice s'écrit

$$v^{(d)}(z) = \sum_{n=0}^{2^d} \binom{2^d}{n} z^n = (1+z)^{2^d}.$$

D'autres séries génératrices, utilisées dans la suite, se calculent de manière analogue et sont rassemblées dans la deuxième colonne de la table 7.1 .

Séries génératrices pour les tries Comme exemple d'utilisation du concept des péages pour calculer les séries génératrices, considérons le péage γ associé à la taille d'un trie. Celui-ci s'exprime à partir des paramètres de la table 7.1 :

$$\gamma(\omega) = 1 - \mathbb{1}_{\{|\omega|=0\}} - \mathbb{1}_{\{|\omega|=1\}}.$$

Table 7.1 Traduction de quelques paramètres fréquemment rencontrés dans les analyses de tries dans le modèle fini équiprobable pour la longueur d (définition 2.16) et dans le modèle infini i.i.d. uniforme (définition 2.17)

Paramètre	modèle fini équiprobable	modèle infini i.i.d. uniforme
$v(\omega)$	$v^{(d)}(z)$	$\widehat{v}(z)$
1	$(1+z)^{2^d}$	e^z
$\mathbb{1}_{\{|\omega|=p\}}$	$\binom{2^d}{p} z^p$	$\frac{z^p}{p!}$
$|\omega|$	$2^d z (1+z)^{2^d-1}$	$z e^z$

La dernière colonne résulte de la section 7.1.2

Cette description se traduit directement par la série génératrice

$$\gamma^{(d)}(z) = (1+z)^{2^d} - \binom{2^d}{0} - \binom{2^d}{1} z = (1+z)^{2^d} - 1 - 2^d z.$$

Le lemme ci-après permet de passer d'une description récursive d'un paramètre à une équation fonctionnelle sur les séries génératrices.

Lemme 7.3 (Traduction – modèle fini équiprobable) *Soit b et c deux paramètres de trie. Dans le modèle fini équiprobable sur $\mathcal{B}^{(d)}$, les opérations sur les paramètres b et c en termes de séries génératrices cumulées (respectivement notées $b^{(d)}(z)$ et $c^{(d)}(z)$) se traduisent grâce au dictionnaire :*

Paramètre	Série génératrice
$\lambda b(\omega), \quad \lambda \in \mathbb{R}$	$\lambda b^{(d)}(z)$
$b(\omega) + c(\omega)$	$b^{(d)}(z) + c^{(d)}(z)$
$b(\omega \setminus \mathbf{0}) \, c(\omega \setminus \mathbf{1})$	$b^{(d-1)}(z) \, c^{(d-1)}(z)$ (si $d \geq 1$)

La preuve de ce lemme ne présente pas de difficulté et nous la laissons à la lectrice/au lecteur.

Comme illustration de ce lemme, considérons par exemple deux paramètres a et b tels que le paramètre a est égal à la valeur de b sur son sous-arbre gauche. Ainsi nous avons

$$a(\omega) = b(\omega \setminus \mathbf{0}).$$

Introduisant la fonction $\mathbf{1}$ qui vaut identiquement 1, nous écrivons

$$a(\omega) = b(\omega \setminus \mathbf{0}) \, \mathbf{1}(\omega \setminus \mathbf{1}).$$

L'application du lemme 7.3 donne alors l'expression pour $d \geq 1$

$$a^{(d)}(z) = b^{(d-1)}(z) \, (1+z)^{2^{d-1}}.$$

Un exemple d'un tel paramètre serait par exemple la taille du sous-trie gauche en prenant $b(\omega) = S(\omega)$.

Un cas particulier important est celui des *paramètres additifs* de trie qui font intervenir une fonction de péage et pour lequel nous avons le lemme suivant.

Lemme 7.4 (Paramètres additifs – cas fini équiprobable) *Considérons un paramètre additif s'exprimant sous la forme*

$$v(\omega) = \gamma(\omega) + v(\omega \setminus \mathbf{0}) + v(\omega \setminus \mathbf{1}),$$

où γ est lui-même un paramètre de l'arbre appelée fonction de péage.[3] Alors les séries génératrices des paramètres v et γ satisfont l'équation fonctionnelle pour $d \geq 1$

$$v^{(d)}(z) = \gamma^{(d)}(z) + 2\,(1+z)^{2^{d-1}} v^{(d-1)}(z). \tag{7.8}$$

Nous avons $v^{(0)}(z) = \gamma^{(0)}(z)$ et pour $d \geq 1$

$$v^{(d)}(z) = 2^d (1+z)^{2^d} \sum_{j=0}^{d} \frac{\gamma^{(j)}(z)}{2^j(1+z)^{2^j}}.$$

Preuve Par itération, nous déduisons de (7.8) l'expression

$$v^{(d)}(z) = \sum_{j=0}^{d} \gamma^{(j)}(z) \prod_{k=j}^{d-1} 2(1+z)^{2^k},$$

à partir de laquelle nous obtenons la formule voulue après quelques simplifications.
□

Remarque 7.5 Le paramètre v comme la fonction de péage γ, s'ils correspondent à des paramètres de trie, doivent être nuls pour tout ensemble de cardinal inférieur strictement à deux (par définition du trie).

Remarque 7.6 Nous énonçons ci-après un lemme plus général sur les séries génératrices. Sa preuve repose sur une manipulation élémentaire des suites.

Lemme 7.7 (Itération – cas fini équiprobable) *Soit une série génératrice cumulée $v^{(d)}(z)$ définie par*

$$v^{(d)}(z) = \alpha_d(z)v^{(d-1)}(z) + \beta_d(z) \quad (d \geq 1),$$

---

[3]Pour les tries, dans les analyses usuelles de la longueur de cheminement externe et de la taille, cette fonction dépend seulement du cardinal $|\omega|$.

où les fonctions α_d et β_d sont connues, et $v^{(0)}(z) = \beta_0(z)$. La série a alors pour expression

$$v^{(d)}(z) = \sum_{j=0}^{d} \left(\beta_j(z) \prod_{k=j+1}^{d} \alpha_j(z) \right).$$

Taille d'un trie Pour appliquer le lemme 7.4, nous considérons la fonction de péage obtenue à partir de (7.2)

$$\gamma(\omega) = 1 - \mathbb{1}_{\{|\omega|=0\}} - \mathbb{1}_{\{|\omega|=1\}}.$$

Nous calculons donc pour $d \geq 0$

$$\gamma^{(d)}(z) = (1+z)^{2^d} - 1 - 2^d z,$$

ce qui donne d'après le lemme d'itération 7.4

$$S^{(d)}(z) = 2^d (1+z)^{2^d} \sum_{j=0}^{d} \frac{(1+z)^{2^j} - 1 - 2^j z}{2^j (1+z)^{2^j}}$$

$$= 2^d (1+z)^{2^d} \sum_{j=0}^{d} \frac{1}{2^j} \left(1 - \frac{1 + 2^j z}{(1+z)^{2^j}} \right).$$

L'expression est un peu compliquée mais reste finie et calculable automatiquement à l'aide d'un logiciel de calcul formel pour d fixé. Par exemple pour $d = 3$ nous obtenons

$$S^{(3)}(z) = 7 z^8 + 48 z^7 + 144 z^6 + 240 z^5 + 236 z^4 + 136 z^3 + 44 z^2.$$

Avec du courage, nous pouvons vérifier ces valeurs numériques en examinant un à un les arbres de la figure 7.2 : il y a bien 7 tries de taille 8, 48 tries de taille 7, etc.

Ce polynôme permet de calculer la valeur moyenne de la taille d'un trie à n clés, $\mathbb{E}_n^{(3)}[S] = \frac{[z^n] S^{(3)}(z)}{\binom{8}{n}}$, pour les premières valeurs de n :

n	2	3	4	5	6	7	8
$\mathbb{E}_n^{(3)}[S]$	$\frac{11}{7}$	$\frac{17}{7}$	$\frac{118}{35}$	$\frac{30}{7}$	$\frac{36}{7}$	6	7
	$\approx 1{,}571$	$\approx 2{,}428$	$\approx 3{,}371$	$\approx 4{,}285$	$\approx 5{,}143$		

Longueur de cheminement externe des tries D'après l'équation (7.3) pour le paramètre $\ell(\omega)$, le péage $\gamma(\omega)$ associé à ω est maintenant égal au cardinal de ω s'il est supérieur ou égal à 2 et à zéro si ω est vide ou réduit à un singleton :

$$\gamma(\omega) = |\omega| \, \mathbb{1}_{\{|\omega| \geq 2\}} = |\omega| - \mathbb{1}_{\{|\omega|=1\}}.$$

Nous obtenons donc

$$\gamma^{(d)}(z) = 2^d z(1+z)^{2^d-1} - 2^d z = 2^d z \left((1+z)^{2^d-1} - 1 \right),$$

et le lemme 7.4 fournit la série génératrice pour le paramètre ℓ défini en (7.3) de la longueur de cheminement externe

$$\ell^{(d)}(z) = 2^d \, (1+z)^{2^d} \sum_{j=0}^{d} z \frac{(1+z)^{2^j-1} - 1}{(1+z)^{2^j}}$$

$$= 2^d \, (1+z)^{2^d} \sum_{j=0}^{d} z \left(\frac{1}{1+z} - \frac{1}{(1+z)^{2^j}} \right).$$

Nous obtenons à nouveau des valeurs exactes pour d fixé (cf. l'exercice 7.1).

Remarque 7.8 Nous pouvons extraire les coefficients et nous obtenons

$$\mathbb{E}_n^{(3)}[\ell] = \frac{1}{\binom{2^d}{n}} 2^d \sum_{j=0}^{d} \left(\binom{2^d-1}{n-1} - \binom{2^d-2^{d-j}}{n-1} \right)$$

$$= n \sum_{j=0}^{d} \left(1 - \frac{(2^d(1-2^{-j}))!((2^d-1)-(n-1))!}{(2^d-1)!(2^d(1-2^{-j})-(n-1))!} \right).$$

Nous remarquons que pour n et j fixés, nous pouvons calculer la limite de chaque terme lorsque $d \to \infty$

$$\lim_{d \to \infty} \frac{(2^d(1-2^{-j}))! \left((2^d-1)-(n-1)\right)!}{(2^d-1)! \left(2^d(1-2^{-j})-(n-1)\right)!} = \left(1-2^{-j}\right)^{n-1},$$

ce qui est, nous le verrons dans la section suivante, la quantité intervenant dans (7.15) pour l'espérance dans le modèle i.i.d. uniforme (avec des clés infinies). Notons qu'un calcul similaire est possible pour l'espérance de la taille, et que là encore la « limite » de l'expression de l'espérance de la taille dans le modèle fini équiprobable pour n mots de longueur d tend vers celle du modèle i.i.d. uniforme lorsque que d tend vers $+\infty$ pour n fixé.

Hauteur L'étude du paramètre $\chi_k(\omega)$ défini par l'équation (7.5) et de la série génératrice cumulée $\chi_k^{(d)}(z)$ (dont les coefficients comptent les tries de hauteur inférieure ou égale à k) est un peu différente de par sa nature « multiplicative ». La traduction en équation fonctionnelle de l'équation (7.6) donne pour $k \geq 1$

$$\chi_k^{(d)}(z) = \left(\chi_{k-1}^{(d-1)}(z)\right)^2, \qquad \chi_0^{(d)}(z) = 1 + 2^d z.$$

En itérant nous obtenons

$$\chi_k^{(d)}(z) = \left(1 + 2^{d-k}z\right)^{2^k}.$$

Le polynôme $\chi_k^{(d)}(z)$ est aisément calculé pour d fixé et $k \leq d$, ce qui permet de calculer la probabilité qu'un trie binaire contenant n clés dans le modèle fini équiprobable soit de hauteur inférieure ou égale à k :

$$\mathbb{P}_n^{(d)}(h \leq k) = \frac{1}{\binom{2^d}{n}}[z^n]\ \chi_k^{(d)}(z) = 2^{n(d-k)}\frac{\binom{2^k}{n}}{\binom{2^d}{n}} = 2^{n(d-k)}\prod_{j=0}^{n-1}\left(\frac{2^k - j}{2^d - j}\right). \tag{7.9}$$

Par exemple, pour $d = 3$ (comme dans l'exemple précédent), nous obtenons la table suivante qui donne la probabilité qu'un trie contenant deux clés soit de hauteur inférieure ou égale à k (ce que nous pouvons vérifier à l'aide la figure 7.2).

k	0	1	2	3
$\mathbb{P}_2^{(3)}(h \leq k)$	0	$\frac{4}{7}$	$\frac{6}{7}$	1

Ces calculs permettent aussi de calculer la valeur moyenne de la hauteur d'un trie dans ce modèle

$$\mathbb{E}_n^{(d)}[h] = \sum_{k=0}^{\infty}\mathbb{P}_n^{(d)}(h > k) = \sum_{k \geq 0}\left(1 - 2^{n(d-k)}\prod_{j=0}^{n-1}\left(\frac{2^k - j}{2^d - j}\right)\right). \tag{7.10}$$

Pour $d = 3$, nous calculons par exemple

n	1	2	3	4	5	6	7	8
$\mathbb{E}_n^{(3)}[h]$	0	$\frac{11}{7} \approx 1{,}571$	$\frac{17}{7} \approx 2{,}428$	$\frac{97}{35} \approx 2{,}771$	3	3	3	3

Nous résumons dans la proposition suivante les résultats obtenus dans le modèle fini équiprobable $\mathcal{B}^{(d)}$.

Proposition 7.9 (Tries – modèle fini équiprobable) *Les valeurs moyennes de la taille S et de la longueur de cheminement externe ℓ d'un trie contenant n mots de longueur d dans le modèle fini équiprobable satisfont*

$$\mathbb{E}_n^{(d)}[S] = \frac{1}{\binom{2^d}{n}}[z^n]2^d(1+z)^{2^d}\sum_{j=0}^{d}\frac{1}{2^j}\left(1 - \frac{1+2^jz}{(1+z)^{2^j}}\right)$$

$$\mathbb{E}_n^{(d)}[\ell] = \frac{1}{\binom{2^d}{n}}[z^n]2^d(1+z)^{2^d}\sum_{j=0}^{d}z\left(\frac{1}{1+z} - \frac{1}{(1+z)^{2^j}}\right).$$

La probabilité qu'un trie binaire contenant n mots soit de hauteur inférieure ou égale à k est

$$\mathbb{P}_n^{(d)}(h \le k) = 2^{n(d-k)}\prod_{j=0}^{n-1}\left(\frac{2^k - j}{2^d - j}\right).$$

Pour rendre le lien plus apparent avec l'analyse de la hauteur dans le modèle i.i.d. uniforme qui va suivre, nous pouvons réécrire l'égalité précédente

$$\mathbb{P}_n^{(d)}(h \le k) = \prod_{j=0}^{n}\prod_{}^{1}\left(\frac{1 - \frac{j}{2^k}}{1 - \frac{j}{2^d}}\right). \tag{7.11}$$

En faisant tendre $d \to \infty$, nous vérifions que la limite est égale à la l'expression de l'équation (7.16) (la formule que nous obtiendrons rigoureusement dans le modèle i.i.d. uniforme de la section suivante).

7.1.2 Approche symbolique (modèle infini i.i.d. binaire uniforme)

Dans cette section, l'univers des clés est $\mathcal{B} = \{0, 1\}^{\mathbb{N}}$. Pour un paramètre v, nous notons

$$v_n = \mathbb{E}_n[v],$$

la valeur moyenne du paramètre v pour un trie contenant n clés (qui sont des mots infinis). L'aléa consiste à considérer indépendamment n mots infinis. Les mots sont ainsi supposés produits par une source sans mémoire binaire non biaisée (aussi appelée binaire symétrique), ce que nous pouvons aussi décrire en disant que les symboles d'un mot sont des variables i.i.d. de loi uniforme sur l'alphabet. Autrement dit encore, la probabilité de produire un symbole 0 est égale à celle de produire un

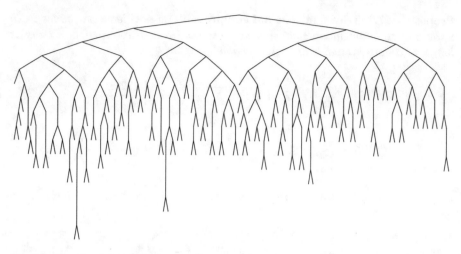

Fig. 7.3 Pour un alphabet binaire $\mathscr{A} = \{\mathbf{0}, \mathbf{1}\}$, un trie binaire aléatoire dans le modèle infini i.i.d. pour $n = 100$ mots (hauteur 16, longueur de cheminement externe 1323, nombre de nœuds internes 222). Nous avons omis les étiquettes sur les branches

symbole 1 et est égale à 1/2 (voir la figure 7.3). Nous allons retrouver l'analogue des lemmes 7.3, 7.4 et 7.7.

Nous définissons la série génératrice exponentielle

$$\widehat{v}(z) = \sum_{n=0}^{\infty} v_n \frac{z^n}{n!}.$$

Les séries génératrices pour des cas particuliers importants, correspondant à ceux déjà vus pour le modèle fini, sont rassemblées dans la troisième colonne de la table 7.1. Par exemple, pour $v_n = 1$ pour $n \geq 0$, la série s'écrit

$$\widehat{v}(z) = \sum_{n \geq 0} \frac{z^n}{n!} = e^z.$$

De même que dans le cas fini, nous établissons un lemme de traduction pour des relations simples sur les paramètres.

Lemme 7.10 (Traduction – modèle infini i.i.d. uniforme) *Le dictionnaire suivant donne une traduction, pour b et c des paramètres de trie, en termes de séries génératrices associées :*

Paramètre	Série génératrice
$\lambda b(\omega), \quad \lambda \in \mathbb{R}$	$\lambda \widehat{b}(z)$
$b(\omega) + c(\omega)$	$\widehat{b}(z) + \widehat{c}(z)$
$b(\omega \setminus \mathbf{0})\, c(\omega \setminus \mathbf{1})$	$\widehat{b}(\frac{z}{2})\ \widehat{c}(\frac{z}{2})$

Preuve Les deux premières lignes se prouvent directement par linéarité et additivité sur la définition de la série génératrice. Pour la troisième ligne, considérons un paramètre $v(\omega) = b(\omega \setminus \mathbf{0}) \, c(\omega \setminus 1)$ avec b et c deux paramètres. L'espérance $v_n = \mathbb{E}_n[v]$ se décompose en considérant les sous-tries issus de la racine (disons avec k clés ou mots à gauche et $n-k$ clés à droite) à l'aide des espérances $b_k = \mathbb{E}_k[b]$ et $c_{n-k} = \mathbb{E}_{n-k}[c]$. La probabilité que k mots parmi n commencent par la lettre $\mathbf{0}$ est exactement $\binom{n}{k}/2^n$. Ainsi nous obtenons

$$v_n = \sum_{k=0}^{n} \frac{1}{2^n} \binom{n}{k} b_k c_{n-k} = \sum_{k=0}^{n} \frac{n!}{k!(n-k)!} \frac{b_k}{2^k} \frac{c_{n-k}}{2^{n-k}}.$$

Cela conduit à

$$\widehat{v}(z) = \sum_{n \geq 0} v_n \frac{z^n}{n!} = \sum_{n \geq 0} \sum_{k=0}^{n} \frac{b_k (z/2)^k}{k!} \frac{c_{n-k}(z/2)^{n-k}}{(n-k)!} = \widehat{b}(z/2) \, \widehat{c}(z/2). \qquad \square$$

Afin d'illustrer ce lemme, examinons le cas particulier important de deux paramètres de tries a et b qui vérifient $a(\omega) = b(\omega \setminus \mathbf{0})$ (le paramètre a est égal au paramètre b sur le sous-trie gauche). La série génératrice associée est

$$\widehat{a}(z) \quad e^{z/2} \, \widehat{b}(z/2).$$

Un autre cas particulier important correspond au cas d'un paramètre additif qui s'écrit

$$v(\omega) = \gamma(\omega) + v(\omega \setminus \mathbf{0}) + v(\omega \setminus 1),$$

nous obtenons alors

$$\widehat{v}(z) = \widehat{\gamma}(z) + 2e^{z/2} \, \widehat{v}(z/2). \tag{7.12}$$

Remarque 7.11 L'équation (7.12) permet de calculer exactement, par récurrence sur n, la valeur numérique de v_n, l'espérance du paramètre v pour un nombre n de mots dans le trie. En effet nous écrivons $v_n = \mathbb{E}_n[v] = n![z^n]v(z)$. Or nous avons

$$n![z^n]2e^{z/2} \, \widehat{v}(z/2) = \frac{2}{2^n} \sum_{k=0}^{n} \binom{n}{k} v_k.$$

Notant $\gamma_n = n![z^n]\,\widehat{\gamma}(z)$, nous obtenons l'expression

$$v_n\left(1 - \frac{2}{2^n}\right) = \gamma_n + \frac{2}{2^n}\sum_{k=0}^{n-1}\binom{n}{k}v_k,$$

ou encore

$$v_n = \frac{\frac{2}{2^n}}{1 - \frac{2}{2^n}}\left(\gamma_n + \sum_{k=0}^{n-1}\binom{n}{k}v_k\right). \tag{7.13}$$

Malheureusement, ce procédé n'est véritablement pas efficace car le calcul de la valeur de deux termes successifs v_n et v_{n+1} demande de considérer un nombre linéaire de termes. Calculer les n premiers termes demande donc un temps quadratique en n. Cependant ce calcul permet de calculer les valeurs exactes de v_n pour n « pas trop grand ».

Le lemme d'itération 7.7 s'adapte au cas infini.

Lemme 7.12 (Itération – modèle infini i.i.d. uniforme) *Soient $\alpha(z)$ et $\beta(z)$ deux séries entières avec $\alpha(0) = c$ pour une certaine constante $c > 0$ et $\beta(z) = O(z^r)$ pour un certain entier $r \geq 2$ quand $z \to 0$, et telles que les séries α et β satisfont une « condition de contraction » $c2^{-r} < 1$. Considérons l'équation fonctionnelle*

$$\widehat{v}(z) = \alpha(z)\,\widehat{v}(z/2) + \beta(z), \tag{7.14}$$

où $\widehat{v}$ est une fonction inconnue supposée satisfaire les conditions initiales

$$\widehat{v}(0) = \frac{\mathrm{d}\widehat{v}}{\mathrm{d}z}(0) = \cdots = \frac{\mathrm{d}^{r-1}\widehat{v}}{\mathrm{d}z^{r-1}}(0) = 0.$$

Alors l'équation (7.14) admet une unique solution sous la forme

$$\widehat{v}(z) = \sum_{j\geq 0}\left(\beta(z/2^j)\prod_{k=0}^{j-1}\alpha(z/2^k)\right).$$

La preuve est omise et se trouve dans Flajolet et al. [97].

Dans le cas particulier d'un paramètre additif, nous obtenons le lemme suivant.

Lemme 7.13 (Itération paramètre additif– modèle infini i.i.d. uniforme) *Soit un paramètre additif v de trie s'exprimant à l'aide d'une fonction de péage γ. Soit $\widehat{\gamma}(z)$ la série génératrice associée à γ. Alors la série génératrice du paramètre $\widehat{v}(z)$*

est donnée par la série entière

$$\widehat{v}(z) = \sum_{j \geq 0} 2^j \, \widehat{\gamma}(\frac{z}{2^j}) \, e^{z(1 - \frac{1}{2^j})}.$$

Preuve Nous vérifions que les conditions du lemme d'itération 7.12 sont bien vérifiées (avec $r = 2$). En effet $\widehat{\gamma}(z) = O(z^2)$ puisque $\gamma(\omega) = 0$ si $|\omega| \leq 1$. La fonction $\alpha(z)$ vaut $2e^{z/2}$. La solution $\widehat{v}(z)$ doit vérifier $\widehat{v}(0) = \widehat{v}'(0) = 0$ puisque, comme pour γ, la quantité $v(\omega)$ vaut 0 si $|\omega| \leq 1$. □

Taille d'un trie Pour ce paramètre additif, l'expression du péage déduite d'après l'équation (7.2), $\gamma(\omega) = \mathbb{1}_{\{|\omega| \geq 2\}}$, donne lieu à la série génératrice

$$\widehat{\gamma}(z) = e^z - 1 - z.$$

En appliquant le lemme 7.13, nous obtenons

$$\widehat{S}(z) = \sum_{k \geq 0} 2^k \left(e^z - e^{z(1 - \frac{1}{2^k})} - \frac{z^k}{2^k} e^{z(1 - \frac{1}{2^k})} \right).$$

L'extraction du coefficient en z^n donne la valeur moyenne de la taille (le nombre de nœuds internes) dans ce modèle pour un trie contenant n mots .

$$\mathbb{E}_n[S] = n![z^n]\widehat{S}(z) = \sum_{k \geq 0} 2^k \left(1 - \left(1 - \frac{1}{2^k} \right)^n - \frac{n}{2^k} \left(1 - \frac{1}{2^k} \right)^{n-1} \right).$$

L'expression est exacte mais il est difficile d'en mesurer l'ordre de grandeur. L'analyse asymptotique peut être menée par des moyens élémentaires (cf. section 7.2.1) ou plus sophistiqués (cf. section 7.2.3).

Remarque 7.14 Grâce à la remarque 7.11, nous pouvons tracer la courbe de l'espérance de la taille, et dès à présent mettre en évidence des phénomènes oscillatoires intrigants. Sur la figure 7.4, nous avons tracé la taille du trie divisée par le nombre n de mots. Nous prouverons lors de l'étude asymptotique que la taille d'un trie est bien en $O(n)$. Comme le suggère la figure, des phénomènes oscillatoires entrent en jeu, qui sont dus à un terme oscillant de très faible amplitude dans le terme dominant de l'espérance de la taille.

Longueur de cheminement externe d'un trie Pour ce paramètre additif et d'après l'équation (7.3), la fonction péage s'écrit $\gamma(\omega) = |\omega| - \mathbb{1}_{\{|\omega|=1\}}$, ce qui se traduit par

$$\widehat{\gamma}(z) = ze^z - z.$$

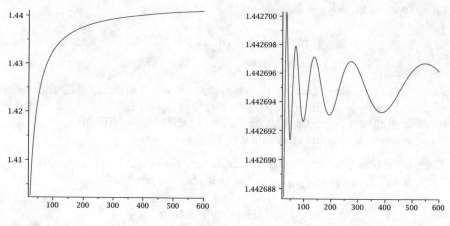

Fig. 7.4 Courbes représentant respectivement $\mathbb{E}_n[S]/n$ à gauche et $(\mathbb{E}_n[S]+1)/n$ à droite. Les oscillations observées sont très petites et pour les mettre en évidence nous devons prendre en compte, en retranchant -1, le terme constant du développement asymptotique de $\mathbb{E}_n[S]$

À nouveau, en itérant puis par extraction de coefficient, nous obtenons les expressions

$$\widehat{\ell}(z) = \sum_{k \geq 0} z \left(e^z - e^{z\left(1 - \frac{1}{2^k}\right)} \right),$$

$$\mathbb{E}_n[\ell] = n![z^n]\widehat{\ell}(z) = n \sum_{k \geq 0} \left(1 - \left(1 - \frac{1}{2^k} \right)^{n-1} \right). \tag{7.15}$$

Là encore ces expressions sont exactes, mais une étude asymptotique est nécessaire pour avoir une idée du comportement.

Hauteur d'un trie L'expression sous forme de produit de l'équation (7.6) $\chi_k(\omega) = \mathbb{1}_{\{h(\omega) \leq k\}} = \chi_{k-1}(\omega \setminus \mathbf{0}) \chi_{k-1}(\omega \setminus \mathbf{1})$ conduit à la famille de séries génératrices

$$\widehat{\chi}_k(z) = \sum_{n \geq 0} \mathbb{E}_n[\chi_k] \frac{z^n}{n!}.$$

Notons que dans cette expression $\mathbb{E}_n[\chi_k]$ est l'espérance d'une fonction caractéristique et donc rien d'autre que la probabilité que le trie soit de hauteur inférieure ou égale à k. D'après le lemme 7.10, nous calculons

$$\widehat{\chi}_k(z) = \widehat{\chi}_{k-1}(z/2)^2 = \cdots = \widehat{\chi}_0(z/2^k)^{2^k} = (1 + z/2^k)^{2^k}.$$

La probabilité $\mathbb{P}_n(h \leq k)$ qu'un trie contenant n clés soit de hauteur inférieure ou égale à k est donc

$$\mathbb{P}_n(h \leq k) = n! \, [z^n](1 + z/2^k)^{2^k} = \frac{n!}{2^{nk}} \, [z^n](1 + z)^{2^k} = \prod_{j=0}^{n-1} \left(1 - \frac{j}{2^k} \right). \qquad (7.16)$$

Remarque 7.15 Lorsque $n \leq 2^k$ dans (7.16), un des termes du produit s'annule et nous obtenons bien $\mathbb{P}_n(h \leq k) = 0$ dans ce cas.

Nous en déduisons aussi la valeur moyenne de la hauteur d'un trie à n clés ou mots dans ce modèle

$$\mathbb{E}_n[h] = \sum_{k=0}^{\infty} \mathbb{P}_n(h > k) = \sum_{k=0}^{\infty} \left(1 - \prod_{j=0}^{n-1} \left(1 - \frac{j}{2^k} \right) \right). \qquad (7.17)$$

Nous résumons dans la proposition suivante les résultats obtenus dans le modèle infini i.i.d. (binaire) uniforme.

Proposition 7.16 (Tries – modèle infini i.i.d. uniforme – expressions exactes)
Les valeurs moyennes de la taille S et de la longueur de cheminement externe ℓ d'un trie contenant n mots dans le modèle infini i.i.d uniforme, avec un alphabet binaire, satisfont

$$\mathbb{E}_n[S] = \sum_{k \geq 0} 2^k \left(1 - \left(1 - \frac{1}{2^k} \right)^n - \frac{n}{2^k} \left(1 - \frac{1}{2^k} \right)^{n-1} \right)$$

$$\mathbb{E}_n[\ell] = n \sum_{k \geq 0} \left(1 - \left(1 - \frac{1}{2^k} \right)^{n-1} \right).$$

La probabilité qu'un trie binaire contenant n mots soit de hauteur inférieure ou égale à k est

$$\mathbb{P}_n(h \leq k) = \prod_{j=0}^{n-1} \left(1 - \frac{j}{2^k} \right).$$

Remarque 7.17

1. La méthode qui vient d'être présentée permet d'obtenir les expressions exactes de la valeur moyenne d'autres paramètres, comme la longueur de cheminement externe d'un PATRICIA trie, voir Flajolet et al. [97] et les exercices 7.6, 7.7 et 7.8.
2. Pour le modèle infini i.i.d. binaire non uniforme, les techniques s'adaptent également à un modèle probabiliste où les probabilités p et $q = 1 - p$ d'avoir 0 ou 1 sont différentes de $\frac{1}{2}$ (cas biaisé).

3. Nous constatons par le calcul pour chacun des paramètres étudiés qu'à n fixé le lien entre le modèle fini équiprobable et le modèle infini i.i.d. uniforme (binaire) se fait grâce à la formule

$$\lim_{d \to \infty} \frac{1}{\binom{2^d}{n}} [z^n] v^{(d)}(z) = n! [z^n] \widehat{v}(z).$$

Bien qu'intuitif, ce lien n'est pas détaillé à notre connaissance dans la littérature pour le cas général.

4. Il est relativement aisé de généraliser cette approche au cas des tries paginés de capacité b (aussi appelés b-tries). Leur analyse est importante car, pour une utilisation effective des tries paginés, nous avons besoin de connaître l'influence de la taille de la page sur les paramètres de l'arbre (comme la hauteur) pour pouvoir régler au mieux la valeur de b en fonction des applications.

7.1.3   Approche symbolique (sources)

Dans cette section, l'alphabet $\mathscr{A}$ n'est plus nécessairement binaire : nous considérons que des clés sont produites indépendamment par la même source $\mathcal{S}$, elle-même modélisée grâce à l'ensemble de ses probabilités fondamentales $(p_w)_{w \in \mathscr{A}^*}$ (voir la section 2.3.2). Ces mots sont infinis et le trie est construit sur cet ensemble de mots.

Nous introduisons d'abord un outil méthodologique pour l'analyse : la paramétrisation d'une source qui permet de définir une application M qui associe aux réels de l'intervalle $[0, 1]$ des mots infinis de $\mathscr{A}^{\mathbb{N}}$. Ce procédé sera utilisé systématiquement pour définir le modèle probabiliste d'un ensemble de clés.

Paramétrisation d'une source de symboles

Dans la suite nous supposerons que toutes les probabilités fondamentales $\{p_w\}_{w \in \mathscr{A}^*}$, *définies comme les probabilités d'apparition d'un préfixe w fini*

$$p_w = \mathbb{P}\{x \in \mathscr{A}^{\mathbb{N}}, x \text{ admet } w \text{ pour préfixe}\},$$

sont données et non nulles, ce qui revient à dire que la source peut produire tous les mots de $\mathscr{A}^{\mathbb{N}}$.

Remarque 7.18 Il est facile pour une source sans mémoire (comme une source markovienne) de calculer effectivement les probabilités fondamentales $\{p_w\}_{w \in \mathscr{A}^*}$ à partir de la description relativement succincte de la source (voir la section 2.3.2).

Pour chaque longueur k de préfixe, les probabilités $\{p_w\}_{w \in \mathscr{A}^k}$ définissent une partition de l'intervalle $]0, 1[$ en un ensemble d'intervalles d'intérieurs disjoints appelés intervalles fondamentaux.[4]

Définition 7.19 (Intervalle fondamental) Soit $\mathbb{P}$ une mesure de probabilité sur $\mathscr{A}^{\mathbb{N}}$ donnée par la collection $\{p_w\}_{w \in \mathscr{A}^*}$. L'intervalle fondamental associé au préfixe fini $w \in \mathscr{A}^*$ est $\mathcal{I}_w = [a_w, b_w]$ avec

$$a_w = \sum_{\substack{v \prec w \\ |v| = |w|}} p_v, \qquad b_w = \sum_{\substack{v \preceq w \\ |v| = |w|}} p_v = a_w + p_w, \tag{7.18}$$

où la notation '$\prec$' désigne l'ordre lexicographique sur les mots. Notons que l'intervalle $\mathcal{I}_w$ admet bien comme mesure (ou longueur) p_w.

Exemple 7.20 Pour préciser les choses, examinons le cas correspondant au modèle infini i.i.d. binaire uniforme (ce qui équivaut à considérer une source sans mémoire avec un alphabet binaire et symétrique, les symboles ayant la même probabilité $1/2$). Pour un mot $w = w_1 w_2 \ldots w_n$, l'intervalle fondamental $\mathcal{I}_w = [a_w, b_w]$ est de longueur $p_w = 1/2^n$ avec

$$a_w = \sum_{t=1}^{n} \frac{w_t}{2^t}, \quad b_w = a_w + p_w.$$

Lorsque la taille des préfixes grandit, nous obtenons des raffinements successifs de l'intervalle $[0, 1]$. En effet, nous avons dans ce modèle pour tout mot w fixé

$$\sum_{\alpha \in \mathscr{A}} p_{w \cdot \alpha} = p_w, \text{ et } \mathcal{I}_w = \bigcup_{\alpha \in \mathscr{A}} \mathcal{I}_{w \cdot \alpha},$$

où l'union est une union d'intervalles d'intérieurs disjoints. Inversement, toujours étant donnée cette collection de probabilités fondamentales

$$\{p_w\}_{w \in \mathscr{A}^*},$$

nous définissons une application $M : [0, 1] \to \mathscr{A}^{\mathbb{N}}$ qui associe à un réel x de l'intervalle unité $\mathcal{I} = [0, 1]$, un mot infini $M(x) \in \mathscr{A}^{\mathbb{N}}$.

Définition 7.21 (application M) L'application M est définie presque partout par

$$M : [0, 1] \to \mathscr{A}^{\mathbb{N}}$$
$$x \mapsto M(x) = (m_1(x), m_2(x), m_3(x), \ldots).$$

---

[4]La paramétrisation est basée sur un principe analogue à celui utilisé pour le codage arithmétique en compression [227].

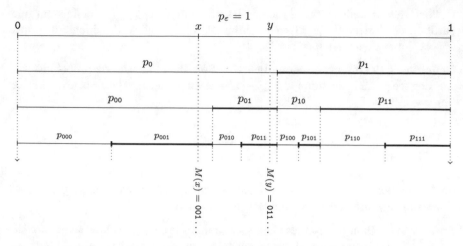

Fig. 7.5 Processus de raffinement pour une source binaire. Nous illustrons également la façon dont deux mots sont associés à deux réels x et y de $[0, 1]$

Pour un réel $x \in [0, 1]$, le symbole $m_i(x)$ est la i-ième lettre commune à tous les préfixes p de longueur supérieure ou égale à i tels que $x \in \mathcal{I}_p$.

Remarque 7.22 L'application est définie presque partout car elle peut être définie de deux façons aux points extrémités des intervalles.[5] Il est possible toutefois de fixer de manière canonique en ces points une représentation ou l'autre. L'ensemble de ces points est de mesure nulle pour la mesure de Lebesgue (car il y en a un nombre dénombrable) et n'aura donc pas d'influence sur les analyses.

Le principe de la paramétrisation est illustré dans la figure 7.5.

Par exemple le premier symbole de $M(x)$ est obtenu en examinant les intervalles fondamentaux du premier niveau et en renvoyant la lettre qui indice l'intervalle[6] contenant x. Le processus est répété pour les symboles suivants en considérant les raffinements successifs des intervalles. Ainsi

$$M(x) \text{ commence par } w \iff x \in I_w.$$

Proposition 7.23 (Codage de $\mathscr{A}^{\mathbb{N}}$ et mesure image) *Soit S une source probabilisée donnée par la famille $(p_w)_{w \in \mathscr{A}^*}$ (ou de mesure $\mathbb{P}$ associée). Nous considérons les intervalles fondamentaux $(\mathcal{I}_w)_{w \in \mathscr{A}^*}$ et l'application M définie presque partout (voir définitions 7.19 et 7.21). Alors la mesure image par M de la mesure de Lebesgue λ sur $[0, 1]$ est exactement $\mathbb{P}$.*

---

[5]Nous pouvons penser par analogie aux développements impropres par exemple en base 10 : $0{,}999 \cdots = 1{,}0000 \dots$.

[6]Toujours en admettant que cet intervalle est unique, ce qui est vrai sauf sur l'ensemble de mesure nulle constitué des extrémités des intervalles fondamentaux.

Preuve La mesure image de λ par M, notée pour l'instant $M(\lambda)$, est définie pour n'importe quel sous-ensemble B de $\mathscr{A}^{\mathbb{N}}$ par

$$M(\lambda)(B) = \lambda(M^{-1}(B)).$$

Soit $w \in \mathscr{A}^*$, et $C_w = w \cdot \mathscr{A}^{\mathbb{N}}$ le cylindre associé. Nous avons

$$\begin{aligned}
M(\lambda)(C_w) &= \lambda(M^{-1}(C_w)) \\
&= \lambda(\{x \mid M(x) \in C_w\}) \\
&= \lambda(I_w) \\
&= p_w.
\end{aligned}$$

Comme la famille des C_w engendre tous les sous-ensembles mesurables de $\mathscr{A}^{\mathbb{N}}$, et que la mesure $\mathbb{P}$ est caractérisée par sa valeur sur les cylindres, nous concluons que $M(\lambda) = \mathbb{P}$. □

Cette proposition permet de paramétrer par l'intervalle $[0, 1]$ les mots infinis.

Tirer un mot infini de $\mathscr{A}^{\mathbb{N}}$ pour une source probabilisée S (définie par ses probabilités fondamentales (p_w)) revient à tirer uniformément un réel x de $[0, 1]$ et à considérer le mot infini $M(x)$. De plus cette paramétrisation « préserve » l'ordre entre les réels de l'intervalle $[0, 1]$ et l'ordre lexicographique (‹ ›) sur les mots, i.e., $x < y \Leftrightarrow M(x) < M(y)$.

Modèles de Poisson et de Bernoulli pour le cardinal

Dans ce qui constitue sûrement un abus de langage (mais qui est entré dans les usages) nous nommons *modèle de Bernoulli* le modèle usuel et naturel où le nombre de clés est fixé.

Dans la suite nous aurront recours dans les analyses à un modèle différent, dit *modèle de Poisson*, qui introduit un aléa supplémentaire sur le nombre de clés dans le trie. L'intérêt de ce modèle est qu'il permet de simplifier les calculs, mais en général nous préférons donner les résultats dans le modèle, plus « parlant », de Bernoulli. Nous décrivons formellement ces deux modèles et les liens qui les unissent ci-après.

Modèle de Bernoulli Dans ce modèle nous considérons un ensemble de n mots infinis $X = \{X_1, \ldots, X_n\}$ produits par une source S. Cet ensemble est supposé obtenu en tirant indépendamment et uniformément des réels $x_1, \ldots, x_n$ de l'intervalle $[0, 1]$. Nous associons à chaque réel $x_i \in [0, 1]$ un mot infini $X_i = M(x_i) \in \mathscr{A}^{\mathbb{N}}$ pour $i \in \{1, \ldots, n\}$ grâce au codage M. Nous obtenons ainsi le modèle de Bernoulli noté $(\mathscr{B}_n, S)$ relatif au cardinal n de l'ensemble $X = \{X_1, \ldots, X_n\}$ et la source S.

Pour un paramètre de trie v, la source $\mathcal{S}$ étant fixée, nous notons l'espérance dans ce modèle

$$\mathbb{E}_n[v] = \int_{|X|=n} v(X) \mathrm{d}\mathbb{P}_n(X), \qquad (7.19)$$

où $\mathbb{P}_n(X) = \mathbb{P}(X_1) \cdots \mathbb{P}(X_n)$ si $X = \{X_1, \ldots, X_n\} \subset \mathcal{A}^{\mathbb{N}}$.

Modèle de Poisson Dans ce modèle N mots infinis sont produits par une source $\mathcal{S}$ grâce à un codage M, avec N une variable aléatoire qui suit une loi de Poisson de paramètre Z pour $k \geq 0$:

$$\mathbb{P}(N = k) = e^{-Z} \frac{Z^k}{k!}.$$

La variable aléatoire N est concentrée autour de sa moyenne Z et le paramètre Z joue donc un rôle « équivalent » à celui du cardinal n de l'ensemble X dans le modèle de Bernoulli précédent. Nous notons $(\mathcal{P}_Z, \mathcal{S})$ ce modèle relatif au modèle de Poisson et à la source $\mathcal{S}$. L'espérance $\widetilde{\mathbb{E}}_Z[v]$ d'un paramètre de trie v dans ce modèle s'écrit

$$\widetilde{\mathbb{E}}_Z[v] = \sum_{n=0}^{\infty} e^{-Z} \frac{Z^n}{n!} \mathbb{E}_n[v], \qquad (7.20)$$

où $\mathbb{E}_n[v]$ désigne l'espérance de l'équation (cf. (7.19)) dans le modèle de Bernoulli.

Pour résumer, le modèle de Poisson procède donc en deux étapes :

– Le nombre de mots N est tiré au hasard selon une loi de Poisson de paramètre Z.
– Puis N mots infinis sont produits indépendamment par la source, i.e., N réels $x_1, \ldots, x_N$ sont tirés uniformément et indépendamment dans $[0, 1]$, et l'ensemble des mots émis par la source est $\{X_1 = M(x_1), \ldots, X_N = M(x_N)\}$.

Classiquement, ce modèle permet d'affirmer qu'il y a *indépendance* des événements impliquant des points x_i provenant de sous-intervalles disjoints de $[0, 1]$. De plus le nombre de réels x_i appartenant à un intervalle de mesure p est lui-même distribué comme une variable de Poisson de paramètre Zp. Diverses propriétés de la loi de Poisson utiles dans notre contexte sont rappelées dans l'annexe C.3.1.

Ainsi dans le modèle $(\mathcal{P}_Z, \mathcal{S})$ le nombre de mots partageant un préfixe commun w, et donc résultant de points appartenant au même intervalle fondamental associé à w, est une variable aléatoire N_w de Poisson de paramètre Zp_w. Ici p_w est justement la probabilité fondamentale associée à w. Pour deux préfixes finis w et w' tels que aucun des deux mots ne soit préfixe l'un de l'autre, les variables aléatoires N_w et $N_{w'}$ dans ce modèle sont *indépendantes*. Cette propriété très forte permet de calculer assez facilement les espérances des paramètres de trie dans le modèle $(\mathcal{P}_Z, \mathcal{S})$.

Bien évidemment il est possible de revenir au modèle (usuel) de Bernoulli $(\mathcal{B}_n, \mathcal{S})$, à nombre n fixé de clés. Les deux équations de la proposition suivante traduisent (formellement) la *poissonisation et dépoissonisation algébrique*.

Proposition 7.24 *Pour un paramètre v de trie, les relations suivantes permettent de passer du modèle de Bernoulli $(\mathcal{B}_n, \mathcal{S})$ à celui de Poisson $(\mathcal{P}_Z, \mathcal{S})$:*

$$\widetilde{\mathbb{E}}_Z[v] = e^{-Z} \sum_{n=0}^{\infty} \frac{Z^n}{n!} \mathbb{E}_n[v], \qquad \mathbb{E}_n[v] = n! [Z^n] e^Z \, \widetilde{\mathbb{E}}_Z[v]. \qquad (7.21)$$

Preuve Ces égalités viennent directement de la définition de l'espérance dans le modèle de Poisson à partir de celle dans le modèle de Bernoulli. La première égalité n'est d'ailleurs autre que l'équation (7.20). $\qquad\qquad\square$

La relation (7.21), bien qu'explicite, conduit souvent à des expressions compliquées où le comportement asymptotique est difficile à évaluer directement. Ce sera l'objet d'une analyse asymptotique de déduire les ordres de grandeur à partir de ces expressions.

Analyse exacte

Les paramètres additifs sont les plus faciles à analyser puisque l'approche généralise celle que nous avons vue dans la section précédente.

Lemme 7.25 (Paramètres additifs — modèle de Poisson) *Considérons le modèle $(\mathcal{P}_Z, \mathcal{S})$ et un trie aléatoire dans ce modèle. Soient $\omega \subset \mathscr{A}^{\mathbb{N}}$ et un paramètre additif v s'écrivant*

$$v(\omega) = \gamma(|\omega|) + \sum_{\alpha \in \mathscr{A}} v(\omega \setminus \alpha),$$

avec $\gamma : \mathbb{N} \to \mathbb{N}$ une fonction de péage ne dépendant que du cardinal de ω (et vérifiant $\gamma(0) = \gamma(1) = 0$ puisqu'il s'agit d'un paramètre de trie). Alors nous avons

$$\widetilde{\mathbb{E}}_Z[v] = \sum_{w \in \mathscr{A}^*} \widetilde{\gamma}(Z p_w) \qquad (7.22)$$

où nous introduisons la série de Poisson $\widetilde{\gamma}(z)$ associée à γ par

$$\widetilde{\gamma}(z) = e^{-z} \sum_{k \geq 2} \frac{z^k}{k!} \gamma(k). \qquad (7.23)$$

Preuve La propriété d'indépendance entre intervalles fondamentaux disjoints permet de décomposer $\widetilde{\mathbb{E}}_Z[v]$ en additionnant les contributions du péage sur tous les nœuds internes possibles. Chacun de ces nœuds est associé à un préfixe $w \in \mathscr{A}^*$. De plus $\widetilde{\gamma}(z)$ n'est autre que l'espérance de $\gamma(N)$ lorsque N est une variable aléatoire de loi de Poisson de paramètre z.   □

Remarque 7.26 Pour les exemples traités ci-après (taille et longueur de cheminement externe d'un trie), la fonction γ dépend uniquement du cardinal de ω.

Le lemme additif 7.25 s'étend à une classe plus grande de paramètres où la fonction de péage dépend du multi-ensemble des lettres initiales (appelé « tranche ») des mots de ω. Par exemple la tranche de l'ensemble

$$\omega = \{aaa\dots, aab\dots, abb\dots, baa\dots, cab\dots\}$$

est $\{a, a, a, b, c\}$. En effet, ce sont ces lettres et elles seulement qui régissent le principe de partitionnement de $\mathsf{trie}(\omega)$ à la racine. Dans le cas d'une fonction de péage γ qui ne dépend que du cardinal, la composition du multi-ensemble des premières lettres n'a pas d'importance. Seul joue le fait que la taille du multi-ensemble suit une loi de Poisson.

L'analyse des tries PATRICIA notamment considère le nombre d'éléments distincts de ce multi-ensemble, et non plus seulement le cardinal, puisqu'un nœud interne existe seulement si le multi-ensemble contient au moins deux lettres distinctes. Un autre paramètre comme la longueur de cheminement externe des tries hybrides (où le coût d'accès d'un nœud à ses enfants est pris en compte ; cf. l'exercice 7.12) nécessite de considérer plus finement les nœuds internes et les liens qui les relient à leurs sous-tries et donc d'étudier les « tranches » de manière plus précise.

Taille d'un trie Avec la définition de la fonction de péage

$$\gamma(\omega) = \mathbb{1}_{\{|\omega| \geq 2\}},$$

la série de Poisson de l'équation (7.23) s'écrit

$$\widetilde{\gamma}(Z) = e^{-Z} \sum_{k=2}^{\infty} \gamma(k) \frac{Z^k}{k!} = 1 - (1 + Z)\, e^{-Z}.$$

D'après le lemme 7.25, nous calculons donc l'espérance de la taille dans le modèle de Poisson :

$$\widetilde{\mathbb{E}}_Z[S] = \sum_{w \in \mathscr{A}^*} \left(1 - e^{-Zp_w}\,(1 + Zp_w) \right).$$

Nous utilisons le principe de dépoissonisation algébrique de la proposition 7.24 pour obtenir dans le modèle usuel de Bernoulli

$$\mathbb{E}_n[S] = n! [Z^N] e^Z \sum_{w \in \mathscr{A}^*} \left(1 - e^{-Zp_w} \left(1 + Zp_w \right) \right)$$

$$= \sum_{w \in \mathscr{A}^*} \left(1 - (1 - p_w)^n - np_w \left(1 - p_w \right)^{n-1} \right).$$

Notons que le cas classique du trie binaire vu précédemment est retrouvé en considérant $p_w = 1/2^{|w|}$.

Longueur de cheminement externe d'un trie Pour la longueur de cheminement externe, le péage est $\gamma(\omega) = |\omega|$ si $|\omega|$ est supérieur ou égal à 2, et 0 sinon. L'espérance de $\gamma(N)$, où N est une variable aléatoire de Poisson (pour la taille de ω) de paramètre Z, est

$$\widetilde{\gamma}(Z) = e^{-Z} \sum_{k \geq 2} k \, \frac{Z^k}{k!} = Z \left(1 - e^{-Z} \right).$$

Ainsi la valeur moyenne de la longueur de cheminement externe ℓ dans le modèle de Poisson est donnée par

$$\widetilde{\mathbb{E}}_Z[\ell] = \sum_{w \in \mathscr{A}^*} Zp_w \left(1 - e^{-Zp_w} \right).$$

À nouveau, l'application du principe de la dépoissonisation algébrique mène, après quelques calculs, à l'expression de l'espérance dans le modèle de Bernoulli

$$\mathbb{E}_n[\ell] = \sum_{w \in \mathscr{A}^*} p_w \left(1 - (1 - np_w)^{n-1} \right).$$

Hauteur d'un trie Soit $\widetilde{\mathbb{P}}_Z(h \leq k)$ la probabilité qu'un trie aléatoire soit de hauteur au plus k dans le modèle $(\mathcal{P}_Z, S)$. Cette probabilité se calcule en considérant la situation où tous les intervalles fondamentaux de profondeur k contiennent au plus une clé. Comme la probabilité qu'un intervalle de longueur λ contienne au plus un point est $e^{-Z\lambda}(1 + Z\lambda)$ dans le modèle de Poisson de paramètre Z, et que les intervalles fondamentaux distincts de même profondeur sont d'intérieurs disjoints, nous avons

$$\widetilde{\mathbb{P}}_Z(h \leq k) = \prod_{w \in \mathscr{A}^k} e^{-Zp_w} \left(1 + Zp_w \right).$$

Le principe de dépoissonisation algébrique de la proposition 7.24 donne dans le modèle de Bernoulli $(\mathcal{B}_n, \mathcal{S})$

$$\mathbb{P}_n(h \leq k) = n![Z^n]e^Z \prod_{w \in \mathscr{A}^k} e^{-Zp_w}(1 + Zp_w)$$

$$= n![Z^n] \prod_{w \in \mathscr{A}^k} (1 + Zp_w)$$

$$= n! \sum_{\mathcal{E} \in \mathrm{SET}_n(\mathscr{A}^k)} \prod_{w \in \mathcal{E}} p_w.$$

Dans la dernière égalité, $\mathrm{SET}_n(\mathscr{A}^k)$ désigne l'ensemble des sous-ensembles de cardinal n de mots de tailles k. Cette formule ne permet pas d'obtenir une expression simple dans le modèle de Bernoulli (à nombre de clés fixé). Nous pouvons résumer les résultats ci-dessus.

Proposition 7.27 (Tries – mots produits par une source – expressions exactes)
Les valeurs moyennes de la taille S et de la longueur de cheminement externe ℓ d'un trie dans le modèle $(\mathcal{B}_n, \mathcal{S})$ (contenant n mots, avec alphabet $\mathscr{A}$ et des probabilités de préfixes $\{p_w\}_{w \in \mathscr{A}^*}$) satisfont

$$\mathbb{E}_n[S] = \sum_{w \in \mathscr{A}^*} \left(1 - (1 - p_w)^n - np_w(1 - p_w)^{n-1}\right)$$

$$\mathbb{E}_n[\ell] = \sum_{w \in \mathscr{A}^*} p_w \left(1 - (1 - np_w)^{n-1}\right).$$

La probabilité qu'un trie dans ce même modèle contenant n mots soit de hauteur inférieure ou égale à k est

$$\mathbb{P}_n(h \leq k) = n![Z^n] \prod_{w \in \mathscr{A}^k} (1 + Zp_w).$$

Il faut user de méthodes plus sophistiquées pour dépoissoniser en même temps qu'on procède à l'étude asymptotique (voir [46]). Nous donnerons cependant à la section suivante l'idée qui permet d'utiliser cette expression pour obtenir une valeur asymptotique.

7.2 Analyses asymptotiques

L'analyse est assez différente selon que nous considérons des paramètres additifs ou non additifs (la hauteur dans ce chapitre). Cette section commence donc par s'intéresser aux paramètres additifs en donnant plusieurs approches et dans différents modèles.

Nous ne traitons ici que le cas où les mots sont infinis. En effet, dans le seul modèle fini que nous ayons considéré (modèle fini équiprobable), tous les ensembles de n mots de longueur d sont équiprobables. Pour un alphabet binaire, cela impose l'inégalité

$$n \leq 2^d.$$

Ainsi si d est constant ou d'ordre sous-logarithmique par rapport à n, le modèle présente peu d'intérêt pour les tries : dans ce cas le nombre d'ensembles de clés sur lequel mener l'analyse est très petit voire nul. De plus, de manière informelle, lorsque d est assez grand par rapport à $\log n$, les résultats attendus sont à la limite les mêmes que dans le modèle infini i.i.d. uniforme.

Pour les paramètres additifs comme la longueur de cheminement externe ou la taille, plusieurs approches sont possibles pour accéder à un équivalent asymptotique des expressions exactes obtenues à partir des séries de Poisson.

Dans la suite, nous exposons d'abord deux techniques moins particulières que celles que nous venons de voir et qui s'appliquent à des sources plus générales.

Nous présentons ici trois méthodes. La première méthode, élémentaire, est présentée dans la section 7.2.1. Elle est restreinte au modèle i.i.d. infini uniforme sur les symboles (équivalent à la source sans mémoire binaire non biaisée).

Ensuite nous présentons dans la section 7.2.2 l'analyse asymptotique par transformée de Mellin également dans le même modèle infini i.i.d. binaire uniforme car cela constitue l'approche classique dans la littérature.

Enfin nous présentons dans la section 7.2.3 une dernière méthode pour le modèle plus général avec une source de la section 7.1.3, qui fait appel à une transformation intégrale via la formule dite de Nörlund-Rice [196, 197].

Le fait qu'il y ait plusieurs approches (Mellin et Rice) n'est pas étonnant et tient pour beaucoup au cycle Mellin-Newton-Poisson (voir la monographie de Flajolet et al. à ce sujet [100]).

Dans la section 7.2.4 nous analyserons le paramètre multiplicatif de la hauteur.

7.2.1 Paramètres additifs : méthode élémentaire

Dans cette section, nous nous plaçons dans le modèle infini i.i.d. uniforme pour un alphabet binaire et une distribution uniforme sur les symboles. C'est strictement équivalent à considérer un modèle de source sans mémoire binaire symétrique qui produit des clés indépendamment. Il est possible d'obtenir à partir des formules exactes par dépoissonisation algébrique un équivalent asymptotique grâce à des moyens de calculs élémentaires. Nous traitons dans cette section uniquement le cas de la longueur de cheminement externe avec cette approche. La même méthode peut être suivie pour la taille d'un trie dans le même modèle.

Nous notons dans cette partie $L_n = \mathbb{E}_n[\ell]$ l'espérance de la longueur de cheminement d'un trie à n clés dans le modèle infini i.i.d. uniforme. Nous avons déjà exprimé L_n dans l'équation (7.15) sous la forme

$$L_n = n \sum_{k \geq 0} \left(1 - \left(1 - \frac{1}{2^k} \right)^{n-1} \right).$$

Nous commençons par approximer cette somme en montrant que lorsque $n \to +\infty$,

$$L_n = n \sum_{k \geq 0} \left(1 - e^{-n/2^k} \right) + o(n). \tag{7.24}$$

En effet, posons

$$u_k = 1 - \left(1 - \frac{1}{2^k} \right)^n, \qquad v_k = 1 - e^{-n/2^k}.$$

Nous avons à montrer que $\sum_{k \geq 0} u_k = \sum_{k \geq 0} v_k + o(1)$. Regardons la différence $u_k - v_k = f(1/2^k)$, avec $f(x) = e^{-nx} - (1-x)^n$. Sur $[0, 1/2]$, $f(x) \geq 0$ et atteint son maximum en un point $x_0 \sim 2/n$, avec $f(x_0) = O(1/n)$, lorsque $n \to +\infty$. Cette majoration permet de traiter les premiers termes de la somme, par exemple jusqu'à k de l'ordre de $\log_2 n$. Nous avons

$$\sum_{0 \leq k \leq \lfloor \log_2 n \rfloor} u_k = \sum_{0 \leq k \leq \lfloor \log_2 n \rfloor} v_k + O \left(\frac{\log_2 n}{n} \right).$$

Lorsque $k > \lfloor \log_2 n \rfloor$, posons $k = \lfloor \log_2 n \rfloor + p$, de sorte que $1/2^k = O(1/n)$ et

$$\left(1 - \frac{1}{2^k} \right)^n = e^{-n/2^k} \, e^{O\left(\frac{n}{2^{2k}} \right)},$$

et donc

$$u_k = v_k + e^{-1/2^p} \, O \left(\frac{1}{n} \right).$$

Nous obtenons

$$\sum_{k > \lfloor \log_2 n \rfloor} u_k = \sum_{k > \lfloor \log_2 n \rfloor} v_k + O \left(\frac{1}{n} \right).$$

En rassemblant le tout, nous obtenons bien l'approximation (7.24). Dans un second temps, nous montrons que

$$\sum_{k \geq 0} \left(1 - e^{-n/2^k} \right) = \log_2 n + \psi(n) + O \left(e^{-n} \right), \tag{7.25}$$

où $\psi(n)$ est une fonction périodique de $\log_2 n$. Pour cela, regardons le comportement du terme $v_k = 1 - e^{-n/2^k}$ lorsque k varie : lorsque k est « petit », $v_k \sim 1$,
et lorsque k tend vers l'infini, $v_k \to 0$; la transition se place aux alentours de
$k = \lfloor \log_2 n \rfloor$. Nous découpons la somme en deux parties, et

$$\sum_{0 \le k < \lfloor \log_2 n \rfloor} \left(1 - e^{-n/2^k} \right) = \lfloor \log_2 n \rfloor - \sum_{0 \le k < \lfloor \log_2 n \rfloor} e^{-n/2^k}$$

$$= \lfloor \log_2 n \rfloor - \sum_{k=-\infty}^{\lfloor \log_2 n \rfloor - 1} e^{-n/2^k} + O(e^{-n})$$

$$= \lfloor \log_2 n \rfloor - \sum_{k=-\infty}^{-1} e^{-n/2^{k + \lfloor \log_2 n \rfloor}} + O(e^{-n}).$$

En outre,

$$\sum_{k \ge \lfloor \log_2 n \rfloor} \left(1 - e^{-n/2^k} \right) = \sum_{k \ge 0} (1 - e^{-n/2^{k + \lfloor \log n_2 \rfloor}}).$$

Avec $\{\log_2 n\}$ désignant la partie fractionnaire de $\log_2 n$, nous pouvons aussi écrire

$$\lfloor \log_2 n \rfloor = \log_2 n - \{\log_2 n\} \quad \text{et} \quad n/2^{\lfloor \log_2 n \rfloor} = 2^{\log_2 n - \lfloor \log_2 n \rfloor} = 2^{\{\log_2 n\}}.$$

En posant

$$\psi(n) = -\{\log_2 n\} - \sum_{k < 0} e^{-2^{\{\log_2 n\} - k}} + \sum_{k \ge 0} \left(1 - e^{-2^{\{\log_2 n\} - k}} \right), \qquad (7.26)$$

nous obtenons l'équation (7.25). La fonction ψ vérifie $\psi(2x) = \psi(x)$ puisqu'elle
ne dépend que de la partie fractionnaire de $\log_2 n$, et est donc périodique en $\log_2 n$.
Nous vérifions numériquement que cette fonction n'admet pas de limite et fluctue
avec une amplitude de l'ordre de 10^{-5} autour de $\frac{\gamma}{\log 2} + \frac{1}{2} = 1,332746\ldots$

Remarque 7.28 Nous pouvons mettre facilement en évidence ces fluctuations grâce
à la formule exacte (7.13) dans le cas de la longueur de cheminement

$$L_n = \frac{\frac{2}{2^n}}{1 - \frac{2}{2^n}} \left(n + \sum_{k=0}^{n-1} \binom{n}{k} L_k \right),$$

avec un péage $\gamma_n = n$ pour $n \ge 2$, et $L_0 = L_1 = 0$.

La preuve et la mise en évidence de ces fluctuations se font à l'aide de techniques
plus pointues dont nous donnerons une idée dans la section 7.2.3. En combinant
maintenant ce résultat avec l'équation (7.24) ; nous obtenons la proposition suivante

Proposition 7.29 *L'espérance L_n de la longueur de cheminement d'un trie aléatoire construit sur n mots issus d'une source binaire non biaisée est*

$$L_n = n \log_2 n + n\,\psi(n) + o(n).$$

où $\psi(n)$ est définie en (7.26).

Nous avons calculé ici les deux premiers termes du développement asymptotique de L_n avec des moyens élémentaires. Ce développement peut être obtenu de façon plus élégante, et plus puissante, avec des outils plus sophistiqués (formule de Rice [222] que nous verrons bientôt, ou transformée de Mellin [100]). Nous obtenons la proposition suivante.

Proposition 7.30 *L'espérance de la longueur de cheminement d'un trie aléatoire construit sur n mots issus d'une source binaire non biaisée est*

$$L_n = n \left(\log_2 n + \left(\frac{\gamma}{\log 2} + \frac{1}{2} \right) + \varphi(\log_2 n) \right) + o(n),$$

où φ est une fonction périodique de moyenne nulle et d'amplitude faible (au plus 10^{-5}) et où γ est la constante d'Euler.

Dans cette proposition φ est la partie fluctuante, de moyenne nulle, de la fonction ψ de l'équation (7.26).

Une analyse similaire peut être conduite pour étudier la taille d'un trie dans le même modèle. Le résultat est surprenant puisque des fluctuations apparaissent mais cette fois-ci dans le terme dominant ! En effet nous obtenons le résultat suivant.

Proposition 7.31 *L'espérance de la taille d'un trie aléatoire pour n mots issus d'une source binaire non biaisée est*

$$S_n = \frac{n}{\log 2}(1 + \widetilde{\varphi}(\log_2 n)) + o(n),$$

où $\widetilde{\varphi}$ est une fonction périodique de moyenne nulle et d'amplitude faible (au plus 10^{-5}).

Des techniques d'analyse avancées sont nécessaires pour décrire plus précisément et analytiquement ces oscillations (par exemple son développement en série de Fourier). Ces techniques sont présentées brièvement dans les deux prochaines sections.

7.2.2 Paramètres additifs : transformée de Mellin

Les définitions et propriétés de la transformée de Mellin sont rassemblées dans l'annexe B.4.

Pour l'étude des tries, nous utilisons deux propriétés importantes :

– la formule de la transformée de Mellin pour une somme harmonique ;
– le comportement asymptotique obtenu grâce à la transformée de Mellin inverse.

Comme exemple d'application de la transformée de Mellin, examinons l'expression obtenue pour l'espérance de la longueur de cheminement L_n d'un trie binaire dans le modèle infini i.i.d binaire :

$$L_n = n \sum_{k \geq 0} \left(1 - \left(1 - \frac{1}{2^k} \right)^{n-1} \right). \tag{7.27}$$

Afin de ne pas alourdir inutilement cette présentation, nous nous ramenons, comme dans la section précédente avec l'équation (7.24), à étudier

$$\widetilde{L}_n = n \sum_{k \geq 0} \left(1 \quad e^{-n/2^k} \right),$$

car $L_n = \widetilde{L}_n + o(n)$. L'argument repose de la même façon sur la comparaison entre $(1-a)^n$ et e^{-an}.

La somme harmonique (voir l'annexe B.4.4) correspondant à $\widetilde{L}_n$ est

$$F(x) = \sum_{k \geq 0} 2^k \frac{x}{2^k} (1 - e^{x/2^k}), \tag{7.28}$$

de fonction de base $f(x) = x(1 - e^{-x})$, de fréquences $\{\mu_k = 2^{-k}\}_{k \geq 0}$ et d'amplitudes $\{\lambda_k = 2^k\}_{k \geq 0}$. La transformée de Mellin de f, sur la bande $s \in \langle -2, -1 \rangle$, est

$$f^\star(s) = -\Gamma(s+1).$$

La série de Dirichlet associée à $F(x)$ est

$$\Lambda(s) = \sum_{k \geq 0} 2^k 2^{ks} = \sum_{k=0}^{\infty} (2^{s+1})^k = \frac{1}{1 - 2^{s+1}}.$$

La série de Dirichlet $\Lambda(s)$ a un demi-plan de convergence simple $\Re(s) < -1$. Les pôles de Λ sont situés sur une droite verticale $\Re(s) = -1$ aux points

$$\chi_k = -1 + \frac{2ik\pi}{\log 2},$$

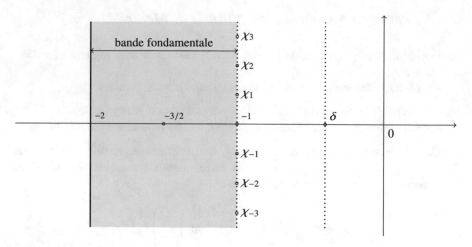

Fig. 7.6 Situation des pôles et de la bande fondamentale dans le plan complexe

pour $k \in \mathbb{Z}$. La figure 7.6 précise les conditions d'application du théorème (les pôles sont représentés par des points). Appliquons le théorème B.16 des sommes harmoniques de l'annexe B.4.4 :

- La fonction $f^{\star}$ a pour bande fondamentale $\langle -2, -1 \rangle$;
- La fonction Λ a pour demi-plan de convergence simple $\Re(s) < -1$ d'intersection non vide avec $\langle -2, -1 \rangle$;
- Les fonctions Λ et $f^{\star}$ admettent un prolongement méromorphe sur $\mathbb{C}$ et sont analytiques sur $\Re(s) = \delta$ pour tout réel $\delta < -1$;
- Soit $\delta < 1$. Considérons la suite (T_j) définie par

$$T_j = \frac{(2j+1)\pi}{\log 2}.$$

Sur la réunion des segments

$$\{s \in \mathbb{C} \mid \Re(s) \in [-\frac{3}{2}, \delta] \text{ et } \Im(s) = T_j\},$$

qui est définie pour éviter les pôles de Λ, nous avons pour $s = \sigma + iT_j$,

$$\left|\Lambda(\sigma + iT_j)\right| = \left|\frac{1}{1 + 2^{1+\sigma i T_j}}\right| \leq \frac{1}{1 + 2^{1-3/2}} = O(|s|^0),$$

quand $j \to +\infty$. De plus, la version complexe de la formule de Stirling

$$|\Gamma(\sigma + it)| \sim \sqrt{2\pi}\, |t|^{\sigma - 1/2}\, e^{-\pi|t|/2} \qquad (t \to +\infty),$$

permet d'obtenir pour tout $r > 1$, quand $j \to +\infty$, que

$$\left| f^\star(\sigma + iT_j) \right| = \left| \Gamma(1 + \sigma + iT_j) \right| = O(|s|^{-r}).$$

Le théorème B.16 s'applique : $F(x)$ converge sur $]0, +\infty[$. La partie singulière (voir la définition B.13 de l'annexe B.4 et la notation '$\asymp$') de $F^\star(s) = \Lambda(s) f^\star(s)$ s'écrit

$$F^\star(s) \asymp \frac{1}{\log 2} \frac{1}{(s-1)^2} - \left(\frac{1}{2} + \frac{\gamma}{\log 2} \right) \frac{1}{s-1} + \sum_{k \in \mathbb{Z}^\star} \frac{1}{\log 2} \frac{\Gamma(1 - \chi_k)}{s - \chi_k} \qquad (s \in \langle -3/2, \delta \rangle),$$

où γ désigne la constante d'Euler. Il faut pour la calculer se rappeler que

$$\Gamma(s) = \frac{1}{s} - \gamma + O(s) \qquad (s \to 0),$$

$$(1 - 2^{-s})^{-1} = \frac{1}{\log 2} \frac{1}{s} + \frac{1}{2} + O(s) \qquad (s \to 0).$$

Nous obtenons alors le développement de $F(x)$ quand $x \to +\infty$ et donc le développement asymptotique de $\tilde{L}_n$ (correspondant à celui de la proposition 7.30)

$$\tilde{l}_n = \frac{1}{\log 2} n \log n + \left(\frac{1}{2} + \frac{\gamma}{\log 2} \right) n + \frac{n}{\log 2} P(\log_2 n) + O(n^\delta),$$

où P est un polynôme et $P(\log_2 x)$ regroupe les termes imaginaires liés aux χ_k :

$$P(\log_2 x) = \sum_{k \in \mathbb{Z}^\star} \Gamma \left(\frac{2ik\pi}{\log 2} \right) e^{-2k\pi \log_2(x)}.$$

Du fait de la forte décroissance de $\Gamma \left(\frac{2ik\pi}{\log 2} \right)$ quand $k \to +\infty$, $\left| P(\log_2 x) \right|$ est majoré par 10^{-6}.

7.2.3 Paramètres additifs : formule de Nörlund-Rice

Nous nous plaçons dans le cadre (plus général que ceux des sections précédentes) des sources et commençons par introduire dans le prochain paragraphe un outil essentiel pour l'étude asymptotique : la série génératrice de Dirichlet des probabilités fondamentales. Cet outil aurait également pu être utilisé pour l'analyse asymptotique à l'aide de la transformée de Mellin pour le modèle de source (voir [46]). Nous avons préféré présenter la transformée de Mellin dans le cadre classique du modèle infini i.i.d uniforme binaire.

Série de Dirichlet de la source Pour les sources les plus simples où il n'y a pas de dépendance entre les lettres des mots, les probabilités fondamentales vérifient une propriété multiplicative. En effet pour une source sans mémoire et deux mots $w, w' \in \mathscr{A}^*$ nous avons l'égalité $p_{w \cdot w'} = p_w p_{w'}$. Lorsque la source est « moins simple » (par exemple avec une dépendance markovienne entre les lettres), une version affaiblie de cette égalité reste vraie. C'est cette propriété multiplicative qui motive le fait de définir une série génératrice de type Dirichlet associée à la source plutôt qu'une série génératrice usuelle en combinatoire (et plutôt adaptée à des propriétés additives). De manière analogue au cas des séries génératrices (ordinaires, exponentielles) utilisées en combinatoire analytique, la série génératrice (de Dirichlet) traduit de manière analytique les propriétés probabilistes de la source.

Les analyses font intervenir diverses séries de type « Dirichlet » de probabilités fondamentales, dont les plus importantes sont (pour $s \in \mathbb{C}$)

$$\Lambda_k(s) = \sum_{w \in \mathscr{A}^k} p_w^s, \quad \Lambda(s) = \sum_{w \in \mathscr{A}^*} p_w^s = \sum_{k \geq 0} \Lambda_k(s). \tag{7.29}$$

La série $\Lambda(s)$ est toujours non définie en $s = 1$ (puisque $\Lambda_k(1) = \sum_{w \in \mathscr{A}^k} p_w = 1$ pour tout $k \geq 0$).

Exemple 7.32 Pour une source sans mémoire avec probabilités des symboles $\{p_\alpha\}_{\alpha \in \mathscr{A}}$, nous avons pour $s \in \mathbb{C}$,

$$\Lambda_k(s) = \lambda(s)^k, \quad \Lambda(s) = \frac{1}{1 - \lambda(s)}, \quad \text{en posant } \lambda(s) = \sum_{\alpha \in \mathscr{A}} p_\alpha^s. \tag{7.30}$$

Exemple 7.33 Pour une source markovienne de matrice de transition

$$P = \left(p_{\beta|\alpha} \right)_{(\alpha, \beta) \in \mathscr{A} \times \mathscr{A}}$$

et de distribution initiale $(\pi_\alpha)_{\alpha \in \mathscr{A}}$ (vue comme un vecteur ligne), nous notons pour $s \in \mathbb{C}$,

$$P(s) = \left(p_{\beta|\alpha}^s \right)_{(\alpha, \beta) \in \mathscr{A} \times \mathscr{A}}; \qquad \pi(s) = (\pi_\alpha^s)_{\alpha \in \mathscr{A}}.$$

Nous exprimons alors les séries de Dirichlet comme

$$\Lambda_k(s) = \pi(s) P(s)^k \begin{pmatrix} 1 \\ \vdots \\ 1 \end{pmatrix}; \quad \Lambda(s) = \pi(s)(I - P(s))^{-1} \begin{pmatrix} 1 \\ \vdots \\ 1 \end{pmatrix}.$$

Deux grandeurs caractéristiques de la source jouent un rôle très important dans la suite.

Définition 7.34 (Entropie et coïncidence) L'entropie $h(S)$ de la source S est définie comme la limite, lorsqu'elle existe, d'une quantité où interviennent les probabilités fondamentales

$$h(S) = \lim_{k \to \infty} \frac{-1}{k} \sum_{w \in \mathscr{A}^k} p_w \log p_w = \lim_{k \to \infty} \frac{-1}{k} \frac{d}{ds} \Lambda_k(s)\big|_{s=1}. \qquad (7.31)$$

Le coefficient de coïncidence $c(S)$ est la longueur moyenne du préfixe commun de deux mots produits indépendamment par la source

$$c(S) = \sum_{w \in \mathscr{A}^*} p_w^2 = \Lambda(2).$$

Remarque 7.35 Dans le cas des sources simples précédentes, sans mémoire ou à dépendance markovienne : l'entropie est $-\lambda'(1)$. Pour une source sans mémoire $\lambda(s)$ est définie en (7.30). Pour une source à dépendance markovienne, lorsque la matrice de transition $P(s)$ associée à la chaîne de Markov est apériodique et irréductible (voir [20]), alors $\lambda(s)$ est la valeur propre dominante (de plus grand module) de la matrice $P(s)$.

Lorsque $\Lambda(s)$ est analytique dans un domaine contenant $s = 1$, les propriétés de régularité de la source s'expriment grâce a celles de Λ dans ce domaine.

Nous pouvons systématiser l'étude des séries rencontrées usuellement dans les analyses d'arbres digitaux dans le modèle des clés infinies produites par une source, en utilisant les propriétés analytiques de la série de Dirichlet associée à la source. L'approche décrite dans cette section repose sur une formule de dépoissonisation algébrique différente de l'équation (7.21). Cette nouvelle approche se révèle particulièrement adaptée aux paramètres additifs. Soit un paramètre additif $\gamma : \mathbb{N} \to \mathbb{N}$ tel que $\gamma(0) = \gamma(1) = 0$. Introduisons la série de Poisson associée à la suite $(\gamma(n))_{n \geq 0}$:

$$\widetilde{\gamma}(z) = e^{-z} \sum_{n=2}^{\infty} \gamma(n) \frac{z^n}{n!}.$$

Rappelons que $\widetilde{\gamma}(z)$ est aussi l'espérance de la variable aléatoire $\gamma(N)$ pour N variable de Poisson de paramètre z.

Pour appliquer la formule de Rice, nous allons recourir à une formule de dépoissonisation un peu différente, qui se base sur la *transformée binomiale* (aussi nommée transformée d'Euler et rappelée dans l'annexe B.3.4) de la suite $(\gamma(n))_{n \geq 0}$. La transformée $(\varphi(n))$ est définie pour $n \geq 0$ à partir de la séquence $(\gamma(k))$ par

$$\varphi(n) = \sum_{k=0}^{n} \binom{n}{k} (-1)^k \gamma(k). \qquad (7.32)$$

La relation suivante permet dans les cas simples de calculer $\varphi(k)$ à partir de la série de Poisson $\widetilde{\gamma}(z)$ associée au péage γ : pour $k \geq 0$,

$$\varphi(k) = n![z^k]\,\widetilde{\gamma}(-z). \tag{7.33}$$

Rappelons que la transformée binomiale étant une involution, nous avons aussi

$$\gamma(n) = \sum_{k=0}^{n} \binom{n}{k}(-1)^k \varphi(k).$$

Ainsi nous pouvons écrire l'espérance dans le modèle de Bernoulli à partir de l'espérance dans le modèle de Poisson en faisant intervenir la séquence $(\varphi(k))$ ainsi définie.

Proposition 7.36 (Dépoissonisation et formule de Rice – coût additif) *Soit v un paramètre additif de péage γ. Dans le modèle de Bernoulli pour un trie à n clés, l'espérance du coût v s'écrit*

$$\mathbb{E}_n[v] = \sum_{k=2}^{n}(-1)^k \binom{n}{k}\varphi(k)\sum_{w\in\mathscr{A}^*} p_w^k,$$

où la fonction $\varphi(k)$ est définie pour $k \geq 0$ grâce à l'équation (7.32) (ou de manière équivalente grâce à l'équation (7.33)).

Remarque 7.37 Notons que $\gamma(0) = \gamma(1) = 0$ implique $\varphi(0) = \varphi(1) = 0$. Ceci justifie le fait que la sommation commence à $k = 2$.

Cette formulation de l'espérance en fonction de la série $\varphi(k)$ peut paraître assez artificielle au premier abord, mais elle s'avère finalement très adaptée aux paramètres additifs de cette section. En effet, pourvu que les coefficients $\varphi(k)$ aient une forme particulière (en fait admettent un relèvement analytique), nous allons pouvoir appliquer la *formule de Nörlund-Rice* (souvent abrégée en formule de Rice) présentée ci-après.

Proposition-Définition 7.38 *La formule de Nörlund-Rice [196, 197] transforme une somme binomiale en une intégrale dans le plan complexe de la façon suivante. Pour un entier positif σ_0, soit*

$$T(n) = \sum_{k=1+\sigma_0}^{n}(-1)^k \binom{n}{k}\varphi(k).$$

S'il existe une fonction $\varpi(s)$ et un réel $\sigma_1 \in]\sigma_0, \sigma_0 + 1[$ tel que $\varpi(s)$ est un relèvement analytique de la séquence $\varphi(k)$ (i.e., $\varpi(k) = \varphi(k)$ pour tout entier $k \geq 1 + \sigma_0$) avec $\varpi(s)$ analytique et de croissance au plus polynomiale sur le *demi-plan* $\Re(s) > \sigma_1$, *alors, pour* $n \geq 1 + \sigma_0$

$$T(n) = \frac{(-1)^{n+1}}{2i\pi} \int_{\Re(s)=\sigma_1} G_n(s) \, ds, \qquad (7.34)$$

avec

$$G_n(s) = \frac{n! \, \varpi(s)}{s(s-1)\dots(s-n)}.$$

Nous ne donnons que les grands idées de la preuve pour la formule de Nörlund-Rice. La figure 7.7 explique la configuration dans le plan complexe pour le cas $\sigma_0 = 1$. Nous partons d'une intégrale associant au k-ième terme de la série le résidu correspondant en $s = k$ (voir la formule des résidus dans l'annexe B.3.1). En effet en $s = k$, le résidu de

$$\frac{n!}{s(s-1)\dots(s-n)}$$

est exactement

$$(-1)^k \binom{n}{k}.$$

La preuve consiste ensuite à déformer le contour pour ramener le calcul à celui d'une intégrale sur une droite verticale. Alors, selon un principe général en combinatoire analytique (cf. les livres de Flajolet et Sedgewick [94, 232]), la droite d'intégration peut être refermée sur la gauche, dès que $G_n(s)$, et donc $\varpi(s)$, a de bonnes propriétés analytiques : nous avons besoin d'une région $\mathcal{R}$ à gauche de $\Re(s) = \sigma_0$, où $\varpi(s)$ soit de croissance polynomiale (pour $|\Im(s)| \to \infty$) et méromorphe. Nous obtenons finalement une formule de résidus

$$T(n) = (-1)^{n+1} \left[\sum_{\zeta} \mathrm{Res}\,(G_n, \zeta) + \frac{1}{2i\pi} \int_{\Gamma_2} G_n(s) \, ds \right], \qquad (7.35)$$

où Γ_2 est un chemin de classe C^1 inclus dans la région $\mathcal{R}$ et où la somme porte sur tous les pôles ζ de G_n dans le domaine intérieur délimité par la droite verticale $\Re(s) = \sigma_1$ et la courbe Γ_2 (représentée par une droite, pour simplifier, sur la figure 7.7).

Les singularités dominantes de $G_n(s)$ donnent le comportement asymptotique de $T(n)$, et l'intégrale du reste (deuxième terme du membre droit) est estimée en utilisant la croissance polynomiale de $G_n(s)$ lorsque $|\Im(s)| \to \infty$.

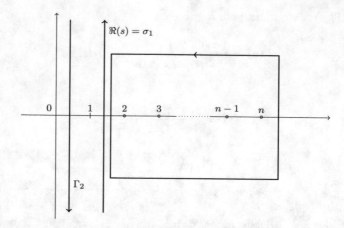

Fig. 7.7 Schéma pour la formule de Nörlund-Rice avec $\sigma_0 = 1$. Le contour d'intégration entourant les pôles en les points de $\{2, 3, \ldots, n\}$ est déformé pour se ramener à l'intégrale sur une droite verticale qui donne la formule de Nörlund-Rice. Enfin le contour est refermé sur la gauche avec la courbe Γ_2 représentée ici par une droite à l'intérieur du domaine $\mathcal{R}$ à gauche de $\Re(s) = \sigma_0$, afin d'obtenir une formule de résidu et un terme d'erreur

Revenons maintenant à l'étude des paramètres de trie. Pour appliquer la proposition 7.36, nous cherchons d'abord des expressions adaptées à la formule de Nörlund-Rice pour la taille et la longueur de cheminement externe d'un trie aléatoire.

– *Taille d'un trie.* Le péage est $\gamma(k) = \mathbb{1}_{\{k \geq 2\}}$ et nous avons déjà calculé la série de Poisson $\widetilde{\gamma}(z) = 1 - e^{-z}(1 + z)$. Nous appliquons facilement (7.33) à cette série pour obtenir

$$\varphi(k) = k - 1.$$

En utilisant la proposition 7.36 nous obtenons

$$\mathbb{E}_n[S] = \sum_{k \geq 2}(-1)^k \binom{n}{k}(k-1) \sum_{w \in \mathscr{A}^*} p_w^k.$$

– *Longueur de cheminement externe d'un trie.* Toujours en utilisant (7.33) et pour le péage $\gamma(k) = k\,\mathbb{1}_{\{k \geq 2\}}$, nous calculons la série de Poisson $\widetilde{\gamma}(z) = z(1 - e^{-z})$, d'où nous déduisons facilement $\varphi(k) = k$. Après application de la proposition 7.36, nous obtenons

$$\mathbb{E}_n[\ell] = \sum_{k \geq 2}(-1)^k \binom{n}{k}k \sum_{w \in \mathscr{A}^*} p_w^k.$$

Dans les deux cas, nous avons écrit l'espérance sous la forme

$$\sum_{k \geq 2} (-1)^k \binom{n}{k} \overline{\varphi}(k), \qquad (7.36)$$

avec selon le cas

$$\overline{\varphi}(k) = \begin{cases} (k-1)\Lambda(k) & \text{pour la taille,} \\ k\Lambda(k) & \text{pour la longueur de cheminement,} \end{cases}$$

et $\Lambda(s)$ la série de Dirichlet de la source

$$\Lambda(s) = \sum_{w \in \mathscr{A}^*} p_w^s.$$

Relèvement analytique Il ne reste plus qu'à appliquer la formule de Rice. Nous avons besoin de considérer un relèvement analytique de la suite $(\overline{\varphi}(k))$, c'est-à-dire une fonction analytique $\varpi(s)$ qui coïncide avec $\overline{\varphi}(k)$ aux valeurs entières $s = k$ dans la somme (7.36).

En règle générale, il n'est pas aisé de trouver un prolongement analytique[7] d'une suite quelconque. Mais ici un prolongement analytique trivial est donné par

$$\varpi(s) = \begin{cases} (s-1)\Lambda(s) & \text{(taille),} \\ s\Lambda(s) & \text{(longueur de cheminement).} \end{cases}$$

Propriétés de la série $\varpi(s)$ Il ne reste maintenant qu'à faire un calcul de résidu pour conclure, ce qui nécessite d'examiner les singularités de $\varpi(s)$.

Lorsque la source est supposée générale, nous n'avons aucune garantie sur le comportement analytique sur la série $\varpi(s)$, elle-même reliée d'assez près aux propriétés de $\Lambda(s)$.

Pour les sources usuelles (sans mémoire, chaîne de Markov) il existe trois types principaux de régions $\mathcal{R}$ où de bonnes propriétés de $\varpi(s)$ rendent possible l'application de la formule de Rice et le fait de pouvoir décaler la droite verticale d'intégration vers la gauche. Plus précisément, nous avons besoin, pour l'application de la formule de Rice, d'une région où les pôles de $\varpi(s)$ sont bien identifiés : un pôle d'un certain ordre k en une certaine abscisse qui sera ici l'abscisse σ_0, d'éventuels autres pôles mais qui laissent de « l'espace pour respirer » au pôle dominant : soit des pôles périodiquement espacés sur la droite d'abscisse σ_0 et garantissant une bande sans pôles – nous nommerons alors la source *périodique* –, soit une région hyperbolique sans pôles. De plus la fonction $\varpi(s)$ doit être de

---

[7]De manière un peu surprenante au premier abord, il peut y avoir plusieurs relèvements analytiques d'une même fonction. Cela ne change rien à la validité de la formule de Nörlund-Rice.

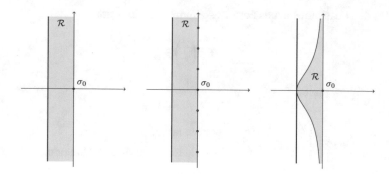

Fig. 7.8 Les différentes régions sans pôles du plan complexe pour définir différents types de domestication. De gauche à droite : bande sans pôles, bande sans pôles avec des pôles périodiquement disposés sur une droite verticale, région sans pôle de forme hyperbolique

croissance polynomiale pour $|\Im(s)| \rightarrow \infty$, i.e., lorsque nous nous éloignons de l'axe réel pour remplir les conditions d'application de la formule de Nörlund-Rice. Nous disons alors que la fonction $\varpi(s)$ est « domestiquée »[8] sur une certaine région $\mathcal{R}$. Voir la figure 7.8 pour une représentation schématique de ces situations : « bande sans pôles », « bande sans pôles avec pôles disposés périodiquement sur une droite verticale » et « région sans pôle de forme hyperbolique ». Pour plus de détails, nous renvoyons à [246] et [48].

Remarquons que d'après l'équation (7.35), le terme dominant de l'asymptotique provient des pôles dans la région $\mathcal{R}$ (par un calcul de résidus) et que le terme d'erreur est induit par l'évaluation de l'intégrale le long d'un chemin Γ_2 à l'intérieur de $\mathcal{R}$.

Pour avoir un résultat assez général, il est essentiel de comprendre comment les propriétés de la série de Dirichlet de la source $\Lambda(s)$ permettent de garantir que la série $\varpi(s)$ est bien domestiquée. Nous introduisons donc différentes notions (plus ou moins fortes) de domestication pour une source probabilisée. Pour plus de détails, nous engageons le lecteur à consulter les articles [33, 47, 48, 105, 226, 245]. Cette notion de domestication pour les sources est adaptée à notre cadre puisqu'elle correspond à des situations où la série $\varpi(s)$ est effectivement domestiquée sur un domaine $\mathcal{R}$ bien précis comme ceux de la figure 7.8.

Pour les séries que nous souhaitons analyser, nous aurons surtout besoin de la propriété suivante. Par *définition*, une source domestiquée possède une série de Dirichlet qui admet un développement en série de Laurent[9] près de sa singularité

---

[8]Selon les auteurs, on parle aussi de série *disciplinée* ou *apprivoisée* (en anglais *tame*). Ces termes signifient simplement que la série admet un domaine où ses pôles et son comportement analytique obéissent à un certain schéma.

[9]Bien sûr nous pourrions être plus précis et donner un développement à un ordre supérieur si nous souhaitions évaluer les termes d'erreur ou les termes sous-dominants du développement asymptotique.

$$\sigma_0 = 1$$

$$\Lambda(s) = \frac{1}{h(\mathcal{S})} \frac{1}{s-1} + O(1),$$

où $h(\mathcal{S})$ est l'entropie de la source (définie dans l'équation (7.31)) et qui possède soit une région sans pôles à droite $\Re(s) = 1$, soit une infinité de pôles régulièrement espacé sur la droite $\Re(s) = 1$ mais une bande sans pôles à gauche de cette droite. Dans le deuxième cas, la source est dite périodique.

Pour conclure et donc appliquer la formule de Rice (7.34), nous avons besoin de calculer le résidu de $G_n(s)$ en $s = 1$. Ceci revient principalement à connaître le développement en série de Laurent de $\varpi(s)/(s-1)$ au voisinage du pôle $s = 1$. Une fois ce développement obtenu, cela est chose facile (du moins tout logiciel de calcul formel en est capable) de calculer le résidu.

Dans les cas de la taille et de la longueur de cheminement externe, nous calculons le développement en série de Laurent au voisinage de $s = 1$:

– Taille :

$$\varpi(s) = (s-1)\Lambda(s)$$

$$- \frac{1}{h(\mathcal{S})} + O(s-1)$$

– Longueur de cheminement externe :

$$\varpi(s) = s\Lambda(s)$$

$$= \frac{1}{h(\mathcal{S})} \frac{1}{s-1} + O(1).$$

Un calcul de résidu donne alors la proposition suivante

Proposition 7.39 (Taille et longueur de cheminement d'un trie) *Les espérances de la taille S et de la longueur de cheminement externe ℓ d'un trie construit sur n mots produits par une source probabilisée $\mathcal{S}$ domestiquée sont*

$$\mathbb{E}_n[S] = \begin{cases} n\left(\frac{1}{h(\mathcal{S})} + \varphi(\log n)\right) + o(n) & \text{si la source est périodique} \\ \frac{n}{h(\mathcal{S})} + o(n) & \text{sinon.} \end{cases}$$

$$\mathbb{E}_n[\ell] = \frac{1}{h(\mathcal{S})} n \log n + O(n),$$

où $h(\mathcal{S})$ est l'entropie de la source et $\varphi(u)$ est un terme oscillant de moyenne nulle et de très faible amplitude (de l'ordre de 10^{-5}).

Les termes oscillants n'existent que si la source « ressemble » à une source sans mémoire dont les rapports des $\log p_\alpha$, pour $\alpha \in \mathscr{A}$, sont rationnels. Cela induit en effet pour $\Lambda(s)$ une suite de pôles régulièrement espacés sur une droite verticale (cas périodique sur la figure 7.8). Pour la taille des tries, ces fluctuations éventuelles et minimes interviennent dans le terme dominant. Ce n'est pas le cas pour la longueur de cheminement.

Les termes d'erreur peuvent être précisés par exemple avec les sources sans mémoire ou les chaînes markoviennes. Dans le cas spécifique des sources sans mémoire, les termes d'erreurs dépendent de propriétés fines des rapports des $\log p_\alpha$, pour $\alpha \in \mathscr{A}$, logarithmes des probabilités des symboles (comme par exemple l'exposant d'irrationalité lorsque ces rapports sont irrationnels). On dit qu'un réel positif ν est un exposant d'irrationalité de α si, pour tout $\varepsilon > 0$, il n'y a qu'un nombre fini de rationnels p/q tel que

$$\left| \alpha - \frac{p}{q} \right| < \frac{1}{q^{\nu+\varepsilon}}.$$

L'exposant d'irrationalité d'un nombre α est le plus petit élément de l'ensemble des exposants d'irrationalité de α (si l'ensemble est vide, il est infini). Par exemple pour un nombre algébrique irrationnel, il vaut 2. De manière informelle, l'exposant d'irrationalité mesure ainsi la qualité des approximations rationnelles de α. Nous renvoyons à Flajolet et al. [105] et Roux et Vallée [226] pour plus de détails.

Sources particulières Dans le cas de sources particulières (sans mémoire ou markovienne), l'expression de $\Lambda(s)$ est explicite et nous pouvons alors calculer plusieurs termes du développement asymptotique (pourvu que les pôles puissent être localisés précisément).

Dans le cas d'une source « périodique » pour laquelle les pôles de $\Lambda(s)$ sont régulièrement espacés sur la droite verticale $\Re(s) = 1$, l'ensemble des pôles contribue à des fluctuations d'amplitude très petite.

Exemple 7.40 Dans le modèle infini i.i.d. binaire symétrique,

$$\Lambda(s) = \frac{1}{1 - 2^{1-s}}.$$

Nous retrouvons les fluctuations obtenues par la méthode élémentaire avec cette fois-ci le calcul de résidus. La somme des résidus donne alors une expression sous forme de série de Fourier du terme fluctuant. En effet $\Lambda(s)$ admet des pôles simples aux points $y_k = \frac{1-2ik\pi}{\log 2}$. Ces pôles se retrouvent dans le relèvement analytique $\varpi(s)$ (qui dépend du paramètre de trie analysé). Par exemple, pour la longueur de cheminement externe, la fonction $\varphi(\log_2 x)$ regroupe les termes imaginaires liés aux y_k :

$$\varphi(\log_2 x) = \sum_{k \in \mathbb{Z} \setminus \{0\}} \Gamma\left(\frac{2ik\pi}{\log 2}\right) e^{-2ik\pi \log_2(x)}.$$

7.2.4 Hauteur

Nous étudions dans cette section la hauteur d'un trie. Comme déjà mentionné, l'étude asymptotique n'a de sens que dans les modèles considérant des mots infinis (modèle infini i.i.d. uniforme et modèle de source).

Méthode élémentaire Là encore, avec le modèle i.i.d. uniforme, nous obtenons des expressions explicites qui se prêtent à l'analyse avec des calculs élémentaires.

Rappelons l'expression (7.16) donnant la probabilité que la hauteur d'un trie contenant n clés soit inférieure à k :

$$q_{n,k} = \mathbb{P}_n(h \leq k) = \prod_{i=0}^{n-1} \left(1 - \frac{i}{2^k}\right),$$

d'où découle l'espérance de la hauteur

$$\mathbb{E}_n[h] = \sum_{k=0}^{\infty} \mathbb{P}_n(h > k) = \sum_{k=0}^{\infty} \left(1 - q_{n,k}\right).$$

L'analyse asymptotique précise (par exemple jusqu'au terme constant) de la hauteur se révèle assez complexe, et nous nous contentons ici de déterminer le terme dominant de l'asymptotique.

Proposition 7.41 *La hauteur moyenne d'un trie construit sur n clés i.i.d. produites par une source binaire sans mémoire non biaisée est*

$$\mathbb{E}_n[h] = 2\log_2 n + O(\log\log n).$$

Preuve La difficulté technique essentielle est d'obtenir des termes d'erreur sur $q_{n,k}$ qui soient uniformes pour n et k grands afin d'obtenir une bonne estimation de la hauteur

$$\mathbb{E}_n[h] = \sum_{k=0}^{\infty} \left(1 - q_{n,k}\right). \tag{7.37}$$

Posons $H(n) = \lfloor 2 \log_2 n \rfloor$. Nous partageons la somme (7.37) en trois en considérant les intervalles d'entiers

$$I_1 = [1 .. H(n) - \lfloor \log_2 \log n \rfloor],$$
$$I_2 =]H(n) - \lfloor \log_2 \log n \rfloor .. H(n) + \lfloor \log_2 \log n \rfloor[,$$
$$I_3 = [H(n) + \lfloor \log_2 \log n \rfloor .. \infty],$$

et nous considérons les sommes pour $j \in \{1, 2, 3\}$

$$S_j = \sum_{k \in I_j} \left(1 - q_{n,k}\right).$$

(i) Nous évaluons

$$S_1 = H(n) - \lfloor \log_2 \log n \rfloor - \sum_{k \in I_1} q_{n,k},$$

et puisque la suite $(q_{n,k})_{n,k}$ est croissante selon k, et posant

$$k_1 = H(n) - \lfloor \log_2 \log n \rfloor = \max(I_1),$$

nous obtenons

$$|S_1 - H(n) + \lfloor \log_2 \log n \rfloor| \le k_1 \, q_{n,k_1}.$$

D'après l'expression

$$q_{n,k} = \prod_{j=0}^{n-1} \left(1 - \frac{j}{2^k}\right),$$

puisque pour $0 \le x < 1$, $\log(1 - x) \le -x$, nous avons pour $n \le 2^k$

$$\log q_{n,k} \le -\sum_{j=1}^{n-1} \frac{j}{2^k} = -\frac{n(n-1)}{2^k}. \tag{7.38}$$

Utilisant l'encadrement de k_1, $\log_2 n \le k_1 \le 2 \log_2 n - \log_2 \log n$, nous obtenons $n \le 2^{k_1} \le \frac{n^2}{\log n}$ et

$$\log q_{n,k_1} \le -\log n + 1.$$

La probabilité q_{n,k_1} est donc exponentiellement petite en n, ce qui établit pour $n \to +\infty$,

$$S_1 = H(n) + O(\log_2 \log n).$$

(ii) Comme nous ne cherchons que le terme dominant pour la hauteur, nous obtenons trivialement

$$S_2 = O(\mathrm{Card}(I_2)) = O(\log_2 \log n).$$

(iii) Enfin, pour $k \in I_3$, posons $m = k - H(n) - \lfloor \log_2 \log n \rfloor \geq 0$. Nous allons établir d'abord que, pour $n \to +\infty$,

$$1 - q_{n,k} = O\left(\frac{2^{-m}}{\log n}\right).$$

En effet, nous avons bien $\frac{n}{2^k} = O\left(\frac{1}{\log n}\right)$ pour $k \in I_3$. Le développement limité de $\log(1-x) = -x + O(x^2)$ pour $x \to 0$, donne pour $n, k \to +\infty$,

$$\log q_{n,k} = -\sum_{j=1}^{n-1} \frac{j}{2^k} + O\left(\frac{n^3}{2^{2k}}\right)$$

$$= -\frac{n(n-1)}{2^k}(1 + o(1)).$$

En substituant $\lfloor 2\log_2 n \rfloor + \lfloor \log_2 \log n \rfloor + m$ à k, nous avons $\frac{n^2}{2^k} = O\left(\frac{1}{2^m \log n}\right)$. En conclusion nous obtenons pour $k \in I_3$

$$q_{n,k} = \exp\left(O\left(\frac{1}{2^m \log n}\right)\right) \quad \text{et} \quad 1 - q_{n,k} = O\left(\frac{1}{2^m \log n}\right).$$

Nous en déduisons que

$$S_3 = \sum_{k \in I_3} (1 - q_{n,k}) = \frac{K}{\log n} \sum_{m \geq 0} \frac{1}{2^m} = \frac{2K}{\log n},$$

pour une certaine constante K.

Finalement nous avons établi, pour $n \to +\infty$,

$$\mathbb{E}_n[h] = 2 \log_2 n + O(\log_2 \log n),$$

ce qui implique le résultat énoncé dans la proposition.   □

Méthode analytique avancée (point col)   Avec (beaucoup) plus de soin, des résultats plus précis que celui de la proposition 7.41 sur la hauteur moyenne du trie avec source binaire sans mémoire non biaisée peuvent être obtenus. L'équation (7.16) donne aussi une expression de la probabilité $q_{n,k} := \mathbb{P}_n(h \le k)$ qu'un trie soit de hauteur inférieure ou égale à k comme le coefficient en z^n d'une série génératrice :

$$q_{n,k} = \frac{n!}{2^{nk}} [z^n] (1+z)^{2^k}.$$

Cette expression se prête naturellement à un traitement par méthode de col du fait qu'il apparaît une puissance d'une fonction analytique. Le point de départ est la formule de Cauchy pour l'extraction de coefficients

$$[z^n] f(z) = \frac{1}{2i\pi} \int_{\Gamma} f(z) \frac{\mathrm{d}z}{z^{n+1}}, \tag{7.39}$$

où Γ est un chemin simple direct entourant l'origine, que nous écrivons sous la forme

$$[z^n] f(z) = \frac{1}{2i\pi} \int_{\Gamma} e^{h(z)} \, \mathrm{d}z.$$

L'heuristique de la méthode de col consiste à choisir pour Γ un chemin qui passe par un point col de $h(z)$, i.e., un point ξ tel que $h'(\xi) = 0$.

Pour une intégrale du type de (7.39) avec f une série entière dépendant d'un paramètre k et Γ un cercle centré sur l'origine et passant par le point col de plus petit module, la contribution principale à l'intégrale provient d'une petite partie du contour Γ dans un voisinage du point col. Un développement *local* de la fonction permet alors d'approximer l'intégrale. Nous renvoyons à Flajolet et Sedgewick [94, Ch. VIII] pour plus de détails et d'intuitions.

Finalement, après des calculs qui seraient longs à détailler ici, une approximation de $q_{n,k}$ obtenue par la méthode du col permet d'obtenir le théorème suivant (voir Flajolet et Steyaert [96] ou Flajolet [79]).

(tsvp)

Proposition 7.42 (Hauteur asymptotique dans le modèle de Bernoulli pour une source sans mémoire binaire non biaisée) *La valeur moyenne de la hauteur $\mathbb{E}_n[h]$ d'un trie construit sur n mots produits par une source sans mémoire binaire non biaisée vérifie quand $n \to +\infty$,*

$$\mathbb{E}_n[h] = 2\log_2 n + Q(2\log_2 n) - \left(\frac{\gamma}{\log 2} - 1\right) + o(1),$$

où $Q(u)$ est une fonction périodique d'amplitude « très petite ».

De plus, la distribution asymptotique de la hauteur est de type double exponentielle *en k,*

$$\lim_{n \to \infty} \sup_{k \ge 0} \left| \mathbb{P}_n(h \le k) - \exp\left(-n^2 2^{-k-1}\right) \right| = 0. \tag{7.40}$$

Remarque 7.43 L'expression (7.40) ci-dessus permet de mettre en évidence que les probabilités $q_{n,k} = \mathbb{P}_n(h \le k)$ pour k autour de $\lfloor 2\log_2 n \rfloor$ sont « asymptotiquement périodiques ». D'après [79, Th. 1], pour $n, k \to +\infty$,

$$q_{n,k} = \mathbb{P}_n(h \le k) = \exp\left(2^{u(n)}2^{-\delta-1}\right)\left(1 + O\left(\frac{(\log n)^2}{n}\right)\right), \tag{7.41}$$

où $\delta = k - \lfloor 2\log_2 n \rfloor$ et $u(n) = \{2\log_2 n\}$ est la partie fractionnaire de $2\log_2 n$. Cette expression est valide lorsque k est assez proche de $2\log_2 n$ au sens où $\delta > -\log_2 \log n$. De plus, le $O(\cdot)$ est uniforme en k et n. Notons que pour $n' = n\sqrt{2}$,

$$u(n') = u(n), \quad \lfloor 2\log_2 n' \rfloor = \lfloor 2\log_2 n \rfloor + 1,$$

de sorte que les quantités $q_{n',k+1}$ et $q_{n,k}$ sont équivalentes (du moins pour k dans une fenêtre autour de $2\log_2 n$).

Remarque 7.44 Ces résultats s'étendent au cas des tries paginés avec exactement les mêmes techniques (voir Flajolet et al. [79, 96], ainsi que les exercices 7.10 et 7.11).

Hauteur d'un trie avec une source générale Les techniques pour obtenir la hauteur asymptotique dans le cas d'une source générale sont similaires. Posons

$$\Pi_k(z) = \prod_{w \in \mathscr{A}^k} (1 + z p_w).$$

Appliquons la formule de Cauchy pour obtenir le coefficient

$$p_{n,k} = n![z^n]\Pi_k(z) = \frac{n!}{2i\pi} \int_\Gamma \Pi_k(z) \frac{\mathrm{d}z}{z^{n+1}},$$

où Γ est un contour simple direct entourant l'origine. Assez grossièrement, car l'objectif de ce paragraphe est de montrer de quelle manière le résultat précédent se généralise mais sans l'établir formellement, l'idée pour évaluer $p_{n,k}$ est d'appliquer une transformation « exp-log » à $\Pi_k(z)$ puis de considérer le développement limité de $\log(1+x) = x - \frac{x^2}{2} + O(x^3)$ quand $x \to 0$. Ceci nous donne

$$\Pi_k(z) = \exp \sum_{w \in \mathscr{A}^k} \log(1 + z p_w)$$

$$= \exp \left(z \sum_{w \in \mathscr{A}^k} p_w - \frac{z^2}{2} \sum_{w \in \mathscr{A}^k} p_w^2 + O(z^3 p_w^3) \right).$$

Nous obtenons l'approximation suivante, lorsque $n \to +\infty$ et pour k logarithmique en n dans une « bonne » fenêtre (du même type que celle de l'équation (7.41)) autour de la hauteur moyenne :

$$p_{n,k} \sim \frac{n!}{2i\pi} \int_\Gamma \exp \left(-\frac{z^2}{2} \sum_{w \in \mathscr{A}^k} p_w^2 \right) \frac{e^z \, \mathrm{d}z}{z^{n+1}}.$$

Cette dernière expression peut être envisagée comme une perturbation de l'intégrale de Cauchy pour e^z. La méthode de col s'applique alors pour fournir

(tsvp)

les approximations

$$q_{n,k} \approx \frac{n!}{2i\pi} \exp\left(-\frac{n^2}{2} \sum_{w \in \mathscr{A}^k} p_w^2\right) \int_\Gamma \frac{e^z \, dz}{z^{n+1}}$$

$$\approx \exp\left(-\frac{n^2}{2} \sum_{w \in \mathscr{A}^k} p_w^2\right).$$

Supposons en outre que la série de Dirichlet par niveaux $\Lambda_k(s) = \sum_{w \in \mathscr{A}^k} p_w^s$ satisfasse une propriété « naturelle » de quasi-puissance au voisinage d'un point σ, lorsque $k \to +\infty$:

$$\Lambda_k(\sigma) = \sum_{w \in \mathscr{A}^k} p_w^\sigma \sim \lambda(\sigma)^k. \tag{7.42}$$

Remarque 7.45 Cette propriété de quasi-puissance est par exemple vérifiée pour la source sans mémoire

$$\Lambda_k(\sigma) = \lambda(s)^k, \qquad \text{avec } \lambda(s) = \sum_{\alpha \in \mathscr{A}} p_\alpha^s$$

Pour une source markovienne, en appelant (comme dans la remarque 7.35) $P(s)$ la matrice tirée de la matrice de transition P de la chaîne en élevant les probabilités de transition à la puissance s, et en supposant cette matrice $P(s)$ apériodique et irréductible (voir [20]), alors nous avons aussi un comportement de quasi-puissance. La fonction $\lambda(s)$ est la valeur propre réelle[10] de plus grand module de la matrice $P(s)$.

Cette propriété de quasi-puissance permet de définir la constante

$$\rho = \frac{1}{2} \lim_{k \to \infty} \frac{\Lambda_k(2)}{\lambda(2)^k}. \tag{7.43}$$

Nous énonçons le résultat suivant, valable pour une classe de sources probabilisées englobant les sources sans mémoire et les sources markoviennes (voir [46] pour des hypothèses et des développements plus précis).

(tsvp)

---

[10]C'est une propriété de type Perron-Frobenius.

Proposition 7.46 (Hauteur asymptotique du trie (cas général)) *Pour un trie construit sur n clés produites par une source (satisfaisant certaines hypothèses assez générales non détaillées ici), l'espérance de la hauteur vérifie quand $n \to +\infty$*

$$\mathbb{E}_n[h] = \frac{2}{|\log \lambda(2)|} \log n + Q(\log n) - \left(\frac{\gamma + \log \rho - \log 2}{\log \lambda(2)} - \frac{1}{2} \right) + o(1),$$

où $\lambda(2)$ et ρ sont des constantes positives définies en (7.42) et (7.43) et où $Q(u)$ est une fonction périodique d'amplitude « très petite » (généralement plus petite que 10^{-4} pour les sources usuelles).

De plus, la distribution asymptotique de la hauteur est de type double exponentielle en k,

$$\lim_{n \to \infty} \sup_{k \geq 0} \left| \mathbb{P}_n(h < k) - \exp\left(-\rho n^2 \lambda(2)^k \right) \right| = 0.$$

Remarque 7.47 Dans le cas binaire sans mémoire non biaisée,

$$\lambda(2) = \rho = \frac{1}{2},$$

ce qui redonne le résultat de la proposition 7.42.

7.3 Mise en perspective

Nous avons vu dans ce chapitre quelques méthodes analytiques pour étudier en moyenne les principaux paramètres de trie.

Tout d'abord, d'un point de vue algorithmique, les résultats de ce chapitre montrent que la structure de trie est efficace : elle permet en moyenne de chercher une clé avec un coût logarithmique tout en nécessitant un espace linéaire en le nombre de clés. Nous insistons sur le fait que ce coût logarithmique pour les tries n'est pas directement comparable à celui obtenu pour la recherche dans les arbres binaires de recherche. Dans un abr on compte le nombre de comparaisons de clés, alors que dans un trie, on compte le nombre de comparaisons de symboles (qui constituent les clés).

Des expériences sur l'anglais (en supprimant la ponctuation) donnent une bonne adéquation entre analyse et expérimentation (voir l'exemple de Moby Dick d'Herman Melville dans [45] sur une structure plus générale de trie dit *hybride*, où en chaque nœud interne du trie nous considérons une structure de donnée simple – liste, abr, tableau – pour accéder à ses enfants).

L'étude de séries bivariées par Jacquet et Régnier [141, 142] permet d'analyser certains paramètres de trie comme la profondeur « moyenne » d'une feuille (correspondant à la longueur de cheminement externe divisée par le nombre de feuilles) en distribution grâce par exemple au théorème classique des quasi-puissances de Hwang [136, 137]. Mentionnons qu'il est possible d'utiliser des techniques analytiques pour obtenir des résultats en distribution et étudier des paramètres plus fins comme le profil des tries (voir les travaux de Park *et al.* [204]). Les tries et autres variantes d'arbres digitaux ont été abondamment étudiés par quantité d'auteurs et de méthodes. Nous pouvons citer les études pour étendre les analyses au cas d'une source markovienne avec Jacquet et Szpankowski [143–145, 150], ou encore celles utilisant plutôt une approche probabiliste avec Pittel [208], Devroye [55, 56, 59], Louchard [166].

Cette bibliographie est loin d'être exhaustive, le lecteur se peut se référer à l'article de synthèse de Flajolet [83] pour d'autres pistes.

Remarque 7.48 Si l'apparition de fluctuations est intrigante du point de vue de l'analyse, il est relativement difficile de les observer en pratique dans les simulations. En effet, pour une source sans mémoire nous avons vu que ces fluctuations apparaissent dans des cas très particuliers prenant en compte la nature arithmétique des rapports des $\log p_\alpha$ (pour α symbole de l'alphabet).

Remarque 7.49 La méthode de Rice expliquée ici est sans doute la méthode la plus simple pour accéder à l'asymptotique fine de l'espérance des paramètres de tries. Nous avons présenté néanmoins le chemin alternatif faisant usage d'une autre transformation intégrale : la transformée de Mellin (voir la monographie de Flajolet et al. à ce sujet [100]). Cette transformée est un outil plus général bien connu par exemple en théorie des nombres, et qui s'applique ici assez facilement sur l'espérance dans le modèle de Poisson. Nous devons alors recourir à la dépoissonisation analytique pour conclure dans le modèle usuel de Bernoulli [46] (voir également l'article de Flajolet et Sedgewick [93]).

7.4 Exercices

▷ **7.1.** *Longueur de cheminement externe (modèle fini équiprobable)* Calculer le polynôme explicite et la valeur moyenne pour la longueur de cheminement externe dans le modèle fini des clés avec $d = 3$. ◁

▷ **7.2.** *Hauteur (modèle fini)* Tracer un histogramme pour $n = 10$ et $d = 8$ donnant la probabilité qu'un trie à n clés soit de hauteur $h < k$ en utilisant l'expression explicite (7.10) donnant $\mathbb{P}_n^{(d)}(h \leq k)$. ◁

▷ **7.3.** *Coût de construction d'un trie* Il s'agit d'étudier le nombre de comparaisons de symboles pour construire un trie. Définir ce coût et l'exprimer en fonction de la longueur de cheminement externe lce et de la taille (nombre de nœuds internes) d'un trie. ◁

▷ **7.4.** *Taille du trie dans le modèle infini i.i.d. uniforme* Appliquer la méthode avec transformée de Mellin à l'étude asymptotique de la moyenne de la taille d'un trie (nombre de nœuds internes) dans le modèle infini i.i.d. uniforme avec un alphabet binaire. ◁

▷ **7.5.** *Élection de leader* Analyser la probabilité d'échec de l'algorithme standard d'élection d'un leader (survenant si à un tour du processus tout le monde tire 1) tel que présenté dans la section 3.4.4.   ◁

▷ **7.6.** PATRICIA *trie*

– Expliquer dans le modèle fini équiprobable avec un alphabet binaire, pourquoi la série génératrice cumulée associée au nombre de nœuds internes d'un trie PATRICIA est

$$v^{(d)}(z) = \sum_{n=2}^{2^d} (n-1) \binom{n}{2^d} z^n.$$

(*Indication : en fait cela n'a rien à voir avec les tries. Expliquer pourquoi un trie* PATRICIA *sur un alphabet binaire contenant n mots distincts possède exactement n − 1 nœuds internes.*)
– Montrer ensuite que le péage pour compter les nœuds binaires d'un trie (et donc le nombre de nœuds internes d'un trie PATRICIA) s'écrit :

$$\gamma^{(d)} = \mathbb{1}_{\{|\omega\backslash \mathbf{0}|\}} \times \mathbb{1}_{\{|\omega\backslash \mathbf{1}|\}}.$$

Trouver l'expression de la série génératrice cumulée correspondante. Vérifier que l'on retrouve bien l'expression précédente (au besoin à l'aide d'un logiciel de calcul formel).

                                                                                            ◁

▷ **7.7.** *Nœuds unaires d'un trie* Exprimer le péage permettant de calculer le nombre de nœuds unaire d'un trie (en s'aidant au besoin de la question précédente) et analyser le nombre de nœuds unaires d'un trie dans le modèle fini équiprobable avec alphabet binaire.   ◁

▷ **7.8.** PATRICIA *trie* Cet exercice se place dans le modèle infini i.i.d. uniforme avec alphabet binaire. Montrer que les récurrences pour l'espérance de la longueur de cheminement d'un trie $L_n^{(t)}$ et d'un trie PATRICIA $L_n^{(p)}$ pour n mots s'écrivent respectivement

$$L_n^{(t)} = n + 2 \sum_{k=0}^{n} \frac{\binom{k}{n}}{2^n} L_k^{(t)}, \quad k \geq 2, L_0^{(t)} = L_1^{(t)} = 0,$$

et

$$L_n^{(p)} = n \left(1 - \frac{1}{2^{n-1}}\right) + 2 \sum_{k=0}^{n} \frac{\binom{k}{n}}{2^n} L_k^{(p)}, \quad k \geq 2, L_0^{(p)} = L_1^{(p)} = 0.$$

Indication : un sous-trie de n mots possède un sous-trie vide avec probabilité $1/2^{n-1}$.
    Montrer par récurrence qu'on a

$$L_n^{(t)} - L^{(p)} = n.$$

Remarque. Bien sûr une approche moins élémentaire (par séries génératrices et utilisant les péages) aboutit au même résultat.   ◁

▷ **7.9.** *Opérations ensemblistes* Écrire les algorithmes qui réalisent l'intersection et la fusion de deux tries.
    Remarque : l'approche par « algèbre de coûts » peut servir à analyser le coût de ces opérations (voir [97]).   ◁

▷ **7.10.** *Paramètres additifs des b-tries* Étendre les analyses exactes dans le cas des b-tries pour la longueur de cheminement dans les modèles fini équiprobable et infini i.i.d. uniforme.   ◁

▷ **7.11.** *Hauteur des b-tries*
    Calculer dans le cas du modèle infini i.i.d uniforme pour un alphabet de cardinal b, la fonction de Dirichlet associée $\lambda(s) = \sum_{w \in \mathscr{A}^*} p_w^s$.

Utiliser la proposition 7.46 pour montrer que le premier terme de l'asymptotique de la hauteur est $(1 + \frac{1}{b}) \log_2 n$. ◁

▷ **7.12.** *Tries hybrides* Implémenter la structure de TST (ternary search trie), qui est une structure de trie dans laquelle les nœuds frères sont stockés grâce à une structure d'abr (voir [19, 233] pour une présentation et [45] pour une analyse). Chaque nœud de la structure est composé de 4 champs : une lettre, un lien gauche, un lien de descente et un lien droit. Lors d'une recherche, on compare la lettre courante du mot recherché à la lettre contenue dans le nœud, si cette lettre est respectivement inférieure, égale ou supérieure, le lien respectivement gauche, d'égalité ou droit est emprunté. La recherche continue à la prochaine lettre du mot recherché s'il y a égalité, et en considérant la lettre courante du mot recherché si les autres liens ont été empruntés (navigation de type abr). ◁

▷ **7.13.** *Arbre digital de recherche* Étudions la moyenne de la longueur de cheminement externe a_n dans le modèle infini i.i.d. uniforme avec alphabet binaire.

– Montrer que la suite a_n vérifie $a_0 = 0$ et

$$a_n = n - 1 + 2 \sum_{k=0}^{n-1} \binom{n-1}{k} a_k, \quad n \geq 1.$$

– Soit $A(z) = \sum_{n \geq 0} a_n z^n / n!$ la série génératrice exponentielle. Montrer que $A(z)$ vérifie l'équation fonctionnelle

$$A'(z) = z e^z + 2 A(z/2) e^{z/2}. \tag{7.44}$$

Remarquons que l'équation est similaire à celle obtenue pour les tries mais fait intervenir une dérivée qui rend l'analyse plus difficile.

– Soit $B(z) = e^{-z} A(z) = \sum_{n \geq 0} b_n / n!$ À l'aide de la relation (7.44), montrer que $B(z)$ satisfait l'équation

$$B'(z) + B(z) = z + 2 B(z/2).$$

– Extraire le coefficient d'ordre n pour établir la relation

$$b_n = -\left(1 - \frac{1}{2^{n-2}}\right) b_{n-1}, \quad n \geq 3,$$

et $b_0 = b_1 = 0$ et $b_2 = 1$.
– En itérant, montrer qu'on obtient

$$b_n = (-1)^n Q_{n-2},$$

avec

$$Q_n = \prod_{j=0}^{n} \left(1 - \frac{1}{2^j}\right).$$

Notons que lorsque n tend l'infini, Q_n approche la limite $Q_\infty = 0{,}288788\ldots$.
– Montrer que grâce à la relation $A(z) = e^z B(z)$, on peut extraire le coefficient a_n sous la forme

$$a_n = \sum_{k \geq 2} \binom{n}{k} (-1)^k Q_{k-2}.$$

La somme ainsi obtenue peut s'évaluer grâce par exemple à la méthode de Rice (cette approche est due à Knuth ; voir [92] pour une présentation complète de cette approche et [91, 135] pour des approches plus récentes et plus générales ; voir également [172, 239]).

◁

▷ **7.14.** *Hauteur d'un trie* On présente ici une approche probabiliste alternative à celle de la section 7.2.4. Pour un ensemble de mot $X = \{x_1, \ldots, x_n\}$, définissons C_{ij} comme la longueur du plus long préfixe commun entre x_i et x_j (voir [144]). Alors la hauteur du trie s'écrit

$$H_n = \max_{1 \le i < j \le n} \{C_{ij}\} + 1.$$

– Dans le modèle infini i.i.d. uniforme montrer que

$$\mathbb{P}(C_{ij} = k) = \frac{1}{2^{k+1}}.$$

– En déduire que puisque que le nombre de paires (i, j) est borné par n^2,

$$\mathbb{P}(H_n > k) \le n^2 \mathbb{P}(C_{ij} \ge k).$$

– Montrer que pour tout $\varepsilon > 0$,

$$\mathbb{P}(H_n > 2(1 + \varepsilon) \log_2 n) \le \frac{1}{n^2 \varepsilon}.$$

Remarque : cela donne simplement le bon ordre de grandeur pour la hauteur. Il est possible de montrer, à l'aide d'une méthode de second moment [239] un peu plus sophistiquée, que l'on a également pour tout $\varepsilon > 0$,

$$\mathbb{P}(H_n > 2(1 - \varepsilon) \log_2 n) \to 0.$$

◁

Chapitre 8
Arbres m-aires et quadrants

Nous présentons ici les analyses de deux types d'arbres de recherche, chacun étant une extension des arbres binaires de recherche

– soit avec des nœuds pouvant contenir plusieurs clés, ce sont les arbres m-aires de recherche ;
– soit avec des clés multi-dimensionnelles, ce sont les arbres quadrants qui ont été définis dans la section 3.2.2.b.

L'étude des arbres m-aires est entamée dans la section 8.1, en s'intéressant d'abord au nombre de nœuds internes à l'aide de fonctions génératrices. Puis nous étudions le vecteur d'occupation des feuilles, grâce à une modélisation par chaîne de Markov dont l'analyse fait intervenir une urne de Pólya. Cette analyse est faite dans la section 9.5.1 du chapitre 9, consacré justement aux urnes de Pólya. Les arbres quadrants sont quant à eux étudiés dans la section 8.2 ; nous nous intéressons successivement aux paramètres additifs, pour lesquels il est possible de dégager, sinon des résultats généraux, du moins une méthodologie générale, puis à la profondeur d'insertion d'une clé, à la hauteur de l'arbre, et finalement à son profil (via un polynôme des niveaux). Le cas bi-dimensionnel ($d = 2$) conduit souvent à des résultats plus détaillés que le cas général, et nous les explicitons dans la mesure du possible.

8.1 Arbres *m*-aires de recherche

Après avoir défini ces arbres dans la section 8.1.1, nous proposons deux types d'analyse de ces arbres : une analyse « historique », par séries génératrices, qui se trouve dans le livre de Mahmoud [172] et qui est basée sur un raisonnement (dit en anglais « backward ») de type « diviser pour régner » effectué à la racine de l'arbre, déjà vu pour les arbres binaires de recherche ; l'autre analyse (dite en

© Springer Nature Switzerland AG 2018
B. Chauvin et al., *Arbres pour l'Algorithmique*, Mathématiques et Applications 83,
https://doi.org/10.1007/978-3-319-93725-0_8

anglais « forward ») est dynamique, consistant à observer comment l'arbre pousse entre deux instants successifs.

8.1.1   Définitions des arbres m-aires de recherche

Afin de mieux distinguer ce qui relève des contraintes de forme et ce qui est relatif aux clés contenues dans les nœuds, il nous a semblé pertinent de définir les arbres *m*-aires d'abord en tant que *formes* d'arbres, indépendamment des marques, et de donner dans un deuxième temps seulement la définition usuelle en tant qu'arbres de recherche marqués.

Définition 8.1   Soit $m \geq 2$ un entier. La classe combinatoire $\mathcal{M}$ des **arbres m-aires complets** (en anglais extended) est construite à partir de deux classes combinatoires atomiques $\bullet$ et $\square$ (nœuds internes et externes) et vérifie l'équation récursive

$$\mathcal{M} = \square + \sum_{p=2}^{m-1} \left(\bullet \times \square^p \right) + \left(\bullet \times \mathcal{M}^m \right).$$

La classe combinatoire $\mathfrak{M}$ des **arbres m-aires** est construite à partir d'une classe neutre notée $\mathcal{E}$ contenant un objet de taille 0, l'arbre vide, et d'une classe combinatoire atomique contenant un objet de taille 1, noté $\circ$ et appelé « nœud » de l'arbre, et vérifie l'équation récursive

$$\mathfrak{M} = \mathcal{E} + \left(\circ \times \mathfrak{M}^m \right).$$

Dans un arbre m-aire complet, qui est un arbre planaire, les nœuds internes ont entre 2 et m enfants, tout nœud interne non terminal a exactement m enfants, et il y a $m-1$ types de nœuds internes terminaux, selon leur nombre d'enfants, qui varie de 2 à m. Rappelons (cf. la définition 1.3) qu'un nœud interne terminal est un nœud interne n'ayant que des feuilles comme enfants (figure 8.1).

Remarque 8.2   Un arbre m-aire pour $m = 2$ est un arbre binaire. Un arbre m-aire complet pour $m = 2$ est un arbre binaire complet (cf. la section 1.1.2).

Remarque 8.3   Un arbre m-aire pour $m = 3$ n'est en général pas un arbre 2–3 : d'une part, les nœuds internes non terminaux d'un arbre m-aire sont d'arité 3, ceux d'un arbre 2–3 peuvent être d'arité 2 ou 3 ; d'autre part les feuilles d'un arbre 2–3 sont toutes au même niveau, alors que celles d'un arbre m-aire peuvent avoir des niveaux différents.

Définition 8.4   Soit m un entier, $m \geq 2$. Un **arbre m-aire de recherche** est un arbre de recherche (cf. la définition 1.34) dont la forme est un arbre m-aire complet (cf. la définition 8.1).

Fig. 8.1 Un arbre m-aire ($m = 3$) complet avec 8 feuilles, 4 nœuds internes dont 2 terminaux en vert (l'un d'eux a m enfants, l'autre $m - 1$ enfants), et 2 nœuds internes non terminaux à m enfants

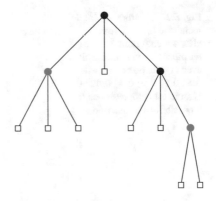

Considérons un arbre m-aire de recherche, complété pour indiquer les possibilités d'insertion. Lorsqu'un nœud est d'arité p, ce nœud contient (est marqué par) exactement $p - 1$ clés. De plus, tout nœud interne non terminal contient exactement $m - 1$ clés, qui déterminent m intervalles correspondant à m sous-arbres, et les clés du j-ième sous-arbre appartiennent au j-ième intervalle ; si un sous-arbre est vide, c'est qu'aucune clé n'appartient à cet intervalle. De manière analogue, tout nœud interne terminal contenant p clés a $p + 1$ sous-arbres qui sont des possibilités d'insertion et ne contiennent pas de clé. Les sous-arbres de tout nœud interne (terminal ou non) sont eux-mêmes des arbres m-aires de recherche, et la définition récursive suivante est équivalente à la définition 8.4.

Définition 8.5 (récursive) Un arbre m-aire de recherche est soit réduit à une racine contenant entre 0 et $m - 2$ clés, soit un arbre m-aire marqué dont la racine contient des clés $x_1, x_2, \ldots, x_{m-1}$ et tel que les clés restantes sont réparties dans les m intervalles définis par le réordonnement de $x_1, x_2, \ldots, x_{m-1}$, de sorte que les m sous-arbres de la racine sont encore des arbres m-aires de recherche.

Comme pour les arbres binaires de recherche, il existe un marquage canonique des arbres m-aires de recherche (cf. la définition 1.16).

Construction algorithmique (insertion aux feuilles)

- Les $m - 1$ premières clés $x_1, \ldots, x_{m-1}$ sont insérées à la racine de l'arbre.
- Appelons σ le réordonnement de $x_1, \ldots, x_{m-1}$. Les $m - 1$ clés réordonnées définissent m intervalles de Γ, de gauche à droite en ordre croissant : $I_1 = \{x : x \leq x_{\sigma(1)}\}$, $I_{j+1} = \{x : x_{\sigma(j)} < x \leq x_{\sigma(j+1)}\}$ pour $1 \leq j \leq m - 2$, $I_m = \{x : x > x_{\sigma(m-1)}\}$. Le j-ième intervalle correspond au j-ième sous-arbre[1] de la racine.
- Chacune des clés suivantes $x_m, \ldots$, est insérée dans le sous-arbre correspondant à l'unique intervalle I_j qui contient cette clé.

---

[1]S'il existe des clés répétées, certains sous-arbres sont vides ; les intervalles correspondants sont vides.

Fig. 8.2 Un arbre m-aire de
recherche ($m = 3$) avec 7
clés, 4 nœuds dont 2
terminaux en vert, construit
avec la suite de données :
0,8 ; 0,5 ; 0,9 ; 0,4 ; 0,42 ; 0,83 ; 0,94.
L'arbre est complété avec les
8 possibilités d'insertion

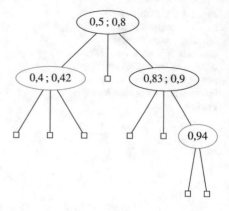

– Quand un nœud est plein, c'est-à-dire contient le nombre maximum $m-1$ de clés
autorisé, m sous-arbres sont créés, réduits chacun à une possibilité d'insertion.

Ainsi, dans l'exemple de la figure 8.2, les clés 0,8 et 0,5 sont mises à la racine,
définissant trois intervalles et donc trois sous-arbres correspondant. Puis la clé 0,9
est mise dans le nœud-enfant de droite, les clés 0,4 et 0,42 dans le nœud de gauche,
la clé 0,83 finit de remplir le nœud de droite, créant trois sous-arbres réduits à une
possibilité d'insertion. Enfin, la clé 0,94 va à droite de la racine, puis à droite de
l'enfant de droite pour aboutir dans un nœud-feuille.

L'intérêt algorithmique des arbres m-aires réside en un partage plus fin des clés
en m parties, les longueurs de cheminement sont plus courtes, et le nombre de nœuds
visités est réduit. Cependant, chaque opération sur un nœud devient plus complexe ;
par exemple la recherche d'une clé dans un nœud peut nécessiter jusqu'à $m-1$
comparaisons de clés.

Le modèle probabiliste que nous avons défini sur les arbres binaires de recherche
s'étend naturellement aux autres types d'arbres de recherche, ici aux arbres m-aires
de recherche. L'insertion aux feuilles dans un tel arbre se fait sous le modèle des
permutations uniformes de la définition 2.4.

Aléa sur les arbres m-aires de recherche

Comme pour un arbre binaire de recherche, nous disposons d'une suite $(x_i)_{i \geq 1}$ de
clés distinctes, à valeurs dans un domaine $\mathcal{D}$. Quand nous les supposons être des
variables aléatoires (indépendantes et de même loi continue sur l'intervalle $[0, 1]$
par exemple), nous obtenons un arbre m-aire de recherche aléatoire.

Nous construisons une suite $(\mathcal{T}_n)$ d'arbres m-aires marqués, mais nous sommes
souvent intéressés uniquement par la forme de l'arbre, c'est-à-dire la suite d'arbres
m-aires $(\pi(\mathcal{T}_n))$ sans les clés contenues dans les nœuds, ou bien par la suite $(C(\mathcal{T}_n))$
des arbres des rangs obtenus par marquage canonique de $\mathcal{T}_n$ (voir la définition 1.16).

Pour des raisons analogues à celles invoquées pour les arbres binaires de recherche, la suite d'arbres $(C(\mathcal{T}_n))$ a la même distribution que celle obtenue en insérant successivement n entiers d'une permutation de loi uniforme sur $\mathfrak{S}_n$.

L'évolution dynamique de l'arbre est analogue à celle des arbres binaires de recherche : par récurrence sur n, il est clair que l'arbre m-aire de recherche $\mathcal{T}_n$ (qui contient n clés) définit $n + 1$ intervalles correspondant aux *intervalles vacants* ou possibilités d'insertion sur ses nœuds internes terminaux. L'important dans ce modèle est que la $n + 1$-ième clé x_{n+1} est insérée uniformément, avec probabilité $\dfrac{1}{n + 1}$ pour chacun des intervalles vacants. La suite $(\mathcal{T}_n)$ est une chaîne de Markov à valeurs dans l'ensemble des arbres m-aires complets (analogue de l'ensemble $\mathcal{B}$ des arbres binaires complets mais avec m enfants par nœud interne).

8.1.2 Etude des arbres m-aires de recherche par séries génératrices

Dans cette section, le raisonnement vient du principe « diviser pour régner » qui a été posé dans la proposition 2.13 de la section 2.2.3. Il s'énonce ainsi pour les arbres m-aires.

Proposition 0.6 *Soit $\mathbb{P}_n$ la loi de $\mathcal{T}_n$, l'arbre m-aire de recherche à n clés. Si $n \geq m - 1$, appelons (en omettant l'indice n) $\mathcal{T}^{(1)}, \mathcal{T}^{(2)}, \ldots, \mathcal{T}^{(m)}$ les m sous-arbres de la racine. Soient $i_1, i_2, \ldots, i_m$ entiers positifs[2] tels que $i_1 + i_2 + \cdots + i_m = n - (m - 1)$. Alors conditionnellement en $\mathcal{T}^{(1)}, \mathcal{T}^{(2)}, \ldots, \mathcal{T}^{(m)}$ de tailles respectives $i_1, i_2, \ldots, i_m$, ces sous-arbres sont eux-mêmes des arbres m-aires de recherche indépendants de loi $\mathbb{P}_{i_1}, \mathbb{P}_{i_2}, \ldots, \mathbb{P}_{i_m}$. De plus, la probabilité pour que les m sous-arbres de la racine soient de taille $i_1, i_2, \ldots, i_m$ avec $i_1 + i_2 + \cdots + i_m = n - (m - 1)$ est égale à*

$$\mathbb{P}\left(|\mathcal{T}^{(1)}| = i_1, \ldots, |\mathcal{T}^{(m)}| = i_m\right) = \frac{1}{\dbinom{n}{m-1}} = \frac{(m-1)!(n-m+1)!}{n!}$$

Cette proposition repose sur le modèle des permutations uniformes ; en outre, il est utile de disposer du petit lemme combinatoire suivant :

Lemme 8.7 *Pour tout $n \geq m - 1$, il y a $\dbinom{n}{m-1}$ m-uplets $(i_1, \ldots, i_m)$ d'entiers positifs tels que $i_1 + i_2 + \cdots + i_m = n - (m - 1)$.*

---

[2]Nous rappelons la convention française dans laquelle positif signifie positif ou nul.

Considérons maintenant une suite (Y_n) de variables aléatoires qui sont des paramètres additifs au sens de la définition 1.48, par exemple la taille, la longueur de cheminement, ou le nombre de nœuds de type donné. Dans la suite, examinons le cas simple où le péage est une constante c, de sorte que

$$Y_n = Y_{|\mathcal{T}^{(1)}|} + \cdots + Y_{|\mathcal{T}^{(m)}|} + c.$$

La proposition 8.6 fournit une relation de récurrence sur les quantités $\mathbb{P}(Y_n = k)$, $k \geq 0$, toujours avec un péage c.

$$\mathbb{P}(Y_n = k) = \sum_{\substack{i_1+\cdots+i_m=n-m+1 \\ k_1+\cdots+k_m=k-c}} \frac{(m-1)!(n-m+1)!}{n!} \mathbb{P}(Y_{i_1} = k_1) \ldots \mathbb{P}(Y_{i_m} = k_m).$$

$$(8.1)$$

Cette relation de récurrence conduit à des équations différentielles en introduisant la fonction génératrice bivariée :

$$F(x, y) = \sum_{n,k \geq 0} \mathbb{P}(Y_n = k)x^n y^k.$$

En dérivant $(m-1)$ fois par rapport à x, et en utilisant la relation de récurrence (8.1), nous obtenons

$$\frac{\partial^{m-1} F}{\partial x^{m-1}} = \qquad\qquad\qquad\qquad\qquad\qquad\qquad\qquad\qquad (8.2)$$

$$(m-1)!y^c \sum_{\substack{n \geq m-1 \\ k \geq c}} \left(\sum_{\substack{i_1+\cdots+i_m=n-m+1 \\ k_1+\cdots+k_m=k-c}} \mathbb{P}(Y_{i_1} = k_1) \ldots \mathbb{P}(Y_{i_m} = k_m)y^{k_1}x^{i_1} \ldots y^{k_m}x^{i_m} \right),$$

et donc

$$\frac{\partial^{m-1} F(x, y)}{\partial x^{m-1}} = (m-1)!y^c F^m(x, y), \qquad\qquad (8.3)$$

qui est une équation différentielle non linéaire, sans solution explicite dès que $m \geq 3$. Nous allons en utiliser des sous-produits, notamment en différentiant par rapport à la variable y, afin de calculer l'espérance et la variance de Y_n ou plus généralement la fonction génératrice des moments (ou des cumulants) de Y_n.

Calcul des moments
Pour $j \geq 1$, posons

$$G_j(x) := \left. \frac{\partial^j F(x, y)}{\partial y^j} \right|_{y=1}$$

de sorte que par récurrence sur j, nous avons

$$G_j(x) = \sum_{n \geq 0} \mathbb{E}\left(Y_n(Y_n - 1)\ldots(Y_n - j + 1)\right) x^n.$$

Remarquons que

$$F(x, 1) = \sum_{n,k \geq 0} \mathbb{P}(Y_n = k)x^n = \sum_{n \geq 0} x^n = \frac{1}{1 - x}. \tag{8.4}$$

La méthode consiste ensuite à dériver en y l'équation (8.3), intervertir les ordres de dérivation et spécialiser en $y = 1$ pour obtenir une équation différentielle sur G_j. Faisons-le pour $G_1(x)$, ce qui nous fournira l'asymptotique de $\mathbb{E}(Y_n)$.

$$G_1(x) = \sum_{n \geq 0} \mathbb{E}\left(Y_n\right) x^n$$

et

$$\frac{\partial}{\partial y} \frac{\partial^{m-1} F(x, y)}{\partial x^{m-1}} = (m - 1)! \left(c y^{c-1} \Gamma^m(x, y) + y^c m \frac{\partial}{\partial y} \Gamma(x, y) \Gamma^{m-1}(x, y) \right).$$

Nous intervertissons les dérivations en y et en x, spécialisons en $y = 1$ et tenons compte de (8.4) :

$$\frac{\partial^{m-1}}{\partial x^{m-1}} G_1(x) - \frac{m!}{(1 - x)^{m-1}} G_1(x) = \frac{c(m - 1)!}{(1 - x)^m}.$$

C'est une équation différentielle de type Euler, linéaire en G_1. Commençons par résoudre l'équation homogène :

$$\frac{\partial^{m-1}}{\partial x^{m-1}} G_1(x) - \frac{m!}{(1 - x)^{m-1}} G_1(x) = 0$$

qui admet comme base de solutions les $(m - 1)$ fonctions $(1 - x)^{-1-\lambda_i}$, où $\lambda_1, \ldots, \lambda_{m-1}$ sont les $(m - 1)$ solutions de l'équation caractéristique

$$m! = (\lambda + 1)(\lambda + 2)\ldots(\lambda + m - 1). \tag{8.5}$$

Il est clair que $\lambda = 1$ est une solution, et on peut prouver (voir Hennequin [129]) que les autres racines sont simples, conjuguées deux à deux et réparties sur une courbe dans le plan complexe, qui peut être tracée pour chaque valeur de m. La figure 8.3 permet de voir les racines pour $m = 22$.

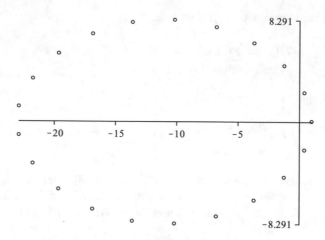

Fig. 8.3 Racines de l'équation caractéristique (8.5) pour $m = 22$

La solution générale G_1 s'écrit finalement

$$G_1(x) = \text{sol particulière} + \sum_{i=1}^{m-1} \frac{\alpha_i}{(1-x)^{1+\lambda_i}}$$

où les α_i sont des coefficients que nous déterminons en connaissant les premiers termes de la série.

Application à la taille d'un arbre *m*-aire de recherche

Prenons comme variable additive S_n le nombre de nœuds internes d'un arbre m-aire de recherche de taille n. Dans ce cas, le péage à la racine est $c = 1$. Alors les α_j se calculent en notant que $S_n = 1$ pour tout $n \leq m - 1$. La fonction $G_1(x) = -\dfrac{1}{(m-1)(1-x)}$ est solution particulière de l'équation

$$\frac{\partial^{m-1} y}{\partial x^{m-1}} - \frac{m!}{(1-x)^{m-1}} y = \frac{(m-1)!}{(1-x)^m},$$

de sorte qu'après quelques calculs (détaillés dans Mahmoud [172, pp. 120–121]), nous obtenons la proposition suivante.

Proposition 8.8 *Sous le modèle des permutations uniformes, le nombre S_n de nœuds internes d'un arbre m-aire de recherche de taille n a pour moyenne*

$$\mathbb{E}(S_n) = \frac{1}{2(H_m - 1)} n - \frac{1}{m-1} + O(n^\sigma),$$

où σ est la plus grande partie réelle des racines différentes de 1 de l'équation caractéristique (8.5), et H_m est le nombre harmonique.

Des calculs plus lourds conduisent à l'asymptotique de la variance, et ils peuvent être trouvés dans Mahmoud [172]. En outre, il apparaît une transition de phase à $m = 26$: il existe une loi limite gaussienne pour S_n pour $m \leq 26$ mais pas pour $m \geq 27$. Ce phénomène peut paraître mystérieux. Nous donnerons quelques éclaircissements dans la section suivante.

La longueur de cheminement $\mathrm{lci}(\mathcal{T}_n)$ d'un arbre m-aire de recherche est aussi un paramètre additif, et la méthode précédente s'applique pour obtenir

$$\mathbb{E}\left(\mathrm{lci}(\mathcal{T}_n)\right) \sim \frac{1}{H_m - 1} n \log n.$$

Pour d'autres péages, par exemple pour le nombre de nœuds de type donné, les détails sont plus lourds à exposer mais la même méthode permet d'obtenir un équivalent de l'espérance, résultat du théorème 8.10 que nous montrerons par des méthodes d'urnes de Pólya.

8.1.3 Etude dynamique des arbres m-aires de recherche

Nous établissons dans cette section comment l'étude de l'occupation des feuilles d'un arbre m-aire de recherche se déduit de la dynamique de l'arbre entre les instants $n-1$ et n. Les résultats asymptotiques énoncés à la fin de cette section dans le théorème 8.10 seront démontrés dans la section 9.5.1 du chapitre sur les urnes de Pólya.

Dans un arbre m-aire de recherche, nous étudions le vecteur X_n dit d'occupation des feuilles défini ci-après, qui décrit les différents types de feuilles.

Définition 8.9 Pour tout entier i tel que $2 \leq i \leq m$, un nœud interne d'un arbre m-aire de recherche est dit de type i quand il contient exactement $(i-1)$ clés. Un tel nœud détermine i intervalles. En particulier un nœud de type m contient $(m-1)$ clés et il est plein. Celles des possibilités d'insertion qui correspondent à des enfants de nœuds pleins sont appelées nœuds de type 1, ils ne contiennent pas de clé. Voir la figure 8.4.

Pour $i = 1, 2, \ldots, m$, posons[3]

$$X_n^{(i)} = \text{nombre de nœuds de type } i \text{ dans } \mathcal{T}_{n-1}.$$

En comptant combien il y a de clés dans l'arbre $\mathcal{T}_{n-1}$, nous obtenons une première relation entre les $X_n^{(i)}$:

$$n - 1 = \sum_{i=1}^{m} (i-1) X_n^{(i)}. \tag{8.6}$$

---

[3]Nous regardons l'arbre à l'instant $n-1$, et nous y insérons la n-ième clé.

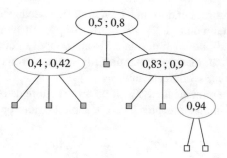

Fig. 8.4 Un arbre m-aire ($m = 3$) de recherche de taille $n - 1 = 7$, avec 8 possibilités d'insertion, 3 nœuds pleins, donc $X_n^{(3)} = 3$, un nœud interne terminal de type 2 contenant une clé, donc $X_n^{(2)} = 1$ et 6 possibilités d'insertion (« gaps » de couleur rose) issues de nœuds pleins, donc $X_n^{(1)} = 6$. Il y a 2 nœuds internes terminaux en vert, l'un de type 3 et l'autre de type 2

Grâce à cette relation, n'importe laquelle des variables $X_n^{(i)}$, pour i allant de 1 à m, s'exprime en fonction des $m-1$ autres. Nous pouvons donc considérer l'évolution de seulement $m - 1$ variables $X_n^{(i)}$ et non pas m. Nous choisissons de ne pas compter les nœuds pleins, et donc d'étudier le vecteur de $\mathbb{R}^{m-1}$ (qui peut être vu quand nécessaire comme un vecteur de $\mathbb{C}^{m-1}$)

$$X_n = \left(X_n^{(1)}, X_n^{(2)}, \ldots, X_n^{(m-1)} \right),$$

ou plutôt la suite $(X_n)_{n \geq 1}$. Les $(m + 1)$ premiers vecteurs sont déterministes :

$$\begin{cases} X_1 = (1, 0, \ldots, 0) \\ X_2 = (0, 1, \ldots, 0) \\ \vdots \\ X_{m-1} = (0, \ldots, 0, 1) \\ X_m = (m, 0, \ldots, 0) \\ X_{m+1} = (m - 1, 1, 0, \ldots) \end{cases}$$

et les suivants sont aléatoires. Par exemple, $X_{m+2} = (m - 2, 2, 0, \ldots)$ avec probabilité $\frac{m-1}{m+1}$, et $X_{m+2} = (m - 1, 0, 1, 0, \ldots)$ avec probabilité $\frac{2}{m+1}$. À cause du modèle choisi pour l'aléa (clés indépendantes et de même loi autrement dit modèle des permutations uniformes), l'arbre pousse de $\mathcal{T}_{n-1}$ à $\mathcal{T}_n$ par insertion *uniforme* d'une clé sur les n intervalles vacants.

Par exemple, sur la figure 8.4, la huitième clé est insérée uniformément sur l'une des 8 possibilités ; avec probabilité 6/8, elle est insérée sur un nœud de type 1 (« gap » de couleur rose) et avec probabilité 2/8 elle est insérée sur un « gap » de couleur blanche, de sorte qu'elle remplit le nœud correspondant, qui passe de type 2 à type 3 plein et produit donc deux nœuds de type 1.

Plus généralement, la n-ième clé est insérée dans un nœud de type i ($i = 1, \dots, m - 1$) avec probabilité $i X_n^{(i)}/n$ et dans ce cas, le nœud se transforme en un nœud de type $i + 1$ pour $i = 1, 2, \dots, m - 2$ et en m nœuds de type 1 si $i = m - 1$. Autrement dit, pour tout $i = 1, \dots, m - 1$, avec probabilité $i X_n^{(i)}/n$,

$$X_{n+1} = X_n + \Delta_i,$$

où

$$\begin{cases} \Delta_1 = (-1, 1, 0, 0, \dots) \\ \Delta_2 = (0, -1, 1, 0, \dots) \\ \vdots \\ \Delta_{m-2} = (0, \dots, 0, -1, 1) \\ \Delta_{m-1} = (m, 0, \dots, 0, -1). \end{cases}$$

En comptant le nombre d'intervalles vacants dans $\mathcal{T}_{n-1}$ nous obtenons une seconde relation entre les $X_n^{(i)}$, qui exprime aussi que la somme des probabilités de transition vaut 1 :

$$n - \sum_{i=1}^{m-1} i X_n^{(i)}. \tag{8.7}$$

La suite $(X_n)_{n \geq 1}$ apparaît comme une chaîne de Markov à temps discret, plus précisément une marche aléatoire, non homogène dans le temps, dont les incréments sont les Δ_i et dont les probabilités de transition sont *linéaires* en X_n. C'est pour cette raison qu'un peu d'algèbre linéaire va conduire à l'asymptotique de X_n en écrivant sa décomposition spectrale. C'est la démarche adoptée dans [36], qui conduit à la partie (ii) pour $m \geq 27$ du théorème 8.10 ci-dessous. La partie (i) pour $m \leq 26$ se trouve dans Mahmoud [172] ou Janson [147].

La preuve du théorème 8.10 fait l'objet de la section 9.5.1 du chapitre consacré aux urnes de Pólya. Nous verrons dans cette section pourquoi la dynamique de l'arbre m-aire de recherche est celle d'une urne de Pólya.

Théorème 8.10 *Soit X_n le vecteur occupation des feuilles d'un arbre m-aire de recherche. Son comportement asymptotique au premier ordre est donné par la convergence presque sûre*

$$\frac{X_n}{n} \xrightarrow[n \to \infty]{p.s.} u_1 := \frac{1}{H_m(1)} \left(\frac{1}{k(k+1)} \right)_{1 \leq k \leq m-1},$$

avec la notation $H_m(z) = \displaystyle\sum_{1 \leq k \leq m-1} \frac{1}{z+k}$.

De plus, si R est la matrice

$$R = \begin{pmatrix} -1 & 2 & & & & \\ & -2 & 3 & & & \\ & & -3 & 4 & & \\ & & & \ddots & \ddots & \\ & & & & -(m-2) & m-1 \\ m & & & & & -(m-1) \end{pmatrix},$$

et si λ_2 et $\overline{\lambda_2}$ (conjuguée de λ_2) sont les deux valeurs propres de la matrice R telles que $\sigma := \Re(\lambda_2) = \Re(\overline{\lambda_2})$ soit la plus grande partie réelle de valeur propre différente de 1, alors

(i) si $m \leq 26$ alors $\sigma \leq \frac{1}{2}$ et le comportement asymptotique de X_n est donné par la convergence en loi

$$\frac{X_n - n\mathbf{u}_1}{\sqrt{n}} \xrightarrow[n\to\infty]{\mathcal{D}} \mathcal{N}(0, \Sigma^2),$$

où $\mathcal{N}(0, \Sigma^2)$ désigne un vecteur gaussien centré de variance Σ^2 et où

$$\mathbf{u}_1 = \frac{1}{H_m(1)} \left(\frac{1}{k(k+1)} \right)_{1 \leq k \leq m-1}.$$

(ii) si $m \geq 27$, alors $\sigma > \frac{1}{2}$ et le comportement asymptotique de X_n est donné par

$$X_n = n\mathbf{u}_1 + \Re(n^{\lambda_2} W \mathbf{u}_2) + o(n^\sigma),$$

où la convergence exprimée par le petit o est presque sûre et dans tous les espaces L^p, $p \geq 1$, où W est une variable aléatoire à valeurs complexes, et

$$\mathbf{u}_2 = \frac{1}{H_m(\lambda_2)} \left(\frac{1}{k\binom{\lambda_2 + k}{k}} \right)_{1 \leq k \leq m-1}.$$

Remarquons que le comportement asymptotique du nombre total de nœuds S_n, étudié dans la section précédente par combinatoire analytique, devient un corollaire du théorème 8.10. En effet (voir l'exercice 8.1), S_n vaut

$$S_n = X_n^{(2)} + \cdots + X_n^{(m)}$$

et compte notamment les nœuds pleins, mais la relation (8.6) permet de voir que S_n est combinaison linéaire des coordonnées de X_n, de sorte que finalement :

$$\frac{S_n}{n} \xrightarrow[n\to\infty]{p.s.} \frac{1}{2H_m(1)} = \frac{1}{2(H_m - 1)}.$$

8.2 Arbres quadrants de recherche

Pour faciliter la lecture, la figure 8.5 ci-dessous rappelle la figure 3.10 d'un exemple d'arbre quadrant complété.

8.2.1 Dénombrement des arbres quadrants

Nous commençons par un résultat relatif au dénombrement des arbres quadrants complets, i.e., des arbres dont tous les nœuds internes ont exactement 2^d enfants, (cf. la définition 3.4). Ces arbres non étiquetés jouent envers les arbres quadrants de recherche le même rôle que les arbres binaires complets envers les arbres binaires de recherche.

Proposition 8.11 *Le nombre d'arbres quadrants complets sur n clés est*

$$\frac{\binom{2^d n}{n}}{(2^d - 1)n + 1}.$$

La preuve est simple, nous ne la détaillons pas. Pour $d = 1$, nous retrouvons bien les nombres de Catalan . $\frac{\binom{2n}{n}}{(n+1)}$.

8.2.2 Aléa sur les arbres quadrants de recherche

Passons à la version étiquetée. Rappelons que, à la différence des autres exemples d'utilisation de structures arborescentes marquées, nous considérons ici des clés

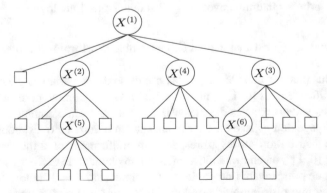

Fig. 8.5 Un arbre quadrant de paramètre $d = 2$ et construit sur 6 clés, complété avec les 19 feuilles ou possibilités d'insertion

multi-dimensionnelles de dimension $d \geq 2$ fixée, et tenons compte de ceci pour choisir le type d'arbres de recherche dans lequel seront stockées les clés : les arbres quadrants de recherche, que nous avons définis en section 3.2.2 (b). Rappelons aussi que nous notons Q leur ensemble, et Q_n l'ensemble des arbres quadrants de recherche contenant n clés.

Pour les analyses, nous nous ramenons au cas où la distribution sur les clés est prise uniforme sur $[0, 1]^d$: *chaque coordonnée est une variable aléatoire uniforme à valeurs dans l'intervalle $[0, 1]$, et les coordonnées sont supposées indépendantes.* De plus, nous supposons que les différentes clés sont indépendantes ; les clés sont donc presque sûrement toutes distinctes.

Comme pour les arbres binaires de recherche (cf. section. 2.2.3), nous mettons en relation un arbre quadrant avec un ensemble de clés *et* un ordre d'insertion de ces clés ; plusieurs ordres d'insertion donnent la même forme d'arbre. Il se pose alors la question de définir ce que nous entendons par « loi de probabilité d'un arbre », et nous le ferons par analogie avec les arbres binaires de recherche. Rappelons donc d'abord le cas des arbres binaires de recherche, qui correspond à $d = 1$.

– Les n clés d'un arbre binaire de recherche sont tirées de façon indépendante dans l'intervalle $[0, 1]$ muni de la loi uniforme, que nous notons Ord_1. C'est le modèle des permutations uniformes : seul l'ordre des clés, et non leurs valeurs, compte, et nous obtenons la même forme d'arbre en insérant la permutation associée à la statistique d'ordre des n clés. La même distribution sur les arbres est donc obtenue en tirant uniformément n clés dans $[0, 1]$ ou en tirant uniformément une permutation de $\mathfrak{S}_n$.
– La loi Ord_1 sur les clés induit une loi de probabilité $\mathbb{P}_n$ sur l'ensemble $\mathcal{B}_n$ des arbres binaires à n nœuds. De plus, l'insertion d'une nouvelle clé, en d'autres termes le passage de $\mathbb{P}_n$ à $\mathbb{P}_{n+1}$, se fait uniformément : la probabilité d'insérer la $n + 1$-ième clé à la place correspondant à la k-ième possibilité d'insertion d'un arbre aléatoire τ_n, sous la distribution de probabilité $\mathbb{P}_n$, est uniforme et vaut $\dfrac{1}{n+1}$.

Pour les arbres quadrants avec $d \geq 2$, nous avons l'analogue de la situation précédente.

– L'analogue de $\mathcal{B}_n$ est maintenant Q_n, ensemble des formes d'arbres quadrants sur n clés.
– Nous nous plaçons dans le cas où les n clés sont des variables aléatoires i.i.d. de loi uniforme dans $[0, 1]^d$; notons cette loi Ord_d. Comme pour la dimension $d = 1$, les valeurs exactes des clés n'importent pas ; seule compte la *géométrie* du découpage de l'espace qu'elles induisent. En d'autres termes, nous obtenons la même distribution sur les arbres, en tirant uniformément et indépendamment n clés de $[0, 1]^d$, ou en tirant uniformément un élément de $\mathfrak{S}_n^d$.
– Toujours en poursuivant l'analogie avec la dimension $d = 1$, la loi Ord_d sur les clés induit une distribution de probabilité $\mathbb{P}_n$ sur Q_n. La différence avec le cas $d = 1$ vient du fait que *l'insertion d'une nouvelle clé ne se fait plus de façon*

uniforme. Plus précisément, considérons le passage de $\mathbb{P}_n$ à $\mathbb{P}_{n+1}$: la probabilité d'insérer la $n + 1$-ième clé dans une des $(2^d - 1)n + 1$ possibilités d'insertion, ou feuilles de l'arbre complété, qui correspondent chacune à une insertion dans un sous-espace de $[0, 1]^d$ suivant le découpage induit par les n clés, dépend de la feuille, et n'est plus uniforme (voir l'exercice 8.2 pour un exemple simple illustrant cette non-équiprobabilité des places d'insertion).

Nous venons ainsi de décrire une loi de probabilité $\mathbb{P}_n$, induite sur l'ensemble Q_n des arbres quadrants de taille n par la loi uniforme sur les permutations. Comme en dimension 1, les $\mathbb{P}_n$ ($n \geq 0$) sont compatibles, le théorème de Kolmogorov [28] s'applique et les $\mathbb{P}_n$ permettent de définir une probabilité $\mathbb{P}$ sur Q en disant que $\mathbb{P}$ restreint aux arbres quadrants de taille n est égale à $\mathbb{P}_n$. Nous travaillons désormais sous $\mathbb{P}$.

Sous la loi $\mathbb{P}_n$ définie sur Q_n (ou de manière équivalente sous la loi $\mathbb{P}$ restreinte à Q_n), un arbre quadrant τ a ses n clés tirées uniformément dans le domaine $[0, 1]^d$. En particulier, sa racine est choisie uniformément dans ce domaine.

Nous établissons maintenant les probabilités de partage, i.e., la loi de probabilité jointe des tailles des sous-arbres, puis nous développons en section 8.2.4 une approche générale des paramètres additifs qui nous permettra de traiter facilement, par exemple, le nombre de nœuds de type donné. Nous étudierons enfin la profondeur d'insertion d'une clé, pour laquelle nous proposons deux approches : la première, combinatoire, est basée sur la loi des (tailles) des sous-arbres et est détaillée en section 8.2.5 pour le cas $d = 2$, la seconde utilise des polynômes de niveau et se trouve en section 8.2.7 ; au passage nous donnons aussi des résultats sur la hauteur en section 8.2.6.

8.2.3 *Probabilités induites sur les sous-arbres*

Le modèle naturel sur les n clés est la loi uniforme dans $[0, 1]^d$, notée Ord_d, qui induit une distribution de probabilité $\mathbb{P}_n$ sur Q_n. Comme déjà pour les arbres binaires qui sont les formes des arbres binaires de recherche, les arbres quadrants de taille donnée n, qui sont les formes d'arbres quadrants de recherche à n clés, ne sont pas équiprobables (cf. l'exercice 8.3).

Soit τ un arbre quadrant de recherche à n clés, tirées uniformément dans le domaine $[0, 1]^d$; les tailles de ses sous-arbres $\tau^{(0)}, \tau^{(1)}, \ldots, \tau^{(2^d - 1)}$ sont notées $n_0, n_1, \ldots, n_{2^d - 1}$, avec

$$n_0 + n_1 + \cdots + n_{2^d - 1} = n - 1.$$

La proposition suivante est un analogue d-dimensionnel de la proposition 2.13 « diviser pour régner » donnée pour les arbres binaires de recherche dans la section 2.2.3, et dont la démonstration est omise.

Proposition 8.12 *Soit* τ *un arbre quadrant de recherche de taille n, sous la loi* $\mathbb{P}_n$*. Soient* $\tau^{(0)}, \ldots, \tau^{(2^d-1)}$ *(notés sans indice n pour alléger) les* 2^d *sous-arbres de la racine. Alors, conditionnellement en les tailles* $n_0, \ldots, n_{2^d-1}$ *des sous-arbres de la racine, ceux-ci sont des arbres quadrants de recherche indépendants de lois respectives* $\mathbb{P}_{n_0}, \ldots, \mathbb{P}_{n_{2^d-1}}$*. De plus, les lois des tailles des sous-arbres sont les mêmes.*

Le cas général est un peu compliqué, aussi nous regardons d'abord le cas $d = 2$, pour lequel des résultats explicites sont faciles à obtenir (cf. figure 8.6).

Loi des tailles des sous-arbres : cas $d = 2$

Soit un arbre τ construit sur n clés, qui suit la loi $\mathbb{P}_n$, et soit (x, y) la clé à sa racine, qui est une v.a. de loi $\mathsf{Ord}_1 \times \mathsf{Ord}_1$.

Les sous-arbres de τ, notés $\tau^{(i)}$ pour $0 \le i \le 3$, sont de tailles aléatoires n_i et $n_0 + n_1 + n_2 + n_3 = n - 1$. Définissons $\mathbb{P}_n^{(x,y)}$ comme étant la loi $\mathbb{P}_n$ sachant que la racine vaut (x, y), et soit $\mathcal{E}_i$ l'événement : *l'insertion d'une nouvelle clé se fait dans le sous-arbre* $\tau^{(i)}$; les $\mathcal{E}_i$ sont numérotés comme les quarts de plan de la figure 3.12 ; cf. la figure 8.7.

Nous avons

$$\begin{cases} \mathbb{P}_n^{(x,y)}(\mathcal{E}_0) & = xy \\ \mathbb{P}_n^{(x,y)}(\mathcal{E}_0 \cup \mathcal{E}_1) = x \\ \mathbb{P}_n^{(x,y)}(\mathcal{E}_0 \cup \mathcal{E}_2) = y. \end{cases}$$

Fig. 8.6 Les sous-arbres d'un arbre quadrant de recherche, dans le cas $d = 2$

Fig. 8.7 Les événements $\mathcal{E}_i$ et le découpage du carré $[0, 1]$

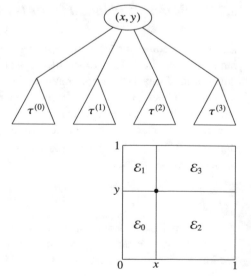

Il est possible d'obtenir différentes probabilités conditionnelles sur les tailles des sous-arbres ; la proposition ci-dessous en présente quelques-unes, dues à Devroye et Laforest [61] et à Flajolet et al. [99].

Proposition 8.13 *Soit τ un arbre quadrant de recherche à n clés, en dimension $d = 2$, sous la loi $\mathbb{P}_n$.*

i) *La probabilité que la taille cumulée des deux premiers sous-arbres, $\tau^{(0)}$ et $\tau^{(1)}$, soit m, vaut*

$$\mathbb{P}_n\left(\left|\tau^{(0)} \cup \tau^{(1)}\right| = m\right) = \mathbb{P}_n(n_0 + n_1 = m) = \frac{1}{n} \qquad (0 \le m \le n - 1).$$

ii) *La probabilité μ_{n_0,n_1,n_2,n_3} que les sous-arbres $\tau^{(i)}$, $i = 0, \ldots, 3$, soient de tailles respectives n_i, avec $n_0 + n_1 + n_2 + n_3 = n - 1$ vaut*

$$\mu_{n_0,n_1,n_2,n_3} = \frac{1}{n} \frac{(n_0 + n_1)! \,(n_0 + n_2)! \,(n_1 + n_3)! \,(n_2 + n_3)!}{n! \, n_0! \, n_1! \, n_2! \, n_3!}.$$

iii) *La probabilité $w_{n,p,\ell}$ que le premier sous-arbre $\tau^{(0)}$ soit de taille p et le troisième sous-arbre $\tau^{(2)}$ soit de taille $\ell - p$ vaut*

$$w_{p,n,\ell} = \frac{1}{n\,(\ell + 1)}.$$

iv) *La probabilité $\pi_{n,p}$ que le premier sous-arbre $\tau^{(0)}$ soit de taille p est*

$$\pi_{n,p} = \frac{1}{n}\left(H_n - H_p\right).$$

En particulier, la probabilité que le premier sous-arbre $\tau^{(0)}$ soit vide est

$$\pi_{n,0} = \frac{H_n}{n}.$$

v) *La probabilité qu'un sous-arbre $\tau^{(i)}$, $i = 0, \ldots, 3$, soit de taille p est égale à $\pi_{n,p}$.*

Preuve Nous explicitons les calculs pour la première propriété : $\mathbb{P}_n^{(x,y)}\left(\left|\tau^{(0)} \cup \tau^{(1)}\right| = m\right)$, et ne détaillons pas les démonstrations des autres égalités ; cf. l'exercice 8.5. Sachant que la clé à la racine de l'arbre τ est (x, y), nous avons

$$\mathbb{P}_n^{(x,y)}(n_0 + n_1 = m) = \binom{n-1}{m} x^m \,(1 - x)^{n-1-m},$$

et donc, puisque (x, y) suit la loi $\mathsf{Ord}_1 \times \mathsf{Ord}_1$:

$$\mathbb{P}_n(n_0 + n_1 = m) = \int_0^1 \int_0^1 \mathbb{P}_n^{(x,y)}(n_0 + n_1 = m)dxdy$$

$$= \int_0^1 \binom{n-1}{m} x^m (1-x)^{n-1-m}dx$$

$$= \binom{n-1}{m} B(m+1, n-m),$$

où la fonction Beta est définie (cf section B.5.1) par

$$B(a, b) = \int_0^1 u^{a-1}(1-u)^{b-1}du = \frac{\Gamma(a)\,\Gamma(b)}{\Gamma(a+b)}.$$

Le résultat est immédiat en remplaçant $B(i+1, n-i)$ par son expression en fonction des factorielles.

L'expression de μ_{n_0,n_1,n_2,n_3} et celle de $w_{p,n,\ell}$ s'obtiennent par un raisonnement analogue. La valeur de $\pi_{n,p}$ découle de celle de $w_{p,n,\ell}$, en sommant sur la taille ℓ du troisième sous-arbre (nous rappelons que H_n est le n-ième nombre harmonique). Puis $\pi_{n,0}$ est obtenue en posant $p = 0$ dans la formule précédente. Enfin, la dernière propriété se déduit de la propriété ii).   □

Remarque 8.14 La propriété iv) de la proposition 8.13 montre bien la différence de comportement avec le cas des arbres binaires de recherche ($d = 1$), pour lesquels la taille du premier sous-arbre (sous-arbre gauche) a pour loi $\lfloor n\mathsf{Ord}_1 \rfloor$, Ord_1 étant une variable aléatoire de loi uniforme sur $[0, 1]$, c'est-à-dire que la taille est uniforme sur $\{0, 1, \ldots, n-1\}$.

Lois des tailles des sous-arbres : cas général

> 🔧 Passons maintenant au cas où $d \geq 3$. Les notations seront les mêmes que pour $d = 2$, ou étendues de manière évidente. Il est possible d'obtenir l'analogue de la proposition 8.13 ; nous donnons ci-dessous la probabilité $\pi_{n,p}$ qu'un sous-arbre de la racine soit de taille p (cf. Flajolet et al. [99, 101]), et ne mentionnons pas ici les extensions.

(tsvp)

Proposition 8.15 *Soit $\tau^{(i)}$, $i = 0, \ldots, 2^d - 1$, l'un des sous arbres de la racine d'un arbre quadrant de recherche à n clés[4] tiré suivant la loi $\mathbb{P}_n$, et soit $\pi_{n,p}$ la probabilité que $\tau^{(i)}$ soit de taille p. Alors $\pi_{n,p}$ est donnée par les expressions équivalentes suivantes :*

$$\pi_{n,p} = \frac{1}{n} \sum_{p < i_1 \leq \cdots \leq i_{d-1} \leq n} \frac{1}{i_1 \ldots i_{d-1}}$$

$$= \frac{1}{n} \sum_{m_1 + 2m_2 + \cdots + (d-1)m_{d-1} = n} \frac{(H_n^{(1)} - H_p^{(1)})^{m_1} \ldots (H_n^{(d-1)} - H_p^{(d-1)})^{m_{d-1}}}{\prod_{i=1}^{d-1} i^{m_i} m_i!}$$

$$= \binom{n-1}{p} \sum_{i=0}^{n-p-1} \binom{n-p-1}{i} \frac{(-1)^i}{(p+1+i)^d}$$

$$= \binom{n-1}{p} \int_0^1 t^p (1-t)^{n-p-1} \frac{(-\log t)^{d-1}}{(d-1)!} dt.$$

Dans la troisième de ces formules, $H_m^{(r)}$ désigne un nombre harmonique généralisé : $H_m^{(r)} = \sum_{1 \leq j \leq m} j^{-r}$ (et donc $H_m^{(1)} = H_m$).

Des indications sur la preuve de cette proposition sont données dans le problème 8.6.

8.2.4 Paramètres additifs

Nous avons défini les paramètres additifs sur les arbres en Section 1.3.2 ; rappelons qu'un paramètre additif v sur un arbre quadrant de recherche τ est défini par un péage, ou coût à la racine, $r(\tau)$, et par une relation de récurrence, avec ε désignant l'arbre vide :

$$\begin{cases} v(\varepsilon) = r(\varepsilon); \\ v(\tau) = r(\tau) + \sum_{0 \leq j \leq 2^d - 1} v(\tau^{(j)}). \end{cases}$$

Exemples (pour des arbres quadrants complétés)

- Pour un péage $r(\tau) = \mathbb{1}_{\{|\tau|=1\}}$, nous obtenons le nombre de feuilles de l'arbre.
- Les péages $r_1(\tau) = \mathbb{1}_{\{|\tau| \geq 1\}}$ et $r_2(\tau) = \mathbb{1}_{\{|\tau| \geq 2\}}$ donnent respectivement le nombre total de nœuds de l'arbre, et le nombre de nœuds internes.

---

[4]Nous gardons la notation $\tau^{(i)}$ au lieu de $\tau_n^{(i)}$ tant qu'il n'y a pas d'ambiguïté.

- Le péage $r(\tau) = \mathbb{1}_{\{|\tau|>b\}}$ donne le nombre de nœuds internes d'un arbre paginé, $b \geq 2$ étant le nombre maximal de clés dans une page.
- Le péage $r(\tau) = \mathbb{1}_{\{|\tau|=1+2^d\}}$ donne le nombre de nœuds internes terminaux (les nœuds dont les 2^d enfants sont des feuilles).
- Le péage $r(\tau) = (|\tau \setminus \partial\tau| - 1)\, \mathbb{1}_{\{|\tau|\geq 2\}}$ donne la longueur de cheminement interne de l'arbre (où $\partial\tau$ désigne l'ensemble des feuilles de τ et $\tau \setminus \partial\tau$ est l'ensemble des nœuds internes).
- Le péage $r(\tau) = |\partial\tau| \mathbb{1}_{\{|\tau|\geq 2\}}$ donne la longueur de cheminement externe

Méthode générale L'étude de ces paramètres additifs peut être abordée de manière unifiée, selon une méthodologie exposée dans des articles de Flajolet et al. [84, 101].

- Nous établissons d'abord une équation de récurrence sur la valeur moyenne $\mathbb{E}_n[v(\tau)]$ du paramètre, prise sur tous les arbres quadrants de recherche τ de taille n et suivant la distribution $\mathbb{P}_n$; puis nous transposons cette équation de récurrence sur la fonction génératrice $V(z) = \sum_n \mathbb{E}_n[v(\tau)]z^n$ pour obtenir une équation différentielle sur $V(z)$.
- Suivant l'expression exacte du péage à la racine $r(\tau)$, nous pouvons dans certains cas résoudre directement cette équation différentielle et en tirer une forme close pour $V(z)$: sinon, nous obtenons du moins l'asymptotique de ses coefficients.
- À partir de l'équation différentielle sur $V(z)$, il est aussi possible de développer une approche plus générale, basée sur la *transformée d'Euler* (dont la définition est rappelée en section B.3.4), qui permet de traiter de manière systématique tout péage à la racine.
- Pour voir le phénomène de transition de phase sur la dimension d (pour $d \leq 8$, la loi limite du nombre de feuilles est Gaussienne, pour $d \geq 9$, le comportement asymptotique est oscillant), l'on pourra se reporter à l'article de Chern et al. [44].

Dans la suite, nous détaillons ces points, puis les illustrons en les appliquant à l'exemple de la longueur de cheminement dans les arbres quadrants de recherche.

Equation différentielle sur la série génératrice Soit $\tau \in Q_n$ un arbre quadrant de recherche aléatoire à n clés, de loi $\mathbb{P}_n$. Pour v un paramètre additif, posons $v_n = \mathbb{E}_n[v(\tau)]$. Le principe « diviser pour régner » montre que la suite (v_n) satisfait la relation de récurrence

$$v_n = r_n + 2^d \sum_{p=0}^{n-1} \pi_{n,p} v_p, \qquad (n \geq 2) \tag{8.8}$$

où $r_n = \mathbb{E}_n[r(\tau)]$ est la valeur moyenne du péage à la racine sur les arbres à n clés, et où les $\pi_{n,p} = \mathbb{P}_n(|\tau^{(0)}| = p)$ sont les probabilités de partage dont nous avons vu l'expression dans la proposition 8.15.

Passons maintenant à la fonction génératrice $V(z) := \sum_n v_n z^n$. L'équation (8.8) sur les v_n se transpose sur V pour donner une équation différentielle linéaire d'ordre 2, non homogène :

$$z(1-z)y'' + (1-2z)y' - \frac{2^d}{1-z}y = R(z), \qquad (8.9)$$

où R s'exprime à partir de la fonction génératrice des coûts à la racine $r(z) = \sum_n r_n z^n$:

$$R(z) = \frac{d}{dz}\left(z(1-z)\frac{d}{dz}r(z)\right) = z(1-z)r''(z) + (1-2z)r'(z).$$

Dans certains cas, cette équation peut être résolue directement, ce qui donne des résultats explicites sur les paramètres additifs considérés. Ainsi, Flajolet et Hoshi [84] étudient l'occupation moyenne des pages dans un arbre quadrant de recherche paginé, c'est-à-dire un arbre où la décomposition récursive est arrêtée dès qu'un sous-arbre est de taille au plus b, b étant le nombre d'éléments (clés) qu'une page mémoire peut contenir. Le péage à la racine $r(\tau)$ qui apparaît alors conduit à une fonction génératrice $r(z) = 1/(1-z) - \sum_{0<n<b} z^n$, et il est possible de résoudre explicitement l'équation différentielle (8.9). Nous donnons plus de détails dans le problème 8.10.

Transformée d'Euler et étude des v_n Lorsque nous ne pouvons pas obtenir directement d'information sur la fonction génératrice $V(z)$ à partir de l'équation différentielle (8.9), une méthode alternative consiste à passer par sa transformée d'Euler. La transformée d'Euler d'une fonction $f(z) = \sum_{n\geq 0} f_n z^n$ est définie (cf. section B.3.4) par

$$f^*(z) = \frac{1}{1-z}\,f\left(\frac{z}{z-1}\right). \qquad (8.10)$$

Ses coefficients f_n^* dans son développement en série formelle sont liés aux coefficients initiaux f_n par

$$f_p^* = \sum_{0\leq n\leq p}(-1)^n\binom{p}{n}f_n.$$

Dans notre contexte, la transformation d'Euler appliquée à l'équation différentielle (8.9) fournit une équation différentielle linéaire du second ordre (comme l'équation différentielle initiale) sur la transformée d'Euler $V^*(z)$, équation qui fait aussi intervenir $r^*(z)$:

$$\left(z\frac{d}{dz}\right)^2\left((1-z)\left(V^*(z) - r^*(z)\right)\right) + 2^d z V^*(z) = 0.$$

Ceci nous permet d'obtenir une relation de récurrence entre les coefficients (notés respectivement v_n^* et r_n^*) des fonctions $V^*(z)$ et $r^*(z)$:

$$v_n^* = r_n^* - r_{n-1}^* + \left(1 - \frac{2^d}{n^2}\right) v_{n-1}^*.$$

En sommant, nous obtenons l'expression des v_n^* en fonction des r_n^* :

$$v_n^* = \sum_{j=2}^n (r_j^* - r_{j-1}^*) \prod_{k=j+1}^n \left(1 - \frac{2^d}{k^2}\right), \qquad (n \geq 2). \tag{8.11}$$

Les valeurs $v_0^* = v_0$ et $v_1^* = v_0 - v_1$ s'obtiennent en regardant le comportement du paramètre sur un arbre vide ou contenant une seule clé. Il suffit ensuite d'inverser l'équation (8.11), par la relation (B.3), pour obtenir v_n. Remarquons aussi que

$$r_n^* - r_{n-1}^* = [u^n] r\left(\frac{u}{u-1}\right).$$

Exemple : longueur de cheminement Appliquons la méthode précédente au péage[5] $r_n = n$. Nous obtenons aisément $r(z) = z/(1-z)^2$ puis $r^*(z) = -z$: $r_1^* = -1$ et, pour $n > 1, r_n^* = 0$, ce qui donne

$$f_n^* = \prod_{p=3}^n \left(1 - \frac{2^d}{p^2}\right).$$

Dans le cas $d = 2$, l'expression de f_n^* se simplifie :

$$f_n^* = \frac{(n+1)(n+2)}{6n(n-1)} \qquad (n \geq 2),$$

d'où

$$f_n = \sum_{p=0}^n (-1)^p \binom{n}{p} \frac{(p+1)(p+2)}{6p(p-1)}.$$

---

[5]Le péage vu plus haut pour la longueur de cheminement est plutôt $r_n = n - 1$, en considérant que la racine est à hauteur 0. Les calculs qui suivent pour $r_n = n$ induisent une différence de n dans le développement de la proposition 8.16.

L'expression obtenue ne permettant cependant pas d'en déduire aisément le comportement asymptotique de f_n, nous allons utiliser la fonction génératrice de la suite f_n^*, que nous écrivons sous la forme $f_n^* = \frac{1}{6}(1 - 2/n + 6/(n-1))$:

$$f^*(u) = \frac{u}{1-u} + 2\,(3u-1)\,\log\frac{1}{1-u},$$

et donc

$$f(z) = -\frac{z}{1-z} + \frac{2(1+2z)}{1-z}\,\log\frac{1}{1-z}.$$

Nous en tirons aisément, par un lemme de transfert [90] la valeur moyenne de la longueur de cheminement :

Proposition 8.16 *La valeur moyenne de la longueur de cheminement dans un arbre quadrant de recherche construit sur n clés vérifie asymptotiquement lorsque $n \to +\infty$, dans le cas $d = 2$*

$$f_n = n \log n + \left(\gamma - \frac{1}{6}\right) n + O(\log n).$$

Nous ne détaillons pas ici les calculs permettant de terminer la preuve de la proposition 8.16, qui se trouvent dans plusieurs articles : Devroye et Laforest [61], Flajolet et al. [99, 101].

Proposition 8.17 *La valeur moyenne de la longueur de cheminement dans un arbre quadrant de recherche construit sur n clés vérifie asymptotiquement lorsque $n \to +\infty$, dans le cas $d \geq 3$*

$$f_n = \frac{2}{d} n \log n + \mu_d n + O(\log n + n^{-1+2\cos(2\pi/d)}),$$

pour une certaine constante μ_d ne dépendant que de d.

La preuve de ce résultat se trouve dans l'article [101] : la transformée d'Euler $f^*(u)$ définie par l'équation (8.10) s'exprime comme fonction hypergéométrique, dont il est possible de faire l'étude asymptotique.

8.2.5 *Profondeur d'insertion d'une clé : cas $d = 2$*

Soit $d(X, \tau)$ (resp. $d(X_{n+1}, \tau_n)$) la variable aléatoire *profondeur d'insertion de la clé X dans l'arbre τ* (resp. profondeur d'insertion de la $n + 1$-ième clé dans un arbre aléatoire de taille n). Comme les clés sont i.i.d., nous considérons dans cette section $d(X, \tau_n)$. Par convention, la racine est à profondeur 0. Des méthodes combinatoires simples permettent de traiter le cas $d = 2$. Devroye et Laforest [61] ont obtenu de cette manière l'espérance et la variance de $d(X, \tau_n)$, et montré la convergence en probabilité de $d(X, \tau_n)/\log n$ quand n tend vers $+\infty$. Ces méthodes peuvent s'étendre à $d \geq 3$, pour montrer que $d(X, \tau_n)/\log n \to 2/d$; le calcul de $\mathbb{E}[d(X, \tau_n)]$ se trouve dans l'article de Flajolet et al. [99].

Dans cette partie, nous nous limitons au cas $d = 2$ et à une approche combinatoire tirée de Devroye et Laforest [61], basée sur le calcul explicite des probabilités de partage, i.e., des lois des tailles des différents sous-arbres que nous avons présentées en section 8.2.3. Nous présenterons ultérieurement (cf. Section 8.2.7) des techniques différentes dues à Flajolet et Lafforgue [86], qui permettent de retrouver la moyenne et la variance asymptotiques pour toute dimension d, et en outre de montrer que le coût suit asymptotiquement une loi normale.

Probabilité d'insertion à profondeur ℓ Nous allons d'abord exprimer la probabilité $\mathbb{P}(d(X, \tau_n) = \ell)$ de manière récursive, en fonction de la loi de la profondeur d'insertion dans un arbre de taille plus petite, afin d'obtenir la relation (8.12) ci-dessous. En considérant les différents sous-arbres de τ_n, nous obtenons[6] :

$$\mathbb{P}\big(d(X, \tau_n) = \ell\big) = \sum_{j=0}^{3} \mathbb{P}\left(d(X, \tau_n) = \ell, X \in \tau_n^{(j)}\right).$$

Soit $j \in \{0, 1, 2, 3\}$ fixé. En considérant les différentes tailles possibles du sous-arbre $\tau_n^{(j)}$, nous avons

$$\mathbb{P}\left(d(X, \tau_n) = \ell, X \in \tau_n^{(j)}\right) = \sum_{i=0}^{n-1} \mathbb{P}\left(d(X, \tau_n) = \ell, X \in \tau_n^{(j)}, |\tau_n^{(j)}| = i\right).$$

Quand la clé X est insérée à profondeur ℓ dans l'arbre global, elle est insérée à profondeur $\ell - 1$ dans le sous-arbre adéquat, donc

$$\mathbb{P}\left(d(X, \tau_n) = \ell, X \in \tau_n^{(j)}\right) = \sum_{i=0}^{n-1} \mathbb{P}\left(d(X, \tau_n^{(j)}) = \ell - 1, X \in \tau_n^{(j)}, |\tau_n^{(j)}| = i\right).$$

---

[6]Rappelons que l'écriture $\mathbb{P}(A, B)$ pour deux événements A et B, signifie $\mathbb{P}(A \wedge B)$ ou encore $\mathbb{P}(A \cap B)$.

Conditionnons par la taille du sous-arbre $\tau_n^{(j)}$ et par le fait que la clé X soit insérée dans ce sous-arbre :

$$\mathbb{P}\left(d(X, \tau_n) = \ell, X \in \tau_n^{(j)}\right) =$$

$$\sum_{i=0}^{n-1} \mathbb{P}\left(d(X, \tau_n^{(j)}) = \ell - 1 \big| X \in \tau_n^{(j)}, |\tau_n^{(j)}| = i\right) \mathbb{P}\left(X \in \tau_n^{(j)} \big| |\tau_n^{(j)}| = i\right) \mathbb{P}\left(\left|\tau_n^{(j)}\right| = i\right).$$

Sachant les tailles des sous-arbres, la clé X se trouve dans le sous-arbre $\tau_n^{(j)}$ avec probabilité

$$\mathbb{P}(X \in \tau_n^{(j)} | \forall i = 0, 1, 2, 3, |\tau_n^{(i)}| = n_i) = \frac{|\tau_n^{(j)}|}{|\tau_n^{(0)}| + |\tau_n^{(1)}| + |\tau_n^{(2)}| + |\tau_n^{[3]}|} = \frac{n_j}{n-1},$$

donc $\mathbb{P}\left(X \in \tau_n^{(j)} \big| |\tau_n^{(j)}| = i\right) = \dfrac{i}{n-1}$. En outre, nous utilisons la valeur de $\mathbb{P}\left(\left|\tau_n^{(j)}\right| = i\right)$ obtenue pour le cas $d = 2$ (cf. la propriété 8.13.iv) : $\mathbb{P}\left(\left|\tau_n^{(j)}\right| = i\right) = \dfrac{1}{n}(H_n - H_i)$. Enfin, par la proposition 8.12, la loi de $\tau_n^{(j)}$ sachant les tailles de sous-arbres est celle d'un arbre de taille i, donc

$$\mathbb{P}\left(d(X, \tau_n^{(j)}) = \ell - 1 \big| X \in \tau_n^{(j)}, |\tau_n^{(j)}| = i\right) = \mathbb{P}\left(d(X, \tau_i) = \ell - 1\right).$$

Finalement

$$\mathbb{P}\left(d(X, \tau_n) = \ell, X \in \tau_n^{(j)}\right) = \sum_{i=0}^{n-1} \mathbb{P}\left(d(X, \tau_i) = \ell - 1\right) \frac{i}{n(n-1)}(H_n - H_i)$$

et ne dépend pas de j. Donc

$$\mathbb{P}\left(d(X, \tau_n) = \ell\right) = \frac{4}{n(n-1)} \sum_{i=0}^{n-1} i(H_n - H_i)\mathbb{P}\left(d(X, \tau_i) = \ell - 1\right). \tag{8.12}$$

Fonction génératrice des moments de $d(X, \tau_n)$

Lemme 8.18 *Soit* $\lambda_n(t) = \mathbb{E}[e^{td(X, \tau_n)}] = \sum_{\ell \geq 0} \mathbb{P}(d(X, \tau_n) = \ell)e^{\ell t}$ *la fonction génératrice des moments de* $d(X, \tau_n)$. *Elle satisfait la relation de récurrence*

$$\lambda_n(t) = \frac{4e^t}{n(n-1)} \cdot \sum_{i=1}^{n-1} i(H_n - H_i)\lambda_i(t). \tag{8.13}$$

La preuve de ce lemme se fait simplement, en injectant dans la définition de $\lambda_n(t)$ la relation de récurrence (8.12) sur $\mathbb{P}(d(X, \tau_n) = \ell)$.

En différentiant la relation de récurrence donnée en (8.13), puis en remplaçant t par 0, et enfin en tenant compte de $\lambda'_n(0) = \mathbb{E}[d(X, \tau_n)]$, nous obtenons une nouvelle relation de récurrence, cette fois sur les $\mathbb{E}[d(X, \tau_i)]$:

$$\mathbb{E}[d(X, \tau_n)] = 1 + \frac{4}{n(n-1)} \sum_{i=1}^{n-1} i \, (H_n - H_i) \, \mathbb{E}[d(X, \tau_i)].$$

Nous pouvons tout aussi facilement établir une relation de récurrence sur les $\mathbb{E}[d(X, \tau_n)^2]$:

$$\mathbb{E}[d(X, \tau_n)^2] = 2\mathbb{E}[d(X, \tau_n)] - 1$$

$$+ \frac{4}{n(n-1)} \sum_{i=1}^{n-1} i \, (H_n - H_i) \, \mathbb{E}[d(X, \tau_i)^2].$$

Remarquons que ces deux relations de récurrence sont très similaires ; le lemme suivant, dont la démonstration est laissée au lecteur, permettra d'obtenir les expressions de la moyenne et de la variance de $d(X, \tau_n)$.

Lemme 8.19 *Soit la récurrence*

$$u_n = a_n + \frac{4}{n(n-1)} \sum_{i=1}^{n-1} i \, (H_n - H_i) \, u_i \qquad (n \geq 3)$$

avec les conditions initiales $u_1 = 0$, $u_2 = a_2$ et $(a_n)_{n \geq 2}$ une suite de réels. Alors, pour $n \geq 3$,

$$u_n = a_n + 4 \sum_{j=3}^{n} \frac{1}{j^2(j-1)^2(j-2)} \sum_{i=1}^{j-1} i^2(i-1)a_i.$$

Après quelques simplifications, nous obtenons le théorème suivant.

Théorème 8.20 *La moyenne et la variance de la profondeur d'insertion d'une clé X dans un arbre quadrant de recherche à n clés, de paramètre $d = 2$, sont données par*

$$\mathbb{E}[d(X, \tau_n)] = H_n - \frac{1}{6} - \frac{2}{3n} \sim \log n;$$

$$\mathrm{Var}(d(X, \tau_n)) = \frac{1}{2} H_n + H_n^{(2)} - \frac{13}{6} + \frac{5}{9n} - \frac{4}{9n^2} \sim \frac{1}{2} \log n,$$

où $H_n^{(2)} = \sum_{1 \leq p \leq n} \frac{1}{p^2}$.

Comme l'écart-type $\sqrt{\mathrm{Var}\,(d(X, \tau_n))} = \sigma\,(d(X, \tau_n)) = o\,(\mathbb{E}\,[d(X, \tau_n)])$, le théorème C.9 fournit le résultat suivant.

Corollaire 8.21 *Lorsque n tend vers $+\infty$,*

$$\frac{d(X, \tau_n)}{\log n} \longrightarrow 1 \text{ en probabilité.}$$

8.2.6 Hauteur d'un arbre quadrant de recherche

Un encadrement de la hauteur d'un arbre quadrant de recherche de taille n est facile à obtenir : au pire, l'arbre a un nœud par niveau, et est de hauteur n. Au mieux, tous les niveaux (sauf peut-être le dernier) sont remplis, et nous avons $(2^d)^j$ clés au niveau j (la racine est au niveau 0). Si la hauteur de l'arbre saturé[7] est h, le nombre de ses clés vaut $n = (2^{d(h+1)}-1)/(2^d-1)$. En inversant ces relations, nous obtenons un encadrement sur la hauteur $h(\tau_n)$ d'un arbre quadrant de recherche construit sur n clés aléatoires :

$$\frac{1}{d}\log_2\left(n(2^d - 1) + 1\right) - 1 \le h(\tau_n) < n.$$

Il est possible d'obtenir des résultats plus fins : Devroye [56] a montré le théorème suivant.

Théorème 8.22 *Soit $h(\tau_n)$ la hauteur d'un arbre quadrant de recherche construit sur n clés. Alors, lorsque n tend vers $+\infty$,*

$$\frac{h(\tau_n)}{\log n} \longrightarrow \frac{c}{d} \text{ en probabilité,}$$

où $c = 4,31107\ldots$ (déjà apparue dans l'étude des arbres binaires de recherche) est la plus grande solution de l'équation

$$x\log 2 + x - x\log x = 1.$$

D'après le Théorème 8.22, les arbres quadrants de recherche sur des clés de dimension d sont (en moyenne et approximativement quand n tend vers $+\infty$) d fois moins hauts que les arbres binaires de recherche.

---

[7]Nous définissons un arbre quadrant saturé de façon analogue à un arbre binaire saturé (cf. définition 1.26) comme un arbre dont tous les niveaux sont pleins, et donc où toutes les feuilles sont au même niveau.

8.2.7   Polynômes de niveaux

Nous présentons maintenant une méthode alternative pour l'étude de la profondeur d'insertion $d(X, \tau_n)$, paramètre déjà étudié en Section 8.2.5. Après avoir défini les polynômes de niveaux $W_{\tau_n}(z)$ (qui sont des variables aléatoires) et établi une relation de récurrence sur leurs espérances, nous relions ces espérances à $\delta_n(z)$, la fonction génératrice de probabilité de $d(X, \tau_n)$. L'étape suivante consiste à étudier la fonction génératrice bivariée $W(z, t) = \sum_{n \geq 0} \mathbb{E}[W_{\tau_n}(z)] t^n$. Dans le cas $d = 2$, une équation fonctionnelle sur W permet de retrouver les résultats précédents sur la moyenne et la variance de $d(X, \tau_n)$. Nous pouvons aussi montrer, en dimension d quelconque, que la profondeur d'insertion suit asymptotiquement une loi normale. Cette approche est due à Flajolet et Lafforgue [86].

Définition 8.23 Soit τ un arbre quadrant de recherche dans Q, et soit $U_p(\tau)$ le nombre de feuilles de l'arbre τ qui se trouvent au niveau p. Rappelons que les feuilles sont les nœuds externes ainsi que les places d'insertion dans l'arbre quadrant complété.

Le **polynôme de niveaux d'un arbre** τ est

$$W_\tau(z) := \sum_{p \geq 0} U_p(\tau) z^p = \sum_{u \text{ feuille de } \tau} z^{|u|},$$

où $|u|$ est la profondeur (ou niveau) de la feuille u.

Nous avons $W_\varepsilon(z) = 1$ (où ε est l'arbre vide) ; le polynôme de niveaux pour l'arbre τ_0 réduit à une feuille-racine (qui ne contient pas de clé) est $W_{\tau_0}(z) = 1$; et pour l'arbre τ_1 avec une seule clé à la racine et 2^d feuilles, $W_{\tau_1}(z) = 2^d z$.

La valeur en $z = 1$ du polynôme de niveaux de l'arbre τ est égale à son nombre de feuilles :

$$W_\tau(1) = (2^d - 1) |\tau| + 1.$$

Soient $\tau^{(0)}, \tau^{(1)}, \ldots, \tau^{(2^d-1)}$ les sous-arbres à la racine de l'arbre τ ; les polynômes de niveaux de ces arbres satisfont une relation de récurrence, qui est l'outil-clé dans la suite :

$$W_\tau(z) = z \sum_{i=0}^{2^d-1} W_{\tau^{(i)}}(z). \tag{8.14}$$

Lorsque l'arbre τ devient aléatoire, tiré selon la loi $\mathbb{P}_n$, le polynôme de niveaux

$$W_{\tau_n}(z) = \sum_{p \geq 0} U_p(\tau_n) z^p$$

devient une variable aléatoire et $U_p(\tau_n)$, le nombre de feuilles au niveau p, est aussi une variable aléatoire. Par conséquent,

$$\mathbb{E}\left(W_{\tau_n}(z)\right) = \sum_{p \geq 0} \mathbb{E}\left(U_p(\tau_n)\right) z^p.$$

Lemme 8.24 *L'espérance $\mathbb{E}\left(W_{\tau_n}(z)\right)$ du polynôme de niveaux satisfait la récurrence suivante :*

$$\mathbb{E}\left(W_{\tau_n}(z)\right) = 2^d z \sum_{p=0}^{n-1} \pi_{n,p} \, \mathbb{E}\left(W_{\tau_p}(z)\right), \qquad (8.15)$$

où $\pi_{n,p}$ est la probabilité qu'un sous-arbre quelconque de la racine d'un arbre de taille n soit lui-même de taille p, et est donnée par la proposition 8.15.

Preuve Par la relation (8.14),

$$\mathbb{E}\left(W_{\tau_n}(z)\right) = z \sum_{i=0}^{2^d-1} \mathbb{E}\left(W_{\tau_n^{(i)}}(z)\right).$$

Soit $i \in \{0, \ldots, 2^d - 1\}$ fixé. En conditionnant par les tailles des sous-arbres,

$$\mathbb{E}\left(W_{\tau_n^{(i)}}(z)\right) = \mathbb{E}\left(\mathbb{E}(W_{\tau_n^{(i)}}(z)|\forall j, |\tau_n^{(j)}| = n_j)\right)$$

$$= \sum_{p=0}^{n-1} \mathbb{E}\left(\mathbb{E}(W_{\tau_n^{(i)}}(z)\mathbb{1}_{\{|\tau_n^{(i)}|=p\}}|\forall j, |\tau_n^{(j)}| = n_j)\right),$$

la dernière égalité venant de la distinction entre les différentes tailles possibles du sous-arbre $\tau_n^{(i)}$. Par la proposition 8.12, la loi de $\tau_n^{(i)}$ sachant les tailles des sous-arbres est celle d'un arbre de taille p, donc

$$\mathbb{E}\left(W_{\tau_n^{(i)}}(z)\right) = \sum_{p=0}^{n-1} \mathbb{E}(W_{\tau_p}(z))\mathbb{P}(|\tau_n^{(i)}| = p) = \sum_{p=0}^{n-1} \mathbb{E}(W_{\tau_p}(z))\pi_{n,p},$$

qui ne dépend pas de i. Finalement, nous obtenons bien (8.15). $\qquad\square$

Nous donnons quelques indications sur la fonction génératrice univariée de la profondeur d'insertion dans l'exercice 8.11, mais c'est la fonction génératrice bivariée, dont nous entamons maintenant l'étude, qui va permettre d'établir la normalité asymptotique de cette variable aléatoire.

Fonction génératrice bivariée   Nous introduisons ici la fonction génératrice bivariée

$$W(z, t) = \sum_{n \geq 0} \mathbb{E}[W_{\tau_n}(z)]t^n. \tag{8.16}$$

Avec la récurrence (8.15) sur les $\mathbb{E}[W_{\tau_n}(z)]$, nous établissons que

$$W(z, t) = 1 + 2^d z \sum_{p=0}^{n-1} \pi_{n,p} \mathbb{E}[W_{\tau_p}(z)]t^n.$$

Ici, il faudrait une expression des probabilités de partage $\pi_{n,p}$ pour continuer
l'analyse. Nous renvoyons à l'article de Flajolet et Lafforgue [86] pour le cas général
dont l'étude dépasse le cadre de ce livre (cf. aussi le problème 8.13) et détaillons
maintenant le cas $d = 2$.

Etude pour $d = 2$ Supposons dans cette partie que $d = 2$. Nous
montrons alors, en utilisant la relation $\pi_{n,p} = (1/n)(H_n - H_p)$ (cf. la
proposition 8.13), que $W(z, t)$ vérifie cette équation fonctionnelle :

$$W(z, t) = 1 + 4z \int_o^t \frac{1}{(1 - x)x} \int_0^x W(z, v) \frac{dv}{1 - v} dx.$$

Considérons z comme un paramètre réel positif, de sorte que l'équation
ci-dessus devient une équation intégrale sur $y(t) := W(z, t)$, qui fournit
immédiatement, en éliminant les intégrales par dérivation, une équation
différentielle sur $y(t)$:

$$t(1 - t)^2 y'' + (1 - t)(1 - 2t)y' - 4zy = 0.$$

Remarquons tout d'abord que les singularités ne peuvent être qu'en $t = 0$ (ce
qu'on exclut bien vite, en voyant que $W(z, 0) = 1$, $\partial W/\partial t(z, 0) = 4z$, etc.)
et en $t = 1$. Nous cherchons donc, dans un premier temps, des solutions de
la forme $y(t) = 1/(1 - t)^\alpha$, ce qui nous amène à demander que $\alpha(\alpha + 1)t +$
$(1 - 2t)\alpha - 4z = 0$, y compris pour $t = 1$. Posons donc $\alpha^2 = 4z$, et cherchons
maintenant des solutions de la forme

$$y(t) = \frac{Y(t)}{(1 - t)^\alpha},$$

(tsvp)

avec $Y(t)$ une série entière en t. Nous trouvons après quelques calculs que

$$Y(t) = \sum_{i \geq 0} \binom{\alpha}{i}\binom{\alpha-1}{i} t^i,$$

ce qui donne

$$y(t) = \frac{1}{(1-t)^{\alpha}} \sum_{i \geq 0} \binom{\alpha}{i}\binom{\alpha-1}{i} t^i; \qquad \alpha = 2\sqrt{z}.$$

Après encore quelques calculs, nous obtenons

$$\mathbb{E}[W_{\tau_n}(z^2)] = \sum_{p+q=n} \binom{2z+q-1}{q}\binom{2z}{p}\binom{2z-1}{p}.$$

Remarquons que $\binom{2z-1}{p}$ est un polynôme en z, ce qui donne finalement la fonction génératrice $\delta_n(z)$, en utilisant son expression en fonction des $\mathbb{E}[W_{\tau_n}(z)]$.

Fonction hypergéométrique et loi limite Nous avons ici utilisé des moyens élémentaires pour résoudre l'équation différentielle satisfaite par $y(t)$. En fait, la fonction auxiliaire $Y(t)$ appartient à la classe des fonctions hypergéométriques : si

$$F[a, b; c; z] = 1 + \frac{ab}{c}\frac{z}{1!} + \frac{a(a+1)b(b+1)}{c(c+1)}\frac{z^2}{2!} + \ldots,$$

alors $Y(t) = F[-\alpha, -\alpha+1; 1; t]$.

Considérons maintenant $W(z^2, t)$: sa singularité dominante en z est obtenue pour $z = 1$, et dans son voisinage nous obtenons une expression qui fait intervenir la fonction hypergéométrique F mentionnée ci-dessus :

$$W(z^2, t) = \frac{\Gamma(4z)}{\Gamma(2z)\Gamma(2z+1)}\frac{1}{(1-t)^{2z}}F[-2z, 1-2z; 1-4z; 1-t] \quad (8.17)$$

$$+ \frac{\Gamma(-4z)}{\Gamma(-2z)\Gamma(-2z+1)}(1-t)^{2z}F[2z, 1+2z; 1+4z; 1-t].$$

La singularité de $W(z^2, t)$ vient du facteur $\frac{1}{(1-t)^{2z}}$, ce qui correspond à un schéma de loi limite normale (cf. le livre de Flajolet et Sedgewick [94, IX.7.4]) ; en tenant compte des résultats déjà obtenus sur la moyenne et la variance de la profondeur d'insertion, cela fournit directement la normalité asymptotique de la profondeur d'insertion pour $d = 2$.

Il est possible d'étendre le raisonnement fait dans le cas $d = 2$ aux valeurs supérieures : après l'établissement d'une équation différentielle, dont la solution s'exprime à l'aide d'une fonction hypergéométrique, et obtention pour la fonction bivariée d'une expression analogue à (8.17), une technique de *perturbation de la singularité* termine l'analyse. Le théorème suivant montre que la profondeur d'insertion suit asymptotiquement une loi normale, pour tout $d \geq 3$.

Théorème 8.25 *Soient* $\mu_n = (2/d) \log n$ *et* $\sigma_n^2 = (2/d^2) \log n$ *; la profondeur d'insertion dans un arbre quadrant de recherche normalisée* $(d(X, \tau_n) - \mu_n)/\sigma_n$ *converge en distribution vers une loi normale.*

8.2.8 Synthèse des résultats et interprétation algorithmique

Reprenons ci-dessous les principaux résultats que nous avons obtenus, et voyons quelles conséquences algorithmiques nous pouvons en tirer. Nous avons rappelé en section 8.2.2 la loi de probabilité sur l'ensemble Q des arbres quadrants de recherche, puis nous nous sommes intéressés à la loi induite sur les sous-arbres en section 8.2.3. Nous avons ensuite présenté en section 8.2.4 une approche générale des paramètres additifs, avant de passer à l'étude de la profondeur d'insertion d'une clé sous deux angles complémentaires : combinatoire en section 8.2.5 (pour le cas $d = 2$), et par les polynômes de niveau en section 8.2.7 ; enfin nous avons donné des résultats sur la hauteur en section 8.2.6.

Lois des sous-arbres La loi de la taille d'un sous-arbre est donnée, dans le cas $d = 2$, par la proposition 8.13, et par la proposition 8.15 dans le cas général. Ces résultats, explicites dans le cas $d = 2$ et sous forme de somme finie ou d'intégrale pour $d \geq 3$, servent de base pour les études qui suivent, aussi bien pour les paramètres additifs que pour la profondeur d'insertion.

Paramètres additifs Comme c'était déjà le cas pour les familles simples d'arbres présentées en section 4.2, les paramètres additifs sur les arbres quadrants de recherche se prêtent à une analyse systématique, cf. la section 8.2.4. Parmi ces paramètres se trouve le nombre de nœuds d'arité donnée, en particulier le nombre de feuilles. Dans le cas des arbres paginés, leur étude permet d'obtenir le taux de remplissage des pages (cf. le problème 8.10). Un autre paramètre additif essentiel est la longueur de cheminement, dont la moyenne est asymptotiquement équivalente à $\frac{2}{d} n \log n$, cf. la proposition 8.16.

Profondeur d'insertion Nous avons d'abord étudié le cas $d = 2$, et obtenu dans un premier temps (équation (8.12)) une expression pour la probabilité de l'insertion à profondeur ℓ, puis dans le théorème 8.20 la moyenne et la variance de la profondeur d'insertion $d(X, \tau_n)$ d'une clé X dans un arbre quadrant à n clés τ_n, toutes deux d'ordre asymptotique en $\log n$, et enfin, dans le corollaire 8.21, la convergence en probabilité de la profondeur normalisée $d(X, \tau_n)/\log n$.

Nous avons ensuite considéré les polynômes de niveaux, qui décrivent le profil de l'arbre, i.e., le nombre de feuilles à chaque niveau, toutes ces quantités étant des variables aléatoires. Nous avons obtenu l'espérance de ce polynôme dans le lemme 8.24, pour une valeur quelconque de d. Cela nous a permis d'en tirer une expression de la fonction génératrice de probabilité de la profondeur d'insertion (dans l'exercice 8.11), puis d'obtenir la convergence en distribution de la variable normalisée $(d(X, \tau_n) - \mu_n)/\log n$ vers une loi Gaussienne dans le théorème 8.25.

Hauteur Nous avons d'abord donné un encadrement grossier, avec une borne inférieure d'ordre logarithmique, puis montré (théorème 8.22) que cette borne inférieure donne effectivement le bon ordre de grandeur, à défaut de la constante exacte, et que la hauteur normalisée $h(\tau_n)/\log n$ converge en probabilité.

Coûts des opérations sur les arbres quadrants de recherche Comme pour les arbres binaires de recherche, nous pouvons distinguer les opérations d'insertion, de recherche avec succès, et de recherche sans succès.

Le coût d'une recherche avec succès, lorsque nous supposons que nous accédons avec équiprobabilité à chaque clé présente dans un arbre quadrant de recherche construit sur n clés, est lié à sa longueur de cheminement : il est en moyenne asymptotiquement équivalent à $\frac{2}{d} \log n$.

Le coût d'une recherche sans succès est le même que celui d'une insertion ; tous deux sont déterminés par la profondeur d'insertion et suivent asymptotiquement une loi Gaussienne dont la moyenne et la variance sont d'ordre asymptotique $\log n$.

Le coût d'une opération dans un arbre quadrant de recherche est donc très comparable à celui de la même opération dans un arbre binaire de recherche (qui ne sont autres, rappelons-le, que des arbres quadrants pour $d = 1$) ; cf. la section 6.6. À première vue, si les ordres sont les mêmes, les constantes sont divisées par d ; nous pourrions donc penser que l'utilisation d'un arbre quadrant de recherche divise par d le nombre de comparaisons lors de la recherche d'une clé... mais une comparaison entre deux clés de dimension d requiert en fait d comparaisons élémentaires sur les coordonnées. Si nous prenons en compte, non pas les seuls nombres de comparaisons entre clés dans les arbres binaires de recherche et dans les arbres quadrants de recherche, mais les coûts réels des comparaisons, nous voyons que les coûts de recherche sont similaires.

Revenons enfin sur cette vision des arbres binaires de recherche comme cas particulier des arbres quadrants de recherche : si les coûts algorithmiques sont très semblables, il y a cependant des différences notables de comportement qui ne nous ont pas permis de transposer les analyses mathématiques. Cela se voit par exemple sur la loi de la taille du premier sous-arbre, qui est uniforme sur $\{0, 1, \ldots, n-1\}$ pour les arbres binaires de recherche, et cesse de l'être pour les arbres quadrants de recherche dès que $d \geq 2$.

8.3   Exercices et problèmes

▷ **8.1.**   Utiliser le comportement asymptotique au premier ordre de X_n, donné par le théorème 8.10 pour déduire le comportement asymptotique presque sûr au premier ordre de S_n, le nombre de nœuds d'un arbre m-aire de recherche défini par

$$S_n = X_n^{(2)} + \cdots + X_n^{(m)}.$$

Montrer que

$$\frac{S_n}{n} \xrightarrow[n\to\infty]{p.s.} \frac{1}{2H_m(1)} = \frac{1}{2(H_m - 1)}.$$

◁

▷ **8.2.**   Soit un arbre quadrant de recherche construit sur $n = 2$ clés, et de dimension $d = 2$; il a donc 7 feuilles. Calculer les probabilités d'insertion dans la première, la seconde,..., la septième feuille. Les feuilles d'un niveau donné ont-elles toutes même probabilité ? Calculer les probabilités d'insertion aux niveaux 1 et 2. ◁

▷ **8.3.**   Dans le cas $d = 2$, calculer la hauteur moyenne d'un arbre quadrant de taille 3, en supposant tous les arbres quadrants de taille donnée équiprobables. Puis calculer les probabilités des différents arbres quadrants de recherche avec 3 clés, et en déduire la hauteur moyenne d'un arbre quadrant de recherche construit sur 3 clés sous la loi Ord. ◁

▷ **8.4.**   Démontrer la proposition 8.12 : dans un arbre quadrant de recherche de taille n, sous la loi $\mathbb{P}_n$, les sous-arbres d'un nœud donné sont indépendants, connaissant les tailles de ces sous-arbres. ◁

▷ **8.5.**   Démontrer la proposition 8.13. On pourra utilement estimer la probabilité $\pi_{n,p}$ en conditionnant par le fait que la racine de l'arbre ait sa i-ième coordonnée dans un petit intervalle de la forme $[u_i, u_i + du_i]$. ◁

▷ **Problème 8.6.**   Le but de ce problème est de démontrer la proposition 8.15, qui donne les probabilités de partage dans le cas $d \geq 2$.

1. Montrer d'abord la première égalité de façon analogue à la proposition 8.13, qui traite le cas $d = 2$.
2. En remplaçant $1/(1 - z/i)$ par $\exp(-\log(1 - z/i))$, réécrire ensuite la première expression sous la forme $\frac{1}{n}[z^{d-1}] \prod_{i=p+1}^{n} \frac{1}{1-z/i}$, et en tirer la seconde égalité.
3. En conditionnant par l'événement *la racine appartient à* $\prod_{i=1}^{d}[u_i, u_i + du_i]$, montrer que $\pi_{n,k} = \binom{n-1}{k} \int_0^1 \ldots \int_0^1 (u_1 \ldots u_d)^k (1 - u_1 \ldots u_d)^{n-k-1} du_1 \ldots du_d$, et en déduire la troisième égalité.
4. Finalement, montrer que $\int_0^1 t^q (\log t)^d \, dt = -\frac{d}{q+1} \int_0^1 t^q (\log t)^{d-1} \, dt$, et passer de la troisième à la quatrième égalité.

◁

▷ **8.7.**   Quel péage e_n donne le nombre de feuilles d'un arbre ? Dans un arbre paginé, avec une taille de page de b, quel péage e_n donne le nombre de nœuds internes ? le nombre de feuilles ? de nœuds ayant k clés ? Pour chacun de ces paramètres, peut-on obtenir une forme close pour sa fonction génératrice ? sa valeur moyenne sur les arbres de taille n ? ◁

▷ **8.8.**   Pour le cas $d = 2$, retrouver les valeurs de la moyenne et de la variance de la profondeur d'insertion $d(X, \tau_n)$ à partir des expressions de W_{τ_n} et δ_n données dans la section 8.2.7. ◁

▷ **8.9.**   Dans l'étude de la profondeur d'insertion pour le cas $d = 2$, démontrer la relation (8.17) donnant la fonction $W(z^2, t)$ à l'aide de la fonction hypergéométrique F. ◁

▷ **Problème 8.10. (Analyse des arbres quadrants paginés)**   On considère le paramètre additif *Nombre de pages*. Soit b la taille d'une page. On se limitera ici au cas de clés bi-dimensionnelles : $d = 2$.

1. Montrer que le nombre moyen de pages vaut $\gamma_b n + O(\log n)$, où

$$\gamma_b = 9 \int_0^1 \frac{(1-t)^3}{t(1+2t)^2} dt \int_0^t \frac{1+2v}{(1-v)^2} E_b(v) dv,$$

avec

$$E_b(z) = z^b \left[\frac{1}{(1-z)^2} + \frac{b}{1-z} + b(b+1) \right].$$

2. Calculer les valeurs de γ_b pour $b = 0, 1, 2$. Montrer que, lorsque $b \to +\infty$, $\gamma_b = 3/b + O(1/b^2)$.

3. En prenant $b = 1$, montrer que la proportion de feuilles dans un arbre quadrant de recherche non paginé vaut asymptotiquement (i.e. pour un nombre de clés n tendant vers l'infini) $4\pi^2 - 39 + O(1/n) = 0.4784\cdots + O(1/n)$.

4. Montrer que le nombre de pages avec j clés, $0 \leq j \leq b$, vaut asymptotiquement $\gamma_{b,j} n$, avec

$$\gamma_{b,j} = \frac{\gamma_b}{b+1} + \frac{2}{3} \cdot \frac{3b\gamma_b + 2\gamma_b - 6}{b(b+1)} (H_{b+1} - H_j - 1).$$

(Voir l'article de Flajolet et Hoshi [84].) ◁

▷ **Problème 8.11. (Fonction génératrice de la profondeur d'insertion)** Soient respectivement $d(X, \tau_n)$ et $U_p(\tau_n)$ la profondeur d'insertion de la clé X, et le nombre de feuilles à profondeur p, dans un arbre aléatoire τ_n.

1. Relier la valeur prise par $d(X, \tau_n)$ à l'expression de $U_p(\tau_{n+1})$ en fonction de $U_p(\tau_n)$.

2. Établir la relation de récurrence sur les variables aléatoires $U_p(\tau_n)$:

$$U_p(\tau_{n+1}) = U_p(\tau_n) + 2^d \mathbb{1}_{\{d(X,\tau_n)=p-1\}} - \mathbb{1}_{\{d(X,\tau_n)=p\}}.$$

3. En déduire que

$$\mathbb{E}[W_{\tau_{n+1}}(z)] = \mathbb{E}[W_{\tau_n}(z)] + (2^d z - 1)\mathbb{E}\left(z^{d(X,\tau_n)}\right) \quad p.s.$$

4. Soit $\delta_n(z) = \sum_p d_{n,p} z^p = \mathbb{E}(z^{d(X,\tau_n)})$ la fonction génératrice de probabilités de $d(X, \tau_n)$, avec $d_{n,p} = \mathbb{P}(d(X, \tau_n) = p)$. Elle est reliée à la fonction génératrice des moments par la relation $\delta_n(e^t) = \lambda_n(t)$. Montrer que δ_n s'exprime en fonction des espérances des polynômes de niveaux :

$$\delta_n(z) = \frac{1}{2^d z - 1} \left(\mathbb{E}[W_{\tau_{n+1}}(z)] - \mathbb{E}[W_{\tau_n}(z)] \right).$$

5. En déduire une relation de récurrence sur les coefficients de δ_n :

$$d_{n,p} = 2^d d_{n,p-1} - \mathbb{E}\left(U_p(\tau_{n+1})\right) + \mathbb{E}\left(U_p(\tau_n)\right).$$

◁

▷ **8.12.** Est-il possible d'écrire une martingale pour la profondeur d'insertion dans un arbre quadrant, en s'inspirant de la méthode employée pour les arbres binaires de recherche ? (Penser aux probabilités conditionnelles $\mathbb{P}[d(X, \tau_n) = p \mid \tau_n]$.) ◁

▷   **Problème   8.13. (Loi limite de la profondeur d'insertion dans un arbre quadrant** (*d* **quelconque))**

1. Soient les opérateurs

$$If(t) = \int_0^t f(v)\frac{dv}{1-v}; \qquad Jf(t) = \int_0^t f(v)\frac{dv}{v(1-y)}.$$

En utilisant la forme intégrale

$$\pi_{n,k} = \binom{n-1}{p}\int_0^1 t^p(1-t)^{n-p-1}\frac{(-\log t)^{d-1}}{(d-1)!}dt$$

et l'équation 8.16. montrer que $W(z, t)$ satisfait une équation intégrale

$$W(z,t) = 1 + 2^d \, z \, J^{d-1} I \, W(z,t).$$

2. La fonction $W(z, t)$ est maintenant considérée comme une fonction $\Psi_z(t)$ en t, paramétrée par z. En dérivant l'équation obtenue à l'étape précédente, établir une équation différentielle satisfaite par $\Psi_z(t)$, linéaire d'ordre d et à coefficients polynomiaux en z et t.
3. Montrer que, lorsque z est proche de 1, la fonction $\Psi_z(t)$ a une singularité en t, elle-même proche de 1, et qu'elle satisfait le schéma bivarié

$$W(z,t) = \frac{A(t) + B(z,t)}{(1-z)^{f(t)}}$$

où $f(t)$ est une fonction analytique en $t = 1$ et $f(1) > 0$, $A(t)$ est analytique en $t = 1$ avec $A(1) \neq 0$, et $B(z,t) = o(1)$ uniformément en t lorsque $z \to 1$.
4. En reconnaissant un schéma $(1 - t)^{-f(z)}$ (cf. le livre de Flajolet et Sedgewick [94, IX.7.4]), montrer la normalité asymptotique.

(Voir l'article de Flajolet et Lafforgue [86].)   ◁

Chapitre 9
Urnes de Pólya et applications

Nous présentons ici le modèle des urnes de Pólya et les analyses qui s'ensuivent. Les motivations algorithmiques viennent de l'utilisation de ce modèle pour l'étude des arbres m-aires de recherche, annoncée en section 8.1.3, ainsi que pour l'étude des arbres-B de recherche définis en section 3.2.2 (b) et dont les formes d'arbre ont été dénombrés en section 4.4.

Dans ce chapitre, les urnes de Pólya sont définies en section 9.1 puis étudiées de plusieurs façons complémentaires : par combinatoire analytique en section 9.2 sont obtenues une description fine de la composition de l'urne à temps fini et des convergences en loi. Ces dernières peuvent aussi être vues par des approches probabilistes et nous verrons en section 9.3 comment tirer parti de la dynamique du processus d'évolution de l'urne et obtenir dans certains cas des convergences presque sûres. Le plongement en temps continu qui sera précisé en section 9.4 permettra de faire le lien avec des processus de branchement. Une approche algébrique, au sens de l'algèbre linéaire, permettra d'obtenir le comportement asymptotique de l'urne, en restant en temps discret. Enfin, trois applications aux arbres liés à l'algorithmique sont détaillées en section 9.5.

9.1 Définition

Considérons une seule urne qui contient des boules de différentes couleurs. À chaque instant (le temps est discret), nous procédons au tirage « au hasard » d'une boule dans l'urne, ce qui signifie que le tirage est *uniforme* parmi les boules de l'urne. Nous regardons la couleur de la boule tirée et nous la remettons dans l'urne. Nous ajoutons alors r_{ij} boules de couleur j quand nous avons tiré une boule de couleur i. Appelons $(Y_n)_{n \geq 0}$ la suite des vecteurs *composition de l'urne*, c'est-à-dire que Y_n est le vecteur dont les coordonnées sont le nombre de boules de chaque couleur à l'instant n. La suite $(Y_n)_{n \geq 0}$ (qui est une chaîne de Markov non homogène

© Springer Nature Switzerland AG 2018

B. Chauvin et al., *Arbres pour l'Algorithmique*, Mathématiques et Applications 83, https://doi.org/10.1007/978-3-319-93725-0_9

à valeurs dans $\mathbb{N}^k$ avec k un entier fixé égal au nombre de couleurs), est entièrement décrite par la composition initiale de l'urne et par la matrice dite de remplacement $R = (r_{ij})$ à k lignes et k colonnes et à coefficients entiers relatifs. L'objectif de ce chapitre est d'étudier le comportement asymptotique de Y_n, c'est-à-dire la composition asymptotique de l'urne.

Comme nous autorisons des coefficients négatifs de la matrice de remplacement, ce qui signifie des suppressions de boules, la question se pose de la viabilité[1] (en anglais « tenability ») de l'urne. Dans le modèle étudié ici, nous supposerons que *seuls les coefficients diagonaux de R peuvent être négatifs*. Une condition nécessaire et suffisante pour assurer dans ce cas la viabilité de l'urne est la condition arithmétique suivante qui contraint les coefficients de R et les valeurs $Y_0^{(j)}$ (où $Y_0^{(j)}$ est la j-ième coordonnée du vecteur Y_0) de l'état initial :

Une urne est viable si et seulement si pour tout $j \in \{1, 2, \ldots, k\}$ tel que $r_{jj} \leq -1$, alors

$$r_{jj} \text{ divise } Y_0^{(j)} \text{ et } \forall i \neq j, \ r_{jj} \text{ divise } r_{ij}. \tag{9.1}$$

La vérification se fait par récurrence sur n. Le cas de coefficients diagonaux négatifs apparaîtra dans les exemples des arbres-B et des arbres m-aires de recherche. L'urne $\begin{pmatrix} -2 & 3 \\ 4 & -3 \end{pmatrix}$ associée aux arbres 2–3, dans la section 9.5.2 en est un cas particulier.

Le modèle historique a été introduit par Eggenberger et Pólya [210] en 1923 : l'urne contient des boules de deux couleurs, disons rouges et noires. Tirons au hasard une boule dans l'urne ; si une boule rouge (respectivement noire) a été tirée, remettons-la dans l'urne puis ajoutons S boules rouges (respectivement S boules noires) dans l'urne avec $S \geq 1$. La matrice de remplacement est $R = \begin{pmatrix} S & 0 \\ 0 & S \end{pmatrix}$. Ce cas et sa généralisation à plus de deux couleurs ne sont pas détaillés ici ; après renormalisation, le vecteur composition de l'urne suit alors asymptotiquement une loi de Dirichlet sur le simplexe de $\mathbb{R}^k$. Chaque coordonnée (le nombre de boules rouges par exemple) suit asymptotiquement une loi Beta. Ces résultats remontent apparemment à Athreya [11], sont mentionnés par Blackwell et Kendall [29], et évoqués dans le livre de Johnson et Kotz [151]. Pour un résumé par la méthode des moments, voir l'appendice de [42] et l'annexe C.9.

Dans ce chapitre, nous considérons uniquement le cas dit des urnes équilibrées (en anglais « balanced ») dans lesquelles nous ajoutons à chaque instant un nombre

---

[1]Nous dirons qu'une urne est viable lorsqu'à tout instant $n \geq 0$, toute opération de suppression de boules induite par la matrice de remplacement est possible.

fixe S de boules.[2] Ce nombre S est appelé par anglicisme la *balance* de l'urne. Autrement dit, nous supposons qu'il existe un entier S tel que pour tout $i = 1, \ldots, k$

$$S = \sum_{j=1}^{k} r_{ij}.$$

Par conséquent, si $|Y_0|$ est le nombre de boules initialement dans l'urne :

$$|Y_0| := \sum_{i=1}^{k} Y_0^{(i)},$$

alors le nombre total de boules dans l'urne à l'instant n est déterministe, égal à $|Y_n| = |Y_0| + nS$. Bien sûr, la composition de l'urne est aléatoire. L'évolution de l'urne est décrite par les probabilités de transition : pour tout $i = 1, \ldots, k$,

$$\mathbb{P}(Y_{n+1} = Y_n + \Delta_i | Y_n) = \frac{Y_n^{(i)}}{|Y_0| + nS},$$

où les vecteurs $\Delta_i, i = 1, \ldots, k$ sont les vecteurs lignes de la matrice R. Ce qui est remarquable, dû à l'hypothèse d'équilibre, est que ces transitions (bien que non homogènes) sont *linéaires* en Y_n. C'est pour cette raison que l'approche algébrique (au sens algèbre linéaire) dans la section 9.3.2 sera efficace. Lorsque que l'hypothèse d'équilibre n'est pas vérifiée, d'autres méthodes peuvent être utilisées, comme la combinatoire analytique (dans Morcrette [188] et en section 9.2) ou le plongement en temps continu (dans Kotz, Mahmoud et Robert [161], Janson [147] et en section 9.4).

9.2 Etude combinatoire analytique

L'approche combinatoire analytique des urnes de Pólya est due à Flajolet et ses co-auteurs Dumas, Gabarró, Pekari et Puyhaubert au milieu des années 2000. Les deux articles fondateurs sont [102] et [103]. La présentation qui suit est reprise de Pouyanne [215], dans un cours de master donné en Tunisie en 2012.

9.2.1 Les histoires

Nous supposons dans cette section que l'urne est à *deux* couleurs, sa matrice de remplacement est $\begin{pmatrix} a & b \\ c & d \end{pmatrix}$ et la composition initiale de l'urne est (α, β). La première

---

[2]La notation S vient de l'article original en allemand d'Eggenberger et Pólya [210] pour Summe qui veut dire somme.

idée consiste à coder la composition de l'urne par une suite de mots finis dont les lettres sont prises dans l'alphabet $\{r, n\}$ (r pour rouge, n pour noire). La composition initiale de l'urne est codée par le mot

$$W_0 = rr\ldots rnn\ldots n = r^\alpha n^\beta.$$

La tirage dans l'urne revient à choisir uniformément une lettre du mot. Si la lettre choisie est un r, nous la remplaçons dans le mot par $r^{a+1}n^b$; si la lettre choisie est un n, nous la remplaçons par $r^c n^{d+1}$. La succession des tirages donne ainsi lieu à une suite de mots (aléatoires)

$$W_0, W_1, W_2 \ldots$$

A l'instant n, nous retrouvons bien sûr le vecteur composition Y_n en comptant le nombre de lettres r et n dans le mot W_n. Dans toute cette section d'étude par combinatoire analytique, notons que les vecteurs composition Y_n sont des vecteurs colonne.

Définition 9.1 (Histoires du processus) Si n est un entier naturel, si $\begin{pmatrix} u_0 \\ v_0 \end{pmatrix}$ et $\begin{pmatrix} u \\ v \end{pmatrix}$ sont deux vecteurs non nuls[3] à coefficients entiers naturels, une *histoire de longueur* n *menant de* $\begin{pmatrix} u_0 \\ v_0 \end{pmatrix}$ à $\begin{pmatrix} u \\ v \end{pmatrix}$ est une suite de mots $W_0 = r^{u_0} n^{v_0}, W_1, W_2, \ldots, W_n$ produits de la manière ci-dessus, pour lesquels W_n contient exactement u lettres r et v lettres n.

Naturellement, avec ces notations, à cause de l'hypothèse de balance, quelle que soit son histoire, le mot W_n a toujours $(u_0 + v_0 + nS)$ lettres. L'objet combinatoire central de cette méthode est le nombre de ces histoires : notons

$$H_n \begin{pmatrix} u_0 & u \\ v_0 & v \end{pmatrix}$$

le nombre d'histoires de longueur n menant de $\begin{pmatrix} u_0 \\ v_0 \end{pmatrix}$ à $\begin{pmatrix} u \\ v \end{pmatrix}$. Voir les exercices 9.1 et 9.2 pour se familiariser avec cette notion d'histoires.

Comme presque toujours en combinatoire analytique, nous travaillons sur des séries génératrices. Ici, c'est de la série trivariée des histoires qu'il s'agit : la variable x compte le nombre de boules rouges, la variable y compte le nombre de boules noires et la variable z compte la longueur (le temps). La série génératrice est exponentielle en z. Ainsi, une matrice de remplacement étant donnée, nous noterons

$$H\left(x, y, z \,\middle|\, \begin{matrix} u_0 \\ v_0 \end{matrix}\right) = \sum_{u,v,n\in\mathbb{N}} H_n \begin{pmatrix} u_0 & u \\ v_0 & v \end{pmatrix} x^u y^v \frac{z^n}{n!}.$$

---

[3]Nous considérons seulement des urnes viables et donc $\binom{u}{v} = \binom{0}{0}$ ne se produit jamais.

Par exemple, pour n'importe quelle urne, $H\left(1, 1, z\,\middle|\,\begin{matrix} u_0 \\ v_0 \end{matrix}\right) = \left(\dfrac{1}{1 - Sz}\right)^{\frac{u_0 + v_0}{S}}$.

Dans l'exercice 9.2, nous calculons H pour l'urne originale de Pólya-Eggenberger $R = SI_2$.

Le résultat suivant est qualifié de « basic isomorphism » dans Flajolet et al. [103]. Il relie H, la fonction génératrice des histoires, aux solutions d'un système différentiel canoniquement attaché à l'urne.

Théorème 9.2 ([103]) *Soient x, y, z des nombres complexes tels que $xy \neq 0$. Soient $X(t)$ et $Y(t)$ les solutions du problème de Cauchy (formel ou analytique)*

$$\begin{cases} \dfrac{dX}{dt} = X^{a+1} Y^b \\[2mm] \dfrac{dY}{dt} = X^c Y^{d+1} \\[2mm] X(0) = x, \, Y(0) = y. \end{cases} \tag{9.2}$$

Alors, pour toute configuration initiale (u_0, v_0), pour tout z « assez proche de l'origine » (dans un cadre analytique),

$$H\left(x, y, z\,\middle|\,\begin{matrix} u_0 \\ v_0 \end{matrix}\right) = X(z)^{u_0} Y(z)^{v_0}.$$

Preuve Un tirage dans l'urne revient à choisir (ou pointer) une lettre d'un mot et à la remplacer par un mot. Or, en combinatoire analytique, pointer un objet combinatoire se traduit par une dérivée partielle sur les séries génératrices (voir [94] section I.6.2) ; opérer un remplacement a pour effet de multiplier par un monôme *ad hoc*. C'est la raison pour laquelle nous considérons l'opérateur différentiel sur les fonctions de deux variables

$$\mathcal{D} = x^{a+1} y^b \frac{\partial}{\partial x} + x^c y^{d+1} \frac{\partial}{\partial y}.$$

L'effet de $\mathcal{D}$ sur les monômes est lié aux histoires de l'urne par la formule

$$\begin{aligned} \mathcal{D}(x^{u_0} y^{v_0}) &= u_0 x^{a+u_0} y^{b+v_0} + v_0 x^{c+u_0} y^{d+v_0} \\ &= H_1\left(\begin{matrix} u_0 & u_0 + a \\ v_0 & v_0 + b \end{matrix}\right) x^{a+u_0} y^{b+v_0} + H_1\left(\begin{matrix} u_0 & u_0 + c \\ v_0 & v_0 + d \end{matrix}\right) x^{c+u_0} y^{d+v_0} \\ &= \sum_{u, v \geq 0} H_1\left(\begin{matrix} u_0 & u \\ v_0 & v \end{matrix}\right) x^u y^v \end{aligned}$$

et par récurrence, pour tout $n \in \mathbb{N}$,

$$\mathcal{D}^n \left(x^{u_0} y^{v_0} \right) = \sum_{u,v \geq 0} H_n \begin{pmatrix} u_0 & u \\ v_0 & v \end{pmatrix} x^u y^v.$$

Notons que c'est dans cette récurrence que les propriétés markoviennes du processus interviennent. Par ailleurs, si (X, Y) est une solution du système différentiel $\{X' = X^{a+1}Y^b, Y' = X^c Y^{d+1}\}$, alors

$$\frac{d}{dt} \left(X(t)^{u_0} Y(t)^{v_0} \right) = u_0 X(t)^{a+u_0} Y(t)^{b+v_0} + v_0 X(t)^{c+u_0} Y(t)^{d+v_0}$$
$$= \mathcal{D} \left(x^{u_0} y^{v_0} \right) \Big|_{\substack{x = X(t) \\ y = Y(t)}}$$

avec une formule analogue pour la dérivée $n^{\text{ième}}$. En regroupant, nous avons successivement

$$H \left(X(t), Y(t), z \,\Big|\, \begin{matrix} u_0 \\ v_0 \end{matrix} \right) = \sum_{n \geq 0} \mathcal{D}^n \left(x^{u_0} y^{v_0} \right) \Big|_{\substack{x = X(t) \\ y = Y(t)}} \frac{z^n}{n!}$$
$$= \sum_{n \geq 0} \frac{d^n}{dt^n} \left(X(t)^{u_0} Y(t)^{v_0} \right) \frac{z^n}{n!}$$

en enfin, grâce à la formule de Taylor (analytique ou formelle),

$$H \left(X(t), Y(t), z \,\Big|\, \begin{matrix} u_0 \\ v_0 \end{matrix} \right) = X(t+z)^{u_0} Y(t+z)^{v_0}.$$

Le théorème s'ensuit immédiatement en prenant la valeur à l'origine $(t = 0)$.   □

Ce théorème permet de trouver des expressions exactes des fonctions H et d'en tirer des conséquences probabilistes très précises sur la distribution de l'urne à temps fini, ou encore sur l'asymptotique du processus. Des exemples sont développés dans [103, 215].

Remarque 9.3 Une conséquence du théorème est que

$$H \left(x, y, z \,\Big|\, \begin{matrix} u_0 \\ v_0 \end{matrix} \right) = H \left(x, y, z \,\Big|\, \begin{matrix} 1 \\ 0 \end{matrix} \right)^{u_0} H \left(x, y, z \,\Big|\, \begin{matrix} 0 \\ 1 \end{matrix} \right)^{v_0}.$$

Cette formule évoque une propriété de convolution et doit être mise en perspective avec la propriété de branchement du processus de l'urne plongée en temps continu comme dans la section 9.4, qui conduit à une équation semblable sur les transformées de Fourier de lois limites des grandes urnes (dans [40]). Le lien entre ces deux propriétés reste à établir.

Fig. 9.1 Un abr avec des
feuilles/possibilités
d'insertion distinguées : en
rose, de type 1, la plus à
droite ; en bleu, de type 2,
celles qui sont enfant direct
d'un nœud de la branche de
droite ; celles de type 3, dans
les sous-arbres $\tau_1, \tau_2, \ldots,$ ne
sont pas représentées

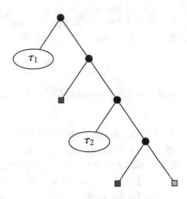

9.2.2 Une urne dans un abr

En guise d'illustration de la méthode combinatoire analytique, le résultat suivant a constitué un point clé dans une étude d'arbres d'expressions booléennes [41]. Considérons un processus d'abr $(\mathcal{T}_n)$ comme en section 2.2.3. Pour un arbre $\mathcal{T}_n$, considérons sa branche droite, celle qui va de la racine à la feuille la plus à droite et appelons X_n le nombre de feuilles directement enfant d'un nœud interne de cette branche droite. Voir la figure 9.1.

Proposition 9.4 *La loi de X_n est donnée par : pour tout $n \geq 1$, pour tout $m \leq n$,*

$$\mathbb{P}(X_n = m) = \frac{1}{m!} \sum_{j=0}^{n-m} \frac{(-1)^j}{j!}.$$

La loi de X_n converge lorsque $n \to +\infty$ vers une loi de Poisson de paramètre 1.

Preuve (idée) Une urne de Pólya apparaît lorsque nous convenons que les boules de l'urne sont les feuilles de l'arbre. Elles sont de trois types. Les feuilles de type 2 sont celles que nous voulons compter. La feuille de type 1 est la feuille la plus à droite. Les feuilles de type 3 sont les autres feuilles de l'arbre. Important : l'insertion a bien lieu uniformément sur les feuilles/boules.

La matrice de remplacement de cette urne est

$$\begin{pmatrix} 0 & 1 & 0 \\ 0 & -1 & 2 \\ 0 & 0 & 1 \end{pmatrix}$$

et X_n est le nombre de boules de type 2 dans l'urne à l'instant n. L'application du théorème 9.2, ou plutôt de son extension au cas de plus de deux couleurs, fournit le résultat. Les détails des calculs se trouvent dans la thèse de Morcrette [187], avec des liens entre ce décompte et les records d'une permutation.[4]   □

9.3   Etude probabiliste dynamique

Nous considérons des urnes équilibrées, de balance $S > 0$. Précisons que lorsque la balance est nulle, la méthode qui suit pourrait se développer de manière analogue, mais le comportement asymptotique serait différent. Lorsque $S > 0$, ramenons-nous à $S = 1$ de la manière suivante. Divisons par S le vecteur composition Y_n ainsi que les coefficients de la matrice de remplacement R, qui deviennent donc rationnels. Le processus obtenu est à valeurs dans $\mathbb{R}^k$, c'est un « processus de Pólya » au sens de Pouyanne [213]. Nous considérons dans la suite une matrice de remplacement R de balance 1, sous conditions suffisantes de viabilité détaillées plus haut, de sorte que la composition de l'urne obéit à la transition

$$\mathbb{P}(Y_{n+1} = Y_n + \Delta_i | Y_n) = \frac{Y_n^{(i)}}{|Y_0| + n}, \tag{9.3}$$

où nous rappelons que les $Y_n^{(i)}$ sont les coordonnées du vecteur Y_n, que $|Y_0| := \sum_{i=1}^{k} Y_0^{(i)}$ est le nombre de boules initialement dans l'urne et que les vecteurs $\Delta_i, i = 1, \ldots, k$ sont les vecteurs lignes de la matrice R. La suite (Y_n) est une marche aléatoire à valeurs dans $\mathbb{R}^k$, d'état initial Y_0 et d'incréments Δ_i.

Prenons l'espérance conditionnelle de Y_{n+1} sachant $\mathcal{F}_n$, le passé avant n (voir la section C.7 pour l'espérance conditionnelle). D'après (9.3),[5]

$$\mathbb{E}\left(Y_{n+1} \middle| \mathcal{F}_n\right) = Y_n + \sum_{i=1}^{k} \frac{Y_n^{(i)}}{|Y_0| + n} \Delta_i$$

et donc

$$\mathbb{E}\left(Y_{n+1} \middle| \mathcal{F}_n\right) = Y_n \left(I + \frac{R}{|Y_0| + n}\right). \tag{9.4}$$

L'expression de cette espérance conditionnelle est presque une propriété de martingale (ce serait le cas si nous avions Y_n dans le membre de droite) ; la martingale sera

---

[4]Il y a en outre dans cette thèse d'autres applications de la méthode combinatoire analytique aux urnes.

[5]Dans la suite, Y_n désigne un vecteur « ligne » de taille k, I désigne la matrice identité de taille k et R est la matrice de remplacement, de taille k.

visible dans le théorème 9.8. Dans la suite, nous désignerons indifféremment par la même lettre un endomorphisme de $\mathbb{R}^k$ et sa matrice dans la base canonique.

9.3.1 Etude en moyenne

En itérant l'expression dans (9.4) à partir de Y_0, nous trouvons

$$\mathbb{E}Y_n = Y_0\gamma_n(R) \tag{9.5}$$

où γ_n est le polynôme défini par

$$\gamma_n(t) = \prod_{k=0}^{n-1}\left(1 + \frac{t}{|Y_0| + k}\right). \tag{9.6}$$

Supposons ici que la matrice R soit diagonalisable. Si elle ne l'est pas, l'étude est plus compliquée et peut être trouvée dans Pouyanne [213] : la matrice R se décompose suivant sa forme de Jordan et apparaissent des endomorphismes nilpotents introduisant des termes en $\log n$ dans l'asymptotique.

Revenons au cas diagonalisable et appelons $Sp(R)$ l'ensemble des valeurs propres de R ; pour chaque valeur propre λ, appelons π_λ la projection sur le sous-espace propre associé à la valeur propre λ, parallèlement à la somme des autres espaces propres. Alors

$$R = \sum_{\lambda \in Sp(R)} \lambda\, \pi_\lambda$$

et

$$\gamma_n(R) = \sum_{\lambda \in Sp(R)} \gamma_n(\lambda)\pi_\lambda.$$

Ainsi avec (9.5),

$$\mathbb{E}Y_n = Y_0\gamma_n(R) = \sum_{\lambda \in Sp(R)} \gamma_n(\lambda)Y_0\pi_\lambda. \tag{9.7}$$

Comme le comportement asymptotique des $\gamma_n(\lambda)$ est donné par la formule de Stirling (voir l'équation (B.4) dans l'annexe B.5.1)

$$\gamma_n(\lambda) = \prod_{k=0}^{n-1}\left(1 + \frac{\lambda}{|Y_0| + k}\right) = n^\lambda\left(\frac{\Gamma(|Y_0|)}{\Gamma(|Y_0| + \lambda)} + O\left(\frac{1}{n}\right)\right) \tag{9.8}$$

(du moins dès que $|Y_0| + \lambda$ n'est pas un entier négatif), il apparaît que le comportement asymptotique de $\mathbb{E}Y_n$ sera donné par la ou les valeurs propres de R de plus grande partie réelle.

Lemme 9.5 *La valeur propre de R de plus grande partie réelle est $\lambda_1 = 1$ et toutes les autres valeurs propres sont telles que $\Re(\lambda) < 1$.*

Preuve Comme la somme des coefficients d'une ligne de R est égale à 1, cela entraîne que $v_1 := {}^t(1, 1, \ldots, 1)$ est vecteur propre à droite de R pour la valeur propre 1.

Plaçons-nous dans un premier temps dans l'ensemble $\mathcal{M}$ des matrices à k lignes et k colonnes (rappelons que k est le nombre de couleurs), à coefficients positifs ou nuls et dont la somme des lignes est égale à 1. Cet ensemble est stable par la multiplication des matrices et il est compact (pour la topologie des normes). Par conséquent, pour tout entier n, la matrice R^n est encore dans ce compact donc la suite de matrices (R^n) est bornée. Donc pour toute valeur propre λ de R, la suite (λ^n) est bornée. Cela implique que $|\lambda| \leq 1$, que toutes les valeurs propres sont dans le disque de rayon 1 et que 1 est la seule valeur propre de partie réelle égale à 1, les autres étant de partie réelle strictement inférieure à 1.

Si les coefficients de la matrice de remplacement ne sont pas tous positifs, nous nous y ramenons en choisissant un réel $a > 0$ tel que $\frac{R+aI}{1+a} \in \mathcal{M}$ (car seuls les termes diagonaux peuvent être négatifs).   □

Supposons que 1 soit valeur propre simple. Alors, ce lemme et les formules (9.7) et (9.8) entraînent $\mathbb{E}Y_n \sim \frac{n}{|Y_0|} Y_0 \pi_1$. Choisissons $v_1 = {}^t(1, \ldots, 1)$ comme vecteur propre à droite pour la valeur propre (simple) $\lambda_1 = 1$, et prenons u_1 comme vecteur propre à gauche tel que $u_1 v_1 = 1$, de sorte que $\pi_1 = v_1 u_1$. Alors $Y_0 \pi_1 = Y_0 v_1 u_1 = |Y_0| u_1$ et donc $\mathbb{E}Y_n \sim n u_1$. D'où le théorème suivant, qui est valide même si R n'est pas diagonalisable :

Théorème 9.6 *Soit une urne de Pólya à k couleurs, de balance 1, de composition initiale Y_0. Supposons que 1 soit valeur propre simple, posons $v_1 = {}^t(1, \ldots, 1)$ et appelons u_1 le vecteur propre à gauche pour la valeur propre 1, tel que $u_1 v_1 = 1$. Alors, quand n tend vers $+\infty$,*

$$\frac{\mathbb{E}Y_n}{n} \longrightarrow u_1.$$

En fait il y a mieux que cette convergence en moyenne, il y a convergence presque sûre du vecteur $\frac{Y_n}{n}$, mais c'est un peu plus long à obtenir. De plus, nous voudrions préciser le développement asymptotique de Y_n : est-ce que $(Y_n - n u_1)$ divisé par une puissance de n a une limite ? C'est l'objet du théorème 9.8 dont la démonstration repose sur une approche algébrique exposée dans la section qui suit.

9.3.2 Comportement asymptotique de Y_n : approche algébrique

Effectuons la réduction de Jordan de la matrice R dans $\mathbb{C}^k$: il existe une base de Jordan de vecteurs propres à droite $(v_i)_{i=1,\ldots,k}$ et sa base duale de vecteurs propres à gauche $(u_i)_{i=1,\ldots,k}$, c'est-à-dire que $u_i v_j = \delta_{ij}$ (symbole de Kronecker). Pour la valeur propre $\lambda = 1$, choisissons $v_1 = {}^t(1, \ldots, 1)$. La matrice R est réduite en blocs de Jordan et nous posons

$$\sigma := \begin{cases} 1 \text{ si 1 est valeur propre multiple} \\ \max\{Re(\lambda), \lambda \in Sp(R), \lambda \neq 1\} \text{ si 1 est valeur propre simple.} \end{cases}$$

Par le lemme 9.5, si 1 est valeur propre simple, $\sigma < 1$.

Définition 9.7 (petite urne, grande urne) L'urne est dite *petite* quand $\sigma \leq 1/2$. L'urne est dite *grande* quand $1/2 < \sigma \leq 1$.

Dans cette section, nous nous intéressons aux grandes urnes. Une classification exhaustive en est faite dans Pouyanne [214]. Le théorème suivant en est une version un peu limitative, mais a l'avantage de s'énoncer assez simplement pour fournir le comportement asymptotique de Y_n. Pour les petites urnes, les résultats de type convergence en loi vers un vecteur limite Gaussien se trouvent chez Janson [147] Nous reviendrons aux petites urnes (et aux grandes) dans les sections 9.4 et 9.5.

Théorème 9.8 *Soit une grande urne de Pólya, de balance égale à 1, de matrice de remplacement R diagonalisable, telle que 1 est valeur propre simple et les valeurs propres λ pour lesquelles $Re(\lambda) = \sigma$ sont simples.*

Soit $(v_1, \ldots, v_k)$ une base de Jordan de vecteurs propres à droite de la matrice R dans $\mathbb{C}^k$, telle que

- $v_1 = {}^t(1, \ldots, 1)$ *est vecteur propre pour la valeur propre $\lambda_1 = 1$,*
- $v_2, \ldots, v_r$ *sont des vecteurs propres associés aux valeurs propres $\lambda_2, \ldots, \lambda_r$ telles que $Re(\lambda_i) = \sigma$ pour $2 \leq i \leq r$.*

Soit $(u_1, u_2, \ldots, u_k)$ la base duale (c'est une base de vecteurs propres à gauche).

Alors il existe des variables aléatoires à valeurs dans $\mathbb{C}$, notées $W_2, \ldots, W_r$, telles que :

(i) pour tout $i = 2, \ldots, r$, pour γ_n le polynôme défini par (9.6),

$$\left(\frac{Y_n v_i}{\gamma_n(\lambda_i)} \right)_n \text{ est une martingale}$$

qui converge vers W_i presque sûrement et dans tous les L^p, $p \geq 1$;

(ii) le développement asymptotique de Y_n est donné par

$$Y_n = n u_1 + \sum_{i=2}^{r} n^{\lambda_i} W_i u_i + o(n^\sigma), \tag{9.9}$$

où $o(.)$ signifie une convergence presque sûre et dans tous les L^p, $p \geq 1$;

(iii) les moments joints des W_i sont donnés en fonction de polynômes à k variables Q_α qui se calculent récursivement :

$\forall \alpha := (\alpha_2, \ldots, \alpha_r)$ avec $\alpha_2, \ldots, \alpha_r$ entiers positifs,

$$\mathbb{E}\left(\prod_{i=2}^{r} W_i^{\alpha_i}\right) = \frac{1}{\Gamma(1 + \sum_{i=2}^{r} \alpha_i \lambda_i)} Q_\alpha(Y_0).$$

Remarque 9.9 Il est intéressant de noter que les variables aléatoires limite W_i d'une grande urne *dépendent de la composition initiale de l'urne*, alors que la limite u_1 (valable pour les petites et grandes urnes) n'en dépend pas et la limite gaussienne des petites urnes n'en dépend pas non plus (voir le théorème 9.10).

9.4 Passage du modèle combinatoire discret au modèle continu

Le processus d'urne de Pólya (Y_n) auquel nous nous sommes intéressés jusqu'à maintenant est un processus à temps discret. Nous allons « poissoniser » le temps en introduisant un processus à temps continu $(Y^{CT}(t))_{t \geq 0}$ qui a la même dynamique. Cette méthode appelée *plongement en temps continu* est classique en probabilités (voir par exemple Bertoin [22] section 1.1) et elle est développée pour les urnes de Pólya dans l'important travail de Janson [147]. Nous en donnons ici le principe et les résultats essentiels. Cette méthode fournit les meilleurs résultats à ce jour pour les grandes urnes à deux couleurs (dans [40]).

Le principe a déjà été utilisé de façon analogue dans la section 6.2.3 pour plonger les arbres binaires de recherche en temps continu.

9.4.1 Principe du plongement en temps continu

Imaginons que chaque boule présente dans l'urne soit munie d'une horloge colorée comme la boule, de loi exponentielle de paramètre 1 (les histoires d'horloges exponentielles sont racontées en annexe C.3.2). Toutes les horloges sont indépendantes entre elles. Lorsqu'une horloge de couleur i sonne, la boule porteuse (de couleur i) disparaît et donne naissance à $(r_{ij} + \delta_{ij})$ boules[6] de couleur j, munies d'horloges colorées, indépendantes et de loi exponentielle de paramètre 1.

Pour $t = 0$, prenons la même composition initiale que l'urne qu'en temps discret.

Pour tout $t \geq 0$, appelons $Y^{CT}(t)$ le vecteur de $\mathbb{R}^k$ dont la j-ième coordonnée est le nombre de boules de couleur j dans l'urne à l'instant t. Il s'agit d'un processus de

---

[6]δ_{ij} désigne le symbole de Kronecker : $\delta_{ij} = 0$ si $i \neq j$ et $\delta_{ii} = 1$.

branchement multitype (généralisation d'un processus de Galton-Watson, voir par exemple Athreya-Ney [12]) et il est facile de voir que si nous appelons

$$0 = \tau_0 < \tau_1 < \cdots < \tau_n < \ldots$$

les instants de saut (qui sont les instants successifs où une horloge sonne) du processus, alors $\tau_{n+1} - \tau_n$ suit une loi exponentielle de paramètre $|Y^{CT}(0)| + nS$ qui est le nombre de boules dans l'urne à l'instant τ_n (voir la section C.3.2 sur la loi exponentielle). Si nous partons d'une seule boule à l'instant $t = 0$), alors $\tau_{n+1} - \tau_n$ suit une loi exponentielle de paramètre $n + 1$. Le principe du plongement exprime que les deux processus, celui à temps discret et celui à temps continu, ont la même dynamique, de sorte que

$$\left(Y^{CT}(\tau_n) \right)_n \overset{\mathcal{L}}{=} (Y_n)_n \,. \tag{9.10}$$

9.4.2 Principaux résultats

Le bénéfice de cette opération consiste à produire un processus de branchement pour lequel les sous-arbres issus de la racine sont indépendants, alors que ce n'était pas le cas pour le processus discret. Un résultat classique pour un tel processus de branchement est que

$$\left(Y^{CT}(t) e^{-tR} \right)_{t \geq 0}$$

est une $\mathcal{F}_t$-martingale (vectorielle), du moins dans le cas où R est diagonalisable. En projetant le long des sous-espaces propres de la matrice R, nous obtenons autant de martingales à valeurs dans $\mathbb{C}$. Les théorèmes de convergence de martingales à temps continu fournissent alors le comportement asymptotique du processus à temps continu. Puis il faut revenir à l'objet qui nous intéresse, le processus d'urne à temps discret, grâce au principe de plongement. C'est ce qui est fait dans Janson [147] dans un cas très général. Le théorème suivant est dû à Janson [147] et à Pouyanne [213].

Théorème 9.10 *Soit une urne de Pólya, de balance égale à 1, partant d'une boule de couleur donnée à l'instant 0, de matrice de remplacement R irréductible,[7] diagonalisable, et telle que 1 est valeur propre simple. Appelons σ la plus grande partie réelle des valeurs propres de R différentes de 1.*

---

[7]Nous disons que R est irréductible lorsque nous pouvons atteindre n'importe quelle couleur à partir d'une couleur initiale, en itérant la matrice. Pour plus de détails, voir Janson [147].

(i) *Si $\sigma < \frac{1}{2}$ (cas d'une petite urne), alors*

$$\frac{Y_n - nu_1}{\sqrt{n}} \xrightarrow[n \to \infty]{\mathcal{D}} \mathcal{N}(0, \Sigma^2)$$

où u_1 est un vecteur propre de R pour la valeur propre 1 et où Σ^2 a une forme close, fonction de R.

(ii) *Si $\sigma = \frac{1}{2}$ (cas d'une petite urne), alors*

$$\frac{Y_n - nu_1}{\sqrt{n \log n}} \xrightarrow[n \to \infty]{\mathcal{D}} \mathcal{N}(0, \Sigma^2)$$

où u_1 est un vecteur propre de R pour la valeur propre 1 et où Σ^2 a une forme close, fonction de R.

(iii) *Si $\sigma > \frac{1}{2}$ (cas d'une grande urne), alors si $\lambda_2, \ldots, \lambda_r$ sont les valeurs propres de partie réelle σ et $u_2, \ldots, u_r$ sont des vecteurs propres associés, il existe des variables aléatoires $W_2, \ldots, W_r$ telles que*

$$Y_n = nu_1 + \sum_{i=2}^{r} n^{\lambda_i} W_i u_i + o(n^\sigma),$$

où $o(.)$ signifie une convergence presque sûre et dans tous les L^p, $p \geq 1$.

A vrai dire, les résultat (i) et (ii) sont encore vrais lorsque la matrice R n'est pas diagonalisable. Les résultats de (iii) sont encore vrais pour R non irréductible. Pour (iii), l'hypothèse R diagonalisable est suffisante ; si elle n'est pas satisfaite, le comportement asymptotique de Y_n est connu, mais plus compliqué. Remarquons enfin que nous retrouvons dans le cas (iii) des grandes urnes ce qui a déjà été vu dans le Théorème 9.8 de la Section 9.3.2 par une approche algébrique et en restant en temps discret.

9.5   Applications algorithmiques

Toutes les situations dans lesquelles un choix uniforme est opéré parmi des objets de types différents sont naturellement modélisées par une urne de Pólya. C'est pourquoi de très nombreux modèles d'urnes de Pólya apparaissent dans les questions combinatoires liées ou non à l'algorithmique. Un exemple algorithmique est le décompte des feuilles et des nœuds internes dans les arbres récursifs, qui, avec plusieurs exemples de ce genre, sont considérés dans le livre de Mahmoud [173].

Nous avons choisi d'insister dans cette partie sur l'étude de deux familles d'arbres de recherche qui font apparaître une urne de Pólya : les arbres m-aires de recherche en section 9.5.1 et les arbres-B en section 9.5.3 avec en particulier les arbres 2–3 en section 9.5.2. Ces deux exemples ont l'intérêt de réunir des petites et des grandes urnes (voir la définition 9.7 pour petite et grande urne), alors que la littérature algorithmique et combinatoire sur les urnes contient essentiellement des petites urnes.

9.5.1 Arbres m-aires de recherche

La définition des arbres m-aires de recherche a été donnée dans la section 8.1.1 du chapitre 8 et le point de vue dynamique, qui nous intéresse ici, est présenté dans la section 8.1.3.

Comme cela a été remarqué depuis longtemps, par Mahmoud [173] notamment, le vecteur d'occupation qui décrit les nœuds d'un arbre m-aire de recherche (m est un entier fixé, $m \geq 2$), est une urne de Pólya pourvu que nous considérions que les boules sont les intervalles vacants disponibles dans chacun des nœuds de l'arbre et que les couleurs sont les types de nœuds. Cela vient du fait que l'insertion d'une nouvelle clé se fait *uniformément* sur les intervalles vacants disponibles. Rappelons qu'un nœud est dit de type $i, i = 1, 2, \ldots, m$, quand il contient $(i - 1)$ clés, soit i intervalles vacants ou possibilités d'insertion. Il a été convenu dans la section 8.1.3 de ne pas s'occuper des nœuds saturés de type m.

Nous nous intéressons au vecteur X_n de $\mathbb{R}^{m-1}$ dont les coordonnées $X_n^{(i)}$ représentent le nombre de nœuds de type i dans l'arbre à $(n - 1)$ clés.[8] Dans la correspondance avec une urne de Pólya, appelons Y_n le vecteur composition de l'urne ; alors :

$$Y_n^{(i)} = i X_n^{(i)}. \tag{9.11}$$

Autrement dit, si P est la matrice[9]

$$P = \begin{pmatrix} 1 & & & \\ & 2 & & \\ & & \ddots & \\ & & & m-1 \end{pmatrix},$$

alors la correspondance entre urne et arbres m-aires est donnée par

$$Y_n = X_n P.$$

L'asymptotique de Y_n donnera celle de X_n. Voyons donc comment se traduisent les théorèmes 9.8 et 9.10.

---

[8]Et non pas à n clés pour des raisons de notations plus agréables.

[9]Quand rien n'est écrit, le coefficient est nul.

Appelons R la matrice de remplacement dans le modèle de Pólya des intervalles vacants, pour le processus (Y_n) :

$$R = \begin{pmatrix} -1 & 2 & & & & \\ & -2 & 3 & & & \\ & & -3 & 4 & & \\ & & & \ddots & & \ddots & \\ & & & & -(m-2) & m-1 \\ m & & & & & -(m-1) \end{pmatrix}.$$

Le polynôme caractéristique de R est

$$\chi_R(\lambda) = \prod_{k=1}^{m-1} (\lambda + k) - m!. \tag{9.12}$$

Les valeurs propres de R sont les racines de ce polynôme, et sont les solutions de l'équation caractéristique (8.5) qui est apparue à la section 8.1.2 du chapitre 8. Il apparaît (voir la thèse de Hennequin [129], annexe B) que $\lambda = 1$ est une solution, toutes les racines sont simples, les racines non réelles sont conjuguées deux à deux. La figure 8.3 (au chapitre 8) permet de voir les racines pour $m = 22$.

Appelons λ_2 et $\overline{\lambda_2}$ (conjuguée de λ_2) les deux valeurs propres telles que $\sigma := \Re(\lambda_2) = \Re(\overline{\lambda_2})$ soit la plus grande partie réelle de valeur propre différente de 1. Pour fixer les idées, disons que λ_2 est la valeur propre de partie imaginaire $\tau = \Im(\lambda_2) > 0$.

Une constatation importante est que les valeurs propres différentes de 1 ont toutes une partie réelle $\leq 1/2$ si et seulement si $m \leq 26$, autrement dit :

$$\sigma \leq \frac{1}{2} \Longleftrightarrow m \leq 26 \Longleftrightarrow \text{l'urne est petite ;}$$

$$\sigma > \frac{1}{2} \Longleftrightarrow m \geq 27 \Longleftrightarrow \text{l'urne est grande.}$$

Le théorème 9.8 s'applique donc pour $m \geq 27$ et comme $W_3 = \overline{W_2}$ et $u_3 = \overline{u_2}$ (avec les notations du théorème 9.8), nous avons :

$$Y_n = nu_1 + n^{\lambda_2} W_2 u_2 + n^{\overline{\lambda_2}} \overline{W_2}\,\overline{u_2} + o(n^\sigma) \tag{9.13}$$

qui peut aussi s'écrire (cf. [36])

$$Y_n = nu_1 + n^\sigma \rho[C \cos(\tau \log n + \phi) + S \sin(\tau \log n + \phi)] + o(n^\sigma),$$

où u_1, C et S sont des vecteurs réels qui se calculent explicitement, $\rho = |W_2|$ et $\phi = \mathrm{Arg}(W_2) \in [-\pi, \pi[$ sont des variables aléatoires ; les premiers moments de W_2 et $|W_2|$ sont calculés dans Pouyanne [213].

Calcul de u_1 : rappelons que $v_1 = {}^t(1, \ldots, 1)$ est vecteur propre à droite pour la valeur propre 1 et que u_1 est vecteur propre à gauche pour la valeur propre 1, caractérisé par $u_1 R = u_1$ et $u_1 v_1 = 1$. Le calcul fournit

$$u_1 = \frac{1}{H_m(1)} \left(\frac{1}{2}, \frac{1}{3}, \ldots, \frac{1}{m} \right),$$

avec la notation $H_m(z) = \sum_{1 \leq k \leq m-1} \frac{1}{z+k}$, de sorte que la proposition suivante permet de prouver la première partie du théorème 8.10 annoncé au chapitre 8.

Proposition 9.11 *Soit X_n le vecteur d'occupation des feuilles d'un arbre m-aire de recherche. Son comportement asymptotique au premier ordre est donné par la convergence presque sûre*

$$\frac{X_n}{n} \xrightarrow[n \to \infty]{p.s.} \mathbf{u}_1 := \frac{1}{H_m(1)} \left(\frac{1}{k(k+1)} \right)_{1 \leq k \leq m-1},$$

avec la notation $H_m(z) = \sum_{1 \leq k \leq m-1} \frac{1}{z+k}$. Via la relation (9.11), cette convergence équivaut à la suivante :

$$\frac{Y_n}{n} \xrightarrow[n \to \infty]{p.s.} \frac{1}{H_m(1)} \left(\frac{1}{2}, \frac{1}{3}, \ldots, \frac{1}{m} \right),$$

où Y_n est le vecteur composition de l'urne correspondante.

La seconde partie du théorème 8.10 annoncé au chapitre 8 est elle aussi la traduction via la relation (9.11) du comportement asymptotique de Y_n, explicité plus haut dans le développement (9.13) pour $m \geq 27$. Ce qui donne

Théorème 9.12 *Soit X_n le vecteur occupation des feuilles d'un arbre m-aire de recherche.*

(i) si $m \leq 26$ alors $\sigma \leq \frac{1}{2}$ et le comportement asymptotique de X_n est donné par la convergence en loi

$$\frac{X_n - n\mathbf{u}_1}{\sqrt{n}} \xrightarrow[n \to \infty]{\mathcal{D}} \mathcal{N}(0, \Sigma^2),$$

où $\mathcal{N}(0, \Sigma^2)$ désigne un vecteur gaussien centré.

(ii) si $m \geq 27$, alors $\sigma > \frac{1}{2}$ et le comportement asymptotique de X_n est donné par

$$X_n = n\mathbf{u}_1 + \Re(n^{\lambda_2} W \mathbf{u}_2) + o(n^\sigma), \tag{9.14}$$

où la convergence exprimée par le petit o est presque sûre et dans tous les
L^p, $p \geq 1$, *où W est une variable aléatoire à valeurs complexes, et*

$$u_2 = \frac{1}{H_m(\lambda_2)} \left(\frac{1}{k \binom{\lambda_2+k}{k}} \right)_{1 \leq k \leq m-1}.$$

Dans le développement asymptotique (9.14) de X_n, W est une variable aléatoire complexe, limite de martingale, dont nous pouvons calculer récursivement les moments. La loi de cette variable aléatoire est encore mystérieuse et fait l'objet de recherches en cours [40, 42, 155], notamment par méthode de contraction (voir section 6.1.3) et par la méthode de plongement en temps continu exposée dans la section 9.4.

9.5.2 Arbres 2–3

Les arbres 2–3 ont été définis et décrits algorithmiquement à la section 1.2.6. Le modèle aléatoire est, comme pour les abr, celui des permutations uniformes. Il y a deux types de feuilles : les feuilles de type 1 ont un parent qui contient une seule clé ; les feuilles de type 2 ont un parent qui contient 2 clés. La règle d'insertion dans l'arbre produit la transformation suivante sur les feuilles, illustrée dans la figure 9.2 ci-dessous.

L'étude mathématique de ces arbres est difficile ; par exemple nous ne savons pas encore prouver que la hauteur a un comportement asymptotique presque sûr d'ordre log n avec une constante égale à 1. Il est néanmoins facile de compter les feuilles de différents types : considérons l'urne de Pólya où les boules sont les feuilles (i.e. les intervalles vacants) et les couleurs sont les types de feuilles. Appelons Y_n le vecteur

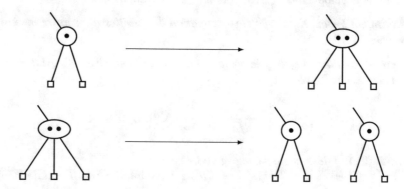

Fig. 9.2 Règle d'insertion dans un arbre 2–3

à deux coordonnées comptant les feuilles de type 1 et 2 à l'instant n. C'est une urne de Pólya dont la matrice de remplacement est

$$R = \begin{pmatrix} -2 & 3 \\ 4 & -3 \end{pmatrix}$$

C'est l'exemple type de l'article de Flajolet et al. [102] sur les « urnes analytiques » dont il est question dans la section 9.2. L'urne est équilibrée, de balance égale à 1. Les valeurs propres de R sont 1 et -6 et d'après le Théorème 9.6, $\frac{\mathbb{E}Y_n}{n} \longrightarrow u_1$ presque sûrement. Dans cet exemple, la composition initiale est $Y_0 = {}^t(2, 0)$ et le calcul de u_1 peut se faire comme suit. Ce vecteur est d'une part vecteur propre à gauche pour la matrice R et la valeur propre 1, ce qui donne une première équation entre les coordonnées x et y de u_1 : $-3x + 4y = 0$; d'autre part, $u_1 v_1 = 1$, autrement dit, puisque $v_1 = {}^t(1, 1)$, la somme des coordonnées de u_1 est égale à 1 : $x + y = 1$. Finalement, lorsque $n \to +\infty$,

$$\frac{\mathbb{E}Y_n}{n} \longrightarrow \left(\frac{4}{7}, \frac{3}{7} \right).$$

Dans la terminologie plus haut (voir la définition 9.7), il s'agit d'une petite urne et donc le théorème 9.8 ne s'applique pas. Nous pouvons montrer que le terme du second ordre dans le développement asymptotique converge en distribution vers une loi gaussienne par plongement en temps continu, cf. Janson [147] ou par combinatoire analytique, cf. Flajolet et al. [103]. La proposition suivante résume cela.

Proposition 9.13 *Soit Y_n le vecteur à deux coordonnées comptant les feuilles de type 1 et 2 dans un arbre 2–3 à n clés. C'est une urne de Pólya dont la matrice de remplacement est*

$$R = \begin{pmatrix} -2 & 3 \\ 4 & -3 \end{pmatrix}.$$

Alors, lorsque $n \to +\infty$,

$$\frac{\mathbb{E}Y_n}{n} \longrightarrow \left(\frac{4}{7}, \frac{3}{7} \right).$$

De plus,

$$\frac{Y_n - \mathbb{E}Y_n}{\sqrt{n}} \xrightarrow[n \to \infty]{\mathcal{D}} \mathcal{N}(0, \Sigma^2),$$

où $N(0, \Sigma^2)$ est un vecteur gaussien de moyenne nulle et de matrice de covariance Σ^2, avec

$$\Sigma^2 = \frac{432}{637} \begin{pmatrix} 1 & -1 \\ -1 & 1 \end{pmatrix}.$$

9.5.3 Arbres-B

Arbres-B et urnes de Pólya

Soit $m \geq 2$ un entier. Rappelons qu'un arbre-B de paramètre m est un arbre de recherche, avec clés distinctes, dans lequel toutes les feuilles sont au même niveau. Les nœuds internes ont une capacité : la racine contient entre 1 et $C(m)$ clés, les autres nœuds internes contiennent entre $c(m)$ et $C(m)$ clés. Deux algorithmes d'insertion sont décrits dans la section 3.2.2(b). Dans l'algorithme prudent, $c(m) = m - 1$ et $C(m) = 2m - 1$; dans l'algorithme optimiste, $c(m) = m$ et $C(m) = 2m$. Pour chacun des deux algorithmes, nous définissons différents types de feuilles : nous disons qu'une feuille est de type k lorsqu'elle contient $m + k - 2$ clés et a donc $m + k - 1$ possibilités d'insertion. Pour l'algorithme prudent, k varie de 1 à $m + 1$; pour l'algorithme optimiste et pour un arbre de paramètre $m - 1$, alors k varie de 1 à m. De la sorte, l'insertion sur une feuille non saturée de type k produit une feuille de type $k + 1$. L'insertion sur une feuille saturée produit respectivement

- un nœud de type 1 et un nœud de type 2 pour l'algorithme prudent ;
- deux nœuds de type 1 pour l'algorithme optimiste.

Nous analysons un arbre-B à travers le *vecteur composition* X_n qui compte le nombre de feuilles de chaque type à l'instant n, c'est-à-dire quand l'arbre contient n clés. Ainsi $X_n^{(k)}$, la k-ième coordonnée de X_n, est le nombre de feuilles de type k. Pour l'algorithme prudent, X_n est un vecteur de dimension $m + 1$ et pour l'algorithme optimiste d'un arbre-B de paramètre $m - 1$, alors X_n est un vecteur de dimension m.

Pour les deux algorithmes, nous définissons Y_n comme le vecteur composition des possibilités d'insertion (ou intervalles vacants ou gaps) à l'instant n. Nous disons qu'un gap est de type k quand il est attaché à une feuille de type k. Ainsi, $Y_n^{(k)}$, la k-ième coordonnée de Y_n est le nombre de gaps de type k. En d'autres termes : $(m + k - 1)X_n^{(k)} = Y_n^{(k)}$.

Pour les deux algorithmes, le processus (Y_n) est un processus d'urne de Pólya : convenons que les boules sont les *intervalles d'insertion* ou gaps possibles dans les feuilles, et que les couleurs des boules sont les types de gaps. L'important est que l'insertion a lieu *uniformément* sur les gaps et donc que le tirage des boules est uniforme. De plus, nous ajoutons *une* clé à chaque étape, donc *un* gap, ce qui va produire une urne de balance 1.

Dans l'algorithme prudent, chaque feuille contient entre $m - 1$ et $2m - 1$ clés, il y a $m + 1$ types et les vecteurs X_n et Y_n sont de dimension $m + 1$. La matrice de remplacement du processus d'urne (Y_n) est de dimension $m + 1$ et vaut

$$r_m = \begin{pmatrix} -m & (m+1) & & & \\ & -(m+1) & (m+2) & & \\ & & \ddots & \ddots & \\ & & & \ddots & 2m \\ m & (m+1) & & & -2m \end{pmatrix}. \tag{9.15}$$

La figure 9.3 illustre la même insertion que dans la figure 3.6 de la section 1.2.6(c), en tenant compte des différents types (ou couleurs) des feuilles.

Dans l'algorithme optimiste et pour un arbre-B de paramètre $m - 1$, les feuilles contiennent entre $m - 1$ et $2m - 2$ clés, il y a m types et les vecteurs X_n et Y_n sont de dimension m. La matrice de remplacement de l'urne est de dimension m et vaut

$$R_m = \begin{pmatrix} -m & (m+1) & & & \\ & -(m+1) & (m+2) & & \\ & & \ddots & \ddots & \\ & & & \ddots & 2m-1 \\ 2m & & & & -(2m-1) \end{pmatrix}. \tag{9.16}$$

Il s'agit d'une généralisation de la matrice d'urne des arbres 2–3 de la section précédente. La figure 9.4 illustre la même insertion que dans la figure 3.7 de la section 1.2.6(c), en tenant compte des différents types (ou couleurs) des feuilles.

Les arbres-B apparaissent ainsi, à l'instar des arbres m-aires de recherche, comme un agréable champ d'application de tous les résultats disponibles sur les urnes de Pólya à plus de 2 couleurs.

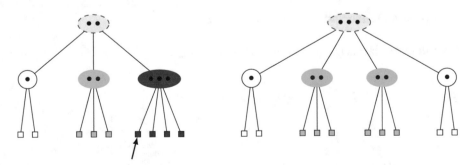

Fig. 9.3 Un exemple d'insertion dans un arbre-B pour l'algorithme prudent. Ici $m = 2$, les nœuds contiennent entre 1 et 3 clés, il y a trois couleurs de nœuds : blanc, rose et rouge

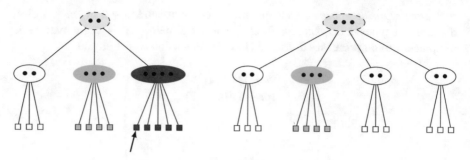

Fig. 9.4 Un exemple d'insertion dans un arbre-B pour l'algorithme optimiste. Ici $m = 3, m - 1 = 2$ et les nœuds internes contiennent entre 2 et 4 clés

Il y a des points communs entre arbres-B et arbres m-aires de recherche : l'urne correspond à la dynamique des *intervalles d'insertion* ou gaps et non pas à la dynamique des nœuds de l'arbre ; les matrices de remplacement de l'urne et les polynômes caractéristiques sont proches. Pour un arbre-B, si à l'instant 0, $\mathcal{T}_0$ contient $m - 1$ clés à la racine, alors à l'instant n, les feuilles de $\mathcal{T}_n$ possèdent $n + m$ intervalles d'insertion. Pour un arbre m-aire de recherche, si à l'instant 0, $\mathcal{T}_0$ ne contient aucune clé, alors à l'instant n, $\mathcal{T}_n$ contient n clés et les feuilles de $\mathcal{T}_n$ possèdent $n + 1$ intervalles d'insertion.

Il y a néanmoins des différences importantes entre arbres-B et arbres m-aires de recherche : la différence principale est que les feuilles des arbres-B sont toutes au même niveau. De plus, les nœuds internes non terminaux des arbres m-aires de recherche sont tous saturés, pas ceux des arbres-B ; l'arité des nœuds internes non terminaux d'un arbre m-aire de recherche est m, alors qu'elle varie pour un arbre-B.

Nous donnons ci-après quelques résultats simples et spectaculaires pour les arbres-B, d'autres plus détaillés se trouvent dans [43]. Nous donnons les résultats pour *l'algorithme optimiste*, car ils sont un peu plus simples, plutôt que pour l'algorithme prudent (voir exercices 9.6 et 9.8).

Petits et grands arbres-B

Il y a des coefficients négatifs sur la diagonale de R_m :

$$
R_m = \begin{pmatrix}
-m & (m+1) & & & \\
& -(m+1) & (m+2) & & \\
& & \ddots & \ddots & \\
& & & \ddots & 2m-1 \\
2m & & & & -(2m-1)
\end{pmatrix}.
$$

Par conséquent assurons-nous que la condition arithmétique (9.1) est satisfaite : en effet, les colonnes de R_m sont successivement multiples de $m, m+1, \dots, 2m-1$.

Considérons comme d'habitude le vecteur composition de l'urne Y_n. Fixons un entier $m \geq 2$. Pour déterminer s'il s'agit d'une petite ou d'une grande urne et connaître ainsi le comportement asymptotique de Y_n quand n tend vers $+\infty$, cherchons les valeurs propres de R_m. Le polynôme caractéristique de R_m est

$$\chi_m(X) = \prod_{k=m}^{2m-1}(X+k) - \frac{(2m)!}{m!}.$$

Ce polynôme ressemble à celui des arbres m-aires de recherche (voir l'expression (9.12)). Les valeurs propres ont les mêmes propriétés : $\lambda = 1$ est une racine, toutes les racines sont simples, les racines non réelles sont conjuguées deux à deux. De plus, 1 est la valeur propre de plus grande partie réelle, toutes les autres valeurs propres ont une partie réelle strictement inférieure à 1.

Appelons σ la plus grande partie réelle de valeur propre différente de 1 :

$$\sigma := \max\{\Re(\lambda), \lambda \text{ valeur propre}, \lambda \neq 1\}$$

et si $m > 3$ appelons $\lambda_2, \overline{\lambda_2}$ les deux valeurs propres conjuguées de partie réelle σ. Il apparaît[10] que les valeurs propres différentes de 1 ont toutes une partie réelle $\leq 1/2$ si et seulement si $m \leq 59$, autrement dit :

$$\sigma \leq \frac{1}{2} \Longleftrightarrow m \leq 59 \Longleftrightarrow \text{ l'urne est petite ;}$$

$$\sigma > \frac{1}{2} \Longleftrightarrow m \geq 60 \Longleftrightarrow \text{ l'urne est grande.}$$

Comme, en pratique, les arbres-B sont utilisés pour de grandes valeurs de m (supérieures à 100), cet exemple fournit une illustration algorithmique d'une grande urne de Pólya.

Quelques résultats pour les arbres-B

Pour tous les arbres-B, grands et petits, nous avons $\dfrac{Y_n}{n} \xrightarrow[n \to \infty]{} u_1$ presque sûrement et en moyenne, ce qui donne la composition asymptotique de l'urne, c'est-à-dire le nombre de gaps de chaque type.

---

[10]Les calculs effectués avec l'aide d'un système de calcul formel indiquent une monotonie de σ en m ; le démontrer !

Calcul de u_1 : rappelons que $v_1 = {}^t(1, \ldots, 1)$ est vecteur propre à droite pour la valeur propre 1 et que u_1 est vecteur propre à gauche pour la valeur propre 1, caractérisé par $u_1 R_m = u_1$ et $u_1 v_1 = 1$. Nous trouvons

$$u_1 = \frac{1}{H_{m+1}(m)} \left(\frac{1}{m+1}, \frac{1}{m+2}, \ldots, \frac{1}{2m} \right),$$

avec la notation $H_m(z) = \displaystyle\sum_{1 \leq k \leq m-1} \frac{1}{z+k}$, et la proposition suivante est ainsi obtenue :

Proposition 9.14 *La composition asymptotique d'un arbre-B de paramètre m est donnée au premier ordre par la convergence presque sûre du vecteur composition des gaps Y_n :*

$$\frac{Y_n}{n} \xrightarrow[n \to \infty]{} \frac{1}{H_{m+1}(m)} \left(\frac{1}{m+1}, \frac{1}{m+2}, \ldots, \frac{1}{2m} \right),$$

avec la notation $H_{m+1}(m) = \dfrac{1}{m+1} + \cdots + \dfrac{1}{2m}$.

Ce résultat permet en corollaire, par combinaisons linéaires, d'avoir le comportement asymptotique du nombre de feuilles, ou bien le taux de remplissage des feuilles. Voir l'exercice 9.5.

Pour un grand arbre-B, de paramètre $m \geq 60$, la méthode algébrique permet de décliner le théorème 9.8 et le plongement en temps continu permet de décliner le théorème 9.10. Dans ces théorèmes apparaît une variable aléatoire limite W qui rend compte des fluctuations de Y_n autour de son premier terme asymptotique d'ordre n et cette variable aléatoire W n'est pas gaussienne. Les propriétés de W ne sont pas encore bien connues (voir les exercices 9.7 et 9.8). Elles ressemblent aux propriétés de son analogue pour les arbres m-aires de recherche (notée aussi W en section 9.5.1).

9.6 Exercices

▷ **9.1.** Lorsque $R = \begin{pmatrix} 0 & 3 \\ 2 & 1 \end{pmatrix}$, coder et compter toutes les histoires de longueur 2 qui mènent de $\begin{pmatrix} 2 \\ 0 \end{pmatrix}$ à $\begin{pmatrix} 4 \\ 4 \end{pmatrix}$.

Indication : dessiner l'arbre des possibles.   ◁

▷ **9.2.** (c'est l'urne de l'article originel de Pólya en 1931) Lorsque $R = S I_2$, calculer tous les nombres H_n, $n \geq 0$.

Indication : faire le dessin d'un chemin dans $\mathbb{N}^2$ et compter les histoires qui suivent chacun des chemins.   ◁

▷ **9.3.** Pour n'importe quelle urne, si $N = \alpha + \beta$, montrer que le nombre total d'histoires de longueur n partant de $\begin{pmatrix} \alpha \\ \beta \end{pmatrix}$ est

$$N(N + S)(N + 2S)\ldots(N + (n-1)S) = n!S^n \begin{pmatrix} \frac{N}{S} + n - 1 \\ n \end{pmatrix}.$$

◁

▷ **9.4.**

(a) Pour l'urne originelle $R = SI_2$, montrer que la fonction génératrice des histoires est

$$H\left(x, y, z \,\middle|\, \begin{matrix} u_0 \\ v_0 \end{matrix}\right) = \frac{x^{u_0} y^{v_0}}{\left(1 - Szx^S\right)^{\frac{u_0}{S}} \left(1 - Szy^S\right)^{\frac{v_0}{S}}}.$$

Indication : faire des manipulations sur les séries entières multivariées à partir de $\frac{1}{(1-X)^N} = \sum_{n \geq 0} \binom{N+n-1}{n} X^n$.

(b) Montrer que le système différentiel associé par le théorème « basic isomorphism » s'écrit $X' = X^{S+1}$, $Y' = Y^{S+1}$, et le résoudre. Montrer que le problème de Cauchy a pour solution $X(t) = x(1 - Stx^S)^{-1/S}$, $Y(t) = y(1 - Sty^S)^{-1/S}$ et retrouver le résultat de (a).

◁

▷ **9.5.** Soit Y_n le vecteur composition de l'urne d'un arbre-B dans sa forme optimiste de paramètre $m - 1$. La matrice de remplacement de l'urne est R_m donnée par (9.16).

(a) Montrer que le nombre de feuilles N_n est

$$N_n = \frac{Y_n^{(1)}}{m} + \frac{Y_n^{(2)}}{m+1} + \cdots + \frac{Y_n^{(m)}}{2m-1}.$$

(b) En déduire que $\dfrac{N_n}{n} \underset{n \to \infty}{\longrightarrow} L := \dfrac{1}{2m H_{m+1}(m)}$ p.s. avec la notation $H_m(z) = \displaystyle\sum_{1 \leq k \leq m-1} \frac{1}{z+k}$.

(c) Trouver la limite quand n tend vers l'infini de l'arité moyenne d'une feuille. En déduire que pour m grand, cette arité est équivalente à $2m \ln 2$.

◁

▷ **9.6.** On considère un arbre-B prudent de paramètre m, et l'urne correspondante de matrice de remplacement r_m donnée par (9.15).

(a) Calculer le polynôme caractéristique de r_m.
(b) Montrer que $\lambda_1 = 1$ est valeur propre.
(c) Calculer u_1 vecteur propre à gauche associé à la valeur propre 1, de sorte que $v_1 = {}^t(1, \ldots, 1)$ soit vecteur propre à droite pour la valeur propre $\lambda_1 = 1$, et que $u_1 v_1 = 1$.
(d) En déduire la limite presque sûre de $\frac{Y_n}{n}$.

◁

▷ **9.7.** On considère un arbre-B dans sa forme optimiste de paramètre $m - 1$, et l'urne correspondante de matrice de remplacement R_m donnée par (9.16).

On appelle λ_2 et $\overline{\lambda_2}$ les valeurs propres conjuguées dont la partie réelle est la plus grande (en restant < 1).

Pour $k = 1, 2, \ldots, m$, on appelle $X_k(t)$ le processus de branchement à m types obtenu par plongement de l'urne en temps continu (voir section 9.4.1), partant à l'instant 0 d'une particule de type k.

(a) Appliquer à $X_k(t)$ la propriété de branchement au premier instant de saut τ pour écrire les équations de dislocation vérifiées par les $X_k(t)$, pour $k = 1, 2, \ldots, m$.

(b) On suppose être dans le cas « grand ». Ecrire un système de m équations en distribution pour les W_k définis par :

$$W_k = \lim_{t \to +\infty} e^{-\lambda_2 t} X_k(t) v_2$$

où v_2 est un vecteur propre associé à λ_2, comme dans le théorème 9.8.

(c) En déduire que W_1 est solution de l'équation en distribution :

$$W_1 \stackrel{\mathcal{L}}{=} e^{-\lambda_2 T} \left(W_1^{(1)} + W_1^{(2)} \right)$$

où T est une variable aléatoire réelle positive dont on donnera la loi, et où W_1, $W_1^{(1)}$, $W_1^{(2)}$ sont indépendantes et de même loi et indépendantes de T.

$\triangleleft$

▷ **9.8.** On considère un arbre-B prudent de paramètre m, et l'urne correspondante de matrice de remplacement r_m donnée par (9.15).

On appelle λ_2 et $\overline{\lambda_2}$ les valeurs propres conjuguées dont la partie réelle est la plus grande (en restant < 1).

Pour $k = 1, 2, \ldots, m + 1$, on appelle $X_k(t)$ le processus de branchement à $m + 1$ types obtenu par plongement de l'urne en temps continu (voir section 9.4.1), partant à l'instant 0 d'une particule de type k.

(a) Appliquer à $X_k(t)$ la propriété de branchement au premier instant de saut τ pour écrire les équations de dislocation vérifiées par les $X_k(t)$, pour $k = 1, 2, \ldots, m + 1$.

(b) On suppose être dans le cas « grand ». Ecrire un système de $m + 1$ équations en distribution pour les W_k définis par :

$$W_k = \lim_{t \to +\infty} e^{-\lambda_2 t} X_k(t) v_2$$

où v_2 est un vecteur propre associé à λ_2, comme dans le théorème 9.8.

(c) En déduire que W_1 est solution de l'équation en distribution :

$$W_1 \stackrel{\mathcal{L}}{=} e^{-\lambda_2 T} \left(W_1^{(1)} + e^{-\lambda_2 \tau} W_1^{(2)} \right)$$

où T est une variable aléatoire réelle positive dont on donnera la loi, et où W_1, $W_1^{(1)}$, $W_1^{(2)}$ sont indépendantes et de même loi et indépendantes de T.

$\triangleleft$

Appendice A
Rappels algorithmiques

Nous donnons dans cette annexe certains des algorithmes relatifs aux structures de données et problèmes que nous avons étudiés dans ce livre : les algorithmes de parcours pour les arbres binaires, les algorithmes de recherche et de mise à jour pour les arbres binaires de recherche, les arbres-B et les tries, les algorithmes de tri radix et de tri rapide, enfin les algorithmes de manipulation de tas, incluant le tri par tas.

Les arbres qui apparaissent en algorithmique, et donc tous les arbres de ce chapitre, sont marqués, ou en d'autres termes leurs nœuds contiennent une ou plusieurs valeurs, que nous appellerons le plus souvent « clés » dans cette annexe.

Pour plus de détails ou pour des algorithmes complémentaires, nous renvoyons la lectrice et le lecteur aux nombreux livres existants sur l'algorithmique ; pour notre part nous avons souvent utilisé, notamment pour des raisons historiques, les livres de Knuth [156], de Froidevaux, Gaudel et Soria [111], de Sedgewick [231] et de Cormen, Leiserson et Rivest [50, 51].

Conventions Nous avons choisi de présenter les algorithmes en un langage de haut niveau, que nous espérons facilement compréhensible par toute personne familière ou non de langages de programmation, et aisé à traduire en tout langage de programmation. Nous indiquons ci-dessous nos principales conventions.

- L'affectation est notée par =, le test d'égalité par ==, et le test de non-égalité par ! =.
- Une fonction renvoie une ou plusieurs valeurs ; une procédure ne renvoie pas de valeur ; toutes les deux peuvent modifier leurs paramètres.
- Les paramètres sont passés par référence.
- Une fonction ou procédure récursive apparaît explicitement dans la liste des fonctions qu'elle appelle.
- L'arbre vide est désigné par None.

© Springer Nature Switzerland AG 2018
B. Chauvin et al., *Arbres pour l'Algorithmique*, Mathématiques et Applications 83,
https://doi.org/10.1007/978-3-319-93725-0

– La fonction nouveau crée et renvoie un nœud d'un arbre ; suivant le contexte, ce
  sera un arbre binaire ou un arbre-B.
– Lorsque nous utilisons des tableaux, le premier indice commence soit à 0, soit
  à 1 suivant l'algorithme concerné.

A.1 Arbres binaires

Nous rappelons d'abord l'implémentation récursive des arbres binaires, puis le
schéma général du parcours en profondeur, avec ses trois variantes, et celui du
parcours en largeur ; ces parcours sont de coût linéaire en la taille de l'arbre. Nous
terminons en présentant l'algorithme de rotation, qui nous servira pour les arbres
binaires de recherche randomisés, et s'applique bien sûr à tout arbre binaire.

A.1.1 *Le type de données* Arbre binaire

Struct Arbre
```
élément clé
Arbre gauche, droit
```

A.1.2 *Parcours en profondeur*

Procedure parcoursProfondeur(Arbre A)

// Précondition : A est un arbre.
// Postcondition : A n'a pas été modifié ; l'arbre est visité par un parcours en
   profondeur en passant trois fois par chaque nœud.
// Utilise : parcoursProfondeur, premièreVisite,
   deuxièmeVisite, troisièmeVisite
si A != None **alors**
  premièreVisite(A)
  parcoursProfondeurA.gauche
  deuxièmeVisite(A)
  parcoursProfondeurA.droit
  troisièmeVisite(A)

Nous voyons que, dans le parcours en profondeur d'un arbre binaire, chaque nœud interne peut être visité à trois moments différents. Il existe trois variantes classiques de ce parcours, lorsqu'une seule de ces visites est effectuée et suivant le moment de visite ; ce sont les parcours préfixe, symétrique et suffixe que nous présentons maintenant.

Parcours préfixe

Dans le parcours préfixe d'un arbre, la visite d'un nœud a lieu lors du premier passage en ce nœud.

Procedure `parcoursPréfixe(Arbre A)`

```
// Précondition : A est un arbre.
// Postcondition : A n'a pas été modifié ; l'arbre est visité par un parcours en
    ordre préfixe.
// Utilise : parcoursPréfixe, visite
si A != None alors
    visite(A)
    parcoursPréfixe(A.gauche)
    parcoursPréfixe(A.droit)
```

Parcours symétrique

Dans le parcours symétrique d'un arbre, la visite d'un nœud a lieu lors du second passage en ce nœud.

Procedure `parcoursSymétrique(Arbre A)`

```
// Précondition : A est un arbre.
// Postcondition : A n'a pas été modifié ; l'arbre est visité par un parcours en
    ordre symétrique.
// Utilise : parcoursSymétrique, visite
si A != None alors
    parcoursSymétrique(A.gauche)
    visite(A)
    parcoursSymétrique(A.droit)
```

Fig. A.1 Représentation
d'une expression
arithmétique par un arbre

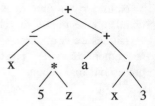

Parcours suffixe, ou postfixe

Dans le parcours postfixe d'un arbre, la visite d'un nœud a lieu lors du troisième et
dernier passage en ce nœud.

Procedure `parcoursSuffixe(Arbre A)`

 `//` <u>Précondition</u> : `A` est un arbre.
 `//` <u>Postcondition</u> : `A` n'a pas été modifié ; l'arbre est visité par un parcours en
  ordre suffixe.
 `//` <u>Utilise</u> : `parcoursSuffixe, visite`
 si `A` `!=` None **alors**
  `parcoursSuffixe(A.gauche)`
  `parcoursSuffixe(A.droit)`
  `visite(A)`

Par exemple, sur l'arbre de la figure A.1 représentant une expression arithmétique, et lorsque l'effet de la visite d'un nœud est d'écrire sa marque, l'ordre préfixe
donne $+ - x * 5z + a / x\, 3$, l'ordre postfixe (ou suffixe) $x\, 5\, z\, * - a\, x\, 3\, / + +$,
et l'ordre symétrique $x - 5 * z + a + x / 3$. Remarquons que ce dernier ordre est
ambigu : il peut correspondre à plusieurs arbres (et donc expressions) distincts. Les
ordres préfixe et postfixe ne sont pas ambigus ; ils correspondent respectivement
aux notations polonaise et polonaise inverse.

A.1.3   *Parcours en largeur, ou hiérarchique*

Il existe un autre type de parcours : le parcours en ordre hiérarchique, dit aussi
parcours en largeur. Dans ce parcours, les nœuds sont visités par niveaux de
profondeur croissante, et sur chaque niveau de gauche à droite ; il s'agit d'une
spécialisation du parcours en largeur de graphes.

L'implémentation usuelle du parcours en largeur fait appel à une file, structure de données qui obéit au principe « premier arrivé, premier sorti ».

La structure de données File est supposée admettre les fonctions suivantes :

- La fonction créerFile() ne prend pas d'argument, et renvoie une file vide.
- La fonction estFileVide(File F) renvoie un booléen valant vrai ou faux selon que la pile est vide ou non.
- La procédure enfiler(File F, élément X) ajoute l'élément X en queue de file.
- La fonction défiler(File F) supprime le premier élément à la tête de la file (si elle est non vide) et renvoie cet élément.

L'algorithme du parcours en largeur à l'aide d'une file s'écrit alors de la façon suivante.

Procedure parcoursLargeur(Arbre A)

// Précondition : A est un arbre.
// Postcondition : A n'a pas été modifié ; l'arbre est visité par un parcours en
     largeur.
// Utilise : enfiler, défiler, visite, créerFile , estFileVide
// Variables locales : élément X, File F
F = créerFile()
// Crée une file vide
enfiler(F, A)
// Insère la racine dans la file
tant que non estFileVide(F) **faire**
   X = défiler(F)
   // Prend le premier nœud de la file...
   enfiler(F, A.gauche)
   enfiler(F, A.droit)
   // ...puis ajoute à la file les deux enfants du nœud qui vient d'en être
   retiré
   visite(X)

Le parcours en largeur appliqué à notre exemple d'expression arithmétique (cf. la figure A.1) donne l'ordre hiérarchique $+ - + x * a / 5 z x 3$.

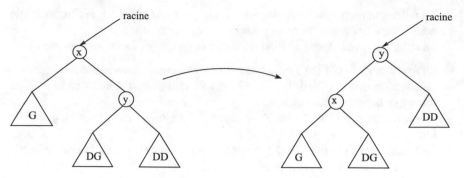

Fig. A.2 L'effet d'une rotation droite sur un arbre binaire

A.1.4 Rotations d'arbres binaires

Nous définissons dans cette section la rotation droite dont l'effet est décrit dans la figure A.2, et l'algorithme donné ci-dessous. Il existe naturellement une rotation gauche, qui se déduit aisément de la rotation droite par symétrie.

Les rotations sont un outil de choix pour rééquilibrer les arbres binaires, par exemple les arbres binaires de recherche : elles ne modifient pas l'ordre préfixe des clés, et une rotation appliquée à un arbre binaire de recherche fournit un autre arbre binaire de recherche. Elles interviennent notamment dans les algorithmes de mise à jour des arbres AVL [50, 111]. Elles permettent aussi de concevoir des algorithmes auto-adaptatifs qui font remonter vers la racine de l'arbre les clés les plus fréquemment recherchées (que l'arbre soit organisé en arbre de recherche, ou non). Nous donnons dans la figure A.3 un exemple de leur effet sur un arbre représentant une expression booléenne : deux rotations successives permettent de transformer l'arbre en un arbre représentant une expression calculant la même fonction booléenne que l'arbre initial.

Fonction `rotationDroite(Arbre A)`

// <u>Précondition</u> : *A* est un arbre non vide, dont l'enfant droit est également non vide.

// <u>Postcondition</u> : retourne *A*, qui est maintenant l'arbre obtenu à partir de l'arbre de départ par une rotation droite.

// <u>Variable locale</u> : `Arbre temp`

```
temp = A.droit
A.droit = temp.gauche
temp.gauche = A
A = temp
```
retourner *A*

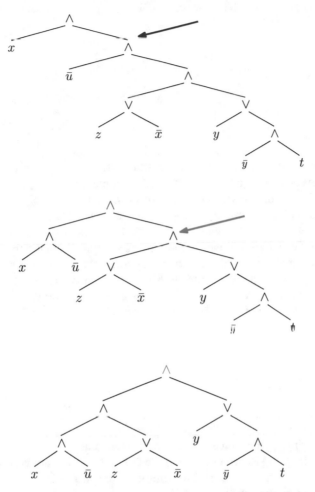

Fig. A.3 Trois arbres d'expressions booléennes : le second se déduit du premier, et le troisième du second, par une rotation droite ; ces trois arbres représentent trois expressions équivalentes, mais de hauteurs respectives 5, 4 et 3. Pour chaque rotation, nous indiquons par une flèche colorée vers l'arbre initial le sommet « racine » pour cette opération, puis ce sommet garde la couleur de la flèche dans l'arbre obtenu après rotation

A.2 Arbres binaires de recherche

La structure de données est la même que celle des arbres binaires : un nœud avec deux fils. La contrainte d'ordre sur les valeurs des clés n'a pas de traduction directe sur la définition de la structure de données ; elle est en fait implémentée par les algorithmes de manipulation des arbres eux-mêmes.

Fig. A.4 Un arbre binaire de
recherche

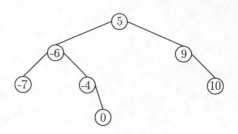

Nous présentons ci-dessous l'algorithme de recherche d'une clé, suivi
d'algorithmes de mise à jour : d'abord les algorithmes les plus courants d'insertion
d'une nouvelle clé, dit « insertion aux feuilles », et de la suppression d'une clé, avec
recherche de la clé à supprimer, et suppression de la clé à la racine d'un arbre. Nous
donnons ensuite deux algorithmes de mise à jour plus rarement utilisés : l'insertion
à la racine, grâce à l'algorithme de coupure, et la suppression d'une clé par fusion
de deux sous-arbres ; ces deux variantes permettent d'obtenir des algorithmes
randomisés de mise à jour sur les arbres binaires de recherche (figure A.4).

Lorsqu'il existe une version récursive et une version itérative d'un algorithme,
nous donnons la version récursive. La version itérative a naturellement la même
complexité, comptée en nombre de comparaisons de clés.

A.2.1 Recherche

Fonction `chercher(élément X, Arbre A)`

```
// Précondition : A est un arbre binaire de recherche.
// Postcondition : Retourne l'arbre vide si X ∉ A, sinon l'arbre ayant pour
        racine le premier nœud de A rencontré contenant X.
// Utilise : chercher
si A == None alors
 ∟ retourner None
si A.clé == X alors
 ∟ retourner A
si A.clé < X alors
 | retourner chercher(X, A.droit)
sinon
 ∟ retourner chercher(X, A.gauche)
```

Fig. A.5 Insertion de la clé 8 dans l'arbre binaire de recherche de la figure A.4

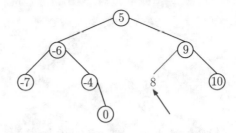

A.2.2   Insertion aux feuilles

L'algorithme d'insertion d'une nouvelle clé X dans la feuille adéquate d'un arbre binaire de recherche A est donné ci-dessous ; c'est la fonction insérerFeuille qui se contente de trouver la place de cette nouvelle feuille et de la rattacher à l'arbre, et la création proprement dite de la feuille est le but de la fonction créerFeuille (figure A.5).

Fonction insérerFeuille(élément X, Arbre A)

// Précondition : A est un arbre binaire de recherche.
// Postcondition : Retourne l'arbre de départ modifié par insertion de X dans
la feuille convenable.
// Utilise : créerFeuille , insérerFeuille
si A == None **alors**
  └ **retourner** créerFeuille(X)
sinon
  │ **si** $A.clé \geq X$ **alors**
  │   └ $A.gauche$ = insérerFeuille(X, $A.gauche$)
  │ **sinon**
  │   └ $A.droit$ = insérerFeuille(X, $A.droit$)
  └ **retourner** A

Fonction créerFeuille(élément X)

// Précondition : Aucune
// Postcondition : Retourne un nœud dans lequel la clé X a été insérée.
// Variable locale : Arbre A
// Utilise : nouveau
A = nouveau()
$A.clé$ = X
$A.gauche$ = None
$A.droit$ = None
retourner A

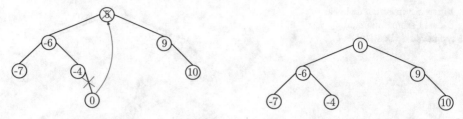

Fig. A.6 À gauche, suppression de la clé à la racine dans l'arbre binaire de recherche de la figure A.4 par la fonction `supprimerRacine` : la plus grande clé du sous-arbre gauche, 0, va à la racine ; à droite, l'arbre obtenu après suppression

A.2.3   *Suppression d'une clé*

L'algorithme de suppression d'une clé X travaille en deux temps : recherche de l'emplacement de X, faite par la fonction `supprimer`, puis suppression effective de X, qui est alors à la racine d'un sous-arbre, par la fonction `supprimerRacine`. Nous donnons ci-dessous d'abord une version récursive de la fonction `supprimer`, puis la fonction `supprimerRacine`. Celle-ci se contente de retourner l'arbre vide si la racine est une feuille et l'unique sous-arbre (droit ou gauche) si la racine est un nœud simple. Lorsque la racine est un nœud double, elle y met comme clé la plus grande clé du sous-arbre gauche (qui est alors supprimée de ce sous-arbre), et retourne la racine dont la clé et le sous-arbre gauche ont donc été modifiés (figure A.6).

Fonction `supprimer(élément X, Arbre A)`

```
// Précondition : A est un arbre binaire de recherche.
// Postcondition : Retourne l'arbre initial si X n'y est pas présent, et sinon
     l'arbre binaire de recherche obtenu par suppression de la première
     occurrence de X rencontrée.
// Utilise : supprimer, supprimerRacine
si A == None alors
 └ retourner A
si A.clé == X alors
 └ retourner supprimerRacine(A)
sinon
 │  si A.clé > X alors
 │   └ A.gauche = supprimer(X, A.gauche)
 │  sinon
 │   └ A.droit = supprimer(X, A.droit)
 │  retourner A
```

Fonction `supprimerRacine(Arbre A)`

// <u>Précondition :</u> *A* est un arbre binaire de recherche non vide.

// <u>Postcondition :</u> Retourne l'arbre binaire de recherche obtenu en
supprimant la valeur contenue à la racine puis en réorganisant l'arbre.

// <u>Variables locales :</u> `Arbre B`, `Arbre temp`

si `A.gauche == None` **alors**
  `A = A.droit`

sinon
  si `A.droit == None` **alors**
    `A = A.gauche`

  sinon
    `B = A.gauche`
    si `B.droit == None` **alors**
      `A.clé = B.clé`
      `A.gauche = B.gauche`

    sinon
      `temp = B.droit`
      tant que `temp.droit != None` **faire**
        `B = temp`
        `temp = temp.droit`

      `A.clé = temp.clé`
      `B.droit = temp.gauche`

retourner `A`

A.2.4 Coupure et insertion à la racine

Dans certains cas, il peut être pertinent d'insérer une clé X dans un arbre binaire de recherche A au niveau non pas d'une feuille, mais de la racine. Pour cela, nous utiliserons l'opération de *coupure*, qui détruit l'arbre initial et renvoie deux arbres binaires de recherche G et D, tels que G contient les clés de A inférieures ou égales à X, et D les clés de A strictement supérieures à X.

Nous présentons dans la figure A.7 un exemple de coupure d'un arbre binaire de recherche suivant une clé (non présente dans l'arbre), ici prise égale à 26, puis dans la figure A.8 les deux arbres binaires de recherche qui en résultent : les liens de 15 à 30, de 30 à 25 et de 25 à 28 ont été détruits, puis les liens de 15 à 25 et de 30 à 28 ont été recréés. Ces deux arbres binaires de recherche deviendront ensuite les deux sous-arbres du nouvel arbre de recherche créé lors de l'insertion à la racine de la clé 26 ; cf. la figure A.9.

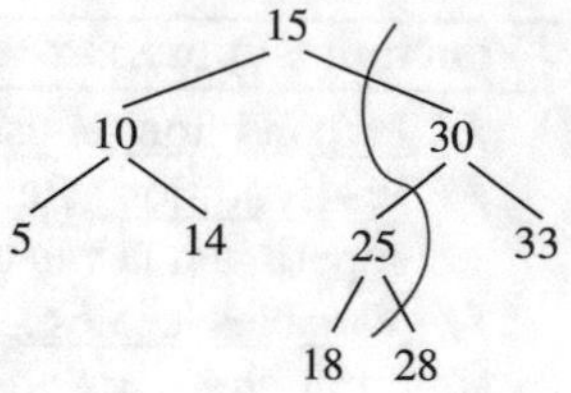

Fig. A.7 Coupure d'un
arbre binaire de recherche
suivant la clé 26

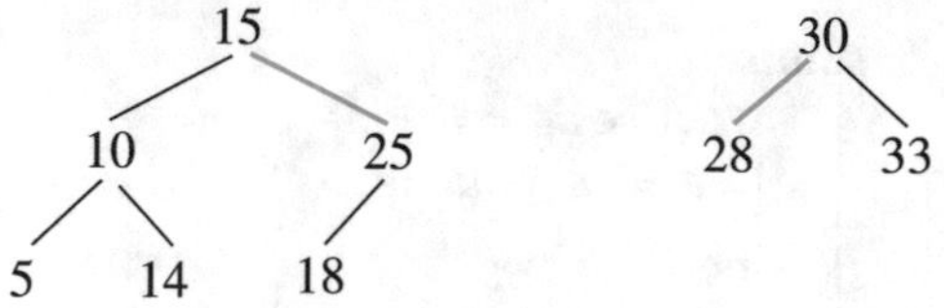

Fig. A.8 Les deux arbres
binaires de recherche obtenus
après coupure. Les liens
indiqués en vert ont été créés
pour reconstituer deux arbres

Fig. A.9 Insertion de la clé
26 à la racine de l'arbre de la
figure A.7

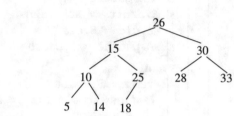

Fonction `couper(élément X, Arbre A)`

`//` Précondition : A est un arbre binaire de recherche.

`//` Postcondition : Retourne deux arbres binaires de recherche G et D, déduits
de l'arbre initial A (qui a été détruit) par coupure suivant la clé X.

`//` Utilise : `couper`

`//` Variables locales : `Arbre G, Arbre D`

si `A == None` **alors**
└ **retourner** `(None, None)`

sinon
│ **si** $X \leq$ `A.clé` **alors**
│ │ `(G, A.gauche) = couper(X, A.gauche)`
│ └ `D = A`
│ **sinon**
│ │ `(A.droit, D) = couper(X, A.droit)`
│ └ `G = A`
└ **retourner** `(G, D)`

Une fois l'arbre binaire de recherche A coupé suivant la clé X, il ne reste plus
qu'à mettre cette clé X dans un nouveau nœud, puis à lui rattacher les arbres
G comme fils gauche, et D comme fils droit, pour obtenir un arbre binaire de

recherche, déduit de *A* en insérant *X* à la racine ; c'est la fonction `insérerRacine` ci-dessous.

Fonction `InsertionRacine(élément X, arbre A)`

`//` Précondition : *A* est un arbre binaire de recherche.
`//` Postcondition : Retourne l'arbre binaire de recherche obtenu en insérant la
  clé *X* à la racine dans *A*.
`//` Utilise : `couper, créerFeuille, nouveau`
`//` Variable locale : Arbre *B*
si `A == None` **alors**
 ⌊ **retourner** `créerFeuille(X)`
sinon
 | `B = nouveau()`
 | `B.clé = X`
 | `(B.gauche, B.droit) = couper(X, A)`
 ⌊ **retourner** *B*

A.2.5 *Fusion de deux arbres binaires de recherche et suppression*

La fusion est en quelque sorte l'inverse de la coupure : elle prend en entrée deux arbres binaires de recherche *G* et *D* *tels que toutes les clés de G soient strictement inférieures à toutes les clés de D,* et construit récursivement un nouvel arbre binaire de recherche contenant toutes leurs clés. Nous commençons par présenter le principe de l'algorithme sur un exemple, avant de donner la fonction `fusionner`. Nous étudions ensuite la manière dont cet algorithme de fusion permet d'implémenter un nouvel algorithme de suppression d'une clé dans un arbre binaire de recherche, donné par la fonction `supprimerFusion`.

Partons des arbres *G* et *D* de la figure A.10, de tailles respectives 9 et 8, et choisissons aléatoirement (par appel à une fonction `tirerAléa`, que nous ne précisons pas davantage ici ; nous y reviendrons en section A.2.6) de fusionner, soit *G* avec le sous-arbre gauche de *D* (nous appellerons ceci la fusion gauche), soit

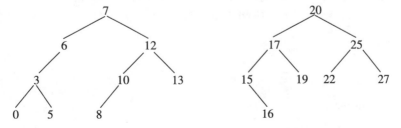

Fig. A.10 Deux arbres binaires de recherche à fusionner : *G* (à gauche) et *D* (à droite)

Fig. A.11 Les (sous)-arbres à fusionner récursivement G et D_1

Fig. A.12 Les sous-arbres à fusionner G_2 et D_1

Fig. A.13 Les sous-arbres à fusionner G_3 et D_1

Fig. A.14
L'arbre D_2

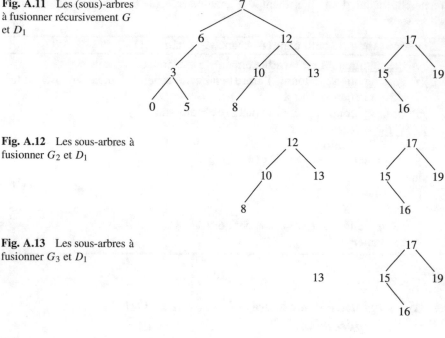

D avec le sous-arbre droit de G (fusion droite). Supposons par exemple que nous choisissions la fusion gauche : nous allons fusionner G avec le fils gauche de D, appelons-le D_1. Supposons ensuite que la fusion de G et de D_1 (cf. la figure A.11) appelle la fusion droite, i.e., du sous-arbre droit de G, notons-le G_2, avec D_1 (cf. la figure A.12). Continuons ainsi en choisissant aléatoirement de faire à la troisième étape une fusion droite de G_3, sous-arbre droit de G_2, avec D_1 (cf. figure A.13), puis une fusion gauche, et enfin une dernière fusion droite qui nous amènera à fusionner un arbre vide à gauche, avec un arbre D_2 (représenté en figure A.14) dont la racine contient la clé 15, et l'unique feuille, la clé 16. En revenant des appels récursifs, nous trouvons ensuite successivement l'arbre obtenu par fusion de G_3 et D_2, de G_3 et D_1, G_2 et D_1, de G et D_1 (cf. figure A.15), et enfin l'arbre global, fusion de G et D (cf. figure A.16).

Fig. A.15 En haut, de
gauche à droite : les arbres
obtenus par fusion de G_3 et
D_2, de G_3 et D_1, de G_2 et
D_1. En bas : l'arbre obtenu
par fusion de G et D_1

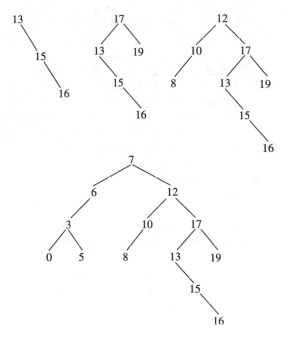

Fig. A.16 L'arbre final
obtenu par fusion de G et D.
Remarquons que la coupure
de ce dernier arbre par une
clé, par exemple 14, comprise
strictement entre la plus
grande clé de G et la plus
petite clé de D, redonne les
deux arbres initiaux G et D :
les opérations de fusion et de
coupure sont deux opérations
inverses l'une de l'autre

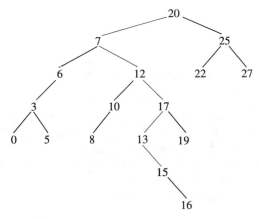

Nous pouvons maintenant donner l'algorithme de fusion de deux arbres binaires de recherche ; c'est la fonction `fusionner` ci-après.

Fonction `fusionner(Arbre G, Arbre D)`

   // <u>Précondition</u> : *G* et *D* sont deux arbres binaires de recherche, tels que
    toutes les clés de *G* soient strictement inférieures à toutes les clés de *D*.
   // <u>Postcondition</u> : Retourne un arbre binaire de recherche, construit à partir
    des arbres initiaux *G* et *D* (qui ont été détruits) et contenant leurs clés.
   // <u>Utilise</u> : `fusionner`, `tirerAléa` (qui renvoie une valeur prise dans
    {`gauche, droite`})
  si `G == None` **alors**
   └ **retourner** *D*
  sinon
     si `D == None` **alors**
     └ **retourner** *G*
     sinon
       si `tirerAléa() == gauche` **alors**
       │ `G.droit = fusionner(G.droit, D)`
       └ **retourner** *G*
       sinon
       │ `D.gauche = fusionner(G, D.gauche)`
       └ **retourner** *D*

À partir de cet algorithme de fusion de deux arbres binaires de recherche, il est simple d'obtenir une alternative à l'algorithme classique de suppression d'une clé *X* :

– tout comme pour la suppression classique, la première partie de l'algorithme est simplement la recherche récursive de l'emplacement de la clé *X* à supprimer ;
– une fois trouvée cette valeur à la racine d'un (sous-)arbre *A* il suffit d'appeler, au lieu de la fonction `supprimerRacine`, la fonction `fusionner` sur les sous-arbres gauche et droit de *A*, qui – bien évidemment – vérifient la propriété d'ordre des clés préalable à la fusion.

Fonction supprimerFusion(élément *X*, Arbre *A*)

// <u>Précondition :</u> *A* est un arbre binaire de recherche.

// <u>Postcondition :</u> Retourne l'arbre initial s'il ne contenait pas *X* ; sinon,
retourne l'arbre obtenu en supprimant la première occurrence de *X*
rencontrée.

// <u>Utilise :</u> fusionner, supprimerFusion

si *A* == None **alors**
 └ **retourner** None

si *A*.clé == *X* **alors**
 └ **retourner** fusionner(*A.gauche*, *A.droit*)

sinon
 │ **si** *A*.clé > *X* **alors**
 │ └ *A.gauche* = supprimerFusion(*X*, *A.gauche*)
 │ **sinon**
 │ └ *A.droit* = supprimerFusion(*X*, *A.droit*)
 └ **retourner** *A*

A.2.6   Arbres binaires de recherche randomisés

Le terme *randomisé* qui traduit le mot anglais « randomized », bien que couramment employé, n'est peut-être pas le plus adéquat : il s'agit, pour ce type d'arbre, de choisir aléatoirement à chaque mise à jour de l'arbre entre deux algorithmes d'insertion d'une nouvelle clé, l'une aux feuilles et l'autre sur un chemin allant de la racine vers une feuille, ou bien entre deux procédures de suppression d'une clé, effectuant une fusion droite ou gauche des deux sous-arbres du nœud contenant la clé à supprimer. Le choix entre deux variantes pour les algorithmes d'insertion ou de suppression se fait en tenant compte des tailles de chaque sous-arbre, qu'il faut donc garder en mémoire : en chaque nœud de l'arbre est stockée la taille du sous-arbre dont il est racine.

Insertion randomisée   L'insertion randomisée utilise l'insertion à la racine :

L'insertion d'une clé X dans un arbre binaire de recherche A se fait à la racine avec une probabilité p(A), et dans le sous-arbre pertinent (droit ou gauche, suivant les valeurs respectives de X et de la racine de l'arbre) avec la probabilité complémentaire 1 − p(A). Lorsque l'insertion dans un sous-arbre est choisie, elle se fait récursivement de façon randomisée.

En conséquence, l'insertion d'une clé se fait à un endroit aléatoire du chemin qui va de la racine à la feuille où la clé serait insérée par l'algorithme classique d'insertion aux feuilles. Lorsque $p(A) = 0$ (respectivement $p(A) = 1$) pour tout arbre *A*, nous retrouvons l'insertion aux feuilles (respectivement à la racine).

Suppression randomisée Comme dans le cas standard, l'algorithme de suppression randomisée commence par chercher la clé à supprimer ; la différence apparaît quand elle est trouvée et qu'il s'agit de supprimer la racine d'un (sous-)arbre. Le choix se pose alors d'exécuter l'algorithme standard de suppression à la racine, ou de fusionner les deux sous-arbres. Si la fusion est choisie, ce sera la fusion gauche (resp. droite) avec une probabilité $q(A)$: il suffit d'adapter la fonction `tirerAléa` pour qu'elle renvoie `gauche` avec la probabilité $q(A)$, et `droite` avec la probabilité complémentaire.

La suppression randomisée utilise donc l'algorithme de fusion de la façon suivante :

- *Si un des sous-arbres gauche ou droit est vide, renvoyer l'autre sous-arbre.*
- *Sinon, soient $G = (x, G_g, G_d)$ et $D = (y, D_g, D_d)$ les sous-arbres gauche et droit. Renvoyer l'arbre obtenu récursivement par $(x, G_g, \mathtt{fusionner}(G_d, D))$ avec une probabilité $q(A)$, et renvoyer l'arbre $(y, \mathtt{fusionner}(G, D_g), D_d)$ avec la probabilité complémentaire.*

Sur l'exemple de la figure A.17, la suppression de la clé 15 à la racine de l'arbre conduit à effectuer une des deux opérations de fusion, gauche ou droite, avec une probabilité que nous avons supposée proportionnelle à la taille du sous-arbre dans lequel s'effectue la fusion.

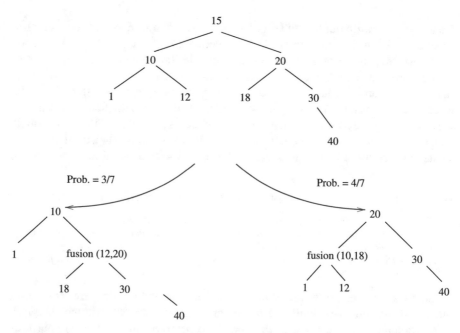

Fig. A.17 Suppression randomisée de la clé 15 à la racine de l'arbre A : nous avons pris une probabilité $q(A) = \frac{|A^{(g)}|}{|A|-1}$, et nous obtenons l'arbre de gauche avec une probabilité $\frac{3}{7}$, et celui de droite avec la probabilité complémentaire $\frac{4}{7}$

Contrairement à l'insertion, aucun choix pour $q(A)$ ne permet de retrouver une procédure classique d'insertion (section A.2.3). En effet le cas des nœuds doubles impose, dans la procédure classique de suppression à la racine, de mettre à la racine la plus grande clé du sous-arbre gauche, ce que ne peut garantir la suppression randomisée.

Enfin, notons qu'afin de garantir la loi induite par les permutations uniformes sur les ABR, et les bonnes propriétés algorithmiques qui en découlent, on choisit

$$p(A) = q(A) = \frac{|A_g|}{|A| - 1},$$

où $|A_g|$ et $|A|$ désignent respectivement le nombre de nœuds du sous-arbre gauche A_g et l'arbre A en entier.

A.3 Arbres-B

Nous présentons ici uniquement la structure de données et les algorithmes de recherche et d'insertion pour les arbres-B *prudents*,[1] et renvoyons par exemple au livre de Cormen et al. [50] pour plus de détails et pour des indications sur la suppression. Pour les algorithmes sur les arbres B *optimistes*, nous renvoyons au livre de Kruse et Ryba [162].

Nous définissons d'abord le type de données puis donnons l'algorithme de recherche, relativement simple. Nous avons décomposé l'algorithme d'insertion en plusieurs fonctions, pour des raisons de clarté de la présentation.

A.3.1 *Le type de données* **Arbre-B** *(prudent)*

Rappelons que, à la différence d'un arbre binaire de recherche, toutes les clés d'un arbre-B sont distinctes. Soit $m \geq 2$ un entier. Nous traitons ici, parmi les différentes variantes d'arbre-B, de celle où les nœuds ont entre $m - 1$ et $2m - 1$ clés, et qui a une approche préventive lors de l'insertion d'une clé.

Struct ArbreB

   Booléen *feuille*
   entier *nombreClés*
   élément *clés*[$1..2m - 1$]
   ArbreB *fils*[$1..2m$]

---

[1] Les arbres-B de cette section sont ce que nous avons appelé arbres-B de recherche au chapitre 1.

Le tableau *clés* qui contient les clés d'un nœud donné est trié en ordre croissant. Si *n* est le nombre de clés contenues dans un nœud, seules les cases d'indices 1 à *n* du tableau *clés,* et les cases d'indices 1 à *n* + 1 du tableau *fils* lorsque le nœud n'est pas une feuille, contiennent une valeur.

Dans ce qui suit, nous utilisons deux fonctions `charger` et `sauver` qui prennent en charge les transferts entre la mémoire secondaire où est stocké l'arbre et la mémoire principale où s'exécute l'algorithme. L'unité de transfert est le nœud stocké dans une page mémoire (figures A.18 et A.19).

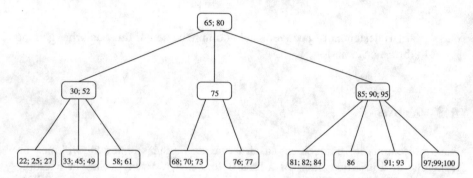

Fig. A.18   Un arbre-B prudent de paramètre $m = 2$; les feuilles, qui représentent les possibilités d'insertion et ne contiennent pas de clés, sont omises

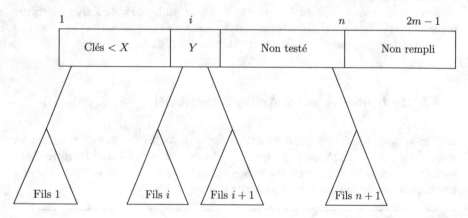

Fig. A.19   Un nœud lors de la recherche de la clé X : $n \leq 2m - 1$ est le nombre de clés du nœud, l'algorithme de recherche a testé les $i - 1$ premières clés sans trouver X, et va comparer la i-ième clé Y à X

A.3.2 *Recherche dans un arbre-B*

Fonction `chercher(élément X, ArbreB A)`

// <u>Précondition :</u> *A* est un arbre-B.

// <u>Postcondition :</u> Retourne l'arbre vide si $X \notin A$, et le nœud contenant *X*
   sinon.

// <u>Variables locales :</u> `entier` *i*, `entier` *n*, `élément` *Y*

// <u>Utilise :</u> `chercher`

si `A == None` **alors**
    | **retourner** `None`

sinon
    | *i* = 1
    | *Y* = `A.clés[1]`   //première clé du nœud racine
    | *n* = `A.nombreClés`
    | **tant que** *Y* < *X* **et** *i* < *n* **faire**
       | *i* = *i* + 1
       | *Y* = `A.clés[i]`
    | // En ce point $i = n$ ou $Y \geq X$ (ou les deux à la fois)
    | **si** *Y* == *X* **alors**
       | **retourner** *A*
    | **sinon**
       | **si** *Y* > *X* **alors**
          | **retourner** `chercher(X, A.fils[i])`
       | **sinon**
          | // Ici $Y < X$ et $i = n$
          | **retourner** `chercher(X, A.fils[n+1])`

A.3.3 *Insertion d'une clé*

Nous commençons par montrer sur un exemple ce qui se passe lors d'une insertion. L'arbre initial est celui de la figure A.18, dans lequel nous voulons insérer successivement les clés 60, 88 et 63.

    Les deux premières insertions se font dans des feuilles non pleines, et nous obtenons l'arbre de la figure A.20. L'insertion suivante, de la clé 63, devrait se faire dans la troisième feuille de cet arbre, qui est pleine. Il nous faut donc l'éclater et réarranger l'arbre. Ceci se fait en remontant d'un niveau la clé médiane de la feuille, ce qui est possible car le parent de la feuille n'est pas plein. Nous obtenons alors l'arbre de la figure A.21, et il suffit d'insérer la clé dans la feuille adéquate, qui est maintenant non pleine, pour terminer.

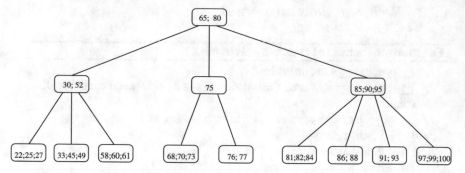

Fig. A.20 L'arbre-B de la figure A.18, dans lequel ont été insérées les clés 60 et 88 : les deux feuilles dans lesquelles ces clés ont trouvé place n'étaient pas pleines, et ce sont donc les deux seuls nœuds modifiés

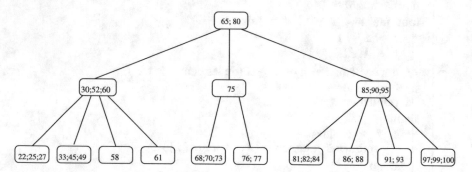

Fig. A.21 L'arbre-B de la figure A.20, en cours d'insertion de la clé 63 : la troisième feuille de l'arbre devrait recevoir cette clé, mais elle est pleine et a été éclatée : la clé médiane est remontée au niveau supérieur, et les deux clés 58 et 61 sont maintenant dans des feuilles non pleines ; la quatrième feuille de cet arbre pourra bien recevoir la clé 63 à insérer

L'appel à l'algorithme d'insertion se fait par la fonction insérer, qui gère le cas où l'arbre est initialement vide (insertion de la première clé), et l'éclatement éventuel de la racine, avec appel à la fonction (récursive) insérerRacineNonPleine, qui traite le cas d'une insertion dans un arbre non vide et dont la racine n'est pas pleine. Ces deux fonctions utilisent celle éclatant un nœud plein, éclater, et deux fonctions auxiliaires insérerPremièreClé et éclaterRacine, que nous donnons plus loin (figure A.22).

Fig. A.22   L'arbre-B de la figure A.21, dans lequel a été insérée la clé 63

Fonction insérer(élément *X*, ArbreB *A*)

// Précondition : *A* est un arbre-B ; *X* ∉ *A* ; *A* peut être vide.

// Postcondition : Retourne un arbre-B construit à partir de l'arbre initial,
    dans lequel a été insérée la clé *X*.

// Utilise : éclaterRacine, insérerRacineNonPleine,
    insérerPremièreClé

si *A* -- None **alors**

⌊ *A* = insérerPremièreClé(*X*)

sinon

⌜ **si** *A*.nombreClés == 2*m* − 1 **alors**

⌊ ⌜ *A* = éclaterRacine(*A*)

⌊ ⌊ *A* = insérerRacineNonPleine(*X*, *A*)

retourner *A*

La fonction insérerPremièreClé est appelée une seule fois, lors de la création de l'arbre au moment de l'insertion de la première clé.

Fonction insérerPremièreClé(élément *X*)

// Précondition : aucune

// Postcondition : Retourne un arbre réduit à une feuille et de clé unique *X*.

// Variable locale : ArbreB *A*

// Utilise : nouveau

A = nouveau()

A.feuille = Vrai

A.nombreClés = 1

A.clés[1] = *X*

retourner *A*

La fonction éclaterRacine est appelée à chaque insertion dans un arbre-B dont la racine a 2*m* − 1 clés. Son intérêt, comme celui de la fonction éclater donnée plus loin, est le suivant : si nous sommes amenés à insérer une clé dans une feuille pleine – ce qui nécessite de faire remonter la clé médiane contenue dans la feuille vers le nœud parent – ou à faire remonter la clé médiane d'un nœud enfant vers le nœud parent, ce nœud parent ne sera pas plein et nous pourrons toujours trouver la place d'insérer la clé médiane au niveau précédent. Notons que la fonction éclaterRacine fait appel à une procédure sauver dont le but est de recopier en mémoire secondaire le ou les nœuds reçus en argument : les arbres-B sont utilisés pour stocker de très grandes quantités de données, dans des contextes où il est impossible de garder tout l'arbre, ou même plus qu'un nombre restreint de nœuds, en mémoire centrale ; nous indiquons donc explicitement les opérations de recopie en mémoire secondaire.

Fonction éclaterRacine(ArbreB A)

// <u>Précondition</u> : A est un arbre-B dont la racine a $2m - 1$ clés.
// <u>Postcondition</u> : Retourne un arbre-B contenant le même ensemble de clés
    que A, obtenu par éclatement de sa racine ; sa hauteur a augmenté de 1 par
    rapport à celle de A.
// <u>Utilise</u> : nouveau, sauver
// <u>Variables locales</u> : ArbreB T, ArbreB B, entier j
B = nouveau()
T = nouveau()
// T sera la nouvelle racine, A et B ses fils
T.feuille = Faux
B.feuille = A.feuille
T.nombreClés = 1
B.nombreClés = $m - 1$
// Transférer la clé médiane de A dans T, qui a donc une seule clé
T.clés[1] = A.clés[m]
// Rattacher A et B à T
T.fils[1] = A
T.fils[2] = B
//   Transférer les $m - 1$ dernières clés de A vers B
pour j **de** 1 **à** $m - 1$ **faire**
    B.clés[j] = A.clés[$j+m$]
//   Si A et B ne sont pas des feuilles, transférer les m derniers fils de A vers B
si non A.feuille **alors**
    pour j **de** 1 **à** m **faire**
        B.fils[j] = A.fils[$j+m$]

A.nombreClés = m-1
//   Recopier en mémoire secondaire les trois nœuds
sauver(A, B, T)
retourner T

La fonction qui éclate un nœud non racine est donnée ci-dessous. Elle est très proche de celle éclatant la racine ; la différence principale est que le nœud à éclater est toujours fils d'un nœud non plein.

Fonction éclater(ArbreB A, entier i)

// <u>Précondition :</u> A est racine d'un arbre-B non plein, et non réduit à une feuille ; son i-ème fils est plein (il a $2m - 1$ clés).

// <u>Postcondition :</u> Retourne un arbre-B construit à partir de A en remplaçant le i-ème fils de A par deux nœuds ; ni la hauteur ni l'ensemble de clés n'ont été modifiés.

// <u>Utilise :</u> nouveau, sauver

// <u>Variables locales :</u> ArbreB T, ArbreB B, élément Y, entier j

B = $A.fils[i]$

T = nouveau()

$A.feuille$ = $B.feuille$

$T.nombreClés$ = $m - 1$

// Transférer les $m - 1$ dernières clés de B vers T

pour j **de** 1 **à** $m - 1$ **faire**
⌊ $T.clés[j]$ = $B.clés[j+m]$

// Si nécessaire, transférer les m derniers fils de B vers T

si non $B.feuille$ alors
  ⌊ **pour** j **de** 1 **à** m **faire**
      ⌊ $T.fils[j]$ = $B.fils[j+m]$

// Le nouveau nœud T est maintenant créé et a $m - 1$ clés

// La clé Y va être transférée du nœud B au nœud A

Y = $B.clés[m]$

// Le nombre de clés de B est mis à jour

$B.nombreClés$ = $m - 1$

// Le nœud A va recevoir une clé supplémentaire

// Il faut d'abord décaler les clés plus grandes que Y

pour j **de** $A.nombreClés$ **à** i **faire**
⌊ $A.clés[j+1]$ = $A.clés[j]$

// On peut maintenant ajouter la clé Y dans le nœud A

$A.clés[i]$ = Y

pour j **de** $A.nombreClés + 1$ **à** $i + 1$ **faire**
⌊ $A.fils[j+1]$ = $A.fils[j]$

$A.fils[i+1]$ = T

$A.nombreClés$ = $A.nombreClés + 1$

sauver(A, B, T)

retourner A

Nous pouvons maintenant donner la fonction inserérRacineNonPleine. Conformément aux usages usuels des langages de programmation, nous rappelons que l'opérateur **et**, utilisé dans le pseudo-code donné ici, diffère de l'opérateur logique

ET : a **et** b vaut Faux si a est égal à Faux, et b n'est alors pas évalué, et prend la valeur de b sinon. C'est en fait le **and** standard, dit *paresseux* et aussi noté &&, de langages de programmation tels que C ou Python.

Fonction `insérerRacineNonPleine(élément X, ArbreB A)`

> // <u>Précondition</u> : A est un arbre-B non vide ; sa racine n'est pas pleine ;
> $X \notin A$.
> // <u>Postcondition</u> : Retourne un arbre-B construit à partir de A dans lequel a
> été insérée la clé X ; sa racine est toujours le nœud A.
> // <u>Utilise</u> : `éclater`, `insérerRacineNonPleine`, `sauver`
> // <u>Variable locale</u> : `entier` j
> **si** `A.feuille` **alors**
>> // Mettre à jour le nombre de clés de A
>> `A.nombreClés = A.nombreClés + 1`
>> `j = A.nombreClés`
>> // Insérer X dans A
>> **tant que** $(j > 1)$ **et** $(X < A.clés[j])$ **faire**
>>> // Décaler les clés de A pour mettre X à sa place
>>> `A.clés[j] = A.clés[j-1]`
>>> $j = j - 1$
>>
>> // Maintenant $j = 1$, ou alors $j \geq 2$ et $X > A.clés[j]$; dans les deux
>> cas X devient la j-ième clé de A
>> `A.clés[j] = X`
>> `sauver(A)`
>> **retourner** A
>
> **sinon**
>> `j = A.nombreClés`
>> // Chercher dans quel fils de A continuer la recherche
>> **tant que** $(j > 1)$ **et** $(X < A.clés[j])$ **faire**
>>> $j = j - 1$
>>
>> // Ici, $j = 1$, ou bien $j \geq 2$ et $X > A.clés[j]$; dans les deux cas
>> l'insertion de X se poursuit dans le j-ème fils de A, qui pourrait être plein
>> **si** `A.fils[j].nombreClés` $== 2m - 1$ **alors**
>>> `A = éclater(A, j)`
>>> **si** $X > A.clés[j]$ **alors**
>>>> $j = j + 1$
>>
>> `insérerRacineNonPleine(X, A.fils[j])`
>> **retourner** A

A.4   Arbres quadrants

Les algorithmes de recherche et d'insertion aux feuilles sur les arbres quadrants de recherche sont des extensions naturelles des algorithmes correspondants pour les arbres binaires de recherche, que nous ne détaillons pas davantage.

Comment serait-il possible de généraliser l'algorithme de suppression des arbres binaires de recherche ? Supprimer une clé dans un nœud interne (et non une feuille) est compliqué. Concrètement, il est raisonnable de garder toutes les clés ayant été présentes à un moment dans l'arbre, pour structurer l'ensemble des données, et d'utiliser un booléen en chaque nœud, marquant si la clé qui s'y trouve a été supprimée ; lorsque le rapport *Nombre de clés effectivement présentes / Nombre de clés servant à structurer l'espace* devient trop faible, l'arbre est reconstruit.

A.5   Tries

Dans cette présentation algorithmique, nous considérons une structure de données pour le trie avec un alphabet quelconque. Les clés considérées sont des mots finis. Nous supposons également pour simplifier qu'aucun mot inséré dans le trie n'est préfixe d'un autre. Cette restriction qui peut paraître artificielle est facile à garantir par exemple en ajoutant un caractère de terminaison (distinct des lettres de l'alphabet) à la fin de chacun des mots.

Rappelons aussi que la façon de regarder les clés pour une structure de données comme le trie est radicalement différente de celle par exemple des arbres binaires de recherche. Pour un arbre binaire de recherche une clé est « atomique » : elle est indivisible et la comparaison de deux clés a un coût unitaire. Dans un trie la clé est non-atomique : elle se décompose comme une séquence de symboles (bits, caractères, etc.) sur un alphabet.

Nous ne considérons ici que des tries permettant de représenter des dictionnaires. Dans la pratique les tries sont plutôt utilisés comme tables associatives permettant de stocker des couples (clé, valeur). Il faudrait modifier les algorithmes en conséquence pour stocker dans chaque feuille du trie la valeur associée à la clé correspondante (en plus du suffixe stocké en chaque feuille permettant de reconstituer la clé).

A.5.1   Les types de données

Nous utilisons les types de base chaîne pour les chaînes de caractères, caractère pour les caractères. La concaténation de chaînes ou de caractères sera notée grâce à l'opérateur '+'. Nous définissons deux fonctions prenant en argument une chaîne de caractère :

- la première fonction, premièreLettre, renvoie le premier symbole de la chaîne ;
- la deuxième fonction finChaîne renvoie le premier suffixe de la chaîne si elle est non vide, c'est-à-dire, la chaîne privée de son premier symbole.

Nous définissons d'abord le type Trie. Un champ de type Noeud permet de repérer la racine du trie.

Struct Trie

Noeud *racine*

Le type Noeud est le type d'un nœud générique. Par définition, un trie admet des nœuds de deux types. Les nœuds internes servent à guider le parcours dans l'arbre et ne contiennent pas de données. Les nœuds externes contiennent des chaînes de caractères correspondant à des suffixes de clés. Une manière élégante pour l'implantation est d'employer des mécanismes de langages à objets. Ceux-ci permettent de faire dériver deux sous-classes (nœuds externes et internes) d'une classe nœud. Par commodité et aussi car ce n'est pas le propos de ce livre de manier les concepts de programmation objet, la classe Noeud ci-après peut représenter un nœud externe ou interne.

Struct Noeud

  chaîne *texte*
  dict *enfant*

Pour la structure Noeud, le champ *enfant* de type dict est une table d'association, et s'apparente à un dictionnaire dans le langage **Python**. Ce champ permet d'associer efficacement à une lettre de l'alphabet le nœud fils correspondant. Lorsque le champ *enfant* est vide, ou plus exactement possède la valeur None, le nœud est externe, sinon il est interne. Nous utiliserons des fonctions pour manipuler ce champ :

- l'accès au fils par la lettre *c* se fait grâce à l'instruction "*N.enfant[c]*" ;
- Pour le test d'appartenance d'une clé, le prédicat "*lettre* **dans** *N.enfant*" renvoie Vrai ou Faux selon que le nœud *N* admet ou non un fils pour la lettre *c* (syntaxe ici encore directement inspirée du langage **Python**).
- Enfin nous supprimons le fils associé à la lettre *c* d'un nœud *N* grâce à l'instruction "del *N.Enfant[c]*".

Notons que le champ *texte* n'a d'utilité que pour un nœud externe. Nous l'affecterons à la valeur chaîne vide "" pour un nœud interne par convention.

Nous définissons également un « constructeur » pour une structure de type Noeud : l'appel à nouveauNoeud(*txt*) avec en argument une chaîne de caractères *txt* de type chaîne renvoie le nouveau nœud externe créé dont les champ *texte* et *enfant* sont initialisés respectivement à la valeur de la variable *txt* et None.

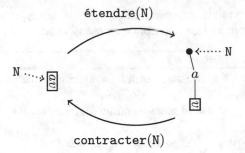

Fig. A.23 Illustration pour la fonction étendre qui transforme une feuille (contenant le mot av) en un nœud interne unaire ayant par la lettre a une feuille pour unique fils (contenant v), et la fonction contracter qui effectue l'opération inverse. Une feuille est représentée par un cadre contenant le suffixe lui correspondant. Les flèches pointillées à partir de N pointent sur le nœud passé en argument à la fonction

Nous utilisons plusieurs fonctions qui permettent d'accéder à diverses informations sur un nœud :

- La fonction estExterne(Noeud N) renvoie Vrai si le nœud N est un nœud externe (sans fils) et Faux sinon ,
- La fonction estUnaire(Noeud N) renvoie Vrai si le nœud N n'a qu'un seul nœud fils et Faux sinon ;
- La fonction premierEnfant(Noeud N) pour un nœud interne N renvoie le couple (caractère c, Noeud P) où c est le plus petit symbole pour l'ordre lexicographique présent sur les liens descendant du nœud N. Le nœud P est le fils descendant de N par cette lettre c.

Enfin, dans la suite nous utiliserons deux fonctions auxiliaires, inverses l'une de l'autre, qui rallongent ou raccourcissent une branche, et illustrées dans la figure A.23 :

- La fonction étendre(Noeud N) prend en argument un nœud et dans le cas où il est un nœud externe associé à un mot non vide[2] $w = av$ (avec a une lettre et v le suffixe de w) modifie la feuille pour en faire un nœud interne avec comme fille par la lettre a une feuille contenant v. Le nœud interne créé est donc unaire. Ce nœud est aussi le résultat de la fonction. Si le nœud n'est pas une feuille, cette fonction renvoie le nœud non modifié.
- La fonction contracter(Noeud N) prend un argument un nœud. Dans le cas où le nœud est unaire et de plus a pour descendant, par une certaine lettre a, une feuille contenant un mot v, cette fonction modifie le nœud pour en faire une feuille contenant le mot $w = av$. Si le nœud n'est pas unaire, cette fonction renvoie le nœud non modifié.

---

[2]Le mot ne peut être vide car sinon il est impossible de développer la branche.

Ces procédures sont utiles pour décrire l'algorithme de suppression d'un mot dans un trie. Nous donnons ici leur description en pseudo-code.

Fonction étendre(Noeud N)

// Précondition : N est un nœud et si il est externe la chaîne associée est non vide.

// Postcondition : N est un nœud, modifié seulement si N était un nœud externe.

// Variables locales : chaîne t ; caractère `lettre`

// Utilise : estExterne, premièreLettre, finChaîne, nouveauNoeud

si estExterne(N) **alors**

    t = N.texte

    `lettre` = premièreLettre(t)

    N.enfant[`lettre`] = nouveauNoeud(finChaîne(t))

    // On a créé une feuille, enfant de N

    N.texte = ""

    // Le nœud N est devenu interne car il a maintenant un descendant

retourner N

Procédure contracter(Noeud N)

// Précondition : N est un nœud.

// Postcondition : N est un nœud modifié si N était un nœud unaire avec comme unique fille une feuille.

// Variables locales : caractère c, Noeud q

// Utilise : estUnaire, estExterne, premierEnfant

si estUnaire(N) **alors**

    (c, q) = premierEnfant(N)

    q = N.enfant[c]

    si estExterne(q) **alors**

        N.texte = c + q.texte

        // concatène la lettre avec le texte de la feuille

        del N.Enfant[c]

        // supprime le fils par la lettre c de l'ensemble des descendants du nœud

retourner N

A.5.2 *Insertion*

Comme souvent pour les tries, un algorithme est décomposé en deux parties : une procédure ou fonction correspond à la structure haut niveau du trie, et une procédure (ou fonction auxiliaire) agit récursivement sur la structure de données.

La procédure suivante ajoute un mot à un trie pour la structure de type Trie, et sert essentiellement à traiter le cas particulier du trie vide.

Procédure insérer(Trie *T*, chaîne *s*)

// <u>Précondition</u> : *T* est une structure de type Trie, *s* est une chaîne de
   caractères.
// <u>Postcondition</u> : la chaîne *s* a été ajoutée au trie *T*.
// <u>Utilise</u> : insérerNoeud, nouveauNoeud
si *T.racine* == None **alors**
 ⌊ *T.racine* = nouveauNoeud(*s*)   // On crée une feuille
sinon
 ⌊ insérerNoeud(*T.racine*, *s*)   //appel sur la racine

La procédure auxiliaire suivante est récursive et insère une chaîne de caractères *s* à partir du nœud *N* (vu comme la racine d'un sous-trie non vide).

Procédure insérerNoeud(Noeud *N*, chaîne *s*)

// <u>Précondition</u> : *N* est nœud d'un trie, *s* est une chaîne de caractères.
// <u>Postcondition</u> : *N* est un nœud d'un trie.
// <u>Variables locales</u> : caractère *c*, chaîne *next*
// <u>Utilise</u> : étendre, premièreLettre, finChaîne, insérerNoeud,
   nouveauNoeud
si estExterne(*N*) **alors**
 ⌊ **si** *s* == *N.texte* **alors**
    ⌊ **retourner** // Mot déjà présent dans le trie
   sinon
    ⌊ étendre(*N*)   // *N* est une feuille, on étend
c = premièreLettre(*s*)
next = finChaîne(*s*)
si *c* **dans** *N.enfant* **alors**
 ⌊ insérerNoeud(*N.enfant*[*c*], *next*)
sinon
 ⌊ *N.enfant*[*c*] = nouveauNoeud(*next*)   // On crée une feuille

---

A.5.3   Recherche

La fonction testant si un mot est présent ou non dans un trie de type `Trie` est aussi décomposée en deux. D'abord la fonction d'appel « haut niveau » qui permet également de traiter l'exception du trie vide.

Fonction `chercher(Trie T, chaîne s)`

// <u>Précondition</u> : *T* est une structure de type `Trie`, *s* est une chaîne de caractères.
// <u>Postcondition</u> : renvoie `Vrai` si le trie contient la chaîne *s* et `Faux` sinon.
// <u>Utilise</u> : `chercherNoeud`
si *T.racine* == `None` **alors**
└ **retourner** `Faux`
sinon
   └ **retourner** `chercherNoeud(`*T.racine*`, `*s*`)`   // appel sur la racine

---

La fonction récursive pour une structure de type `Noeud`, où s'effectue réellement le travail, s'écrit de la manière suivante.

Fonction `chercherNoeud(Noeud N, chaîne s)`

//   <u>Précondition</u> : *N* est une structure de type `Noeud`.
//   <u>Postcondition</u> : Retourne `Vrai` en cas de succès de la recherche de la chaîne de caractères *s* dans le trie de racine *N* et `Faux` sinon.
//   <u>Variables locales</u> : `caractère` *c* ;
//   <u>Utilise</u> : `estExterne, étendre, premièreLettre, finChaîne, chercherNoeud`
si `estExterne(`*N*`)` **alors**
└ **retourner** *N.texte* == *s*
c = `premièreLettre(`*s*`)`
si `non(`*c* **dans** *N.enfant*`)` **alors**
└ **retourner** `Faux`
sinon
└ **retourner** `chercherNoeud(`*N.enfant[c]*`, finChaîne(`*s*`))`

A.5.4   Parcours d'un trie

Comme exemple de parcours, nous décrivons comment afficher la liste des mots contenus dans l'arbre en ordre lexicographique (qui est le parcours préfixe de la section A.1.2 étendu au cas non binaire). La procédure d'affichage pour une structure de type `Trie` s'écrit

---

Procédure `afficher(Trie T)`

```
// Précondition : T est une structure de type Trie.
// Postcondition : la liste des mots du trie T est affiché via des appels à une
    fonction système print.
// Utilise : afficherNoeud
si T.racine == None alors
  │ print("Le trie est vide!!!")
sinon
  │ afficherNoeud(T.racine, "")   // appel sur la racine
```

La procédure, pour la structure de type `Noeud`, est récursive et l'appel en un nœud suppose que l'on connaît déjà le préfixe du chemin de la racine du trie au nœud considéré. Ce préfixe est maintenu à jour au fur et à mesure du parcours.

Procédure `afficherNoeud(Noeud N, chaîne préfixe)`

```
// Précondition : N est un nœud d'un trie, préfixe correspond est une
    chaîne contenant les lettres qui relient la racine du trie au nœud N.
// Postcondition : Si le nœud courant N est externe, la clé correspondante est
    affichée via l'appel à une fonction système print.
// Variables locales : caractère c
// Utilise : afficherNoeud, estExterne, l'opérateur de concaténation +
    pour les chaînes de caractères
si estExterne(N) alors
  │ print(préfixe + N.text)
  │ sinon
  │   │ pour c dans N.enfant faire
  │   │   │ afficherNoeud(N.enfant[c], préfixe + c)
```

Nous pouvons assez facilement adapter cet algorithme de parcours pour écrire un algorithme réalisant des opérations ensemblistes sur deux ensembles de mots représentés par des tries. Cela est laissé au lecteur.

A.5.5 Suppression

L'algorithme de suppression est le plus délicat à décrire. En effet, la suppression d'un mot dans le trie peut amener à modifier la branche complète correspondante du trie.

Nous écrivons l'algorithme de suppression pour la structure de type `Trie`.

Procédure supprimer(Trie *T*, chaîne *s*)

// <u>Précondition</u> : *T* est une structure de type Trie, *s* est une chaîne de
   caractères.
// <u>Postcondition</u> : la clé *s*, si présente initialement dans le trie, est supprimée.
// <u>Utilise</u> : supprimerNoeud
si *T.racine* != None **alors**
    ⎿ *Trie.racine* = supprimerNoeud(*T.racine*, *s*)

La fonction récursive suivante utilise la fonction contracter vue précédemment
et qui est appelée sur une structure de type Noeud (racine du sous-trie courant).
Comme le sous-trie est susceptible d'être complètement modifié, la fonction renvoie
soit None (si le nœud n'existe plus) soit le nœud du sous-trie initialement considéré
après modification.

Fonction supprimerNoeud(Noeud *N*, chaîne *s*)

// <u>Précondition</u> : *N* est un nœud d'un trie, *s* est une chaîne de caractères.
// <u>Postcondition</u> : la chaîne *s*, si présente initialement dans le sous-trie de
   racine *N*, est supprimée. La fonction renvoie la racine du sous-trie modifié,
   ou None si le sous-trie n'existe plus.
// <u>Variables locales</u> : caractère *c* ; Noeud *Q* ; chaîne *next*
// <u>Utilise</u> : estExterne, premièreLettre, finChaîne, contracter,
   supprimerNoeud
si estExterne(*N*) **alors**
    si *N.texte* == *s* **alors**
       ⎿ **retourner** None   //suffixe trouvé, on supprime le nœud
    sinon
       ⎿ **retourner** *N*   //suffixe non trouvé
// Ici le nœud *N* est supposé interne
c = premièreLettre(*s*)
next = finChaîne(*s*)
si *c* **dans** *N.enfant* **alors**
    Q = supprimerNoeud(*N.enfant*[*c*], *next*)
    si *Q* == None **alors**
      ⎿ **del** *N.enfant*[*c*]
    sinon
      ⎿ *N.enfant*[*c*] = *Q*
    N = contracter(*N*)
    // Éventuellement contracter si le nœud est devenu unaire
retourner *N*

A.5.6 Tri radix

Dans cette section les positions dans les chaînes de caractères sont indexés à partir de 1 : pour un mot w de taille n, nous avons $w = w[1 .. n]$.

Nous présentons d'abord la procédure de tri radix la plus élémentaire, qui utilise une représentation binaire des clés. Elle est basée sur une logique de partitionnement similaire au tri rapide (voir plus loin) mais utilise la valeur d'un bit pour partitionner au lieu d'un pivot. Les bits sont examinés de la gauche vers la droite (approche appelée parfois *top-down* ou MSD *most significant digit*) en partant de la position 1. La fonction de tri suivante est appelée pour un tableau $T[1 .. n]$ de chaînes de caractères avec `TriRadixBin(T, 1, n, 1)`.

Procédure `TriRadixBin(tableau T, entier p, entier r, entier d)`

// Précondition : T est un tableau de chaînes de caractères ; d est un entier
    supérieur ou égal à 1.

// Postcondition : La tranche $T[p .. r]$ du tableau T est triée en ordre
    croissant pour l'ordre lexicographique en considérant les d-ièmes suffixes
    (les suffixes commençant à la position d).

// La procédure prend en argument les limites du sous-tableau courant p et r
    et l'indice (profondeur) du bit courant d pour la comparaison.

// Variables locales : `entier i, entier j, booléen fini`

// Utilise : `échanger, TriRadixBin, Digit`

```
si (r > p) alors
   i = p
   j = r
   fini = Faux
   tant que non fini faire
      tant que (Digit(s[i], d) == 1) et (i < j) faire
       └ i = i + 1
      tant que (Digit(s[j], d) == 0) et (i < j) faire
       └ j = j - 1
      échanger(s[i], s[j])
      fini = (i ≥ j)
   si Digit(s[r], d) == 0 alors
      j = j + 1
      // pour le cas (exceptionnel) où tous les symboles examinés ont été
         '0'
   TriRadixBin(p, j - 1, d + 1)
   TriRadixBin(j, r, d + 1)
```

La méthode est généralisable à un alphabet non binaire et devient très similaire à une autre méthode de tri appelée en anglais « *bucket sort* » [156, 231]. L'algorithme utilise comme routine un algorithme de *tri par comptage*. Le principe de l'algorithme de tri par comptage consiste à faire un premier passage sur le tableau pour compter le nombre d'occurrences de chaque symbole, puis à refaire un deuxième passage pour mettre les éléments à leur place en fonction du comptage effectué. Cette technique dans son implémentation la plus naturelle suppose d'allouer un autre tableau pour trier les données car le tri n'est pas effectué en place. Nous donnons ci-après le code permettant de trier un tableau $T[1..n]$ d'entiers pris dans l'intervalle $[0..K-1]$ (avec K fixé). La complexité est $O(n \times K)$ en temps et $O(n+K)$ en espace. Considérant que K est fixé, cet algorithme trie donc en temps (et en espace) linéaire.

Cette méthode de tri, bien que simple, est plus subtile qu'il y paraît. La version ci-après a la propriété d'être stable : deux clés de même valeur seront dans le même ordre dans le tableau d'entrée et de sortie. Cette propriété est nécessaire dans différents contextes (comme par exemple dans la version LSD du tri radix) décrite plus loin. Nous employons aussi par commodité la notation usuelle en informatique « a += b » qui signifie « a = a + b ».

Procédure TriComptage(tableau T, entier n)

// Précondition : $T[1..n]$ est un tableau d'entiers de $[0..K-1]$, n est la taille du tableau.

// Postcondition : Retourne le tableau T trié en ordre croissant.

// Variables locales : entier i, entier j, tableau $aux[1..n]$, tableau $comptage[0..K]$

// aux est un tableau temporaire d'entiers qui stocke le résultat (il peut être global) ; comptage est un tableau de comptage local nécessaire dans la version présentée.

// Initialisation

pour j **de** 0 **à** K **faire**
| $comptage[j] = 0$

// Calcul des fréquences dans comptage dans un tableau en décalant « astucieusement » les indices de 1

pour i **de** 1 **à** n **faire**
| $comptage[T[i] + 1] += 1$

// Calcul des fréquences cumulées

pour j **de** 1 **à** K - 1 **faire**
| $comptage[j] += comptage[j - 1]$

// Affectation dans un nouveau tableau en calculant grâce à comptage pour chaque élément du tableau d'entrée T son rang dans le tableau trié

pour i **de** 1 **à** n **faire**
| $aux[comptage[T[i]]+1] = T[i]$
| $comptage[T[i]] += 1$

// Copie du tableau trié aux dans T

pour i **de** 1 **à** n **faire**
| $T[i] = aux[i - 1]$

Par exemple sur le tableau T d'entiers de $[0 .. 4]$ ($K = 5$) de taille 9

i	1	2	3	4	5	6	7	8	9
$T[i]$	0	1	1	2	3	0	4	4	0

le tableau $comptage$ avec les fréquences cumulées sera

i	0	1	2	3	4	5
$comptage[i]$	0	3	5	6	7	9

On peut interpréter ce tableau de la manière suivante : la première clé 0 sera au rang $comptage[0] + 1 = 1$ dans le tableau trié, la première clé 1 au rang $comptage[1] + 1 = 4$, la première clé 2 au rang $comptage[2] + 1 = 5$, etc. Le tableau $comptage$ est mis à jour après chaque affectation d'une clé dans le tableau trié afin de pouvoir calculer la prochaine place libre pour une clé de même valeur.

Nous revenons maintenant au tri radix avec un alphabet non forcément binaire. La fonction de tri suivante est appelée pour un tableau $T[1 .. n]$ de chaînes de caractères avec TriRadixMSD($T, 1, n, 1$). Elle utilise le tri par comptage en examinant les positions successives dans les chaînes de caractères.

Procédure TriRadixMSD(tableau T, entier p, entier r, entier d)

// Précondition : $T[1..n]$ est un tableau de chaînes de caractères sur l'alphabet $\{0, \ldots, tailleAlphabet - 1\}$; La tranche $T[p..r]$ ne contient que des chaînes de longueur supérieure ou égale à d.

// Postcondition : La tranche $T[p..r]$ est triée en considérant pour les d-ièmes suffixes (i.e., commençant à la position $d \geq 1$ dans les chaînes de caractères) en ordre croissant pour l'ordre lexicographique.

// Variables locales : entier i, entier j,
     tableau $comptage[0..tailleAlphabet]$,
     tableau $aux[1..r - p + 1]$

// aux est un tableau temporaire d'entiers qui stocke le résultat (il peut être global) ; $comptage$ est un tableau de comptage local nécessaire dans la version présentée.

// Utilise : TriRadixMSD ;

si $r > p$ **alors**

     // Initialisation
     pour j **de** 0 **à** $tailleAlphabet$ **faire**
        $comptage[j] = 0$

     // Calcul des fréquences dans comptage dans un tableau
     pour i **de** p **à** r **faire**
        $comptage[Digit(T[i], d) + 1] \mathrel{+}= 1$

     // Calcul des fréquences cumulées
     pour j **de** 1 **à** $tailleAlphabet - 1$ **faire**
        $comptage[j] \mathrel{+}= comptage[j - 1]$

     // Affectation dans un nouveau tableau en calculant grâce à $comptage$
        pour chaque élément du tableau d'entrée T son rang dans le tableau trié
     pour i **de** p **à** r **faire**
        $aux[comptage[Digit(T[i], d)]+1] = T[i]$
        $comptage[Digit(T[i], d)] \mathrel{+}= 1$

     // Copie du tableau trié aux dans T
     pour i **de** p **à** r **faire**
        $T[i] = aux[i - p + 1]$

     // appels récursifs pour chaque symbole de l'alphabet
     TriRadixMSD(T, p, $p + comptage[0] - 1$, $d + 1$)
     pour j **de** 0 **à** $tailleAlphabet - 2$ **faire**
        TriRadixMSD(T, $p + comptage[j]$,
                      $p + comptage[j + 1] - 1$, $d + 1$)

Nous pouvons aussi examiner les bits de la droite vers la gauche (approche *bottom up* ou LSD *Least significant Digit*) mais cela nécessite de considérer des clés de même longueur. Dans l'implémentation suivante, nous utilisons le tri par comptage. Une caractéristique importante du tri par comptage, la stabilité, est nécessaire ici : les positions relatives de deux clés égales dans le tableau d'entrée sont laissées inchangées dans le tableau de sortie. Si nous n'avions pas cette propriété, nous pourrions casser ce que nous avions fait dans une passe précédente de l'algorithme.

Procédure `TriRadixLSD(tableau T, entier n)`

// Précondition : $T[1..n]$ est un tableau de chaînes de caractères de longueur *longueur* sur l'alphabet $\{0, \ldots, \mathit{tailleAlphabet} - 1\}$.

// Postcondition : Retourne le tableau $T[1..n]$ trié en ordre croissant pour l'ordre lexicographique.

// Variables locales : entier i, entier j,
tableau `comptage[0..tailleAlphabet]`, tableau `aux[1..n]`

// aux est un tableau temporaire d'entiers qui stocke le résultat (il peut être global) ; `comptage` est un tableau de comptage local nécessaire dans la version présentée.

```
pour d de longueur - 1 à 1 faire
    pour j de 0 à tailleAlphabet faire
        comptage[j] = 0
    pour i de 1 à n faire
        comptage[Digit(T[i], d) + 1] += 1
    pour j de 1 à tailleAlphabet - 1 faire
        comptage[j] += comptage[j - 1]
    pour i de 1 à n faire
        aux[comptage[Digit(T[i], d)] + 1] = T[i]
        comptage[Digit(T[i], d)] += 1
    pour i de 1 à n faire
        T[i] = aux[i]
```

Ce tri effectue $n \times \mathit{longueur}$ comparaisons de symboles.

A.6 Tris par comparaisons

A.6.1 Tri rapide

Nous rappelons le principe de base du tri rapide, qui est de structurer l'ensemble des clés par rapport à une clé spéciale, utilisée comme *pivot* :

Mettre à sa place définitive la clé X choisie comme pivot, de telle sorte que les clés inférieures ou égales à X se retrouvent à sa gauche, et que celles strictement supérieures à X se retrouvent à sa droite ; puis trier récursivement les deux sous-listes ainsi obtenues.

Dans tout ce qui suit, le nombre n de clés à trier est constant. Supposons que nous ayons à trier un sous-tableau $T[gauche..droite]$ dans un tableau $T[1..n]$. un choix classique[3] est de prendre $T[gauche]$ comme pivot ; c'est celui que nous ferons dans la suite de cette section. La procédure de placement doit trouver la place k du pivot, bien sûr sans trier le tableau !

Fonction `triRapide(tableau T, entier gauche, entier droite)`

```
// Précondition : Pour tout j, 1 ≤ j ≤ n, T[j] < T[n + 1].
// Postcondition : Retourne le tableau T, trié en ordre croissant.
// Utilise : partition, triRapide
// Variable locale : entier k
si gauche < droite alors
    k, T = partition(T, gauche, droite)
    T = triRapide(T, gauche, k - 1)
    T = triRapide(T, k + 1, droite)
    retourner T
```

Dans la fonction `triRapide` ci-dessus (comme dans la fonction `partition` donnée plus loin), nous avons un tableau de taille, non pas n, mais $n + 1$. Cela vient de l'ajout d'une dernière case, d'indice $n + 1$, qui contient une clé strictement plus grande que toutes les autres clés du tableau. Son utilité est la suivante : lors de la recherche de la place du pivot, il faut prévoir les cas où ce pivot est, soit plus petit que tous les éléments déjà rencontrés, soit plus grand. Pour ne pas avoir à tester systématiquement que les indices des cases restent bien dans les bornes adéquates, et éviter les accès à d'autres cases que celles concernées par la procédure de partition, voire les accès à des cases non existantes, il faut prévoir des sentinelles, à gauche et à droite du tableau. La sentinelle gauche sera inférieure ou égale au pivot : elle doit assurer l'arrêt de la boucle `tant que` $T[haut] > T[gauche]$ de la fonction `partitionner`. Si le pivot est choisi égal à $T[gauche]$, il joue naturellement le rôle de cette sentinelle gauche. Quant à la sentinelle droite, son rôle est d'assurer l'arrêt de la boucle `tant que` $T[bas] \leq T[gauche]$ de la même fonction. Elle est la plupart du temps présente lors des appels récursifs : c'est un ancien pivot ! Le seul cas susceptible de poser problème est celui où $droite = n$, i.e., où nous travaillons sur la partie droite du tableau.[4] Pour le traiter, nous utilisons une sentinelle en $T[n+1]$, strictement plus grande que tous les éléments susceptibles d'être présents dans le tableau. Dans la fonction `partitionner` ci-dessous, le

---

[3]Il y en a d'autres, notamment prendre la médiane de plusieurs éléments.

[4]En fait, en cas d'égalité des clés avec un ancien pivot, nous pouvons être amenés, dans le cas le plus défavorable (lorsque toutes les clés à droite du tableau sont égales à cet ancien pivot) à aller jusqu'à la dernière case du tableau ; mais la sentinelle évitera bien, dans ce cas aussi, de sortir du tableau.

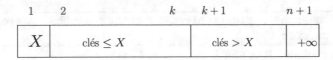

Fig. A.24 État du tableau T lors de l'exécution de partitionner(T, 1, n), juste avant la dernière instruction échanger(T[gauche], T[haut]). La sentinelle est en T[n+1]

tableau T, contenant n clés, a donc une case supplémentaire T[n+1] qui contient la sentinelle (figure A.24).

Fonction partition(tableau T, entier *gauche*, entier *droite*)

// Précondition : $0 \leq$ *gauche* $\leq$ *droite* $\leq n + 1$; pour tout j, $1 \leq j \leq n$,
$T[j] < T[n + 1]$.

// Postcondition : Retourne $k \in$ [*gauche*, *droite*] et le tableau T
partiellement réorganisé entre les indices *gauche* et *droite* : la valeur
initiale de T[gauche] est maintenant en $T[k]$ et T[gauche..$k - 1$] $\leq$
$T[k] < T[k + 1..$droite$]$.

// Utilise : échanger

// Variables locales : entier *bas*, entier haut

bas = gauche

haut - droite

tant que *bas* $\leq$ haut **faire**

    tant que T[bas] $\leq T$[gauche] **faire**
        └ bas = bas+1

    tant que T[haut] $> T$[gauche] **faire**
        └ haut = haut - 1

    si *bas* $<$ haut **alors**
        échanger(T[bas], T[haut])
        bas = bas + 1
        haut = haut - 1

échanger(T[gauche], T[haut])

retourner *haut*, T

A.6.2 Recherche par rang

La procédure de partition et placement du pivot est aussi à la base d'un algorithme de recherche par rang, aussi appelé algorithme de sélection (et connu en anglais sous le nom de *QuickSelect*). Il s'agit ici de trouver une clé de rang donné r dans un tableau non trié de clés.

Fonction chercherRapide(tableau *T*, entier *gauche*, entier
droite, entier *r*)

// <u>Précondition</u> : Pour tout *j*, $1 \leq j \leq n$, $T[j] < T[n+1]$.
// <u>Postcondition</u> : Retourne le tableau *T*, qui a été partiellement réordonné ;
    l'élément de rang *r* se trouve maintenant en *T*[*r*].
// <u>Utilise</u> : partition, chercherRapide
// <u>Variable locale</u> : entier *k*
si *gauche* < *droite* **alors**
    k, *T* = partition(*T*, *gauche*, *droite*)
    si *k* > *r* **alors**
        T = chercherRapide(*T*, *gauche*, *k* - 1, *r*)
    sinon
        si *k* < *r* **alors**
            T = chercherRapide(*T*, *k* + 1, *droite*, *r*)

retourner T

A.6.3 Tas

Implémentation d'un arbre parfait dans un tableau

La numérotation en ordre hiérarchique des nœuds des tas (ou plus exactement,
des arbres parfaits) joue un rôle essentiel dans leur implémentation, puisqu'elle
permet de s'affranchir de la représentation classique des arbres binaires donnée en
section A.1.1 et de les représenter dans un tableau. En effet, le nœud qui a pour rang
en ordre hiérarchique *i* a pour père le nœud de rang $\lfloor i/2 \rfloor$ (sauf si $i = 1$: dans ce
cas il s'agit de la racine de l'arbre), et pour fils droit et gauche, les nœuds de rangs
respectifs $2i$ et $2i + 1$. Nous pouvons ainsi naviguer dans l'arbre, et retrouver les
feuilles : ce sont les nœuds de rang *i* tel que $2i > n$, auxquels s'ajoute, lorsque la
taille *n* du tas est paire, l'unique nœud simple qui a pour rang $\frac{n}{2}$.

Nous donnons en figure A.25 un exemple d'arbre parfait marqué et de sa
représentation dans un tableau, en suivant l'ordre hiérarchique.

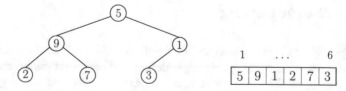

Fig. A.25 Un arbre parfait marqué et le tableau le représentant

Dans les algorithmes qui suivent, nous supposons que la taille maximale *NMAX* de l'arbre est fixée,[5] la taille du tas sera dénoté par un entier $n \in \{0, \ldots, NMAX\}$. En prenant comme structure de données un tableau de la taille maximale *NMAX*, un arbre parfait non vide de taille n se trouve donc dans le sous-tableau $T[1 \mathinner{.\,.} n]$: le i-ième nœud a pour marque la clé contenue dans $T[i]$. Dans la suite, nous parlons indifféremment d'un arbre parfait de taille n, ou d'un (sous-)tableau $T[1 \mathinner{.\,.} n]$.

Construction du tas : algorithme de Floyd

Si nous connaissons à l'avance *toutes les clés* à ajouter, nous pouvons construire le tas à partir de ces clés, avec un algorithme dû à Floyd. Supposons que nous ayons un algorithme générerTas qui, à partir de deux tas de tailles « compatibles » et d'une clé, construit un nouveau tas. Alors nous pouvons transformer un arbre parfait en tas « de bas en haut » (des feuilles vers la racine), par l'algorithme suivant.

Fonction Construire(tableau T, entier n)

// Précondition : $T[1 \mathinner{.\,.} n]$ est un tableau de clés ($n \leq$ *NMAX*).
// Postcondition : Retourne le tableau T où les n clés ont été réordonnées en
    un tas de taille n, contenu en $T[1 \ldots n]$.
// Utilise : générerTas
// Variable locale : entier i
pour i **de** $\left\lceil \frac{n}{2} \right\rceil$ **à** 1 **faire**
   $\lfloor$ T = générerTas(T, i)
retourner T

L'algorithme générerTas fusionne en un nouveau tas un parent $T[i]$ et ses deux tas « fils » $T[2i]$ et $T[2i + 1]$.

---

[5]La valeur *NMAX* est alors une constante, que nous n'avons pas besoin de passer en paramètre des algorithmes de manipulation de tas.

Fonction génèrerTas(tableau T, entier n, entier i)

// <u>Précondition :</u> $NMAX \geq n \geq 2i$; T est un tableau représentant un arbre
parfait ; le sous-arbre de racine $T[2i]$, et celui de racine $T[2i+1]$ si
$NMAX \geq n \geq 2i + 1$, sont des tas.

// <u>Postcondition :</u> Retourne le tableau T représentant un arbre parfait où le
sous-arbre de racine $T[i]$ a été restructuré en un tas ; les autres sous-arbres
sont inchangés.

// <u>Utilise :</u> échanger, génèrerTas

// <u>Variable locale :</u> entier *imax*

si $(n == 2i)$ **et** $(T[i] > T[2i])$ **alors**
 // cas particulier où le nœud n'a qu'un fils
 échanger($T[i]$, $T[2i]$)

sinon
 si $T[2i] \leq T[2i+1]$ **alors**
  imax = $2i$
 sinon
  imax = $2i + 1$
 si $T[imax] < T[i]$ **alors**
  échanger($T[imax]$, $T[i]$)
  T = génèrerTas(T, *imax*, n)

retourner T

L'algorithme de construction du tas pour un tableau de taille n a une complexité
en temps $O(n)$ et se fait sur place (sans mémoire additionnelle).

Ajout d'une clé : algorithme de Williams

Cet algorithme permet d'insérer de manière dynamique *une* clé dans un tas qui
n'est pas plein (c'est la précondition $n < NMAX$ ci-dessous). Pour cela, une feuille
est d'abord ajoutée au tas, dans laquelle est stockée la nouvelle clé : la structure
d'arbre parfait est donc préservée, et il reste à rétablir l'ordre en faisant remonter la
clé sur le chemin de la dernière feuille à la racine, jusqu'à ce qu'elle trouve sa place
(figure A.26).

Fig. A.26 Ajout de la clé 2
dans un tas de taille 13 : la clé
va être échangée avec 7, puis
avec 4, pour trouver sa place
en enfant droit de la racine

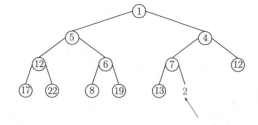

Fonction ajouter(élément X, tableau T, entier n)

// <u>Précondition</u> : $n < NMAX$; $T[1..n]$ est un tas.

// <u>Postcondition</u> : Retourne le tableau T représentant le tas obtenu après
    ajoute de X dans le tas initial, et la taille de ce tas.

// <u>Utilise</u> : échanger

// <u>Variable locale</u> : entier i

$n = n+1$

$T[n] = X$

$i = n$

tant que $(i > 1)$ **et** $(T[i] < T[\lfloor\frac{i}{2}\rfloor])$ **faire**

$\quad$ échanger($T[i]$, $T[\lfloor\frac{i}{2}\rfloor]$)

$\quad$ $i = \lfloor\frac{i}{2}\rfloor$

retourner T, n

Bien évidemment, nous pouvons construire un tas en partant d'un arbre initialement vide, et en y ajoutant successivement n clés par l'algorithme d'ajout de Williams. Cet algorithme de construction d'un tas a un coût en temps en $O(n \log n)$ et se fait sur place (sans mémoire additionnelle).

Suppression du minimum du tas

Le minimum d'un tas se trouve à sa racine ; l'algorithme de suppression du minimum que nous présentons ici va donc reconstruire d'abord un arbre parfait en amenant à la racine la clé dans la dernière feuille, puis le réordonner en faisant descendre cette clé vers le bas de l'arbre (figure A.27).

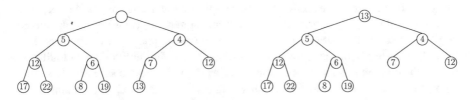

Fig. A.27 Suppression de la clé à la racine dans un tas : à gauche, l'arbre une fois qu'on a supprimé la clé à la racine ; à droite, l'arbre parfait – qui n'est plus ordonné – dans lequel la clé 13, qui était dans la dernière feuille, a été amenée à la racine, et avant de la faire descendre pour qu'elle trouve sa place dans le sous-arbre adéquat

---

Fonction supprimer(tableau T, entier n)

// <u>Précondition</u> : $T[1 .. n]$ est un tas ; $1 \leq n \leq NMAX$.
// <u>Postcondition</u> : Retourne l'ancien minimum, le tas réorganisé après
   suppression du minimum, et sa nouvelle taille.
// <u>Utilise</u> : échanger
// <u>Variables locales</u> : élément min, entier i, entier j, booléen $fini$
$min = T[1]$
$T[1] = T[n]$
$n = n - 1$
$i = 1$
$fini = (i > \lfloor \frac{n}{2} \rfloor)$
tant que non $fini$ **faire**
  si $(n == 2i)$ **ou** $(T[2i] < T[2i + 1])$ **alors**
    $\lfloor \; j = 2i$
  sinon
    $\lfloor \; j = 2i + 1$
  si $T[i] > T[j]$ **alors**
    échanger(T[i],T[j])
    $i = j$
    $\lfloor \; fini = (i > \lfloor \frac{n}{2} \rfloor)$
  sinon
    $\lfloor \; fini = $ Vrai
retourner min, T, n

Mentionnons ici un deuxième algorithme de reconstruction du tas dans lequel, après en avoir ôté le minimum, nous préservons d'abord la structure d'arbre croissant en partant de la racine et en faisant remonter le plus petit de ses deux fils, puis en poursuivant récursivement ce remplacement d'une clé par la plus petite clé de ses enfants jusqu'à arriver à une feuille. En général, cette feuille (appelons-la f) n'est pas la dernière de l'arbre, et une deuxième phase est nécessaire, dans laquelle nous déplaçons la clé X contenue dans la dernière feuille vers la feuille f, puis la faisons remonter vers la racine jusqu'à ce qu'elle trouve sa place. Les deux algorithmes de suppression travaillent en fait sur le même chemin allant de la racine à une feuille, et aboutissent au même tas résultat lorsque les clés sont toutes distinctes.

Fig. A.28 Au dessus, le tas de la figure A.27, après trois suppressions du minimum (et en supposant que le minimum initial était 1) ; en dessous, le tableau dont la partie de gauche stocke le tas, et la partie de droite conserve les trois premiers minima successifs en ordre inverse

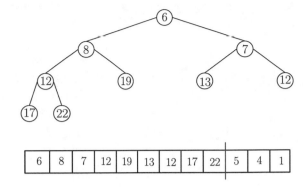

| 6 | 8 | 7 | 12 | 19 | 13 | 12 | 17 | 22 | 5 | 4 | 1 |

Tri par tas

Avec les algorithmes d'ajout d'une clé au tas et de suppression du minimum et réorganisation, il est simple d'obtenir un tri : nous allons d'abord construire un tas sur place avec les n clés présentes dans le tableau, puis supprimer un à un les minima successifs du tas, qui est en partie gauche du tableau ; la partie droite servira à garder les minima successifs, en ordre décroissant de gauche à droite (figure A.28).

Fonction TriTas(tableau T, entier n)

    // Précondition : $T[1 .. n]$ est un tableau non trié.
    // Postcondition : Retourne le tableau $T[1 .. \mathit{taille}]$ trié en ordre
       décroissant.
    // Utilise : ajouter, supprimer
    // Variables locales : entier taille, élément min
    $taille$ = 0
    tant que $taille < n$ **faire**
      ⌊ T, $taille$ = ajouter($T[taille + 1]$, T, $taille$)
    tant que $taille > 1$ **faire**
      ⌊ min, T, $taille$ = supprimer(T, $taille$)
       $T[taille + 1]$ = min
    retourner T

Appendice B
Rappels mathématiques : combinatoire

Nous rassemblons ici les notions de combinatoire que nous utilisons dans ce livre. Pour approfondir ces notions, le livre de Graham et al. *Mathématiques concrètes* [122] permet de se familiariser avec la manipulation de coefficients binomiaux, d'autres nombres « classiques », de sommations ou de fonctions génératrices, ainsi qu'avec quelques notions de probabilités discrètes et de calcul asymptotique. Le livre plus ancien de Greene et Knuth, *Mathematics for the Analysis of Algorithms* [123], est intéressant car il rassemble dans un seul ouvrage les outils mathématiques nécessaires à l'analyse des algorithmes (identités binomiales, relations de récurrence, analyse asymptotique) et utilise des fonctions génératrices. Pour la combinatoire analytique, la référence est le livre de Flajolet et Sedgewick, *Analytic Combinatorics* [94].

Nous présentons ici les notions de base de combinatoire analytique, notamment la méthode symbolique, notions qui s'appuient sur quelques éléments d'analyse complexe que nous rappelons autant que nécessaire. Plusieurs notations, fonctions et formules classiques sont réunies dans la section finale B.5.1.

Nous renvoyons souvent au livre de Flajolet et Sedgewick [94], y compris pour des résultats basiques de mathématiques qui se trouvent évidemment aussi dans des livres de mathématiques classiques, et exposés de façon plus complète. Ce choix se justifie par une plus grande facilité d'utilisation pour le lecteur de notre livre.

B.1 Structures combinatoires

B.1.1 Classes

Une classe combinatoire (ou classe) est un ensemble C muni d'une application « taille » notée $|\cdot| : C \to \mathbb{N}$ et tel que l'ensemble $C_n = \{\gamma \in C; |\gamma| = n\}$ des éléments (dits aussi objets) de taille n soit fini pour tout $n \geq 0$.

© Springer Nature Switzerland AG 2018
B. Chauvin et al., *Arbres pour l'Algorithmique*, Mathématiques et Applications 83,
https://doi.org/10.1007/978-3-319-93725-0

Dans ce livre nous rencontrons uniquement des classes combinatoires qui sont construites à partir d'opérations ensemblistes élémentaires. La classe neutre et la classe atomique définies ci-dessous sont la base des objets combinatoires que nous construisons dans ce livre.

Une classe neutre, souvent notée $\mathcal{E}$, est une classe combinatoire qui consiste en un seul objet de taille 0. Un tel objet est dit « objet neutre » et il est souvent noté ε.

Une classe atomique, souvent notée $\mathcal{Z}$, est une classe combinatoire qui consiste en un seul objet de taille 1. Un tel objet est appelé un atome.

Le mot « atome » est souvent utilisé pour désigner aussi un nœud générique dans un arbre, parce qu'un arbre de taille n peut être considéré comme étant en bijection avec la réunion de n classes atomiques.

En notant $c_n = \mathrm{Card}(C_n)$, la série génératrice $C(z)$, dite « ordinaire », associée à la classe combinatoire C est la série formelle

$$C(z) = \sum_{\gamma \in C} z^{|\gamma|} = \sum_{n \geq 0} c_n z^n. \tag{B.1}$$

La série génératrice d'une classe neutre est $E(z) = 1$ et celle d'une classe atomique est $Z(z) = z$.

Notation *Nous utilisons abondamment, pour une série formelle $f(z) = \sum_{n \geq 0} f_n z^n$, la notation $[z^n] f(z) = f_n$ pour le coefficient de z^n.*

B.1.2   Classes étiquetées

Il arrive de rencontrer des structures combinatoires qui se présentent naturellement comme étiquetées (ou encore marquées). Ceci se produit lorsqu'un objet de taille n est vu comme réunion de n atomes (par exemple un arbre à n nœuds) et lorsque ces atomes contiennent une étiquette qui les distinguent les uns des autres. Lorsqu'en outre la collection de toutes les étiquettes des atomes est l'intervalle complet des entiers $[1 \mathinner{.\,.} n]$, l'objet de taille n est dit « bien étiqueté ». Une classe étiquetée est une classe combinatoire composée d'objets bien étiquetés. Une classe neutre étiquetée contient un objet de taille 0, sans étiquette, elle est notée encore $\mathcal{E}$. Une classe atomique étiquetée contient un objet de taille 1, étiqueté par 1, elle est notée encore $\mathcal{Z}$.

Le type de série génératrice adaptée aux structures étiquetées est la série génératrice dite « exponentielle » $\widehat{C}(z)$ associée à la classe C :

$$\widehat{C}(z) = \sum_{\gamma \in C} \frac{z^{|\gamma|}}{|\gamma|!} = \sum_{n \geq 0} \frac{c_n}{n!} z^n.$$

La série génératrice exponentielle d'une classe neutre étiquetée est $E(z) = 1$ et celle d'une classe atomique étiquetée est $Z(z) = z$.

B.2   Méthode symbolique

Des dictionnaires mettent en relation constructions combinatoires et opérations sur les séries génératrices. C'est un des grands intérêts de la méthode symbolique. Une fois la structure combinatoire bien comprise, il est assez facile de calculer les séries génératrices correspondantes.

B.2.1   Constructions sur les classes non étiquetées

Nous commençons par le principe de la méthode symbolique pour le cas des classes combinatoires « non étiquetées ».

Les classes décomposables non étiquetées sont définies à partir de classes combinatoires de base et d'opérations sur ces classes :

- La classe neutre, qui est constituée d'un élément de taille 0 et notée $\mathcal{E}$.
- La classe atomique, qui est constituée d'un objet de taille 1 et notée $\mathcal{Z}$.
- L'union disjointe $C = \mathcal{A} \oplus \mathcal{B}$ de deux classes $\mathcal{A}$ et $\mathcal{B}$.
- Le produit cartésien $C = \mathcal{A} \times \mathcal{B} = \{(\alpha, \beta); (\alpha, \beta) \in \mathcal{A} \times \mathcal{B}\}$ de deux classes $\mathcal{A}$ et $\mathcal{B}$. La taille du couple (α, β) est la somme des tailles : $|(\alpha, \beta)| = |\alpha| + |\beta|$.
- L'opérateur SEQ, étendant le produit cartésien à un nombre fini d'ensembles, qui permet de construire la classe des séquences finies d'objets d'une classe. L'opérateur *Suite non vide de*, noté $\text{SEQ}_{>0}$, permet de construire la classe des suites finies non vides d'objets d'une classe.

Il existe d'autres constructions comme par exemple les opérateurs SET, CYC ou encore MSET correspondant respectivement aux classes obtenues en considérant un ensemble d'éléments (par rapport à la séquence, on oublie l'ordre et on interdit les doublons), un cycle d'éléments (une séquence « circulaire ») et un multi-ensemble d'éléments (les répétitions sont permises). On peut aussi substituer aux atomes d'une classe des objets d'une autre classe, ou encore construire une classe où un atome sera distingué (ou encore *pointé*).

L'intérêt de ces constructions est qu'elles se traduisent directement sur les séries génératrices ordinaires correspondantes. Dans la table B.1, nous avons rassemblé les principales constructions combinatoires avec leur traduction en termes de séries génératrices ordinaires.

Table B.1 Les principales constructions combinatoires : union, produit, séquence, ensemble, multi-ensemble, cycle, pointage et substitution, pour les classes combinatoires (non étiquetées), avec leur traduction en termes de séries génératrices ordinaires

Construction		séries génératrices ordinaires
Union disjointe	$\mathcal{A} = \mathcal{B} + C$	$A(z) = B(z) + C(z)$
Produit cartésien	$\mathcal{A} = \mathcal{B} \times C$	$A(z) = B(z) \cdot C(z)$
Séquence	$\mathcal{A} = \text{SEQ}(\mathcal{B})$	$A(z) = \dfrac{1}{1 - B(z)}$
Ensemble	$\mathcal{A} = \text{SET}(\mathcal{B})$	$A(z) = \exp\left(B(z) - \dfrac{1}{2} B(z^2) + \cdots \right)$
Multiensemble	$\mathcal{A} = \text{MSET}(\mathcal{B})$	$A(z) = \exp\left(B(z) + \dfrac{1}{2} B(z^2) + \cdots \right)$
Cycle	$\mathcal{A} = \text{CYC}(\mathcal{B})$	$A(z) = \log \dfrac{1}{1 - B(z)} + \dfrac{1}{2} \log \dfrac{1}{1 - B(z^2)} + \cdots$
Pointage	$\mathcal{A} = \Theta \mathcal{B}$	$A(z) = z \frac{d}{dz} B(z)$
Substitution	$\mathcal{A} = \mathcal{B} \circ C$	$A(z) = B(C(z))$

En particulier, pour une séquence de cardinalité k fixée, un ensemble, un multi-ensemble et un cycle de cardinalité $k = 2$ ou 3 fixée :

$$
\begin{aligned}
\text{SEQ}_k(\mathcal{B}) &: \quad B(z)^k \\
\text{SET}_2(\mathcal{B}) &: \quad \frac{B(z)^2}{2} - \frac{B(z^2)}{2} \\
\text{MSET}_2(\mathcal{B}) &: \quad \frac{B(z)^2}{2} + \frac{B(z^2)}{2} \\
\text{CYC}_2(\mathcal{B}) &: \quad \frac{B(z)^2}{2} + \frac{B(z^2)}{2} \\
\text{SET}_3(\mathcal{B}) &: \quad \frac{B(z)^3}{6} - \frac{B(z)B(z^2)}{2} + \frac{B(z^3)}{3} \\
\text{MSET}_3(\mathcal{B}) &: \quad \frac{B(z)^3}{6} + \frac{B(z)B(z^2)}{2} + \frac{B(z^3)}{3} \\
\text{CYC}_3(\mathcal{B}) &: \quad \frac{B(z)^3}{3} + \frac{2B(z^3)}{3}
\end{aligned}
$$

B.2.2 Constructions sur les classes étiquetées

Le produit cartésien de deux classes $\mathcal{B}$ et C s'étend par le *produit étiqueté* de deux classes étiquetées. C'est la réunion sur tous les couples (β, γ) des produits étiquetés de deux objets β et γ, défini comme suit. Le *produit étiqueté* de deux objets β et γ, bien étiquetés respectivement par $[1 .. m]$ et $[1 .. n]$, est noté $\beta \star \gamma$; c'est l'ensemble des couples (β', γ') où β' et γ' sont obtenus en effaçant les étiquettes de β et γ, et où on étiquette (β', γ') de toutes les façons possibles par l'ensemble $[1 .. m + n]$ en respectant les règles suivantes :

- l'ensemble des étiquettes des atomes de β est disjoint de l'ensemble des étiquettes des atomes de γ, et leur réunion est l'ensemble $[1 .. m + n]$;
- l'étiquetage des atomes de β, respectivement de γ, est une fonction strictement croissante de $[1 .. m]$ (l'étiquetage initial de β), respectivement de $[1 .. n]$ (l'étiquetage initial de γ).

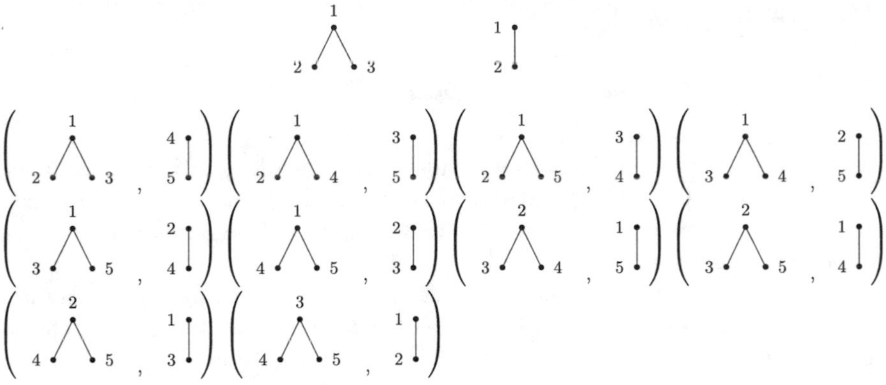

Fig. B.1   Un exemple de produit étiqueté. En haut deux arbres étiquetés : β de taille 3, et γ de taille 2. En dessous les $10 = \binom{3+2}{2}$ étiquetages du produit étiqueté $\beta \star \gamma$

Table B.2   Principales constructions combinatoires pour les classes étiquetées : union, produit, séquence, ensemble, cycle, pointage et substitution, avec leur traduction en termes de séries génératrices exponentielles

Construction		séries génératrices exponentielles
Union disjointe	$\mathcal{A} = \mathcal{B} + \mathcal{C}$	$A(z) = B(z) + C(z)$
Produit étiqueté	$\mathcal{A} = \mathcal{B} \star \mathcal{C}$	$A(z) = B(z) \cdot C(z)$
Séquence	$\mathcal{A} = \text{SEQ}(\mathcal{B})$	$A(z) = \dfrac{1}{1 - B(z)}$
Ensemble	$\mathcal{A} = \text{SET}(\mathcal{B})$	$A(z) = \exp(B(z))$
Cycle	$\mathcal{A} = \text{CYC}(\mathcal{B})$	$A(z) = \log \dfrac{1}{1 - B(z)}$
Pointage	$\mathcal{A} = \Theta\mathcal{B}$	$A(z) = z\frac{d}{dz}B(z)$
Substitution	$\mathcal{A} = \mathcal{B} \circ \mathcal{C}$	$A(z) = B(C(z))$

En particulier, pour une séquence, un ensemble et un cycle de cardinalité k fixée :

$$\text{SEQ}_k(\mathcal{B}) : \ B(z)^k$$
$$\text{SET}_k(\mathcal{B}) : \ \tfrac{1}{k!}B(z)^k$$
$$\text{CYC}_k(\mathcal{B}) : \ \tfrac{1}{k}B(z)$$

Notons qu'il y a $\binom{m+n}{n}$ bons étiquetages de (β, γ). Un exemple de produit étiqueté de deux arbres se trouve en figure B.1.

Ainsi défini, le produit étiqueté se traduit par le produit usuel des séries génératrices exponentielles, ce qui sera utilisé par la méthode symbolique.

Les constructions combinatoires sur les classes étiquetées sont les mêmes mais doivent tenir compte du produit étiqueté qui considère tous les étiquetages des composantes du produit. Dans la table B.2, nous avons rassemblé les principales constructions combinatoires avec leur traduction en termes de séries génératrices exponentielles (repris de [94]).

B.3 Analyse complexe

B.3.1 Séries de la variable complexe

Le point de vue de la combinatoire analytique est de regarder les séries génératrices non plus comme des séries formelles mais comme des fonctions de la variable complexe. On se référera utilement au livre de Flajolet et Sedgewick [94] pour des explications détaillées.

Une fonction définie sur un ouvert de $\mathbb{C}$ est dite *analytique* (on dit aussi *holomorphe*) en un nombre complexe ζ de cet ouvert lorsqu'elle est développable en série entière en ζ, ce qui signifie qu'elle est égale à sa série de Taylor en ζ sur un voisinage de ζ. Autrement dit, il existe un disque D centré en ζ tel que pour tout $z \in D$, la série de Taylor converge et

$$f(z) = \sum_{n \geq 0} \frac{f^{(n)}(\zeta)}{n!} (z - \zeta)^n.$$

Lorsqu'une fonction f est holomorphe sur un disque centré en ζ privé du point ζ, et lorsqu'il existe un entier $m \geq 1$ tel que $(z - \zeta)^m f(z)$ soit bornée donc holomorphe au voisinage de ζ, on appelle k le plus petit entier m tel que $(z - \zeta)^m f(z)$ soit bornée au voisinage de ζ, et l'on dit alors que f a un *pôle* d'ordre k en ζ et que f est *méromorphe* en ζ. Le développement en série de Laurent au voisinage du pôle s'écrit

$$f(z) = \sum_{n=-k}^{+\infty} c_n (z - \zeta)^n,$$

avec $c_{-k} \neq 0$. La *partie singulière* de f en $z = \zeta$ est

$$\sum_{n=-k}^{-1} c_n (z - \zeta)^n.$$

Pour une fonction C analytique en 0 et pour tout entier $n \geq 0$, on extrait le coefficient $c_n = [z^n]C(z)$ grâce à la formule de Cauchy.

Théorème B.1 (Formule de Cauchy) *Soit $C(z)$ une fonction analytique dans une région $\mathcal{V}$ simplement connexe de $\mathbb{C}$ contenant l'origine et Γ une courbe simple fermée, orientée dans le sens direct, à l'intérieur de $\mathcal{V}$, qui encercle 0. On a*

$$[z^n]C(z) = \frac{1}{2i\pi} \int_\Gamma C(z) \frac{dz}{z^{n+1}}.$$

L'intérêt de cette formule est qu'elle exprime le coefficient de z^n dans C à l'aide d'une formule intégrale. Grâce à cette formule, une étude fine des singularités (i.e., les endroits où la fonction $C(z)$ cesse d'être analytique) donne des informations sur le comportement asymptotique de la suite (c_n). De plus, les séries génératrices rencontrées, de par leur nature combinatoire, sont très particulières. Par exemple les coefficients sont tous positifs ou nuls puisqu'ils comptent des objets, d'où l'on déduit l'existence d'une (peut-être pas unique) singularité dominante (de plus petit module) réelle positive ; cela est assuré par le théorème de Pringsheim.

Théorème B.2 (Pringsheim)   *Soit f une fonction analytique en 0, dont le développement en série entière en 0 est à coefficients tous positifs ou nuls, et a pour rayon de convergence R. Alors $z = R$ est une singularité de f.*

En faisant passer le contour d'intégration près de cette singularité dominante, et sous certaines conditions très générales (une seule singularité de plus petit module), on obtient des résultats qui permettent de relier le comportement asymptotique des coefficients avec le comportement de la fonction au voisinage de la singularité.

Il arrive que la nature des singularités rencontrées ne permette pas d'appliquer cette méthode. C'est le cas notamment lorsque au voisinage de la singularité la fonction croît de manière exponentielle ou lorsque la singularité dominante n'est pas isolée. On a alors recours à une analyse suivant la « méthode de col » pour obtenir l'asymptotique des coefficients.

L'une des applications de la formule de Cauchy est la formule des résidus ci dessous explicitée dans le théorème B.5 dit théorème des résidus. Dans la formule de Cauchy telle qu'elle est énoncée plus haut, on intègre le long d'un lacet simple et dans le sens direct. Ceci se généralise en utilisant la définition suivante de l'indice d'un point relatif à un lacet.

Proposition-Définition B.3   *Soit γ un lacet du plan complexe. Alors, pour tout z hors du support de γ, le nombre*

$$\mathrm{Ind}_\gamma(z) := \frac{1}{2i\pi} \int_\gamma \frac{d\zeta}{\zeta - z}$$

est un entier relatif. Cette fonction est constante sur les composantes connexes du complémentaire du support de γ, nulle sur la composante connexe qui n'est pas bornée. Ce nombre est appelé indice *de z par rapport à γ. Lorsque γ est un cercle centré en z simple et orienté dans le sens direct, $\mathrm{Ind}_\gamma(z) = 1$. Plus généralement, $\mathrm{Ind}_\gamma(z)$ compte le nombre de tours – signe compris – que fait γ autour du point z.*

Définition B.4   Soit f une fonction holomorphe sur un disque épointé $D \setminus \{a\}$ de $\mathbb{C}$. Le *résidu de f en a*, qu'on notera $\mathrm{Res}(f, a)$ est le nombre défini par n'importe quelle des propriétés suivantes :

(i) $\mathrm{Res}(f, a) = c_{-1}$ où $f(z) = \displaystyle\sum_{n \in \mathbb{Z}} c_n (z - a)^n$ le développement en série de

Laurent de f en a ;

(ii) $\text{Res}(f, a)$ est l'unique nombre complexe c tel que la fonction $f(z) - \dfrac{c}{z-a}$ admette une primitive holomorphe au voisinage épointé de a ;

(iii) $\text{Res}(f, a) = \dfrac{1}{2i\pi} \displaystyle\int_{\partial D} f(\zeta)d\zeta$ où ∂D est le bord simple et direct de D.

Théorème B.5 (Théorème des résidus)   *Soient U un ouvert simplement connexe du plan et F une partie finie de U. Soient f une fonction holomorphe sur $U \setminus F$ et γ un lacet à valeurs dans $U \setminus F$. Alors*

$$\frac{1}{2i\pi} \int_{\gamma} f(\zeta)d\zeta = \sum_{s\in F} \text{Res}(f, s)\text{Ind}_{\gamma}(s).$$

B.3.2   Séries bivariées

Les séries qui ont été présentées dans la section B.3.1 sont univariées et leur étude permet seulement d'énumérer les classes d'objets. L'analyse d'algorithmes vise plus souvent à analyser un paramètre h en fonction de la taille de l'objet. Les séries génératrices bivariées ont un pouvoir d'expression plus grand puisqu'elles prennent en compte deux paramètres conjointement (l'un d'eux étant la taille). En notant $C_{n,k} = \{\gamma \in C_n ; h(\gamma) = k\}$ et $c_{n,k} = \text{Card}\, C_{n,k}$, on obtient alors des séries bivariées :

$$C(z, u) = \sum_{\gamma\in C} z^{|\gamma|} u^{h(\gamma)} = \sum_{n,k\geq 0} c_{n,k} z^n u^k \quad \text{(série génératrice ordinaire)}$$

$$\widehat{C}(z, u) = \sum_{\gamma\in C} \frac{z^{|\gamma|}}{|\gamma|!} u^{h(\gamma)} = \sum_{n,k\geq 0} \frac{c_{n,k}}{n!} z^n u^k \quad \text{(série génératrice exponentielle).}$$

Supposons que le modèle probabiliste considéré soit la distribution uniforme sur les c_n éléments de C_n, l'ensemble des objets de taille n. Appelons cette loi de probabilité $\mathbb{P}_n$ et notons $\mathbb{E}_n$ l'espérance selon cette loi. Alors l'espérance du paramètre h sur les objets de taille n est obtenue en dérivant la série bivariée $C(z, u)$ par rapport à la variable u :

$$\mathbb{E}_n[h] = \sum_{\gamma\in C_n} \frac{1}{c_n} h(\gamma) = \frac{1}{c_n} \sum_{k\geq 0} k c_{n,k} = \frac{[z^n] \frac{\partial}{\partial u} C(z, u)\big|_{u=1}}{[z^n] C(z, 1)}.$$

En dérivant encore, on a accès à la variance puis aux moments d'ordre supérieur de la variable aléatoire. Mentionnons enfin que nous ne sommes pas limités à seulement deux variables. D'autres variables peuvent être introduites si besoin pour étudier des paramètres supplémentaires, et ceci dans une même série génératrice multivariée.

B.3.3   Asymptotique de coefficients et formule de Taylor

Le développement de Taylor à l'ordre p d'une fonction $f(z)$ autour de l'origine est :

$$f(z) = \sum_{n=0}^{p} f^{(n)}(0)\frac{z^n}{n!} + O(z^{p+1}),$$

où $f^{(n)}(0)$ est la valeur de la n-ième dérivée de f au point 0.

Nous rencontrons souvent des fonctions du type $(1+z)^\alpha$ pour un réel α ; il est donc utile de connaître les formules les plus courantes :

$$[z^n](1+z)^\alpha = \frac{1}{n!}\alpha(\alpha-1)\ldots(\alpha-n+1).$$

Lorsque α est entier positif, on retrouve la formule du binôme : $[z^n](1+z)^\alpha = \binom{\alpha}{n}$. Et la notation $\binom{\alpha}{n}$ est généralisée à tout $\alpha \in \mathbb{C}$ en posant

$$\binom{\alpha}{n} = \frac{1}{n!}\alpha(\alpha-1)\ldots(\alpha-n+1).$$

Pour tout $\alpha \in \mathbb{C} \setminus \mathbb{Z}_-$ non entier négatif ou nul, une variante fait intervenir la fonction Γ :

$$[z^n](1-z)^{-\alpha} = \binom{n+\alpha-1}{n} = \frac{\Gamma(n+\alpha)}{\Gamma(\alpha)\,\Gamma(n+1)}.$$

Les deux formules suivantes sont fréquemment rencontrées :

$$[z^n]\sqrt{1-z} = -\frac{(2n-2)!}{2^{2n-1}n!(n-1)!} = -\frac{C_{n-1}}{2^{2n-1}} \sim \frac{-1}{2n\sqrt{\pi n}} \qquad (\alpha = 1/2);$$

$$[z^n]\frac{1}{\sqrt{1-z}} = \frac{1}{4^n}\binom{2n}{n} = \frac{(n+1)C_n}{4^n} \sim \frac{1}{\sqrt{\pi n}} \qquad (\alpha = -1/2),$$

où C_n désigne le n-ième nombre de Catalan $C_n = \frac{1}{n+1}\binom{2n}{n}$. Ces formules sont des cas particuliers de celles obtenues par le lemme de transfert de la section B.3.6.

B.3.4   Transformée d'Euler

La transformée d'Euler d'une fonction f analytique en 0 est définie par

$$f^*(z) = \frac{1}{1-z} f\left(\frac{z}{z-1}\right). \tag{B.2}$$

On peut en déduire la relation entre les coefficients f_n^* du développement en série entière en 0 de f^* et ceux de f notés f_n :

$$f_p^* = \sum_{0 \le n \le p} (-1)^n \binom{p}{n} f_n.$$

La transformée d'Euler est une involution :

$$(f^*)^* = f,$$

et donc

$$f_n = \sum_{0 \le p \le n} (-1)^p \binom{n}{p} f_p^*. \tag{B.3}$$

B.3.5   Fonctions implicites et formule d'inversion de Lagrange

Soit Φ une fonction analytique en 0, telle que $\Phi(0) = \phi_0 \ne 0$ et soit F la fonction définie par l'équation implicite

$$F(z) = z\Phi(F(z)).$$

L'analyticité de F est due au théorème des fonctions implicites version analytique. Une preuve de ce théorème se trouve dans tout livre d'analyse complexe, par exemple Hille [130] et trois squelettes de preuve se trouvent dans le livre de Flajolet et Sedgewick [94, p. 753–755].

Théorème B.6 (des fonctions implicites, version analytique)   *Soit $G(z, w) = \sum_{m,n} z^m w^n$ une fonction analytique de deux variables, ce qui signifie qu'elle admet un développement en série convergent dans un polydisque $|z| < R$, $|w| < S$ ($R, S > 0$) au voisinage de $(0, 0)$. Supposons que $G(0, 0) = 0$ et que $\dfrac{\partial G}{\partial w}(0, 0) \ne 0$. Alors il existe une unique fonction f, analytique dans un voisinage $\{|z| < \rho\}$ de l'origine et nulle en 0, telle que, pour tout $|z| < \rho$, $G(z, w) = 0 \Leftrightarrow w = f(z)$.*

La *formule de Lagrange* relie les coefficients de F à ceux de Φ :

Théorème B.7 (Formule d'Inversion de Lagrange) *Soit Φ une fonction analytique en 0, telle que $\Phi(0) = \phi_0 \neq 0$ et soit F l'unique fonction analytique en 0 qui soit solution de l'équation implicite $F(z) = z\Phi(F(z))$. Alors $F(0) = 0$, et pour tout $n \geq 1$,*

$$[z^n]F(z) = \frac{1}{n}[u^{n-1}]\Phi^n(u).$$

De plus,

$$[z^n]F(z)^k = \frac{k}{n}[u^{n-1}]\Phi^n(u)$$

et, par linéarité, pour toute fonction G analytique,

$$[z^n]G(F(z)) = \frac{1}{n}[u^{n-1}]\left(G'(u)\,\Phi^n(u)\right).$$

B.3.6 Lemme de transfert

Ce qui suit est détaillé dans le livre de Flajolet et Sedgewick [94] et l'exposition qui est faite ici s'inspire largement du cours de Pouyanne [216].

L'idée générale est la suivante : l'asymptotique des coefficients d'une série entière est intimement liée aux singularités sur son cercle de convergence de la fonction holomorphe qu'elle définit. Le théorème de transfert dit pour l'essentiel, modulo quelques hypothèses, que lorsqu'on sait développer la fonction au voisinage d'une singularité dominante ζ dans l'échelle log-puissance en z

$$\left(1 - \frac{z}{\zeta}\right)^\alpha \left[\frac{1}{\frac{z}{\zeta}}\log\left(\frac{1}{1-\frac{z}{\zeta}}\right)\right]^\beta,$$

alors son n-ième coefficient de Taylor se développe automatiquement dans l'échelle géométrico-log-puissance en n

$$\zeta^{-n}n^a\log^b n.$$

Plus précisément, le premier théorème qui suit, le théorème B.8, donne l'asymptotique des coefficients $[z^n]f$ d'une fonction f de l'échelle log-puissance. Ensuite est détaillée l'hypothèse dite « camembert » sur la fonction f au voisinage d'une singularité dominante ζ, hypothèse qui intervient dans le théorème de transfert proprement dit, qui est le théorème B.10.

Théorème B.8 (Asymptotique des coefficients de l'échelle) *Si α, β et ζ sont des nombres complexes, $\zeta \neq 0$, le coefficient de Taylor en 0 à l'ordre n de*

$$\left(1 - \frac{z}{\zeta}\right)^{\alpha} \left[\frac{1}{\frac{z}{\zeta}} \log\left(\frac{1}{1 - \frac{z}{\zeta}}\right)\right]^{\beta}$$

admet un développement complet dans l'échelle géométrico-log-puissance en n. En particulier, le début de ce développement lorsque n tend vers $+\infty$ s'écrit comme suit :

(i) Si $\beta = 0$ et $\alpha \in \mathbb{N}$, $\left(1 - \frac{z}{\zeta}\right)^{\alpha}$ est un polynôme.

(ii) Si $\beta = 0$ et $\alpha \in \mathbb{C} \setminus \mathbb{N}$,

$$[z^n]\left(1 - \frac{z}{\zeta}\right)^{\alpha} = \frac{1}{\Gamma(-\alpha)} \frac{1}{\zeta^n} \frac{1}{n^{\alpha+1}} \left[1 + \frac{\alpha(\alpha+1)}{2n} + O\left(\frac{1}{n^2}\right)\right].$$

(iii) Si $\beta \neq 0$ et $\alpha \in \mathbb{N}$,

$$[z^n]\left(1 - \frac{z}{\zeta}\right)^{\alpha} \left[\frac{1}{\frac{z}{\zeta}} \log\left(\frac{1}{1 - \frac{z}{\zeta}}\right)\right]^{\beta} = \alpha! \beta \frac{1}{\zeta^n} \frac{\log^{\beta-1} n}{n^{\alpha+1}} \left[1 + \frac{1-\beta}{2\log n}\ell_\alpha + O\left(\frac{1}{\log^2 n}\right)\right]$$

où $\ell_\alpha = \lim\limits_{x \to -\alpha}\left(\Psi(x) - \frac{\Psi'(x)}{\Psi(x)}\right)$. Par exemple, $\ell_0 = -2\gamma$, $\ell_1 = 2 - 2\gamma$, $\ell_2 = 3 - 2\gamma$, $\ell_3 = \frac{11}{3} - 2\gamma$...

*   Comme notées habituellement, Ψ est la dérivée logarithmique de la fonction Γ et γ est la constante d'Euler.*

(iv) Si $\beta \neq 0$ et $\alpha \in \mathbb{C} \setminus \mathbb{N}$,

$$[z^n]\left(1 - \frac{z}{\zeta}\right)^{\alpha} \left[\frac{1}{\frac{z}{\zeta}} \log\left(\frac{1}{1 - \frac{z}{\zeta}}\right)\right]^{\beta} = \frac{1}{\Gamma(-\alpha)} \frac{1}{\zeta^n} \frac{\log^{\beta} n}{n^{\alpha+1}} \left[1 - \frac{\beta\Psi(-\alpha)}{\log n} + O\left(\frac{1}{\log^2 n}\right)\right].$$

Définition B.9 (Hypothèse camembert)

Soient f une fonction holomorphe en 0 et ζ un nombre complexe non nul. On dit que f est *camembert en ζ* lorsque f est holomorphe dans un domaine (un camembert ouvert) du plan de la forme

$$\{z \in \mathbb{C},\ |z| < |\zeta| + \eta,\ z \neq \zeta, |\mathrm{Arg}(z - \zeta)| > \varphi\}$$

où $\eta > 0$ et $\varphi \in]0, \pi/2[$ (Arg désigne l'argument principal). les ζ_k.

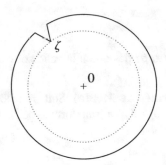

Par exemple, la fonction génératrice des arbres de Catalan $\frac{1-\sqrt{1-4z}}{2}$ est camembert en 1/4.

Par définition, lorsqu'une fonction est holomorphe en 0, ses *singularités dominantes* sont ses singularités à distance minimale de 0, c'est-à-dire de plus petit module. Autrement dit, ce sont les nombres complexes du cercle de convergence de sa série de Taylor en 0 en lesquels la fonction est singulière. Supposons ici qu'une fonction holomorphe en 0 n'a qu'une seule singularité dominante ζ et qu'elle y est camembert.

Théorème B.10 (Lemme de transfert)   *Soit f une fonction camembert en ζ. On suppose que σ et ρ sont deux fonctions de l'échelle log-puissance (au point ζ) telles que, lorsque z tend vers ζ en restant inclus dans le camembert ouvert,*

$$f(z) = C\sigma(z) + O\left(\rho(z)\right).$$

Alors, lorsque n tend vers $+\infty$,

$$[z^n]f(z) = C[z^n]\sigma(z) + O\left([z^n]\rho(z)\right).$$

Notons que le O n'a vraiment de sens que lorsque l'ordre en ζ de σ est supérieur à l'ordre en ζ de ρ.

B.4   Transformée de Mellin

La transformée de Mellin est omniprésente pour l'analyse en moyenne sur les tries. C'est un des moyens les plus directs et élégants pour parvenir à extraire le comportement asymptotique d'une somme harmonique tout en mettant en évidence d'éventuels phénomènes oscillatoires de très faible amplitude.

B.4.1 Définitions

Dans la suite, la notation $\langle \alpha, \beta \rangle$ désignera la bande ouverte du plan complexe $\{s \in \mathbb{C}, \; \Re(s) \in]\alpha, \beta[\; \}$.

Définition B.11 (Transformée de Mellin) Soit $f :]0, \infty[\to \mathbb{R}$ une fonction localement intégrable sur $]0, \infty[$. La transformée de Mellin de f, aussi notée $f^\star$, est définie par

$$\text{mellin}[f; s] = f^\star(s) = \int_0^{+\infty} f(x) x^{s-1} dx.$$

La plus grande bande $\langle \alpha, \beta \rangle$ sur laquelle l'intégrale converge est appelée *bande fondamentale* de $f^\star$.

Exemple La fonction exponentielle $f(x) = e^{-x}$ a pour transformée la fonction Gamma avec pour bande fondamentale $\langle 0, +\infty \rangle$. Pour b entier positif, on définit le reste d'ordre b de la fonction exponentielle, disons $e_b(z)$, par

$$e_b(z) = e^{-z} - 1 + z - \frac{z^2}{2!} + \cdots + (-1)^{b-1} \frac{z^{b-1}}{b!}.$$

Cette fonction interviendra dans l'analyse pour $b = 1$ et $b = 2$. On calcule immédiatement grâce à un changement de variables la transformée de $e_b(x)$:

$$\text{mellin}[e_b; s] = \Gamma(s) \qquad s \in \langle -b, -b + 1 \rangle.$$

Remarque B.12 En coupant l'intégrale en deux, $\int_0^\infty = \int_0^1 + \int_1^\infty$, on voit que les conditions

$$f(x) \underset{x \to 0^+}{=} O(x^u), \quad f(x) \underset{x \to \infty}{=} O(x^v),$$

garantissent, si $u > v$, que $f^\star(s)$ existe dans la bande $\langle -u, -v \rangle$. Ainsi apparaît le rapport entre le développement asymptotique de f en 0 (resp. en $+\infty$) et la frontière gauche (resp. droite) de la bande fondamentale de $f^\star$.

B.4.2 Propriétés fonctionnelles

Soit $f :]0, \infty[\to \mathbb{R}$ une fonction localement intégrable sur $]0, \infty[$ dont la transformée de Mellin admet $\langle \alpha, \beta \rangle$ comme bande fondamentale. On peut établir directement les propriétés suivantes[1] :

(i) $\text{mellin}[f(\mu x); s] = \mu^{-s} f^\star(s)$ $\hspace{4em}$ $s \in \langle \alpha, \beta \rangle, \mu > 0$

(ii) $\text{mellin}[\lambda f(x); s] = \lambda f^\star(s)$ $\hspace{5em}$ $s \in \langle \alpha, \beta \rangle$

(iii) $\text{mellin}[\sum_{k \in K} \lambda_k f(\mu_k x); s] = (\sum_{k \in K} \lambda_k \mu_k^{-s}) f^\star(s)$ $s \in \langle \alpha, \beta \rangle, \mu_k > 0, K$ fini

(iv) $\text{mellin}[f(\frac{1}{x}); s] = f^\star(-s)$ $\hspace{5em}$ $s \in \langle -\beta, -\alpha \rangle$.

Les propriétés (i) et (ii) s'obtiennent facilement grâce à la linéarité de l'intégration et un changement de variable. (iii) découle directement de (i) et (ii). On verra plus loin qu'on peut étendre cette formule sous certaines conditions au cas où l'ensemble K est infini. Enfin, un changement de variable permet d'obtenir (iv). Cette dernière formule permet de ne chercher que le comportement asymptotique en 0^+ (resp. en $+\infty$), puisque le développement asymptotique de $g(x)$ en $+\infty$ (resp. 0^+) se ramène à celui de $f(x) = g(\frac{1}{x})$ en 0^+ (resp. $+\infty$).

B.4.3 Propriétés asymptotiques

Il y a une correspondance précise entre le développement asymptotique d'une fonction en 0 (resp. $+\infty$), et les pôles de la transformée de Mellin dans un demi-plan gauche (resp. droit) par rapport à la bande fondamentale. Chaque terme du développement asymptotique de f de la forme $x^c (\log x)^k$ correspond à un pôle d'ordre $k + 1$ de sa transformée $f^\star$ en $s = -c$. Mais cette correspondance sera utilisée dans le sens inverse. Pour déterminer le développement asymptotique d'une fonction $f(x)$, on calcule la transformée de Mellin $f^\star(s)$ et chaque pôle de $f^\star$ donnera un terme du développement asymptotique de f.

Soit Φ une fonction méromorphe en $s = s_0$ et supposons que s_0 est un pôle d'ordre r où $r \geq 1$. Sa série de Laurent au voisinage de s_0 est

$$\Phi(s) = \sum_{k=-r}^{+\infty} c_k (s - s_0)^k.$$

La *partie singulière* de Φ en $s = s_0$ est

$$\sum_{k=-r}^{-1} c_k (s - s_0)^k.$$

---

[1]La notation $\text{mellin}[f(x); s]$ au lieu de $\text{mellin}[f; s]$ est adoptée ici par commodité.

Définition B.13 Soit Φ une fonction méromorphe sur un ouvert Ω et soit $S \subseteq \Omega$ l'ensemble des pôles de Φ contenus dans Ω. La *partie singulière* de Φ sur Ω est la somme formelle des parties singulières de Φ en chacun des points de S.

Notation *Si E est la partie singulière de Φ sur Ω, on utilise la notation*

$$\Phi(s) \asymp E \qquad (s \in \Omega).$$

Exemple :

$$\frac{s^5 - s^2 + 1}{s^2(s+1)} \asymp \frac{-1}{s+1} + \frac{1}{s^2} - \frac{1}{s} \qquad (s \in \langle -2, 2 \rangle)$$

La notion de partie singulière d'une fonction méromorphe sur un ouvert $\Omega \subseteq \mathbb{C}$ étant définie, on peut énoncer le théorème suivant qui relie la partie singulière de la transformée de Mellin d'une fonction avec le développement asymptotique en $+\infty$. Ce théorème et sa preuve se trouvent dans [100, Cor. du Th. 4].

Théorème B.14 *Soit f une fonction continue sur $]0, +\infty[$ dont la transformée de Mellin $f^\star$ admet une bande fondamentale non vide $\langle \alpha, \beta \rangle$. On suppose que*

(i) $f^\star(s)$ admet un prolongement méromorphe sur $\langle \alpha, \gamma \rangle$ avec $\gamma > \beta$, et est analytique sur $\Re(s) = \gamma$.

(ii) Il existe un réel $\eta \in]\alpha, \beta[$, un entier $r > 1$ et une suite réelle $(T_j)_{j \in \mathbb{N}}$ strictement croissante divergeant vers $+\infty$ tels que, pour $|s| \to +\infty$,

$$f^\star(s) = O(|s|^{-r}),$$

sur la réunion sur j des segments $\{ s \in \mathbb{C} \mid \Re(s) \in [\eta, \gamma], \Im(s) = T_j \}$, quand $|\Im(s)| = |T_j| \to +\infty$.

Si $f^\star(s)$ admet comme partie singulière

$$f^\star(s) \asymp \sum_{\zeta, k} d_{\zeta, k} \frac{1}{(s - \zeta)^k} \qquad (s \in \langle \eta, \gamma \rangle),$$

alors le développement asymptotique de $f(x)$ en $+\infty$ est

$$f(x) = \sum_{\zeta, k} d_{\zeta, k} \frac{(-1)^k}{(k-1)!} x^{-\zeta} (\log x)^{k-1} + O(x^{-\gamma}).$$

Fluctuations périodiques Un pôle de $f^\star$ en un point $\zeta = \sigma + it$ non réel introduit dans le développement asymptotique un terme de la forme

$$x^{-\zeta} = x^{-\sigma} e^{-it \log x}$$

qui contient une composante périodique en $\log x$ de période $2\pi/t$. Ce sont ces phénomènes de fluctuations qui rendent la transformée de Mellin si utile puisqu'ils sont difficilement accessibles par d'autres méthodes.

B.4.4   Sommes harmoniques

Définition B.15   Une somme de la forme

$$G(x) = \sum_{k \in K} \lambda_k g(\mu_k x),$$

où l'ensemble K est fini ou infini dénombrable, les λ_k sont réels, les μ_k sont réels strictement positifs, est appelée somme harmonique. Les ensembles $\{\lambda_k\}_{k \in K}$ et $\{\mu_k\}_{k \in K}$ forment respectivement l'ensemble des amplitudes et des fréquences. La fonction $g(x)$ est appelée fonction de base de la somme harmonique.

Dans la suite, seuls les développements asymptotiques en $+\infty$ nous intéressent. Nous allons donc seulement nous intéresser aux sommes harmoniques dont les fréquences harmoniques μ_k tendent vers 0. La série de Dirichlet associée à une somme harmonique est

$$\Lambda(s) = \sum_{k \in K} \lambda_k \mu_k^{-s}.$$

La transformée de Mellin d'une somme harmonique finie s'écrit

$$G^{\star}(s) = \Lambda(s) g^{\star}(s).$$

On peut étendre cette formule aux sommes harmoniques infinies sous les conditions du théorème des sommes harmoniques ci-dessous. Ce théorème permet de garantir la convergence d'une somme harmonique et d'en obtenir son développement asymptotique.

Théorème B.16 (Sommes harmoniques)   *Soit $G(x)$ une somme harmonique,*

$$G(x) = \sum_{k \in K} \lambda_k g(\mu_k x),$$

telle que :

1. *la fonction g est continue sur $]0, +\infty[$ et $g^{\star}$ a pour bande fondamentale $\langle \alpha, \beta \rangle$;*
2. *la série de Dirichlet $\Lambda(s) = \sum_{k \in K} \lambda_k \mu_k^{-s}$, associée à $G(x)$, converge simplement sur un demi-plan $\{\Re(s) < \sigma\}$.*

Supposons de plus que

(i) $\sigma > \alpha$, *c'est-à-dire que le demi-plan de convergence simple de $\Lambda(s)$ a une intersection non vide avec la bande fondamentale $\langle \alpha, \beta \rangle$. Notons $\beta' = \inf(\beta, \sigma)$.*

(ii) *Il existe un nombre réel $\gamma > \beta$ tel que $g^\star$ et Λ admettent un prolongement méromophe sur $\langle \alpha, \gamma \rangle$ et sont analytiques sur $\Re(s) = \gamma$.*

(iii) *Il existe un réel $\eta \in]\alpha, \beta'[$ et une suite réelle $(T_j)_{j \in \mathbb{N}}$ strictement croissante divergeant vers $+\infty$ tels que, pour $|s| \to +\infty$,*

$$g^\star(s) = O(|s|^{-k}), \;\; \text{pour tout entier } k \geq 1,$$
$$\Lambda(s) = O(|s|^r), \;\; \text{pour un entier } r \geq 1,$$

sur la réunion sur j des segments $\{s \in \mathbb{C} \mid \Re(s) \in [\gamma, \eta] , \Im(s) = T_j\}$ quand $|\Im(s)| = |T_j| \to +\infty$.

Alors la somme harmonique $G(x)$ converge sur $]0, +\infty[$ et sa transformée $G^\star(s)$ est bien définie sur $\langle \alpha, \beta' \rangle$ et s'écrit $G^\star(s) = \Lambda(s)g^\star(s)$. Si $G^\star(s)$ admet de plus comme partie singulière

$$G^\star(s) \asymp \sum_{\zeta, k} \overset{\bullet}{d_{\zeta, k}} \frac{1}{(s - \zeta)^k} \qquad (s \in \langle \gamma, \eta \rangle),$$

alors le développement asymptotique de $G(x)$ en $+\infty$ est

$$G(x) = \sum_{\zeta, k} d_{\zeta, k} \frac{(-1)^k}{(k - 1)!} x^{-\zeta} (\log x)^{k-1} + O(x^{-\gamma}).$$

B.5   Divers

B.5.1   *Quelques notations, fonctions, formules élémentaires*

– Logarithme itéré (lu « log star » ou « log étoile ») : c'est le nombre de fois où il faut appliquer le logarithme en base 2 à un réel positif, avant d'obtenir un résultat inférieur ou égal à 1. Formellement, il est défini par :

$$\log^* x = \begin{cases} 0 & pour \; x \leq 1, \\ 1 + \log^*(\log_2 x) & pour \; x > 1. \end{cases}$$

– Nombres harmoniques : pour $n \geq 1$,

$$H_n = 1 + \frac{1}{2} + \frac{1}{3} + \cdots + \frac{1}{n}.$$

Par convention habituelle, une somme vide de termes est nulle et $H_0 = 0$.
Asymptotiquement, quand $n \to +\infty$, $H_n = \log n + \gamma + 1/2n + O(1/n^2)$,
où γ est la constante d'Euler : $\gamma = 0{,}577215\ldots$
- Coefficients binomiaux :

$$\binom{n}{p} = \frac{n!}{p!(n-p)!} = \frac{n(n-1)\ldots(n-p+1)}{p!}.$$

- Nombres de Catalan :

$$C_n = \frac{1}{n+1}\binom{2n}{n} = \frac{4^n}{n\sqrt{\pi n}}\left(1 + O\left(\frac{1}{n}\right)\right).$$

- Nombres de Stirling de première espèce :
  Ils sont définis par récurrence par : $\forall n \geq 1, k \geq 1$,

$$\begin{bmatrix} n \\ k \end{bmatrix} = \begin{bmatrix} n-1 \\ k-1 \end{bmatrix} + (n-1)\begin{bmatrix} n-1 \\ k \end{bmatrix} \quad ; \quad \begin{bmatrix} n \\ 0 \end{bmatrix} = \begin{bmatrix} 0 \\ k \end{bmatrix} = 0 \quad ; \quad \begin{bmatrix} 0 \\ 0 \end{bmatrix} = 1.$$

Leur fonction génératrice est

$$f(z) = \sum_{k=0}^{+\infty} z^k \begin{bmatrix} n \\ k \end{bmatrix} = z(z+1)\ldots(z+n-1).$$

Ils comptent le nombre de permutations de $\mathfrak{S}_n$ qui se décomposent en k cycles
disjoints.
- Fonction Gamma d'Euler : pour $\Re(a) > 0$, $\Gamma(a) = \displaystyle\int_0^{+\infty} t^{a-1}e^{-t}dt$.
- Fonction Beta d'Euler : pour $\Re(a) > 0$ et $\Re(b) > 0$,

$$B(a,b) = \int_0^1 t^{a-1}(1-t)^{b-1}dt = \frac{\Gamma(a)\Gamma(b)}{\Gamma(a+b)}.$$

- La formule de Stirling donne une approximation de $n!$ quand $n \to +\infty$:

$$n! \sim \sqrt{2\pi n}\left(\frac{n}{e}\right)^n.$$

Si l'on a besoin de plus de précision, le développement asymptotique de la
factorielle commence par

$$n! = n(n-1)(n-2)\ldots 2 \cdot 1 = \sqrt{2\pi n}\left(\frac{n}{e}\right)^n\left(1 + \frac{1}{12n} + O\left(\frac{1}{n^2}\right)\right).$$

– Polynômes Gamma : pour tout nombre complexe α non entier négatif, pour tout réel positif u, lorsque n tend vers $+\infty$,

$$\prod_{k=0}^{n-1}\left(1+\frac{\alpha}{u+k}\right) = n^{\alpha}\frac{\Gamma(u)}{\Gamma(u+\alpha)}\left(1 + O\left(\frac{1}{n}\right)\right). \tag{B.4}$$

B.5.2   Convergence de produits infinis

Soit (u_n) une suite de réels positifs. Le produit infini $\prod_{n\geq 1}(1+u_n)$ est dit (strictement) convergent lorsque la limite quand N tend vers l'infini de $\prod_{n=1}^{N}(1+u_n)$ existe et est non nulle.

Proposition B.17 (critère de convergence) *Supposons tous les u_n réels positifs. Alors les propriétés suivantes sont équivalentes :*

(i)   *le produit infini $\prod_{n\geq 1}(1+u_n)$ converge ;*

(ii) *la série $\sum_{n\geq 1}\log(1+u_n)$ converge ;*

(iii) *la série $\sum_{n\geq 1}u_n$ converge.*

Appendice C
Rappels mathématiques : probabilités

Nous supposons connues les bases de l'intégration, de la théorie de la mesure et des probabilités : tribu, mesure, fonction mesurable, théorème de convergence dominée et de convergence monotone, lemme de Fatou, transformée de Laplace, de Fourier, espace probabilisé, mesure de probabilité, variable aléatoire, ... qui se trouvent par exemple dans le livre de Garet et Kurtzmann [116]. Les éléments ci-dessous, que l'on peut trouver dans des livres de probabilités de base comme celui de Durrett [74], sont très hétérogènes et ont seulement vocation à faciliter la lecture du livre.

Dans ce qui suit, $\mathbb{P}$ est une probabilité sur $\mathcal{A}$, tribu sur un ensemble Ω. Nous parlons indifféremment de *loi* ou de *distribution* d'une variable aléatoire.

C.1   Fonction génératrice de probabilité. Moments d'une variable aléatoire discrète

Définition C.1 Soit X une variable aléatoire à valeurs dans $\mathbb{N}$. On appelle fonction génératrice de probabilité ou série génératrice, la série entière

$$G_X(s) := \mathbb{E}\left(s^X\right) = \sum_{n=0}^{+\infty} \mathbb{P}(X = n)s^n.$$

Comme $G_X(1) = 1$, cette série entière a un rayon de convergence supérieur ou égal à 1. Il suffit d'extraire les coefficients de cette série pour retrouver la loi de X, de sorte que *la série génératrice caractérise la loi de X*. Il est facile de voir que les

© Springer Nature Switzerland AG 2018
B. Chauvin et al., *Arbres pour l'Algorithmique*, Mathématiques et Applications 83,
https://doi.org/10.1007/978-3-319-93725-0

moments de X se déduisent de la série génératrice. Par exemple,

$$\mathbb{E}(X) = \sum_{n=0}^{+\infty} n\mathbb{P}(X=n) = \sum_{k=1}^{+\infty} \mathbb{P}(X \geq k) = G'_X(1),$$

$$\mathbb{E}(X^2) = G''_X(1) + G'_X(1).$$

Il ne faut pas oublier que certains moments peuvent valoir $+\infty$, et qu'en toute rigueur, on devrait plutôt dire $\lim_{s \to 1, s < 1} G'_X(s) = \mathbb{E}(X)$.

Un grand intérêt des fonctions génératrices vient de la proposition suivante.

Proposition C.2 *Soient X et Y deux variables aléatoires* indépendantes *à valeurs dans $\mathbb{N}$. Alors, sur le disque fermé de centre 0 et de rayon 1,*

$$G_{X+Y} = G_X G_Y.$$

Les fonctions génératrices de probabilité (y compris lorsqu'on omet « de probabilité »...) ne doivent pas être confondues avec les séries génératrices de dénombrement définies en section B.1.

C.2   Transformée de Fourier : Transformée de Laplace

Définition C.3 Soit X une variable aléatoire à valeurs réelles. La *fonction caractéristique* de X est la transformée de Fourier de sa loi de probabilité, à savoir la fonction de $\mathbb{R}$ dans $\mathbb{C}$ définie par

$$\Phi_X(t) := \mathbb{E}\left(e^{itX}\right).$$

La fonction caractéristique de X est définie pour tout $t \in \mathbb{R}$, elle dépend uniquement de la loi de X et c'est une fonction continue de module inférieur ou égal à 1. En outre, $\Phi_X(0) = 1$.

Lorsque X et Y sont indépendantes, alors $\Phi_{X+Y} = \Phi_X \Phi_Y$.

Définition C.4 Soit X une variable aléatoire à valeurs réelles. La *transformée de Laplace* de X (ou de la loi de X) est la fonction définie par

$$L_X(t) := \mathbb{E}\left(e^{-tX}\right).$$

Parfois on appelle transformée de Laplace $\mathbb{E}\left(e^{tX}\right)$; bien sûr cela ne change pas grand-chose. Contrairement à la transformée de Fourier, la transformée de Laplace n'est généralement pas définie pour tout t. Si X est à valeurs positives, alors sa transformée de Laplace est au moins définie sur $\mathbb{R}_+$. Si la transformée de Laplace est définie sur un intervalle non réduit à 0, alors elle caractérise la loi de X, et les moments, lorsqu'ils existent, sont donnés par les dérivées en 0 : $L_X^{(k)}(0) = (-1)^k \mathbb{E}(X^k)$. Pour cette raison, la transformée de Laplace est aussi appelée *fonction génératrice des moments*.

Lorsque X et Y sont indépendantes, alors $L_{X+Y} = L_X L_Y$.

C.3 Quelques lois de probabilité usuelles

C.3.1 Loi de Poisson

Soit λ un réel strictement positif. On dit qu'une variable aléatoire X suit une loi de Poisson de paramètre λ lorsque X est à valeurs dans $\mathbb{N}$ et pour tout entier $j \in \mathbb{N}$,

$$\mathbb{P}(X = j) = e^{-\lambda} \frac{\lambda^j}{j!}.$$

Pour une variable aléatoire X de loi de Poisson de paramètre λ, moyenne, variance, fonction génératrice de probabilité et transformée de Laplace sont données par

$$\mathbb{E}(X) = \mathrm{Var}(X) = \lambda \ , \quad \mathbb{E}\left(s^X\right) = e^{\lambda(s-1)} \ ; \quad \mathbb{E}\left(e^{-tX}\right) = e^{\lambda(e^{-t}-1)},$$

Une propriété intéressante de cette loi est la suivante. Si un nombre aléatoire d'objets suit une loi de Poisson de paramètre λ et si (deuxième aléa) chaque objet est sélectionné avec probabilité p, alors le nombre final d'objets sélectionnés suit une loi de Poisson de paramètre λp. La proposition suivante en est une déclinaison utile.

Proposition C.5 *Soit (x_n) une suite de variables aléatoires indépendantes et de même loi uniforme sur l'intervalle $[0, 1]$. Soit N une variable aléatoire de loi de Poisson de paramètre λ. Pour tout sous-intervalle I de $[0, 1]$, de longueur $|I|$ appelons N_I le nombre de points parmi $x_1, \ldots, x_N$ qui tombent dans l'intervalle $I : N_I = |\{m \leq N, x_m \in I\}|$. Alors*

(i) N_I est de loi de Poisson de paramètre $\lambda |I|$.
(ii) Si I et J sont disjoints, alors N_I et N_J sont indépendants.

C.3.2 Loi exponentielle, horloges exponentielles

Soit λ un réel strictement positif. On dit qu'une variable aléatoire X suit une loi exponentielle de paramètre λ lorsque X est à valeurs dans $\mathbb{R}_+ = [0, +\infty[$ et a pour densité $f(x) = \lambda e^{-\lambda x} \mathbb{1}_{[0,+\infty[}(x)$. Autrement dit, la loi de X est caractérisée par

$$\forall x \in [0, +\infty[, \qquad \mathbb{P}(X > x) = e^{-\lambda x}.$$

Nous noterons $X \overset{\mathcal{L}}{=} \mathcal{E}xp(\lambda)$. Pour une variable aléatoire X de loi exponentielle de paramètre λ, moyenne, variance et transformée de Laplace sont données par

$$\mathbb{E}(X) = \frac{1}{\lambda} \;\; ; \;\; \mathrm{Var}(X) = \frac{1}{\lambda^2} \;\; ; \;\; \mathbb{E}\left(e^{-tX}\right) = \frac{\lambda}{\lambda + t}.$$

La loi exponentielle modélise fréquemment des temps d'attente. C'est pourquoi au lieu de parler d'une variable aléatoire de loi exponentielle, on parle parfois d'*horloge exponentielle*.

La loi exponentielle possède quelques propriétés remarquables.

– L'*absence de mémoire* : pour tous réels positifs s et t,

$$\mathbb{P}(X > t + s \mid X > t) = \mathbb{P}(X > s).$$

– Lorsque X et Y sont deux variables aléatoires indépendantes, de loi exponentielle de paramètre λ et μ respectivement, alors $X \wedge Y$, le minimum de X et Y, suit une loi exponentielle de paramètre $\lambda + \mu$. De plus,

$$\mathbb{P}(X \wedge Y = X) = \frac{\lambda}{\lambda + \mu} \qquad \text{et} \qquad \mathbb{P}(X \wedge Y = Y) = \frac{\mu}{\lambda + \mu}.$$

En particulier, pour n horloges exponentielles indépendantes chacune de paramètre 1, le premier instant de sonnerie est de loi $\mathcal{E}xp(n)$ et l'horloge qui sonne est uniforme parmi les n horloges.

C.3.3   Loi normale

Soit m un réel et soit σ^2 un réel positif ou nul. On dit qu'une variable aléatoire X suit une loi normale (ou Gaussienne) de paramètres m et σ^2, et on note $X \overset{\mathcal{L}}{=} \mathcal{N}(m, \sigma^2)$, lorsque X admet comme densité sur $\mathbb{R}$

$$f(x) = \frac{1}{\sqrt{2\pi\sigma^2}} e^{-\frac{1}{2}\left(\frac{x-m}{\sigma}\right)^2}.$$

Lorsque X est de loi $\mathcal{N}(m, \sigma^2)$, alors $\dfrac{X - m}{\sigma}$ est de loi $\mathcal{N}(0, 1)$, dite loi normale centrée réduite.

C.3.4   Loi Theta

La loi de probabilité Theta, ainsi nommée dans le livre de Flajolet et Sedgewick [94], est étudiée dans ses liens avec la fonction Zeta de Riemann et le mouvement brownien dans Biane et al. [23].

La fonction theta de Jacobi est définie pour $x > 0$ par

$$\theta(x) := \sum_{n=-\infty}^{+\infty} e^{-\pi n^2 x}$$

La formule sommatoire de Poisson montre que θ vérifie l'équation fonctionnelle

$$\sqrt{x}\,\theta(x) = \theta\left(\frac{1}{x}\right) \qquad (x > 0).$$

On montre alors que la fonction H définie sur $\mathbb{R}$ par

$$H(y) = \frac{d}{dy}\left[y^2 \frac{d}{dy}\theta(y^2)\right] = 2y^2 \sum_{n>1}\left(2\pi^2 n^4 y^2 - 3\pi n^2\right)e^{-\pi n^2 y^2}$$

est positive et vérifie

$$\int_0^{+\infty} H(y)dy = 1 \text{ et } yH(y) = H\left(\frac{1}{y}\right) \qquad (y > 0).$$

On dit alors qu'une variable aléatoire Y suit une distribution Theta lorsqu'elle admet pour densité la fonction $\frac{1}{y}H(y)\mathbb{1}_{]0,+\infty[}(y)$. Sa fonction de répartition est

$$\mathbb{P}(Y \leq y) = \sum_{n=-\infty}^{+\infty}\left(1 - 2\pi n^2 y^2\right)e^{-\pi n^2 y^2} = 4\pi y^{-3}\sum_{n \geq 1} n^2 e^{-\pi n^2/y^2},$$

la seconde égalité provenant de l'équation fonctionnelle vérifiée par H. La loi Theta a pour propriété que si g est n'importe quelle fonction mesurable définie sur $\mathbb{R}_+$,

$$\mathbb{E}\left(g(1/Y)\right) = \mathbb{E}\left(Yg(Y)\right).$$

Enfin, $\mathbb{E}(Y) = 1$, $\mathbb{E}(Y^2) = \pi/6$, $\mathbb{E}(Y^3) = \frac{3\zeta(3)}{2\pi}$ et pour tout entier naturel $p \geq 2$, le p-ième moment de Y est

$$\mathbb{E}\left(Y^p\right) = \int_0^{+\infty} y^{p-1}H(y)dy = \frac{p(p-1)}{2}\int_0^{+\infty} x^{\frac{p}{2}-1}\left(\theta(x) - 1\right)dx = \frac{p(p-1)}{2\pi^{p/2}}\Gamma\left(\frac{p}{2}\right)\zeta(p).$$

C.3.5 Lois Gamma : Lois Beta

Soient a et λ des réels strictement positifs. On dit qu'une variable aléatoire X suit une loi Gamma de paramètres a et λ, notée $Gamma(a, \lambda)$ lorsque X est à valeurs dans $[0, +\infty[$ et a pour densité

$$f(x) = \frac{1}{\Gamma(a)}\lambda^a x^{a-1} e^{-\lambda x} 1_{]0,+\infty[}(x),$$

où Γ est la fonction Gamma d'Euler définie sur $]0, +\infty[$ par

$$\Gamma(a) = \int_0^{+\infty} x^{a-1} e^{-x} dx.$$

Pour $\lambda = 1$, la loi $Gamma(a, 1)$ est parfois appelée loi Gamma de paramètre a et est notée $Gamma(a)$. Pour X de loi Gamma de paramètres a et λ, espérance, variance et transformée de Laplace sont données par

$$\mathbb{E}(X) = \frac{a}{\lambda} \;\; ; \;\; \mathrm{Var}(X) = \frac{a}{\lambda^2} \;\; ; \;\; \mathbb{E}\left(e^{-tX}\right) = \left(\frac{\lambda}{\lambda + t}\right)^a.$$

Soient a et b deux réels strictement positifs. On dit qu'une variable aléatoire X suit une loi Beta de paramètres a et b, notée $Beta(a, b)$, lorsque X est à valeurs dans l'intervalle $[0, 1]$ et a pour densité

$$f(x) = \frac{1}{B(a, b)}x^{a-1}(1 - x)^{b-1} 1_{[0,1]}(x)$$

où $B(a, b)$ désigne la fonction Beta d'Euler :

$$B(a, b) := \frac{\Gamma(a)\Gamma(b)}{\Gamma(a + b)}.$$

Pour X de loi Beta de paramètres a et b, espérance et variance sont données par

$$\mathbb{E}(X) = \frac{a}{a + b} \;\; ; \;\; \mathrm{Var}(X) = \frac{ab}{(a + b)^2(a + b + 1)}.$$

C.4 Inégalité de Jensen

Théorème C.6 *Soit $(\Omega, \mathcal{A}, \mathbb{P})$ un espace probabilisé. Soit X une variable aléatoire intégrable, à valeurs dans un intervalle I de $\mathbb{R}$. Soit φ une fonction* convexe *de I*

dans $\mathbb{R}$. *Alors*

$$\varphi\left(\mathbb{E}(X)\right) \leq \mathbb{E}\left(\varphi(X)\right).$$

Lorsque $\varphi(X)$ n'est pas intégrable, la convexité de φ entraîne que $\mathbb{E}\left(\varphi(X)\right)$ vaut $+\infty$ et l'inégalité est encore vraie. Pour se rappeler le sens de l'inégalité, prendre comme fonction φ la fonction $x \mapsto |x|$ ou la fonction $x \mapsto x^2$.

C.5   Chaîne de Markov

Nous donnons ici essentiellement la définition d'une chaîne de Markov. La classification des états, l'existence d'une mesure invariante, et les théorèmes ergodiques pour les chaînes de Markov peuvent être trouvés dans les ouvrages classiques sur le sujet, par exemple Norris [198] ou en français Bercu et Chafaï [20].

Les chaînes de Markov peuvent être définies sur un espace d'états discret ou continu, mais nous nous limitons ici à un espace d'états E discret, autrement dit fini ou infini dénombrable.

Définition C.7 Soit μ_0 une loi de probabilité sur un espace d'états E fini ou infini dénombrable. Une suite $(X_n)_{n \geq 0}$ de variables aléatoires à valeurs dans E est une chaîne de Markov d'ordre 1 de loi initiale μ_0 lorsque

(i) X_0 est de loi μ_0 ;
(ii) pour tout $n \geq 0$, pour tous états $i_0, i_1, \ldots, i_{n-1}, i, j \in E$,

$$\mathbb{P}\left(X_{n+1} = j \mid X_n = i, X_{n-1} = i_{n-1}, \ldots, X_0 = i_0\right) = \mathbb{P}\left(X_{n+1} = j \mid X_n = i\right).$$

Lorsque le second membre ne dépend pas de n, la chaîne est dite *homogène*. Dans ce cas, la matrice $P = (p_{i,j})_{i,j \in E}$, où pour tout $n \geq 0$

$$p_{i,j} = \mathbb{P}\left(X_1 = j \mid X_0 = i\right) = \mathbb{P}\left(X_{n+1} = j \mid X_n = i\right)$$

est la probabilité de transition de i vers j, est appelée *matrice de transition* de la chaîne.

Une matrice dont les coefficients sont positifs ou nuls et dont la somme sur chaque ligne vaut 1 est dite *stochastique*. La matrice de transition d'une chaîne de Markov homogène est stochastique.

Notons que pour une chaîne de Markov homogène, pour tout $n \geq 0$, pour tous $x_0, \ldots, x_n \in E$,

$$\mathbb{P}(X_n = x_n, X_{n-1} = x_{n-1}, \ldots, X_0 = x_0) = \mu_0(x_0) p_{x_0, x_1} \ldots p_{x_{n-1}, x_n}.$$

Plus généralement, pour tout entier $k \geq 1$, on dira qu'une suite de variables aléatoires est une chaîne de Markov d'ordre k lorsque la transition vers un nouvel état dépend seulement des k derniers états, autrement dit

$$\mathbb{P}(X_{n+1} = j \mid X_n = x_n, \ldots, X_0 = x_0) = \mathbb{P}(X_{n+1} = j \mid X_n = x_n, \ldots, X_{n-k+1} = x_{n-k+1}).$$

Lorsque rien n'est précisé, il s'agit d'une chaîne de Markov d'ordre 1.

La *propriété de Markov* s'exprime de la façon suivante : pour une chaîne de Markov d'ordre 1, l'avenir ne dépend du passé que par le présent. Autrement dit, pour une chaîne de Markov de loi initiale μ_0 et de matrice de transition P, la loi de X_{m+n} sachant $X_0, X_1, \ldots, X_m$ est celle d'une chaîne de Markov de loi initiale la loi de X_m et de matrice de transition P.

C.6   Différents types de convergence

Pour une introduction et un approfondissement de ce sujet, l'on pourra se référer par exemple aux livres de Grimmett and Stirzaker [125], Williams [251] ou Petrov [206]. Dans ce qui suit, $\mathbb{P}$ est une probabilité sur $\mathcal{A}$, tribu sur un ensemble Ω et $X, X_1, \ldots, X_n, \ldots$ sont des variables aléatoires à valeurs dans $\mathbb{R}$ ou $\mathbb{C}$. Nous citons ici quatre types de convergence : en probabilité, presque sûre, dans L^p et en loi. Puis nous établirons leur hiérarchie.

Notons d'abord qu'il y a deux grandes manières de converger pour une suite de variables aléatoires $(X_n)_n$:

- La première manière de converger concerne les convergences presque sûre, en probabilité et dans L^p ; elles sont envisagées lorsque les variables X_n sont définies sur le même espace $(\Omega, \mathcal{A}, \mathbb{P})$. Pour la convergence presque sûre, il s'agit de voir si pour chaque ω la limite de $X_n(\omega)$ existe lorsque $n \to +\infty$. Il y aura convergence presque sûre quand la convergence a lieu sur une partie de Ω de mesure 1. Il y aura convergence en probabilité lorsque X_n se rapproche d'une variable aléatoire X avec une probabilité tendant vers 1.

- La seconde manière de converger est plus faible ; les variables ne sont même plus supposées être définies sur le même espace, on ne s'intéresse qu'à leur loi et il s'agit de voir si la loi de X_n a une limite. C'est la convergence en loi.

C.6.1   Convergence en probabilité

Définition C.8 Soient $X, X_1, \ldots, X_n, \ldots$ des variables aléatoires à valeurs dans $\mathbb{R}$ ou $\mathbb{C}$, définies sur le même espace de probabilité $(\Omega, \mathcal{A}, \mathbb{P})$. On dit que la suite (X_n) converge en probabilité vers X si pour tout $\varepsilon > 0$,

$$\mathbb{P}(|X_n - X| > \varepsilon) \longrightarrow 0 \quad \text{lorsque} \quad n \to +\infty.$$

On note $X_n \xrightarrow[n\to\infty]{proba} X$ ou $X_n \xrightarrow[n\to\infty]{\mathbb{P}} X$.

Le théorème suivant fournit un cas particulier de convergence en probabilité.

Théorème C.9 *Soit une suite (X_n) de variables aléatoires de moyennes et variances μ_n et σ_n^2 ; si ces quantités tendent vers l'infini de telle sorte que $\sigma_n = o(\mu_n)$, alors la suite $\left(\frac{X_n}{\mu_n}\right)$ tend vers 1 en probabilité.*

C.6.2   Convergence presque sûre

Définition C.10 Soit (X_n) une suite de v.a. définies sur le même espace de probabilité $(\Omega, \mathcal{A}, \mathbb{P})$. On dit que la suite (X_n) converge presque sûrement (p.s.) si

$$\mathbb{P}\left(\lim_n X_n \text{ existe}\right) = \mathbb{P}\left(\left\{\omega, \lim_n X_n(\omega) \text{ existe}\right\}\right) = 1.$$

On note $X(\omega)$ la limite de $X_n(\omega)$ là où elle existe (partout sauf sur un ensemble négligeable).
On écrit $X_n \xrightarrow[n\to\infty]{p.s.} X$.

Cette convergence est parfois dite « forte », ce qui est justifié par la hiérarchie des convergences.

C.6.3   Convergence dans L^p

Définition C.11 Soient $X, X_1, \ldots, X_n, \ldots$ des variables aléatoires définies sur le même espace de probabilité $(\Omega, \mathcal{A}, \mathbb{P})$. Soit $p \geq 1$. On dit que la suite (X_n) converge vers X dans L^p lorsque

$$\mathbb{E}\left(|X_n - X|^p\right) = \int_\Omega |X_n(\omega) - X(\omega)|^p d\mathbb{P}(\omega) \xrightarrow[n\to\infty]{} 0,$$

et l'on note $X_n \xrightarrow[n\to\infty]{L^p} X$.

C.6.4 Convergence en loi

Définition C.12 Soient $X, X_1, \ldots, X_n, \ldots$ des variables aléatoires à valeurs dans $\mathbb{R}$ ou $\mathbb{C}$, non nécessairement définies sur le même espace de probabilité. On dit que la suite (X_n) converge en loi vers X lorsque pour tout borélien A de $\mathbb{R}$ ou $\mathbb{C}$,

$$\mathbb{P}(X_n \in A) \underset{n \to \infty}{\longrightarrow} \mathbb{P}(X \in A).$$

On parle de manière équivalente de convergence en loi ou convergence en distribution et l'on note indifféremment $X_n \xrightarrow[n \to \infty]{\mathcal{D}} X$ ou $X_n \xrightarrow[n \to \infty]{loi} X$.

La convergence en loi peut aussi s'exprimer comme convergence faible des lois de probabilité de X_n, à l'aide de fonctions.

Proposition C.13 *Une suite (X_n) de variables aléatoires à valeurs dans $\mathbb{R}$ ou $\mathbb{C}$ converge en loi vers X si et seulement si pour toute fonction f continue bornée sur $\mathbb{R}$ ou $\mathbb{C}$,*

$$\mathbb{E}\left(f(X_n)\right) \underset{n \to \infty}{\longrightarrow} \mathbb{E}\left(f(X)\right).$$

Remarquons que la convergence en loi n'entraîne pas la convergence de $\mathbb{E}(X_n)$ (car la fonction identité n'est pas bornée), ni la convergence des moments de X_n.

La proposition suivante est souvent implicitement utilisée.

Proposition C.14 *Si $X_n \xrightarrow[n \to \infty]{loi} X$, alors pour toute fonction f continue sur $\mathbb{R}$ ou $\mathbb{C}$, on a*
$f(X_n) \xrightarrow[n \to \infty]{loi} f(X).$

Le critère suivant de convergence en loi peut être utile pour des variables aléatoires à valeurs réelles.

Proposition C.15 *Soient X et (X_n) des variables aléatoires à valeurs réelles, de fonction de répartition F_X et F_{X_n} respectivement. Les deux assertions suivantes sont équivalentes.*

(i) $X_n \xrightarrow[n \to \infty]{loi} X$;

(ii) $F_{X_n}(x) \underset{n \to \infty}{\longrightarrow} F_X(x)$ *pour tout x point de continuité de F.*

Lorsque les variables aléatoires sont discrètes, la convergence en loi devient :

Proposition C.16 *Soient $X, X_1, \ldots, X_n, \ldots$ des variables aléatoires à valeurs dans $\mathbb{N}$. Pour que $X_n \xrightarrow[n \to \infty]{loi} X$, il faut et il suffit que pour tout entier k,*

$$\mathbb{P}(X_n = k) \underset{n \to \infty}{\longrightarrow} \mathbb{P}(X = k).$$

C.6.5   Hiérarchie des convergences

Proposition C.17 *Soient $X, X_1, \ldots, X_n, \ldots$ des variables aléatoires définies sur le même espace $(\Omega, \mathcal{A}, \mathbb{P})$ et à valeurs dans $\mathbb{R}$ ou $\mathbb{C}$. Alors, pour $p > q \geq 1$,*

$$(X_n \xrightarrow[n \to \infty]{p.s.} X)$$

$$(X_n \xrightarrow[n \to \infty]{\mathbb{P}} X) \Longrightarrow (X_n \xrightarrow[n \to \infty]{loi} X)$$

$$(X_n \xrightarrow[n \to \infty]{L^p} X) \Longrightarrow (X_n \xrightarrow[n \to \infty]{L^q} X)$$

En outre, lorsque la limite X est une constante C, la convergence en probabilité est équivalente à la convergence en loi.

C.7   Espérance conditionnelle

La probabilité conditionnelle par rapport à un événement B de probabilité non nulle est $\mathbb{P}(A|B) = \dfrac{\mathbb{P}(A \cap B)}{\mathbb{P}(B)}$. Si X est une variable aléatoire réelle qui admet une densité par rapport à la mesure de Lebesgue sur $\mathbb{R}$ et si l'on veut conditionner une autre variable aléatoire Y par une valeur x prise par X, il n'est pas possible d'appliquer la notion précédente car l'événement $\{X = x\}$ est de probabilité nulle. L'idée consiste à supposer connue la valeur de X et à faire un « pronostic » sur Y : trouver une fonction de X qui approxime convenablement Y. Ce sera dans ce qui suit $\mathbb{E}(Y|X) := \mathbb{E}(Y|\mathcal{B}(X))$ où $\mathcal{B}(X)$ est la tribu engendrée par X.

Mathématiquement, l'espérance conditionnelle de Y est définie comme étant la projection orthogonale de Y dans l'espace de Hilbert des fonctions de carré intégrable défini ci-dessous.

Définition C.18 Soit $(\Omega, \mathcal{A}, \mathbb{P})$ un espace probabilisé. Soit $L^2(\mathcal{A})$ l'espace des fonctions à valeurs réelles, mesurables sur $(\Omega, \mathcal{A})$, de carré intégrable par rapport à $\mathbb{P}$. C'est un espace de Hilbert pour le produit scalaire $\langle f, g \rangle = \int_{\Omega} fg \, d\mathbb{P} = \mathbb{E}(fg)$.

Soit $\mathcal{B}$ une sous-tribu de $\mathcal{A}$ et soit $L^2(\mathcal{B})$ le sous-espace de $L^2(\mathcal{A})$ des fonctions à valeurs réelles, mesurables par rapport à $\mathcal{B}$, de carré intégrable. La projection orthogonale de $L^2(\mathcal{A})$ sur $L^2(\mathcal{B})$ s'appelle *espérance conditionnelle* par rapport à $\mathcal{B}$ (ou bien sachant $\mathcal{B}$).

Notation *L'espérance conditionnelle de X sachant $\mathcal{B}$ est notée $\mathbb{E}^{\mathcal{B}}(X)$ ou bien $\mathbb{E}(X|\mathcal{B})$. Lorsque $\mathcal{B}$ est la tribu $\mathcal{B}(Y)$ engendrée par une variable aléatoire Y, on note $\mathbb{E}(X|Y) := \mathbb{E}(X|\mathcal{B}(Y))$.*

Le cas particulier suivant est fréquent, notamment pour la propriété de martingale ; c'est lorsque la tribu $\mathcal{B}$ est l'une des tribus d'une filtration $(\mathcal{F}_n)_{n \geq 0}$. Ceci se produit lorsque l'on considère un processus à temps discret $(X_n)_{n \geq 0}$, et $\mathcal{F}_n$ est la tribu, dite tribu du passé avant n, engendrée par les X_p pour $p \leq n$.

Comme L^2 est dense dans L^1, la notion s'étend aux fonctions intégrables. Et la caractérisation suivante est plus utile en pratique que la définition.

Proposition C.19 (Caractérisation de l'espérance conditionnelle)

Soit $X \in L^1(\Omega, \mathcal{A}, \mathbb{P})$ et soit $\mathcal{B}$ une sous-tribu de $\mathcal{A}$. Alors $\mathbb{E}(X|\mathcal{B})$ est l'unique variable aléatoire telle que

(i) $\mathbb{E}(X|\mathcal{B})$ est $\mathcal{B}$-mesurable ;

(ii) pour toute v.a. $\mathcal{B}$-mesurable bornée Y, $\mathbb{E}(YX) = \mathbb{E}(Y\mathbb{E}(X|\mathcal{B}))$.

Remarquons qu'à part les cas particuliers suivants :

– l'espérance conditionnelle de X est prise par rapport à la tribu triviale réduite à $\{\emptyset, \Omega\}$ et vaut alors $\mathbb{E}(X)$;

– si X est indépendante de $\mathcal{B}$, alors $\mathbb{E}(X|\mathcal{B}) = \mathbb{E}(X)$,

en général $\mathbb{E}(X|\mathcal{B})$ n'est pas une constante, mais une *variable aléatoire $\mathcal{B}$-mesurable*.

Proposition C.20 (Propriétés de l'espérance conditionnelle)

(i) Linéarité : $\forall a, b \in \mathbb{R}$, $\mathbb{E}(aX + bY|\mathcal{B}) = a\mathbb{E}(X|\mathcal{B}) + b\mathbb{E}(Y|\mathcal{B})$.

(ii) $|\mathbb{E}(X|\mathcal{B})| \leq \mathbb{E}(|X| \, |\mathcal{B})$.

(iii) Si C est une tribu et si $C \subset \mathcal{B}$, alors $\mathbb{E}(\mathbb{E}(X|\mathcal{B})|C) = \mathbb{E}(X|C)$.
    En particulier, $\mathbb{E}(\mathbb{E}(X|\mathcal{B})) = \mathbb{E}(X)$.

(iv) Si X est intégrable et Z est dans $L^1(\mathcal{B})$, alors $\mathbb{E}(XZ|\mathcal{B}) = Z\mathbb{E}(X|\mathcal{B})$. En particulier quand Z est dans $L^1(\mathcal{B})$, alors $\mathbb{E}(Z|\mathcal{B}) = Z$.

Lien avec les probabilités conditionnelles

Soit A et B deux événements, avec $\mathbb{P}(B) \neq 0$. Prenons pour $\mathcal{B}$ la tribu $\mathcal{B} = \{\emptyset, B, B^c, \Omega\}$. On vérifie avec la caractérisation précédente que

$$\mathbb{E}(\mathbb{1}_A|\mathcal{B}) = \frac{\mathbb{P}(A \cap B)}{\mathbb{P}(B)}\mathbb{1}_B + \frac{\mathbb{P}(A \cap B^c)}{\mathbb{P}(B^c)}\mathbb{1}_{B^c},$$

soit encore

$$\mathbb{E}(\mathbb{1}_A|\mathcal{B}) = \mathbb{P}(A|B)\mathbb{1}_B + \mathbb{P}(A|B^c)\mathbb{1}_{B^c},$$

et

$$\mathbb{E}(\mathbb{1}_{A \cap B}|\mathcal{B}) = \mathbb{P}(A|B)\mathbb{1}_B.$$

C.8 Martingales discrètes

Des références complètes sont par exemple les livres de Neveu [193], Grimmett et Stirzaker [125], Williams [251], Petrov [206].

C.8.1 Définitions

Soit $(\Omega, \mathcal{A}, \mathbb{P})$ un espace probabilisé. Une filtration est une famille croissante de sous-tribus de $\mathcal{A}$.

Définition C.21 Soit $(\mathcal{F}_n)$ une filtration. Une suite de variables aléatoires réelles (X_n) est une $\mathcal{F}_n$-*martingale* si pour tout n :

  (i) X_n est $\mathcal{F}_n$-mesurable (on dit que la suite (X_n) est adaptée) ;
 (ii) X_n est intégrable : $\mathbb{E}(|X_n|) < \infty$;
(iii) $\mathbb{E}(X_{n+1} \mid \mathcal{F}_n) = X_n$, p.s..

Le mot « martingale » vient du cas, au siècle de Pascal, où X_n représente la fortune d'un joueur après la n-ième partie et $\mathcal{F}_n$ représente son information à propos du jeu à ce moment-là. L'égalité (iii) dit que sa fortune espérée après la prochaine partie est la même que sa fortune actuelle. Une martingale est en ce sens un jeu équitable.

Définition C.22 Si (iii) est remplacé par $\mathbb{E}(X_{n+1} \mid \mathcal{F}_n) \leq X_n$, p.s. , on obtient une *surmartingale*, le jeu est défavorable pour le joueur.

Si (iii) est remplacé par $\mathbb{E}(X_{n+1} \mid \mathcal{F}_n) \geq X_n$, p.s. , on obtient une *sous-martingale*, le jeu est favorable pour le joueur.

Remarquons que si l'on n'a pas de filtration sous la main, il est toujours possible de prendre $\mathcal{F}_n = \sigma(X_1, X_2, \ldots, X_n)$, la tribu engendrée par $X_1, X_2, \ldots, X_n$.

Quelques propriétés immédiates

– Pour une martingale (X_n), la suite des espérances $(\mathbb{E}X_n)$ est constante, pour une surmartingale, $(\mathbb{E}X_n)$ est décroissante et pour une sous-martingale, $(\mathbb{E}X_n)$ est croissante.
– Pour tout entier $k \geq 1$, pour une martingale : $\mathbb{E}(X_{n+k} \mid \mathcal{F}_n) = X_n$, p.s.
– (convexité) Si (M_n) est une martingale, et si φ est une fonction convexe de $\mathbb{R}$ dans $\mathbb{R}$, alors $\varphi(M_n)$ est une sous-martingale. Par exemple, dès que (M_n) est une martingale, (M_n^2) est une sous-martingale.
– (renormalisation) Supposons que la suite de variables aléatoires (X_n) adaptées vérifie

$$\mathbb{E}(X_n \mid \mathcal{F}_{n-1}) = A_{n-1} X_{n-1},$$

où A_{n-1} est $\mathscr{F}_{n-1}$-mesurable et différent de 0 presque sûrement. Il suffit alors de renormaliser la suite (X_n) pour obtenir une martingale :

$$Y_n := \frac{X_n}{\prod_{k=0}^{n-1} A_k}$$

est une $\mathscr{F}_n$-martingale.

- (dérivée) En étendant la notion de martingale aux variables aléatoires à valeurs dans $\mathbb{C}$, supposons que $(M_n(z))$ soit une martingale paramétrée par $z \in \mathbb{C}$. Alors, sur le domaine de $\mathbb{C}$ où M_n est dérivable, $(M_n'(z))$ est encore une martingale.

C.8.2   Convergences des martingales

Définition C.23 On dit qu'une suite de variables aléatoires (X_n) est *intégrable* (respectivement *de carré intégrable*) si et seulement si pour tout n,

$$\mathbb{E}(|X_n|) < \infty \quad (\text{ respectivement, } \mathbb{E}(X_n^2) < \infty).$$

On dit qu'une suite de variables aléatoires (X_n) est *bornée dans L^p* ($p > 0$), si et seulement si

$$\sup_n \mathbb{E}(|X_n|^p) < \infty.$$

On dit qu'une suite de variables aléatoires (X_n) est *équi-intégrable* ou *uniformément intégrable* si et seulement si, quand $a \to +\infty$,

$$\sup_n \mathbb{E}(|X_n|\mathbb{1}_{\{|X_n|>a\}}) \longrightarrow 0.$$

Théorème C.24 (Convergence L^2 des martingales)
Toute martingale (X_n) bornée dans L^2 converge dans L^2.
Toute sous-martingale positive (X_n) bornée dans L^2 converge dans L^2.

Théorème C.25 (Convergence presque sûre des martingales. Théorème de Doob)
Toute sous-martingale (X_n) vérifiant[1] $\sup_n \mathbb{E}(X_n^+) < \infty$ *converge p.s. vers une variable aléatoire X_∞ et $X_\infty \in L^1$.*

---

[1]La notation X^+ désigne la partie positive de la variable aléatoire X, autrement dit : $X^+ = \max(0, X)$.

Ce théorème admet de nombreux sous-produits, comme

- Toute sous-martingale (X_n), bornée dans L^1, converge p.s. vers une variable aléatoire X_∞ et $X_\infty \in L^1$.
- Toute martingale (X_n), bornée dans L^1, converge p.s. vers une variable aléatoire X_∞ et $X_\infty \in L^1$.

L'un de ces corollaires est particulièrement simple et efficace.

Corollaire C.26 *Toute surmartingale positive (X_n) converge p.s. vers une variable aléatoire X_∞, $X_\infty \in L^1$ et $\mathbb{E}(X_\infty) \le \liminf \mathbb{E}(X_n)$ (par le lemme de Fatou).*

Attention : les hypothèses « (X_n) bornée dans L^1 » et « (X_n) converge p.s. vers une limite $X_\infty \in L^1$ » ne suffisent pas à assurer que X_n converge dans L^1.

Théorème C.27 (Convergence L^1 des martingales)
   Soit (X_n) une martingale. Les trois assertions suivantes sont équivalentes :

(i) (X_n) converge dans L^1 (vers une variable aléatoire $X_\infty \in L^1$).
(ii) (X_n) est bornée dans L^1 et $\mathbb{E}(X_\infty \mid \mathcal{F}_n) = X_n$.
(iii) (X_n) est uniformément intégrable.

Une martingale vérifiant l'une de ces propriétés est dire régulière. *Pour une martingale régulière, $\mathbb{E}(X_\infty) = \mathbb{E}(X_0)$.*

Il arrive qu'il n'y ait pas convergence dans L^2 et que la convergence L^1 soit suspectée mais difficile à obtenir via le théorème précédent (c'est le cas pour les martingales liées aux processus de branchement et aux arbres binaires de recherche par exemple). Une convergence L^p pour $p \in]1, 2[$ pourra alors être utile (outre son intérêt propre).

Corollaire C.28 (Convergence L^p, $p > 1$ des martingales)
   Toute martingale (X_n) bornée dans L^p pour $p > 1$ converge dans L^p (et aussi en probabilité et p.s. par le théorème de Doob).

C.9   L'urne de Pólya originelle

Nous reprenons dans cette section des résultats qui appartiennent au « folklore ». La proposition C.30 se trouve dans l'article d'Athreya [11] de 1969 avec des appellations différentes et une preuve différente. Elle est aussi faite partiellement dans Blackwell et Kendall [29] pour une balance $S = 1$ et en partant d'une boule de chaque couleur. La méthode des moments pour une urne de Pólya est évoquée dans le livre de Johnson et Kotz [151].

C.9.1 Lois de Dirichlet

Cette section rassemble quelques propriétés des lois de Dirichlet. Soit $d \geq 2$ un entier. Soit Σ le simplexe de dimension $d - 1$:

$$\Sigma = \left\{ (x_1, \ldots x_d) \in [0, 1]^d, \ \sum_{k=1}^{d} x_k = 1 \right\}.$$

La formule suivante est une généralisation de la définition de la fonction Beta d'Euler : soient $(v_1, \ldots, v_d)$ des réels positifs. Alors,

$$\int_{\Sigma} \left[\prod_{k=1}^{d} x_k^{v_k - 1} \right] d\Sigma (x_1, \ldots, x_d) = \frac{\Gamma(v_1) \ldots \Gamma(v_d)}{\Gamma(v_1 + \cdots + v_d)} \tag{C.1}$$

où $d\Sigma$ désigne la mesure sur le simplexe définie par

$$f (x_1, \ldots, x_d) \, d\Sigma (x_1, \ldots, x_d)$$
$$= f \left(x_1, \ldots, x_{d-1}, 1 - \sum_{k=1}^{d-1} x_k \right) \mathbb{1}_{\left\{ x \in [0,1]^{d-1}, \ \sum_{k=1}^{d-1} x_k \leq 1 \right\}} dx_1 \ldots dx_{d-1}$$

pour toute fonction continue f définie sur Σ.

Cette formule permet de définir la *loi de Dirichlet* de paramètres $(v_1, \ldots, v_d)$, notée $Dirichlet\,(v_1, \ldots, v_d)$, dont la densité sur le simplexe Σ est donnée par

$$\frac{\Gamma(v_1 + \cdots + v_d)}{\Gamma(v_1) \ldots \Gamma(v_d)} \left[\prod_{k=1}^{d} x_k^{v_k - 1} \right] d\Sigma (x_1, \ldots, x_d).$$

En particulier, si $D = (D_1, \ldots, D_d)$ est un vecteur aléatoire de dimension d, de loi de Dirichlet de paramètres $(v_1, \ldots, v_d)$, alors pour tout $p = (p_1, \ldots, p_d) \in \mathbb{N}^d$, le moment (joint) d'ordre p de D est

$$\mathbb{E}\left(D^p\right) = \mathbb{E}\left(D_1^{p_1} \ldots D_d^{p_d}\right) = \frac{\Gamma(v)}{\Gamma(v + |p|)} \prod_{k=1}^{d} \frac{\Gamma(v_k + p_k)}{\Gamma(v_k)}$$

où $v = \sum_{k=1}^{d} v_k$ et $|p| = \sum_{k=1}^{d} p_k$.

Un calcul du même genre montre que chaque variable aléatoire D_k, qui est la k-ième coordonnée de D, suit une loi $Beta\,(v_k, v - v_k)$, *i.e.*, a pour densité

$$\frac{1}{B (v_k, v - v_k)} t^{v_k - 1} (1 - t)^{v - v_k - 1} \mathbb{1}_{[0,1]} dt.$$

Une description alternative d'une loi de Dirichlet peut être faite à partir de lois Gamma :

Proposition C.29 (cf. Bertoin [22, page 63]) *Si $\xi_1, \ldots, \xi_d$ sont d variables aléatoires indépendantes de loi Gamma de paramètres respectifs $(\nu_1, \nu), \ldots, (\nu_d, \nu)$, si $\xi = \sum_{i=1}^{d} \xi_i$, alors ξ est de loi Gamma de paramètre $(\nu_1 + \ldots + \nu_d, \nu)$ et le vecteur aléatoire $\left(\frac{\xi_1}{\xi}, \ldots, \frac{\xi_d}{\xi} \right)$ est de loi Dirichlet$(\nu_1, \ldots, \nu_d)$ et indépendant de ξ.*

C.9.2 Urne de Pólya originelle : comportement asymptotique

Comme les premières urnes étudiées par Pólya [210] correspondent à une matrice de remplacement $R = \begin{pmatrix} 1 & 0 \\ 0 & 1 \end{pmatrix}$, nous appelons *urne de Pólya originelle* une urne à d couleurs de matrice de remplacement SI_d où I_d est la matrice identité en dimension d. Le comportement asymptotique du vecteur composition d'une telle urne est résumé dans la proposition suivante. La preuve de [42] est faite par un argument de martingale et la méthode des moments.

Proposition C.30 *Soit $d \geq 2$ et $S \geq 1$ des entiers. Soit aussi $(\alpha_1, \ldots, \alpha_d) \in \mathbb{N}^d \setminus \{0\}$. Soit $(P_n)_{n > 0}$ l'urne de Pólya à d couleurs de matrice de remplacement SI_d et de composition initiale $(\alpha_1, \ldots, \alpha_d)$. Alors, presque sûrement et dans tous les L^p, $p \geq 1$,*

$$\frac{P_n}{nS} \xrightarrow[n \to \infty]{} V$$

où V est un vecteur aléatoire de loi de Dirichlet de paramètres $(\frac{\alpha_1}{S}, \ldots, \frac{\alpha_d}{S})$.

Par conséquent, pour chaque $k \in \{1, \ldots, d\}$, la k-ième coordonnée de V est de loi

$$Beta\left(\frac{\alpha_k}{S}, \sum_{j \neq k} \frac{\alpha_j}{S} \right).$$

Appendice D
Un peu d'histoire...

Nous donnons ici quelques indications sur l'historique des travaux sur les arbres aléatoires, sous l'angle des motivations informatiques et plus particulièrement algorithmiques. Nous ne prétendons pas être exhaustifs, mais plutôt rendre hommage aux chercheurs qui nous ont conduits au positionnement de cet ouvrage. Nous mentionnons ici surtout des livres ou des cours ; la littérature publiée sous forme d'articles, très abondante, est indiquée dans le cours du livre.

Notre ouvrage peut être considéré comme un descendant d'une part de la littérature sur les arbres, aléatoires ou non, qui sont apparus dans l'analyse d'algorithmes et d'autre part de la littérature sur les arbres aléatoires étudiés par les probabilistes avec ou sans motivation algorithmique.

Les fondations de l'*analyse d'algorithmes* remontent à Knuth, dont la série *The Art of Computer Programming* a joué un rôle essentiel pour définir mathématiquement et poser le domaine. Dans le volume 1 *Fundamental Algorithms,* dont la première édition date de 1968, Knuth présente les structures de données les plus courantes, notamment les arbres présentés dans cet ouvrage [157, pages 305–406]. Après avoir introduit les définitions de base, étudié diverses implémentations, et considéré les arbres comme un type particulier de graphe, il s'intéresse à l'énumération de diverses classes d'arbres, puis à la longueur de cheminement d'un arbre binaire. Il termine en présentant l'historique de la notion mathématique d'arbre, dont le premier usage systématique semble remonter à Kirchhoff au milieu du 19-ième siècle. Il s'agit sans doute d'un des premiers livres présentant de façon unifiée les arbres pour l'algorithmique et les résultats alors disponibles.

Le volume 3, *Sorting and Searching* [156], étudie de façon encyclopédique les deux grandes classes de problèmes que sont le tri et la recherche ; il s'y trouve d'abord une première partie consacrée aux tris, avec l'analyse du tri rapide (pages 114–123) et celle du tri radix (pages 124–134). La seconde partie traite de la recherche, et donc (entre autres) des arbres de recherche : arbres binaires de recherche (pages 406–451), avec des points assez peu traités par ailleurs, telle la construction et l'analyse des performances d'un arbre binaire de recherche

© Springer Nature Switzerland AG 2018
B. Chauvin et al., *Arbres pour l'Algorithmique*, Mathématiques et Applications 83,
https://doi.org/10.1007/978-3-319-93725-0

« optimal » pour un ensemble de clés données ; puis arbres binaires de recherche
« équilibrés », soit par hauteur (ce sont les arbres AVL dus à Adel'son-Vel'skii et
Landis [1]), soit par poids ; enfin les arbres-B (pages 451–480) et les arbres digitaux
(pages 481–505). Dans le même esprit que le volume 1, ce volume 3, datant de
1973 pour la première édition, présente les algorithmes dans un langage proche
de l'assembleur (MIX) dû à Knuth, ainsi que les analyses mathématiques de leurs
performances. Son importance vient du fait qu'il fut le premier à poser clairement
les bases d'une analyse mathématique des divers algorithmes présentés ; quiconque
est en quête de renseignements sur l'historique de ces notions y trouvera là aussi de
précieuses indications.

En 1981, le premier à notre connaissance, le livre de Greene et Knuth, *Mathematics for the Analysis of Algorithms* [123], rassemble les outils mathématiques
nécessaires à l'analyse des algorithmes (identités binomiales, relations de récurrence, analyse asymptotique) dans un seul ouvrage. Les fonctions génératrices,
présentes dans tout le livre, y sont davantage vues comme un outil intéressant que
comme la méthode fondamentale qu'elles deviendront plus tard, notamment grâce
aux travaux de Flajolet. Ce livre est presque uniquement centré sur les techniques
mathématiques et ne présente que très peu d'analyses d'algorithmes, restreintes au
hachage.

Le livre de Hofri, *Probabilistic Analysis of Algorithms* [132], paru en 1987,
présente lui aussi les outils mathématiques de base en un gros chapitre d'une
centaine de pages, cette fois avec un accent plus fort sur les fonctions génératrices et
en incluant par exemple les transformées de Laplace et de Mellin. Le reste du livre
est dédié à l'analyse de divers algorithmes : sur les permutations, pour les réseaux
de télécommunications, et des heuristiques de « bin packing ».

En 1995, une édition remaniée de ce livre est publiée, sous le titre *Analysis of
Algorithms – Computational Methods and Mathematical Tools* [133]. La première
partie présente, en près de 400 pages, les méthodes : là encore, fonctions génératrices et constructions admissibles, puis un chapitre d'illustrations sur différents
paramètres des permutations, ensuite les transformées de Laplace et de Mellin,
l'asymptotique par analyse de singularité ou méthode de col, quelques résultats
de probabilités : inégalités, marches aléatoires. La deuxième partie traite des
applications : tri (surtout) et recherche (quelques pages sont consacrées aux arbres
binaires de recherche) ; protocoles de communication (dont l'analyse du protocole
en arbre dont nous parlons chapitre 3) ; diverses heuristiques de bin-packing. Les
arbres apparaissent assez peu, dans quelques cas limités.

À peu près à la même époque, le livre de Mahmoud paru en 1992, *Evolution
of Random Search Trees* [172], apporte une grande avancée dans l'exposition, à
un niveau élémentaire, des méthodes probabilistes et combinatoires pour l'analyse
d'algorithmes, en se concentrant sur les arbres de recherche. Il y est question
d'arbres binaires, m-aires et arbres quadrants que nous traitons aussi, d'arbres k-
d dont nous ne parlons pas dans ce livre, ainsi que d'arbres digitaux : les tries,
auxquels nous consacrons aussi une part importante, et les arbres digitaux de
recherche, auxquels Mahmoud consacre un chapitre entier alors que leur analyse
ne fait l'objet que d'exercices dans notre livre. Plus précisément, les variables

aléatoires qui apparaissent sont étudiées dans le livre de Mahmoud essentiellement par fonctions génératrices, et la partie probabiliste est utilisée pour le traitement de l'analyse en moyenne. Par exemple, les polynômes de niveau utiles pour l'analyse du profil des arbres binaires de recherche sont évoqués, étudiés en moyenne, alors que leur utilisation en tant que processus ne viendra qu'un peu plus tard. De même, la notion de martingale apparaît dans le livre pour citer le résultat de Régnier [219] de 1989 sur les arbres binaires de recherche. En exposant très pédagogiquement, dès 1992, l'état de l'art sur les arbres de recherche et leur évolution (ce qui évoque en termes probabilistes le processus d'arbre sous-jacent), ce livre a constitué une référence incontournable pour les probabilistes souhaitant se rapprocher de l'analyse d'algorithmes.

En 1996, paraît le livre de Sedgewick et Flajolet *An Introduction to the Analysis of Algorithms* [232] (aussi disponible en français). Ce livre se concentre sur les techniques mathématiques de base d'analyse d'algorithmes et est destiné à servir de cours d'introduction pour un public ayant déjà quelques bases en mathématiques discrètes et en programmation. Certains objets d'étude sont communs avec le présent livre (algorithme de tri rapide, arbres de Catalan, arbres binaires de recherche, tries). Les méthodes employées sont principalement à base de séries génératrices bivariées et l'approche est plutôt combinatoire (comme dans le chapitre 4 de notre livre).

Le livre de Szpankowski *Average Case Analysis of Algorithms on Sequences* [239] et celui de Jacquet et Szpankowski *Analytic Pattern Matching : from DNA to Twitter* [146] s'intéressent principalement aux algorithmes maniant les mots (ou chaînes de caractères) et les structures de données dédiées. L'orientation est plutôt méthodologique et les deux principales approches pour l'étude de structures discrètes sont présentées, et ce, à un niveau plus avancé que dans ce livre : les méthodes probabilistes (avec par exemple les inégalités de moments, grandes déviations, martingales, théorie ergodique) et les méthodes analytiques reposant sur l'utilisation de séries génératrices (analyse de singularité, point de col, transformée de Mellin, dépoissonisation). Si les méthodes sont similaires à celles de ce livre (bien que souvent présentées assez différemment), les seuls arbres étudiés sont les arbres digitaux (tries, arbre digital de recherche, arbres Patricia et bien d'autres généralisations). Les analyses de ces structures sont plus approfondies et variées que celles du chapitre 7, et sont souvent aussi plus difficiles.

Les débuts de l'*analyse en moyenne d'algorithmes* sont d'abord dus à Knuth au début des années 60, et les ouvrages fondateurs sont précisément les premiers volumes de sa série *The Art of Computer Programming,* parus au tournant des années 60 et 70.

Or, parler d'analyse en moyenne nécessite des notions de probabilités élémentaires ; l'utilisation d'outils un peu plus élaborés tels que les martingales, la distinction des différents types de convergence, la méthode de contraction, tout ceci se développe un peu plus tard, essentiellement à partir des années 80 et 90. Dans ces années-là, probabilistes et informaticiens collaborent, notamment Pittel, Smythe, Mahmoud et de nombreux travaux en sont le fruit, par exemple [174–176, 237].

Également dans les années 80 paraissent les premiers résultats de Devroye sur la hauteur de différents arbres de recherche qui sont en fait des résultats de grandes déviations et s'appuient sur des processus de branchement et des marches aléatoires branchantes. Devroye reprend et formalise ces résultats dans son cours de 1998 [59], *Branching Processes and Their Applications in the Analysis of Tree Structures and Tree Algorithms*. Dans les années 90, de plus en plus de probabilistes se rapprochent de l'analyse d'algorithmes, tels Biggins par exemple, qui dans un article de 1997 [27] transfère un résultat purement probabiliste sur les marches aléatoires branchantes à la hauteur des arbres binaires de recherche.

Du côté des probabilistes, le formalisme de Neveu sur les arbres est explicité en 1986 [194]. C'est celui qui est utilisé dans ce livre. L'intérêt pour les arbres aléatoires grandit, les processus de branchement profitent de cet intérêt, et lors d'un workshop de 1994 sur ce thème sont diffusés les premiers concepts fondateurs d'arbre biaisé par Lyons, Pemantle et Peres [171]. Dans le riche livre de Peres [205] correspondant à son cours à Saint-Flour en 1997, *Probability on trees : an introductory climb*, les arbres sont aléatoires, ils peuvent être de Galton-Watson, biaisés, couvrants. En outre, des objets mathématiques plus élaborés sont définis sur des arbres : des mesures, la dimension de Hausdorff de la frontière, des marches aléatoires. Les arbres aléatoires sont également au cœur du cours de Duquesne et Le Gall [72] en 2000, *Random Trees, Levy Processes and Spatial Branching Processes*.

Les conditions sont réunies pour que les développements probabilistes autour des arbres aléatoires puissent à la fois être utilisés en analyse d'algorithmes et se nourrir de nouvelles motivations algorithmiques. A l'instar de Devroye, plusieurs cours manifestent de cet échange fructueux : le cours de Neininger [191] à Graz en 2006, *Probabilistic analysis of algorithms, stochastic fixed-point equations and ideal metrics*, met l'accent sur la méthode de contraction, et les objets étudiés sont les arbres de recherche (binaires, m-aires), avec quelques applications à des algorithmes. Le cours de Marckert [178] à Graz en 2009, *Limit of random walks and of random trees*, marque une progression vers la réunion de plusieurs pôles : probabilités sophistiquées, motivations algorithmiques et méthodes combinatoires. En outre, la place naturelle prise par les mathématiques discrètes (à travers les marches aléatoires, les arbres, les graphes ou les cartes) est complétée par l'étude des limites *continues* de ces processus aléatoires. Le mouvement brownien et ses proches (excursion brownienne, carte brownienne, serpent brownien) se mêlent à l'histoire. Une belle synthèse sur le hachage et les fonctions de parking, en termes de processus discrets et continus est écrite à ce propos en 2003 par Chassaing et Flajolet [34].

Ainsi les liens se resserrent entre communautés, concomitamment à l'essor de la combinatoire analytique, qui devient autour de Flajolet l'outil mathématique fondamental dans l'analyse d'algorithmes. L'ouvrage de référence, fruit de plus de vingt (trente ?) années foisonnantes de résultats et de maturation, est le livre de Flajolet et Sedgewick *Analytic Combinatorics* [94] paru en 2009. Il y est exposé comment, grâce à la méthode symbolique, les structures combinatoires encapsulées dans des séries génératrices conduisent « automatiquement » à des équations sur ces

séries. En outre, les dites séries sont vues comme fonctions de la variable complexe :
à travers l'analyse des singularités, la richesse de l'analyse complexe est revisitée
(par exemple avec les lemmes de transfert et la méthode du col) afin d'extraire
la substantifique moelle de ces séries, à savoir le comportement asymptotique des
coefficients, et afin d'établir les propriétés des « grandes » structures combinatoires.
Cet ouvrage monumental sert de référence à la fois par l'exposition et aussi par le
très grand nombre d'exemples traités.

Parmi eux, et constituant l'un des sujets les plus exemplaires en termes d'emploi
complémentaire des méthodes combinatoires et probabilistes se trouvent les urnes
de Pólya. Modèle naturel, dès qu'il s'agit de dénombrer des objets de différents
types (couleurs) tirés aléatoirement uniformément, il a été introduit par Pólya [210]
dans les années 30 et étudié concurremment par méthodes probabilistes et analytiques. Les urnes de Pólya apparaissent dans le dénombrement des feuilles de
plusieurs arbres liés à l'algorithmique (arbres récursifs, bucket trees,...) et le livre
de Mahmoud [173], *Pólya urn models*, présente de façon élémentaire ces modèles.
Deux avancées importantes dans l'étude de l'asymptotique de la composition d'une
telle urne se produisent à peu près au même moment : l'article *Analytic urns* de
Flajolet et al. [102] en 2005, article séminal sur l'utilisation dans ce domaine
de la combinatoire analytique ; et l'article de synthèse de Janson [147] en 2004,
*Functional limit theorem for multitype branching processes and generalized Pólya
urns*, dans lequel la méthode de plongement en temps continu d'une urne de Pólya
discrète est largement exploitée. L'utilisation de martingale, déjà présente dans les
travaux de Gouet [120, 121] et ceux de Smythe [236] et Mahmoud, est chez Janson
tout à fait fondamentale.

Enfin, le livre le plus proche du nôtre est sans doute celui de Drmota, *Random
Trees. An Interplay between Combinatorics and Probabilities,* [68], paru en 2008 :
les sujets traités, très similaires, le sont avec le même souci de présenter les deux
approches (combinatoire analytique et probabilités). Il est par certains côtés plus
complet que le présent ouvrage ; pour donner deux exemples, il étudie la forme et
le profil de plusieurs sortes d'arbres alors que nous ne faisons guère cette étude que
pour les arbres binaires de recherche, et il traite des arbres de Galton-Watson ou
des arbres récursifs à un niveau de détail supérieur au nôtre. Par contre, le point
de vue algorithmique est moins développé. Une autre différence réside dans la
présentation des résultats, qui sont souvent structurés par paramètre pour différents
types d'arbres, alors que nous étudions plutôt chaque type d'arbre sous différents
angles. Mais la différence essentielle est sans doute que ce livre ne s'adresse pas
exactement au même public que le nôtre : il est destiné davantage à des chercheurs
qu'à des étudiants, davantage à des spécialistes en combinatoire analytique ou
probabilités qu'à des chercheurs dans des domaines connexes. Prenons l'exemple
des arbres binaires de recherche : dans les deux livres sont étudiés la profondeur
d'insertion et le profil, à la fois par fonctions génératrices et par martingales et
méthode de contraction. Le livre de Drmota ajoute l'étude détaillée de la hauteur par
des équations différentielles retardées ; notre livre ajoute, outre les arbres binaires
de recherche biaisés, une coloration algorithmique (conséquences des résultats sur

la profondeur d'insertion d'une clé, variante des arbres randomisés, lien explicité avec le tri rapide).

Si nous reprenons la littérature que nous venons de mentionner, nous pouvons dégager deux classifications qui se croisent : par *méthodes,* soit analytiques et combinatoires (par exemple Knuth, Greene et Knuth, Sedgewick-Flajolet et Flajolet-Sedgewick), soit probabilistes (Peres, cours de Devroye, Neininger, Marckert) ; ou par *objets informatiques* étudiés, soit analyse d'algorithmes (Sedgewick-Flajolet, Hofri, Szpankowski), soit plus centré sur les arbres (Mahmoud, Drmota). Le livre de Drmota est le seul qui se positionne aussi clairement que le nôtre à l'interface entre combinatoire analytique et probabilités.

Appendice E
Rappel des notations utilisécs

E.1 Mathématiques

- Notations de Landau O et o : soient f et g deux fonctions définies au voisinage d'un réel a (respectivement au voisinage de $+\infty$). On dit que $f(x) = O(g(x))$ au voisinage de a (respectivement au voisinage de $+\infty$) lorsqu'il existe des constantes η (respectivement A) et C telles que pour tout x tel que $|x - a| < \eta$ (respectivement pour tout x tel que $x > A$) on a $|f(x)| \leq C|g(x)|$.

  On dit que $f(x) = o(g(x))$ au voisinage de a lorsque $\lim\limits_{x \to a} \dfrac{f(x)}{g(x)} = 0$.

- Partie entière de x : pour x réel, $\lfloor x \rfloor$ est l'unique entier tel que $\lfloor x \rfloor \leq x < \lfloor x \rfloor + 1$. Et $\lceil x \rceil$ est l'unique entier tel que $\lceil x \rceil - 1 \leq x < \lceil x \rceil$.
- Pour x réel, $\{x\}$ est sa partie fractionnaire : $\{x\} = x - \lfloor x \rfloor$.
- $\log^+ x$ est la partie positive du log, autrement dit : $\log^+ x = \max(0, \log x)$.
- Ensemble des permutations de taille n : $\mathfrak{S}_n$.
- Nombres harmoniques : $H_n = \sum_{i=1}^{n} \frac{1}{i}$.
- Nombres harmoniques étendus : $H_n^{(p)} = \sum_{i=1}^{n} \frac{1}{i^p}$.
- γ est la constante d'Euler : $\gamma = \lim_n H_n - \log n$.
- Pour i et j entiers, $[\![i, j]\!]$ (notation d'Iverson) ou $[i..j]$ est l'ensemble des entiers entre i et j.
- Symbole de Kronecker : pour i et j entiers, $\delta_{ij} = 1$ si $i = j$ et $\delta_{ij} = 0$ si $i \neq j$.
- Pour une fonction développable en série entière autour de 0, $f(z) = \sum_{k \geq 0} f_k z^k$, le k-ième coefficient f_k est noté $[z^k] f(z)$.
- Fonction Gamma d'Euler : $\Gamma(a) = \int_0^{+\infty} t^{a-1} e^{-t} dt$.
- Ψ est la dérivée logarithmique de Γ : $\Psi(x) = \dfrac{\Gamma'(x)}{\Gamma(x)}$.
- Fonction Beta d'Euler : $B(a, b) = \int_0^1 t^{a-1}(1 - t)^{b-1} dt = \dfrac{\Gamma(a)\Gamma(b)}{\Gamma(a + b)}$.

© Springer Nature Switzerland AG 2018
B. Chauvin et al., *Arbres pour l'Algorithmique*, Mathématiques et Applications 83,
https://doi.org/10.1007/978-3-319-93725-0

E.2   Arbres

E.2.1   Les différentes familles d'arbres

- $\mathcal{B}$: arbres binaires planaires complets.
- $\mathcal{C}$: arbres binaires planaires, parfois appelés arbres « de Catalan ».
- $\mathcal{C}ay$: arbres de Cayley.
- $DST(Y)$: arbre digital de recherche associé à une suite Y de mots.
- $\mathcal{M}$: arbres m-aires (non marqués).
- $\mathcal{P}$: arbres planaires.
- $\mathcal{P}$ó : arbres non planaires, ou arbres de Pólya.
- $\mathcal{P}_{(2)}$: arbres de Pólya binaires.
- $\mathcal{P}ref(Y)$: arbre préfixe associé à un ensemble Y de mots.
- $\mathcal{Q}$: arbres quadrants de recherche.

Si $\mathcal{T}$ est un ensemble d'arbres, la notation $\mathcal{T}_n$ désigne le sous-ensemble des arbres de taille n, et la notation $\mathcal{T}_\mathcal{E}$, avec $\mathcal{E} \subset \mathbb{N}$, le sous-ensemble des arbres dont les arités des sommets appartiennent à $\mathcal{E}$.

E.2.2   Les différents types de nœuds

Dans tout le livre, nous utilisons la convention suivante :

- • pour le cas général d'un nœud dans un arbre, et pour les nœuds internes d'un arbre binaire complété.
- □ pour une feuille d'un arbre général, ou d'un arbre complété.
- ○ pour les nœuds d'un arbre binaire, aussi bien internes (simples ou doubles) qu'externes.

E.2.3   Paramètres d'un arbre τ

- Taille de l'arbre : $|\tau|$.
- Hauteur : $h(\tau)$.
- Niveau de saturation : $s(\tau)$.
- Longueur de cheminement : $\mathrm{lc}(\tau)$; longueurs de cheminement interne $\mathrm{lci}(\tau)$ et externe $\mathrm{lce}(\tau)$,
- Profondeur d'insertion d'une clé α dans l'arbre τ : $d(\alpha, \tau)$.
- Profondeur d'insertion d'une clé dans un arbre de recherche τ_n : D_{n+1}.
- Nombre de feuilles qui se trouvent au niveau p : $U_p(\tau)$.
- Polynôme de niveaux : $W_\tau(z)$.
- $\mathcal{S}$: ensemble de symboles lié à une famille simple d'arbres.

E.2.4   Arbres et sous-arbres associés à un arbre donné τ

- τ arbre binaire : sous-arbres gauche et droit $\tau^{(g)}$ et $\tau^{(d)}$.
- Si u est un nœud de τ, alors τ^u est le sous-arbre de τ dont la racine est u.
- τ arbre planaire non réduit à une feuille : τ^i est le i-ième sous-arbre de la racine, pour i compris entre 1 et l'arité de la racine.
- τ arbre marqué : $\pi(\tau)$ est la forme de τ ; $C(\tau)$ est l'arbre des rangs, obtenu par marquage canonique de τ.

E.3   Constructions combinatoires

- SEQ : suite-de
- SEQ$_{>0}$: suite-non-vide-de
- SET : ensemble-de
- MSET : multi-ensemble
- MSET$_p$: multi-ensemble de p éléments

Si $\mathscr{A}$ est un alphabet, $\mathscr{A}^*$ est la suite des mots finis sur $\mathscr{A}$; $\varepsilon \in \mathscr{A}^*$ est le mot vide.

E.4   Notations probabilistes

$\mathcal{L}(X)$:	loi (ou distribution) d'une variable aléatoire X.
$\mathcal{L}(X\|Y = y)$ et $\mathcal{L}(X\|Y)$:	loi conditionnelle de X sachant Y.
$\mathbb{P}$-p.s. :	un événement A est vrai $\mathbb{P}$-p.s. quand $\mathbb{P}(A) = 1$.
$\mathbb{P}(A, B)$ pour deux événements A et B :	signifie $\mathbb{P}(A \wedge B)$ ou encore $\mathbb{P}(A \cap B)$.
δ_x : mesure de Dirac en x :	mesure de masse 1 sur l'ensemble $\{x\}$, où $x \in \mathbb{R}^d$.
$\mathbb{1}_A$:	fonction indicatrice de l'ensemble A : $\mathbb{1}_A(x) = 1$ quand $x \in A$ et $\mathbb{1}_A(x) = 0$ quand $x \notin A$. Conséquence : $\mathbb{1}_A(x) = \delta_x(A)$.

X^+ est la partie positive de la variable aléatoire X, autrement dit : $X^+ = \max(0, X)$.

Loi uniforme :	$\mathcal{U}$.
Loi uniforme sur $[0, 1]^d$:	Ord_d, pour $d \geq 1$.
Loi Ord sur l'ensemble des arbres binaires de recherche, dite aussi modèle des permutations uniformes :	lorsque les clés insérées sont indépendantes et de même loi. Loi Ord_d sur les arbres quadrants de recherche, quand les clés sont prises dans un ensemble qui est un produit cartésien de d ensembles.

Bibliographie

1. G. Adel'son-Vel'skii, E. Landis, An algorithm for organisation of information. Dokl. Akad. Nauk SSSR **146**, 263–266 (1962). Traduction anglaise : Soviet Math. Dokl. **3**, 1259–1263
2. A.V. Aho, N.J.A. Sloane, Some doubly exponential sequences. Fibonacci Q. **11**, 429–437 (1970)
3. D. Aldous, The continuum random tree. i. Ann. Probab. **19**(1), 1–28 (1991)
4. D. Aldous, The continuum random tree. ii: an overview, in *Stochastic Analysis*, ed. by M. Barlow, N.H. Bingham (Cambridge University Press, Cambridge, 1991), pp. 23–70
5. D. Aldous, The continuum random tree. iii. Ann. Probab. **21**(1), 248–289 (1993)
6. A. Apostolico, The myriad virtues of subword trees, in *Combinatorial Algorithms on Words*, ed. by A. Apostolico, Z. Galil. NATO Advanced Science Institute Series Series F: Computer and Systems Sciences, vol. 12 (Springer, Berlin, 1985), pp. 85–96
7. A. Apostolico, M. Crochemore, M. Farach-Colton, Z. Galil, S. Muthukrishnan, 40 years of suffix trees. Commun. ACM **59**(4), 66–73 (2016)
8. C.R. Aragon, R.G. Seidel, Randomized search trees. In *30th Annual Symposium on Foundations of Computer Science* (1989), pp. 540–545
9. C.R. Aragon, R.G. Seidel, Randomized search trees. Algorithmica **16**(4), 464–497 (1996)
10. S. Asmussen, H. Hering, *Branching Processes* (Birkhäuser, Basel, 1983)
11. K. Athreya, On a characteristic property of Pólya's urn. Stud. Sci. Math. Hung. **4**, 31–35 (1969)
12. K. Athreya, P. Ney, *Branching Processes* (Springer, Berlin, 1972)
13. M. Aumüller, M. Dietzfelbinger, Optimal partitioning for dual pivot quicksort, in *Automata, Languages and Programming*. LNCS, vol. 7965 (Springer, Berlin, 2013), pp. 33–44
14. C. Banderier, M. Bousquet-Mélou, A. Denise, P. Flajolet, D. Gardy, D. Gouyou-Beauchamps. Generating functions for generating trees. Discret. Math. **246**(1–3), 29–55 (2002)
15. P. Barbe, M. Ledoux, *Probabilité*. Collection : enseignement SUP-Maths (EDP Sciences, Les Ulis, 2007)
16. E. Barcucci, A. Del Lungo, E. Pergola, R. Pinzani, A methodology for plane tree enumeration. Discret. Math. **180**(1–3), 45–64 (1998)
17. E. Barcucci, A. Del Lungo, E. Pergola, Random generation of trees and other combinatorial objects. Theor. Comput. Sci. **218**(2), 219–232 (1999)
18. T. Bell, I.H. Witten, J.G. Cleary, Modelling for text compression. ACM Comput. Surv. **21**(4), 557–591 (1989)
19. J.L. Bentley, R. Sedgewick, Fast algorithms for sorting and searching strings, in *Proceedings of the Eighth Annual ACM-SIAM Symposium on Discrete Algorithms, SODA '97* (Society for Industrial and Applied Mathematics, Philadelphia, 1997), pp. 360–369

© Springer Nature Switzerland AG 2018
B. Chauvin et al., *Arbres pour l'Algorithmique*, Mathématiques et Applications 83,
https://doi.org/10.1007/978-3-319-93725-0

20. B. Bercu, D. Chafaï. *Modélisation stochastique et simulation : cours et applications*. Sciences sup. (Dunod, Paris, 2007). Série « Mathématiques appliquées pour le Master / SMAI ».
21. J. Berstel, D. Perrin, C. Reutenauer, *Codes and Automata (Encyclopedia of Mathematics and Its Applications)*, 1st edn. (Cambridge University Press, New York, 2009)
22. J. Bertoin, *Random Fragmentation and Coagulation Processes*. Cambridge Studies in Advanced Mathematics (Cambridge University Press, Cambridge, 2006)
23. P. Biane, J. Pitman, M. Yor, Probability laws related to the Jacobi theta and Riemann zeta functions, and Brownian excursions. Bull. Am. Math. Soc. **38**, 435–465 (2001)
24. J. Biggins, Chernoff's theorem in the branching random walk. J. Appl. Probab. **14**, 630–636 (1977)
25. J.D. Biggins, Martingale convergence in the branching random walk. Adv. Appl. Probab. **10**, 62–84 (1978)
26. J.D. Biggins, Uniform convergence of martingales in the branching random walk. Ann. Probab. **20**(1), 137–151 (1992)
27. J.D. Biggins, How fast does a general branching random walk spread? in *Classical and Modern Branching Processes. The IMA Volumes in Mathematics and Its Applications*, vol. 84, ed. by K.B. Athreya, P. Jagers (Springer, New York, 1997), pp. 19–39
28. P. Billingsley, *Probability and Measure*, 3rd edn. Wiley Series in Probability and Mathematical Statistics (Wiley, New York, 1995). A Wiley-Interscience Publication.
29. D. Blackwell, D. Kendall, The Martin boundary for Pólya's urn and an application to stochastic population growth. J. Appl. Probab. **1**(2), 284–296 (1964)
30. B. Bollobas, I. Simon, Repeated random insertion into a priority queue. J. Algoritm. **6**, 466–477 (1985)
31. N. Broutin, L. Devroye, E. McLeish, M. De la Salle, The height of increasing trees. Random Struct. Algoritm. **32**, 494–518 (2008)
32. J. Capetanakis, Tree algorithms for packet broadcast channels. IEEE Trans. Inf. Theory IT-25:505–515 (1979)
33. E. Cesaratto, B. Vallée. Gaussian distribution of trie depth for strongly tame sources. Comb. Probab. Comput. **24**(1), 54–103 (2015)
34. P. Chassaing, P. Flajolet, Hachage, arbres, chemins et graphes. Gaz. Math. **95**, 29–49 (2003)
35. P. Chassaing, J.-F. Marckert, Parking functions, empirical processes and the width of rooted labeled trees. Electron. J. Comb. **8**, R14 (2001)
36. B. Chauvin, N. Pouyanne, m-ary search trees when m > 26: a strong asymptotics for the space requirements. Random Struct. Algoritm. **24**(2), 133–154 (2004)
37. B. Chauvin, M. Drmota, J. Jabbour-Hattab, The profile of binary search trees. Ann. Appl. Probab. **11**, 1042–1062 (2001)
38. B. Chauvin, P. Flajolet, D. Gardy, B. Gittenberger, And/or trees revisited. Comb. Probab. Comput. **13**(4–5), 475–497 (2004)
39. B. Chauvin, T. Klein, J.-F. Marckert, A. Rouault, Martingales and profile of binary search trees. Electron. J. Probab. **10**, 420–435 (2005)
40. B. Chauvin, N. Pouyanne, R. Sahnoun, Limit distributions for large Pólya urns. Ann. Appl. Probab. **21**(1), 1–32 (2011)
41. B. Chauvin, D. Gardy, C. Mailler, A sprouting tree model for random boolean functions. Random Struct. Algoritm. **47**(4), 635–662 (2015)
42. B. Chauvin, C. Mailler, N. Pouyanne, Smoothing equations for large Pólya urns. J. Theor. Probab. **28**, 923–957 (2015)
43. B. Chauvin, D. Gardy, N. Pouyanne, D.-H. Ton That, B-urns. Lat. Am. J. Probab. Math. Stat. **13**, 605–634 (2016)
44. H.-H. Chern, M. Fuchs, H.-K. Hwang, Phase changes in random point quadtrees. ACM Trans. Algorithms **3**(Issue 2), Art. 12 (2007)
45. J. Clément, P. Flajolet, B. Vallée, The analysis of hybrid trie structures, in *Proceedings of the Ninth Annual ACM-SIAM Symposium on Discrete Algorithms*, San Francisco, 25–27 January 1998, pp. 531–539

46. J. Clément, P. Flajolet, B. Vallée. Dynamical sources in information theory. a general analysis of trie structures. Algorithmica **29**(1), 307–369 (2001)

47. J. Clément, T. Nguyen Thi, B. Vallée. A general framework for the realistic analysis of sorting and searching algorithms. Application to some popular algorithms, in *STACS* (2013), pp. 598–609

48. J. Clément, T.H.N. Thi, B. Vallée. Towards a realistic analysis of some popular sorting algorithms. Comb. Probab. Comput. **24**(1), 104–144 (2015). Special issue dedicated to the memory of Philippe Flajolet

49. D. Comer, The ubiquitous B-tree. ACM Comput. Surv. **11**(2), 121–137 (1979)

50. T. Cormen, C. Leiserson, R. Rivest, *Introduction à l'algorithmique* (Dunod, Paris, 2002)

51. T. Cormen, C. Leiserson, R. Rivest, C. Stein, *Introduction à l'algorithmique* (Dunod, Paris, 2010)

52. M. Crochemore, C. Hancart, T. Lecroq, *Algorithms on Strings* (Cambridge University Press, New York, 2007). Téléchargeable en Français, http://www-igm.univ-mlv.fr/~mac/CHL/CHL-2011.pdf

53. R. De La Briandais, File searching using variable length keys. Papers presented at the Western Joint Computer Conference, IRE-AIEE-ACM '59 (Western), 3–5 March 1959 (ACM, New York, 1959), pp. 295–298

54. A. Dembo, O. Zeitouni, *Large Deviations Techniques and Applications*, 2nd edn. (Springer, Berlin, 1998)

55. L. Devroye, A probabilistic analysis of the height of tries and of the complexity of triesort. Acta Inform. **21**, 229–237 (1984)

56. L. Devroye, Branching processes in the analysis of the height of trees. Acta Inform. **24**, 277–298 (1987)

57. L. Devroye, Applications of the theory of records in the study of random trees. Acta Inform. **26**, 123–130 (1988)

58. L. Devroye, A study of trie-like structures under the density model. Ann. Appl. Probab. **2**(2), 402–434 (1992)

59. L. Devroye, Branching processes and their applications in the analysis of tree structures and tree algorithms, in *Probabilistic Methods for Algorithmic Discrete Mathematics*, ed. by M. Habib, C. McDiarmid, J. Ramirez-Alfonsin, B. Reed (Springer, Berlin, 1998)

60. L. Devroye, An analysis of random LC tries. Random Struct. Algoritm. **15**, 359–375 (2001)

61. L. Devroye, L. Laforest, An analysis of random *d*-dimensional quadtrees. SIAM J. Comput. **19**(5), 821–832 (1990)

62. L. Devroye, B. Reed, On the variance of the height of random binary search trees. SIAM J. Comput. **24**, 1157–1162 (1995)

63. E. Doberkat, Some observations on the average behavior of heapsort (preliminary report), in *Int. Conf. on the Foundations of Computer Science (FOCS)* (1980), pp. 229–237

64. E. Doberkat, Deleting the root of a heap. Acta Inform. **17**, 245–265 (1982)

65. E. Doberkat, An average case analysis of Floyd's algorithm to construct heaps. Inf. Control **61**(2), 114–131 (1984)

66. J. Doyle, R. Rivest, Linear expected time of a simple union-find algorithm. Inf. Process. Lett. **5**, 146–148 (1976)

67. M. Drmota, The variance of the height of binary search trees. Theor. Comput. Sci. **270**, 913–919 (2002)

68. M. Drmota, *Random Trees. An Interplay between Combinatorics and Probabilities* (Springer, Berlin, 2008)

69. M. Drmota, B. Gittenberger, On the profile of random trees. Random Struct. Algoritm. **10**:4, 421–451 (1997)

70. M. Drmota, B. Gittenberger, The width of Galton-Watson trees conditioned by the size. Discret. Math. Theor. Comput. Sci. **6**:2, 387–400 (2004)

71. R. Dudley, *Real Analysis and Probability* (Cambridge University Press, Cambridge, 2002)

72. T. Duquesne, J.-F. Le Gall, Random trees, Levy processes and spatial branching processes. *Asterisque*, 281 (2002). https://www.math.u-psud.fr/~jflegall/Mono-revised.pdf

73. M. Durand, P. Flajolet, Loglog counting of large cardinalities, in *ESA03, 11th Annual European Symposium on Algorithms, Engineering and Applications Track*. Lecture Notes in Computer Science (Springer, Berlin, 2003), pp. 605–617

74. R. Durrett, *Probability. Theory and Examples*, 4th edn. (Cambridge University Press, Cambridge, 2010)

75. R. Fagin, J. Nievergelt, N. Pippenger, H.R. Strong, Extendible hashing - a fast access method for dynamic files. ACM Trans. Database Syst. **4**(3), 315–344 (1979)

76. J. Fill, S. Janson, Smoothness and decay properties of the limiting quicksort density function, in *Mathematics and Computer Science*. Trends in Mathematics (Birkhäuser, Basel, 2000), pp. 53–64

77. J.A. Fill, S. Janson, The number of bit comparisons used by Quicksort: an average-case analysis. Electron. J. Probab **17**(43), 1–22 (2012)

78. J. Fill, H. Mahmoud, W. Szpankowski, On the distribution for the duration of a randomized leader election algorithm. Ann. Appl. Probab. **6**(4), 1260–1283 (1996)

79. P. Flajolet, On the performance evaluation of extendible hashing and trie searching. Acta Inform. **20**, 345–369 (1983)

80. P. Flajolet, Approximate counting: a detailed analysis. BIT Numer. Math. **25**, 113–134 (1985)

81. P. Flajolet, On adaptive sampling. Computing **43**, 391–400 (1990)

82. P. Flajolet, Counting by coin tossing, in *Proceedings of Asian'04*, ed. by M. Maher. Number 3321 in Lecture Notes in Computer Science (Springer, Berlin, 2004), pp. 1–12

83. P. Flajolet, The ubiquitous digital tree, in *Proceedings of 23rd Annual Symposium on Theoretical Aspects of Computer Science, STACS 2006*, Marseille, 23–25 February 2006. Lecture Notes in Computer Science, vol. 3884 (Springer, Berlin, 2006), pp. 1–22

84. P. Flajolet, M. Hoshi, Page usage in a quadtree index. BIT Numer. Math. **32**, 384–402 (1992)

85. P. Flajolet, P. Jacquet, Analytic models for tree communication protocols, in *Flow Control of Congested Networks*, ed. by A.R. Odoni, L. Bianco, G. Szegö (Springer, Berlin, 1987), pp. 223–234

86. P. Flajolet, T. Lafforgue, Search costs in quadtrees and singularity perturbation asymptotics. Discret. Comput. Geom. **12**(4), 151–175 (1994)

87. P. Flajolet, G. Martin, Probabilistic counting algorithms for data base applications. J. Comput. Syst. Sci. **31**(2), 182–209 (1985)

88. P. Flajolet, A. Odlyzko, The average height of binary trees and other simple trees. J. Comput. Syst. Sci. **25**, 171–213 (1982)

89. P. Flajolet, A. Odlyzko, Limit distributions for coefficients of iterates of polynomials with applications to combinatorial enumerations. Math. Proc. Camb. Philos. Soc. **96**(2), 237–253 (1984)

90. P. Flajolet, A.M. Odlyzko, Singularity analysis of generating functions. SIAM J. Discret. Math. **3**(2), 216–240 (1990)

91. P. Flajolet, B. Richmond, Generalized digital trees and their difference—differential equations. Random Struct. Algoritm. **3**(3), 305–320 (1992)

92. P. Flajolet, R. Sedgewick, Digital search trees revisited. SIAM J. Comput. **15**(3), 748–767 (1986)

93. P. Flajolet, R. Sedgewick, Mellin transforms and asymptotics: finite differences and Rice's integrals. Theor. Comput. Sci. **144**(1&2), 101–124 (1995)

94. P. Flajolet, R. Sedgewick, *Analytic Combinatorics* (Cambridge University Press, Cambridge, 2009)

95. P. Flajolet, J.-M. Steyaert, A complexity calculus for classes of recursive search programs over tree structures, in *22nd Annual Symposium on Foundations of Computer Science, 1981, SFCS'81* (IEEE, Washington, 1981), pp. 386–393

96. P. Flajolet, J.-M. Steyaert, A branching process arising in dynamic hashing, trie searching and polynomial factorization, in *Automata, Languages and Programming*, ed. by M. Nielsen, E.M. Schmidt. Lecture Notes in Computer Science, vol. 140 (Springer, Berlin, 1982), pp. 239–251. Proceedings of 9th ICALP Colloquium, Aarhus, July 1982

97. P. Flajolet, M. Régnier, D. Sotteau, Algebraic methods for trie statistics. Ann. Discret. Math. **25**, 145–188 (1985). In *Analysis and Design of Algorithms for Combinatorial Problems*, ed. by G. Ausiello, M. Lucertini (Invited Lecture)

98. P. Flajolet, Z. Gao, A. Odlyzko, B. Richmond, The distribution of heights of binary trees and other simple trees. Comb. Probab. Comput. **2**, 145–156 (1993)

99. P. Flajolet, G. Gonnet, C. Puech, J. Robson, Analytic variations on quadtrees. Algorithmica **10**(6), 473–500 (1993)

100. P. Flajolet, X. Gourdon, P. Dumas, Mellin transforms and asymptotics: harmonic sums. Theor. Comput. Sci. **144**(1–2), 3–58 (1995)

101. P. Flajolet, G. Labelle, L. Laforest, B. Salvy, Hypergeometrics and the cost structure of quadtrees. Random Struct. Algoritm. **7**(2), 117–144 (1995)

102. P. Flajolet, J. Gabarró, H. Pekari, Analytic urns. Ann. Probab. **33**(3), 1200–1233 (2005)

103. P. Flajolet, P. Dumas, V. Puyhaubert, Some exactly solvable models of urn process theory, in *DMTCS Proceedings*, vol. AG (2006), pp. 59–118

104. P. Flajolet, E. Fusy, O. Gandouet, F. Meunier, Hyperloglog: the analysis of a near-optimal cardinality estimation algorithm, in *DMTCS Proceedings*, vol. AH (2007), pp. 127–146

105. P. Flajolet, M. Roux, B. Vallée. Digital trees and memoryless sources: from arithmetics to analysis, in *Proceedings of AofA'10, DMTCS, Proc AM* (2010), pp. 231–258

106. R. Floyd, Algorithm 24. Treesort 3. Commun. ACM **7**(12) (1964)

107. H. Fournier, D. Gardy, A. Genitrini, M. Zaionc, Classical and intuitionistic logic are asymptotically identical, in *Computer Science Logic, Proceedings of the 21st International Workshop, CSL 2007, 16th Annual Conference of the EACSL*, Lausanne, 11–15 September 2007, pp. 177–193

108. H. Fournier, D. Gardy, A. Genitrini, B. Gittenberger, The fraction of large random trees representing a given boolean function in implicational logic. Random Struct. Algoritm. **20**(7), 875–887 (2012)

109. E. Fredkin, Trie memory. Commun. ACM **3**(9), 490–499 (1960)

110. A. Frieze, On the random construction of heaps. Inf. Process. Lett. **27**, 103–109 (1988)

111. C. Froidevaux, M.-C. Gaudel, M. Soria, *Types de données et Algorithmes* (McGraw Hill, Paris, 1993)

112. M. Fuchs, H. Hwang, R. Neininger, Profiles of random trees: limit theorems for random recursive trees and binary search trees. Algorithmica **46**, 367–407 (2006)

113. M. Fuchs, H.-K. Hwang, V. Zacharovas, An analytic approach to the asymptotic variance of trie statistics and related structures. Theor. Comput. Sci. **527**, 1–36 (2014)

114. Z. Galil, G.N. Italiano, Data structures and algorithms for disjoint set union problems. ACM Comput. Surv. **2**(3) (1991)

115. D. Gardy, Random boolean expressions, in *DMTCS Proceedings AF* (2006), pp. 1–36. Invited paper, Colloquium on Computational Logic and Applications, Chambéry, Juin 2005

116. O. Garet, A. Kurtzmann, *De l'intégration aux probabilités* (Ellipses, Paris, 2011)

117. A. Genitrini, J. Kozik, In the full propositional logic, 5/8 of classical tautologies are intuitionistically valid. Ann. Pure Appl. Logic **163**(7), 875–887 (2012)

118. A. Genitrini, C. Mailler, Generalised and quotient models for random and/or trees and application to satisfiability. Algorithmica **76**(4), 1106–1138 (2016)

119. A. Genitrini, B. Gittenberger, V. Kraus, C. Mailler, Associative and commutative tree representations for boolean functions. Theor. Comput. Sci. **570**, 70–101 (2015)

120. R. Gouet, Martingale functional central limit theorems for a generalized Pólya urn. Ann. Probab. **21**(3), 1624–1639 (1993)

121. R. Gouet, Strong convergence of proportions in a multicolor Pólya urn. J. Appl. Probab. **34**, 426–435 (1997)

122. R.L. Graham, D.E. Knuth, O. Patashnik, *Mathématiques concrètes*, deuxième edition. (Intern. Thomson Publishing, Paris, 1998). Traduction française par A. Denise,

123. D.H. Greene, D.E. Knuth, *Mathematics for the Analysis of Algorithms* (Birkhäuser, Basel, 1981). Third edition, 1990

124. G. Grimmett, Random labelled trees and their branching networks. J. Aust. Math. Soc. (Ser. A) **30**, 229–237 (1980)

125. G. Grimmett, D. Stirzaker, *Probability and Random Processes* (Oxford University Press, Oxford, 1982). Third edition, 2001

126. D. Gusfield, *Algorithm on Strings, Trees, and Sequences: Computer Science and Computational Biology* (Cambridge University Press, New York, 1997)

127. R. Hayward, C. McDiarmid. Average-case analysis of heap building by repeated insertion. J. Algorithm. **12**(1), 126–153 (1991)

128. P. Hennequin, Combinatorial analysis of quicksort algorithm. RAIRO Inform. Théor. Appl. **23**(3), 317–333 (1989)

129. P. Hennequin, Analyse en moyenne d'algorithmes : Tri rapide et arbres de recherche. PhD thesis, École Polytechnique, Palaiseau, 1991, 170 pp.

130. E. Hille, *Analytic Function Theory*, 2 vols (Blaisdell Publishing Company, Waltham, 1962)

131. C. Hoare, Quicksort. Comput. J. 10–15 (1962)

132. M. Hofri, *Probabilistic Analysis of Algorithms* (Springer, Berlin, 1987)

133. M. Hofri, *Analysis of Algorithms. Computational Methods and Mathematical Tools* (Oxford University Press, Oxford, 1995)

134. Y. Hu, Z. Shi, Minimal position and critical martingale convergence in branching random walks, and directed polymers on disordered trees. Ann. Probab. **37**(2), 742–789 (2009)

135. K. Hun, B. Vallée. Typical depth of a digital search tree built on a general source, in *2014 Proceedings of the Eleventh Workshop on Analytic Algorithmics and Combinatorics, ANALCO 2014*, Portland, 6 January 2014, pp. 1–15

136. H.-K. Hwang, Théorémes limites pour les structures combinatoires et les fonctions arithmétiques. PhD thesis, École polytechnique, Palaiseau, 1994

137. H.-K. Hwang, On convergence rates in the central limit theorems for combinatorial structures. Eur. J. Comb. **19**(3), 329–343 (1998)

138. H.-K. Hwang, J.-M. Steyaert, On the number of heaps and the cost of heap construction, in *Mathematics and Computer Science* (2002), pp. 295–310

139. J. Jabbour-Hattab, Martingales and large deviations for binary search trees. Random Struct. Algoritm. **19**, 112–127 (2001)

140. J. Jabbour-Hattab, Une approche probabiliste du profil des arbres binaires de recherche. PhD thesis, Université de Versailles, 2001. http://tinyurl.com/theseJabbourHattab

141. P. Jacquet, M. Régnier, Trie partitioning process: limiting distributions, in *CAAP'86*, ed. by P. Franchi-Zanetacchi. Proceedings of the 11th Colloquium on Trees in Algebra and Programming, Nice, LNCS, vol. 214 (Springer, Berlin, 1986), pp. 196–210

142. P. Jacquet, M. Régnier, New results on the size of tries. IEEE Trans. Inf. Theory **35**(1), 203–205 (1989)

143. P. Jacquet, W. Szpankowski, Analysis of digital tries with markovian dependency. IEEE Trans. Inf. Theory **37**(5), 1470–1475 (1991)

144. P. Jacquet, W. Szpankowski, Autocorrelation on words and its applications: analysis of suffix trees by string-ruler approach. J. Comb. Theory (A) **66**(2), 237–269 (1994)

145. P. Jacquet, W. Szpankowski, Asymptotic behavior of the Lempel-Ziv parsing scheme and digital search trees. Theor. Comput. Sci. **144**(1–2), 161–197 (1995)

146. P. Jacquet, W. Szpankowski, *Analytic Pattern Matching: From DNA to Twitter* (Cambridge University Press, Cambridge, 2015)

147. S. Janson, Functional limit theorem for multitype branching processes and generalized Pólya urns. Stoch. Process. Appl. **110**, 177–245 (2004)

148. S. Janson, Conditioned Galton–Watson trees do not grow, in *Fourth Colloquium on Mathematics and Computer Science Algorithms, Trees, Combinatorics and Probabilities* (2006), pp. 331–334

149. S. Janson, Simply generated trees, conditioned Galton-Watson trees, random allocations and condensation. Probab. Surv. **9**, 103–252 (2012)

150. S. Janson, W. Szpankowski, Analysis of an asymmetric leader election algorithm. Electron. J. Comb. 9 (1997)

151. N. Johnson, S. Kotz, *Urn Models and Their Application* (Wiley, New York, 1977)
152. D. Kennedy, The distribution of the maximum Brownian excursion. J. Appl. Probab. **13**, 371–376 (1976)
153. H. Kesten, Subdiffusive behavior of random walk on a random cluster. Ann. Inst. Henri Poincaré **22**(4), 425–487 (1986)
154. L. Khizder, Some combinatorial properties of dyadic trees. USSR Comput. Math. Math. Phys. (traduction anglaise de Zh. Vychisl. Matem. i Matem. Fiziki) **6**(2), 283–290 (1966)
155. M. Knape, R. Neininger, Pólya urns via the contraction method. Preprint (2013)
156. D. Knuth, *The Art of Computer Programming, Vol. 3 : Sorting and Searching*, 2nd edn. (Addison-Wesley, Redwood City, 1998)
157. D.E. Knuth, *The Art of Computer Programming, Vol 1 : Fundamental Algorithms*, 2nd edn. (Addison-Wesley, Redwood City, 1973)
158. D. Knuth, A. Schonhage, The expected linearity of a simple equivalence algorithm. Theor. Comput. Sci. **6**, 281–315 (1978)
159. V. Kolchin, Branching processes, random trees, and a generalized scheme of arrangements of particles. Math. Notes **21**, 386–394 (1977)
160. V. Kolchin, *Random Mappings* (Optimization Software Inc. Publications Division, New York, 1986)
161. S. Kotz, H. Mahmoud, P. Robert, On generalized Pólya urn models. Stat. Probab. Lett. **49**, 163–173 (2000)
162. R. Kruse, A. Ryba, *Data Structures and Program Design in C++* (Prentice Hall, Upper Saddle River, 2000)
163. P.-Å. Larson, Dynamic hashing. BIT Numer. Math. **18**(2), 184–201 (1978)
164. H. Lefmann, P. Savický, Some typical properties of large AND/OR boolean formulas. Random Struct. Algoritm. **10**(3), 337–351 (1997)
165. W. Litwin, Virtual hashing: a dynamically changing hashing, in *Fourth International Conference on Very Large Data Bases*, 13–15 September 1978, West Berlin, ed. by S.B. Yao (IEEE Computer Society, Washington, 1978), pp. 517–523
166. G. Louchard, Trie size in a dynamic list structure. Random Struct. Algoritm. **5**(5), 665–702 (1994)
167. G. Louchard, The asymmetric leader election algorithm: number of survivors near the end of the game. Quaest. Math. (2015)
168. G. Louchard, H. Prodinger, M. Ward, Number of survivors in the presence of a demon. Period. Math. Hung. **64**(1), 101–117 (2012)
169. W.C. Lynch, More combinatorial properties of certain trees. Comput. J. **7**(4), 299–302 (1965)
170. R. Lyons, A simple path to Biggins' martingale convergence for branching random walk, in *Classical and Modern Branching Processes*, ed. by K.B. Athreya, P. Jagers. IMA Volumes in Mathematics and Its Applications, vol. 84 (Springer, New York, 1997)
171. R. Lyons, R. Pemantle, Y. Peres, Conceptual proofs of $l \log l$ criteria for mean behavior of branching processes. Ann. Probab. **23**, 1125–1138 (1995)
172. H. Mahmoud, *Evolution of Random Search Trees* (Wiley, New York, 1992)
173. H. Mahmoud, *Pólya urn Models* (CRC Press, Boca Raton, 2008)
174. H. Mahmoud, B. Pittel, On the most probable shape of a search tree grown from a random permutation. SIAM J. Algebraic Discrete Methods **5**(1), 69–81 (1984)
175. H. Mahmoud, B. Pittel, Analysis of the space of search trees under the random insertion algorithm. J. Algorithm. **10**, 52–75 (1989)
176. H. Mahmoud, R.T. Smythe, Probabilistic analysis of bucket recursive trees. Theor. Comput. Sci. **144**, 221–249 (1995)
177. P. Major, On the invariance principle for sums of independent identically distributed random variables. J. Multivar. Anal. **8**, 487–517 (1978)
178. J.-F. Marckert, Limit of random walks and of random trees (2009). Cours. http://www.labri.fr/perso/marckert/GRAZ.pdf
179. C. Martínez, S. Roura, Randomized binary search trees. J. ACM **45**(2), 288–323 (1998)

180. C. Martínez, S. Roura, Optimal sampling strategies in quicksort and quickselect. SIAM J. Comput. **31**(3), 683–705 (2001)
181. C. Martínez, A. Panholzer, H. Prodinger, On the number of descendants and ascendants in random search trees. Electron. J. Comb. **5**(1), R20 (1998)
182. C. Martínez, D. Panario, A. Viola, Adaptive sampling strategies for quickselects. ACM Trans. Algorithms **6**(3) (2010)
183. C. Martínez, M.E. Nebel, S. Wild, Analysis of branch misses in quicksort, in *Proceedings of the Twelfth Workshop on Analytic Algorithmics and Combinatorics, ANALCO 2015*, San Diego, 4 January 2015, pp. 114–128
184. E.M. McCreight, A space-economical suffix tree construction algorithm. J. ACM **23**(2), 262–272 (1976)
185. A. Meir, J. Moon, On an asymptotic method in enumeration. J. Comb. Theory (A) **51**, 77–89 (1989)
186. H. Mohamed, P. Robert, Dynamic tree algorithm. Ann. Appl. Probab. **20**(1), 26–51 (2010)
187. B. Morcrette, Combinatoire analytique et modèles d'urnes. Master's thesis, Thèse de master MPRI Paris, 2010
188. B. Morcrette, Combinatoire analytique et modèles d'urnes. PhD thesis, Univ. Paris 6, 2013. http://tel.archives-ouvertes.fr/tel-00843046
189. R. Morris, Counting large numbers of events in small registers. Commun. ACM **21**(10), 840–842 (1978)
190. D.R. Morrison, Patricia-practical algorithm to retrieve information coded in alphanumeric. J. ACM **15**(4), 514–534 (1968)
191. R. Neininger, Probabilistic analysis of algorithms, stochastic fixed-point equations and ideal metrics (2006). http://dmg.tuwien.ac.at/nfn/neininger/survey.pdf
192. R. Neininger, L. Rüschendorf, A general limit theorem for recursive algorithms and combinatorial structures. Ann. Appl. Probab. **14**, 378–418 (2004)
193. J. Neveu, *Martingales à temps discret* (Masson, Paris, 1972)
194. J. Neveu, Arbres et processus de Galton-Watson. Ann. Inst. Henri Poincaré **22**(2), 199–207 (1986)
195. S. Nilsson, G. Karlsson, Ip-address lookup using lc-tries. IEEE J. Sel. Areas Commun. **17**(6), 1083–1092 (1999)
196. N.E. Nörlund, Leçons sur les équations linéaires aux différences finies, in *Collection de monographies sur la théorie des fonctions* (Gauthier-Villars, Paris, 1929)
197. N.E. Nörlund, *Vorlesungen über Differenzenrechnung* (Chelsea Publishing Company, New York, 1954)
198. J. Norris, *Markov Chains*. Cambridge Series in Statistical and Probabilistic Mathematics (Cambridge University Press, Cambridge, 1997)
199. A. Odlyzko, Periodic oscillations of coefficients of power series that satisfy functional equations. Adv. Math. **44**(2), 180–205 (1982)
200. On-line encyclopedia of integer sequences. http://oeis.org
201. R. Otter, The number of trees. Ann. Math. **40**(3), 583–599 (1948)
202. W. Panny, Deletions in random binary search trees: a story of errors. J. Stat. Plann. Infer. **140**(8), 2335–2345 (2010)
203. J.B. Paris, A. Vencovská, G.M. Wilmers, A natural prior probability distribution derived from the propositional calculus. Ann. Pure Appl. Logic **70**, 243–285 (1994)
204. G. Park, H.-K. Hwang, P. Nicodème, W. Szpankowski, Profiles of tries. SIAM J. Comput. **38**(5), 1821–1880 (2009)
205. Y. Peres, *Probability on trees : an introductory climb. Cours Ecole d'été de Saint-Flour 1997*. Lecture Notes in Mathematics, vol. 1717 (Springer, Berlin, 1999)
206. V.V. Petrov, *Limit Theorems of Probability Theory. Sequences of Independent Random Variables* (Oxford Science Publications, Oxford, 1995)
207. B. Pittel, On growing random binary trees. J. Math. Anal. Appl. **103**(2), 461–480 (1984)
208. B. Pittel, Paths in a random digital tree: limiting distributions. Adv. Appl. Probab. **18**, 139–155 (1986)

209. B. Pittel, Note on the heights of random recursive trees and random m-ary search trees. Random Struct. Algoritm. **5**(2), 337–347 (1994)

210. G. Pólya, Sur quelques points de la théorie des probabilités. Ann. Inst. Henri Poincaré **1**, 117–161 (1931)

211. G. Pólya, R. Read, *Combinatorial enumeration of Groups, Graphs and Chemical Compounds* (Springer, New York, 1987)

212. T. Porter, I. Simon, Random insertion into a priority queue structure. IEEE Trans. Softw. Eng. **SE-1**(3), 292–298 (1975)

213. N. Pouyanne, Classification of large Pólya-Eggenberger urns with regard to their asymptotics, in *Discrete Mathematics and Theoretical Computer Science, AD* (2005), pp. 275–286

214. N. Pouyanne, An algebraic approach to Pólya processes. Ann. Inst. Henri Poincaré **44**(2), 293–323 (2008)

215. N. Pouyanne, Urnes de Pólya. Mini-cours de Mahdia, ADAMA (2012). http://pouyanne. perso.math.cnrs.fr/mahdia2012.pdf

216. N. Pouyanne, Transfert, col, inversion de Lagrange : ouvrir les boîtes noires (2014). http:// pouyanne.perso.math.cnrs.fr/alea2014Pouyanne.pdf

217. H. Prodinger, How to select a loser. Discret. Math. **20**, 149–159 (1993)

218. B. Reed, The height of a random binary search tree. J. ACM **50**(3), 306–332 (2003)

219. M. Régnier, A limiting distribution for quicksort. RAIRO Theor. Inf. Appl. **23**, 335–343 (1989)

220. E. Reingold, A note on 3–2 trees. Fibonacci Q. 151–157 (1979)

221. D. Revuz, M. Yor, *Continuous Martingales and Brownian Motion*, 3rd edn. (Springer, Berlin, 1999)

222. D.F. Rice, Some practical universal noiseless coding techniques. Technical Report JPL-79–22, JPL, Pasadena (1979) http://tinyurl.com/R.F.Rice-coding-technique

223. M. Roberts, Almost sure asymptotics for the random binary search tree, in *DMTCS Proceedings*, 21st International Meeting on Probabilistic, Combinatorial and Asymptotic Methods in the Analysis of Algorithms (AofA'10) (2010)

224. U. Rösler, A limit theorem for quicksort. Theor. Inf. Appl. **25**(1), 85–100 (1991)

225. U. Rösler, L. Rüschendorf, The contraction method for recursive algorithms. Algorithmica **29**(1–2), 3–33 (2001)

226. M. Roux, B. Vallée, Information theory: sources, Dirichlet series, and realistic analyses of data structures, in *Proceedings 8th International Conference Words 2011. EPTCS*, vol. 63 (2011), pp. 199–214

227. D. Salomon, *Data Compression: The Complete Reference* (Springer, Berlin, 2007). With contributions by G. Motta and D. Bryant

228. P. Savický, Complexity and probability of some Boolean formulas. Comb. Probab. Comput. **7**, 451–463 (1998)

229. P. Savický, A. Woods, The number of Boolean functions computed by formulas of a given size. Random Struct. Algoritm. **13**, 349–382 (1998)

230. G. Schaeffer, Bijective census and random generation of eulerian planar maps with prescribed degrees. Electron. J. Comb. **4**(1) (1997)

231. R. Sedgewick, *Algorithms in C: Fundamentals, Data Structures, Sorting, Searching*, 3rd edn. (Addison–Wesley, Reading, 1988)

232. R. Sedgewick, P. Flajolet, *Introduction to the Analysis of Algorithms* (Addison-Wesley, Reading, 1996)

233. R. Sedgewick, K. Wayne, *Algorithms*, 4th edn. (Addison-Wesley, Reading, 2011)

234. R. Seidel, M. Sharir, Top-down analysis of path compression. SIAM J. Comput. **34**(3), 515–525 (2005)

235. B.W. Silverman, *Density Estimation for Statistics and Data Analysis* (Chapman and Hall, London, 1986)

236. R.T. Smythe, Central limit theorems for urn models. Stoch. Process. Appl. **65**, 115–137 (1996)

237. R.T. Smythe, H. Mahmoud, A survey of recursive trees. Theor. Probab. Math. Stat. **51**, 1–27 (1995)

238. M. Sorensen, P. Urzyczyn, *Lectures on the Curry-Howard Isomorphism* (Elsevier, New York, 1998)

239. W. Szpankowski, *Average Case Analysis of Algorithms on Sequences* (Wiley, New York, 2001)

240. L. Takács, On the total height of random rooted binary trees. J. Comb. Theory (B) **61**, 155–166 (1994)

241. R.E. Tarjan, Efficiency of a good but not linear set union algorithm. J. ACM **22**(2), 215–225 (1975)

242. B. Tsybakov, V. Mikhailov, Free synchronous packet access in a broadcast channel with feedback. Probl. Inf. Transm. **14**, 259–280 (1979)

243. K. Uchiyama, Spatial growth of a branching process of particles living in R^d. Ann. Probab. **10**(no 4), 896–918 (1982)

244. E. Ukkonen, On-line construction of suffix trees. Algorithmica **14**(3), 249–260 (1995)

245. B. Vallée, Dynamical sources in information theory: fundamental intervals and word prefixes. Algorithmica **29**(1), 262–306 (2001)

246. B. Vallée, J. Clément, J.A. Fill, P. Flajolet, The number of symbol comparisons in quicksort and quickselect, in *ICALP 2009*, ed. by S. Albers et al. Part I, LNCS, vol. 5555 (Springer, Berlin, 2009), pp. 750–763

247. P. Weiner, Linear pattern matching algorithm, in *IEEE 14th Annual Symposium on Switching and Automata Theory* (1973), pp. 1–11

248. D. Welsh, *Codes and Cryptography* (Oxford University Press, Oxford, 1990)

249. J. West, Generating trees and the Catalan and Schröder numbers. Discret. Math. **157**, 363–374 (1995)

250. J.W.J. Williams. Algorithm-232-heapsort. Commun. ACM **7**(6), 347–348 (1964)

251. D. Williams, *Probability with Martingales*. Cambridge Mathematical Textbooks (Cambridge University Press, Cambridge, 1991)

252. A. Woods, Coloring rules for finite trees, and probabilities of monadic second order sentences. Random Struct. Algoritm. **10**, 453–485 (1997)

253. W. Wu, *Packet Forwarding Technologies* (Auerbach Publications, New York, 2007)

254. A. Yao, On random 2–3 trees. Acta Inform. **9**, 159–170 (1978)

Index

© Springer Nature Switzerland AG 2018
B. Chauvin et al., *Arbres pour l'Algorithmique*, Mathématiques et Applications 83,
https://doi.org/10.1007/978-3-319-93725-0

Liste des auteurs

Adel'son-Vel'skii, 271
Aho, 160
Apostolico, 77
Aragon, 260
Athreya, 45
Aumüller, 90

Banderier, 101
Barcucci, 99
Bercu, 317, 331
Bertoin, 251
Biggins, 244, 246, 252
Billingsley, 52
Bollobas, 157
Bousquet-Mélou, 101
Broutin, 244, 245, 248

Capetanakis, 107
Catalan, 10
Cesaratto, 322
Chafaï, 317, 331
Chauvin, 71, 95, 97, 230–232, 242, 245
Chern, 356
Clément, 65, 90, 308, 322, 331, 333
Comer, 111
Cormen, 69, 101, 242
Crochemore, 77

De La Briandais, 30
De la Salle, 244, 245, 248
Del Lungo, 99
Dembo, 247

Denise, 101
Devroye, 105, 244, 245, 248, 249, 333, 353, 359, 360, 363
Dietzfelbinger, 90
Doberkat, 48, 156
Doyle, 105
Drmota, 230, 231, 242, 248, 249, 256
Dudley, 236
Dumas, 309, 312, 333
Durand, 109

Fagin, 111
Farach-Colton, 77
Fill, 65, 90, 107, 239, 322
Flajolet, xxii, xxiii, 65, 90, 95, 97, 101, 107, 109–111, 124, 136, 140, 143, 162, 163, 171, 180, 223, 285, 296, 299, 308, 309, 312, 319, 322, 324, 328, 329, 331, 333, 353, 354, 356, 357, 359, 360, 364, 366, 367, 371, 372, 447
Floyd, 47, 92
Fournier, 97, 99
Fredkin, 30
Frieze, 157
Froidevaux, 81
Fuchs, 255, 356

Galil, 101
Gardy, 71, 95, 97, 99, 101
Gaudel, 81
Genitrini, 62, 97, 99
Gittenberger, 62, 95, 97

© Springer Nature Switzerland AG 2018
B. Chauvin et al., *Arbres pour l'Algorithmique*, Mathématiques et Applications 83,
https://doi.org/10.1007/978-3-319-93725-0

Printed in the United States
By Bookmasters